国外电子与通信教材系列

半导体器件导论

An Introduction to Semiconductor Devices

[美] Donald A. Neamen 著

谢 生 译

電子工業出版社·
Publishing House of Electronics Industry
北京·BEIJING

内 容 简 介

本书是微电子学和集成电路设计专业的基础教程,内容涵盖了量子力学、固体物理、半导体物理和半导体器件的全部内容。本书在介绍学习器件物理所必需的基础理论之后,重点讨论了 pn 结、金属 – 半导体接触、MOS 场效应晶体管和双极型晶体管的工作原理和基本特性。最后论述了结型场效应晶体管、晶闸管、MEMS 和半导体光电器件的相关内容。全书内容丰富,脉络清晰,说理透彻,浅显易懂。书中各章给出了大量的分析或设计实例,增强读者对基本理论和概念的理解。每章末均安排有小结和复习提纲,并提供大量的自测题和习题。

本书是电子科学与技术、微电子学和集成电路设计专业本科生学习半导体器件物理的理想教材,对于从事集成电路设计和生产领域的工程技术人员也是一本非常有益的参考书。

Donald A. Neamen：An Introduction to Semiconductor Devices
9780072987560

图书在版编目(CIP)数据

半导体器件导论／(美)尼曼(Neamen,D. A.)著;谢生译. —北京:电子工业出版社,2015.6
书名原文:An Introduction to Semiconductor Devices
国外电子与通信教材系列
ISBN 978-7-121-25060-6

I. ①半… II. ①尼… ②谢… III. ①半导体器件-高等学校-教材 IV. ①TN303

中国版本图书馆 CIP 数据核字(2014)第 286332 号

策划编辑:马　岚
责任编辑:李秦华
印　　刷:北京虎彩文化传播有限公司
装　　订:北京虎彩文化传播有限公司
出版发行:电子工业出版社
　　　　　北京市海淀区万寿路 173 信箱　邮编　100036
开　　本:787×1092　1/16　印张:31.5　字数:889 千字
版　　次:2015 年 6 月第 1 版
印　　次:2022 年 7 月第 2 次印刷
定　　价:99.00 元

译 者 序

从贝尔实验室发明第一只双极型晶体管和仙童公司开发出基于照相技术的平面半导体工艺开始，我们将数量众多的电子元器件集成到同一片半导体衬底上，从而实现了电子电路的集成化和微型化，同时大大提高了电路的可靠性。经过60多年的飞速发展，半导体产业发生了翻天覆地的变化，并且还在不断地改变着我们的生活和思维方式。目前，半导体产业已成为全球第一大产业，它密切关系着一个国家的经济发展、社会进步和国家安全。

微电子技术作为半导体产业的基础，是衡量一个国家高技术水平的重要标志，也是我国当前重点发展的学科之一。近年来，随着我国采取了一系列推动微电子技术发展的重大举措，一大批世界级的集成电路设计公司和半导体制造中心已落户中国大陆，并以飞快的速度发展。可以预见的是，不久的将来，我国不仅将成为世界微电子产业中心之一，而且必将成为微电子强国。目前，微电子方面的专业人才变得越来越紧缺，因此，培养具有国际视野和竞争力的微电子高级专业技术人才不仅是振兴国家信息产业所必需的，而且也是提升国家综合实力的关键。作为微电子技术的基础，半导体器件物理是开发新型半导体器件和设计集成电路的必备知识。为此，在电子工业出版社的大力组织下，我们翻译了 Donald Neamen 教授的 *An Introduction to Semiconductor Devices* 一书。这是一本半导体器件的入门书籍，不仅可作为高等院校电子科学与技术、微电子学、集成电路与集成系统以及应用物理学等相关专业大学本科生的理想教材，也可作为相关专业领域工程技术人员的参考资料。

本书是 Donald Neamen 教授在 *Semiconductor Physics and Devices：Basic Principles（Third Edition）* 基础上撰写的又一部力作。与传统半导体器件物理教材相比，本书具有三大特色：首先，打破了传统半导体器件物理讲授的章节和内容，对相关知识结构重新编排，力求做到"即学即用"，加强读者对半导体器件物理的理解深度和学习效果。其次，本书将 MOSFET 器件的相关内容放在双极型晶体管之前，以突出 MOSFET 器件在当今集成电路设计和制备中的主导地位，增强读者学习本课程的积极性和主动性。本书的另一重要特色是理论结合实际，在详述器件工作原理和基本特性的基础上，增加了一些当今实用器件的新结构以及相应的制备工艺。这一方面加深了读者对器件物理和工艺的理解，另一方面也扩展了读者的视野。

总之，本书实现了量子力学、固体物理、半导体物理、半导体器件及半导体工艺的完美结合，利用本书，读者可系统学习半导体器件物理的基本理论，为学习微电子相关专业的其他课程打下良好的基础。

本书由天津大学电子信息工程学院的谢生翻译，该学院的部分教师给予了大力帮助，研究生吴思聪和高谦等帮忙校对了部分译稿，在此一并表示感谢。

由于译者水平有限，加之时间紧迫，书中难免存在不妥或错误之处，敬请读者批评指正。

作者简介

  Donald A. Neamen（唐纳德·A·尼曼），美国新墨西哥大学电气与计算机工程系荣誉教授，在该系执教长达 25 年。他从新墨西哥大学取得博士学位后，成为 Hanscom 空军基地固态科学实验室的电子工程师。1976 年，他加入新墨西哥大学电气与计算机工程系，专门从事半导体物理与器件课程和电路课程的教学工作。此外，他还是该系的一名兼职导师。

  1980 年，尼曼教授荣获新墨西哥大学的杰出教师奖；1983 年和 1985 年，它被美国工程学荣誉学会授予工程学院杰出教师。1990 年以及 1994 年至 2001 年，他被电气与计算机工程系的毕业生评为优秀教师。1994 年，他获得工程学院的优秀教学奖。

  除教学外，尼曼教授还曾担任过电气与计算机工程系的副主任，并与工业界的马丁公司、桑迪亚国家实验室和雷神公司开展合作。目前，尼曼教授已发表多篇学术论文，同时也是 *Circuit Analysis and Design*，Second Edition 和 *Semiconductor Physics and Devices*：*Basic Principles*，Fourth Edition[《半导体物理与器件（第四版）》已由电子工业出版社（中文版 ISBN 978-7-121-21165-2，英文版 ISBN 978-7-121-14698-5）]的作者。

前　　言

宗旨和目标

本书目的是为读者提供有关半导体器件特性、工作原理及限制因素等基本知识。为了更好地理解这些知识，对半导体材料物理进行全面了解是十分必要的，所以本书将半导体材料物理和半导体器件物理有机地结合在一起。

既然本书的目的是为读者提供一本关于半导体器件物理的入门教材，所以许多深奥的理论并未涉及，这些理论可在更高层次的书籍中找到。此外，书中的一些方程和关系式也只是简单叙述，未做过多推导。关于这些方程的详细推导，读者也可参考其他高等教材。然而，作者认为作为半导体器件物理的入门教材，本书所提供的数学知识已经足够了。

预备知识

本书主要针对电子工程专业的大学三年级和四年级本科生。理解本书的前提是读者已经掌握了高等数学（包括微分方程），以及现代物理导论和电磁学等大学物理知识。预先修完电子线路等基础课程对阅读本书会有帮助，但这不是必需的。

教学顺序

对于课程内容的教学顺序，每位教师都有自己的选择。本书所列主题的顺序与其他半导体器件物理教科书略有不同。本书第 1 章至第 4 章涵盖了半导体材料的基本物理特性，以及半导体器件物理课程开头部分通常涉及的问题。第 5 章讨论了 pn 结和肖特基结的电学特性，这些知识对于理解第 6 章和第 7 章讨论的 MOS 晶体管是十分必要的。将 MOS 晶体管的内容安排在双极型晶体管之前，主要基于以下两点考虑：首先，MOS 晶体管作为集成电路的基本单元，将其安排在课程的前半段，就不会出现安排在课程后半段经常遇到的课时压缩问题；其次，若课程能较早地讨论"真正"的半导体器件，会使读者更有动力去继续深入学习本教材。

在 MOS 晶体管之后，第 8 章阐述了半导体材料的非平衡特性，而第 9 章则讨论了正向偏置的 pn 结二极管和肖特基二极管。第 10 章分析了双极型晶体管，第 11 章涵盖了结型场效应晶体管和晶闸管等其他半导体器件。最后，第 12 章讨论了一些常见的光子器件。

本书内容叙述的一个可能缺点是关于 pn 结的讨论被打乱。然而，作者认为这恰好体现了"即学即用"的教学思想。在讲述 MOS 晶体管之前，对 pn 结进行一些讨论是非常必要的。如果在 MOS 晶体管之前全面讨论 pn 结（包括非平衡过剩载流子），那么在讨论双极型晶体管时，读者可能已经遗忘在正偏 pn 结时所学的知识。

下表列出本书所涉及主题的编排顺序。遗憾的是，由于时间限制，一学期的课程不可能涵盖每章的全部内容。

本书教学方案

第 1 章　固体的晶体结构

第 2 章　固体理论

第 3 章　平衡半导体

第 4 章　载流子输运和过剩载流子现象

第 5 章　pn 结和金属-半导体接触

第 6 章　MOS 场效应晶体管基础

第 7 章　MOS 场效应晶体管的其他概念

第 8 章　半导体中的非平衡过剩载流子

第 9 章　pn 结二极管与肖特基二极管

第 10 章　双极型晶体管

第 11 章　其他半导体器件及器件概念

第 12 章　光子器件

对于那些喜欢传统教学方案，且希望在 MOS 晶体管之前讲授双极型晶体管的教师，下表列出传统方案的教学顺序。也许这样的章节顺序他们认为更合理。

传统教学方案

第 1 章　固体的晶体结构

第 2 章　固体理论

第 3 章　平衡半导体

第 4 章　载流子输运和过剩载流子现象

第 8 章　半导体中的非平衡过剩载流子

第 5 章　pn 结和金属-半导体接触

第 9 章　pn 结二极管与肖特基二极管

第 10 章　双极型晶体管

第 6 章　MOS 场效应晶体管基础

第 7 章　MOS 场效应晶体管的其他概念

第 11 章　其他半导体器件及器件概念

第 12 章　光子器件

本书的使用

本书可作为大学三年级或四年级本科生一个学期的教材。与大多数教材一样，书中涵盖的内容不可能在一个学期内全部讲完。这就给授课教师提供了一定的自由空间，授课教师可以根据教学目的对教学内容进行取舍。

在一些章节的结尾处，本书专门讨论了器件制备技术的相关知识。第 1 章简述了半导体材料的生长技术和氧化过程，而第 3 章则介绍如何通过扩散或离子注入方法向半导体掺入特定杂质。在后面的章节中，我们论述了特定器件的制备流程。在每种器件的工艺流程中，对制备技术的讨论都比较简短，旨在让读者对半导体制备工艺有一个最基本的了解。这些章节，以及书中部分章节的标题前都标记有 Σ 号。符号 Σ 表示阅读这些章节有助于半导体器件总体概况的理解。然而，作为一门导论性课程，未深入学习这些章节并不会影响读者对半导体器件物理的理解。

本书特色

概述部分：概述部分简介本章主要内容，起到承上启下的作用。它也阐明了本章的学习目标，即读者可从本章获得哪些知识。

历史与发展：历史回顾部分将一些历史事件与本书内容联系起来，而发展现状则展现了当前的研究动态及制备水平。

符号 Σ：表示这部分内容有助于增加对半导体器件总体概况的理解。然而，作为一门导论性课程，并不要求深入研究相关内容。

关键术语：正文的页边列出了一些关键术语①，在所讨论内容附近快速查找关键术语有助于读者复习所学内容。

例题：书中列举了大量例题来强化所涉及的理论概念。这些例子覆盖了分析或设计的所有细节，因此读者不必自行补充其忽略的步骤。

自测题：每个例题之后都有对应的自测题。自测题在知识点考察方面与前面的例题非常相似，读者可以通过这些练习来检查自己是否已经掌握所学内容（答案已在题后给出）。

练习题：在每个难点之后都增加了练习题。练习题比例题后的自测题更具综合性，而且答案也已给出。

小结：每章末尾都提供小结，总结本章得出的所有结论，并复习建立的基本概念。

知识点：小结之后是知识点归纳。这部分指出学习本章应该达到的目标，以及读者应该获得的能力。在进入下一章学习之前，这些知识点可用来帮助评估学习的进展。

复习题：每章末尾都给出一些复习题，读者可用它们来做自我测试，以便了解自己对本章概念的掌握程度。

习题：按照主题出现顺序，每章最后都给出了大量的习题。问题前的星号（∗）表示这是一道相对较难的问题。部分习题答案在附录 F 中给出。

参考文献：每章后都附有参考文献，其中那些难度高于本书的参考书用星号（∗）表示。

部分习题答案：附录 F 给出了部分习题的答案。了解答案将有助于解题。

致谢

Peter John Burke，加州大学欧文分校

Chris S. Ferekides，南佛罗里达大学

Ashok K. Goel，密歇根理工大学

Lili He，圣何塞州立大学

Erin Jones，俄勒冈州立大学

---

① 在本中文版中，"关键术语"在正文中用黑体字突出显示——编者注。

Yaroslav Koshka，密西西比州立大学

Shrinivas G. Joshi，马凯特大学

Gregory B. Lush，得州大学埃尔帕索分校

James Mallmann，密尔沃基工程学院

Donald C. Malocha，中佛罗里达大学

Shmuel Mardix，罗德岛大学

目　　录

第1章　固体的晶体结构

本章主要阐述半导体材料与器件的电学性质和特征。首先考虑固体的电学特性。常见半导体多为单晶材料，其电学性质不仅与化学组成有关，也取决于固体中的原子排列方式，所以我们有必要先简单了解一下固体的晶体结构。为使读者对半导体材料和器件的电学性质有一个最基本的认识，本章将介绍单晶材料和晶体生长所必需的背景知识。

内容概括

1. 半导体材料概述。
2. 固体的三种类型——非晶、多晶和单晶。
3. 基本晶体结构、晶面和金刚石结构。
4. 不同固体间的原子价键差异。
5. 各种单晶缺陷及固体中的杂质。
6. 制备单晶半导体材料的工艺过程。
7. 硅氧化物的形成过程。

历史回顾

半导体工艺使用许多不同性能的材料，从能够承载数百安培的导体，到能够耐受数百伏的绝缘体，材料已成为电子工业不可缺少的一部分。具有介电特性的材料是电容器设计的基础，具有磁学特性的材料则是电磁铁或永磁体设计的基础，而高纯度单晶半导体的制备对于半导体产业的发展极其重要。

发展现状

目前，材料仍然是电子工业的基础。制备 12″(英寸)直径的硅单晶晶圆，以及生长数十埃(Å)厚度的半导体外延层仍然是当今的热门研究课题[①]。高纯度单晶材料的性质仍然是大量半导体器件设计的基础。

1.1　半导体材料

目标：列出并描述半导体材料

半导体是导电性介于金属和绝缘体之间的一种材料。半导体材料的一个基本特性是通过在半导体中添加数量可控的杂质原子，其电导率可在几个数量级范围内变化。通过控制和改变半导体材料的电导率，我们可设计出许多半导体器件。

半导体材料可分为两种基本类型：元素半导体和化合物半导体。元素半导体位于元素周期表的IV族。大部分化合物半导体材料则是由III族和V族元素化合而成。表 1.1 是元素周期表的一部分，它包含了最常见的半导体元素。表 1.2 给出了一些常见的半导体材料(半导体也可由II族和VI族元素化合而成，但本书并不涉及)。

---

① 1 英寸(″)＝2.54 cm；1 埃(Å)＝0.1 nm——编者注。

表 1.1　部分元素周期表

周　期 \ 族	II	III	IV	V	VI
2		B 硼	C 碳	N 氮	O 氧
3		Al 铝	Si 硅	P 磷	S 硫
4	Zn 锌	Ga 镓	Ge 锗	As 砷	Se 硒
5	Cd 镉	In 铟	Sn 锡	Sb 锑	Te 碲
6	Hg 汞				

表 1.2　常见半导体材料

元素半导体		IV 族化合物半导体	
Si	硅	SiC	碳化硅
Ge	锗	SiGe	锗硅
二元 III-V 族化合物半导体		**二元 II-VI 化合物半导体**	
AlAs	砷化铝	CdS	硫化镉
AlP	磷化铝	CdTe	碲化镉
AlSb	锑化铝	HgS	硫化汞
GaAs	砷化镓	ZnS	硫化锌
GaP	磷化镓	ZnTe	锑化锌
GaSb	锑化镓		
InAs	砷化铟		
InP	磷化铟		
三元化合物半导体		**四元化合物半导体**	
$Al_xGa_{1-x}As$	铝镓砷	$Al_xGa_{1-x}As_ySb_{1-y}$	铝镓砷锑
$GaAs_{1-x}P_x$	镓砷磷	$Ga_xIn_{1-x}As_{1-y}P_y$	镓铟砷磷

　　由一种元素组成的半导体称为**元素半导体**，如 Si 和 Ge。硅在半导体产业的市场份额中占据主导地位。目前，绝大多数集成电路(IC)都是由硅材料制备的，因此，本书重点讨论硅材料和器件。

　　二元化合物半导体(如 GaAs 或 GaP)是由 III 族和 V 族元素化合而成的。GaAs 是应用最广泛的化合物半导体材料之一，常用来制备发光二极管和激光二极管。此外，GaAs 也应用在需要高速器件的特殊场合。

　　我们也可以制备出**三元化合物半导体**，如 $Al_xGa_{1-x}As$。其中，下标 x 是低原子序数元素的摩尔组分。此外，也可形成更复杂的半导体，这为选择材料属性提供了更大的灵活性。

1.2　固体类型

目标：描述固体的三种类型：非晶、多晶和单晶

　　在 1.1 节中，我们简单地给出了几种常见的半导体材料。由于用于制备分立器件和集成电路的半导体材料通常是单晶材料，所以有必要讨论晶体结构的类型。本节首先描述晶格原子的空间排列，以使三维结构可视化。原子排列及化学组分会影响材料的电学性质。

　　非晶、多晶和单晶是固体的三种基本类型。每种类型都是用材料中有序区域的尺寸来表征的。有序区域是指原子或者分子有规则或周期性几何排列的空间范畴。非晶材料只在几个原子或分子的尺度内有序，而多晶材料则在多个原子或分子的尺度上有序。这些有序区域或单晶区域，彼此有不同的大小和方向。单晶区域称为晶粒，它们由晶界分割开来。理想情况下，单晶材料在整体范围内都有很高的几何周期性。由于晶界使电学性质恶化，所以，单晶材料通常比非单晶材料具有更优异的电学特性。图 1.1 是非晶、多晶和单晶材料的二维示意图。

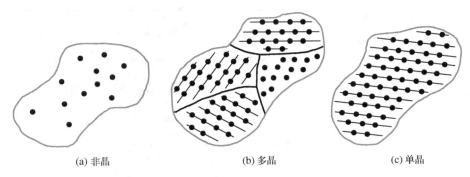

(a) 非晶　　　　　　　(b) 多晶　　　　　　　(c) 单晶

图 1.1　固体三种类型的二维示意图

1.3　空间点阵

目标：描述基本晶体结构、晶面和金刚石结构

我们主要关注的是原子排列具有几何周期性的单晶材料。一个基本的结构单元或原子团在三维方向上按某种固定间隔重复排列就形成了单晶。原子在晶体中的周期性排列称为**晶格**。

1.3.1　原胞与晶胞

通常，用**格点**来表示特定的原子排列。图 1.2 给出了一种无限大的二维格点阵列。实现格点周期性排列的最简单方法是平移。图 1.2 中的每个格点在一个方向上平移 a_1，而在另一方向上平移 b_1，就可产生二维晶格。若在第三个方向上也平移，则可以产生三维晶格。平移方向并不一定要垂直。

由于三维晶格是一组原子的周期性重复排列，因此不必考虑整个晶格，而是仅考虑重复的基本单元。**晶胞**就是可以重现完整晶体的一个小体积元。晶胞并非只有一种结构，图 1.3 就给出了二维晶格几种可能的晶胞。

晶胞 A 可在 a_2 和 b_2 方向平移，晶胞 B 可在 a_3 和 b_3 方向平移，整个二维晶格可由任何一种晶胞平移得到。也可由图 1.3 中的晶胞 C 和 D 适当平移得到整个晶格。关于二维晶胞的讨论可以很容易地推广到三维结构，来描述实际晶体。

原胞是重复形成晶格的最小晶胞。在很多情况下，采用晶胞比原胞更方便。例如，我们可以选择各边的晶胞，而原胞的各边则不一定正交。

图 1.4 给出了一般化的三维晶胞。晶胞和晶格的关系可用三个矢量 $\boldsymbol{a}$、$\boldsymbol{b}$ 和 $\boldsymbol{c}$ 来表示，它们不必互相正交，长度可能相等也可能不等。三维晶体的每个等效格点都可用矢量

$$\boldsymbol{r} = p\boldsymbol{a} + q\boldsymbol{b} + s\boldsymbol{c} \tag{1.1}$$

得到。其中，p、q 和 s 都是整数。由于原点位置的选取是任意的，为简单起见，一般取 p、q 和 s 为正整数。

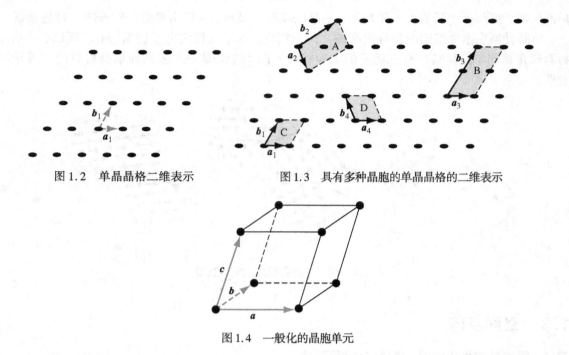

图 1.2　单晶晶格二维表示　　　　　　图 1.3　具有多种晶胞的单晶晶格的二维表示

图 1.4　一般化的晶胞单元

1.3.2　基本晶体结构

在讨论半导体晶体之前，我们先考虑三种基本立方结构的基本特征。图 1.5 给出了简立方、体心立方和面心立方结构。对于这些简单结构，我们选择矢量 a、b、c 彼此正交且长度相等的晶胞。**简立方**（sc）结构的每个顶角有一个原子，**体心立方**（bcc）结构除顶角原子外，在立方体中心还有一个原子，**面心立方**（fcc）结构则在每个面的中心都有一个额外原子。

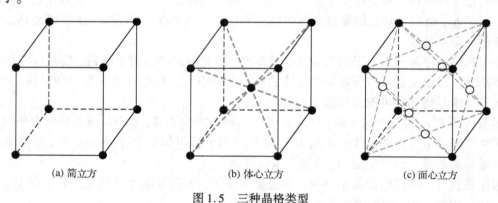

(a) 简立方　　　　　　　　(b) 体心立方　　　　　　　　(c) 面心立方

图 1.5　三种晶格类型

在认识了材料的晶体结构和晶格维度后，可以确定晶体的一些特征。例如，我们可以确定原子的体密度。

例 1.1　确定晶体的原子体密度。考虑一种面心立方的单晶材料，晶格常数 $a_0 = 5\ \text{Å} = 5 \times 10^{-8}\ \text{cm}$。顶角原子被 8 个晶胞共有，所以每个顶角原子为单位晶胞贡献 1/8 个原子。8 个顶角原子共为晶胞提供了一个等效原子。每个面原子被两个晶胞共享，所以每个面原子对单位晶胞的贡献为 1/2。6 个面原子对晶胞的贡献为 3 个等效原子。因此，每个面心立方晶胞包含 4 个有效原子。

【解】

原子体密度为晶胞原子数除以晶胞体积，表征的是单位体积内的原子数，即

$$体密度 = 4/a_0^3 = 4/(5 \times 10^{-8})^3$$

或者

$$体密度 = 3.2 \times 10^{22}\ \mathrm{cm}^{-3}$$

【说明】

晶体中原子体密度的数值给出了大多数材料原子密度的数量级。既然堆积密度（单位晶胞的原子数）依赖于晶体结构，所以实际密度是晶体类型和晶体结构的函数。

【自测题】

EX1.1　体心立方结构的晶格常数 $a_0 = 4.75$ Å，试确定原子体密度。

答案：$1.87 \times 10^{22}\ \mathrm{cm}^{-3}$。

1.3.3　晶面和米勒指数

由于实际晶体并非无限大，它们最终会终止于某一表面。半导体器件制作在表面或近表面区域，所以，表面性质可能影响器件特性。我们可用晶面来描述这些表面。晶体的表面，或穿过晶体的平面可用平面沿 **a**、**b**、**c** 轴的截距来表示。

图 1.6 给出了一个与 **a**、**b**、**c** 轴截距分别为 pa，qb 和 sc 的平面。其中，p、q 和 s 为整数。为了描述这个平面，我们写出截距的倒数

$$\left(\frac{1}{p}, \frac{1}{q}, \frac{1}{s} \right) \tag{1.2}$$

然后乘以最小公倍数，就可得一组如 (hkl) 的数。因此，这个平面称为 (hkl) 平面，参数 h，k，l 称为**米勒指数**。

例 1.2　描述图 1.7 所示平面。图 1.7 所示的格点只沿 **a**、**b**、**c** 轴方向。

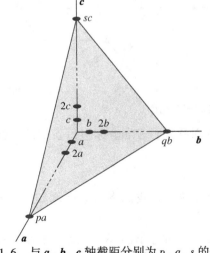
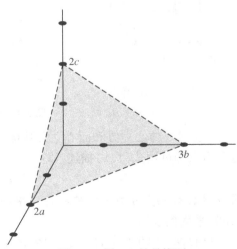

图 1.6　与 **a**、**b**、**c** 轴截距分别为 p，q，s 的平面　　　图 1.7　例 1.2 的晶格面

【解】

由式(1.1)，平面的截距分别为 $p=2$，$q=3$ 和 $s=2$。由式(1.2)写出截距的倒数

$$\left(\frac{1}{2}, \frac{1}{3}, \frac{1}{2}\right)$$

乘以最小公倍数 6，得到(323)。因此，图 1.7 所示平面称为(323)平面。这些整数称为米勒指数，我们将一般平面称为(hkl)平面。

【说明】

凡是与图 1.7 所示平面平行的所有平面都有相同的米勒指数。任何平行平面都是彼此等效的。

【自测题】

EX1.2　简立方中的一个平面描述为(132)平面。(a)这个平面在 **a**、**b** 和 **c** 轴上的截距为多少？(b)试画出该平面。

答案：(a) $p=6$，$q=2$，$s=3$。

通常，立方晶体考虑的三个平面如图 1.8 中的阴影所示。图 1.8(a)所示的面与 **b**，**c** 轴平行，所以截距为 $p=1$，$q=\infty$，$s=\infty$。取倒数，可得米勒指数为(1,0,0)，因此，图 1.8(a)所示平面称为(100)晶面。同理，与图 1.8(a)相互平行且相差整数倍晶格常数的任意平面都是等效的，它们都称为(100)晶面。用截距的倒数表示米勒指数的好处在于：当描述与坐标轴平行的平面时，可避免使用无穷大。当描述穿过坐标原点的平面时，取截距的倒数后，会得到一个或两个无穷大的米勒指数。然而，由于坐标原点的位置是任意的，通过将原点平移到其他等效格点，就可避免米勒指数取无穷大。

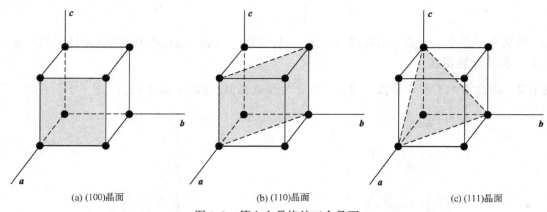

(a) (100)晶面　　　　　　　(b) (110)晶面　　　　　　　(c) (111)晶面

图 1.8　简立方晶格的三个晶面

简立方、体心立方和面心立方结构具有高度的对称性，三维坐标中每条轴都可旋转90°，每个格点仍可用式(1.1)描述，即

$$\boldsymbol{r} = p\boldsymbol{a} + q\boldsymbol{b} + s\boldsymbol{c} \tag{1.1}$$

所以图 1.8(a)所示立方结构的每个平面都是完全等效的。我们将这些平面归为一组，并用 {100} 平面集表示。

我们也可以考虑如图 1.8(b)和图 1.8(c)所示的平面。图 1.8(b)所示平面的截距分别为 $p=1$，$q=1$，$s=\infty$。取截距的倒数即可得到米勒指数，所以这个平面称为(110)平面。同理，图 1.8(c)所示平面称为(111)平面。

可以确定晶体的一个特征是最近邻平行等效平面的间距。另一个特征是特定平面的原子面密度(#/cm²)，即每平方厘米的原子个数。由于单晶半导体并非无限大，而是终止于某个表面。因此，在确定其他材料(如绝缘体)如何与半导体材料表面相匹配时，原子的面密度可能变得很重要。

例 1.3　计算晶体中特定平面的原子面密度。考虑如图 1.9(a)所示的面心立方结构和(110)平面。假定原子可表示为硬球并与最邻近原子相切，晶格常数为 $a_0 = 4.5$ Å $= 4.5 \times 10^{-8}$ cm。图 1.9(b)给出了原子被(110)平面所截的情况。

每个顶点原子被 4 个等效晶面共享，所以每个顶点原子实际对这个晶面的贡献为 1/4，如图 1.9(b)所示。4 个顶点原子对这个晶面的有效贡献为一个原子。每个面原子被 2 个等效晶面共享，所以每个面原子对这个晶面的贡献为 1/2，两个面原子对这个晶面的有效贡献为一个原子。因此，图 1.9(b)所示的晶面共包含两个原子。

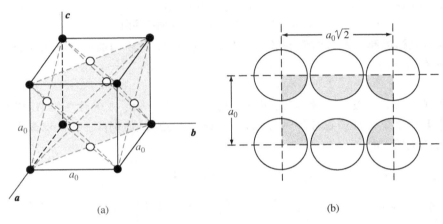

图 1.9　(a)面心立方结构的(110)晶面；(b)面心立方结构被(110)晶面所截的原子示意图

【解】

面密度为晶格原子数除以表面积。在本例中

$$面密度 = \frac{2}{(a_0)(a_0\sqrt{2})} = \frac{2}{(4.5 \times 10^{-8})^2(\sqrt{2})}$$

或

$$面密度 = 6.98 \times 10^{14} \text{ cm}^2$$

【说明】

原子面密度是晶格特定晶面的函数。一般来说，不同晶面的面密度是不同的。

【自测题】

EX1.3　体心立方结构的晶格常数 $a_0 = 4.75$ Å $= 4.75 \times 10^{-8}$ cm。试分别计算(a)(100)晶面和(b)(110)晶面的原子面密度。

　　　　答案：(a)4.43×10^{14} cm^{-2}；(b)6.27×10^{14} cm^{-2}。

除了描述晶格的晶面外，我们也可以描述晶体的方向。**晶向**可以用三个整数表示，它们是各方向矢量的分量。例如，简立方晶格体对角线的矢量分量分别为 1，1，1。因此，体对角线描述的是[111]方向。用方括号来描述晶向，以区别于描述晶面的圆括号。简立方结构的三个基本晶向和相关晶面如图 1.10 所示。注意，在简立方结构中，$[hkl]$ 晶向和 (hkl) 晶面垂直。但这种垂直关系在非简立方晶体中不一定成立。

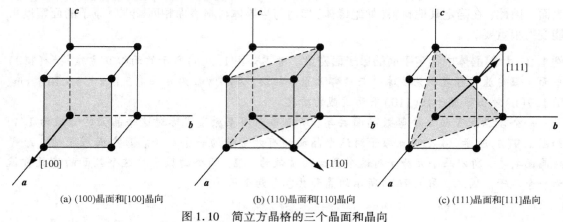

(a) (100)晶面和[100]晶向　　　(b) (110)晶面和[110]晶向　　　(c) (111)晶面和[111]晶向

图 1.10　简立方晶格的三个晶面和晶向

例 1.4　描述晶格的晶向及其对应的晶面。考虑如图 1.11 所示的晶向，描述这个晶向以及与这个晶向垂直的晶面。

【解】

所示矢量方向由矢量的分量描述，即 $p=2$，$q=4$，及 $s=1$，或者称为 [241] 晶向。

与这个晶向垂直的晶面也可描述为 (241) 晶面。取 (241) 的倒数，并乘以最小公倍数，就可得到晶面的截距，即

$$\left(\frac{1}{2}, \frac{1}{4}, \frac{1}{1}\right) \rightarrow (2, 1, 4)$$

或者 $p=2$，$q=1$，$s=4$。这个平面如图 1.12 所示，它垂直与图 1.11 所示的晶向。

【说明】

如上所述，对于简立方结构而言，晶向垂直于对应的晶面。

【自测题】

EX1.4　描述图 1.13 所示晶向以及与这个晶向垂直的对应晶面。

答案：[113] 晶向，(113) 晶面的截距分别为 $s=3$，$p=3$，$s=1$。

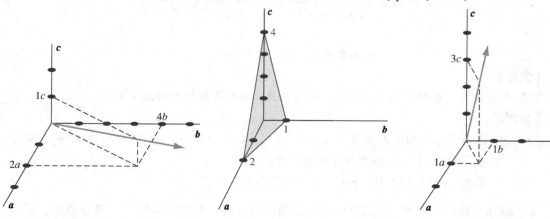

图 1.11　例 1.4 的晶向　　　图 1.12　与图 1.11 所示晶　　　图 1.13　自测题 EX1.4 的晶向
向垂直的晶面

1.3.4　金刚石结构

如前所述，硅是最常见的半导体材料，它是Ⅳ族元素，具有**金刚石晶体**结构。锗也是Ⅳ族元素，具有相同的金刚石结构。图 1.14 所示金刚石结构的晶胞要比前面讨论的简立方结构复杂得多。

下面通过图 1.15 所示的四面体结构来认识金刚石点阵。四面体结构可视为缺 4 个顶点原子的体心立方结构。四面体结构的每个原子都有四个最邻近原子，它是金刚石点阵的基本单元。

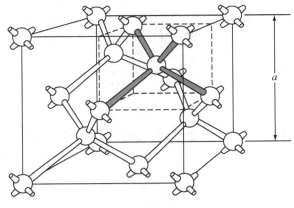

图 1.14　金刚石结构

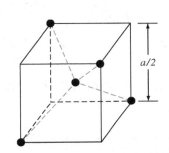

图 1.15　金刚石点阵中最近邻原子的四面体结构

有多种方法可形象地来描述金刚石点阵。一种加深理解金刚石点阵的方法如图 1.16 所示。图 1.16(a)给出了对角互连的两个体心立方，或四面体结构。空心圆表示图中结构向左或向右平移一个晶格常数 a 时晶格中的原子。图 1.16(b)表示金刚石结构的上半部分。上半部分也由两个对角互连的四面体组成，但它与下半部分对角线成 90°。金刚石点阵最重要的特征是金刚石结构中的每个原子都有四个最邻近原子。在 1.4 节讨论原子价键时，我们会再次提到这个特征。

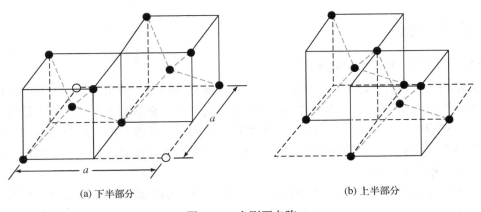

(a) 下半部分　　　　　　　　　　(b) 上半部分

图 1.16　金刚石点阵

金刚石结构是由同种原子形成的特定晶格，比如硅和锗。**铅锌矿**(闪锌矿)结构与金刚石结构的不同之处仅在于其晶格中有两种原子。化合物半导体(如 GaAs)具有图 1.17 所示的铅锌矿结构。金刚石和铅锌矿结构的共同特征是相邻原子构成四面体。图 1.18 给出了 GaAs 的基本四面体结构。其中每个 Ga 原子有 4 个最近邻的 As 原子，而每个 As 原子有 4 个最近邻的 Ga 原子。该图也表明，两个子晶格的相互嵌套可以形成金刚石或铅锌矿点阵。

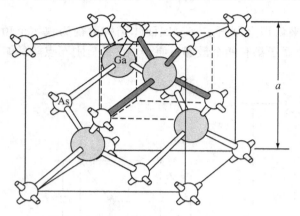

图 1.17　GaAs 的铅锌矿(闪锌矿)点阵

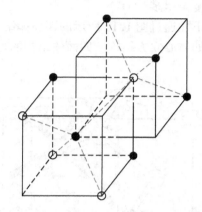

图 1.18　铅锌矿点阵中最近邻原子形成的四面体结构

【练习题】

TYU1.1　体心立方晶格的原子体密度为 5×10^{22} cm^{-3}。假设所有原子可视为硬球，并与最邻近原子相切，试确定晶格常数和原子的有效半径。

答案：$a_0 = 3.42$ Å，$r = 1.48$ Å。

TYU1.2　简立方晶格的晶格常数 $a_0 = 4.83$ Å，试确定最邻近(100)晶面的距离。

答案：3.42 Å。

TYU1.3　硅的晶格常数为 5.43 Å，试计算硅原子的体密度。

答案：5×10^{22} cm^{-3}。

1.4　原子价键

目标：讨论不同固体的原子价键差异

前面已讨论了多种单晶结构。现在的问题是为什么特定原子的结合倾向于某种特定的晶格结构而不是其他结构呢？自然界的一条基本定律是在热平衡状态下，系统总能量趋于达到最小值。原子形成固体时的相互作用，以及达到的最低能量与参与原子的类型有关，而原子间的价键类型或相互作用则取决于晶体中的原子。如果原子间没有强的价键，那么它们就不可能组合在一起形成固体。

原子间的相互作用可用量子力学描述。尽管第 2 章会简单地介绍量子力学，但用量子力学来描述原子价键的相互作用仍超出本书的范围。通过考察原子的价电子，即最外层电子，可定性地理解原子是如何相互作用的。

元素周期表两端的原子(惰性元素除外)倾向于失去或得到电子，从而形成离子。这些离子基本具有满的外电子壳层。周期表中的 I 族元素则倾向于失去一个电子而带正电，而Ⅶ族元素则倾向于得到一个电子而带负电。这两种电荷相反的离子通过库仑吸引形成**离子键**。如果离子过于接近，排斥力将起主导作用，所以最终这两类离子在某一距离上达到平衡。在晶体中，负离子通常被正离子包围，而正离子则被负离子包围，于是原子的周期性排列形成了晶格。离子键的典型例子是 NaCl。

原子的相互作用倾向于形成满价电子壳层，如前面描述的离子键。形成满价电子壳层的另一种化学键是**共价键**，氢分子就是其中一例。氢原子有一个电子，需要另外一个电子来填充最低能量壳层。图 1.19 给出了两个无相互作用的氢原子以及通过共价键结合的氢分子。共价键使得原子共享价电子，所以实际上每个原子的价电子壳层都是满的。

周期表中的Ⅳ族元素，如 Si 和 Ge，也倾向于形成共价键。每种元素都有 4 个价电子，需要另外 4 个电子来填满价电子壳层。如果硅原子有 4 个最近邻原子，每个原子提供一个共享电子，那么中心原子的外壳层实际上就有 8 个电子。图 1.20(a)示意地画出了 5 个无相互作用的硅原子，每个硅原子有 4 个价电子。硅原子共价键的二维表示如图 1.20(b)所示。中间的硅原子有 8 个共享的价电子。

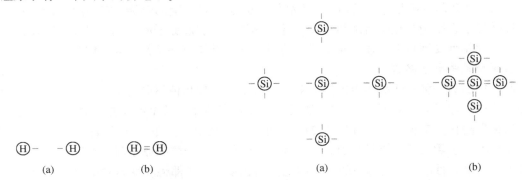

图 1.19　(a)氢原子价电子的示意图；
　　　　　(b)氢分子共价键的示意图

图 1.20　(a)硅原子价电子的二维表示；
　　　　　(b)硅晶体共价键的二维示意图

图 1.20(b)给出了硅原子共价键的二维示意图。在实际三维结构中，原子以四面体结构排列，如图 1.15 所示。但二维表示在讨论半导体行为时是非常有用的。

氢原子和硅原子共价键的显著区别是，由于氢原子只有一个电子，当两个氢原子之间形成共价键后，没有其他多余电子形成额外的共价键，但是对于硅原子来说，由于价电子不止一个，处于外围的硅原子可提供价电子形成其他的共价键。因此，硅阵列可形成无限大的硅晶体，每个硅原子有 4 个最近邻原子和 8 个共享电子。4 个最近邻硅原子形成的共价键分别对应于图 1.15 描述的四面体结构和图 1.14 描述的金刚石结构。显而易见，化学键和晶体结构是直接相关的。

第三类原子键是**金属键**。 I 族元素有一个价电子。若两个钠原子($Z = 11$)靠得足够近，则价电子就会像共价键那样相互作用。如果第三个钠原子也靠近这两个原子，则这个价电子也会相互作用，形成新的键。固态钠是体心立方结构，所以每个原子有 8 个最近邻原子，每个原子有多个共享电子。我们可以想象正金属离子被带负电的电子海洋包围，固体通过静电力组合到一起。这就是金属键的定性描述。

第四类原子键称为范德华力，或称为分子键，它是最弱的化学键。例如，HF 分子是通过离子键构成的。分子的正电荷有效中心不同于负电荷有效中心。这种电荷分布的不对称性会产生电偶极子，从而与其他 HF 分子的电偶极子相互作用。由于相互作用比较弱，基于范德华力形成的固体具有相对较低的熔点。实际上，这种材料在室温下大多呈气态。

1.5　固体中的缺陷和杂质

目标：描述各种单晶缺陷和固体中的杂质

　　到目前为止，我们已经讨论了理想晶体结构。然而，实际晶体的晶格并不完美，存在缺陷，也就是说，完整的几何周期性被扰乱。缺陷可改变材料的电学特性，在某些情况下，电学参数可由这些缺陷或杂质决定。在第 3 章将会看到，通过在半导体中添加少量浓度可控的特定杂质，我们可显著地改变材料的电导率。

1.5.1　固体缺陷

　　所有晶体都存在的一类缺陷是原子的热振动。理想单晶包含的原子位于晶格的特定格点，且原子之间的距离相等。然而，由于晶体中的原子有一定的热能，它是温度的函数。这个热能使原子在平衡格点附近随机振动。随机热振动又引起原子间距离的波动，这使得原子的完美几何排列受到轻微扰动。正如随后将讨论的半导体材料特性，这种称为晶格振动的缺陷将会影响某些电学参数。

　　晶体中的另一种缺陷称为点缺陷。对于这种缺陷，有几种不同的类型。如前所述，理想单晶晶格中的原子是周期性排列的。然而，在实际晶体中，某个特定格点的原子可能有缺失。这种缺陷称为**空位缺陷**，如图 1.21(a) 所示。在其他情况下，原子可能嵌于格点之间，这种缺陷称为**填隙缺陷**，如图 1.21(b) 所示。当存在空位和填隙原子时，不仅原子的完整几何排列被打破，而且原子间理想的化学键也受到扰动，这些都将改变材料的电学特性。当晶体中的空位和填隙原子靠得足够近时，这两种点缺陷就会发生相互作用。这种空位-填隙缺陷也称为弗仑克尔(Frenkel)缺陷，它对材料性质的影响与简单的空位或填隙缺陷不同。

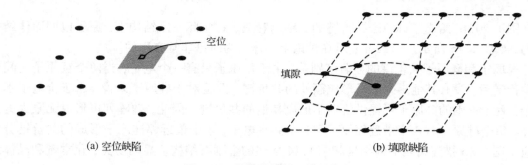

(a) 空位缺陷　　　　　　　　　　　　　　　　(b) 填隙缺陷

图 1.21　单晶晶格的二维示意图

　　点缺陷包含单个填隙原子或单个原子空位。在形成单晶材料过程中，也会出现其他更复杂的缺陷。例如，当一整列原子从正常晶格位置缺失时，就会出现线缺陷。这种缺陷称为位错，如图 1.22 所示。和点缺陷一样，位错破坏了晶格正常的几何周期性和晶体理想的原子键。位错也会改变材料的电学特性，而且比点缺陷更加难以预测。

　　晶格中还会出现其他的复杂缺陷。然而，本书仅介绍性地给出了几种最基本的缺陷类型，并说明实际晶体并非是完整的晶格结构。在第 8 章中，我们将讨论这些缺陷对半导体电学性质的影响。

1.5.2　固体中的杂质

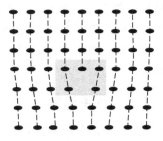

图 1.22　线位错的二维示意图

　　晶格中可能出现外来原子或杂质原子。杂质原子可以占据正常格点的位置，我们称这种杂质原子为**替位杂质**。杂质原子也可能位于正常格点之间，我们称之为填隙杂质。这两种杂质都是晶格缺陷，如图 1.23 所示。有些杂质，如硅中的氧，主要表现为惰性；而其他杂质，如硅中的金或磷，则可显著改变材料的电学特性。

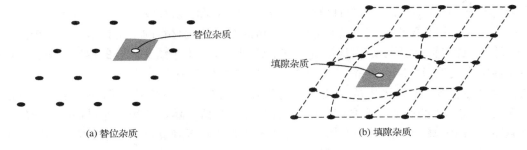

(a) 替位杂质　　　　　　　　　　　　　　　　(b) 填隙杂质

图 1.23　单晶晶格的二维表示

　　在第 3 章我们将看到，通过加入适量的特定杂质原子，就可以改变半导体材料的电学特性。通过向半导体材料添加杂质，改变其导电性的技术称为**掺杂**。通常有两种掺杂方法：固态(或气态)源扩散和离子注入。

　　实际的**扩散**工艺在某种程度上依赖于材料特性，但通常只有当半导体晶体置于含有欲掺杂原子的高温(约为 1000℃)气态环境中时，杂质扩散才会发生。在如此高的温度下，许多晶格原子能够随机进出它们的格点位置。这种随机运动可以产生空位，这样杂质原子就可从一个空位跳到另一个空位，在晶格中运动。杂质扩散就是杂质粒子从近表面的高浓度区向晶体内部低浓度区移动的过程。当温度降低后，杂质原子就永久地冻结在替位格点中。通过将不同杂质扩散进半导体的选定区域，就可在单晶半导体上制备出复杂的电路结构。

　　通常，**离子注入**的温度比扩散过程低。准直的杂质离子束被加速到 50 keV 或更高的能量后，直接导入半导体表面。高能杂质离子进入晶体并停留在距离表面某个平均深度的位置上。离子注入的优点是注入晶体特定区域的杂质离子总量精确可控。缺点是入射杂质离子与晶体原子发生碰撞，产生晶格移位损伤。然而，大部分晶格损伤可通过短暂的热退火消除。热退火是离子注入的必须步骤。

Σ[①]1.6　半导体材料生长

目标：简述制备单晶半导体材料的工艺过程

　　超大规模集成电路(VLSI)制造的成功，很大程度上得益于高纯单晶半导体材料生长技术

---

① 标注 Σ 部分表示阅读本节有助于半导体器件物理的深入理解，读者首次阅读本书时，可以跳过，这并不影响本书
　内容的学习。

的发展和进步。半导体是最纯的材料之一。例如，硅中大多数杂质浓度小于 0.1ppb[①]。高纯要求意味着在生长和制造过程的每一步处理都要格外小心。晶体生长的动力学过程极其复杂，本书仅用最普通的术语加以描述。然而，了解一些生长技术的知识和术语是非常有用的。

1.6.1　熔体生长

生长单晶材料的常用技术称为 **Czochralski 法**（或称直拉法）。在这种技术中，称为籽晶的单晶材料与处于熔融状态的同种材料的液面相接触，然后从熔融体中缓慢提拉籽晶。随着籽晶的缓慢拉升，熔体沿固-液界面凝固。通常，提拉晶体时也会缓慢旋转，搅动熔融体，以获得更均匀的温度。在熔体中也可加入适量杂质原子，如硼或磷，这样生长的半导体晶体就人为地掺入了杂质原子。图 1.24（a）所示为直拉法生长工艺的示意图，以及该工艺生长的硅锭。

一些不想要的杂质也可能出现在硅锭中。区熔法是纯化材料的常用技术。用一个高温线圈，或射频（RF）感应线圈，缓慢地沿着硅锭的轴向移动。由于线圈感应的温度足够高，以至于在晶锭中形成液态薄层，在固-液界面处，杂质在两相间呈现某种分布。描述这种分布的参数称为分凝系数，即固体中的杂质浓度与液体中的杂质浓度之比。例如，若分凝系数为0.1，则表示液体中的杂质浓度是固体中杂质浓度的 10 倍。随着液相区通过硅锭，杂质沿液体被驱动。当 RF 感应线圈移动几次后，大多数杂质就被赶到硅锭的末端，然后切除这个末端。利用区熔技术可获得相当高的纯度。

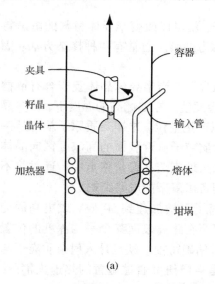

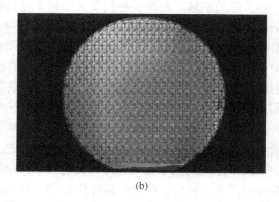

(a)　　　　　　　　　　　　　　　　　　　　(b)

图 1.24　（a）拉晶机模型；（b）硅集成电路芯片阵列的照片。电路在晶圆上
测试后，切割成可封装的芯片，照片的底平面垂直于[110]晶向

半导体单晶生长后，硅锭被机械研磨到合适的直径，并沿硅锭轴向磨出一个或两个平面来表征晶向。这个平面可以与[110]晶向垂直，或者称为(110)晶面[如图 1.24（b）所示]。这样，每个芯片就可沿特定的晶面制作，以使芯片更容易切割分离。接下来晶锭被切割成晶

---

① ppb 是 part per billion 的简写，它表示十亿分之一——译者注。

片。晶片必须足够厚，以提供机械支撑。机械双面研磨工艺能够获得厚度均匀的平整晶片。由于研磨过程会产生表面损伤和机械沾污，因此，还需要化学腐蚀去除表面层。最后一步是抛光，以获得光滑表面。在此表面上可以制作器件或进行后续的生长工艺。这个最终的半导体晶片称为衬底材料。

1.6.2 外延生长

外延生长是器件和集成电路制造过程中广泛应用的一种生长技术。外延生长是在单晶衬底表面生长一层薄单晶的工艺。外延工艺的生长温度远低于晶体熔点，单晶衬底充当籽晶。当外延层生长在同种材料衬底上时，称为同质外延。在硅衬底上生长硅膜就是同质外延的例子。当前，许多研究工作都是基于异质外延实现的。在异质外延中，衬底材料和外延层是不同的。为了生长单晶，同时避免在外延-衬底界面处产生缺陷，两种材料的晶格结构应该类似。在 GaAs 衬底上外延生长 AlGaAs 三元合金层就是异质外延的一个例子。

化学气相沉积 化学气相沉积(CVD)是一种广泛使用的外延技术。例如，采用含硅化学气体向硅衬底表面可控地淀积硅原子，生长硅外延层。其中一种生长方法是采用 $SiCl_4$ 和 H_2 在加热的硅衬底上发生反应。反应中硅原子析出并淀积到衬底上，而反应副产物，气态的 HCl 则从反应室中清除。CVD 工艺可实现衬底和外延层之间陡峭的掺杂界面。该生长技术为半导体器件的制备提供了极大的灵活性。

液相外延 液相外延是另一种外延生长技术。含有其他元素的半导体化合物的熔点可能比半导体本身的熔点低。当半导体衬底置于液态化合物中时，由于化合物熔点比衬底的低，所以衬底不会熔化。随着熔液逐渐冷却，籽晶上就会生长一层半导体单晶。这种技术可在比直拉法低的温度下生长出单晶材料，且多用于III-V族化合物半导体的外延生长。

分子束外延 生长外延层的另一种通用技术是分子束外延(MBE)。衬底置于400℃～800℃的真空腔内，与多数半导体工艺步骤相比，该温度相对要低一些。加热半导体和掺杂原子，使其蒸发到衬底表面。采用这种技术可精确控制掺杂，实现非常复杂的掺杂截面。例如，在 GaAs 衬底上生长 AlGaAs 这样组分突变的复杂化合物。采用 MBE 技术可在衬底上生长多种外延组分的外延层。这些结构对于像激光二极管(LD)这样的光子器件是极其有用的。

Σ1.7 器件制备技术：氧化

目标：描述硅氧化物的形成

集成电路(IC)是通过在单个芯片上形成多个晶体管和互连线而制得的。制备 IC 的所有工艺称为集成技术。在本书中，我们会适当地介绍基本制备工艺。此处，我们讨论其中的一个工艺——热氧化。

硅集成电路取得成功的一大主因就是可在硅表面制备优良的本征氧化物 SiO_2。这个氧化物用做金属-氧化物-半导体场效应晶体管(MOSFET)的栅绝缘层。在第6章我们会看到，氧化物是这种电子器件不可分割的一部分。大多数其他半导体并不能形成用做器件制备的、高质量的本征氧化物。

正如本书将会看到那样，氧化硅是器件制备工艺中非常重要的材料。此外，氧化物也用

做器件隔离的场氧绝缘层。用做器件电互连的金属互连线通常处于场氧绝缘层上。在氧气氛中,硅的氧化过程按如下反应进行:

$$Si(固态) + O_2(气态) \rightarrow SiO_2(固态)$$

由于只有氧气,没有水气,所以这个过程称为**干氧氧化**。

当硅表面形成氧化层后,氧分子必须扩散过已有的氧化层到达硅表面,才能继续氧化反应,这个过程如图 1.25 所示。Si 扩散过 SiO_2 的概率比 O_2 扩散过 SiO_2 的概率小几个数量级。因此,氧化反应只发生在 Si-SiO_2 界面。氧化反应消耗硅的厚度是氧化层最终厚度的 44%。

在室温下,硅表面形成本征氧化。当氧化层厚度达到 25 Å,氧化反应自动停止。这是因为在室温下,O_2 在 SiO_2 中的扩散系数极小。

图 1.26 所示为氧化过程完成的实例。二氧化硅仅在裸硅上生长。由于 Si_3N_4 充当掩膜,因此,SiO_2 不会生长在这个区域上。由于 SiO_2 在 Si_3N_4 边界的横向生长,所以会形成如图 1.26 所示的"鸟嘴"区。本图也给出了氧化生长过程中硅的消耗情况,二氧化硅的最终表面在初始硅表面之上。氧化过程结束后,半导体表面可能并不完全平坦。

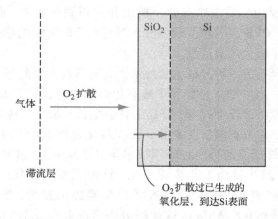

图 1.25　氧化工艺示意图,图中给出氧扩散过程形成的二氧化硅

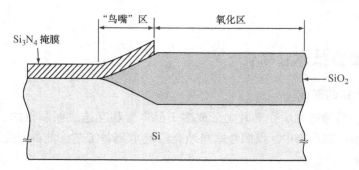

图 1.26　裸硅上生长的二氧化硅。Si_3N_4 掩膜下存在横向生长。由于
二氧化硅在消耗硅的同时变厚,所以形成"鸟嘴"区

在高温条件下,可以形成厚的氧化层。为了实现热氧化,硅晶片置于电阻加热炉的石英管中。典型的热氧化温度在 800℃ ~1100℃。温度越高,热氧化反应也越快。

氧化过程也可在水气气氛中进行。这样的氧化过程称为**湿氧氧化**。湿氧氧化过程按如下反应进行：

$$\text{Si(固态)} + 2H_2O\text{(气态)} \rightarrow SiO_2\text{(固态)} + 2H_2\text{(气态)}$$

湿氧氧化反应比干氧氧化快得多，所以常用来生长厚的氧化硅层。

随着二氧化硅的形成，氧气或水气需扩散过已生成的氧化物，才能形成新的二氧化硅。对于薄氧化物，氧化层厚度与氧化时间成正比；对于厚氧化层，氧化层厚度近似正比于氧化时间的平方根。不同氧化温度下，干氧和湿氧氧化工艺的氧化层厚度和时间的关系曲线如图 1.27 所示。氧化层厚度是温度的强函数，同时也是硅表面晶向的函数。

二氧化硅也可用淀积方法形成。通常，热生长的氧化物比淀积氧化物的质量高。热生长氧化物与硅表面有强的价键，Si 和 SiO_2 界面有稳定、可控的电学特性。正如第 6 章将会看到，Si-SiO_2 界面质量是表征 MOSFET 制备的重要方法。

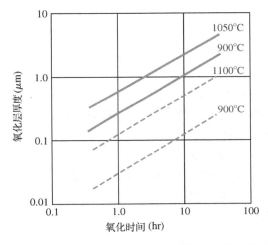

图 1.27　（111）晶向的二氧化硅层厚度是氧化时间和
温度的函数。实线：湿氧氧化；点线：干氧氧化

本节仅给出了热氧化的基本概念，实际氧化过程还包括一些细节。例如，氧气氛中含有氯。氯可与金属沾污发生反应，所以 Cl 有清洁气氛的作用。氯也可产生性能更好的 Si-SiO_2 界面特性。

其他更多的氧化细节可在本章最后列出的、与制备工艺相关的参考文献中找到。

1.8　小结

1. 给出常用的半导体材料。如第 3 章所述，半导体的电导率可在几个数量级的范围内变化。硅是最常用的半导体材料，不过在特定场合中，其他半导体材料也是有用的。
2. 非晶、多晶和单晶材料的性质可由原子或分子有序区域来定义。非晶材料的原子排列从本质上讲没有规则的几何周期性，而单晶材料在整个材料体积内都有高度的周期性。
3. A. 半导体和其他材料的性质很大程度上由其单晶的晶体结构决定。晶胞是晶体的最小重复单元。三种基本的晶胞是简立方、体心立方和面心立方。

  B. 常用米勒指数来描述晶体的晶面。这些晶面可用来描述半导体材料的表面，也可用米勒指数来描述晶向。

  C. 硅具有金刚石结构。原子以四面体形式结合，每个原子有 4 个最近邻原子。二元半导体具有铅锌矿结构，它与金刚石结构基本相同。

4. 硅原子间的相互作用形成共价键。共价键使得电子被原子所共享。

5. 半导体材料存在缺陷，如空位、替位杂质和填隙杂质。我们将在第 3 章看到，少量可控的替位杂质有利于改变半导体材料的电学特性。

6. 简单介绍了半导体的生长技术。用直拉法等体材料生长技术可制备出初始半导体材料或衬底。外延生长可用来控制半导体的表面特性。大多数半导体器件制作在外延层上。

7. 介绍了硅表面的热氧化工艺。在本书的后继章节将看到，氧化工艺广泛用于半导体器件制备。

知识点

学完本章之后，读者应具备如下能力：

1. 列出两种元素半导体材料和几种化合物半导体材料。

2. 简述非晶、多晶和单晶材料的区别。

3. A. 确定各种晶体结构的体密度；

  B. 确定晶面的米勒指数，并根据米勒指数画出晶面；

  C. 确定给定晶面的原子面密度；

  D. 简述金刚石点阵。

4. 简述共价键的含义。

5. 理解并描述单晶中的各种缺陷。

6. 简述基本外延生长工艺。

7. 简述硅的热氧化工艺。

复习题

1. 列举两种元素半导体材料和两种化合物半导体材料。

2. 描述非晶材料与单晶材料的主要差别。

3. A. 画出三种晶格结构：(a)简立方，(b)体心立方和(c)面心立方；

  B. 描述求晶体中原子体密度的步骤；

  C. 描述获得晶面米勒指数的步骤；

  D. 简述求特定晶面原子面密度的步骤。

4. 画出硅单晶的二维表示，并给出价电子。什么是共价键？

5. 晶体中替位杂质和填隙杂质的含义是什么？

6. 外延生长的物理含义是什么？

7. 氧化层形成后，为什么硅的热氧化过程发生在 $Si\text{-}SiO_2$ 界面处？

习题

1.3　空间点阵

1.1　确定各晶胞中的原子数：(a)面心立方；(b)体心立方和(c)金刚石结构。

1.2　若 GaAs 的晶格常数为 5.65 Å，试分别确定单位立方厘米内的 Ga 和 As 的原子数。

1.3　若 Ge 的晶格常数为 5.65 Å，试确定半导体 Ge 的原子体密度。

1.4　假设每个原子都是硬球，且与最近邻原子相切。试确定原子占据各晶胞的百分数：(a)简立方；(b)面心立方；(c)体心立方；(d)金刚石结构。

1.5　若半导体材料为 GaAs，试计算 Ga 和最近邻 As 原子的距离(中心到中心)。

1.6　若半导体材料具有面心立方(fcc)结构，其体积为 1 cm^3，晶格常数为 2.5 mm。假想材料中的"原子"是咖啡豆，同时假设咖啡豆为硬球，与最近邻的咖啡豆相切。试确定咖啡豆磨碎后的体积(假定咖啡粉是 100% 紧密接触的)。

1.7　如果硅的晶格常数是 5.43 Å，试计算：(a)两个最近邻原子中心的距离；(b)硅原子的体密度($\#/cm^3$)；(c)硅的密度(g/cm^3)。

1.8　某种晶体由 A 和 B 两种元素组成，其晶格结构为面心立方体，元素 A 在顶点上，元素 B 在面心。元素 A 的有效半径为 1.02 Å。假设两种原子均为硬球，且每个 A 球与其最邻近的 A 球相接触。试计算：(a)满足这种结构的 B 原子的最大半径；(b)A 原子和 B 原子的体密度($\#/cm^3$)。

1.9　假设某原子的半径 $r = 2.1$ Å，且可用硬球表示。若将该原子分别置于简立方、面心立方、体心立方和金刚石结构中，试求每种晶格的晶格常数。

1.10　NaCl 晶体是简立方结构，Na 原子和 Cl 原子交替出现。每个 Na 原子被 6 个 Cl 原子包围；反过来，每个 Cl 原子被 6 个 Na 原子包围。(a)画出(100)晶面的原子；(b)假定每个原子都是硬球，且与最近邻原子相切。Na 的有效半径为 1.0 Å，而 Cl 的有效半径为 1.8 Å。试确定 NaCl 的晶格常数；(c)计算 Na 原子和 Cl 原子的体密度；(d)计算 NaCl 的质量密度。

1.11　(a)某种材料由两种元素组成。A 原子的有效半径为 2.2 Å，B 原子的有效半径为 1.8 Å。其晶体为体心立方结构，A 原子位于顶点，而 B 原子位于中心位置。试确定晶格常数以及 A 原子和 B 原子的体密度；(b)若 B 位于顶点，A 原子位于中心，重新计算(a)部分；(c)(a)部分和(b)部分的材料有何异同？

1.12　考虑习题 1.11(a)和 1.11(b)中的两种材料。试分别计算每种材料(110)晶面的 A 原子面密度和 B 原子面密度。两种材料有何异同？

1.13　(a)简立方结构在立方体中心有一个原子，若晶格常数为 a_0，原子直径也为 a_0。试计算原子体密度以及(110)平面的面密度；(b)若图 1.5(a)所示的简立方结构具有与(a)部分相同的晶格常数，试比较(a)部分结构和图 1.5(a)所示简立方结构的结果。

1.14　在硅的(100)、(110)和(111)三个晶面，(a)哪个晶面的面密度最高，它的密度是多少？(b)哪个晶面的面密度最小，它的密度又是多少？

1.15　考虑晶格常数为 a_0 的三维简立方晶格。(a)试分别画出以下晶面：(i)(100)，(ii)(130)和(iii)(203)；(b)画出以下晶向：(i)[110]，(ii)[311]和(iii)[123]。

1.16   对于图 P1.16 所示的简立方结构，试确定图中所示平面的米勒指数。

1.17   简立方的晶格常数为 5.25 Å。试计算最近邻平行晶面的间距：(a)(100)；(b)(110) 和(c)(111)。

1.18   简立方的晶格常数为 5.20 Å。试计算最近邻平行晶面的间距：(a)(100)；(b)(110) 和(c)(111)。

1.19   若晶体结构为体心立方，假定每个原子都是硬球，且与最近邻原子相切。若原子的半径为 2.25 Å。(a)计算晶体中原子的体密度；(b)计算最近邻(110)晶面间的距离；(c)计算(110)晶面的原子面密度。

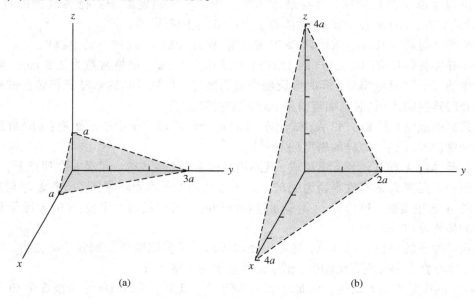

(a)   (b)

图 P1.16   习题 1.16 所用图示

1.4   原子价键

1.20   计算硅中的价电子密度。

1.21   GaAs 晶体为铅锌矿结构，且晶格常数为 5.65 Å。试计算 GaAs 中的价电子密度。

1.22   假设银为简立方结构，试计算银中的价电子密度。

1.23   试确定硅晶格中四面体价键的角度。

1.5   固体中的缺陷和杂质

1.24   (a)若在本征硅中掺入 4×10^{16} cm^{-3} 的 As 原子作为替位杂质，试计算单晶硅中 As 原子替位的百分比；(b)若换成 2×10^{15} cm^{-3} 的 B 原子作为替位杂质，重做(a)的问题。

1.25   (a)若在本征硅中掺入 5×10^{16} cm^{-3} 的 P 原子，且假设 P 原子均匀掺杂在硅样品中。则 P 原子的质量百分比为多少？(b)若换成 10^{18} cm^{-3} 的 B 原子，B 的质量百分比又为多少？

1.26   若将 2×10^{15} cm^{-3} 的 Au 原子作为替位杂质掺入本征硅中，且在整个半导体中均匀分布，试用硅的晶格常数表示 Au 原子的距离(假定 Au 原子分布在长方体或立方体阵列中)。

参考文献

1. Azaroll, L. V. , and J. J. Brophy. *Electronic Processes in Materials*. New York：McGraw-. Hill，1963.

2. Campbell，S. A. *The Science and Engineering of Microelectronic Fabrication*. New York：Oxford University Press，1996.

3. Kittel，C. *Introduction to Solid State Physics*，7th ed. Berlin：Springer-Verlag，1993.

* 4. Li，S. S. *Semiconductor Physical Electronics*. New York：Plenum Press，1993.

5. McKelvey，J. P. *Solid State Physics for Engineering and Materials Science*. Malabar，FL：Krieger，1993.

6. Neamen，D. A. *Semiconductor Physics and Devices*：*Basic Principles*，3rd ed. New York：McGraw-Hill，2003.

7. Pierret，R. F. *Semiconductor Device Fundamentals*. Reading，MA：Addison-Wesley，1996.

8. Runyan，W. R. , and K. E. Bean. *Semiconductor Integrated Circuit Processing and Technology*. Reading，MA：Addison-Wesley，1990.

9. Singh，J. *Semiconductor Devices*：*Basic Principles*. New York：John Wiley and Sons，2001.

10. Streetman，B. G. , and S. Banerjee. *Solid State Electronic Devices*，5th ed. Upper Saddle River，NJ：Prentice-Hall，2000.

11. Sze，S. M. *Semiconductor Devices*：*Physics and Technology*，2nd ed. New York：John Wiley and Sons，2002.

12. Wolf，S. *Silicon Processing for the VLSI Era*：*Volume 3—The Submicron MOSFET*. Sunset Beach，CA：Lattice Press，1995.

* 13. Wolfe，C. M. , N. Holonyak，Jr. , and G. E. Stillman. *Physical Properties of Semiconductors*. Englewood Cliffs，NJ：Prentice-Hall，1989.

标注 * 号的参考文献比本书讲解得更深。

第 2 章 固 体 理 论

一般情况下，在介绍完晶体结构后，可以立即开始讨论半导体器件的工作原理和特征。然而，为了更深刻地理解器件的电流-电压特性，有必要首先了解电子受到不同功函数时，晶体中电子行为的相关知识。为了这个目的，本章主要有两个任务：(1)确定晶体中的电子特性；(2)确定晶体中大量电子的统计特性。所以本章首先对量子力学进行简要介绍，然后利用量子力学来预测固体中的电子行为。

内容概括

1. 讨论应用于半导体材料和器件物理的量子力学的基本原理。

2. 为了理解晶体中的电子行为，本章给出了量子力学的一些结论，包括能量量子化和概率的概念。

3. 建立半导体的能带理论，引入半导体中的两种载流子。

4. 讨论并建立了量子态密度与电子能量的函数关系。

5. 建立费米-狄拉克分布函数，描述电子占据量子态的概率，而量子态又是电子能量的函数。

历史回顾

宏观物体的运动(如行星和卫星)可用牛顿定律等经典理论物理做出非常准确的预测。大约从 1895 年开始，一些与电子和高频电磁波(X 射线)有关的实验结果开始偏离经典物理的预测。1923 年，康普顿利用能量量子化的概念，建立了 X 射线的散射理论，他认为 X 射线具有粒子性。20 世纪 20 年代，逐步建立起了量子理论，利用量子力学的基本原理可以预测和解释许多新的实验结果。量子力学的波动理论是半导体物理的基础。

发展现状

当今，量子力学的波动理论仍然是分析半导体器件和材料特性的基础。量子力学对分析异质结器件特别重要，如异质结场效应器件(参见第 11 章)和异质结激光器(参见第 12 章)。

2.1 量子力学的基本原理

目标：讨论一些用于半导体材料和器件物理的量子力学的基本原理

我们最终感兴趣的是半导体材料，它的电学特性与晶体中电子行为直接相关。这些电子的行为和特性可用量子力学的**波动方程**来描述。我们首先描述量子力学的两条基本原理，然后简要介绍一下薛定谔方程，以及由薛定谔方程推导的一些基本结果。

2.1.1 能量子

光电效应证明，光的经典理论与实验结果之间是相互矛盾的。若一束单色光照射在洁净的材料表面上，在一定条件下，电子(光电子)可从表面发射出去。实验装置如图 2.1(a)所示。根据经典物理，若光强足够大，电子就会克服材料的功函数(功函数是电子从材料表面逃逸出去所需的能量)，从表面逃逸出去，该过程与入射光的频率无关。但实验并未观测到这个预测结果。

观察到的实验结果是：在恒定光强的照射下，光电子的最大动能随光子频率呈线性变化，极限频率为 $\nu = \nu_0$，低于这个频率就不会产生光电子。实验结果如图 2.1(b) 所示。若入射光的频率恒定而改变光强，则光电子的发射速率也会改变，但最大动能保持不变。

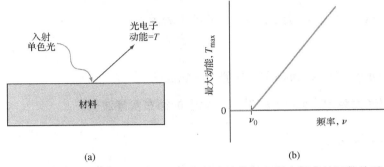

图 2.1　(a)光电效应；(b)光电子的最大动能与入射光频率的函数关系

1900 年，普朗克假设物体表面的热辐射是一份一份的，即所谓的能量子。这些能量子的能量为 $E = h\nu$，其中 ν 为辐射频率，h 为普朗克常数（$h = 6.625 \times 10^{-34}$ J·s）。1905 年，爱因斯坦提出光量子假说，即光波也由分立的能量束组成，并成功地解释了光电效应。这种能量粒子束称为**光子**，其能量也为 $E = h\nu$。具有足够能量的光子可从材料表面激发出电子。电子逸出表面的最小能量称为材料的**功函数**，而剩余的光子能量则转化成光电子的动能。如图 2.1(b) 所示，这个结果从实验上得到验证。光电效应表明了光子的离散性质，同时也展示了光的粒子行为。

光电子的最大动能可表示为

$$T = \frac{1}{2}mv^2 = h\nu - h\nu_0 \qquad (\nu > \nu_0) \tag{2.1}$$

其中，$h\nu$ 为入射光子能量，$h\nu_0$ 是电子逸出表面所需的最小能量，即功函数。

例 2.1　若 X 射线的波长 $\lambda = 0.708 \times 10^{-8}$ cm，试计算其光子能量。

【解】

能量为

$$E = h\nu = \frac{hc}{\lambda} = \frac{(6.625 \times 10^{-34})(3 \times 10^{10})}{0.708 \times 10^{-8}} = 2.81 \times 10^{-15} \text{ J}$$

这个能量值也可换算为更常用的单位——电子伏特（参见附录 D）。电子伏特（eV）是 1.6×10^{-19} J 的能量单位，所以上式可写为

$$E = \frac{2.81 \times 10^{-15}}{1.6 \times 10^{-19}} = 1.75 \times 10^4 \text{ eV}$$

【说明】

光子能量与波长呈倒数关系：能量越高，波长越短。

【自测题】

EX2.1　计算下列波长的光子能量（以 eV 为单位）：(a) $\lambda = 10\,000$ Å；(b) $\lambda = 10$ Å。

答案：(a) 1.24 eV；(b) 1.25×10^3 eV。

2.1.2　波粒二象性

在上一节我们看到，光电效应中的光波具有粒子特性。1924 年，德布罗意提出物质波假

说。他认为既然光波具有粒子性，那么粒子也应具有波动性。德布罗意的这个假设就是**波粒二象性**。光子的动量为

$$p = \frac{h}{\lambda} \tag{2.2}$$

式中，λ为光波波长。德布罗意假设将粒子的波长表示为

$$\lambda = \frac{h}{p} \tag{2.3}$$

其中，p为粒子动量，而λ即为物质波的**德布罗意波长**。

例2.2 试计算速度为10^7 cm/s $=10^5$m/s电子的德布罗意波长。

【解】

电子的动量可表示为

$$p = mv = (9.11 \times 10^{-31})(10^5) = 9.11 \times 10^{-26} \text{ kg·m/s}$$

因此，德布罗意波长为

$$\lambda = \frac{h}{p} = \frac{6.625 \times 10^{-34}}{9.11 \times 10^{-26}} = 7.27 \times 10^{-9} \text{ m} = 72.7 \text{ Å}$$

【说明】

这个计算结果给出了"典型"电子的德布罗意波长的数量级。

【自测题】

EX2.2 （a）试计算质量为5×10^{-31} kg、德布罗意波长为180 Å的粒子的动量和能量；
（b）计算动能为20 meV电子的动量和德布罗意波长。
答案：（a）$p = 3.68 \times 10^{-26}$ kg·m/s，$E = 4.65 \times 10^{-3}$ eV；（b）$p = 7.64 \times 10^{-26}$ kg·m/s，$\lambda = 86.8$ Å。

为了对波粒二象性涉及的频率和波长有一个直观的认识，图2.2给出了电磁波的频谱图。由图可见，例2.2计算所得波长在紫外波段。通常，我们只考虑紫外线和可见光谱。与常规的射频谱段相比，这些波长非常短。

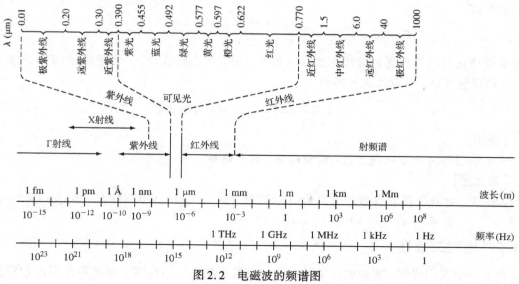

图 2.2 电磁波的频谱图

　　在某些情况下，电磁波表现出粒子性（如光子），而有些时候，粒子也可表现出波动性。量子力学的波粒二象性主要用于电子等微观粒子，但也可用于质子和中子。对于非常大的粒子，这些方程就简化为经典力学方程。波粒二象性是我们利用波动理论描述晶体中电子运动和行为的基础。

2.2　能量量子化和概率

目标：列举量子力学的基本概念和结论，如能量量子化和概率

　　由于越来越多有关电磁波和粒子的实验结果无法用经典物理定律来解释，这就要求修正经典的力学方程。1926 年，薛定谔提出了一种称为波动力学的方程，该方程包括了普朗克的能量量子化和德布罗意的波粒二象性。基于波粒二象性，我们就可用波动理论来描述晶体中电子的运动。这种波动理论是由薛定谔方程来描述的。

　　定态薛定谔方程表示为

$$\frac{\mathrm{d}^2\psi(x)}{\mathrm{d}x^2} + \frac{2m}{\hbar^2}[E - V(x)]\psi(x) = 0 \tag{2.4}$$

其中，E 是粒子总能量，设为常数；$V(x)$ 是粒子势能；m 是粒子质量；$\hbar = h/2\pi$ 为**修正普朗克常数**。

2.2.1　波函数的物理意义

　　最终，我们用波函数 $\psi(x)$ 来描述晶体中电子的行为。既然 $\psi(x)$ 是波函数，所以有必要弄清楚电子与波函数之间的关系。总波函数可视为位置相关，时间无关的函数 $\psi(x)$ 和时间相关函数 $\phi(t)$ 的乘积。时间相关函数为

$$\phi(t) = \mathrm{e}^{-\mathrm{j}(E/\hbar)t} \tag{2.5}$$

因此，总波函数可表示为

$$\Psi(x, t) = \psi(x)\phi(t) = \psi(x)\mathrm{e}^{-\mathrm{j}(E/\hbar)t} \tag{2.6}$$

　　既然总波函数 $\Psi(x, t)$ 是一个复函数，所以波函数本身并不代表任何实际物理量。

　　1926 年，波恩（Born）假设波函数 $|\Psi(x, t)|^2\mathrm{d}x$ 是 t 时刻在 x 到 $x + \mathrm{d}x$ 之间找到粒子的概率，或者说 $|\Psi(x, t)|^2$ 为**概率密度函数**。于是我们有

$$|\Psi(x, t)|^2 = \Psi(x, t)\Psi^*(x, t) \tag{2.7}$$

其中，$\Psi^*(x, t)$ 是复共轭函数。所以

$$\Psi^*(x, t) = \psi^*(x)\mathrm{e}^{+\mathrm{j}(E/\hbar)t} \tag{2.8}$$

因此，总波函数与其复共轭函数的乘积为

$$\begin{aligned}\Psi(x, t)\Psi^*(x, t) &= [\psi(x)\mathrm{e}^{-\mathrm{j}(E/\hbar)t}][\psi^*(x)\mathrm{e}^{+\mathrm{j}(E/\hbar)t}] \\ &= \psi(x)\psi^*(x) = |\psi(x)|^2\end{aligned} \tag{2.9}$$

　　所以 $|\Psi(x)|^2$ 是与时间无关的概率密度函数。经典力学与量子力学的主要区别在于：在经典力学中，粒子或物体的位置和能量是可以精确确定的；然而，在量子力学中，粒子的位置和能量以概率形式表示。所以我们只关心特定能量电子出现的概率。

2.2.2　单电子原子①

下面我们考虑单电子原子或氢原子的势能问题。在经典的玻尔理论中，原子核是一个重的、带正电荷的质子，而电子是一个轻的、带负电荷的粒子，它围绕原子核转动。由质子和电子间的库仑吸引而产生的势能为

$$V(r) = \frac{-e^2}{4\pi\epsilon_0 r} \tag{2.10}$$

其中，e 是电子电量②；ϵ_0 为真空介电常数；r 是电子到质子的径向距离。由于势函数是球对称的，所以这个问题演变为三维球坐标问题。

量子化能量　经过复杂的分析，我们可以得到氢原子中电子的总能量为

$$E_n = \frac{-m_0 e^4}{(4\pi\epsilon_0)^2 2\hbar^2 n^2} \tag{2.11}$$

其中，n 是正整数，称为主量子数；m_0 是电子质量。能量取负值表示电子束缚在原子核周围。尽然 n 是整数，束缚电子的能量只能取离散值，或者说，能量是量子化的。

例 2.3　试计算氢原子允许的前三个电子能级。

【解】

电子质量 $m_0 = 9.11 \times 10^{-31}$ kg，真空介电常数 $\epsilon_0 = 8.85 \times 10^{-12}$ F/m。修正普朗克常数为

$$\hbar = \frac{h}{2\pi} = \frac{6.625 \times 10^{-34}}{2\pi} = 1.054 \times 10^{-34} \text{ J·s}$$

由式（2.11），$n=1$ 时所对应的第一允许能级为

$$E_1 = -\frac{(9.11 \times 10^{-31})(1.6 \times 10^{-19})^4}{[4\pi(8.85 \times 10^{-12})]^2 \, 2 \, (1.054 \times 10^{-34})^2 (1)^2}$$
$$= -2.17 \times 10^{-18} \text{ J} \rightarrow -13.6 \text{ eV}$$

当 $n=2$ 和 $n=3$ 时，分别对应第二和第三允许能级。因此，我们可得

$$E_2 = -3.39 \text{ eV} \quad \text{和} \quad E_3 = -1.51 \text{ eV}$$

【说明】

第一允许能级对应于氢的电离能。前三个能级的经典表示如图 2.3 所示。随着电子轨道的增大，电子能量也随之增加（负值变小）。

【自测题】

EX2.3　试确定单电子原子中，能级 $E_{n+1} - E_n$ 小于 0.20 eV 的 n 值。

答案：$n=5$。

量子数　通过分析单电子原子的势场，我们还可得到另外两个**量子数**，即磁量子数 m（注意：不要与电

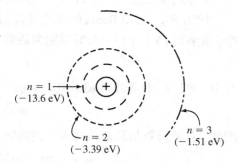

图 2.3　单电子原子的前三个
允许能级的经典表示

---

① 薛定谔方程在一些特定势函数中的应用参见附录 E。

② 在本书中，我们用符号 e 表示电子电量，用符号 q 表示可正、可负的任意电荷。

子质量 m_0 混淆)和角量子数 l。这些量子数不完全独立,而是相互关联的,即

$$
\begin{aligned}
n &= 1, 2, 3, \cdots \\
l &= n-1, n-2, n-3, \cdots, 0 \\
|m| &= l, l-1, l-2, \cdots, 0
\end{aligned}
\tag{2.12}
$$

每组量子数对应于电子可能占据的一个量子态。

单电子势函数的薛定谔方程的解可表示为 ψ_{nlm}。其中 n,l 和 m 是量子数。对于最低能态,我们有 $n=1$,$l=0$ 和 $m=0$,波函数表示为

$$
\psi_{100} = \frac{1}{\sqrt{\pi}} \left(\frac{1}{a_0} \right)^{3/2} \mathrm{e}^{-r/a_0}
\tag{2.13}
$$

这个函数是球对称的,且 a_0 表示为

$$
a_0 = \frac{4\pi \epsilon_0 \hbar^2}{m_0 e^2} = 0.529 \text{ Å}
\tag{2.14}
$$

它与原子的经典波尔(Bohr)理论得到的玻尔半径相等。

径向概率密度函数是在距离原子核特定距离处找到电子的概率。它与 $\psi_{100} \cdot \psi_{100}^*$ 及核外壳层体积元的乘积成比例。最低能态的径向概率密度函数如图 2.4(a)所示。最大概率出现在半径 $r = a_0$ 处,这与玻尔理论的预测值相同。考虑到概率密度函数的球对称性,我们可以提出核外电子云或能量壳层的概念。电子云环绕在原子核周围,而不是沿原子核的分立轨道。

第二级球对称波函数对应于 $n=2$,$l=0$ 和 $m=0$,它的径向概率密度函数如图 2.4(b)所示。图中给出了电子第二能量壳层的概念。第二能量壳层的半径比第一能量壳层的大。然而,如图所示,电子仍以一定的概率出现在小半径处。

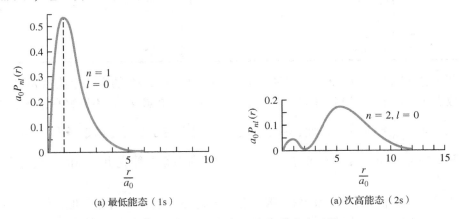

图 2.4 单电子原子的径向概率密度函数

2.2.3 元素周期表

元素周期表的开头部分是由单电子原子的结果和另外两个概念确定的。第一个概念是**电子自旋**。电子具有量子化的本征角动量(自旋),它可取两个可能值中的任意一个。电子自旋用量子数 s 表征,它的取值为 $s = +\frac{1}{2}$ 或 $s = -\frac{1}{2}$。现在,我们有四个**基本量子数**,即 n,l,m 和 s。

第二个概念是**泡利不相容原理**。泡利不相容原理指出，在任意给定的系统中（原子、分子或晶体），不可能有两个电子处于同一量子态。在原子中，泡利不相容原理意味着不可能存在量子数完全相同的两个电子。泡利不相容原理也是决定电子在晶体中能态分布的重要因素。

表2.1列出了元素周期表的前几种元素。对于第一号元素H，处于最低能态的电子对应于$n=1$。根据式（2.12），量子数l和m必须为零。但电子仍可以处于$+\frac{1}{2}$和$-\frac{1}{2}$两个自旋态之一。对于He元素，有两个电子处于最低能态。在这种情况下，$l=m=0$，所以两个电子的自旋态均被占据，最低能量壳层是满的。元素的化学特性主要由价电子（最外层电子）决定。既然He的价电子壳层是满的，所以He一般不与其他元素发生反应，它是一种惰性元素。

表2.1　元素周期表的起始部分

元　素	符　号	n	l	m	s
H	$1s^1$	1	0	0	$+\frac{1}{2}$ 或 $-\frac{1}{2}$
He	$1s^2$	1	0	0	$+\frac{1}{2}$ 和 $-\frac{1}{2}$
Li	$1s^2 2s^1$	2	0	0	$+\frac{1}{2}$ 或 $-\frac{1}{2}$
Be	$1s^2 2s^2$	2	0	0	$+\frac{1}{2}$ 和 $-\frac{1}{2}$
B	$1s^2 2s^2 2p^1$	2	1		
C	$1s^2 2s^2 2p^2$	2	1		
N	$1s^2 2s^2 2p^3$	2	1	$m = 0, -1, +1$	
O	$1s^2 2s^2 2p^4$	2	1	$s = +\frac{1}{2}, -\frac{1}{2}$	
F	$1s^2 2s^2 2p^5$	2	1		
Ne	$1s^2 2s^2 2p^6$	2	1		

第三号元素Li有三个电子。其中第三个电子必须进入$n=2$的第二个能量壳层。当$n=2$时，量子数l可取0或1。当$l=1$时，量子数m可取-1，0或$+1$。不论哪种情况，电子的自旋量子数均可取$+\frac{1}{2}$或$-\frac{1}{2}$。因此，$n=2$的这种情况存在8个可能的量子态。Ne有10个电子，其中两个在$n=1$能壳，另外8个在$n=2$能壳，所以第二能壳也是满的。这说明Ne也是一种惰性元素。

由单电子原子的薛定谔方程的解，再加上电子自旋和泡利不相容原理，我们就可以构建出元素周期表。这些结果表明，薛定谔方程的解确实可以预测晶体中的电子行为。随着原子序数的增加，电子间将产生互相作用，所以由此建立的元素周期表也会逐渐偏离上述简单方法得出的结论。

2.3　能带理论

目标：建立半导体的能带理论，理解半导体中的两种载流子

在2.2节，我们研究了单电子原子——氢原子。研究结果表明，束缚电子的能量是量子化的，即电子能量只能取离散值。我们也讨论了电子的径向概率密度函数，它描述了距离原子核特定位置处发现电子的概率,同时说明电子并不固定于特定半径。下面我们将单电子原子的这些结论推广到晶体中,并定性地导出允带和禁带的概念。我们将发现电子占据允带中的能态,且允带被禁带隔离开。

2.3.1 能带的形成

图 2.5(a)给出了孤立氢原子最低电子能态的径向概率密度函数,图 2.5(b)所示为两个邻近氢原子的最低电子能态的径向概率密度函数曲线。这两个氢原子的波函数相互交叠,说明两者之间发生相互作用。这种相互作用或微扰使得离散的量子化能级分裂成两个分立的能级,如图 2.5(c)所示。一个离散态分裂成两个能态与泡利不相容原理是一致的。

下面举例说明由粒子相互作用引起的能级分裂。假设赛道上有两辆距离很远的相同赛车同向行驶。它们之间没有相互的影响,所以两辆车要想获得给定的速度,则必须为其提供相同的动力。然而,如果其中一辆车紧跟在另一辆车的后面时,就会产生"风吸"效应,第二辆车在一定程度上被第一辆车牵引。由于受到后车的拖曳,前车必须加大动力才能保持原来的速度;由于受到前车的牵引,后车必须降低动力才能保持速度。这样就产生了两辆相互作用赛车的动力(能量)分裂(注意,不要过于死抠字面意思)。

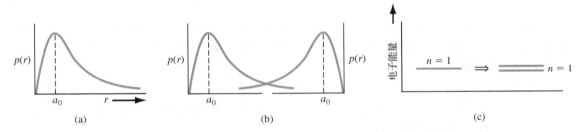

图 2.5 (a)孤立氢原子的概率密度函数;(b)两个邻近氢原子的交叠概率密度函数;(c)$n=1$ 态的分裂

现在,如果以某种方法将最初相距很远的氢原子按一定的规律周期排列起来,一旦这些原子聚在一起,那么最初的量子化能级就会分裂为分立的能带。这种效应如图 2.6 所示,其中,参数 r_0 代表晶体内原子间的平衡距离。在平衡距离处,存在能量的**允带**,而允带中的能量仍然是离散的。泡利不相容原理指出,构成系统(晶体)的原子无论大小,都不会改变总量子态数。然而,由于没有哪两个电子具有相同的量子数,因此,离散能级必须分裂为能带,以保证每个电子占据不同的量子态。

我们知道,任意能级的允许量子态数目相对较小。为了容纳晶体中所有的电子,就要求允带中存在很多能级。例如,假设系统有 10^{19} 个单电子原子,在平衡原子间距处的允带宽度为 1 eV。为简单起见,假设系统中的每个电子都占据一个不同能级,如果分立能态是等间距的,则每个能量间隔为 10^{-19} eV。对于如此小的能量差,实际上我们可以认为允带的能量是准连续分布的。由例 2.4 可以看到,10^{-19} eV 确实是一个非常小的能量差。

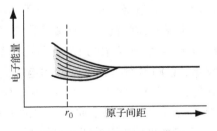

图 2.6 能级分裂为能带

例2.4 当电子速度变化一个无限小量时，试计算电子动能的变化。 若电子以 10^7 cm/s 的速度运动，假设速度增加 1 cm/s。增加的动能可表示为

$$\Delta E = \frac{1}{2}mv_2^2 - \frac{1}{2}mv_1^2$$

令 $v_2 = v_1 + \Delta v$，则

$$v_2^2 = (v_1 + \Delta v)^2 = v_1^2 + 2v_1\Delta v + (\Delta v)^2$$

由于 $\Delta v \ll v_1$，所以有

$$\Delta E \approx \frac{1}{2}m(2v_1\Delta v) = mv_1\Delta v$$

【解】

将具体数值代入上式，可得

$$\Delta E = (9.11 \times 10^{-31})(10^5)(0.01) = 9.11 \times 10^{-28} \text{ J}$$

将能量单位换算成电子伏，则

$$\Delta E = \frac{9.11 \times 10^{-28}}{1.6 \times 10^{-19}} = 5.7 \times 10^{-9} \text{ eV}$$

【说明】

当运动速度 $v_0 = 2 \times 10^7$ cm/s 的电子变化 1 cm/s 时，动能变化仅为 5.7×10^{-9} eV，其数量级远大于允带的能量差（10^{-19} eV）。这说明相邻能级的能量差 10^{-19} eV 确实非常小，因此，允带中的分立能级可视为准连续分布。

【自测题】

EX2.4 电子的初始速度为 $v_0 = 2 \times 10^7$ cm/s，速度增加引起动能的增加量为 $\Delta E = 10^{-8}$ eV，试求速度的增加量。

答案：$\Delta v = 0.878$ cm/s。

对于有规律的周期性排列的原子，每个原子包含的电子数目不止一个。假想晶体中原子的电子填充至 $n=3$ 的能级上。如果原子的初始距离较远，相邻原子的电子没有相互作用，而是各自占据分立能级。当这些原子相互靠近时，$n=3$ 壳层上的最外层电子就会开始相互作用，使能级分裂成能带。如果原子进一步靠近，$n=2$ 壳层上的电子也可能相互作用，并分裂成**能带**。最后，如果原子足够接近，则 $n=1$ 的最内层电子也可能相互作用，使这个能级也分裂成能带。图 2.7 定性地给出了这些能级的分裂。若原子间的平衡距离为 r_0，则电子占据的允带就会被**禁带**分离。能带分裂以及允带和禁带的形成就是单晶材料的能带理论。

实际晶体的能带分裂要比图 2.7 复杂很多。图 2.8(a) 给出了孤立硅原子的能壳示意图。硅原子 14 个电子中的 10 个都处于靠近原子核的深层能级。其余 4 个价电子受到的束缚相对较弱，它们是参与化学反应的电子。图 2.8(b) 给出了硅的能带分裂。既然前两个能壳是全满的，它们紧束缚在原子核周围，所以我们只需考虑 $n=3$ 能级上的价电子。$3s$ 态电子对应于 $n=3$ 和 $l=0$，每个原子包含两个量子态。在 $T=0$ K 时，$3s$ 态包含两个电子。$3p$ 态对应于 $n=3$ 和 $l=1$，所以处于 $3p$ 的原子包含 6 个量子态。在孤立硅原子中，这个能态容纳剩余的两个电子。

随着原子间距的减小，$3s$ 态和 $3p$ 态相互作用并产生交叠。在平衡原子间距处，能带产生分裂，此时原子的低能带包含 4 个量子态，高能带也包含 4 个量子态。在绝对零度时，电

子处于最低能态，因此，低能带（价带）的所有能态都是满的，而高能带（导带）的所有能态都是空的。价带顶和导带底之间的**带隙能** E_g 即为禁带宽度。

我们已经讨论了晶体中允带和禁带的形成及其原因。在后面的讨论中我们将看到，这些能带的形成与晶体中的电子特性有直接关系。

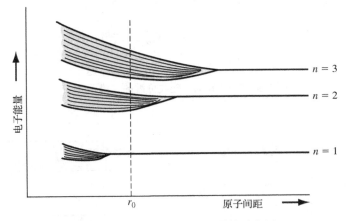

图 2.7 三个能态分裂为允带的示意图

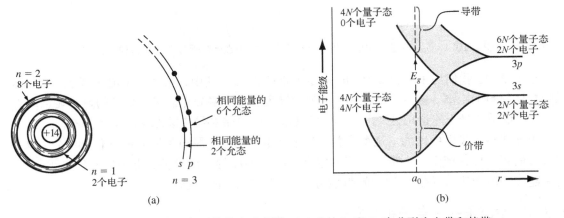

图 2.8 （a）孤立硅原子的能壳示意图；（b）硅的 3s 和 3p 态分裂为允带和禁带

2.3.2 能带与价键模型

为了最终确定半导体器件的电流-电压特性，我们需要考虑固体的导电性，因为它与我们刚刚讨论的能带理论有关。下面我们将考虑各种允带中电子的运动。

在第 1 章，我们讨论了硅的共价键。图 2.9 给出了单晶硅晶体中共价键的二维示意图。由图可知，$T = 0$ K 时，每个硅原子由 8 个最低能态的价电子环绕，这些价电子以共价键的形式相结合。图 2.8(b) 表示，当形成晶体时，分立的硅能级分裂成能带。$T = 0$ K 时，低能带（**价带**）的 4N 个量子态被价电子完全填满，如图 2.9 所示，所有的价电子都形成共价键。而高能带（**导带**）在 $T = 0$ K 时，则完全为空。

随着温度从 0 K 上升，一些价带电子可能获得足够的热能，从而打破共价键进入导带。图 2.10(a) 所示为这种价键断裂时的二维示意图，而图 2.10(b) 则给出了对应的能带模型简图。

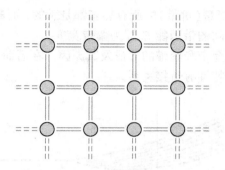

图 2.9 $T = 0$ K 时，硅共价键的二维示意图

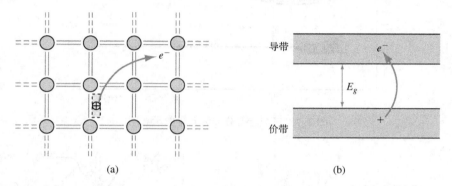

图 2.10 (a)共价键断裂的二维示意图；(b)共价键断裂所对应的能带模型简图

在本书中，我们均采用图 2.10(b)所示的能带简图。其中，纵轴表示电子能量，横轴表示半导体材料的距离。需要注意的是，价带和导带包含许多分立能级。导带的最小能量用 E_c 表示，而价带的最大能量用 E_v 表示。我们关心的是，价带和导带能态中的电子分布。

半导体整体是电中性的。这意味着一旦带负电荷的电子脱离了原有的共价键位置，就会在价带的相同位置产生一个带正电荷的空态。随着温度的不断升高，更多的共价键被打破，越来越多的电子进入导带，所以价带就会产生更多带正电的空态。

2.3.3 载流子——电子和空穴

如前所述，我们最终感兴趣的是半导体器件的电流-电压特性。既然电流是电荷流动的结果，我们就需要考虑半导体内受外力作用而运动的电荷，这些电荷称为**载流子**。

电子 从前面的讨论可知，**电子**是一种带负电荷的粒子。在半导体内，我们感兴趣的是导带底上的一小部分电子。既然电子是带电粒子，所以导带电子的净漂移就会产生漂移电流。若外力作用于粒子使其运动，则它必须获得能量。这种效应表示为

$$dE = F \, dx = Fv \, dt \tag{2.15}$$

其中，dE 是能量增量，F 是作用力，dx 是粒子移动的微分距离，v 是速度。若外力作用于导带底的电子上，它就可以移动到其他一些空态中。所以外力使电子获得了能量和净动量。

由电子运动而产生的漂移电流密度可写为

$$J_n = -e \sum_{i=1}^{N} v_i \tag{2.16}$$

其中，e 是电子电量，N 是导带内单位体积的电子数量。需要注意的是，电流密度是对单位体积的求和，所以其单位仍为 A/cm^2。由式（2.16）可知，电流与电子速度直接相关，也就是说，电流是与晶体中电子的运动有关的。

　　空穴　考虑图 2.10（a）所示共价键的二维示意图。当一个价电子跃迁到导带后，就会留下一个带正电的"空态"。当 $T > 0$ K 时，所有价电子都可能获得热能，如果某个价电子获得足够能量，那么它就有可能跃迁到那些空态中。价电子在空态中的移动与带正电的空态自身移动完全等价。图 2.11 所示为晶体中的价电子填补一个空态，同时产生一个新空态的交替运动，整个过程完全可视为一个正电荷在价带中的运动。现在，晶体中有了第二种同样重要的、可以产生电流的载流子。这种载流子称为**空穴**，它也可视为一种符合牛顿力学运动规律的经典粒子。

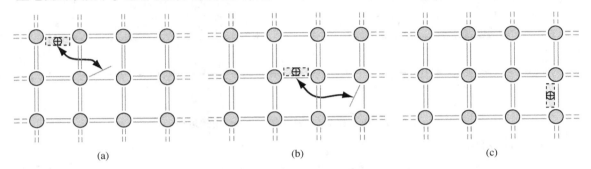

$$(a) \hspace{5.5cm} (b) \hspace{5.5cm} (c)$$

图 2.11　空穴在半导体内运动的示意图

　　价带电子产生的漂移电流密度可写为

$$J = -e \sum_{i(\text{filled})} v_i \tag{2.17}$$

其中，求和范围涵盖所有的填充态。由于求和范围涵盖了几乎整个价带，需要考虑大量能态，所以计算起来十分不便。我们将式（2.17）重写为如下形式

$$J = -e \sum_{i(\text{filled})} v_i = -\left[e \sum_{i(\text{total})} v_i - e \sum_{i(\text{empty})} v_i \right] = -e \sum_{i(\text{total})} v_i + e \sum_{i(\text{empty})} v_i \tag{2.18}$$

　　如果考虑的能带是全满的，则能带中的所有可能态都被电子占据。既然能带是满的，当施加外力时，并不存在电子移动所需的空态。所以满带产生的净漂移电流密度为零，或

$$J = -e \sum_{i(\text{total})} v_i = 0 \tag{2.19}$$

　　现在，可由式（2.18）写出几乎全满带的漂移电流密度

$$J = +e \sum_{i(\text{empty})} v_i \tag{2.20}$$

其中，求和中的 v_i 与空态有关。式（2.20）完全等价于在空态位置处放置一个带正电的粒子，同时假设能带中的其他能态为空或为中性态。这个概念与图 2.11 讨论的价带中带正电的空态是一致的。

　　几乎全满带中电子的净运动可用空态来描述，只要将每个态与一个正电荷相联系即可。因此，我们可将这个能带模型化为带正电的粒子。价带中这些粒子的密度与空电子态的密度是相同的。再次强调的是，这种新粒子称为空穴。

2.3.4　有效质量

一般来说，电子在晶体中的运动与自由空间中的不同。除了外部作用力，晶体中带正电的离子(或质子)和带负电的其他电子所产生的内力，都会对电子在晶体中的运动产生影响。这种效应可由图 2.12 示意地说明。图 2.12(a) 所示为真空管中的电子受外电场作用的运动过程。由于真空管中没有其他粒子，所以除了外加电场外，无其他力作用于电子。图 2.12(b) 则给出了晶体中的电子受电场作用的运动过程。在本例中，电子运动受带正电的质子和带负电的其他电子的影响。因此，晶体中电子的运动与真空中的不同。

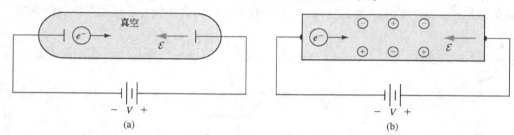

图 2.12　电子在真空(a)和半导体(b)中的运动

我们可以写出

$$F_{\text{total}} = F_{\text{ext}} + F_{\text{int}} = ma \tag{2.21}$$

其中，F_{total}，F_{ext} 和 F_{int} 分别表示作用于晶体中粒子的总力、外力和内力。参数 a 为加速度，m 为粒子的静止质量。

因为难以考虑粒子所受的全部内力，所以上式可写为

$$\boxed{F_{\text{ext}} = m^*a} \tag{2.22}$$

其中，加速度 a 直接与外力相关。参数 m^* 称为**有效质量**，它同时考虑了粒子质量及内力作用的影响。

下面我们做个类比，以便更好地理解有效质量的概念。想象一下玻璃球在装满水的容器中和装满油的容器中的运动。一般来说，玻璃球在水中的下落速度要比在油中的快。在本例中，外力就是重力，而内力则与液体的黏度有关。由于玻璃球在两种情况中的运动不同，因此，粒子质量在水中和油中看起来不一样(与其他类比一样，千万不要限于字面理解)。

如果考虑电子在价带顶的运动，可发现有效质量是负的。运动到价带顶附近的电子表现为具有负质量。必须注意，有效质量是一个联系量子力学与经典力学的参数。试图将两种理论联系在一起导致有效质量为负这样一个奇怪的结果。然而，薛定谔方程的解也会产生与经典力学相矛盾的结果(参见附录 E 的结果)。负有效质量是另一个这样的例子。

在本节讨论有效质量的概念时，我们举了玻璃球在两种液体中运动的例子。现在考虑在盛满水的容器中放入一块冰：冰块将沿着与重力相反的方向运动到水的表面。由于冰块的加速度与外力方向相反，于是冰块看起来具有负的有效质量。有效质量考虑了所有作用于粒子上的内力。

再次考虑价带顶附近的电子，利用外加电场的牛顿力学方程，我们有

$$F = m^*a = -e\mathcal{E} \tag{2.23}$$

然而，m^* 现在是一个负值，所以可写为

$$a = \frac{-e\mathcal{E}}{-|m^*|} = \frac{+e\mathcal{E}}{|m^*|} \qquad (2.24)$$

上式说明，价带顶部附近电子的运动方向与所受外加电场的方向相同。类似地，可得空穴具有正的有效质量 m_p^* 和正电荷，所以其运动方向与外加电场方向相同。

刚刚讨论的有效质量称为态密度有效质量。不同半导体材料的态密度有效质量参见附录 B。

2.3.5 金属、绝缘体和半导体

每种晶体都具有其固有的能带结构，比如硅的能带分裂成复杂的价带和导带。这种复杂的能带分裂也出现在其他晶体中，从而使得不同的固体具有不同的能带结构，同时不同的材料也表现出一系列特有的电学性质。下面我们通过考虑几种简化的能带结构，定性地讨论能带结构变化引起电学特性的差异。

有几种可能的能带情况需要考虑。图 2.13(a)给出了电子全空的允带。即使外加一个电场，也没有粒子运动，所以不会有电流。图 2.13(b)则给出了电子态全满的另一种允带。在 2.3.3 节曾讨论过，全满的能带也不会产生电流。这种能带全满或全空的材料就是**绝缘体**。绝缘体的电阻率非常大，或者说，电导率非常小，其本质是没有形成漂移电流的带电粒子。图 2.13(c)所示为绝缘体的简化能带图。绝缘体的带隙能 E_g 通常在 3.5 ~ 6 eV，甚至更高，所以在室温下，导带中没有电子，而价带填满电子。绝缘体中极少有热激发的电子和空穴。

图 2.14(a)给出了导带底仅有少量电子的能带。此时，若施加一个电场，电子就会获得能量，跃迁到较高能态，并在晶体中运动。电荷的净流动形成电流。图 2.14(b)所示的能带几乎被电子填满，这时就要考虑空穴了。若施加一个电场，就会使得空穴移动，从而形成电流。图 2.14(c)给出了这种情况的简化能带图，带隙能在 1 eV 左右。这个能带图代表的是 $T > 0$ K时的**半导体**。正如我们将在第 3 章中看到，半导体的电阻率是可调的，它可以在几个数量级的范围内变化。

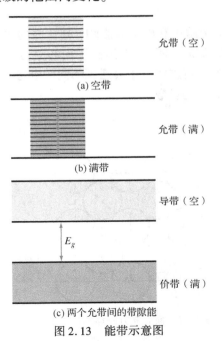

图 2.13 能带示意图

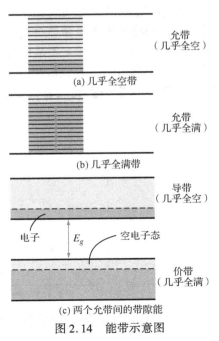

图 2.14 能带示意图

金属的特性是具有非常低的电阻率。金属的能带图可以是以下两种情况之一。图 2.15(a) 是一种部分满带的情况，导带有大量可动电子，所以金属材料表现出极高的电导率。图 2.15(b) 给出金属材料另一种可能的能带图。能带分裂成允带和禁带是一种复杂现象。图 2.15(b) 所示为在原子间的平衡距离处，导带和价带相互交叠的情况。与图 2.15(a) 的情况相同，能带中存在大量电子和可供电子占据的空态，因此，这种材料也表现出极高的电导率。

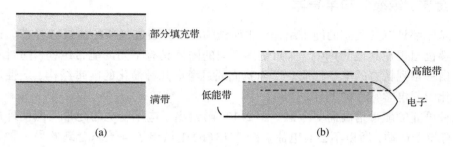

部分填充带

满带

高能带

低能带

电子

(a)　　　　　　　　　　　　　　(b)

图 2.15　金属的两种可能能带：(a) 半满带；(b) 允带交叠

2.3.6　k 空间能带图

前面章节已经讨论了单晶材料的能带以及允带和禁带的概念。在绘制能带图时，电子能量画在纵轴上。实际上，电子能量也与动量有关。对于自由粒子，能量和动量的关系为

$$E = \frac{p^2}{2m} = \frac{\hbar^2 k^2}{2m} \tag{2.25}$$

其中，E 是能量；p 是动量；m 是电子质量。从上式的最后一项，我们看到 $p = \hbar k$。参数 k 称为**晶体动量**，它是将薛定谔方程应用于单晶晶体而得到的参数。图 2.16 所示为自由粒子能量 E 和动量 p（或 k）的关系曲线。

下面，我们将要考虑半导体材料的 **E-k 关系**。由于质子和电子的影响，晶体内的势函数是变化的，所以半导体的 E-k 关系比自由电子的更加复杂。图 2.17 给出了面心立方晶体的一个晶面，图中标出了 [100] 和 [110] 晶向。沿不同方向行进的电子会遇到不同的电势，所以 k 空间的边界也不同。通常，E-k 关系是晶体 k 空间方向的函数。

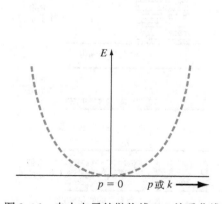

图 2.16　自由电子的抛物线 E-k 关系曲线

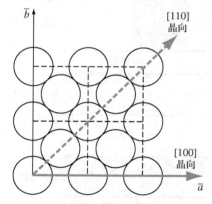

图 2.17　面心立方晶体的 (100) 晶面，图中标出了 [100] 和 [110] 晶向

　　图 2.18 所示为 GaAs 和 Si 的 E-k 关系曲线图。这些相对简单的示意图给出了本书所考虑的一些基本特性，而并没有涉及高等专业课程的更多细节。

　　注意，水平轴给出了两个不同的晶向。一般的做法是画 [100] 晶向沿通常的 +k 轴，而在图的左半部分画 [111] 晶向。在金刚石或铅锌矿结构的晶体中，价带的最大能量和导带的最小能量都出现在 k = 0 处，或沿这两个晶向之一。

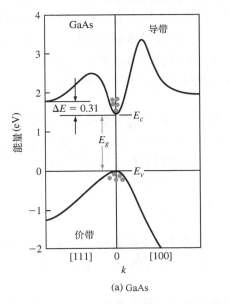
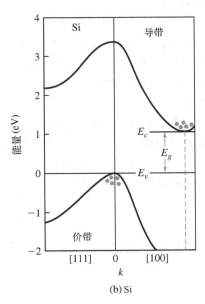

图 2.18　E-k 关系曲线图（引自 Sze[17]）

　　图 2.18(a) 所示为 GaAs 的 E-k 关系曲线，其中价带的最大值和导带的最小值均出现在 k = 0 处。导带电子倾向于停留在能量最小的 k = 0 处。同样，价带空穴也倾向于聚集在最大能量处。在 GaAs 中，导带最小能量与价带最大能量出现在相同的 k 值。具有这种特性的半导体通常称为**直接带隙半导体**，这种半导体两个允带间的电子跃迁不会对动量产生影响。直接带隙对材料的光学特性有着非常重要的影响。GaAs 及其他直接带隙材料非常适用于制造发光二极管、半导体激光器及其他光子器件。

　　硅的 E-k 关系曲线如图 2.18(b) 所示。与前者一样，价带最大能量出现在 k = 0 处。然而，导带最小能量不是在 k = 0 处，而是沿 [100] 晶向。不过我们仍然将导带最小能量与价带最大能量之差定义为带隙能 E_g。价带最大能量和导带最小能量位于不同 k 值的半导体称为**间接带隙半导体**。当电子在价带和导带之间跃迁时，必须遵守动量守恒定律。间接带隙半导体的电子跃迁必然包括与晶体的相互作用，所以晶体动量是守恒的。

　　Ge 也是一种间接带隙半导体，它的价带能量最大值在 k = 0 处，而导带能量最小值沿 [111] 晶向。GaAs 是直接带隙半导体，而其他化合物半导体（如 GaP 和 AlAs）则具有间接带隙。

　　我们可将图 2.10(b) 所示能带图与图 2.18 给出的能带联系起来。在能带图中，能量 E_v 和 E_c 分别对应于价带最大能量和导带最小能量。这些相同能量如图 2.18 所示。能带的线型表示[参见图 2.10(b)]不能给出半导体直接或间接带隙的特性。

2.4 态密度函数

目标：讨论并建立量子态密度与电子能量的函数关系

如前所述，我们最终想要的是对半导体器件电流-电压特性的描述。因为电流是由电荷的定向运动引起的，所以确定半导体内参与导电的电子和空穴数量是非常重要的步骤。根据泡利不相容原理，一个量子态只能被一个电子占据，所以对导电过程起作用的载流子数量是有效能态或量子态数目的函数。在我们讨论能级分裂为允带和禁带时，就曾指出能量的允带实际上是由分立的能级组成的。需要一个能量函数来确定这些能量状态的密度，从而计算电子和空穴浓度。

为了用能量函数确定有效量子态的密度，需要一个适当的数学模型。电子可以相对自由地在半导体的导带内运动，但它仍然被限制在晶体中。首先，我们讨论束缚在三维无限深势阱中的自由电子，其中势阱代表晶体。将薛定谔方程应用于这个模型，我们就可得到单位能量间隔、单位体积的量子态密度

$$g(E) = \frac{4\pi (2m)^{3/2}}{h^3} \sqrt{E} \tag{2.26}$$

由此可见，量子态密度是能量 E 的函数。随着自由粒子能量的降低，有效量子态数目也逐渐减少。这个密度函数实际上是双重密度，因为它的单位表示为单位能量间隔、单位体积内的状态数。

导带底电子的 E-k 关系的一般形式与自由电子类似，都可近似为抛物线形式，只是用有效质量代替电子质量。因此，我们可将导带底的电子视为具有特定质量的"自由"电子。将表示自由电子态密度函数的关系式(2.26)推广，我们就可写出**导带的电子态密度**

$$g_c(E) = \frac{4\pi \left(2m_n^*\right)^{3/2}}{h^3} \sqrt{E - E_c} \tag{2.27}$$

式(2.27)在 $E \geqslant E_c$ 时有效。随着导带中电子能量的降低，有效量子态数目也减少。

因为空穴也被束缚在半导体晶格中，且可用"自由"粒子模型来处理，所以**价带的量子态密度**也可用相同的无限深势阱模型得到。将表示自由电子态密度的关系式(2.26)推广到价带空穴，可得

$$g_v(E) = \frac{4\pi \left(2m_p^*\right)^{3/2}}{h^3} \sqrt{E_v - E} \tag{2.28}$$

式(2.28)在 $E \leqslant E_v$ 时有效。参数 $g_v(E)$ 是**价带的态密度函数**。

前面曾提到，禁带中不存在量子态，所以对于 $E_v \leqslant E \leqslant E_c$，$g(E) = 0$。图 2.19 给出了量子态密度与电子能量的函数关系。如果电子和空穴的有效质量相等，则函数 $g_c(E)$ 和 $g_v(E)$ 相对带隙中心能级 E_{midgap} 对称。

例2.5 在特定的能量范围内，计算单位体积的态密度。 由式(2.26)给出的自由电子的态密度，试计算能量在 0 和 1 eV 之间单位体积的态密度。

【解】

由式（2.26），量子态的体密度可写为

$$N = \int_0^{1\mathrm{eV}} g(E)\,\mathrm{d}E = \frac{4\pi(2m)^{3/2}}{h^3} \int_0^{1\mathrm{eV}} \sqrt{E}\,\mathrm{d}E$$

或

$$N = \frac{4\pi(2m)^{3/2}}{h^3} \frac{2}{3} E^{3/2} \Big|_0^{1\,\mathrm{eV}}$$

所以态密度为

$$N = \frac{4\pi[2(9.11 \times 10^{-31})]^{3/2}}{(6.625 \times 10^{-34})^3} \frac{2}{3} (1.6 \times 10^{-19})^{3/2}$$

$$= 4.5 \times 10^{27}\,\mathrm{m}^{-3}$$

$$= 4.5 \times 10^{21}\,\mathrm{cm}^{-3}$$

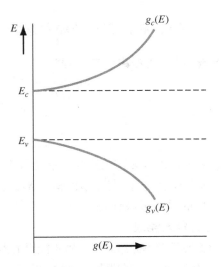

图 2.19　导带量子态密度 $g_c(E)$ 和价带量子态密度 $g_v(E)$ 与电子能量的函数关系

【说明】

量子态密度通常是一个很大的值。正如第 3 章将看到，半导体的有效态密度也是一个很大的值，但它通常小于半导体晶体的原子密度。

【自测题】

EX2.5　若自由电子的能量在 $1 \sim 2$ eV 之间，试计算单位体积的量子态密度。

答案：$N = 8.29 \times 10^{21}\,\mathrm{cm}^{-3}$。

2.5　统计力学

目标：建立电子占据量子态的概率与能量的费米-狄拉克分布函数

在处理大量粒子时，我们感兴趣的只是这些粒子作为一个整体的统计行为，而不是单个粒子的个体行为。例如，容器中的气体会对容器壁施加一个平均压力。这个压力实际上是各个气体分子撞击容器壁的结果，但实际上，我们并不关心单个分子的碰撞行为。同理，晶体的电学特性也是由大量电子的统计行为决定的。

2.5.1　统计规律

要确定粒子的统计特征，就要了解粒子所遵循的规律。确定粒子在可能态中的分布规律有三种。

第一种分布规律是麦克斯韦-玻尔兹曼（M-B）分布。在这种情况下，粒子可以通过编号（如从 1 到 N）加以区分，而且每个能态可容纳的粒子数目也不受限制。容器中的气体在压强较低时的行为就是麦克斯韦-玻尔兹曼分布的例子。

第二种分布规律是玻色-爱因斯坦（B-E）分布。在这种情况下，微观粒子不可区分，每个量子态可容纳的粒子数目仍然不受限制。光子的行为或黑体辐射就是这种分布的例子。

第三种分布规律是费米-狄拉克（F-D）分布。在这种情况下，粒子不可分辨，且每个量子态最多只允许一个粒子。晶体中的电子就符合这种分布。在上述三种分布中，我们假设粒子间无相互作用，它们构成的是近独立的粒子系统。

2.5.2　费米–狄拉克分布和费米能级

费米–狄拉克概率分布方程为

$$\frac{N(E)}{g(E)} = f_F(E) = \frac{1}{1 + \exp\left(\dfrac{E - E_F}{kT}\right)} \tag{2.29}$$

其中，$N(E)$ 和 $g(E)$ 分别表示单位体积、单位能量间隔的粒子数目和量子态数目。函数 $f_F(E)$ 称为费米–狄拉克分布或概率函数，它给出能量 E 处，允许量子态被电子占据的概率。分布函数的另一种解释是 $f_F(E)$ 表示在能量 E 处，总量子态被占据的比例。式（2.29）中的参数 E_F 称为**费米能级**。

为了便于理解分布函数和费米能级的意义，下面画出分布函数与能量的关系图。首先，我们考虑 $T = 0$ K，$E < E_F$ 的情况。此时，式（2.29）的指数项变成 $\exp[(E - E_F)/kT] \rightarrow \exp(-\infty) = 0$，这使得 $f_F(E < E_F) = 1$。其次，我们考虑 $T = 0$ K，$E > E_F$ 的情况，式（2.29）的指数项变成 $\exp[(E - E_F)/kT] \rightarrow \exp(+\infty) = +\infty$，此时费米–狄拉克分布函数变为 $f_F(E > E_F) = 0$。

在 $T = 0$ K 时，费米–狄拉克分布函数如图 2.20 所示。结果表明，$T = 0$ K 时，电子都处在最低能态上。$E < E_F$ 的量子态被占据的概率为 1，而 $E > E_F$ 的量子态被占据的概率为零。$T = 0$ K 时，所有电子的能量均低于费米能级。

图 2.21 给出了一个特定系统的分立能级及各能级上的有效量子态数目。假设该系统包含 13 个电子，图 2.21 给出了 $T = 0$ K 时，这些电子在不同量子态中的分布。由于电子首先占据能量最低的能态，所以 E_1 至 E_4 能级的量子态被占据的概率为 1，而 E_5 能级的量子态被占据的概率为 0。在本例中，费米能级位于 E_4 和 E_5 能级之间。费米能级决定电子的统计分布，但并不一定与允带能级完全对应。

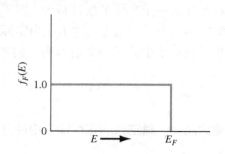

图 2.20　$T = 0$ K 时，费米–狄拉克概
率分布与能量的函数关系

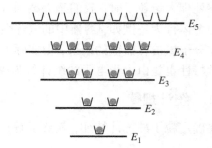

图 2.21　$T = 0$ K 时，特定系统
的分立能级和量子态

现在考虑量子态密度 $g(E)$ 是能量连续函数的情况，如图 2.22 所示。假设系统有 N_0 个电子，$T = 0$ K 时，电子在量子态中的分布如图中虚线所示。由于电子占据最低能态，因此，低于 E_F 的能态都被填满，而高于 E_F 的能态全空。若系统中的 $g(E)$ 和 N_0 已知，则可确定系统的费米能级 E_F。

当温度从 $T = 0$ K 逐渐升高时，电子获得一定的热能，所以一部分电子就会跳入更高的能级中，这意味着有效能态中的电子分布发生变化。图 2.23 给出了与图 2.21 相同的分立能级与量子态。与 $T = 0$ K 的情况不同，电子在量子态中的分布发生变化。E_4 能级中的两个电子获得足够能量，跃迁到 E_5 能级，而 E_3 能级中的一个电子跃迁到 E_4 能级。随着温度的变化，电子分布也随能量而改变。

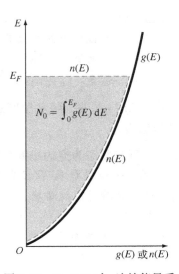

图 2.22　$T = 0$ K 时，连续能量系统的量子态和电子密度

通过绘制费米-狄拉克分布函数，我们可以看到 $T > 0$ K 时，电子的能级分布发生变化。若令 $E = E_F$，且 $T > 0$ K，则式 (2.29) 变为

$$f_F(E = E_F) = \frac{1}{1 + \exp(0)} = \frac{1}{1 + 1} = \frac{1}{2}$$

$E = E_F$ 的能态被电子占据的概率为 $\frac{1}{2}$。图 2.24 画出了不同温度时的费米-狄拉克分布函数。其中假定费米能级与温度无关。

由图 2.24 可见，当温度在热力学温标零度以上时，高于 E_F 的能态也可被电子占据，其概率分布不再为零，而低于 E_F 的一些能态也可能为空。这说明随着热能的增加，一些电子发生跃迁，进入更高能级。

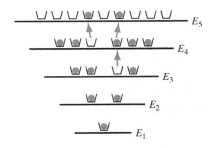

图 2.23　图 2.21 所示系统在 $T > 0$ K 时的分立能级和量子态

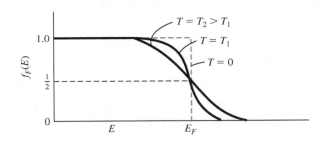

图 2.24　不同温度时，费米-狄拉克概率分布与能量的函数关系

例 2.6　**试确定 E_F 以上能态被电子占据的概率**。令 $T = 300$ K，试计算比费米能级高 $3kT$ 的能级被电子占据的概率 (假设允许该能级存在)。

【解】

由式 (2.29)，我们有

$$f_F(E) = \frac{1}{1 + \exp\left(\dfrac{E - E_F}{kT}\right)} = \frac{1}{1 + \exp\left(\dfrac{3kT}{kT}\right)}$$

化简得

$$f_F(E) = \frac{1}{1 + \exp(3)} = 0.0474 \Rightarrow 4.74\%$$

【说明】

在 E_F 以上的能级中，其量子态被电子占据的概率远小于 1，或者说，电子与有效量子态之比非常小。

【自测题】

EX2.6　假设费米能级比导带能级低 0.30 eV。(a)试求 $E_c + kT$ 能级中量子态被电子占据的概率；(b)求 $E_c + 2kT$ 能级中量子态被电子占据的概率，设 $T = 300$ K。

　　　　答案：(a)3.43×10^{-6}；(b)1.26×10^{-6}。

由图 2.24 可见，随着温度的升高，E_F 以上能级被占据的概率增加，而 E_F 以下能态为空的概率也增大。

例 2.7　确定能态为空的概率为 1% 时所对应的温度。 假设某种材料的费米能级为 6.25 eV，且其中的电子遵循费米–狄拉克分布函数。试计算在费米能级以下 0.30 eV 处，能级为空的概率是 1% 时所对应的温度。

【解】

能态为空的概率为

$$1 - f_F(E) = 1 - \dfrac{1}{1 + \exp\left(\dfrac{E - E_F}{kT}\right)}$$

则

$$0.01 = 1 - \dfrac{1}{1 + \exp\left(\dfrac{5.95 - 6.25}{kT}\right)}$$

解方程得，$kT = 0.065\ 29$ eV，即对应的温度 $T = 756$ K。

【说明】

费米–狄拉克分布是温度的强函数。

【自测题】

EX2.7　设材料中的电子遵循费米–狄拉克分布函数，且费米能级为 5.50 eV。试求费米能级以上 0.20 eV 的能级被电子占据概率为 0.5% 时所对应的温度。

　　　　答案：$T = 438$ K。

我们注意到，费米能级 E_F 以上 dE 距离的能态被占据的概率与 E_F 以下 dE 距离的能态为空的概率相等。函数 $f_F(E)$ 与函数 $1 - f_F(E)$ 关于费米能级 E_F 对称。这种对称现象如图 2.25 所示，我们将在第 3 章用到这一结果。

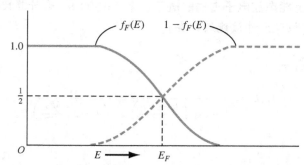

图 2.25　能态被占据的概率分布 $f_F(E)$ 与能态为空的概率分布 $1 - f_F(E)$

2.5.3　麦克斯韦–玻尔兹曼近似

当 $E - E_F \gg kT$ 时，式(2.29)分母中的指数项远大于 1，我们可以忽略分母中的 1。因

此，费米-狄拉克分布函数变为

$$f_F(E) \approx \exp\left[\frac{-(E-E_F)}{kT}\right] \qquad (2.30)$$

式（2.30）称为**麦克斯韦-玻尔兹曼近似**，或费米-狄拉克分布函数的玻尔兹曼近似。图 2.26 给出了费米-狄拉克分布函数和玻尔兹曼近似。图中给出了近似适用的能量范围。

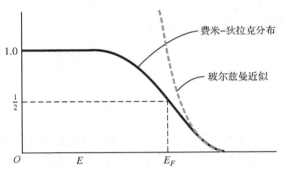

图 2.26　费米-狄拉克分布和麦克斯韦-玻尔兹曼近似

例 2.8　确定玻尔兹曼近似有效的能量。试计算费米-狄拉克分布和麦克斯韦-玻尔兹曼近似的偏差为费米函数 5% 时的能级，以 kT 和 E_F 表示。

【解】

由题设可得

$$\frac{\exp\left[\dfrac{-(E-E_F)}{kT}\right] - \dfrac{1}{1+\exp\left(\dfrac{E-E_F}{kT}\right)}}{\dfrac{1}{1+\exp\left(\dfrac{E-E_F}{kT}\right)}} = 0.05$$

若分子、分母同乘以函数 $1+\exp\left[(E-E_F)/kT\right]$，可得

$$\exp\left[\frac{-(E-E_F)}{kT}\right]\left[1+\exp\left(\frac{E-E_F}{kT}\right)\right] - 1 = 0.05$$

整理后，可得

$$\exp\left[\frac{-(E-E_F)}{kT}\right] = 0.05$$

或

$$E - E_F = kT \ln\left(\frac{1}{0.05}\right) \approx 3kT$$

【说明】

从本例及图 2.26 可以看到，$E-E_F \gg kT$ 这样的描述或多或少会引起误解。实际上，当 $E-E_F > 3kT$ 时，麦克斯韦-玻尔兹曼分布和费米-狄拉克分布的偏差就可控制在 5% 以内。

【自测题】

EX2.8　试确定玻尔兹曼近似和费米-狄拉克分布函数的偏差为费米函数 1% 时的能级，以 kT 和 E_F 表示。

答案：$E - E_F = 4.6kT$。

尽管玻尔兹曼近似在 $\exp\left[(E-E_F)/kT\right] \gg 1$ 时有效，但在实际应用中，我们多采用 $E-E_F \gg kT$ 这种表示方法。在第 3 章关于半导体的讨论中将用到玻尔兹曼近似。

【练习题】

TYU2.1　设费米能级比价带高 0.35 eV。(a)试求 $E=E_v-kT$ 能态未被电子占据的概率；(b)求 $E=E_v-2kT$ 能态未被电子占据的概率，假设 $T=300$ K。

答案：(a) 4.98×10^{-7}；(b) 1.83×10^{-7}。

TYU2.2　若能级位于费米能级以上 $4kT$，重做例 2.6。

答案：1.8%。

2.6　小结

1. 给出了量子力学的一些基本原理，这些原理可用来描述电子在各种势函数中的行为。

　A. 在一些应用中，如光电效应，具有粒子性的光波称为光子。

　B. 波粒二象性说明粒子具有波动性，而光波具有粒子性。波粒二象性是用波动理论分析晶体中电子行为的理论基础。

2. 薛定谔方程是描述和预测电子行为的基础。

　A. 薛定谔方程用来确定在特性位置或能量上找到电子的概率。

　B. 将薛定谔方程应用于束缚粒子(如单电子原子)的一个结果是：束缚粒子的能量是量子化的，所以电子只能取分立能量值。

　C. 将薛定谔方程应用于单电子原子，可预测元素周期表的基本结构。

3. 建立了单晶的允带和禁带概念。

　A. 给出了导带和价带的概念。

　B. 建立了有效质量的概念。

　C. 半导体中存在两种带电粒子。电子是带负电的粒子，位于允带底电子的有效质量为正。空穴是带正电的粒子，位于允带顶空穴的有效质量也为正。

4. 允带内的能量实际上是分立能级，每个允带包含大量但有限的量子态。本节也给出了单位能量间隔的量子态数目。

5. 在处理大量的电子和空穴时，我们需要考虑这些粒子的统计行为。费米–狄拉克概率分布给出了能量为 E 的量子态被电子占据的概率。本章还定义了费米能级。

知识点

学完本章之后，读者应具备如下能力：

1. 简述能量量子化原理(光子)和波粒二象性。

2. A. 讨论单电子原子量子化能级的概念。

　B. 简述只有有限数量的电子占据单电子原子给定能级的原因。

　C. 讨论将薛定谔方程应用于单电子原子获得周期表的排列规律。

3. A. 简述硅中能带的分裂。

B. 简述晶体中粒子有效质量的概念。

C. 描述空穴的概念。

4. 分析固体中允带的态密度。

5. 理解费米-狄拉克分布函数和费米能级的含义。

复习题

1. 简述波粒二象性原理，并给出动量与波长的关系。

2. A. 薛定谔方程的物理意义是什么？

　B. 什么是概率密度函数？

　C. 什么是量子化能级？

　D. 什么是量子数？

3. A. 当原子相互靠近时，为什么能级发生分裂？

　B. 什么是有效质量？

　C. 什么是直接带隙半导体，什么是间接带隙半导体？

　D. 描述空穴的概念。

4. 态密度函数的含义是什么？

5. A. 费米-狄拉克分布函数的意义是什么？

　B. 什么是费米能级？

习题

2.1　量子力学的基本原理

2.1　材料的功函数是指电子逸出材料所需的最小能量。假设 Au 的功函数是 4.9 eV，Cs 的功函数是 1.90 eV，试计算 Au 和 Cs 材料由光电效应发射电子的最大波长。

2.2　试计算以下粒子的德布罗意波长（$\lambda = h/p$）：（a）动能为 1.0 eV 和 100 eV 的电子；（b）动能为 1.0 eV 的质子。

2.3　根据经典物理，电子气在热平衡时的平均电子能量为 $3kT/2$。试计算 $T = 300$ K 时，电子的平均能量（用 eV 表示）、平均动量和德布罗意波长。

2.4　（a）若电子的速率为 2×10^6 cm/s，试确定电子的能量（以 eV 表示）、动量和德布罗意波长（以 Å 表示）；（b）若电子的德布罗意波长为 125 Å，试确定电子的能量（以 eV 表示）、动量和速度。

2.5　（a）试问需要在真空中施加多大的电势差对电子加速，才能使电子撞击目标靶而产生波长 1 Å 的 X 射线辐射（假设电子的所有能量都转移给光子）；（b）在（a）部分中，电子撞击目标靶前的德布罗意波长是多少？

2.2　能量量子化和概率

2.6　试计算氢原子中电子的前 4 个允许能级的能量（用 eV 表示）。

2.7　试证明氢原子中 1s 态电子的最可能半径 r 等于玻尔半径 a_0。

2.8　利用元素周期表，（a）分别找出含有一个价电子（i）和四个价电子（ii）的三种元素；

(b)(i)F, Cl, Br 和(ii)He, Ne, Ar 这两组元素各有哪些共同点？

(注意：以下问题是为已经学习附录 E 薛定谔方程的读者准备的。)

2.9 在某种情况下，薛定谔方程的解可表示为 $\psi(x) = (2/a_0)^{1/2} \cdot e^{-x/a_0}$。试求在以下范围内找到粒子的概率：(a)$0 \leqslant x \leqslant a_0/4$；(b)$a_0/4 \leqslant x \leqslant a_0/2$；(c)$0 \leqslant x \leqslant a_0$。

2.10 电子束缚在宽度为 100 Å 的一维无限深势阱中，试求 $n = 1$, 2, 3 时的电子能级(以 eV 表示)。

2.11 宽度为 12 Å 的一维无限深势阱内束缚了一个电子。(a)试计算电子可能占据的前两个能级；(b)如果电子由第二能级落到第一能级，发射光子的波长为多少？

2.12 若三维无限深势阱的势函数 $V(x)$ 在 $0 < x < a$，$0 < y < a$，$0 < z < a$ 范围内为零，其他位置为无穷大。试应用薛定谔方程和分离变量法，证明束缚在三维无限深势阱中粒子的能量是量子化，且可表示为

$$E_{n_x n_y n_z} = \frac{\hbar^2 \pi^2}{2ma^2}(n_x^2 + n_y^2 + n_z^2)$$

其中，$n_x = 1$, 2, 3, $\cdots$；$n_y = 1$, 2, 3, $\cdots$；$n_z = 1$, 2, 3, $\cdots$。

2.13 若能量为 2.2 eV 的电子撞击高度为 6.0 eV、厚度为 10^{-10}m 的势垒，试问电子穿过势垒的透射系数为多少。若势垒厚度为 10^{-9}m，其透射系数又为多少？假设附录 E 中的式(E.27)有效。

2.14 (a)试求有效质量为 $0.067m_0$ 的粒子(GaAs 中的电子)隧穿过矩形势垒的概率，其中 m_0 是电子质量，势垒高度 $V_0 = 0.8$ eV，势垒宽度为 15 Å，粒子的动能为 0.20 eV；(b)如果粒子的有效质量为 $1.08m_0$(硅中的电子)，重复上述计算。

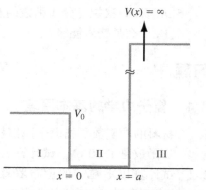

2.15 考虑如图 P2.15 所示的一维势阱，假设电子的总能量 $E < V_0$。(a)写出各区域内的薛定谔方程；(b)写出由边界条件得到的方程组；(c)说明电子能级是否量子化，并简述其原因。

图 P2.15 习题 2.15 的势函数分布

2.3 能带理论

2.16 考虑图 2.8(b)所示的硅能级分裂。如果平衡晶格距离发生微小变化，试讨论硅的电学特性如何变化，并确定材料趋近于绝缘体或金属的具体位置？

2.17 半导体的带隙能通常是温度的弱函数。在某些情况下，带隙能与温度的关系可表示为

$$E_g = E_g(0) - \frac{\alpha T^2}{(\beta + T)}$$

其中，$E_g(0)$ 是 $T = 0$ K 时的带隙能。对硅而言，$E_g(0) = 1.170$ eV，$\alpha = 4.73 \times 10^{-4}$ eV/K，$\beta = 636$ K。试画出 $0 \leqslant T \leqslant 600$ K 范围内的 E_g-T 关系曲线。特别要注意 $T = 300$ K 时的带隙能。

2.18 GaAs 的禁带宽度为 1.42 eV。(a)试确定可将价电子激发到导带的最小光子频率；(b)对应的波长为多少？

2.4　态密度函数

2.19　(a)试确定 Si 在 300 K 时，E_c 到 $E_c + kT$ 之间的总能态数目；(b)若将 Si 替换为 GaAs，重新计算(a)的问题。

2.20　(a)试确定 Si 在 300 K 时，E_c 到 $E_c - kT$ 之间的总能态数目；(b)若将 Si 替换为 GaAs，重新计算(a)的问题。

2.21　(a)若能量范围在 $E_c \leqslant E \leqslant E_c + 0.2$ eV 内，试画出硅导带的态密度函数曲线；(b)若能量范围在 $E_v - 0.2$ eV $\leqslant E \leqslant E_v$ 内，试画出硅价带的态密度函数曲线。

2.22　试确定导带在 $E = E_c + kT$ 处的有效态密度与价带在 $E = E_v - kT$ 处的有效态密度之比。

2.5　统计力学

2.23　由式(2.29)，画出 -0.2 eV $\leqslant (E - E_F) \leqslant 0.2$ eV 范围内不同温度的费米–狄拉克分布函数：(a)$T = 200$ K；(b)$T = 300$ K；(c)$T = 400$ K。

2.24　(a)若 $E_F = E_c$，试确定 $E = E_c + kT$ 能态被占据的概率。
(b)若 $E_F = E_v$，试确定 $E = E_v - kT$ 能态被占据的概率。

2.25　若能态在费米能级以上(a)$1kT$，(b)$3kT$ 和(c)$6kT$，试确定这些能态被电子占据的概率。

2.26　若能态在费米能级以下(a)$1kT$，(b)$3kT$ 和(c)$6kT$，试确定这些能态为空的概率。

2.27　硅的费米能级在导带能量 E_c 以下 0.25 eV 处。(a)若 $T = 300$ K，试画出 $E_c \leqslant E \leqslant E_c + 2kT$ 能量范围内，能态被电子占据的概率；(b)若 $T = 400$ K，重做(a)的问题。

2.28　试证明费米能级以上 ΔE 处的能态被占据的概率等于费米能级以下 ΔE 处的能态为空的概率。

2.29　(a)若费米–狄拉克分布函数与玻尔兹曼近似的偏差在 2% 以内，试确定能量高于 E_F 多少？以 kT 为单位；(b)给出这个能量的概率分布值。

2.30　某种材料在 $T = 300$ K 时的费米能级为 6.25 eV，且材料中的电子遵从费米–狄拉克分布函数。(a)求 6.50 eV 能级被电子占据的概率；(b)如果温度 T 升高到 950 K，重做(a)的问题，假设 E_F 不变；(c)若费米能级以下 0.30 eV 的能态为空的概率是 1%，试确定此时的温度。

2.31　铜在 $T = 300$ K 时的费米能级为 7.0 eV，且铜内的电子遵从费米–狄拉克分布函数。(a)求 7.15 eV 能级被电子占据的概率；(b)若温度 $T = 1000$ K，重做(a)的问题，假设 E_F 不变；(c)若 $E = 6.85$ eV，$T = 300$ K，重做(a)的问题；(d)试确定 $T = 300$ K 和 $T = 1000$ K 时，$E = E_F$ 能态被电子占据的概率。

2.32　考虑图 P2.32 所示的能级，并令 $T = 300$ K。(a)若 $E_1 - E_F = 0.30$ eV，试确定 $E = E_1$ 能态被电子占据的概率，以及 $E = E_2$ 能级为空的概率；(b)若 $E_F - E_2 = 0.40$ eV，重做(a)的问题。

2.33　若 $E_1 - E_2 = 1.42$ eV，重做习题 2.32。

2.34　确定费米–狄拉克分布函数对能量的导数关系，并分别画出(a)$T = 0$ K，(b)$T = 300$ K 和(c)$T = 500$ K 时的导数关系。

2.35　假设 $T = 300$ K 时，半导体的费米能级恰好位于带隙中央。(a)试分别确定在 Si，Ge 和

GaAs 材料中，$E = E_c + kT/2$ 能态被电子占据的概率；(b)试分别确定在 Si，Ge 和 GaAs 材料中，$E = E_v - kT/2$ 能态为空的概率。

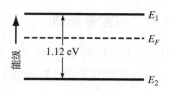

2.36 若费米能级以上 0.55 eV 的能态被电子占据的概率为 10^{-6}，试确定此时的温度。

图 P2.32　习题 2.32 的能级图

2.37 若某种材料的费米能级 $E_F = 7.0$ eV，试分别计算(a)$T = 300$ K 和(b)$T = 500$ K 时，$f_F(E) = 0.95$ 和 $f_F(E) = 0.05$ 之间的能量范围(用 eV 表示)。

参考文献

*1. Datta. S. *Quantum Phenomena*, Vol. 8 of *Modular Series on Solid State Devices*. Reading, MA：Addison-Wesley, 1989.

*2. deCogan, D. *Solid State Devices：A Quantum Physics Approach*. New York：Springer-Verlag, 1987.

3. Eisberg, R. M. *Fundamentals of Modern Physics*. New York：Wiley, 1961.

4. Eisberg, R., and R. Resnick. *Quantum Physics of Atoms, Molecules, Solids, Nuclei, and Particles*. New York：Wiley, 1974.

5. Kittel, C. *Introduction to Solid State Physics*, 7th ed. Berlin：Springer-Verlag, 1993.

6. McKelvey, J. P. *Solid State Physics for Engineering and Materials Science*. Malabar, FL：Krieger Publishing, 1993.

7. Neamen, D. A. *Semiconductor Physics and Devices：Basic Principles*, 3rd ed. New York：McGraw-Hill, 2003.

8. Pauling, L., and E. B. Wilson. *Introduction to Quantum Mechanics*. New York：McGraw-Hill, 1935.

9. Pierret, R. F. *Semiconductor Device Fundamentals*. Reading, MA：Addison-Wesley, 1996.

*10. Shockley, W. *Electrons and Holes in Semiconductors*. NewYork：D. Van Nostrand, 1950.

11. Shur, M. *Introduction to Electronic Devices*. New York：John Wiley and Sons, 1996.

12. Singh, J. *Semiconductor Devices：Basic Principles*. New York：John Wiley and Sons, 2001.

13. Streetman, B. G., and S. Banerjee. *Solid State Electronic Devices*, 5th ed. Upper Saddle River, NJ：Prentice-Hall, 2000.

14. Sze, S. M. *Semiconductor Devices：Physics and Technology*, 2nd ed. New York：John Wiley and Sons, 2002.

*15. Wang, S. *Fundamentals of Semiconductor Theory and Device Physics*. Englewood Cliffs, NJ：Prentice-Hall, 1988.

标注 * 号的参考文献比本书讲解得更深。

第3章 平衡半导体

前面已讨论了晶体的基础知识，并介绍了单晶材料中电子的一些特性。在本章，我们将把这些概念应用到半导体材料中，并利用导带和价带的量子态密度及费米-狄拉克分布函数来确定导带和价带的电子和空穴浓度。此外，我们还将把费米能级的概念引入半导体材料。

本章涉及的半导体均为平衡半导体。平衡态(或热平衡态)是指没有电压、电场、磁场或温度梯度等外界影响时，半导体所处的状态。在这种情况下，材料的所有特性均与时间无关。平衡态是我们建立半导体物理的出发点。在此基础上，我们可以确定偏离平衡态时的半导体特性，如在半导体两端施加电压。

内容概括

1. 半导体中载流子(电子和空穴)的热平衡浓度。
2. 杂质原子对半导体材料特性的影响。
3. 定义非本征半导体，确定电子和空穴的热平衡浓度与能量的关系。
4. 电子和空穴的统计特性及其与能量和温度的关系。
5. 半导体中电子和空穴的热平衡浓度与掺杂原子的关系。
6. 费米能级位置与半导体材料中杂质原子浓度的关系。
7. 半导体的两种掺杂工艺——扩散和离子注入。

历史回顾

半导体器件的特性在很大程度上取决于半导体的导电性。通过控制材料中的杂质原子浓度，半导体的电导率可在 10 个数量级范围内变化(从良导体到绝缘体)。将这些杂质原子引入半导体的工艺称为掺杂。1952 年，W. G. Pfann 在一份专利中公开了采用扩散技术实现硅材料掺杂的工艺，而离子注入掺杂是肖克利(W. Shockley)在 1958 年提出的。

发展现状

掺杂工艺，特别是离子注入，仍然是半导体器件制备的关键工艺。我们可在晶片表面附近的某个特定区域内掺入一种杂质原子，而在邻近的区域掺入另一种杂质原子。在极短距离内灵活地改变半导体材料的导电类型是集成电路芯片能够制备数百万半导体器件的必要条件。

3.1 半导体中的载流子

目标：推导半导体材料中载流子(电子和空穴)的热平衡浓度

电流是电荷流动的速率。半导体中存在电子和空穴两种类型的载流子，它们对电流都有贡献。因为半导体中的电流在很大程度上取决于导带电子和价带空穴的数目，所以这些载流子浓度是半导体的一个重要参数。电子和空穴浓度与前面讨论的态密度函数及费米-狄拉克分布有关。在定性讨论这些关系之后，我们将给出电子和空穴热平衡浓度的严格数学推导。

3.1.1 电子和空穴的平衡分布

导带电子按能量的分布是导带允许的量子态密度与量子态被电子占据概率的乘积。这个方程可表示为

$$n(E) = g_c(E) f_F(E) \tag{3.1}$$

其中，$f_F(E)$ 是费米-狄拉克分布；$g_c(E)$ 是导带的量子态密度。$n(E)$ 的单位是单位立方厘米、单位能量间隔的电子数目。在整个导带能量范围内对式(3.1)积分，便可得到导带内单位体积的电子浓度。

同理，价带空穴按能量的分布为价带允许的量子态密度与量子态未被电子占据概率的乘积。我们可将其写为

$$p(E) = g_v(E)[1 - f_F(E)] \tag{3.2}$$

式中，$p(E)$ 的单位是单位立方厘米、单位能量间隔的空穴数目。在整个价带能量范围内对式(3.2)积分，便可得到价带内单位体积的空穴浓度。

为了得到热平衡态的电子和空穴浓度，我们需要确定费米能级 E_F 相对导带底 E_c 和价带顶 E_v 的位置。为了说明这个问题，首先考虑本征半导体。理想的本征半导体是晶体中无杂质和晶格缺陷的纯净半导体(如纯硅)。第 2 章已证明，$T = 0$ K 时，本征半导体价带的所有量子态都被电子填满，而导带的所有量子态全空。因此，费米能级必定位于 E_c 和 E_v 之间的某处(注意：费米能级不必对应于允许的能态)。

随着温度从 0 K 升高，价带电子将获得热能。其中，少数电子可能获得足够的能量而跃迁到导带。当电子从价带进入导带，价带就产生一个空态(或空穴)。在本征半导体中，热激发的电子和空穴总是成对出现的，所以导带中的电子数目和价带中的空穴数目相等。

图 3.1(a) 给出了导带**态密度**函数 $g_c(E)$、价带态密度函数 $g_v(E)$ 及 $T > 0$ K 时的费米-狄拉克分布。其中，费米能级 E_F 近似位于 E_c 和 E_v 中央。若在此假设电子和空穴的有效质量相等，则 $g_c(E)$ 和 $g_v(E)$ 关于带隙中心能量(E_c 和 E_v 中央的能量)对称。前面曾提到，$E > E_F$ 的 $f_F(E)$ 函数与 $E < E_F$ 的 $1 - f_F(E)$ 函数关于 $E = E_F$ 能量对称。这也就意味着 $E = E_F + dE$ 时的 $f_F(E)$ 函数和 $E = E_F - dE$ 时的 $1 - f_F(E)$ 函数相等。

图 3.1(b) 为图 3.1(a) 的放大图，其中给出了导带能量 E_c 以上的 $f_F(E)$ 和 $g_c(E)$。$f_F(E)$ 和 $g_c(E)$ 之积为式(3.1)描述的导带电子分布 $n(E)$，这一乘积如图 3.1(c) 所示。图中曲线包围面积表示导带的电子浓度($\#/\text{cm}^3$)。图 3.1(d) 是图 3.1(a) 中价带能量 E_v 以下的放大图。$g_v(E)$ 和 $[1 - f_F(E)]$ 之积是式(3.2)描述的价带空穴分布 $p(E)$，这一结果如图 3.1(e) 所示。曲线包围面积为价带的空穴浓度($\#/\text{cm}^3$)。由此可见，若 $g_c(E)$ 和 $g_v(E)$ 对称，则费米能级必定位于带隙中央，以获得相等的电子和空穴浓度。若电子和空穴的有效质量不完全相等，则有效态密度函数 $g_c(E)$ 和 $g_v(E)$ 也不会关于带隙中央精确对称。为了维持相等的电子和空穴浓度，本征半导体的费米能级会略微偏离带隙中央。

3.1.2 平衡电子和空穴浓度方程

上面已证明，本征半导体的费米能级位于带隙中央能量附近。然而，在推导热平衡电子浓度 n_0 和空穴浓度 p_0 方程时，并不受此限制。以后我们将看到，在某些特定情况下，费米能级会偏离带隙中央，不过我们仍然假设费米能级位于禁带中。

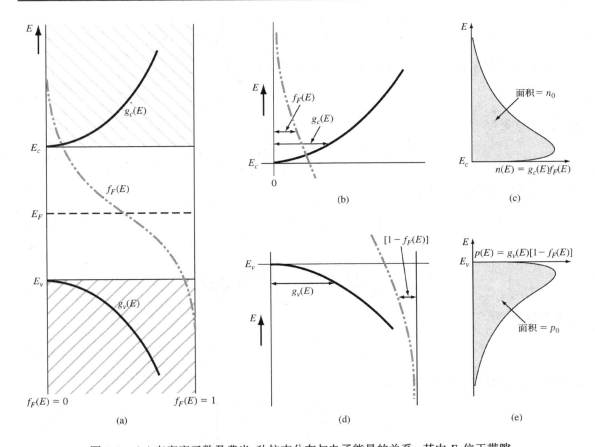

图 3.1　（a）态密度函数及费米-狄拉克分布与电子能量的关系，其中 E_F 位于带隙
中央附近；（b）导带能量附近放大的 $g_c(E)$ 和 $f_F(E)$；（c）导带电子浓度；
（d）价带能量附近放大的 $g_v(E)$ 和 $1 - f_F(E)$；（e）价带空穴浓度

在导带能量范围内对式（3.1）积分，可得热平衡**电子浓度**

$$n_0 = \int_{E_c}^{E_{\text{Top}}} g_c(E) f_F(E)\, \mathrm{d}E = \int_{E_c}^{\infty} g_c(E) f_F(E)\, \mathrm{d}E \tag{3.3}$$

积分下限为导带最低能量 E_c，而积分上限为导带的最高能量 E_{Top}。然而，如图 3.1（b）所示，费米分布函数随能量的增加而迅速趋于零。为了计算方便，我们取积分上限为无穷大。

假设费米能级位于禁带中，对于导带电子，我们有 $E > E_c$。若 $(E_c - E_F) \gg kT$，则 $(E - E_F) \gg kT$，那么费米分布函数就简化为玻尔兹曼近似[1]，即

$$f_F(E) = \frac{1}{1 + \exp\dfrac{(E - E_F)}{kT}} \approx \exp\frac{[-(E - E_F)]}{kT} \tag{3.4}$$

将玻尔兹曼近似代入式（3.3），则导带电子的热平衡浓度可表示为

---

[1] 当 $E - E_F \approx 3kT$ 时（参见图 2.26），麦克斯韦-玻尔兹曼近似和费米-狄拉克分布函数的误差在 5% 以内。虽然我们经常用这个公式来说明玻尔兹曼近似的有效范围，但这里的 $\gg$ 符号还是容易让人产生误解。

$$n_0 = \int_{E_c}^{\infty} \frac{4\pi(2m_n^*)^{3/2}}{h^3}\sqrt{E-E_c}\exp\left[\frac{-(E-E_F)}{kT}\right]dE \tag{3.5}$$

若进行变量替换，则更容易求解式(3.5)中的积分。设

$$\eta = \frac{E-E_c}{kT} \tag{3.6}$$

则式(3.5)变为

$$n_0 = \frac{4\pi(2m_n^*kT)^{3/2}}{h^3}\exp\left[\frac{-(E_c-E_F)}{kT}\right]\int_0^{\infty}\eta^{1/2}\exp(-\eta)\,d\eta \tag{3.7}$$

积分项是伽马函数，其值为

$$\int_0^{\infty}\eta^{1/2}\exp(-\eta)\,d\eta = \frac{1}{2}\sqrt{\pi} \tag{3.8}$$

式(3.7)变为

$$n_0 = 2\left(\frac{2\pi m_n^*kT}{h^2}\right)^{3/2}\exp\left[\frac{-(E_c-E_F)}{kT}\right] \tag{3.9}$$

定义参数 N_c 为

$$N_c = 2\left(\frac{2\pi m_n^*kT}{h^2}\right)^{3/2} \tag{3.10}$$

则导带电子的热平衡浓度可写为

$$\boxed{n_0 = N_c\exp\left[\frac{-(E_c-E_F)}{kT}\right]} \tag{3.11}$$

参数 N_c 称为**导带有效态密度**。若设 $m_n^* = m_0$，则 $T=300$ K 时的有效态密度函数值为 $N_c = 2.5\times10^{19}$ cm^{-3}，这是大多数半导体材料 N_c 的数量级。若电子的有效质量大于或小于 m_0，则有效状态密度值也会相应变化，但仍保持数量级不变。

例3.1　求导带的 $E=E_c+kT$ 能态被电子占据的概率，并计算 $T=300$ K 时硅的热平衡电子浓度。设费米能级位于导带能级 E_c 以下 0.20 eV 处。$T=300$ K 时，硅的导带有效态密度 $N_c = 2.8\times10^{19}$ cm^{-3}。

【解】

$E=E_c+kT$ 能态被电子占据的概率为

$$f_F(E_c+kT) = \frac{1}{1+\exp\left(\dfrac{E_c+kT-E_F}{kT}\right)} \approx \exp\left[\frac{-(E_c+kT-E_F)}{kT}\right]$$

或

$$f_F(E_c+kT) = \exp\left[\frac{-(0.20+0.0259)}{0.0259}\right] = 1.63\times10^{-4}$$

平衡态电子浓度为

$$n_0 = N_c\exp\left[\frac{-(E_c-E_F)}{kT}\right] = (2.8\times10^{19})\exp\left[\frac{-0.20}{0.0259}\right]$$

或

$$n_0 = 1.24 \times 10^{16} \text{ cm}^{-3}$$

【说明】

导带能态被电子占据的概率非常小，但是由于态密度数值很大，所以热平衡时的电子浓度值仍然是合理的。

【自测题】

EX3.1　计算 $T = 300$ K 时，硅的热平衡电子浓度。其中，费米能级位于导带能量 E_c 以下 0.25 eV。

答案：1.8×10^{15} cm^{-3}。

在价带能量范围内对式(3.2)积分，可得价带空穴的热平衡浓度为

$$p_0 = \int_{E_{\text{Bot}}}^{E_v} g_v(E)[1 - f_F(E)] \, \mathrm{d}E = \int_{-\infty}^{E_v} g_v(E)[1 - f_F(E)] \, \mathrm{d}E \tag{3.12}$$

其中，E_v 是价带最高能量，E_{Bot} 是价带最低能量。然而，如图 3.1(d)所示，随着能量的降低，函数 $1 - f_F(E)$ 快速趋近于零，因此，为了计算方便，我们令 $E_{\text{Bot}} = -\infty$。

注意到

$$1 - f_F(E) = \frac{1}{1 + \exp\left(\dfrac{E_F - E}{kT}\right)} \tag{3.13a}$$

对于价带能态，$E < E_v$。若 $(E_F - E_v) \gg kT$(假设费米能级仍处于禁带中)，则我们可得玻尔兹曼近似的不同表达式。式(3.13a)可写为

$$1 - f_F(E) = \frac{1}{1 + \exp\left(\dfrac{E_F - E}{kT}\right)} \approx \exp\left[\frac{-(E_F - E)}{kT}\right] \tag{3.13b}$$

将玻尔兹曼近似式(3.13b)代入式(3.12)，可得价带空穴的热平衡浓度为

$$p_0 = \int_{-\infty}^{E_v} \frac{4\pi(2m_p^*)^{3/2}}{h^3} \sqrt{E_v - E} \exp\left[\frac{-(E_F - E)}{kT}\right] \mathrm{d}E \tag{3.14}$$

其中，积分下限用负无穷代替价带底能量。因为指数项衰减得非常快，所以这个近似有效。

再次进行变量替换，求解式(3.14)。设

$$\eta' = \frac{E_v - E}{kT} \tag{3.15}$$

则式(3.14)变为

$$p_0 = \frac{-4\pi(2m_p^* kT)^{3/2}}{h^3} \exp\left[\frac{-(E_F - E_v)}{kT}\right] \int_{+\infty}^{0} (\eta')^{1/2} \exp(-\eta') \, \mathrm{d}\eta' \tag{3.16}$$

其中，负号来自于能量微分 $\mathrm{d}E = -kT\mathrm{d}\eta'$。注意，当 $E = -\infty$ 时，η' 的下限变为 $+\infty$。若改变积分顺序，则引入另一个负号。由式(3.8)的积分，式(3.16)可表示为

$$p_0 = 2\left(\frac{2\pi m_p^* kT}{h^2}\right)^{3/2} \exp\left[\frac{-(E_F - E_v)}{kT}\right] \tag{3.17}$$

定义参数 N_v 为

$$N_v = 2\left(\frac{2\pi m_p^* kT}{h^2}\right)^{3/2} \tag{3.18}$$

其中，N_v 称为**价带有效状态密度**。价带空穴的热平衡浓度可写为

$$p_0 = N_v \exp\left[\frac{-(E_F - E_v)}{kT}\right] \tag{3.19}$$

对大多数半导体而言，$T = 300$ K 时的价带有效态密度 N_v 的数量级也在 10^{19} cm^{-3}。

例 3.2 计算价带的 $E = E_v - kT$ 能态为空的概率，并计算 $T = 350$ K 时硅的热平衡空穴浓度。
设费米能级在价带能级以上 0.25 eV 处。$T = 300$ K 时，硅的价带有效态密度 $N_v = 1.04 \times 10^{19}$ cm^{-3}。

【解】
$T = 350$ K 时，价带有效态密度为

$$N_v = (1.04 \times 10^{19})\left(\frac{350}{300}\right)^{3/2} = 1.31 \times 10^{19} \text{ cm}^{-3}$$

和

$$kT = (0.0259)\left(\frac{350}{300}\right) = 0.0302 \text{ eV}$$

$E = E_v - kT$ 能态为空的概率为

$$1 - f_F(E_v - kT) = 1 - \frac{1}{1 + \exp\left(\frac{E_v - kT - E_F}{kT}\right)} \approx \exp\left[\frac{-(E_F - (E_v - kT))}{kT}\right]$$

或

$$1 - f_F(E_v - kT) = \exp\left[\frac{-(0.25 + 0.0302)}{0.0302}\right] = 9.34 \times 10^{-5}$$

热平衡空穴浓度为

$$p_0 = N_v \exp\left[\frac{-(E_F - E_v)}{kT}\right] = (1.31 \times 10^{19}) \exp\left[\frac{-0.25}{0.0302}\right]$$

或

$$p_0 = 3.33 \times 10^{15} \text{ cm}^{-3}$$

【说明】
价带有效态密度在任意温度下的取值都可用 $T = 300$ K 时的取值及其与温度的函数关系求得。

【自测题】
EX3.2 当费米能级在价带能量 E_v 以上 0.2 eV 时，计算硅在 $T = 300$ K 时的热平衡空穴浓度。
答案：4.61×10^{15} cm^{-3}。

当温度一定时，给定半导体材料的有效态密度函数 N_c 和 N_v 为常数。表 3.1 给出了硅、砷化镓和锗在 $T = 300$ K 时的有效态密度和有效质量值。注意，砷化镓的导带有效态密度 N_c 小于典型值 10^{19} cm^{-3}，这是由砷化镓电子的有效质量小造成的。

导带电子和价带空穴的热平衡浓度与有效态密度和费米能级直接相关。

表 3.1 有效态密度和有效质量

	$N_c(\text{cm}^{-3})$	$N_v(\text{cm}^{-3})$	m_n^*/m_0	m_p^*/m_0
Si	2.8×10^{19}	1.04×10^{19}	1.08	0.56
GaAs	4.7×10^{17}	7.0×10^{18}	0.067	0.48
Ge	1.04×10^{19}	6.0×10^{18}	0.55	0.37

3.1.3 本征载流子浓度

对于本征半导体，导带电子浓度等于价带空穴浓度。我们用 n_i 和 p_i 分别表示本征半导体的电子浓度和空穴浓度。这些参数通常称为本征电子浓度和本征空穴浓度。因为 $n_i = p_i$，所以常用 n_i 表示**本征载流子**浓度，它即可表示本征电子浓度也可表示本征空穴浓度。

本征半导体的费米能级称为本征费米能级，表示为 $E_F = E_{\text{Fi}}$。若将式 (3.11) 和式 (3.19) 应用于本征半导体，可写出

$$n_0 = n_i = N_c \exp\left[\frac{-(E_c - E_{\text{Fi}})}{kT}\right] \tag{3.20}$$

和

$$p_0 = p_i = n_i = N_v \exp\left[\frac{-(E_{\text{Fi}} - E_v)}{kT}\right] \tag{3.21}$$

若将式 (3.20) 和式 (3.21) 相乘，则有

$$n_i^2 = N_c N_v \exp\left[\frac{-(E_c - E_{\text{Fi}})}{kT}\right] \cdot \exp\left[\frac{-(E_{\text{Fi}} - E_v)}{kT}\right] \tag{3.22}$$

或

$$\boxed{n_i^2 = N_c N_v \exp\left[\frac{-(E_c - E_v)}{kT}\right] = N_c N_v \exp\left[\frac{-E_g}{kT}\right]} \tag{3.23}$$

其中，E_g 为带隙能。当温度一定时，给定半导体材料的 n_i 值为常数，与费米能级无关。

$T = 300$ K 时，硅的本征载流子浓度可由表 3.1 中给出的有效态密度求出。当 $E_g = 1.12$ eV 时，由式 (3.23) 计算的 n_i 值为 6.95×10^9 cm^{-3}。而 $T = 300$ K 时，硅本征载流子浓度 n_i 的公认值[①]约为 1.5×10^{10} cm^{-3}。这种差异可能来自下列原因：首先，有效质量值是由低温回旋共振实验测定的。既然有效质量为实验测定值，而且它衡量的是粒子在晶体中的运动，那么这个参数可能是温度的函数。其次，半导体的态密度函数是三维无限深势阱中电子模型推广得到的结果。这个理论函数可能与实验不完全吻合。n_i 理论值和实验值的差别大约为两倍，在多数情况下，这一差别并不显著。表 3.2 给出了 $T = 300$ K 时，硅、砷化镓和锗本征载流子浓度 n_i 的公认值。

---

① 不同参考书给出的硅在室温下的本征载流子浓度稍有不同，通常在 1×10^{10} cm^{-3} 到 1.5×10^{10} cm^{-3} 之间。在大多数情况下，这种差别并不重要。

表 3.2 $T=300\,\mathrm{K}$ 时，本征载流子浓度 n_i 的公认值	
Si	$n_i = 1.5 \times 10^{10}\ \mathrm{cm}^{-3}$
GaAs	$n_i = 1.8 \times 10^{6}\ \mathrm{cm}^{-3}$
Ge	$n_i = 2.4 \times 10^{13}\ \mathrm{cm}^{-3}$

本征载流子浓度是温度的强函数。

图 3.2 给出了由式(3.23)计算的硅、砷化镓和锗的本征载流子浓度 n_i 与温度的函数关系。由图可见，当温度在合理范围内变化时，这些半导体材料的本征载流子浓度 n_i 值可轻易地改变几个数量级。

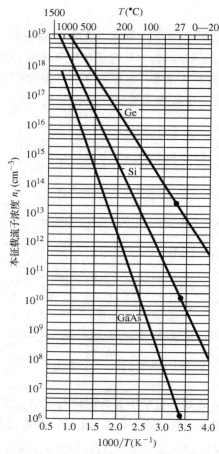

图 3.2 Si，GaAs 和 Ge 的本征载流子浓度与温度的函数关系(引自 Sze[17])

例 3.3 计算硅在 $T=350\,\mathrm{K}$ 和 $T=400\,\mathrm{K}$ 时的本征载流子浓度。 N_c 和 N_v 值与温度呈 $T^{3/2}$ 关系。作为一级近似，忽略带隙能随温度的变化。假设硅的带隙能为 $1.12\ \mathrm{eV}$。350 K 时的 kT 值为

$$kT = (0.0259)\left(\frac{350}{300}\right) = 0.0302\ \mathrm{eV}$$

400 K 时的 kT 值为

$$kT = (0.0259)\left(\frac{400}{300}\right) = 0.0345\ \mathrm{eV}$$

【解】

由式(3.23)可得，$T = 350$ K 时

$$n_i^2 = (2.8 \times 10^{19})(1.04 \times 10^{19}) \left(\frac{350}{300} \right)^3 \exp \left(\frac{-1.12}{0.0302} \right) = 3.62 \times 10^{22}$$

因此

$$n_i(350 \text{ K}) = 1.90 \times 10^{11} \text{ cm}^{-3}$$

当 $T = 400$ K 时

$$n_i^2 = (2.8 \times 10^{19})(1.04 \times 10^{19}) \left(\frac{400}{300} \right)^3 \exp \left(\frac{-1.12}{0.0345} \right) = 5.50 \times 10^{24}$$

因此

$$n_i(400 \text{ K}) = 2.34 \times 10^{12} \text{ cm}^{-3}$$

【说明】

由本例可知，温度每升高 50℃，本征载流子浓度约增加一个数量级。

【自测题】

EX3.3　计算 GaAs 在 (a) $T = 200$ K 和 (b) $T = 400$ K 时的本征载流子浓度。

　　　　答案：(a) $7.32 \times 10^3 \text{ cm}^{-3}$；(b) $3.22 \times 10^9 \text{ cm}^{-3}$。

3.1.4　本征费米能级的位置

我们已经定性地说明本征半导体的费米能级位于带隙中央附近。下面我们精确计算本征费米能级的位置。由于本征半导体的电子浓度和空穴浓度相等，令式(3.20)等于式(3.21)，可得

$$N_c \exp \left[\frac{-(E_c - E_{\text{Fi}})}{kT} \right] = N_v \exp \left[\frac{-(E_{\text{Fi}} - E_v)}{kT} \right] \tag{3.24}$$

对上式两边取自然对数，并求解 E_{Fi}，可得

$$E_{\text{Fi}} = \frac{1}{2}(E_c + E_v) + \frac{1}{2} kT \ln \left(\frac{N_v}{N_c} \right) \tag{3.25}$$

由式(3.10)和式(3.18)定义的 N_c 和 N_v，式(3.25)可写为

$$E_{\text{Fi}} = \frac{1}{2}(E_c + E_v) + \frac{3}{4} kT \ln \left(\frac{m_p^*}{m_n^*} \right) \tag{3.26a}$$

上式第一项 $\frac{1}{2}(E_c + E_v)$ 恰好是 E_c 和 E_v 的中间值，**即带隙中央的能量**，我们将其定义为

$$\frac{1}{2}(E_c + E_v) = E_{\text{midgap}}$$

因此

$$\boxed{E_{\text{Fi}} - E_{\text{midgap}} = \frac{3}{4} kT \ln \left(\frac{m_p^*}{m_n^*} \right)} \tag{3.26b}$$

如果电子和空穴的有效质量相等，即 $m_p^* = m_n^*$，那么**本征费米能级恰好位于带隙中央**。若 $m_p^* > m_n^*$，则本征费米能级略高于带隙中央；若 $m_p^* < m_n^*$，则本征费米能级略低于带隙中

央。因为态密度函数与载流子的有效质量直接相关，所以大的有效质量意味着大的态密度函数。为保持电子和空穴数量相等，本征费米能级将随态密度的增加而发生偏移。

例3.4 计算硅在 $T=300$ K 时的本征费米能级相对于带隙中央的位置。已知电子的有效质量为 $m_n^*=1.08m_0$，空穴的有效质量为 $m_p^*=0.56m_0$。

【解】

本征费米能级相对于带隙中央的位置为

$$E_{\mathrm{Fi}} - E_{\mathrm{midgap}} = \frac{3}{4}kT \ln\left(\frac{m_p^*}{m_n^*}\right) = \frac{3}{4}(0.0259)\ln\left(\frac{0.56}{1.08}\right)$$

或

$$E_{\mathrm{Fi}} - E_{\mathrm{midgap}} = -12.8 \text{ meV}$$

【说明】

硅的本征费米能级位于带隙中央以下 12.8 meV。12.8 meV 与硅带隙能的一半（560 meV）相比，可忽略不计，所以在多数情况下，可以近似认为本征费米能级位于带隙中央。

【自测题】

EX3.4 计算 GaAs 在 $T=300$ K 时的本征费米能级相对于带隙中央的位置。
答案：+38.2 meV。

【练习题】

TYU3.1 当费米能级位于价带能级 E_v 以上 0.25 eV 时，试计算 GaAs 在 $T=300$ K 时的热平衡电子和空穴浓度。设 GaAs 的带隙能 $E_g=1.42$ eV。
答案：$n_0=0.0113$ cm^{-3}，$p_0=4.5\times10^{14}$ cm^{-3}。

TYU3.2 计算硅在（a）$T=200$ K 和（b）$T=400$ K 时的本征载流子浓度。
答案：（a）8.13×10^4 cm^{-3}；（b）2.34×10^{12} cm^{-3}。

TYU3.3 计算锗在（a）$T=200$ K 和（b）$T=400$ K 时的本征载流子浓度。
答案：（a）2.23×10^{10} cm^{-3}；（b）8.53×10^{14} cm^{-3}。

3.2 掺杂原子与能级

目标：确定掺杂原子对半导体材料的影响

本征半导体可能是让人感兴趣的一种材料，但半导体的真正实力是通过在其中掺入少量可控的特定杂质原子实现的。将在 3.7 节描述的掺杂工艺可显著改变半导体的电学特性。实现半导体掺杂是制备后继章节讨论的各种半导体器件的基础。

3.2.1 定性描述

在第 2 章，我们讨论了硅的共价键结合，给出了单晶硅晶格的二维表示法，如图 3.3 所示。现在若掺入一个 V 族元素（如磷）作为替位杂质。V 族元素有 5 个价电子，其中 4 个与硅原子结合成共价键，剩下的第 5 个则松散地束缚在磷原子上。图 3.4 示意地描述了这一现象。我们称第 5 个价电子为施主电子。

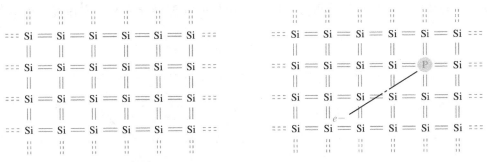

图 3.3 $T=0$ K 时，本征硅晶格的二维表示，所有价电子束缚在共价键中

图 3.4 $T=0$ K 时，掺入一个磷原子的硅晶格的二维表示，图中给出磷原子的第 5 个价电子

磷原子失去施主电子后带正电。在极低温度下，施主电子束缚在磷原子上。我们凭直觉就可以清晰地认识到，激发价电子进入导带所需的能量要小于激发共价键电子所需的能量。图 3.5 画出了我们所设想的能带图。能级 E_d 是施主电子的能态。在能带图中，通常用点线表示 E_d 能态，以表明半导体中的施主态是空间定域的。这是因为施主原子浓度远小于半导体材料的原子密度。

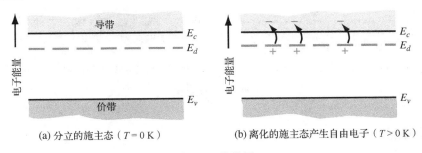

(a) 分立的施主态（$T=0$ K）   (b) 离化的施主态产生自由电子（$T>0$ K）

图 3.5 能带图

如果施主电子获得了少量能量，如热激发，就会跃迁进入导带，留下一个带正电的磷离子。现在，导带中的电子可在晶体中运动形成电流，而带正电的磷离子则被固定在晶体中。这种类型的杂质原子向导带提供电子，所以我们称之为**施主杂质原子**。由于施主杂质原子增加导带电子，但并不产生价带空穴，所以这种半导体称为 n 型半导体（n 表示带负电的电子）。

现在，假定掺入Ⅲ族元素（如硼）作为硅的替位杂质。Ⅲ族元素有 3 个价电子，它们全部参与形成共价键。如图 3.6(a) 所示，有一个共价键位置是空的。因为硼原子现在的静电荷状态为负。所以若电子想要填充这个"空"位，则必须具有高于价电子的能量。然而，占据这个"空"位的电子并不具有足够的能量进入导带，因此，它的能量远小于导带能量。图 3.6(b) 画出了价电子是如何获取少量热能并在晶体中运动的。当硼原子引入的空位被填满时，其他价电子位置将变空。这些电子为空的位置可视为半导体材料中的空穴。

图 3.7 给出了假想"空"位的能态及价带空穴的产生过程。空穴在晶体中运动形成电流，而带负电的硼原子则固定在晶体中。由于Ⅲ族原子从价带中接受电子，因此我们称之为**受主杂质原子**。受主杂质原子在价带中产生空穴，但在导带中不产生电子。我们称这种类型的半导体材料为 **p 型材料**（p 表示带正电的空穴）。

纯净的单晶半导体称为本征半导体，而掺入可控数量的施主或受主杂质原子的半导体则称为**非本征半导体**。非本征半导体可分为电子占优势的 n 型半导体和空穴占优势的 p 型半导体。

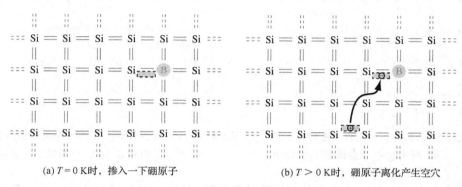

(a) $T = 0\,K$时，掺入一下硼原子　　　　　　(b) $T > 0\,K$时，硼原子离化产生空穴

图 3.6　硅晶格的二维表示

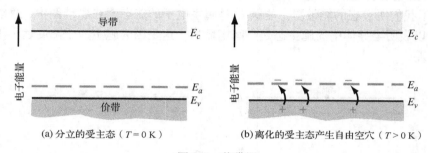

(a) 分立的受主态（$T = 0\,K$）　　　　　　(b) 离化的受主态产生自由空穴（$T > 0\,K$）

图 3.7　能带图

3.2.2　电离能

我们可以近似求出施主电子与施主杂质离子之间的距离以及激发施主电子进入导带所需的能量，这个能量称为电离能。在计算中采用玻尔的原子模型。选择此模型的原因是，由量子力学确定的氢原子中电子与原子核的最可能距离等于玻尔半径，由量子力学确定的氢原子能级也等于玻尔理论的计算值。

对于施主杂质原子，施主电子环绕嵌入半导体材料中的施主离子转动。在计算中，需要使用半导体的介电常数，而不是氢原子模型中的真空介电常数，还需要使用电子的有效质量。

在分析时，我们首先规定电子和离子间的库仑引力等于轨道电子的向心力。这个条件产生稳定的轨道可得

$$\frac{e^2}{4\pi \epsilon r_n^2} = \frac{m^* v^2}{r_n} \tag{3.27}$$

其中，v 是速度；r_n 是轨道半径。若假设角动量也是量子化的，则有

$$m^* r_n v = n\hbar \tag{3.28}$$

其中，n 为正整数。由式（3.28）解出 v，然后代入式（3.27）求解半径，可得

$$r_n = \frac{n^2 \hbar^2 4\pi \epsilon}{m^* e^2} \tag{3.29}$$

由角动量的量子化假设，可导出轨道半径也是量子化的。

玻尔半径定义为

$$a_0 = \frac{4\pi \epsilon_0 \hbar^2}{m_0 e^2} = 0.53 \text{ Å} \tag{3.30}$$

将施主轨道半径对玻尔半径归一化，可得

$$\frac{r_n}{a_0} = n^2 \epsilon_r \left(\frac{m_0}{m^*} \right) \tag{3.31}$$

其中，ϵ_r 为半导体材料的相对介电常数，m_0 为电子静止质量，m^* 为半导体中电子的有效质量。

若我们考虑 $n = 1$ 对应的最低能态，且硅的相对介电常数 $\epsilon_r = 11.7$，电子有效质量 $m^*/m_0 = 0.26$，则我们有

$$\frac{r_1}{a_0} = 45 \tag{3.32}$$

或 $r_1 = 23.9$ Å。这一半径近似等于硅晶格常数的 4 倍。由于每个硅晶胞包含 8 个原子，所以施主电子的轨道半径包含了多个硅原子。施主电子并未紧密束缚于施主原子。

轨道电子的总能量为

$$E = T + V \tag{3.33}$$

其中，T 是电子动能；V 是电子势能。动能为

$$T = \frac{1}{2} m^* v^2 \tag{3.34}$$

将式(3.28)得到的 v 和式(3.29)得到的半径 r_n 代入上式，动能变为

$$T = \frac{m^* e^4}{2(n\hbar)^2 (4\pi\epsilon)^2} \tag{3.35}$$

势能为

$$V = \frac{-e^2}{4\pi \epsilon r_n} = \frac{-m^* e^4}{(n\hbar)^2 (4\pi\epsilon)^2} \tag{3.36}$$

总能量为动能与势能之和，所以有

$$E = T + V = \frac{-m^* e^4}{2(n\hbar)^2 (4\pi\epsilon)^2} \tag{3.37}$$

对于氢原子，$m^* = m_0$，$\epsilon = \epsilon_0$。处于最低能态的氢原子的电离能 $E = -13.6$ eV。对于硅晶体，其电离能为 $E = -25.8$ meV，远小于硅的带隙能。这个能量近似等于**施主原子的电离能**，或者说激发施主电子进入导带所需的能量。

对于常见的施主杂质，如硅和锗中的磷或砷，这种类氢模型十分有效，并给出电离能的量级。表 3.3 列出了硅、锗中一些杂质实测的电离能值。由于硅和锗的相对介电常数和有效质量不同，因此，电离能也不同。

表 3.3　Si 和 Ge 中的杂质电离能

杂　　质	电离能 (eV)	
	Si	Ge
施主		
P	0.045	0.012
As	0.05	0.0127
受主		
B	0.045	0.0104
Al	0.06	0.0102

3.2.3 Ⅲ-Ⅴ族半导体

在前几节，我们以硅为例讨论了Ⅳ族半导体中的施主杂质和受主杂质。而以砷化镓为代表的Ⅲ-Ⅴ化合物半导体的情况则更加复杂。若Ⅱ族元素(如铍、锌和镉)作为替位杂质进入晶格，则替代Ⅲ族元素镓成为受主杂质。同样，Ⅵ族元素(如硒和碲)也能替位地进入晶格，替代Ⅴ族元素砷成为施主杂质。这些杂质所对应的电离能小于硅中杂质的电离能。由于电子的有效质量比空穴的小，因此，砷化镓中施主的电离能也比受主的电离能小。

Ⅳ族元素硅和锗，也可成为砷化镓中的杂质原子。若硅原子替代镓原子，则硅杂质原子充当施主；若硅原子代替砷原子，则硅杂质原子充当受主。锗作为杂质原子与硅的情况完全相同。这样的杂质称为两性杂质。在砷化镓实验中发现，锗主要表现为受主杂质，而硅主要表现为施主杂质。表3.4列出了不同杂质原子在砷化镓中的电离能。

表3.4 砷化镓中的杂质电离能

杂 质	电离能(eV)
施主	
Se	0.0059
Te	0.0058
Si	0.0058
Ge	0.0061
受主	
Be	0.028
Zn	0.0307
Cd	0.0347
Si	0.0345
Ge	0.0404

【练习题】

TYU3.4 计算处在砷化镓最低能态中的施主电子的归一化半径(相对于玻尔半径)。

答案：195.5。

3.3 非本征半导体的载流子分布

目标：定义非本征半导体，推导电子和空穴的热平衡浓度与能量的关系

我们将晶体中不含杂质原子的半导体定义为**本征半导体**，而将掺入可控数量的特定杂质原子的半导体称为**非本征半导体**，其在热平衡态时的电子和空穴浓度不同于本征载流子浓度。在非本征半导体中，只有一种载流子起主导作用。

3.3.1 电子和空穴的平衡分布

在半导体中加入施主或受主杂质原子会改变材料中电子和空穴的分布。既然费米能级与分布函数有关，因此，费米能级也随掺入杂质量而改变。若费米能级偏离带隙中央，那么导带电子浓度和价带空穴浓度也会发生变化。这种影响如图 3.8 和图 3.9 所示。图 3.8 给出 $E_F > E_{Fi}$ 的情况, 图 3.9 给出 $E_F < E_{Fi}$ 的情况。当 $E_F > E_{Fi}$ 时, 电子浓度高于空穴浓度; 而 $E_F < E_{Fi}$ 时, 空穴浓度高于电子浓度。当电子浓度高于空穴浓度时, 半导体为 **n 型**, 掺入的是施主杂质原子; 当空穴浓度高于电子浓度时, 半导体为 **p 型**, 掺入的是受主杂质原子。半导体的费米能级随电子和空穴浓度的改变而改变, 也就是随施主和受主的掺入量而变。费米能级随杂质浓度的变化将在 3.6 节中讨论。

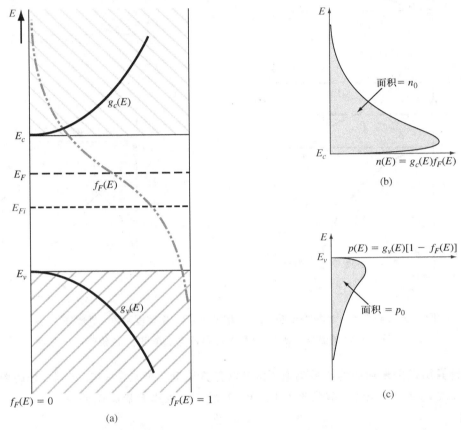

图 3.8　(a) E_F 高于本征费米能级时(n 型半导体), 态密度函数、费米–狄拉克
分布与电子能量的函数关系;(b) 导带电子浓度;(c) 价带空穴浓度

前面推导得出的式(3.11)和式(3.19)是电子和空穴的热平衡浓度表达式, 它们是以费米能级表示 n_0 和 p_0 的一般表达式。为了使用方便, 再次给出这些式子

$$n_0 = N_c \exp\left[\frac{-(E_c - E_F)}{kT}\right]$$

和

$$p_0 = N_v \exp\left[\frac{-(E_F - E_v)}{kT}\right]$$

正如上面刚刚讨论的, 费米能级将随掺入施主和受主杂质而在带隙内变化, 反过来, 这将改变 n_0 和 p_0 值。

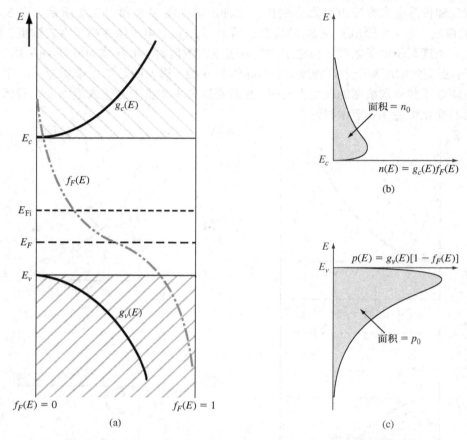

图 3.9　(a) E_F 小于本征费米能级时(p型半导体)，态密度函数、费米-狄拉克
分布与电子能量的函数关系；(b) 导带电子浓度；(c) 价带空穴浓度

例 3.5　计算给定费米能级的热平衡电子浓度和空穴浓度。假设 $T = 300$ K 时，硅的费米能级
比价带高 0.25 eV。若硅的带隙能为 1.12 eV，则费米能级比导带低 0.87 eV。

【解】

由式(3.19)，可得

$$p_0 = (1.04 \times 10^{19}) \exp\left(\frac{-0.25}{0.0259}\right) = 6.68 \times 10^{14} \text{ cm}^{-3}$$

由式(3.11)，可得

$$n_0 = (2.8 \times 10^{19}) \exp\left(\frac{-0.87}{0.0259}\right) = 7.23 \times 10^4 \text{ cm}^{-3}$$

【说明】

费米能级的变化实际上是掺入半导体中的施主或受主杂质浓度的函数。本例说明费米能级虽
然只改变了零点几电子伏(eV)，但与本征载流子浓度相比，电子和空穴浓度变化了多个数量级。

【自测题】

EX3.5　若费米能级比导带低 0.20 eV，重新计算例 3.5。

答案：$n_0 = 1.24 \times 10^{16}$ cm^{-3}，$p_0 = 3.89 \times 10^3$ cm^{-3}。

在例 3.5 中，$p_0 > n_0$，半导体是 p 型的。在 p 型半导体中，空穴称为**多数载流子**，而电子称为**少数载流子**[①]。比较上例中 n_0 和 p_0 的值，很容易明白这种命名的由来。类似地，在 n 型半导体中，$n_0 > p_0$，电子是多数载流子，而空穴是少数载流子。

我们也可以推导出电子和空穴热平衡浓度的另一种表达形式。如果在式(3.11)的指数项中加、减本征费米能级，则有

$$n_0 = N_c \exp\left[\frac{-(E_c - E_{Fi}) + (E_F - E_{Fi})}{kT}\right] \tag{3.38a}$$

或

$$n_0 = N_c \exp\left[\frac{-(E_c - E_{Fi})}{kT}\right] \exp\left[\frac{(E_F - E_{Fi})}{kT}\right] \tag{3.38b}$$

由式(3.20)给出的本征载流子浓度

$$n_i = N_c \exp\left[\frac{-(E_c - E_{Fi})}{kT}\right]$$

热平衡电子浓度可写为

$$n_0 = n_i \exp\left[\frac{E_F - E_{Fi}}{kT}\right] \tag{3.39}$$

类似地，若在式(3.19)的指数项中加、减本征费米能级，可得

$$p_0 = n_i \exp\left[\frac{-(E_F - E_{Fi})}{kT}\right] \tag{3.40}$$

正如我们所看到，掺入施主或受主杂质时，费米能级发生改变，但式(3.39)和式(3.40)表明随着费米能级偏离本征费米能级，n_0 和 p_0 也偏离 n_i。若 $E_F > E_{Fi}$，则有 $n_0 > n_i$ 和 $p_0 < n_i$。n 型半导体的一个特性是 $E_F > E_{Fi}$，所以 $n_0 > p_0$。类似地，在 p 型半导体中，$E_F < E_{Fi}$，$p_0 > n_i$ 和 $n_0 < n_i$，故 $p_0 > n_0$。

由图 3.8 和图 3.9 可以看出 n_0 和 p_0 与 E_F 的函数关系。当 E_F 高于或低于 E_{Fi} 时，导带和价带态密度函数与分布函数的交叠也在发生变化。当 E_F 高于 E_{Fi} 时，导带中的分布函数增加，价带空态(空穴)的概率 $1 - f_F(E)$ 降低。而当 E_F 低于 E_{Fi} 时，情况恰好相反。

3.3.2　$n_0 p_0$ 积

由式(3.11)和式(3.19)分别给出的 n_0 和 p_0 表达式，可求得 n_0 和 p_0 的乘积，即

$$n_0 p_0 = N_c N_v \exp\left[\frac{-(E_c - E_F)}{kT}\right] \exp\left[\frac{-(E_F - E_v)}{kT}\right] \tag{3.41}$$

该式可写为

$$n_0 p_0 = N_c N_v \exp\left[\frac{-E_g}{kT}\right] \tag{3.42}$$

---

① 多数载流子简称为多子，少数载流子简称为少子，在本书后面，我们采用多子和少子这两种称谓。

因为式(3.42)是由费米能级的一般值导出的,故 n_0 和 p_0 值不必相等。但式(3.42)却与本征半导体情况导出的式(3.23)完全相同。因此,在处理热平衡半导体时,我们有

$$n_0 p_0 = n_i^2 \tag{3.43}$$

式(3.43)说明,在一定温度下,给定半导体材料的 n_0 和 p_0 的乘积总是一个常数。尽管这个方程看起来非常简单,但它却是热平衡半导体的一个基本公式。这个关系的重要性在后继章节将变得更加明显。需要注意的是,式(3.43)是由玻尔兹曼近似导出的。若玻尔兹曼近似不成立,则式(3.43)也不成立。

严格说来,尽管处于热平衡态的非本征半导体中存在热激发载流子,但并不包含本征载流子浓度。本征电子和空穴浓度随施主和受主杂质而改变。但我们仍可将式(3.43)中的本征载流子浓度 n_i 简单看成是半导体材料的一个参数。

例3.6　$T = 300$ K 时,由给定的电子浓度确定硅的空穴浓度。设电子浓度 $n_0 = 1 \times 10^{16}$ cm^{-3}。

【解】

由式(3.43),可写出

$$p_0 = \frac{n_i^2}{n_0} = \frac{(1.5 \times 10^{10})^2}{1 \times 10^{16}} = 2.25 \times 10^4 \text{ cm}^{-3}$$

【说明】

如前所见,电子和空穴浓度可以变化几个数量级。浓度高的载流子称为多数载流子,而浓度低的载流子称为少数载流子。在本例中,电子是多数载流子,而空穴是少数载流子。

本书的后半部分将证明,式(3.43)给出的基本半导体方程是极其有用的。

【自测题】

EX3.6　$T = 300$ K 时,若硅的电子浓度 $n_0 = 1 \times 10^5$ cm^{-3},试计算硅的空穴浓度。哪种载流子是多数载流子,哪种载流子是少数载流子?

答案:$p_0 = 2.25 \times 10^{15}$ cm^{-3};空穴是多数载流子,电子是少数载流子。

Σ[①]3.3.3　费米–狄拉克积分

在推导热平衡电子和空穴浓度表达式(3.11)和式(3.19)的过程中,假定玻尔兹曼近似有效。若玻尔兹曼近似不成立,则由式(3.3),热平衡电子浓度应写为

$$n_0 = \frac{4\pi}{h^3}(2m_n^*)^{3/2} \int_{E_c}^{\infty} \frac{(E - E_c)^{1/2} \, \mathrm{d}E}{1 + \exp\left(\dfrac{E - E_F}{kT}\right)} \tag{3.44}$$

再次进行变量替换,并令

$$\eta = \frac{E - E_c}{kT} \tag{3.45a}$$

---

① Σ 号标注表示阅读本节有助于半导体器件物理的深入理解,读者初次阅读本书时,可以跳过,这并不影响本书内容的学习。

而且定义

$$\eta_F = \frac{E_F - E_c}{kT} \tag{3.45b}$$

则式(3.44)重写为

$$n_0 = 4\pi \left(\frac{2m_n^* kT}{h^2} \right)^{3/2} \int_0^\infty \frac{\eta^{1/2} \, \mathrm{d}\eta}{1 + \exp(\eta - \eta_F)} \tag{3.46}$$

积分项定义为

$$F_{1/2}(\eta_F) = \int_0^\infty \frac{\eta^{1/2} \, \mathrm{d}\eta}{1 + \exp(\eta - \eta_F)} \tag{3.47}$$

这个函数称为**费米-狄拉克积分**，它是变量 η_F 的列表函数。图 3.10 给出了费米-狄拉克积分曲线。若 $\eta_F > 0$，则 $E_F > E_c$，那么费米能级实际位于导带中。

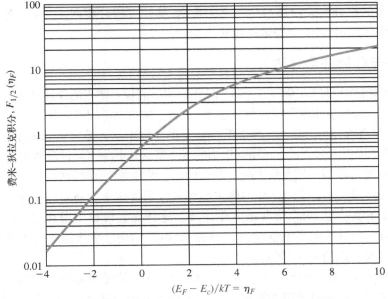

图 3.10　费米-狄拉克积分 $F_{1/2}$ 与归一化费米能的函数关系

例 3.7　用费米-狄拉克积分计算电子浓度。设 $\eta_F = 3$，这意味着费米能级比 300 K 时的导带底大约高 77.7 meV。

【解】

式(3.46)可写为

$$n_0 = \frac{2}{\sqrt{\pi}} N_c F_{1/2}(\eta_F)$$

由图 3.10 可得，费米-狄拉克积分 $F_{1/2}(3) \approx 4$，故

$$n_0 = \frac{2}{\sqrt{\pi}} (2.8 \times 10^{19})(4) = 1.26 \times 10^{20} \text{ cm}^{-3}$$

【说明】

注意：如果利用式(3.11)，热平衡电子浓度 $n_0 = 5.62 \times 10^{20}$ cm^{-3}，比本例的计算值大 4.5 倍。当费米能级进入导带后，玻尔兹曼近似不再成立，因此，式(3.11)就不适用了。

【自测题】

EX3.7　当 $E_F = E_c$ 时，试计算硅在 300 K 时的热平衡电子浓度。

　　　　答案：$F_{1/2}(\eta_F) = 0.68$，故 $n_0 = 2.15 \times 10^{19}$ cm^{-3}。

用同样的方法，我们可计算出热平衡空穴浓度，即

$$p_0 = 4\pi \left(\frac{2m_p^* kT}{h^2} \right)^{3/2} \int_0^\infty \frac{(\eta')^{1/2}\, d\eta'}{1 + \exp(\eta' - \eta_F')} \tag{3.48}$$

其中

$$\eta' = \frac{E_v - E}{kT} \tag{3.49a}$$

和

$$\eta_F' = \frac{E_v - E_F}{kT} \tag{3.49b}$$

式(3.48)中的积分与式(3.47)中定义的费米–狄拉克积分相同，只是变量的定义稍有不同。我们注意到，若 $\eta_F' > 0$，则费米能级进入价带。

3.3.4　简并与非简并半导体

在讨论向半导体材料掺入杂质原子时，隐含着如下假设：掺入的杂质原子浓度比半导体的原子浓度小得多。这些杂质原子扩散得足够远，因此，施主电子间没有相互作用（这里以 n 型半导体为例）。由前面的分析可知，这些杂质在 n 型半异体中引入分立的、无相互作用的施主能级，在 p 型半导体中引入分立的、无相互作用的受主能级。此类半导体称为**非简并半导体**。

随着杂质浓度的增加，杂质原子间的距离缩小，并在某一点达到施主电子开始相互作用的临界点。在这种情况下，单个分立的施主能级将分裂为能带。随着施主杂质浓度的进一步增加，施主能带逐渐展宽，并与导带底发生交叠。这种交叠现象出现在施主杂质浓度与有效态密度可比拟时。当导带电子浓度超过了导带态密度 N_c 时，费米能级进入导带内部。这种类型的半导体称为 **n 型简并半导体**。

同样，随着 p 型半导体中受主掺杂浓度的增加，分立的受主能级将分裂成能带，并与价带顶交叠。当空穴浓度超过价带态密度 N_v 时，这种类型的半导体称为 **p 型简并半导体**。

n 型简并半导体和 p 型简并半导体的能带图如图 3.11 所示。低于 E_F 的能态几乎全被电子填充，而高于 E_F 的能态几乎全空。在 n 型简并半导体中，E_F 和 E_c 之间的能态几乎都被电子填满，因此，导带电子浓度非常大。同样，在 p 型简并半导体中，E_v 和 E_F 之间的能态几乎为空，所以价带空穴浓度也非常大。

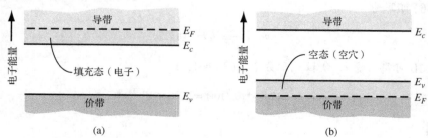

图3.11　(a)n 型简并半导体和(b)p 型简并半导体的简化能带图。费米能级分布位于导带和价带中

3.4　施主和受主的统计分布

目标：确定电子和空穴的统计分布与能量和温度的关系

在第 2 章，我们讨论了费米–狄拉克分布函数，它给出了某一特定能态被电子占据的概率。这里再次考虑这个函数，并将概率统计应用到施主和受主能态中。

3.4.1　概率分布函数

推导费米–狄拉克分布函数的基本前提是泡利不相容原理。泡利不相容原理说明每个量子态只能容纳一个粒子。泡利不相容原理同样适用于施主和受主态。

假设有 N_i 个电子和 g_i 个量子态，其中下标 i 表示第 i 个能级。第一个粒子有 g_i 种放置方法。对施主电子来说，每个施主能级都有两个可能的自旋方向，所以每个施主能级有两个量子态。然而，放入第一个量子态的电子将阻止电子进入第二个量子态。通过放入一个电子，就满足了原子的空位要求，也就不可能在施主能级中放入第二个电子。因此，施主能态中施主电子的分布函数与费米–狄拉克分布函数略有不同。

电子占据施主态的分布函数为

$$n_d = \frac{N_d}{1 + \frac{1}{2} \exp\left(\frac{E_d - E_F}{kT} \right)} \tag{3.50}$$

其中，n_d 是占据**施主能级的电子浓度**；E_d 是施主能级的能量。方程中的因子 $\frac{1}{2}$ 是刚提及的自旋因素的直接结果。因子 $\frac{1}{2}$ 有时写为 $1/g$，其中 g 称为简并因子。

式(3.50)也可写为

$$n_d = N_d - N_d^+ \tag{3.51}$$

其中，N_d^+ 是电离施主杂质浓度。在许多应用中，我们对电离施主杂质浓度更感兴趣，而不是占据施主能级的电子浓度。

如果对受主原子进行同样的分析，可得

$$p_a = \frac{N_a}{1 + \frac{1}{g} \exp\left(\frac{E_F - E_a}{kT} \right)} = N_a - N_a^- \tag{3.52}$$

其中，p_a 是受主态中的空穴浓度，N_a 是**受主原子浓度**，E_a 是受主能级，而 N_a^- 是电离受主浓度。正如 3.2.1 节中讨论的那样，一个受主能态中的空穴等效于一个存在"空"位的中性受主原子。参数 g 同样是简并因子。根据具体的能带结构，硅和砷化镓受主能级的基态简并因子 g 通常取为 4。

Σ3.4.2　完全电离与冻析

式(3.50)给出了电子占据施主态的概率分布函数。若假设 $(E_d - E_F) \gg kT$，则有

$$n_d \approx \frac{N_d}{\frac{1}{2} \exp\left(\frac{E_d - E_F}{kT} \right)} = 2N_d \exp\left[\frac{-(E_d - E_F)}{kT} \right] \tag{3.53}$$

若$(E_d - E_F) \gg kT$，那么对于导带中的电子，玻尔兹曼近似也成立。由式(3.11)

$$n_0 = N_c \exp\left[\frac{-(E_c - E_F)}{kT}\right]$$

我们可以确定施主态中的电子与总电子数的相对数量，即确定施主态电子与导带和施主态总电子数的比例。由式(3.53)和式(3.11)的表达式，可得

$$\frac{n_d}{n_d + n_0} = \frac{2N_d \exp\left[\frac{-(E_d - E_F)}{kT}\right]}{2N_d \exp\left[\frac{-(E_d - E_F)}{kT}\right] + N_c \exp\left[\frac{-(E_c - E_F)}{kT}\right]} \tag{3.54}$$

消去表达式中的费米能级，并除以分子，可得

$$\frac{n_d}{n_d + n_0} = \frac{1}{1 + \dfrac{N_c}{2N_d} \exp\left[\frac{-(E_c - E_d)}{kT}\right]} \tag{3.55}$$

因子$(E_c - E_d)$正是施主电子的电离能。

例3.8　试计算$T=300\ \text{K}$时，处于施主态中的电子数占总电子数的比例。假设硅中掺磷，掺杂浓度$N_d = 5 \times 10^{15}\ \text{cm}^{-3}$。

【解】

由式(3.55)，可得

$$\frac{n_d}{n_d + n_0} = \frac{1}{1 + \dfrac{2.8 \times 10^{19}}{2(5 \times 10^{15})} \exp\left(\dfrac{-0.045}{0.0259}\right)} = 0.002\,03 = 0.203\%$$

【说明】

本例说明，绝大多数施主电子进入导带，仅有0.2%的施主电子留在施主态中。因此，在室温下，我们可以说施主态完全电离。

【自测题】

EX3.8　$T=300\ \text{K}$时，若硅中有1%的施主电子仍处在施主态中，试计算硅中磷的掺杂浓度。

答案：$N_d = 2.49 \times 10^{16}\ \text{cm}^{-3}$。

在室温下，施主能级基本完全电离。对典型的$10^{16}\ \text{cm}^{-3}$掺杂来说，几乎所有施主杂质原子都向导带贡献了一个电子。

在室温下，受主原子也基本**完全电离**，这意味着每个受主原子从价带接收一个电子，所以p_a为零。在典型的受主掺杂浓度条件下，每个受主原子都会在价带中产生一个空穴。这种电离效应以及导带和价带中电子和空穴的产生如图3.12所示。

$T=0\ \text{K}$时的情况与完全电离相反。在热力学温标零度时，所有电子都处于最低能态，也就是说，对于 n 型半导体，每个施主态必须包含一个电子，因此$n_d = N_d$或$N_d^+ = 0$。由式(3.50)，必定有$\exp[(E_d - E_F)/kT] = 0$。在$T=0\ \text{K}$时，只有表达式$\exp(-\infty) = 0$才能成立，这就意味着$E_F > E_d$。因此，在热力学温标零度时，费米能级必定高于施主能级。对于$T=0\ \text{K}$的 p 型半导体，杂质原子不含任何电子，所以费米能级必定低于受主能级。电子在不同能态的分布及费米能级是温度的函数。

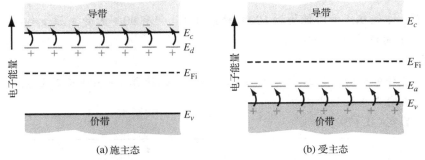

(a) 施主态   (b) 受主态

图 3.12 完全电离的能带图

详细的分析表明，$T = 0$ K 时，n 型材料的费米能级位于 E_c 和 E_d 中间，而 p 型材料的费米能级位于 E_a 和 E_v 中间(本书省略)。图 3.13 给出了这一结论。没有电子从施主能态热激发进入导带的现象称为**冻析**(freeze-out)。同样，没有电子从价带跃迁到受主能态的现象也称为冻析。

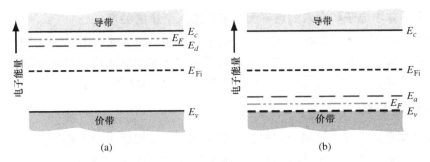

(a)   (b)

图 3.13 $T = 0$ K 时，(a) n 型和 (b) p 型半导体的能带图，图中也给出了费米能级的位置

在 $T = 0$ K 的冻析和 $T = 300$ K 的完全电离之间，施主和受主原子部分电离。

例 3.9 试计算 90% 的受主原子电离所需的温度。假设 p 型硅中硼的掺杂浓度为 $N_a = 10^{16}$ cm^{-3}。

【解】

首先，计算受主态中的空穴数与价带和受主态空穴总数的比值。假设玻尔兹曼近似有效，并令简并因子 $g = 4$，我们有

$$\frac{p_a}{p_0 + p_a} = \frac{1}{1 + \dfrac{N_v}{4N_a} \exp\left[\dfrac{-(E_a - E_v)}{kT}\right]}$$

对于 90% 电离这种情况，我们有

$$\frac{p_a}{p_0 + p_a} = 0.10 = \frac{1}{1 + \dfrac{(1.04 \times 10^{19})\left(\dfrac{T}{300}\right)^{3/2}}{4(10^{16})} \exp\left[\dfrac{-0.045}{0.0259\left(\dfrac{T}{300}\right)}\right]}$$

经过反复计算，最终得到 $T = 193$ K。

【说明】

本例说明，即使在比室温低将近100℃的条件下，仍有90%的受主原子电离。换句话说，90%的受主原子向价带贡献一个空穴。

【自测题】

EX3.9 设硅中硼的掺杂浓度为 $N_a = 10^{17}$ cm^{-3}，试计算 $T = 300$ K 时受主态中的空穴数占空穴总数的比例。

答案：0.179。

【练习题】

TYU3.5 硅中磷的掺杂浓度为 $N_d = 5 \times 10^{15}$ cm^{-3}，试画出 100 K ≤ T ≤ 400 K 温度范围内，杂质原子的离化百分比。

3.5 载流子浓度——掺杂的影响

目标：推导半导体中电子和空穴的热平衡浓度与掺入杂质的关系

在热平衡条件下，半导体处于电中性。电子分布在不同的能态中，分别产生正、负电荷，但净电荷密度为零。常用电中性条件来确定热平衡电子和空穴浓度与掺杂浓度的关系。下面将定义补偿半导体，并确定电子和空穴浓度与施主和受主浓度的关系。

3.5.1 补偿半导体

补偿半导体是指在同一区域内同时含有施主和受主杂质原子的半导体。可以通过向 n 型材料中扩散受主杂质或向 p 型材料中扩散施主杂质的方法来形成补偿半导体。当 $N_d > N_a$ 时，就形成了 n 型补偿半导体；当 $N_a > N_d$ 时，则形成了 p 型补偿半导体；而当 $N_a = N_d$ 时，将得到了完全补偿半导体，它具有本征半导体的特性。后面我们将看到，在器件制备过程中补偿半导体的出现是必然的。

3.5.2 平衡电子和空穴浓度

为了确定电子和空穴浓度与掺入施主和受主浓度的关系，我们采用电中性条件，即令半导体中的负电荷密度和正电荷密度相等。图 3.14（a）是半导体中负电荷的能带图。这些电荷包括自由电子密度和离化受主密度。图 3.14（b）是半导体中正电荷的能带图。这些电荷包括自由空穴密度和离化施主密度。

电中性条件表示为正、**负电荷**密度相等，即

$$n_0 + N_a^- = p_0 + N_d^+ \tag{3.56}$$

或

$$n_0 + (N_a - p_a) = p_0 + (N_d - n_d) \tag{3.57}$$

其中，n_0 和 p_0 分别表示导带电子和价带空穴的热平衡浓度。参数 n_d 是施主态中的电子浓度，$N_d^+ = N_d - n_d$ 是带正电的施主态浓度。同样，p_a 是受主态中的空穴浓度，$N_a^- = N_a - p_a$ 是带负电的受主态浓度。在前面的分析中，我们已得到以费米能级和温度表示的 n_0，p_0，n_d 和 p_a 表达式。

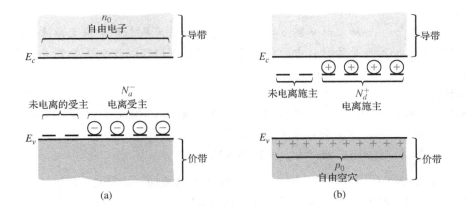

图 3.14 (a)半导体中负电荷的能带图；(b)半导体中正电荷的能带图。这些电荷包含在电中性方程中

假设掺入杂质完全电离，则 n_d 和 p_a 均为零，式(3.57)变为

$$n_0 + N_a = p_0 + N_d \tag{3.58}$$

若将 p_0 表示为 n_i^2/n_0，则式(3.58)可写为

$$n_0 + N_a = \frac{n_i^2}{n_0} + N_d \tag{3.59a}$$

整理后，可得

$$n_0^2 - (N_d - N_a)n_0 - n_i^2 = 0 \tag{3.59b}$$

因此，电子浓度 n_0 由二次方程确定，即

$$\boxed{n_0 = \frac{(N_d - N_a)}{2} + \sqrt{\left(\frac{N_d - N_a}{2}\right)^2 + n_i^2}} \tag{3.60}$$

在本征半导体的极限条件下，$N_a = N_d = 0$，**电子浓度**必须为正值，或 $n_0 = n_i$，所以二次方程的解必定取正号。

式(3.60)用来计算 n 型半导体(或 $N_d > N_a$ 时)的电子浓度。虽然式(3.60)是根据补偿半导体推导的，但它也适用于 $N_a = 0$ 的情况。

例 3.10 **试计算给定掺杂浓度条件下，热平衡电子和空穴浓度。**假设 $T = 300$ K 时，硅中磷的掺杂浓度 $N_d = 2 \times 10^{16}$ cm^{-3}，假设 $N_a = 0$。

【解】

由式(3.60)，多数载流子电子的浓度为

$$n_0 = \frac{2 \times 10^{16}}{2} + \sqrt{\left(\frac{2 \times 10^{16}}{2}\right)^2 + (1.5 \times 10^{10})^2} \approx 2 \times 10^{16}\, \text{cm}^{-3}$$

少数载流子空穴的浓度为

$$p_0 = \frac{n_i^2}{n_0} = \frac{(1.5 \times 10^{10})^2}{2 \times 10^{16}} = 1.13 \times 10^4\, \text{cm}^{-3}$$

【说明】

在本例中，$N_d \gg n_i$，所以热平衡多数载流子电子的浓度基本等于施主杂质浓度。这个例子说明，通过控制掺入半导体材料中的杂质原子浓度，我们可以控制多数载流子浓度和半导体的电导率。

【自测题】

EX3.10　n 型硅在 300 K 时的多数载流子电子浓度 $n_0 = 10^{15}$ cm^{-3}，试确定掺入磷原子的浓度，以及少数载流子空穴的浓度。

答案：$N_d = 10^{15}$ cm^{-3}，$p_0 = 2.25 \times 10^5$ cm^{-3}。

从例 3.10 的结果我们注意到，随着施主杂质原子的增加，导带电子浓度随之增加，并超过本征载流子浓度，同时少数载流子空穴的浓度减少，并低于本征载流子浓度。我们应牢记，随着施主杂质原子的掺入，能态中的电子将重新分布。图 3.15 即为这种再分布的示意图。一些施主电子落入价带中的空态，湮灭一些本征空穴。正如在例 3.10 中看到的那样，少数载流子空穴的浓度因此降低。同时，由于重新分布，导带的净电子浓度不再简单地等于施主浓度加上本征电子浓度。

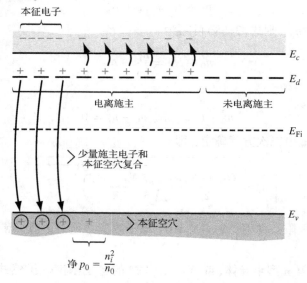

图 3.15　掺入施主后，电子重新分布的能带图

例 3.11　试计算给定掺杂浓度下，锗样品中热平衡电子和空穴的浓度。 假设 $T = 300$ K 时，锗的掺杂浓度为 $N_d = 5 \times 10^{13}$ cm^{-3}，$N_a = 0$。锗的本征载流子浓度为 $n_i = 2.4 \times 10^{13}$ cm^{-3}。

【解】

由式(3.60)，多数载流子电子的浓度为

$$n_0 = \frac{5 \times 10^{13}}{2} + \sqrt{\left(\frac{5 \times 10^{13}}{2}\right)^2 + (2.4 \times 10^{13})^2} = 5.97 \times 10^{13} \text{ cm}^{-3}$$

少数载流子空穴的浓度为

$$p_0 = \frac{n_i^2}{n_0} = \frac{(2.4 \times 10^{13})^2}{5.97 \times 10^{13}} = 9.65 \times 10^{12} \text{ cm}^{-3}$$

【说明】

若施主杂质浓度与本征载流子浓度在数量级上相差不大，那么热平衡多数载流子电子的浓度将受本征载流子浓度的影响。

【自测题】

EX3.11 若 $T=300$ K 时，对锗掺杂施主杂质原子，且杂质浓度 $N_d=10^{14}$ cm^{-3}，试计算电子和空穴的热平衡浓度。

答案：$n_0=1.06\times10^{14}$ cm^{-3}，$p_0=5.46\times10^{12}$ cm^{-3}。

我们看到，本征载流子浓度 n_i 是温度的强函数。随着温度升高，热激发出额外的电子–空穴对，因此，式(3.60)中的 n_i^2 项开始占主导，半导体最终将失去它的非本征特性。图 3.16 给出了硅的电子浓度与温度的关系曲线，其中施主杂质浓度为 5×10^{14} cm^{-3}。随着温度的升高，本征载流子浓度逐渐占据主导地位。图中也给出了部分电离以及低温载流子冻析。

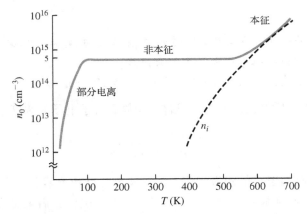

图 3.16　掺杂浓度 $N_d=5\times10^{14}$ cm^{-3}时，n 型半导体的电子浓度与温度的关系，显示了三个区域：部分电离、非本征和本征

若重新考虑式(3.58)，并将 n_0 表示为 n_i^2/p_0，则有

$$\frac{n_i^2}{p_0}+N_a=p_0+N_d \tag{3.61a}$$

整理后，可得

$$p_0^2-(N_a-N_d)p_0-n_i^2=0 \tag{3.61b}$$

由二次方程，空穴浓度可表示为

$$\boxed{p_0=\frac{N_a-N_d}{2}+\sqrt{\left(\frac{N_a-N_d}{2}\right)^2+n_i^2}} \tag{3.62}$$

其中，二次方程的解必须取正号。式(3.62)用来计算 p 型半导体(或 $N_a>N_d$时)的多数载流子空穴的热平衡浓度，同样，它也适用于 $N_d=0$ 的情况。

例 3.12 **计算 p 型补偿半导体处于热平衡状态时的电子和空穴浓度。** 假设 $T=300$ K 时，硅中掺杂浓度 $N_a=2\times10^{16}$ cm^{-3}，$N_d=5\times10^{15}$ cm^{-3}。

【解】

既然 $N_a > N_d$，补偿半导体为 p 型，热平衡多数载流子空穴的浓度由式(3.62)给出，因此

$$p_0 = \frac{2 \times 10^{16} - 5 \times 10^{15}}{2} + \sqrt{\left(\frac{2 \times 10^{16} - 5 \times 10^{15}}{2}\right)^2 + (1.5 \times 10^{10})^2}$$

即

$$p_0 = 1.5 \times 10^{16} \text{ cm}^{-3}$$

少数载流子电子的浓度为

$$n_0 = \frac{n_i^2}{p_0} = \frac{(1.5 \times 10^{10})^2}{1.5 \times 10^{16}} = 1.5 \times 10^4 \text{ cm}^{-3}$$

【说明】

若杂质完全电离，且 $(N_a - N_d) \gg n_i$，则多数载流子空穴的浓度近似为受主杂质浓度和施主杂质浓度之差。

【自测题】

EX3.12 　锗补偿半导体在 $T = 300$ K 时的掺杂浓度为 $N_a = 5 \times 10^{13}$ cm^{-3}，$N_d = 1 \times 10^{13}$ cm^{-3}。试计算热平衡电子和空穴浓度。

答案：$p_0 = 5.12 \times 10^{13}$ cm^{-3}，$n_0 = 1.12 \times 10^{13}$ cm^{-3}。

我们注意到，对于杂质补偿的 p 型半导体，少数载流子电子的浓度由下式决定

$$n_0 = \frac{n_i^2}{p_0} = \frac{n_i^2}{(N_a - N_d)}$$

例3.13　确定半导体材料要求的掺杂浓度。 n 型掺杂的硅功率器件工作在 $T = 475$ K。若在此温度下，本征载流子的贡献不超过总电子浓度的 3%，试计算满足这个指标需要的最低掺杂浓度。作为一级近似，忽略 E_g 随温度的变化。

【解】

在 $T = 475$ K 时，本征载流子浓度为

$$n_i^2 = N_c N_v \exp\left(\frac{-E_g}{kT}\right)$$

$$= (2.8 \times 10^{19})(1.04 \times 10^{19})\left(\frac{475}{300}\right)^3 \exp\left[\frac{-1.12}{0.0259}\left(\frac{300}{475}\right)\right]$$

或

$$n_i^2 = 1.59 \times 10^{27}$$

即

$$n_i = 3.99 \times 10^{13} \text{ cm}^{-3}$$

若本征载流子浓度对总电子浓度的贡献不超过 3%，则可设 $n_0 = 1.03 N_d$。

由式(3.60)，可得

$$n_0 = \frac{N_d}{2} + \sqrt{\left(\frac{N_d}{2}\right)^2 + n_i^2}$$

或

$$1.03N_d = \frac{N_d}{2} + \sqrt{\left(\frac{N_d}{2}\right)^2 + (3.99 \times 10^{13})^2}$$

即

$$N_d = 2.27 \times 10^{14} \text{ cm}^{-3}$$

【说明】

若工作温度低于或等于 475 K，或者掺杂浓度大于 2.27×10^{14} cm^{-3}，则本征载流子浓度对总电子浓度的贡献将小于 3%。

【自测题】

EX3.13　n 型锗功率器件工作在 $T = 400$ K。若在此温度下，本征载流子浓度对总电子浓度的贡献小于 10%，试计算满足这个指标所需的最低掺杂浓度。作为一级近似，忽略 E_g 随温度的变化。

答案：$N_d = 2.6 \times 10^{15}$ cm^{-3}。

式(3.60)和式(3.62)分别用来计算 n 型半导体中多数载流子电子的浓度和 p 型半导体材料中多数载流子空穴的浓度。从理论上讲，n 型半导体中少数载流子空穴的浓度也可由式(3.62)计算。但是，需要在 10^{16} cm^{-3} 量级上减去两个数，例如，得到一个 10^4 cm^{-3} 量级的数值，实际上这是不可能的。一旦多数载流子浓度已确定，少数载流子的浓度可由式 $n_0 p_0 = n_i^2$ 计算。

【练习题】

TYU3.6　考虑 $T = 300$ K 时的砷化镓杂质补偿半导体，掺杂浓度 $N_d = 5 \times 10^{15}$ cm^{-3}，$N_a = 2 \times 10^{16}$ cm^{-3}。试计算热平衡电子与空穴浓度。

答案：$p_0 = 1.5 \times 10^{16}$ cm^{-3}，$n_0 = 2.16 \times 10^{-4}$ cm^{-3}。

TYU3.7　考虑掺杂浓度 $N_d = 10^{15}$ cm^{-3}，$N_a = 0$ 的硅半导体材料。(a)画出电子浓度随温度变化的曲线，温度范围取 300 ~ 600 K；(b)试计算电子浓度为 1.1×10^{15} cm^{-3} 时的温度。

答案：(b) $T \approx 552$ K。

3.6　费米能级的位置——掺杂和温度的影响

目标：推导费米能级位置与半导体中杂质原子浓度的关系

在 3.3.1 节中，我们定性地讨论了电子与空穴浓度如何随费米能级位置在带隙中移动而变化的情况。在 3.5 节中，我们计算了电子和空穴浓度与施主和受主杂质浓度的关系。接下来，将讨论费米能级位置与掺杂浓度和温度的关系。在数学推导之后，我们还会进一步讨论费米能级的有关问题。

3.6.1　数学推导

利用已经建立的热平衡电子与空穴浓度方程，我们可以确定费米能级在带隙中的位置。假设玻尔兹曼近似有效,由式(3.11)$n_0 = N_c \exp[-(E_c - E_F)/kT]$,求解 $E_c - E_F$,可得

$$E_c - E_F = kT \ln\left(\frac{N_c}{n_0}\right) \tag{3.63}$$

其中,n_0 由式(3.60)确定。考虑 $N_d \gg n_i$ 的 n 型半导体,则 $n_0 \approx N_d$,因此

$$E_c - E_F = kT \ln\left(\frac{N_c}{N_d}\right) \tag{3.64}$$

由上式可知,导带底与费米能级间的能量差是施主杂质浓度的对数函数。随着施主杂质浓度的增加,费米能级向导带移动。反之,若费米能级向导带靠近,则导带电子浓度增加。我们注意到,若所考虑的材料为杂质补偿半导体,则式(3.64)中的 N_d 项应由 $N_d - N_a$(或净有效施主浓度)代替。

例 3.14　计算给定费米能级情况下所需的施主杂质浓度。硅在 300 K 时的掺杂浓度 $N_a = 10^{16} \text{ cm}^{-3}$。试求使半导体变为 n 型,且费米能级位于导带底以下 0.2 eV 处所需的施主杂质浓度。

【解】

由式(3.64),可得

$$E_c - E_F = kT \ln\left(\frac{N_c}{N_d - N_a}\right)$$

上式可重写成

$$N_d - N_a = N_c \exp\left[\frac{-(E_c - E_F)}{kT}\right]$$

于是有

$$N_d - N_a = 2.8 \times 10^{19} \exp\left[\frac{-0.20}{0.0259}\right] = 1.24 \times 10^{16} \text{ cm}^{-3}$$

或

$$N_d = 1.24 \times 10^{16} + N_a = 2.24 \times 10^{16} \text{ cm}^{-3}$$

【说明】

在实际生产中,可用杂质补偿半导体获得指定的费米能级。

【自测题】

EX3.14　若 p 型砷化镓在 $T = 300$ K 时的掺杂浓度 $N_a = 5 \times 10^{16} \text{ cm}^{-3}$,$N_d = 4 \times 10^{15} \text{ cm}^{-3}$,试求费米能级相对价带顶的位置。

答案:$E_F - E_v = 0.13$ eV。

至此,我们已导出一种关于费米能级位置略微不同的表达式。由式(3.39),$n_0 = n_i \exp[(E_F - E_{Fi})/kT]$,求解 $E_F - E_{Fi}$,可得

$$E_F - E_{Fi} = kT \ln\left(\frac{n_0}{n_i}\right) \tag{3.65}$$

式(3.65)适用于 n 型半导体,其中 n_0 由式(3.60)给出。由式(3.65),我们可以发现费米能

级和本征费米能级差与施主杂质浓度的关系。我们注意到，若净有效施主杂质浓度为零，即 $N_d - N_a = 0$，则有 $n_0 = n_i$，且 $E_F = E_{Fi}$。就载流子浓度和费米能级位置而言，完全补偿的杂质半导体具有本征半导体的特征。

对于 p 型半导体，可以推导出类似的表达式。由式 (3.19)，$p_0 = N_v \exp\left[-(E_F - E_v)/kT \right]$，可得

$$E_F - E_v = kT \ln\left(\frac{N_v}{p_0} \right) \tag{3.66}$$

假定 $N_a \gg n_i$，则式 (3.66) 可写成

$$E_F - E_v = kT \ln\left(\frac{N_v}{N_a} \right) \tag{3.67}$$

对 p 型半导体而言，费米能级与价带顶间的能量差是受主杂质浓度的对数函数。随着受主杂质浓度的增加，费米能级将向价带靠近，式 (3.67) 同样假设玻尔兹曼近似有效。若考虑杂质补偿的 p 型半导体，式 (3.67) 中的 N_a 则由 $N_a - N_d$（或净有效受主浓度）代替。

同理，根据空穴浓度，我们也可推导出费米能级与本征费米能级之间的表达式。由式 (3.40)，$p_0 = n_i \exp\left[-(E_F - E_{Fi})/kT \right]$，可得

$$E_{Fi} - E_F = kT \ln\left(\frac{p_0}{n_i} \right) \tag{3.68}$$

式 (3.68) 以空穴浓度表示出了本征费米能级与费米能级之差。式 (3.68) 中的空穴浓度 p_0 由式 (3.62) 给出。

由式 (3.65)，我们再次注意到，对于 n 型半导体而言，$n_0 > n_i$，且 $E_F > E_{Fi}$。因此，n 型半导体的费米能级位于本征费米能级 E_{Fi} 之上。对 p 型半导体而言，$p_0 > n_i$，由式 (3.68) 可以看出，$E_{Fi} > E_F$，即 p 型半导体的费米能级位于本征费米能级 E_{Fi} 之下。上述结论如图 3.17 所示。

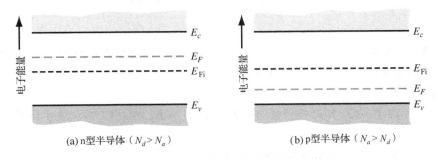

图 3.17　费米能级相对本征费米能级的位置

3.6.2　E_F 随掺杂浓度和温度的变化

我们可以绘制出费米能级位置随掺杂浓度变化的曲线。图 3.18 是 $T = 300\ \text{K}$ 时，半导体硅的费米能级与施主杂质浓度（n 型）和受主杂质浓度（p 型）的函数曲线。随着掺杂水平的提

高，n 型半导体的费米能级逐渐向导带靠近，而 p 型半导体的费米能级则逐渐向价带靠近。需要注意的是，前面推导的费米能级方程都是假设玻尔兹曼近似成立的。

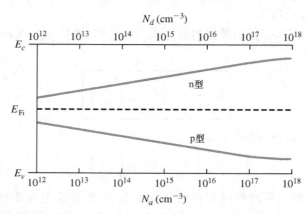

图 3.18　费米能级位置与施主(n 型)和受主(p 型)掺杂浓度的关系

例 3.15　**计算玻尔兹曼近似成立的费米能级位置和最高掺杂浓度。**考虑 $T = 300$ K 时掺硼的 p 型硅。假设玻尔兹曼近似成立的极限为 $E_F - E_a = 3kT$(参见 3.1.2 节)。

【解】

由表 3.3 可知，硼在硅中的电离能 $E_a - E_v = 0.045$ eV。若假设 $E_{Fi} \approx E_{midgap}$，那么由式(3.68)可知，最高掺杂时的费米能级位置为

$$E_{Fi} - E_F = \frac{E_g}{2} - (E_a - E_v) - (E_F - E_a) = kT \ln\left(\frac{N_a}{n_i}\right)$$

或

$$0.56 - 0.045 - 3(0.0259) = 0.437 = (0.0259) \ln\left(\frac{N_a}{n_i}\right)$$

由上式求得最高掺杂浓度 N_a 为

$$N_a = n_i \exp\left(\frac{0.437}{0.0259}\right) = 3.2 \times 10^{17} \text{ cm}^{-3}$$

【说明】

当硅中受主(或施主)杂质浓度大于约 3×10^{17} cm^{-3}，分布函数的玻尔兹曼近似不再适用，前述描述的费米能级方程也就不准确了。

【自测题】

EX3.15　考虑 $T = 300$ K 时掺砷的 n 型硅。求 $E_d - E_F = 4.6kT$ 时，玻尔兹曼近似成立的最大掺杂浓度。

答案：$N_d = 6.52 \times 10^{16}$ cm^{-3}。

式(3.65)与式(3.68)中的本征载流子浓度 n_i 是温度的强函数，因此 E_F 也是温度的函数。图 3.19 给出了硅在不同的施主和受主掺杂浓度下，费米能级随温度的变化。随着温度升高，n_i 增加，E_F 趋近于本征费米能级。在高温下，半导体材料逐渐丧失其非本征特性，其性能更像本征半导体。而在极低温度下，出现载流子冻析现象，此时玻尔兹曼近似不再有效，前面推导的费米能级位置方程也不再适用。在出现冻析的低温下，对 n 型半导体，费米能级位于

E_d 之上；对 p 型半导体，费米能级位于 E_a 之下。在热力学温标零度时，E_F 以下的所有能态全满，而 E_F 以上的所有能态全空。

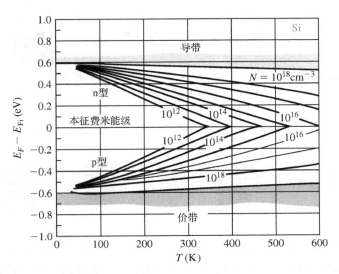

图 3.19　在不同的 n 型和 p 型掺杂浓度下，费米能级位置随温度的变化关系(引自 Sze[17])

3.6.3　费米能级的关联性

前面已推导出费米能级位置与掺杂浓度和温度的函数关系。这个分析看起来很随意而且太理想化。然而，在后面关于 pn 结和其他半导体器件的讨论中，这些关系将变得非常重要。最重要的一点是，在热平衡状态下，系统的费米能级是一个常数。我们不去证明上述结论，但是可通过下面的例子来直观感觉其正确性。

假设有一种特定半导体材料 A，电子在允带能态中的分布如图 3.20(a)所示。E_{FA} 以下的大部分能态被电子占据，而 E_{FA} 以上的大部分能态为空。考虑另一种半导体材料 B，电子在允带能态中的分布如图 3.20(b)所示，E_{FB} 以下的大部分能态被电子占据，而 E_{FB} 以上的大部分能态为空。若把这两种半导体材料紧密接触，那么整个系统的电子趋向于填充最低能态。即材料 A 中的电子会流入材料 B 中的低能级，如图 3.20(c)所示，直到两者达到热平衡。当两种材料的电子能量分布相同时，二者达到热平衡，也就是说，系统达到热平衡时，两种材料的费米能级相等，如图 3.20(d)所示。作为半导体物理一个重要参量，费米能级也为半导体材料与器件的特性表征提供了很好的图形化表示。

【练习题】

TYU3.8　若硅的掺杂浓度 $N_d = 2 \times 10^{17}$ cm^{-3}，$N_a = 3 \times 10^{16}$ cm^{-3}。试计算 $T = 300$ K 时 n 型硅的费米能级位置。

答案：$E_F - E_{Fi} = 0.421$ eV。

TYU3.9　若材料换为砷化镓，其他参数保持不变，重做练习题 3.8。

答案：$E_F - E_{Fi} = 0.655$ eV。

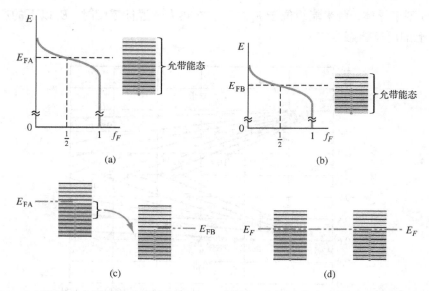

图 3.20　(a)材料 A 在热平衡时的费米能级；(b)材料 B 在热平衡时的费米能级；(c)材料 A 与
　　　　材料B接触瞬间的费米能级；(d)材料A与材料B相接触,达到热平衡后的费米能级

Σ3.7　器件制备技术：扩散和离子注入

目标：描述半导体的两种基本掺杂工艺——扩散和离子注入

　　掺杂是将可控数量的杂质原子引入到半导体中,从而改变和控制半导体的导电性。扩散和离子注入是两种基本的掺杂方法。尽管掺杂可在半导体晶圆生长或外延生长过程中实现,但扩散和离子注入用来对特定半导体区域进行掺杂。特定区域掺杂是能在单个半导体芯片上制备上百万半导体器件的根本原因。

3.7.1　杂质原子扩散

　　杂质原子的基本扩散过程可用菲克(Fick)第一扩散定律来描述,可写出

$$F = -D\frac{\partial N}{\partial x} \tag{3.69}$$

其中,F 是**杂质流密度**($\#/cm^2 \cdot s$)；N 是杂质原子浓度($\#/cm^3$)；D 是扩散系数或扩散率(cm^2/s)。扩散过程的驱动力是浓度梯度。由式(3.69)可见,杂质流密度与浓度梯度直接成正比。杂质原子从高浓度区域向低浓度区域扩散。

　　假设无材料消耗或产生,我们可将连续性方程表示为

$$\frac{\partial N}{\partial t} = -\frac{\partial F}{\partial x} \tag{3.70}$$

联立式(3.69)和式(3.70),同时假设扩散系数与掺杂浓度无关,可得

$$\frac{\partial N}{\partial t} = D\frac{\partial^2 N}{\partial x^2} \tag{3.71}$$

式(3.71)称为菲克扩散方程。

　　通常,扩散系数 D 是温度的指数函数——温度越高,扩散系数越大。

　　杂质扩散分布是初始边界条件的函数。两种基本的扩散过程是无限源(恒定表面浓度)和有限源(恒定杂质总量)扩散。

　　无限源扩散是指半导体晶片放入高温扩散炉内(炉温在 1100℃ ~ 1200℃),晶片被含有杂质原子的气态物质包围,到达半导体表面的杂质原子浓度恒定。对无限源扩散,式(3.71)的解为

$$N(x,t) = N_S \left[1 - \mathrm{erf}\left(\frac{x}{2\sqrt{Dt}} \right) \right] \tag{3.72}$$

其中,erf 是误差函数,N_S 是晶片表面的杂质原子浓度。

　　图 3.21 是扩散系数一定时,三种不同扩散时间所对应的杂质扩散分布。

　　有限源扩散是指在半导体表面淀积有限数量的杂质原子。在这种情况下,式(3.71)的边界条件是:在 $t = 0$ 时刻,半导体表面 $x = 0$ 处的杂质原子总量恒定 $S(\#/\mathrm{cm}^2)$。此时,式(3.71)的解为

$$N(x,t) = \frac{S}{\sqrt{\pi Dt}} \exp\left(\frac{-x^2}{4Dt} \right) \tag{3.73}$$

　　图 3.22 是扩散系数一定时,三种不同扩散时间所对应的杂质扩散分布。

　　在集成电路工艺中,常用两步扩散工艺。第一步称为**预沉积**,它是无限源扩散情况,在晶片表面淀积一层薄扩散层。之后进行推进扩散,它是有限源扩散过程。预沉积过程的扩散时间比杂质推进的扩散时间短得多,因此,预沉积的掺杂分布一般可看成 δ 函数。

　　图 3.21 和图 3.22 的扩散分布是在恒定扩散系数的情况下得到的。当掺杂浓度相对较低时,这种扩散分布是有效的。当掺杂浓度较高时,扩散系数也会增大,这时会产生比图 3.21 和图 3.22 更陡峭的掺杂分布。

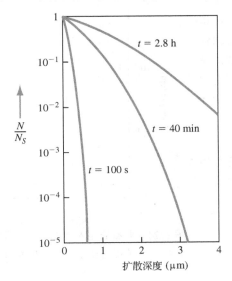

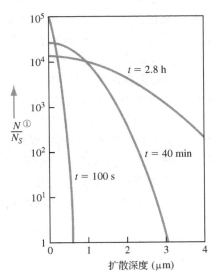

图 3.21　无限源扩散工艺中,三种不同扩散
　　　　时间所对应的归一化扩散分布。
　　　　假设扩散系数恒定 $D = 10^{12}\,\mathrm{cm}^2/\mathrm{s}$

图 3.22　有限源扩散工艺中,三种不同扩散
　　　　时间所对应的归一化扩散分布。
　　　　假设扩散系数恒定 $D = 10^{12}\,\mathrm{cm}^2/\mathrm{s}$

---

① 原文此处为 $\frac{N}{S}$,有误——译者注。

3.7.2　离子注入

　　掺杂的第二种方法是向半导体注入高能杂质离子。将杂质离子加速到 1 keV 到 1 MeV 的能量后,撞击半导体表面,这个过程称为离子注入。离子注入的两个主要优点是:(1)掺入的杂质量精确可控,重复性好;(2)与扩散过程相比,工艺温度低。

　　图 3.23 给出了离子注入系统的基本原理图。穿透深度或投影射程是注入能量和注入离子的函数。由于杂质离子和半导体原子相互作用的随机性,注入离子在一定范围内分布。图 3.24 是一个典型的杂质分布。若采用不同能量的离子多次注入,则可形成一个几乎均匀掺杂的区域。

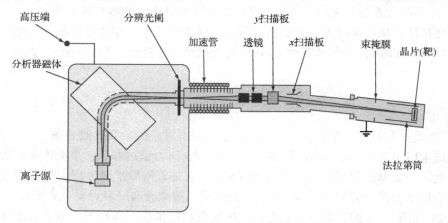

图 3.23　离子注入机的原理图(引自 Runyan and Bean[11])

　　当高能离子撞击半导体表面时,通过与半导体晶格原子的一系列碰撞而损失能量。相互碰撞的结果是占据格点的晶格原子发生移位。这样就在半导体内产生了损伤区,而且大多数杂质离子也不占据替位格点。为了激活杂质离子,同时修复损伤区,半导体材料必须在高温下退火一定时间。常规的退火温度在 600℃ 左右,而退火时间为30 分钟。当然,也可采用更先进的快速热退火工艺。与常规退火工艺相比,这个退火时间要短得多。

　　可用金属、光刻胶或者氧化物阻挡杂质离子进入半导体。通过在半导体表面定义特定的图形,就可对指定区域进行掺杂。这种技术可在集成电路中制备多种半导体器件。

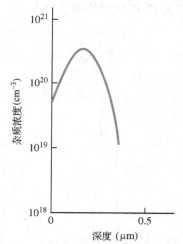

图 3.24　典型的注入杂质分布。峰值浓度可位于半导体表面以下

3.8　小结

1. A. 导带电子浓度是在整个导带能量范围内,对导带态密度 $g_c(E)$ 与费米-狄拉克分布 $f_F(E)$ 之积进行积分而得到。

   B. 价带空穴浓度是在整个价带能量范围内,对价带态密度 $g_v(E)$ 与状态为空的概率 $[1-f_F(E)]$ 之积进行积分而得到。

  C. 采用玻尔兹曼近似，导带电子的热平衡浓度可表示为 $n_0 = N_c \exp[-(E_c - E_F)/kT]$，其中，$N_c$ 是导带有效态密度。

  D. 采用玻尔兹曼近似，价带空穴的热平衡浓度可表示为 $p_0 = N_v \exp[-(E_F - E_v)/kT]$，其中，$N_v$ 是价带有效态密度。

  E. 本征载流子浓度由下式确定：$n_i^2 = N_c N_v \exp(-E_g/kT)$

  F. 本征费米能级的位置接近带隙中央。

2. A. 在半导体中掺入施主杂质或受主杂质后，可形成 n 型或 p 型非本征半导体。

  B. V 族元素(磷或砷)在硅中是施主杂质，而Ⅲ族元素(硼)在硅中是受主杂质。

3. A. 电子和空穴的热平衡浓度是费米能级的函数。

  B. 热平衡时，电子浓度、空穴浓度和本征载流子浓度满足以下关系：$n_i^2 = n_0 p_0$。

4. 施主和受主杂质在室温下完全电离。

5. 用完全电离与电中性条件，推导出电子和空穴浓度与掺杂浓度的关系。

6. A. 给出了费米能级位置与掺杂浓度的函数表达式。

  B. 讨论费米能级的相关性。在热平衡状态下，半导体内的费米能级处处相等。

7. A. 讨论了杂质扩散的概念。杂质分布由无限源扩散和有限源扩散决定。

  B. 讨论了离子注入工艺，分析了注入离子的射程和热退火工艺。

知识点

学完本章之后，读者应具备如下能力：

1. A. 用玻尔兹曼近似，推导电子和空穴的热平衡浓度方程。

  B. 推导本征载流子的浓度方程。

  C. 给出硅在 $T = 300$ K 时的本征载流子浓度值。

2. A. 描述硅中掺入 V 族元素的影响。

  B. 描述硅中掺入Ⅲ族元素的影响。

  C. 定义施主和受主杂质原子的含义。

3. 理解基本关系 $n_0 p_0 = n_i^2$ 的推导。

4. 理解完全电离的概念。

5. A. 基于完全电离假设，写出电中性条件。

  B. 利用电中性条件，推导以掺杂浓度表示的 n_0 和 p_0 表达式。

6. 理解费米能级随掺杂浓度和温度的变化。

7. A. 讨论无限源扩散和有限源扩散的含义。

  B. 讨论离子注入工艺以及热退火的原因。

复习题

1. A. 以态密度和费米分布函数积分的形式写出 n_0 的表达式。采用同样的方法写出 p_0 的表达式。

  B. 在推导以费米能级表示的 n_0 表达式中，积分上限应为导带顶的能量，说明可以用正无穷代替它的原因。

　　　C. 假设玻尔兹曼近似有效，写出以费米能级、导带能量和价带能量表示的 n_0 和 p_0 的表达式。

　　　D. 硅在 $T = 300$ K 时的本征载流子浓度是多少？

　　　E. 在什么情况下，本征费米能级位于带隙中央？

2. 什么是施主杂质，什么是受主杂质？

3. 推导基本关系 $n_0 p_0 = n_i^2$。

4. 完全电离是什么意思？

5. A. 写出完全电离时的电中性条件。

　　B. 针对 n 型半导体，画出 n_0 与温度的关系曲线。

6. A. 画出 n 型半导体的费米能级和施主杂质浓度的关系曲线。

　　B. 画出 p 型半导体的费米能级与温度的关系图。

7. A. 描述无限源扩散工艺。

　　B. 描述有限源扩散工艺。

　　C. 描述离子注入工艺。

习题

　　（注意：在下列问题中，除特别说明外，温度 T 均为 300 K。作为一级近似，忽略带隙能随温度的变化。）

3.1　半导体中的载流子

3.1　试计算（a）Si，（b）Ge 和（c）GaAs 在 $T = 200$ K，400 K 和 600 K 时的本征载流子浓度 n_i。

3.2　试画出（a）Si，（b）Ge 和（c）GaAs 在 200 K $\leqslant T \leqslant$ 600 K 温度范围内的本征载流子浓度曲线 n_i（用对数坐标表示 n_i）。

3.3　假设硅的带隙能 $E_g = 1.12$ eV，其本征载流子浓度 n_i 不大于 1×10^{12} cm^{-3}。试确定硅的最高工作温度。

3.4　在某一特定半导体材料中，有效态密度可表示为 $N_c = N_{c0} T^{3/2}$ 和 $N_v = N_{v0} T^{3/2}$，其中 N_{c0} 和 N_{v0} 是与温度无关的常数。实验确定的本征载流子浓度与温度的函数关系如表 3.5 所示。试确定 $N_{c0} N_{v0}$ 和带隙能 E_g（假设 E_g 与温度无关）。

表 3.5　本征载流子浓度和温度的函数关系

$T(\mathrm{K})$	$n_i(\mathrm{cm}^{-3})$
200	1.82×10^2
300	5.83×10^7
400	3.74×10^{10}
500	1.95×10^{12}

3.5　（a）如图 3.1 所示，导带内的 $g_c(E) f_F(E)$ 之积是能量的函数。假设玻尔兹曼近似成立，试确定乘积最大时，相对 E_c 的能量；（b）若价带内的 $g_v(E)[1 - f_F(E)]$ 之积也是能量的函数，重做（a）的问题。

3.6　假设玻尔兹曼近似在半导体内成立，试确定 $E = E_c + 4kT$ 时的 $n(E) = g_c(E) f_F(E)$ 与 $E = E_c + kT/2$ 时的比值。

3.7 除材料 A 的带隙能为 1.2 eV, 材料 B 的带隙能为 1.4 eV 之外, 两种半导体材料的性质完全相同。试求 $T = 300$ K 时, 材料 A 的本征载流子浓度和材料 B 的本征载流子浓度 n_i 之比。

3.8 假设硅的 $E_c - E_F = 0.20$ eV, (a) 若 $T = 200$ K 时, 试确定 $n(E) = g_c(E) f_F(E)$ 在 (i) $E = E_c$, (ii) $E = E_c + 0.015$ eV, (iii) $E = E_c + 0.030$ eV 和 (iv) $E = E_c + 0.045$ eV 时的值; (b) 若 $T = 400$ K, 重做 (a) 的问题。

3.9 考虑 $T = 300$ K 时的硅。(a) 试分别计算 (i) $E_c - E_F = 0.2$ eV, (ii) $E_c - E_F = 0.3$ eV 和 (iii) $E_c - E_F = 0.4$ eV 时的 n_0 值; (b) 试分别计算 (i) $E_F - E_v = 0.2$ eV, (ii) $E_F - E_v = 0.3$ eV 和 (iii) $E_F - E_v = 0.4$ eV 时的 p_0 值。

3.10 若将 Si 替换为 GaAs, 重做习题 3.9。

3.11 (a) 若 Si 的 n_0 值为 1.5×10^{16} cm^{-3}, 试确定 $E_c - E_F$; (b) 若 Si 的 p_0 值为 5×10^{15} cm^{-3}, 试确定 $E_F - E_v$; (c) 若将 Si 替换为 GaAs, 重做 (a); (d) 若将 Si 替换为 GaAs, 重做 (b) 的问题。

3.12 试确定 (a) Si, (b) Ge 和 (c) GaAs 的本征费米能级相对带隙中央的位置 (利用附录 B 给定的态密度有效质量)。

3.13 (a) 已知某种半导体材料在 300 K 时的有效质量为 $m_n^* = 1.15 m_0$, $m_p^* = 0.38 m_0$。试确定本征费米能级相对带隙中央的位置; (b) 若 $m_n^* = 0.082 m_0$, $m_p^* = 1.15 m_0$, 重做 (a) 的问题。

3.14 计算 Si 在 $T = 200$ K, 400 K 和 600 K 时, 本征费米能级 E_{Fi} 相对带隙中央的位置。

3.15 试画出 GaAs 在 200 K $\leqslant T \leqslant$ 600 K 时, 本征费米能级 E_{Fi} 相对带隙中央的位置。

3.16 若某种半导体材料的导带态密度函数等于常数 K, 且假设费米-狄拉克分布和玻尔兹曼近似有效, 试推导导带电子的热平衡浓度表达式。

3.17 $E \geqslant E_c$ 时, 半导体材料的导带态密度函数为 $g_c(E) = C_1(E - E_c)$, 其中 C_1 是常数, 重做习题 3.16。

3.2 掺杂原子与能级

3.18 利用玻尔理论, 计算锗的电离能和施主电子的半径 (采用态密度有效质量的一级近似)。

3.19 若材料替换为 GaAs, 重做习题 3.18。

3.3 非本征半导体的载流子分布

3.20 若硅中的电子浓度 $n_0 = 3 \times 10^4$ cm^{-3}。(a) 试确定 p_0; (b) 这种材料是 n 型还是 p 型? (c) 计算 $E_F - E_v$。

3.21 若费米能级在价带顶以上 0.22 eV, 试确定 $T = 300$ K 时, 硅的 n_0 和 p_0 值。

3.22 $T = 375$ K 时, 硅的电子浓度 $n_0 = 3 \times 10^{16}$ cm^{-3}。(a) 试确定 p_0; (b) 该材料是 n 型还是 p 型? (c) 试确定 $E_c - E_F$。

3.23 若将材料替换为 GaAs, 重做习题 3.22。

3.24 若将材料替换为 Ge, 重做习题 3.22。

3.25 (a) $T = 400$ K 时, GaAs 的 $E_c - E_F = 0.25$ eV, 试计算 n_0 和 p_0 值; (b) 假设 (a) 部分的 n_0 值为常数, 试确定 $T = 300$ K 时的 $E_c - E_F$ 和 p_0。

3.26　$T = 300$ K 时, 硅的 p_0 值等于 10^{15} cm^{-3}, 试确定(a)$E_c - E_F$ 和(b)n_0。

3.27　(a)考虑 $T = 300$ K 时的硅, 若 $E_{Fi} - E_F = 0.35$ eV, 试确定 p_0; (b)假设(a)部分的 p_0 保持常数, 试确定 $T = 400$ K 时的 $E_{Fi} - E_F$; (c)分别计算(a)部分和(b)部分的 n_0 值。

3.28　若材料替换为 GaAs, 重做习题 3.27。

3.29　$T = 300$ K 时, 若假设硅的 $E_F = E_v$, 试确定 p_0。

3.30　若 $T = 300$ K 时, 硅的电子浓度 $n_0 = 5 \times 10^{19}$ cm^{-3}, 试确定 $E_c - E_F$。

3.4　施主和受主的统计分布

3.31　如图 3.8 所示, 电子浓度和空穴浓度是导带和价带能量的函数, 并在某个特定能量下达到峰值。若材料为硅, 且 $E_c - E_F = 0.20$ eV。试确定浓度达到峰值时所对应的能量(以带边能量为参考)。

3.32　为保证玻尔兹曼近似成立, n 型半导体材料的费米能级必须低于施主能级 $3kT$, 而 p 型半导体的费米能级必须高于受主能级 $3kT$。假设 $T = 300$ K, 为保证(a)Si 和(b)GaAs 材料的玻尔兹曼近似有效, 试求 n 型半导体的最大电子浓度和 p 型半导体的最大空穴浓度。

3.33　若 50 K $\leqslant T \leqslant$ 200 K, 试画出未电离施主杂质原子与总电子浓度之比随温度的变化曲线。假设 $N_d = 10^{15}$ cm^{-3}。

3.5　载流子浓度——掺杂的影响

3.34　考虑 $T = 300$ K 时的 Ge 半导体, 试计算(a)$N_a = 10^{13}$ cm^{-3}, $N_d = 0$ 以及(b)$N_d = 5 \times 10^{15}$ cm^{-3}, $N_a = 0$ 时, n_0 和 p_0 的热平衡浓度。

3.35　$T = 300$ K 时, n 型硅的费米能级在导带以下 245 meV 处, 或施主能级以下 200 meV 处。试求(a)在施主能级和(b)比导带底高 $1kT$ 的能级上发现电子的概率。

3.36　试确定 Si 在下列条件时的平衡电子和空穴浓度:

(a)$T = 300$ K, $N_d = 2 \times 10^{15}$ cm^{-3}, $N_a = 0$

(b)$T = 300$ K, $N_d = 0$, $N_a = 10^{16}$ cm^{-3}

(c)$T = 300$ K, $N_d = N_a = 10^{15}$ cm^{-3}

(d)$T = 400$ K, $N_d = 0$, $N_a = 10^{14}$ cm^{-3}

(e)$T = 500$ K, $N_d = 10^{14}$ cm^{-3}, $N_a = 0$

3.37　若将 Si 材料替换为 GaAs, 重做习题 3.36。

3.38　$T = 300$ K 时, Si, Ge 和 GaAs 的掺杂浓度均为 $N_d = 1 \times 10^{13}$ cm^{-3}, $N_a = 2.5 \times 10^{13}$ cm^{-3}。(a)上述各材料是 n 型还是 p 型半导体? (b)求各材料的 n_0 和 p_0 值。

3.39　已知 $T = 450$ K 时, 硅样品的硼掺杂浓度为 1.5×10^{15} cm^{-3}, 砷掺杂浓度为 8×10^{14} cm^{-3}。(a)试问该材料是 n 型还是 p 型半导体? (b)确定电子浓度和空穴浓度; (c)计算总电离杂质浓度。

3.40　$T = 300$ K 时, 硅的热平衡空穴浓度为 $p_0 = 2 \times 10^5$ cm^{-3}。试确定热平衡电子浓度, 该材料是 n 型还是 p 型半导体?

3.41　$T = 200$ K 时, 实验测得 GaAs 样品的 $n_0 = 5p_0$, $N_a = 0$。试计算该样品的 n_0, p_0 及 N_d。

3.42　若 Si 样品的掺杂浓度 $N_a = 0$, $N_d = 10^{14}$ cm^{-3}, 试计算以下各温度的多子浓度: (a)$T =$

300 K；(b)$T = 350$ K；(c)$T = 400$ K；(d)$T = 450$ K，(e)$T = 500$ K。

3.43 已知硅样品的掺杂浓度 $N_d = 0$，$N_a = 10^{14}$ cm^{-3}，试画出多子浓度在 200 K $\leqslant T \leqslant$ 500 K 时的变化曲线。

3.44 $T = 300$ K 时，硅样品的受主浓度 $N_a = 0$。试画出少子浓度在 10^{15} cm$^{-3} \leqslant N_d \leqslant 10^{18}$ cm^{-3} 范围内的变化曲线(采用对数坐标)。

3.45 若材料替换为 GaAs，重做习题 3.44。

3.46 若某种半导体材料的掺杂浓度为 $N_d = 2 \times 10^{13}$ cm^{-3}，$N_a = 0$，且本征载流子浓度为 $n_i = 2 \times 10^{13}$ cm^{-3}。若假设杂质完全电离，试求热平衡时的多子浓度和少子浓度。

3.47 (a)$T = 300$ K 时，硅材料均匀掺杂，其中 As 原子的浓度为 2×10^{16} cm^{-3}，B 原子的浓度为 1×10^{16} cm^{-3}。试确定多子和少子的热平衡浓度；(b)若均匀掺杂 Si 材料的 P 原子浓度和 B 原子浓度分别为 2×10^{15} cm^{-3} 和 3×10^{16} cm^{-3}，重做(a)的问题。

3.48 $T = 300$ K 时，实验测得硅材料的 $n_0 = 4.5 \times 10^4$ cm^{-3}，$N_d = 5 \times 10^{15}$ cm^{-3}。(a)试问这种材料是 n 型还是 p 型半导体？(b)试确定多子和少子浓度；(c)判断材料中存在的杂质类型及其浓度。

3.6 费米能级的位置——掺杂和温度的影响

3.49 已知锗的受主浓度 $N_a = 10^{15}$ cm^{-3}，施主浓度 $N_d = 0$。试分别计算 $T = 200$ K，400 K 及 600 K 时，费米能级相对本征费米能级的位置。

3.50 $T = 300$ K 时，Ge 的施主浓度 $N_d = 10^{14}$ cm^{-3}，10^{16} cm^{-3} 和 10^{18} cm^{-3}，令 $N_a = 0$。试分别计算不同掺杂浓度时，费米能级相对本征费米能级的位置。

3.51 已知 GaAs 器件的受主掺杂浓度为 3×10^{15} cm^{-3}。为保证器件正常工作，本征载流子浓度必须小于总电子浓度的 5%。试问 GaAs 器件的最高工作温度为多少？

3.52 若 Ge 的受主浓度为 $N_a = 10^{15}$ cm^{-3}，施主浓度为 $N_d = 0$。试画出 200 K $\leqslant T \leqslant$ 600 K 范围内，费米能级相对本征费米能级的位置随温度的变化曲线。

3.53 $T = 300$ K 时，Si 的受主浓度为 $N_a = 0$。试画出在 10^{14} cm$^{-3} \leqslant N_d \leqslant 10^{18}$ cm^{-3} 范围内，费米能级相对本征费米能级的位置随掺杂浓度的变化曲线。

3.54 已知某种半导体在 $T = 300$ K 时的 $E_g = 1.50$ eV，$m_p^* = 10 m_n^*$，$n_i = 1 \times 10^5$ cm^{-3}。(a)试确定费米能级相对于带隙中央的位置；(b)为使费米能级位于带隙中央以下 0.45 eV 处，需向半导体掺入某种杂质，(i)试问掺杂原子是施主还是受主？(ii)掺入的杂质浓度是多少？

3.55 已知 $T = 300$ K 时，Si 材料的受主杂质浓度为 $N_a = 5 \times 10^{15}$ cm^{-3}。向 Si 掺入施主杂质，形成 n 型补偿半导体，且费米能级位于导带底以下 0.215 eV 处。试问掺入的施主杂质浓度为多少？

3.56 $T = 300$ K 时，Si 材料的受主杂质浓度为 $N_a = 7 \times 10^{15}$ cm^{-3}。(a)试确定 $E_F - E_v$；(b)为使费米能级向价带顶方向移动 $1kT$，试问应再掺入的受主浓度为多少？

3.57 (a)$T = 300$ K 时，Si 材料的 P 原子浓度为 10^{15} cm^{-3}，试确定费米能级相对本征费米能级的位置；(b)若掺入的杂质为浓度 10^{15} cm^{-3} 的 B 原子，重新计算(a)；(c)分别计算(a)和(b)中 Si 的电子浓度。

3.58 $T = 300$ K 时，GaAs 材料的受主浓度为 10^{15} cm^{-3}。为使费米能级位于本征费米能级以下 0.45 eV，需向 GaAs 掺入额外的杂质原子。试确定掺入杂质原子的类型和浓度。

3.59 试计算在习题 3.36 给定的条件下，费米能级相对本征费米能级的位置。

3.60 试计算在习题 3.37 给定的条件下，费米能级相对价带顶的位置。

3.61 试计算在习题 3.48 给定的条件下，费米能级相对本征费米能级的位置。

综合题

3.62 设计一种特定的 n 型半导体材料，其施主杂质浓度为 1×10^{15} cm^{-3}。假设杂质完全电离，$N_a = 0$，有效态密度 $N_c = N_v = 1.5 \times 10^{19}$ cm^{-3}，且与温度无关。若要求用这种材料制备的半导体器件在 $T = 400$ K 时的电子浓度不大于 1.01×10^{15} cm^{-3}。试问带隙能的最小值为多少？

3.63 浓度为 10^{10} cm^{-3} 的 Si 原子掺入 GaAs 材料中。假设掺入的 Si 原子完全电离，且有 5% 的 Si 原子替代 Ga 原子，95% 的 Si 原子替代 As 原子。若温度为 $T = 300$ K，(a) 确定施主浓度与受主浓度；(b) 计算电子浓度和空穴浓度，并确定费米能级相对本征费米能级 E_{Fi} 的位置。

3.64 半导体材料中的缺陷会在禁带中引入允许的能态。假设 Si 中的某个缺陷引入了两个分立能级：施主能级在价带顶之上 0.25 eV 处，而受主能级在价带顶之上 0.65 eV 处，且每种缺陷的电荷态是费米能级位置的函数。(a) 当费米能级由 E_v 移动到 E_c 时，试画出每种缺陷的电荷密度。在重掺杂的 n 型材料中，哪种缺陷能级占主导地位，在重掺杂的 p 型材料中，又是哪种缺陷能级起主要作用？(b) 试确定在 (i) 掺杂浓度为 $N_d = 10^{17}$ cm^{-3} 的 n 型半导体材料和 (ii) 掺杂浓度为 $N_a = 10^{17}$ cm^{-3} 的 p 型半导体材料中的电子和空穴浓度，以及费米能级的位置；(c) 若材料不进行任何掺杂，其费米能级的位置又如何？这种材料是 n 型、p 型还是本征半导体？

参考文献

1. Anderson, B. L., and R. L. Anderson. *Fundamentals of Semiconductor Devices*. New York: McGraw-Hill, 2005.

*2. Brennan, K. F. *The Physics of Semiconductors with Applications to Optoelectronic Devices*. New York: Cambridge University Press, 1999.

*3. Hess, K. *Advanced Theory of Semiconductor Devices*. Englewood Cliffs, NJ: Prentice-Hall, 1988.

4. Kano, K. *Semiconductor Devices*. Upper Saddle River, NJ: Prentice-Hall, 1998.

*5. Li, S. S. *Semiconductor Physical Electronics*. New York: Plenum Press, 1993.

6. McKelvey, J. P. *Solid State Physics for Engineers and Materials Science*. Malabar, FL: Krieger Publishing, 1993.

7. Muller, R. S., T. I. Kamins, and W. Chan. *Device Electronics for Integrated Circuits*, 3rd ed. New York: John Wiley and Sons, 2003.

8. Navon, D. H. *Semiconductor Microdevices and Materials*. New York: Holt, Rinehart and Winston, 1986.

9. Neamen, D. A. *Semiconductor Physics and Devices: Basic Principles*, 3rd ed. New York: McGraw-Hill, 2003.

10. Pierret, R. F. *Semiconductor Device Fundamentals*. Reading, MA: Addison-Wesley, 1996.

11. Runyan, W. R., and K. E. Bean. *Semiconductor Integrated Circuit Processing Technology*. Reading, MA: Addison-Wesley, 1990.

12. Shur, M. *Introduction to Electronic Devices*. New York: John Wiley and Sons, 1996.

*13. Shur, M. *Physics of Semiconductor Devices*. Englewood Cliffs, NJ：Prentice-Hall, 1990.

14. Singh, J. *Semiconductor Devices：Basic Principles*. New York：John Wiley and Sons, 2001.

*15. Smith, R. A. *Semiconductors*, 2nd ed. New York：Cambridge University Press, 1978.

16. Streetman, B. G., and S. Banerjee. *Solid State Electronic Devices*, 5th ed. Upper Saddle River, NJ：Prentice-Hall, 2000.

17. Sze, S. M. *Physics of Semiconductor Devices*, 2nd ed. New York：Wiley, 1981.

18. Sze, S. M. *Semiconductor Devices：Physics and Technology*, 2nd ed. New York：John Wiley and Sons, 2002.

*19. Wang, S. *Fundamentals of Semiconductor Theory and Device Physics*. Englewood Cliffs, NJ：Prentice-Hall, 1989.

*20. Wolfe, C. M., N. Holonyak, Jr., and G. E. Stillman. *Physical Properties of Semiconductors*. Englewood Cliffs, NJ：Prentice-Hall, 1989.

21. Yang, E. S. *Microelectronic Devices*. New York：McGraw-Hill, 1988.

标注 * 号的参考文献比本书讲解得更深。

第4章 载流子输运和过剩载流子现象

第3章讨论了平衡半导体，并得到导带电子和价带空穴的平衡浓度。这些关于载流子浓度的知识对于理解半导体的电学特性是十分重要的。半导体内电子和空穴的净流动产生电流。我们把载流子的运动过程称为输运。本章将介绍半导体内的两种基本输运机制：漂移和扩散。简单假设：虽然输运过程中有电子和空穴的净流动，但热平衡态不会受到太大扰动。然而，热平衡的任何变化都会改变半导体中的电子和空穴浓度。我们也会讨论半导体材料的产生和复合过程。

内容概括

1. 由电场引起的载流子漂移和漂移电流的机制。
2. 由载流子浓度梯度引起的载流子扩散和扩散电流的机制。
3. 非均匀掺杂对半导体材料特性的影响。
4. 半导体中过剩载流子的产生和复合过程。
5. 半导体材料的霍尔效应。

历史回顾

1826年，欧姆(Ohm G. S)推导出欧姆定律。该式给出了电阻、电压和电流三个重要电学量的相互关系。然而，直到19世纪90年代都没有发现电子。法国物理学家佩兰(Perrin J. B)演示了真空管中的电流包含带负电荷的粒子。在20世纪初期，人们认为金属之所以导电是因为金属中的电子可随外加偏压自由运动。1928年，布洛赫(Bloch F)将量子力学应用到周期性势场，提出了周期性晶体中自由电子的概念。半导体中电子和空穴的输运是一个重要性质，因为它决定着半导体器件的性能。

发展现状

当今，由半导体内的电场和浓度梯度产生的电子和空穴输运仍然是决定半导体器件性能的一个基本特性。然而，对于宽度只有几百埃的微结构来说，必须采用量子力学方法进行描述。

4.1 载流子的漂移运动

目标：描述外加电场引起的载流子漂移和漂移电流的机制

若导带和价带存在空态，那么半导体上施加的电场就会对电子和空穴产生一个作用力，使其产生净加速度和净位移。载流子在电场力作用下的运动称为**漂移运动**。电荷的净漂移就形成了**漂移电流**。

4.1.1 漂移电流密度

若正的体电荷密度 ρ 以平均漂移速度 v_d 运动，则它形成的漂移电流密度为

$$J_{\mathrm{drf}} = \rho v_d \tag{4.1}$$

其中，J 的单位是 $\mathrm{C/cm^2 \cdot s}$，或 $\mathrm{A/cm^2}$。若体电荷是带正电的空穴，则

$$J_{p|\mathrm{drf}} = (ep)v_{\mathrm{dp}} \tag{4.2}$$

其中，$J_{p|\mathrm{drf}}$ 是空穴产生的漂移电流密度，v_{dp} 是空穴的平均漂移速度，p 是空穴浓度[①]。

在电场作用下，空穴的运动方程为

$$F = m_p^* a = e\mathcal{E} \tag{4.3}$$

其中，e 是电子电量；a 是加速度；$\mathcal{E}$ 是电场；m_p^* 是空穴有效质量。若电场恒定，那么漂移速度应随时间线性增加。然而，半导体中的带电粒子会与电离杂质原子和热振动晶格原子发生碰撞。这些碰撞或散射，改变了粒子的速度特性。

在电场作用下，晶体中的空穴被加速，速度增加。当带电粒子与晶体中的原子发生碰撞后，粒子损失掉大部分或全部能量。然后，粒子再次加速，获得能量，再次被散射。这个过程周而复始，不断重复。通过这个过程，粒子将获得一个平均漂移速度。在弱电场情况下，平均漂移速度与电场强度成正比。因此，可写出

$$v_{\mathrm{dp}} = \mu_p \mathcal{E} \tag{4.4}$$

其中，μ_p 是比例因子，称为**空穴迁移率**。迁移率是半导体的一个重要参数，它描述粒子在电场作用下的运动情况。迁移率的单位通常表示为 $\mathrm{cm^2/V \cdot s}$。

联立式(4.2)和式(4.4)，可导出**空穴的漂移电流**密度

$$J_{p|\mathrm{drf}} = (ep)v_{\mathrm{dp}} = e\mu_p p \mathcal{E} \tag{4.5}$$

空穴的漂移电流方向与外加电场方向相同。

同理，我们可以写出电子的漂移电流密度

$$J_{n|\mathrm{drf}} = \rho v_{\mathrm{dn}} = (-en)v_{\mathrm{dn}} \tag{4.6}$$

其中，$J_{n|\mathrm{drf}}$ 是电子的漂移电流密度，v_{dn} 是电子的平均漂移速度。电子的净电荷密度为负($-en$)。

在弱电场情况下，电子的平均漂移速度也与电场强度成正比。由于电子带负电，电子的运动方向与电场相反，所以

$$v_{\mathrm{dn}} = -\mu_n \mathcal{E} \tag{4.7}$$

其中，μ_n 是**电子迁移率**，为正值。现在式(4.6)可改写为

$$J_{n|\mathrm{drf}} = (-en)(-\mu_n\mathcal{E}) = e\mu_n n \mathcal{E} \tag{4.8}$$

虽然电子的运动方向与电场相反，但**电子的漂移电流**方向与外加电场方向相同。

正如在下一节将看到，电子和空穴的迁移率是温度与掺杂浓度的函数。表 4.1 给出了 $T=300\ \mathrm{K}$ 时，低掺杂浓度情况下的典型迁移率值。

表 4.1　$T=300\ \mathrm{K}$，低掺杂浓度时的典型迁移率值

	$\mu_n(\mathrm{cm^2/V \cdot s})$	$\mu_p(\mathrm{cm^2/V \cdot s})$
Si	1350	480
GaAs	8500	400
Ge	3900	1900

---

① 在第 3 章，电子和空穴浓度参数 n_0 和 p_0 的下标 0 表示热平衡态。在本章，我们去掉下标 0，这样，n 和 p 表示总电子和总空穴浓度，也包括非平衡态的影响。

既然电子和空穴都对漂移电流有贡献，那么总漂移电流密度就是电子与空穴漂移电流密度之和，即

$$J_{drf} = e(\mu_n n + \mu_p p)\mathcal{E} \tag{4.9}$$

例 4.1 **计算给定电场强度下半导体的漂移电流密度。** $T = 300$ K 时，硅的掺杂浓度为 $N_d = 10^{16}$ cm^{-3}，$N_a = 0$。电子和空穴的迁移率参见表 4.1。若外加电场强度 $\mathcal{E} = 35$ V/cm，求漂移电流密度。

【解】

因为 $N_d > N_a$，所以在室温下，半导体是 n 型的。若假设掺入杂质完全电离，则

$$n \approx N_d = 10^{16} \text{ cm}^{-3}$$

少数载流子空穴的浓度为

$$p = \frac{n_i^2}{n} = \frac{(1.5 \times 10^{10})^2}{10^{16}} = 2.25 \times 10^4 \text{ cm}^{-3}$$

既然 $n \gg p$，漂移电流密度

$$J_{drf} = e(\mu_n n + \mu_p p)\mathcal{E} \approx e\mu_n n\mathcal{E}$$

因此

$$J_{drf} = (1.6 \times 10^{-19})(1350)(10^{16})(35) = 75.6 \text{ A/cm}^2$$

【说明】

在半导体上施加较小的电场就能获得显著的漂移电流密度。这个结果意味着非常小的半导体器件就能产生 mA 量级的电流。

【自测题】

EX4.1 $T = 300$ K 时，砷化镓的掺杂浓度为 $N_a = 0$，$N_d = 10^{16}$ cm^{-3}。电子和空穴的迁移率参见表 4.1。若外加电场强度为 $\mathcal{E} = 10$ V/cm，求漂移电流密度。

答案：$J_{drf} = 136$ A/cm^2。

4.1.2 迁移率

上一节定义了迁移率，它将载流子的平均漂移速度与电场联系起来。由式(4.9)可知，电子和空穴的迁移率是表征载流子漂移特性的重要参数。

式(4.3)将空穴的加速度与外力(如电场力)联系起来。我们可将其写为

$$F = m_p^* \frac{dv}{dt} = e\mathcal{E} \tag{4.10}$$

其中，v 表示电场作用下的粒子速度，不包括随机热速度。若假设电场和有效质量为常数，对式(4.10)积分，可得

$$v = \frac{e\mathcal{E}t}{m_p^*} \tag{4.11}$$

其中，假设初始漂移速度为零。

图 4.1(a)是外加电场为零时，半导体中空穴随机热运动的模型示意图。**散射(或碰撞)事件**改变粒子运动方向，两次碰撞之间的平均时间表示为 τ_{cp}。如图 4.1(b)所示，如果外加一个小电场(电场 $\mathcal{E}$)，空穴沿电场 $\mathcal{E}$ 的方向发生净漂移。这个净漂移速度是随机热速度的微扰，因此，平均碰撞时间不会显著变化。

　　图 4.1(a) 也表示外加电场为零时，半导体中电子随机热运动的模型示意图。两次碰撞之间的平均时间表示为 τ_{cn}。如图 4.1(c) 所示，如果外加一个小电场(电场 $\mathcal{E}$)，则与电场 $\mathcal{E}$ 相反方向产生电子净漂移。电子的净漂移速度也是随机热速度的微扰，因此，平均碰撞时间不会显著变化。

　　如果把式(4.11)中的时间 t 替换为平均碰撞时间 τ_{cp}，则碰撞或散射前的平均峰值速度为

$$v_{d|\text{peak}} = \left(\frac{e\tau_{cp}}{m_p^*}\right)\mathcal{E} \tag{4.12a}$$

平均漂移速度为峰值速度的一半，所以可写出

$$\langle v_d \rangle = \frac{1}{2}\left(\frac{e\tau_{cp}}{m_p^*}\right)\mathcal{E} \tag{4.12b}$$

　　然而，实际碰撞过程并不像上述模型那么简单，它在本质上具有统计性质。在包括统计分布影响的精确模型中，式(4.12b)中并没有出现因子 $\frac{1}{2}$。因此，空穴迁移率表示为

$$\mu_p = \frac{v_{dp}}{\mathcal{E}} = \frac{e\tau_{cp}}{m_p^*} \tag{4.13}$$

　　对电子进行类似的分析，可得电子迁移率为

$$\mu_n = \frac{e\tau_{cn}}{m_n^*} \tag{4.14}$$

其中，τ_{cn} 为电子两次碰撞的平均时间。

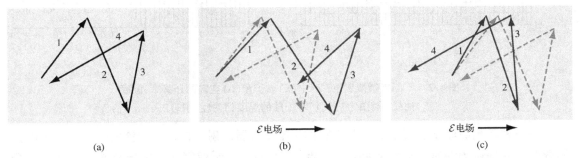

图 4.1　(a)无外加电场时，半导体中电子或空穴的随机热运动；(b)半导体内空穴的运动轨迹，点线表示 $\mathcal{E}=0$，实线表示 $\mathcal{E}>0$；(c)半导体内电子的运动轨迹，点线表示 $\mathcal{E}=0$，实线表示 $\mathcal{E}>0$

　　在半导体中，主要有两种散射机制影响载流子的迁移率：晶格散射(声子散射)和电离杂质散射。

　　当温度高于热力学温标零度时，半导体晶格中的原子具有一定的热能，使其在格点位置附近做随机热振动。晶格振动对理想周期性势场产生扰动。固体中的理想周期性势场允许电子在整个晶体中自由运动，不发生散射。但热振动对势函数产生扰动，这使得电子或空穴与振动的晶格原子发生相互作用。这种**晶格散射**也称为声子散射。

　　既然晶格散射与原子的热运动有关，那么发生散射的速率是温度的函数。如果用 μ_L 表示只有晶格散射存在时的迁移率，那么根据散射理论，在一阶近似下有

$$\mu_L \propto T^{-3/2} \tag{4.15}$$

随着温度的降低，受晶格散射影响的迁移率增大。我们可以直观地想象：随着温度下降，晶

格振动也减弱，这意味着受到散射的概率降低，所以迁移率增加。

图 4.2 显示了硅中电子和空穴迁移率的温度相关性。在轻掺杂半导体中，晶格散射是主要散射机制，载流子迁移率随温度升高而减小，迁移率的温度相关性与 T^{-n} 成正比。图 4.2 中的插图表明，参数 n 并不等于一阶散射理论预期的 $\frac{3}{2}$，但是迁移率确实随温度下降而增加。

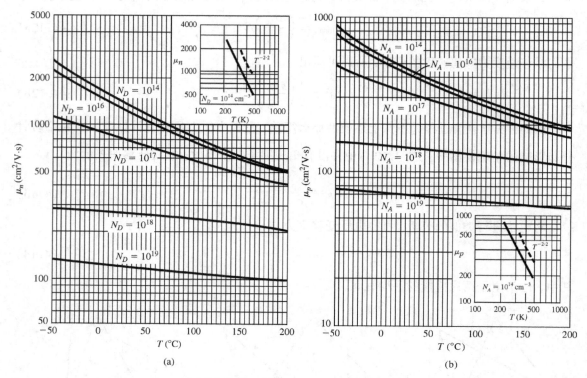

图 4.2　不同掺杂浓度下，硅中(a)电子和(b)空穴的迁移率–温度
曲线。插图为"近似"本征硅的温度相关性(引自 Pierret[8])

另一种影响载流子迁移率的散射机制称为**电离杂质散射**。掺入半导体的杂质原子可以控制或改变半导体的性质。室温下杂质已经电离，因此，电子或空穴与电离杂质之间存在库仑相互作用。库仑相互作用引起的碰撞或散射也会改变载流子的速度特性。如果定义 μ_I 表示只有电离杂质散射存在时的迁移率，则在一阶近似下有

$$\mu_I \propto \frac{T^{+3/2}}{N_I} \tag{4.16}$$

其中，$N_I = N_d^+ + N_a^-$ 表示半导体的电离杂质总浓度。随着温度升高，载流子随机热速度增加，因而减少了位于电离杂质散射中心附近的时间。库仑作用时间越短，受到散射的影响越小，μ_I 值就越大。若电离杂质散射中心数量增加，那么载流子与电离杂质散射中心碰撞的概率增加，这意味着 μ_I 值减小。

图 4.3 给出了 $T = 300$ K 时，锗、硅和砷化镓中电子和空穴迁移率与杂质浓度的关系[1]。

---

① 多数载流子和少数载流子的迁移率(如 n 型和 p 型材料中的电子迁移率)可能有些不同。然而为了简单，本书忽略了两者的差别。

更准确地说，这是迁移率与电离杂质浓度 N_I 的关系曲线。随着杂质浓度增加，杂质散射中心数量增加，因此迁移率降低。

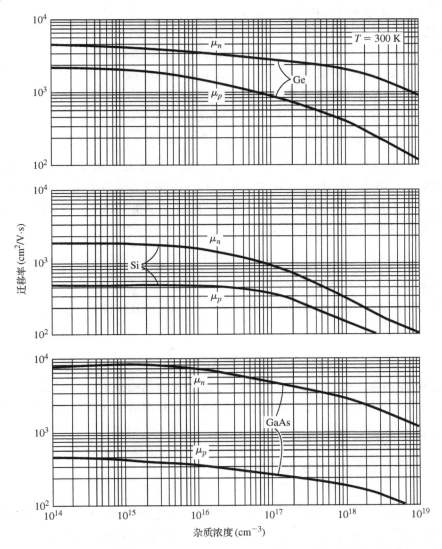

图 4.3　$T = 300$ K 时，Ge，Si 和 GaAs 的电子和空穴迁移率与杂质浓度的关系（引自 Sze[14]）

例 4.2　确定硅在不同温度下的电子和空穴迁移率。利用图 4.2 分别求出以下两种情况载流子的迁移率。

（a）确定（i）$N_d = 10^{17}$ cm^{-3}，$T = 150$℃及（ii）$N_d = 10^{16}$ cm^{-3}，$T = 0$℃时的电子迁移率。

（b）确定（i）$N_a = 10^{16}$ cm^{-3}，$T = 50$℃及（ii）$N_a = 10^{17}$ cm^{-3}，$T = 150$℃时的空穴迁移率。

【解】

由图 4.2 可知：

（a）（i）当 $N_d = 10^{17}$ cm^{-3}，$T = 150$℃时，电子迁移率 $\mu_n \approx 500$ cm^2/V·s；

　　　（ii）当 $N_d = 10^{16}$ cm^{-3}，$T = 0$℃时，电子迁移率 $\mu_n \approx 1500$ cm^2/V·s。

（b）（i）当 $N_a = 10^{16}$ cm^{-3}，$T = 50$℃时，空穴迁移率 $\mu_p \approx 380$ cm^2/V·s；

　　(ii)当 $N_a = 10^{17}$ cm^{-3}，$T = 150$℃ 时，空穴迁移率 $\mu_p \approx 200$ cm^2/V · s。

【说明】

由本例可见，迁移率随温度升高而降低。

【自测题】

EX4.2　由图 4.3，分别确定以下两种情况的电子和空穴迁移率。

　　　　(a)硅中掺杂浓度 $N_d = 10^{17}$ cm^{-3}，$N_a = 5 \times 10^{16}$ cm^{-3}。

　　　　(b)砷化镓中掺杂浓度 $N_a = N_d = 10^{17}$ cm^{-3}。

　　　　答案：(a)$\mu_n \approx 800$ cm^2/V · s，$\mu_p \approx 300$ cm^2/V · s。

　　　　　　(b)$\mu_n \approx 3800$ cm^2/V · s，$\mu_p \approx 200$ cm^2/V · s。

　　若用 τ_L 表示由晶格散射引起碰撞之间的平均时间，那么 dt/τ_L 表示在微分时间 dt 内受到晶格散射的概率。同理，若用 τ_I 表示电离杂质散射引起碰撞之间的平均时间，则 dt/τ_I 表示在微分时间 dt 内受到电离杂质散射的概率。若两种散射过程相互独立，则在微分时间 dt 内受到散射的总概率为两个独立事件之和，即

$$\frac{dt}{\tau} = \frac{dt}{\tau_I} + \frac{dt}{\tau_L} \tag{4.17}$$

其中，τ 是任意两次散射之间的平均时间。

　　与式(4.13)或式(4.14)给出的迁移率定义式相比较，式(4.17)可表示为

$$\boxed{\frac{1}{\mu} = \frac{1}{\mu_I} + \frac{1}{\mu_L}} \tag{4.18}$$

其中，μ_I 是仅有电离杂质散射存在时的迁移率，μ_L 是仅有晶格散射存在时的迁移率，参数 μ 为净迁移率。当有两种或多种独立散射机制存在时，迁移率的倒数增加，净迁移率减小。

4.1.3　半导体的电导率和电阻率

　　式(4.9)给出的漂移电流密度可写为

$$J_{drf} = e(\mu_n n + \mu_p p)\mathcal{E} = \sigma \mathcal{E} \tag{4.19}$$

其中，σ 是半导体材料的**电导率**，单位为 $(\Omega \cdot \text{cm})^{-1}$。它是电子和空穴浓度及迁移率的函数。上面讨论的迁移率也是杂质浓度的函数，因此，电导率是杂质浓度的复杂函数。

　　电阻率是电导率的倒数，用 ρ 表示，单位为 $(\Omega \cdot \text{cm})$①。电阻率可写为

$$\boxed{\rho = \frac{1}{\sigma} = \frac{1}{e(\mu_n n + \mu_p p)}} \tag{4.20}$$

图 4.4 给出了 $T = 300$ K 时，Si、Ge、GaAs 和 GaP 的电阻率与杂质浓度的关系曲线。显而易见，受迁移率的影响，电阻率并不完全是 N_d 或 N_a 的线性函数。

　　若在图 4.5 所示的条形半导体两端施加电压，则有电流 I 产生，可写出

$$J = \frac{I}{A} \tag{4.21a}$$

---

① 符号 ρ 也用来表示体电荷密度。在应用符号 ρ 时，需明确其表示的是电阻率还是电荷密度。

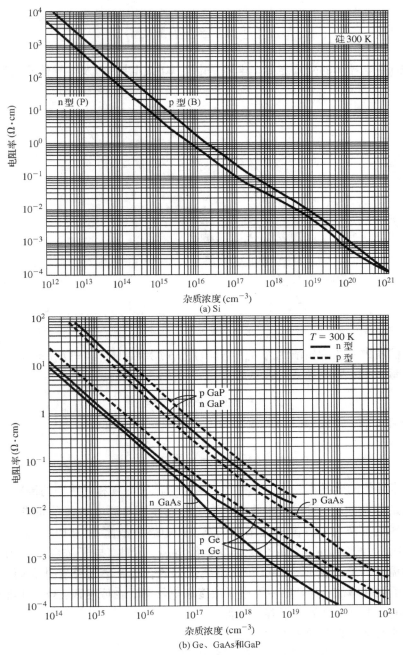

图 4.4 $T = 300$ K 时，电阻率和杂质浓度的关系曲线（引自 Sze[14]）

和

$$\mathcal{E} = \frac{V}{L} \tag{4.21b}$$

式 (4.19) 重写为

$$\frac{I}{A} = \sigma \left(\frac{V}{L} \right) \tag{4.22a}$$

或

$$V = \left(\frac{L}{\sigma A}\right) I = \left(\frac{\rho L}{A}\right) I = IR \qquad (4.22b)$$

式(4.22b)是半导体的**欧姆定律**。电阻是电阻率(或电导率)及半导体几何形状的函数。

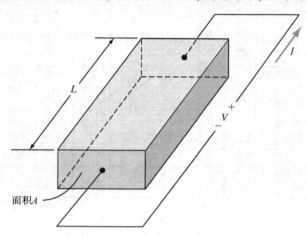

图 4.5　用做电阻的条形半导体

例如,我们考虑一块杂质浓度为 $N_a(N_d = 0)$ 的 p 型半导体,其中 $N_a \gg n_i$。若电子和空穴迁移率的数量级相同,则电导率可表示为

$$\sigma = e(\mu_n n + \mu_p p) \approx e\mu_p p \qquad (4.23)$$

若假设杂质全部电离,则式(4.23)可改写为

$$\sigma \approx e\mu_\rho N_a \approx \frac{1}{\rho} \qquad (4.24)$$

因此,非本征半导体的电导率和电阻率主要是多数载流子浓度和迁移率的函数。

对于特定的掺杂浓度,可以画出载流子浓度和电导率与温度的关系曲线。图 4.6 给出了硅中电子浓度和电导率与温度倒数的函数关系,其中掺杂浓度 $N_d = 10^{15}$ cm^{-3}。在中等温度区,或非本征区(大约 200 K～450 K),杂质全部电离,因此,电子浓度基本为常数。但是,由于迁移率随温度升高而降低,所以在此温度范围内,电导率随温度升高而降低。在高温区,本征载流子浓度增加,并开始主导电子浓度和电导率。在低温区,载流子冻析开始出现,因此,电子浓度和电导率随温度下降而降低。

对于本征半导体,其电导率可写为

$$\sigma_i = e(\mu_n + \mu_p)n_i \qquad (4.25)$$

因为本征半导体的电子浓度和空穴浓度相等,所以本征电导率包括电子和空穴迁移率。一般来说,电子和空穴迁移率并不相等,所以本征电导率并不是给定温度下的最小值。

例 4.3　为了制备具有特定电流-电压特性的半导体电阻器,试确定硅在 300 K 时的掺杂浓度。 考虑一均匀受主掺杂的条形硅半导体,其几何结构如图 4.5 所示。若外加偏压为 5 V 时,电流为 2 mA,且电流密度不大于 $J_{drf} = 100$ A/cm^2。试确定满足条件的截面积、长度及掺杂浓度。

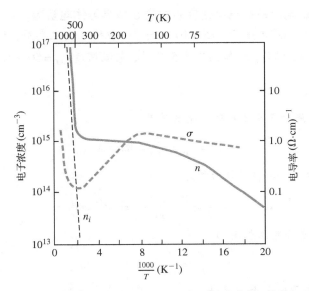

图 4.6　硅中电子浓度和电导率与温度倒数的关系曲线(引自 Sze[14])

【解】

所需截面积为

$$I = J_{drf} A \rightarrow A = \frac{I}{J_{drf}} = \frac{2 \times 10^{-3}}{100} = 2 \times 10^{-5} \text{ cm}^2$$

器件的电阻为

$$R = \frac{V}{I} = \frac{5}{2 \times 10^{-3}} = 2.5 \times 10^3 \ \Omega \rightarrow 2.5 \text{ k}\Omega$$

由式(4.22b)，条形半导体的电阻表示为

$$R = \frac{L}{\sigma A} \approx \frac{L}{e \mu_p p A} = \frac{L}{e \mu_p N_a A}$$

从这个关系式可知，掺杂浓度 N_a 和长度 L 没有确定值。如果选择非常小的 L 值，掺杂浓度 N_a 的值可能小得不合理。相反，如果选择非常大的 L 值，那么 N_a 的值可能大得不合理。所以，先选择一个合理的掺杂浓度值，然而再确定器件长度。

令 $N_a = 10^{16} \text{ cm}^{-3}$，由图 4.3 可得，$\mu_p \approx 400 \text{ cm}^2/\text{V} \cdot \text{s}$。器件长度 L 为

$$L = \sigma A R = e \mu_p N_a A R$$
$$= (1.6 \times 10^{-19})(400)(10^{16})(2 \times 10^{-5})(2.5 \times 10^3)$$

或

$$L = 3.2 \times 10^{-2} \text{ cm}$$

【说明】

需注意的是，在分析和设计过程中，必须采用与掺杂浓度对应的迁移率。

【自测题】

EX4.3　对于 $T = 300 \text{ K}$ 时的硅半导体器件，已知材料为 n 型掺杂，电阻率 $\rho = 0.10 \ \Omega \cdot \text{cm}$。试确定所需的掺杂浓度及相应的电子迁移率。

答案：由图 4.5 可得，$N_d \approx 9 \times 10^{16} \text{ cm}^{-3}$，$\mu_n \approx 695 \text{ cm}^2/\text{V} \cdot \text{s}$。

例 4.4   设计一个满足电阻率和电流密度要求的 p 型半导体电阻器。$T = 300$ K 时，硅半导体的初始掺杂为施主，且杂质浓度 $N_d = 5 \times 10^{15}$ cm^{-3}。现掺入受主杂质，形成 p 型补偿半导体。要求电阻器的电阻 $R = 10$ kΩ，外加偏压为 5 V 时，电流密度 $J_{drf} = 50$ A/cm^2，外加电场不大于 100 V/cm。

【解】

在 10 kΩ 电阻上施加 5 V 偏压时，总电流为

$$I = \frac{V}{R} = \frac{5}{10} = 0.5 \text{ mA}$$

若电流密度限定为 50 A/cm^2，则截面积为

$$A = \frac{I}{J} = \frac{0.5 \times 10^{-3}}{50} = 10^{-5} \text{ cm}^2$$

由指定电压和电场，可得电阻长度为

$$L = \frac{V}{\mathcal{E}} = \frac{5}{100} = 5 \times 10^{-2} \text{ cm}$$

由式(4.22b)可知，半导体的电导率为

$$\sigma = \frac{L}{RA} = \frac{5 \times 10^{-2}}{(10^4)(10^{-5})} = 0.50 \ (\Omega\cdot\text{cm})^{-1}$$

p 型补偿半导体的电导率为

$$\sigma \approx e\mu_p p = e\mu_p(N_a - N_d)$$

其中，迁移率 μ_p 是总电离杂质浓度 $N_a + N_d$ 的函数。

反复计算得知，若 $N_a = 1.25 \times 10^{16}$ cm^{-3}，则 $N_d + N_a = 1.75 \times 10^{16}$ cm^{-3}。由图 4.3 可知，空穴迁移率 $\mu_p \approx 410$ cm^2/V·s。所以电导率为

$$\begin{aligned}\sigma &= e\mu_p(N_a - N_d) \\ &= (1.6 \times 10^{-19})(410)(1.25 \times 10^{16} - 5 \times 10^{15}) = 0.492 \ (\Omega\cdot\text{cm})^{-1}\end{aligned}$$

该结果与所求值非常接近。

【说明】

由于迁移率与总电离杂质浓度有关，所以不能由所求电导率直接计算出掺杂浓度。

【自测题】

EX4.4   已知 $T = 300$ K 时，n 型补偿硅的电导率 $\sigma = 16 \ (\Omega\cdot\text{cm})^{-1}$，受主掺杂浓度 $N_a = 10^{17}$ cm^{-3}。试确定施主杂质浓度和相应的电子迁移率。

答案：经反复计算，并结合图 4.4，可得 $N_d \approx 3.4 \times 10^{17}$ cm^{-3}，$\mu_n \approx 420$ cm^2/V·s。

4.1.4 速度饱和

在前面对漂移速度的讨论中，我们假设迁移率不受电场影响，这意味着漂移速度随外加电场线性增加。粒子的总速度为随机热速度与漂移速度之和。$T = 300$ K 时，平均随机热能为

$$\frac{1}{2}mv_{th}^2 = \frac{3}{2}kT = \frac{3}{2}(0.0259) = 0.038\,85 \text{ eV} \tag{4.26}$$

这个能量表示硅中电子的平均热速度约为 10^7 cm/s。若设硅在低掺杂浓度时的电子迁移率为 $\mu_n = 1350$ cm^2/V·s，外加电场 $\mathcal{E} = 75$ V/cm，则漂移速度为 10^5 cm/s，其值为热运动速度的 1%。这个外加电场相对较小，不会显著改变电子的能量。

　　图 4.7 给出了 Si、GaAs 和 Ge 中电子和空穴的平均漂移速度与外加电场的关系曲线图。在低电场区，漂移速度随电场线性变化，曲线斜率即为迁移率。在强电场区，载流子的漂移速度特性严重偏离弱电场区的线性关系。例如，硅的电子漂移速度在外加电场为 30 kV/cm 时达到饱和，饱和速度约为 10^7 cm/s。若带电载流子的**漂移速度饱和**，则漂移电流密度也达到饱和，不再随外加电场变化。

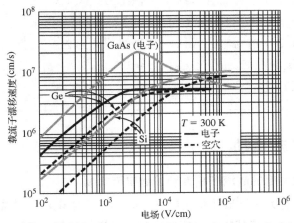

图 4.7　高纯度 Si、GaAs 和 Ge 的载流子漂移速度与外加电场的关系（引自 Sze[14]）

　　与 Si 和 Ge 相比，GaAs 的漂移速度-电场(v_d-E)特性更加复杂。在低电场区，漂移速度-电场曲线的斜率是常数，它是低场电子迁移率。对 GaAs 而言，低场电子迁移率约为 8500 cm^2/V·s，远大于 Si 的电子迁移率。随着电场增加，GaAs 的电子漂移速度达到峰值，然后开始下降。微分迁移率定义为漂移速度-电场特性曲线上某点的斜率。若曲线斜率为负，则表示微分迁移率为负。**负微分迁移率**产生负微分电阻。这个特性常用在振荡器的设计中。

　　下面通过图 4.8 所示的 GaAs E-k 能带图来解释负微分迁移率的含义。在低能谷中，电子态密度的有效质量为 $m_n^* = 0.067m_0$。小的有效质量导致大的迁移率。随着电场增加，低能谷中的电子能量也相应增加，并被散射到高能谷中，态密度有效质量增大到 $0.55m_0$。高能谷中大的有效质量降低了电子迁移率。这种谷间转移机制使得电子的平均漂移速度随电场增加而减小，从而出现负微分迁移率特性。

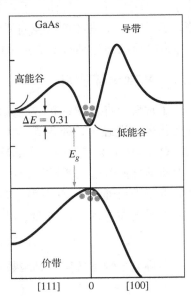

图 4.8　GaAs 的能带结构图，图
中给出了导带高能谷和
低能谷（引自 Sze[15]）

【练习题】

TYU4.1　n 型掺杂的硅半导体器件在外加电场 $\mathcal{E} = 25$ V/cm 时，漂移电流为 $J_{drf} = 150$ A/cm^2。试求满足该指标所需的掺杂浓度。

答案：若 $N_a \approx 3.13 \times 10^{16}$ cm^{-3}，则迁移率 $\mu_n \approx 1200$ cm^2/V·s。

4.2 载流子的扩散运动

目标：描述由浓度梯度引起的载流子扩散和扩散电流机制

除漂移运动外，还有另一种输运机制能在半导体中产生电流。首先，我们考虑一个经典的物理模型。图 4.9 所示容器被隔板分成两部分，在初始时刻，左侧装满具有一定温度的气体分子，右侧为真空。气体分子不断地做随机热运动，撤去隔板后，气体分子就会流入容器右侧。这种粒子从高浓度区流向低浓度区的运动过程称为**扩散运动**。如果气体分子是带电粒子，那么电荷的净流动将形成扩散电流。

4.2.1 扩散电流密度

为了理解半导体中的扩散电流，我们先进行简单分析。如图 4.10 所示，假设电子浓度是一维变化的。设温度处处相等，电子的平均热速度与 x 无关。为了计算电流，先计算单位时间内通过 $x = 0$ 平面单位截面积的净电子流。若图 4.10 中的 l 是电子的平均自由程，即电子在两次碰撞之间穿过的平均距离（$l = v_{th} \tau_{cn}$），那么 $x = -l$ 处向右运动的电子和 $x = +l$ 处向左运动的电子都将通过 $x = 0$ 平面。在任意时刻，$x = -l$ 处有一半的电子向右流动，$x = +l$ 处有一半的电子向左流动。$x = 0$ 处，沿 x 正方向电子流的净速率 F_n 为

$$F_n = \tfrac{1}{2} n(-l) v_{th} - \tfrac{1}{2} n(+l) v_{th} = \tfrac{1}{2} v_{th}[n(-l) - n(+l)] \tag{4.27}$$

如果将电子浓度按照泰勒级数在 $x = 0$ 处展开，并保留前两项，则式(4.27)改写为

$$F_n = \frac{1}{2} v_{th} \left\{ \left[n(0) - l \frac{\mathrm{d}n}{\mathrm{d}x} \right] - \left[n(0) + l \frac{\mathrm{d}n}{\mathrm{d}x} \right] \right\} \tag{4.28}$$

整理后，可得

$$F_n = -v_{th} l \frac{\mathrm{d}n}{\mathrm{d}x} \tag{4.29}$$

每个电子电量为（$-e$），所以电流

$$J = -eF_n = +ev_{th} l \frac{\mathrm{d}n}{\mathrm{d}x} \tag{4.30}$$

式(4.30)描述的是电子扩散电流，它与电子浓度的空间导数或浓度梯度成正比。

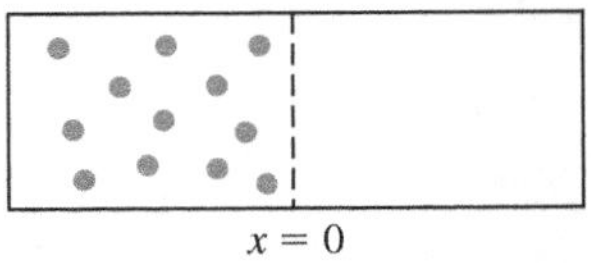

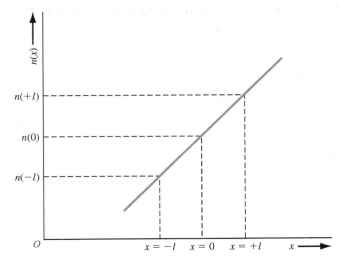

图 4.9　被隔板分成两部分的容器，
　　　　其中左侧装满气体分子

图 4.10　电子浓度与距离的关系

在本例中，电子从高浓度区向低浓度区的扩散形成沿 $-x$ 方向的电子流通量。因为电子带负电荷，所以电流方向沿 $+x$ 方向。图 4.11(a)给出了一维电子流和电流方向。对于一维情况，可以将**电子扩散电流密度**表示为

$$J_{nx|\text{dif}} = eD_n \frac{\mathrm{d}n}{\mathrm{d}x} \qquad (4.31)$$

其中，D_n 为**电子扩散系数**，单位为 $\mathrm{cm^2/s}$，其值为正。若电子浓度梯度为负，则电子扩散电流密度将沿 $-x$ 方向。

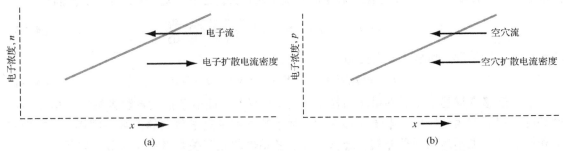

图 4.11　(a)浓度梯度产生的电子扩散；(b)浓度梯度产生的空穴扩散

图 4.11(b)给出了半导体中空穴浓度与距离的函数关系。空穴从高浓度区向低浓度区的扩散产生沿 $-x$ 方向的空穴流通量。因为空穴带正电荷，所以扩散电流密度也沿 $-x$ 方向。**空穴扩散电流密度**同空穴浓度梯度和电子电荷成正比，所以我们可以写出一维情况的空穴电流密度

$$J_{px|\text{dif}} = -eD_p \frac{\mathrm{d}p}{\mathrm{d}x} \qquad (4.32)$$

参数 D_p 为**空穴扩散系数**，单位为 $\mathrm{cm^2/s}$，其值为正。若空穴浓度梯度为负，则空穴扩散电流密度沿 $+x$ 方向。

例 4.5　为了产生给定的扩散电流密度，试确定载流子的浓度梯度。已知 $T=300$ K 时，硅中的空穴浓度从 $x=0$ 到 $x=0.01$ cm 线性变化，空穴扩散系数 $D_p=10$ cm^2/s，空穴扩散电流密度 $J_{drf}=20$ A/cm^2。若 $x=0$ 处的空穴浓度 $p=4\times10^{17}$ cm^{-3}，求 $x=0.01$ cm 处的空穴浓度。

【解】

扩散电流密度为

$$J_{dif} = -eD_p\frac{\mathrm{d}p}{\mathrm{d}x} \approx -eD_p\frac{\Delta p}{\Delta x} = -eD_p\left[\frac{p(0.01)-p(0)}{0.01-0}\right]$$

或

$$20 = -(1.6\times10^{-19})(10)\left(\frac{p(0.01)-4\times10^{17}}{0.01-0}\right)$$

求解，可得

$$p(0.01) = 2.75\times10^{17}\ \text{cm}^{-3}$$

【说明】

我们注意到，既然空穴电流是正的，那么空穴的浓度梯度必定为负，这意味着 $x=0.01$ 处的空穴浓度比 $x=0$ 处的低。

【自测题】

EX4.5　已知 $T=300$ K 时，n 型 GaAs 半导体的电子浓度在 0.10 cm 范围内从 1×10^{18} cm^{-3} 到 7×10^{17} cm^{-3} 线性变化。若电子扩散系数 $D_n=225$ cm^2/s，求扩散电流密度。

答案：$J_{dif}=108$ A/cm^2。

4.2.2　总电流密度

现在，我们知道半导体中有四种相互独立的电流分量。这些分量分别是电子漂移电流和扩散电流，空穴漂移电流和扩散电流。**总电流密度**是四种分量之和。对于一维情况，我们有

$$J = en\mu_n\mathcal{E}_x + ep\mu_p\mathcal{E}_x + eD_n\frac{\mathrm{d}n}{\mathrm{d}x} - eD_p\frac{\mathrm{d}p}{\mathrm{d}x} \tag{4.33}$$

若推广到三维情况，则总电流密度为

$$J = en\mu_n\mathcal{E} + ep\mu_p\mathcal{E} + eD_n\nabla n - eD_p\nabla p \tag{4.34}$$

电子迁移率描述了电子在电场力作用下的运动情况，而电子扩散系数则描述了电子在浓度梯度作用下的运动情况。电子迁移率和扩散系数并不是完全独立的参数。同样，空穴迁移率和扩散系数也不是相互独立的。迁移率和扩散系数的相互关系将在 4.3 节中涉及。

半导体的总电流表达式包括上述四项。多数情况下，在半导体中特定的位置，我们仅需考虑其中一项。

【练习题】

TYU4.5　硅中的电子浓度为 $n(x)=10^{15}\mathrm{e}^{-(x/L_n)}$ cm^{-3} $(x\geqslant0)$，其中 $L_n=10^{-4}$ cm。若电子扩散系数 $D_n=25$ cm^2/s。试求以下三处的电子扩散电流密度：（a）$x=0$；（b）$x=10^{-4}$ cm；（c）$x\rightarrow\infty$。

答案：（a）-40 A/cm^2；（b）-14.7 A/cm^2；（c）0。

TYU4.6　硅中的空穴浓度为 $p(x) = 2 \times 10^{15}\,e^{-(x/L_p)}\,\mathrm{cm}^{-3}\,(x \geqslant 0)$，空穴扩散系数 $D_p = 10\,\mathrm{cm}^2/\mathrm{s}$。若 $x = 0$ 处的扩散电流密度 $J_{\mathrm{dif}} = +6.4\,\mathrm{A/cm}^2$，求 L_p 的取值？

答案：$L_p = 5 \times 10^{-4}\,\mathrm{cm}$。

4.3　渐变杂质分布

目标：描述半导体中非均匀杂质浓度的影响

到目前为止，多数情况下都假设半导体均匀掺杂。然而，在一些半导体器件中可能存在非均匀掺杂区。我们首先研究非均匀掺杂半导体如何达到热平衡，然后，从这个分析推导爱因斯坦关系，即迁移率和扩散系数的关系。

4.3.1　感应电场

考虑施主杂质原子非均匀掺杂的 n 型半导体。若半导体处于热平衡态，则整个晶体内的费米能级是恒定的，能带图可能如图 4.12 所示。在本例中，掺杂浓度随 x 增加而增加，多数载流子电子从高浓度区向低浓度区的扩散方向沿 $-x$。带负电的电子流走后剩下带正电的施主杂质离子。正、负电荷的分离感应出一个沿 $-x$ 方向的电场。当达到平衡态时，扩散载流子的浓度并不完全等于固定杂质浓度，感应电场阻止了电荷的进一步分离。大多数情况下，扩散过程感应的空间电荷数量只是杂质浓度的一小部分，所以可动载流子浓度与掺杂浓度相差不大。

电势和电子能量的关系为

$$E = -e\phi \qquad (4.35a)$$

或

$$\phi = \frac{-E}{e} \qquad (4.35b)$$

在能带图中，电子能量画在纵轴的正向，这意味着正电势是向下的，如图 4.12 所示。

图 4.12 是 n 型非均匀掺杂半导体的能带图。由于假设半导体处于热平衡，因此，整个材料内的费米能级是常数。

我们定义费米能级和本征费米能级的电势差为

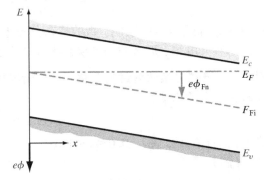

图 4.12　施主杂质非均匀掺杂时，热平衡半导体的能带图

$$\phi_{\mathrm{Fn}} = \frac{E_F - E_{\mathrm{Fi}}}{e} \qquad (4.36)$$

既然 $E_F > E_{\mathrm{Fi}}$，$\varPhi_{\mathrm{Fn}} > 0$，即正向向下，如图 4.12 所示。

由泊松方程，电场可写为

$$\mathcal{E}_x = -\frac{\mathrm{d}\phi}{\mathrm{d}x} \qquad (4.37a)$$

或者，对于图 4.12 所示情况，我们有

$$\mathcal{E}_x = -\frac{\mathrm{d}\phi_{\mathrm{Fn}}}{\mathrm{d}x} = +\frac{1}{e}\frac{\mathrm{d}E_{\mathrm{Fi}}}{\mathrm{d}x} \tag{4.37b}$$

若本征费米能级 E_{Fi} 是距离的线性函数，如图 4.12 所示，那么感应电场为常数。

假设玻尔兹曼近似和完全电离条件成立，有

$$n_0 = n_i \exp\left(\frac{E_F - E_{\mathrm{Fi}}}{kT}\right) = N_d \tag{4.38}$$

式(4.38)表明，若掺杂浓度 N_d 是半导体中距离的函数，那么 $E_F - E_{\mathrm{Fi}}$ 也是距离的函数。因而图 4.12 所示的能带图表示非均匀掺杂的半导体。

由式(4.38)可得

$$E_F - E_{\mathrm{Fi}} = kT \ln\left(\frac{N_d}{n_i}\right) \tag{4.39}$$

对图 4.12 所示情况，我们有

$$E_F - E_{\mathrm{Fi}} = Cx \tag{4.40}$$

其中，C 是常数。联立式(4.39)和式(4.40)，可发现

$$N_d = N_d(x) = n_i \exp\left(\frac{Cx}{kT}\right) \tag{4.41}$$

掺杂浓度与距离的指数函数产生如图 4.12 所示的能带图。图中的 $E_F - E_{\mathrm{Fi}}$ 是距离的线性函数。

联立式(4.37b)和式(4.39)，我们可将感应电场重写为

$$\mathcal{E}_x = +\frac{1}{e}\frac{\mathrm{d}E_{\mathrm{Fi}}}{\mathrm{d}x} = -\left(\frac{kT}{e}\right)\frac{1}{N_d(x)}\frac{\mathrm{d}N_d(x)}{\mathrm{d}x} \tag{4.42}$$

式(4.42)和式(4.41)表明，指数掺杂分布感应出常数电场。式(4.37b)给出了相同的结果。

尽然有电场，那么非均匀掺杂半导体内必然存在电势差。

例 4.6 **已知掺杂浓度线性变化，求平衡半导体中的感应电场。** 假设 $T = 300\ \mathrm{K}$ 时，n 型半导体的施主杂质浓度为

$$N_d(x) = 10^{16} - 10^{19}x \quad (\mathrm{cm}^{-3})$$

其中，x 的单位为 cm，且 $0 \leqslant x \leqslant 1\ \mu\mathrm{m}$。

【解】

取施主杂质浓度的微分，可得

$$\frac{\mathrm{d}N_d(x)}{\mathrm{d}x} = -10^{19} \quad (\mathrm{cm}^{-4})$$

由式(4.42)给出的感应电场，我们有

$$\mathcal{E} = -\left(\frac{kT}{e}\right)\left[\frac{1}{N_d(x)}\right]\frac{\mathrm{d}N_d(x)}{\mathrm{d}x} = \frac{-(0.0259)(-10^{19})}{(10^{16} - 10^{19}x)}$$

例如，在 $x = 0$ 处，我们有

$$\mathcal{E} = 25.9\ \mathrm{V/cm}$$

【说明】

由此前对漂移电流的讨论可知，很小的电场就能产生相当大的漂移电流密度，所以非均匀掺杂的感应电场可显著改变半导体器件的特性。

【自测题】

EX4.6　若 $x \geqslant 0$ 时，半导体内的施主杂质浓度为

$$N_d(x) = 10^{15} \exp\left(\frac{-x}{L_n}\right)$$

其中，$L_n = 10^{-4}$ cm。试确定由杂质浓度梯度感应的电场。

答案：$\mathcal{E} = 259$ V/cm。

4.3.2　爱因斯坦关系

若考虑能带如图 4.12 所示的非均匀掺杂半导体。假设没有外加电场，半导体处于热平衡态，则电子电流和空穴电流必定为零。可写出

$$J_n = 0 = en\mu_n\mathcal{E}_x + eD_n\frac{\mathrm{d}n}{\mathrm{d}x} \tag{4.43}$$

设半导体满足准电中性条件，即 $n \approx N_d(x)$，则式 (4.43) 可改写为

$$J_n = 0 = e\mu_n N_d(x)\mathcal{E}_x + eD_n\frac{\mathrm{d}N_d(x)}{\mathrm{d}x} \tag{4.44}$$

将式 (4.42) 给出的电场表达式代入式 (4.44)，可得

$$0 = -e\mu_n N_d(x)\left(\frac{kT}{e}\right)\frac{1}{N_d(x)}\frac{\mathrm{d}N_d(x)}{\mathrm{d}x} + eD_n\frac{\mathrm{d}N_d(x)}{\mathrm{d}x} \tag{4.45}$$

由上式可得

$$\frac{D_n}{\mu_n} = \frac{kT}{e} \tag{4.46a}$$

同理，半导体内的空穴电流也必定为零。由此条件，可得

$$\frac{D_p}{\mu_p} = \frac{kT}{e} \tag{4.46b}$$

联立式 (4.46a) 和式 (4.46b)，可得

$$\boxed{\frac{D_n}{\mu_n} = \frac{D_p}{\mu_p} = \frac{kT}{e}} \tag{4.47}$$

由此可见，扩散系数和迁移率并不是相互独立的参数。式 (4.47) 给出的扩散系数和迁移率的关系式称为**爱因斯坦关系**。

例 4.7　已知载流子的迁移率，求扩散系数。假设 $T = 300$ K 时的载流子迁移率 μ 为 1000 cm²/V·s。

【解】

由爱因斯坦关系式，可得

$$D = \left(\frac{kT}{e}\right)\mu = (0.0259)(1200) = 31.1 \text{ cm}^2/\text{s}$$

【说明】

尽管本例非常简单，但它给出了扩散系数和迁移率的相对量级。在室温下，扩散系数比迁移率的幅值小 40 倍。

【自测题】

EX4.7   若半导体的扩散系数 $D = 210$ cm^2/s。试求 $T = 300$ K 时的载流子迁移率。

答案：$\mu = 8018$ cm^2/V · s。

与表 4.1 列出的迁移率相对应，表 4.2 给出了 $T = 300$ K 时，Si、Ge 和 GaAs 的扩散系数。

表 4.2 $T = 300$ K 时，迁移率和扩散系数的典型值($\mu = $ cm^2/V · s，$D = $ cm^2/s)

	μ_n	D_n	μ_p	D_p
Si	1350	35	480	12.4
GaAs	8500	220	400	10.4
Ge	3900	101	1900	49.2

式(4.47)给出的迁移率与扩散系数的关系式中包含有温度项。需要注意的是，温度的主要影响是 4.1.2 节中讨论的晶格散射和电离杂质散射过程的结果。由于晶格散射作用的影响，迁移率是温度的强函数，因而扩散系数也是温度的强函数。式(4.47)给出的温度相关性只是实际温度特性的一小部分。

4.4   载流子的产生与复合

目标：描述半导体中过剩载流子的产生和复合过程

下面我们将讨论**载流子的产生与复合**。产生与复合的定义如下：

产生是电子和空穴生成的过程；

复合是电子和空穴湮灭的过程。

任何偏离热平衡态的行为都会改变电子和空穴浓度。例如，温度突然增加，这使得电子和空穴的热产生速率增加，因而它们的浓度随时间变化，直到达到新的平衡态。外部激励，例如光(光子流)，也会产生电子和空穴，产生非平衡态。为了理解产生和复合过程，我们首先考虑直接带–带的产生与复合过程，然后再讨论带隙内允许电子能态的情况，即所谓的陷阱或复合中心。

4.4.1   平衡半导体

前面已经分析了导带电子和价带空穴的热平衡浓度。在热平衡条件下，这些浓度与时间无关。然而，由于热过程的随机性，导带电子受到热激发后，不断地跃迁进导带。同时，导带中的电子在晶体中随机运动，当其运动到空穴附近时，有可能落入价带中的空态。这种复合过程同时湮灭了电子和空穴。既然热平衡态的净载流子浓度与时间无关，那么电子和空穴的产生率和复合率必定相等。产生与复合过程的示意图如图 4.13 所示。

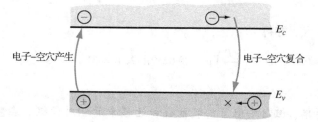

图 4.13   电子和空穴的产生与复合

令 G_{n0} 和 G_{p0} 分别表示**平衡半导体**中电子和空穴的产生率, 单位为#/cm³·s。在直接带-带产生过程中, 电子和空穴成对出现, 因此

$$G_{n0} = G_{p0} \tag{4.48}$$

令 R_{n0} 和 R_{p0} 分别表示平衡半导体中电子和空穴的复合率, 单位仍为#/cm³·s。在直接带-带复合过程中, 电子和空穴成对复合, 因此

$$R_{n0} = R_{p0} \tag{4.49}$$

在热平衡态下, 电子和空穴的浓度与时间无关, 因而产生与复合速率相等, 所以有

$$G_{n0} = G_{p0} = R_{n0} = R_{p0} \tag{4.50}$$

4.4.2 过剩载流子的产生与复合

为了描述过剩载流子的产生与复合, 本节引入其他一些符号。这些符号的表示及其含义如表 4.3 所示。

表 4.3 **本节使用的相关符号及其含义**

符　号	定　义
n_0, p_0	热平衡电子和空穴浓度(通常与时间和位置无关)
n, p	总电子和空穴浓度(可能是时间和/或位置的函数)
$\delta n = n - n_0$	过剩电子和空穴浓度(可能是时间和/或位置的函数)
$\delta p = p - p_0$	
g_n', g_p'	过剩电子和空穴的产生率
R_n', R_p'	过剩电子和空穴的复合率
τ_{n0}, τ_{p0}	过剩少数载流子电子和空穴的寿命

若高能光子照射到半导体上, 价带中的电子被激发到导带。这时, 不仅在导带中产生了一个电子, 价带中也同时产生一个空穴, 所以就生成了电子-空穴对。这些额外的电子和空穴称为**过剩电子和过剩空穴**。

外部作用以一定速率产生过剩电子和空穴。令 g_n' 表示**过剩电子的产生率**, g_p' 表示**过剩空穴的产生率**。这些产生率的单位都是#/cm³·s。对直接带-带产生过程来说, 过剩电子和空穴也是成对出现的, 因此有

$$g_n' = g_p' \tag{4.51}$$

当产生过剩电子和空穴后, 导带电子浓度和价带空穴浓度就会高于热平衡浓度值。我们可将其表示为

$$n = n_0 + \delta n \tag{4.52a}$$

和

$$p = p_0 + \delta p \tag{4.52b}$$

其中, n_0 和 p_0 为热平衡浓度, δn 和 δp 分别表示过剩电子和过剩空穴浓度。图 4.14 给出了过剩电子-空穴的产生过程以及相应的载流子浓度。当平衡态受到外力扰动后, 半导体不再处于热平衡态。由式(4.52a)和式(4.52b), 我们注意到, 在非平衡条件下, $np \neq n_0 p_0 = n_i^2$。

过剩电子和空穴的稳态产生并不会使载流子浓度持续升高。与热平衡情况一样, 导带中的电子可能"落入"价带中, 引起过剩电子-空穴对的复合。图 4.15 给出了这一过程。过剩电

子的复合率用 R_n' 表示，过剩空穴的复合率用 R_p' 表示，这两个参数的单位均为#/cm³·s。由于过剩电子和空穴成对的复合，因此二者的复合率必定相等，即

$$R_n' = R_p' \tag{4.53}$$

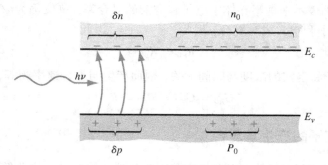

图 4.14　光生过剩电子和过剩空穴浓度

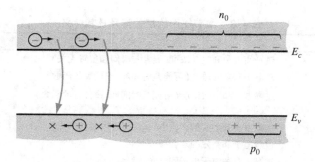

图 4.15　过剩载流子复合后重建热平衡

我们考虑的直接带-带复合是一种自发行为。因此，电子和空穴的复合率相对时间是常数。而且复合率必定与电子和空穴浓度成比例。若没有电子或空穴，则不可能发生复合。

电子浓度变化的净速率可写为

$$\frac{\mathrm{d}n(t)}{\mathrm{d}t} = \alpha_r \left[n_i^2 - n(t)p(t) \right] \tag{4.54}$$

其中

$$n(t) = n_0 + \delta n(t) \tag{4.55a}$$

和

$$p(t) = p_0 + \delta p(t) \tag{4.55b}$$

式(4.54)中的第一项 $\alpha_r n_i^2$ 是热平衡产生率。由于过剩电子和过剩空穴成对地产生和复合，因此有 $\delta n(t) = \delta p(t)$（由于过剩电子和空穴浓度相等，所以后面将用过剩载流子来代替二者）。热平衡载流子浓度 n_0 和 p_0 与时间无关，所以式(4.54)变为

$$\begin{aligned} \frac{\mathrm{d}(\delta n(t))}{\mathrm{d}t} &= \alpha_r \left[n_i^2 - (n_0 + \delta n(t))(p_0 + \delta p(t)) \right] \\ &= -\alpha_r \delta n(t) [(n_0 + p_0) + \delta n(t)] \end{aligned} \tag{4.56}$$

在小注入条件下，式(4.56)很容易求解。小注入条件对过剩载流子浓度的量级进行了限制。在 n 型掺杂半导体中，通常 $n_0 \gg p_0$；而在 p 型掺杂半导体中，通常 $p_0 \gg n_0$。小注入条件

意味着过剩载流子浓度远小于热平衡多数载流子浓度。相反，大注入是指过剩载流子浓度接近、甚至超过热平衡多数载流子浓度的情况。

若我们考虑小注入条件下($\delta n(t) \ll p_0$)的 p 型半导体($p_0 \gg n_0$)，则式(4.56)变为

$$\frac{d(\delta n(t))}{dt} = -\alpha_r p_0 \delta n(t) \tag{4.57}$$

上式的解是初始过剩载流子浓度的指数衰减函数，即

$$\delta n(t) = \delta n(0)e^{-\alpha_r p_0 t} = \delta n(0)e^{-t/\tau_{n0}} \tag{4.58}$$

其中，$\tau_{n0} = (\alpha_r p_0)^{-1}$，在小注入条件下，该式为常量。式(4.58)描述了过剩少数载流子电子的衰减，因此，τ_{n0}通常表示**过剩少数载流子寿命**[①]。

通常，复合率定义为正的物理量。因此，由式(4.57)，过剩少数载流子电子的复合率可写为

$$R_n' = \frac{-d(\delta n(t))}{dt} = +\alpha_r p_0 \delta n(t) = \frac{\delta n(t)}{\tau_{n0}} \tag{4.59}$$

对直接带-带复合，过剩多数载流子空穴具有相同的复合率，所以对 p 型半导体而言，

$$\boxed{R_n' = R_p' = \frac{\delta n(t)}{\tau_{n0}}} \tag{4.60}$$

对小注入条件下($\delta n(t) \ll n_0$)的 n 型半导体($n_0 \gg p_0$)，少数载流子空穴衰减的时间常数为$\tau_{p0} = (\alpha_r n_0)^{-1}$，$\tau_{p0}$表示过剩少数载流子的寿命。多数载流子电子的复合率与少数载流子空穴的相同，所以有

$$\boxed{R_n' = R_p' = \frac{\delta n(t)}{\tau_{p0}}} \tag{4.61}$$

过剩载流子的产生率不是电子或空穴浓度的函数。通常，产生率和复合率是空间坐标和时间的函数。关于过剩载流子的深入讨论将在第 8 章中给出。

4.4.3　产生-复合过程

载流子的产生和复合机制有以下几种：

带 - 带产生和复合　在前面的讨论中，我们简单假设产生和复合机制为直接带-带过程。这些过程如图 4.14 和图 4.15 所示。若半导体晶格中的电子和空穴运动到相同的空间区域，则电子有可能落入空态(空穴)中，这样电子和空穴就湮灭了。

复合 - 产生中心　晶格中的缺陷或杂质原子扰乱了理想单晶结构，在带隙中产生允态。在许多情况下，这些允态出现在带隙中央附近。这些能态可作为复合 - 产生过程的"跳板"。

图 4.16 给出了这种复合过程。我们可以想象，电子运动到陷阱能态附近，并落入这个能态中。短时间后，空穴也运动到这个区域，并落入被电子占据的这个能态。这样电子和空穴就湮灭了。也可能是空穴先落入这个能态，然后电子再落入这个能态，湮灭空穴。图 4.16 也给出了这个复合过程。图中还给出了第三种复合过程：电子首先落入允许的电子能态中，当

---

① 在 4.1.2 节，τ定义为两次碰撞间的平均时间，此处τ表示复合事件发生前的平均时间，这两个参数并不相关。

空穴运动到这个区域附近时，电子可能"跳入"这个空态(空穴)，电子和空穴发生湮灭。

图 4.17 给出了产生过程。受到热激发后，价带电子被激发到带隙中的允态，同时在价带中产生一个空穴。然后，允态中的电子再次被激发到导带。这样，就产生了电子-空穴对。

在硅中，通过带隙中的能级陷阱发生电子-空穴对的产生与复合。关于陷阱中心复合－产生过程的统计特性将在第 8 章中分析。

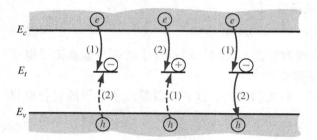

图 4.16　通过陷阱中心的复合：先俘获电子，再俘获空穴；或者先俘获空穴，再俘获电子；或者先俘获电子，然而电子落入空态(空穴)

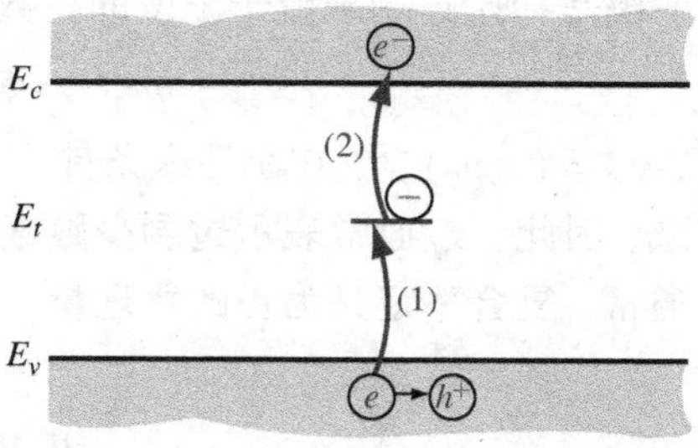

图 4.17　通过陷阱中心的产生：电子从价带跃迁到陷阱，产生一个自由空穴，然后再跃迁到导带，产生自由电子

俄歇复合　图 4.18 给出了俄歇复合过程。在重掺杂的直接带隙半导体中，俄歇复合是一种非常重要的复合机制。图 4.18(a)给出了俄歇复合的一种情况：电子和空穴复合的同时，伴随着能量转移到另一个自由空穴。类似地，电子和空穴复合过程中，也可以将能量转移给另一个自由电子，如图 4.18(b)所示。参与复合过程的第三个粒子最终以热的形式将能量传递给晶格。两个空穴和一个电子参与的俄歇复合过程主要发生在 p 型重掺杂半导体中，而两个电子和一个空穴参与的俄歇复合过程主要发生在 n 型重掺杂半导体中。

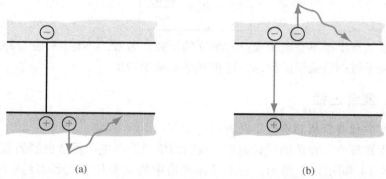

(a)　　　　　　　　　　　　　(b)

图 4.18　(a)两个空穴参与的俄歇复合；(b)两个电子参与的俄歇复合

动量考虑　电子和空穴复合时，释放能量。能量的释放形式依赖于材料是直接带隙还是间接带隙半导体。在电子-空穴相互作用过程中，能量和动量都必须守恒。

图 4.19(a)给出了**直接带隙半导体**材料(如 GaAs)的 E-k 关系图。由图可见，电子位于导带底附近，而空穴位于价带顶附近。所有的电子和空穴都位于 $k=0$ 附近。因此，当电子和空穴复合时，动量变化非常小。既然这个相互作用所要求的动量基本没有变化，只发射光子即可满足能量守恒。我们将在第 12 章看到，半导体光子器件都是用直接带隙半导体制备的。

图 4.19(b)给出了**间接带隙半导体**(如 Si)的 E-k 关系图。由图可见，电子位于导带底附近，而空穴位于价带顶附近。由于电子和空穴位于不同的 k 值处，所以当电子和空穴复合时，

伴随着动量变化。因此，这种相互作用必须有晶格参与。这种相互作用的主要结果是晶格吸收热量，只有极少量的光子发射。

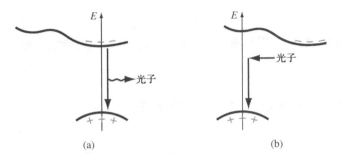

图 4.19　(a)直接带隙半导体(如 GaAs)的复合，动量无变化；
　　　　　(b)间接带隙半导体(如 Si)的复合，动量有变化

【练习题】

TYU4.7　半导体内产生的过剩电子浓度为 $\delta n(0) = 10^{15}$ cm^{-3}，过剩载流子寿命 $\tau_{n0} = 10^{-6}$s。产生过剩载流子的外部作用在 $t > 0$ 时刻关闭。计算不同时刻的过剩电子浓度：(a)$t = 0$；(b)$t = 1$ μs；(c)$t = 4$ μs。
　　答案：(a)10^{15} cm^{-3}；(b)3.68×10^{14} cm^{-3}；(b)1.83×10^{13} cm^{-3}。

TYU4.8　用练习题 TYU4.7 给出的参数，计算不同时刻过剩电子的复合率：(a)$t = 0$；(b)$t = 1$ μs；(c)$t = 4$ μs。
　　答案：(a)10^{21} cm$^{-3} \cdot$ s^{-1}；(b)3.68×10^{20} cm$^{-3} \cdot$ s^{-1}；(b)1.83×10^{19} cm$^{-3} \cdot$ s^{-1}。

Σ4.5　霍尔效应

目标：分析半导体材料中的霍尔效应

　　霍尔效应是电磁场对运动电荷施加作用力的结果。霍尔效应可用于判断半导体的导电类型[①]，测量多数载流子的浓度和迁移率。本节讨论的霍尔效应器件即可用于实验测量半导体参数，同时也广泛应用于工程领域，如磁探针及其他电路应用。

　　若带电量为 q 的粒子在磁场中运动，该粒子受到的磁场力

$$\boldsymbol{F} = q\boldsymbol{v} \times \boldsymbol{B} \tag{4.62}$$

其中，取速度和磁场的矢量积，力矢量垂直于速度和磁场矢量。

　　图 4.20 给出了霍尔效应的测试原理图。通有电流 I_x 的半导体置于与电流方向垂直的磁场中。本例中，磁场沿 z 方向。如图所示，半导体中的电子和空穴流将受到磁场力的作用，受力方向均为 $-y$。在 p 型半导体($p_0 > n_0$)中，$y = 0$ 表面会积累正电荷；而 n 型半导体($p_0 < n_0$)的 $y = 0$ 表面会积累负电荷。如图所示，这些净电荷在 y 方向感应电场。稳态时，磁场力与感应电场力恰好平衡。这种平衡可写为

---

① 假设非本征半导体的多数载流子浓度远大于少数载流子浓度。

$$F = q[\mathcal{E} + v \times B] = 0 \tag{4.63a}$$

整理后，可得

$$q\mathcal{E}_y = q v_x B_z \tag{4.63b}$$

沿 y 方向的感应电场称为**霍尔电场**。霍尔电场在半导体内产生的电压称为霍尔电压。**霍尔电压**可写为

$$V_H = +\mathcal{E}_H W \tag{4.64}$$

其中，假设沿 $+y$ 方向的 $\mathcal{E}_H$ 为正，V_H 的极性如图所示。

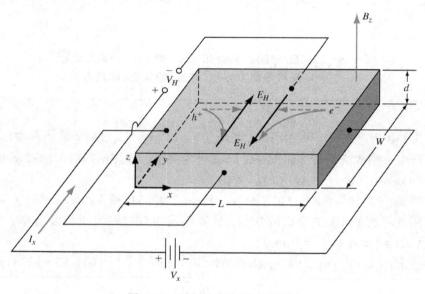

图 4.20　霍尔效应的测试原理图

在 p 型半导体内，空穴为多数载流子，霍尔电压与图 4.20 的定义一样，其值为正。在 n 型半导体中，电子为多数载流子，霍尔电压有相反的极性。常用霍尔电压的极性来判断非本征半导体的导电类型。

将式（4.63）代入式（4.64），可得

$$V_H = v_x W B_z \tag{4.65}$$

对 p 型半导体，空穴的漂移速度可表示为

$$v_{dx} = \frac{J_x}{ep} = \frac{I_x}{(ep)(Wd)} \tag{4.66}$$

其中，e 为电子电量。联立式（4.66）和式（4.65），可得

$$V_H = \frac{I_x B_z}{epd} \tag{4.67}$$

求解空穴浓度，可得

$$p = \frac{I_x B_z}{ed V_H} \tag{4.68}$$

由此可见，多数载流子空穴浓度取决于电流、磁场强度和霍尔电压。

对 n 型半导体，霍尔效应为

$$V_H = -\frac{I_x B_z}{ned} \tag{4.69}$$

因此，电子浓度为

$$n = -\frac{I_x B_z}{edV_H} \tag{4.70}$$

注意，n 型半导体的霍尔电压为负。因此，由式(4.70)求出的电子浓度为正。

一旦确定了多数载流子浓度，就可以计算出低电场时的多数载流子迁移率。对 p 型半导体，有

$$J_x = ep\mu_p \mathcal{E}_x \tag{4.71}$$

将电流密度和电场强度变换为电流和电压，则式(4.71)变为

$$\frac{I_x}{Wd} = \frac{ep\mu_p V_x}{L} \tag{4.72}$$

由此可得，空穴迁移率为

$$\mu_p = \frac{I_x L}{epV_x Wd} \tag{4.73}$$

类似地，对 n 型半导体，低场时的电子迁移率为

$$\mu_n = \frac{I_x L}{enV_x Wd} \tag{4.74}$$

例 4.8　**由霍尔效应参数确定多数载流子的浓度和迁移率**。如图 4.20 所示，令 $L = 10^{-1}$ cm，$W = 10^{-2}$ cm，$d = 10^{-3}$ cm。设 $I_x = 1.0$ mA，$V_x = 12.5$ V，$B = 5 \times 10^{-2}$ T，$V_H = -6.25$ mV。

【解】

由于霍尔电压为负，所以半导体为 n 型。由式(4.70)可得，电子浓度为

$$n = \frac{-(10^{-3})(5 \times 10^{-2})}{(1.6 \times 10^{-19})(10^{-5})(-6.25 \times 10^{-3})} = 5 \times 10^{21} \text{ m}^{-3}$$

或

$$n = 5 \times 10^{15} \text{ cm}^{-3}$$

由式(4.74)可得，电子迁移率为

$$\mu_n = \frac{(10^{-3})(10^{-3})}{(1.6 \times 10^{-19})(5 \times 10^{21})(12.5)(10^{-4})(10^{-5})} = 0.10 \text{ m}^2/\text{V·s} = 1000 \text{ cm}^2/\text{V}$$

【说明】

注意，只有采用米·千克·秒(MKS)的国际单位制才能从霍尔效应公式中得到正确的结果。

【自测题】

EX4.8　考虑如图 4.20 所示的 n 型 GaAs 材料。令 $L = 10^{-2}$ cm，$W = 10^{-3}$ cm，$d = 10^{-4}$ cm。设 $I_x = 2.0$ mA，$V_x = 4.9$ V，$B = 5 \times 10^{-2}$ T，$V_H = -10$ mV。试计算多数载流子的浓度和迁移率。

答案：$n = 6.25 \times 10^{16}$ cm^{-3}，$\mu_n = 4082$ cm^2/V·s。

4.6　小结

1. A. 半导体中的电荷输运机制之一是载流子的漂移运动，它是外加电场引起的载流子流动。

　B. 当外加电场作用于半导体时，在散射作用下的载流子达到平均漂移速度。半导体内存在两种散射过程：晶格散射和电离杂质散射。

　C. 低场时的平均漂移速度是电场强度的线性函数，当电场强度达到 10^4 V/cm 后，漂移速度达到饱和，其数量级为 10^7 cm/s。

　D. 载流子迁移率为平均漂移速度与外加电场之比。电子和空穴迁移率是温度和电离杂质浓度的函数。

　E. 漂移电流密度是电导率和电场强度的积（欧姆定律的一种形式）。电导率是载流子浓度和迁移率的函数。电阻率为电导率的倒数。

2. A. 半导体中电荷输运的第二种机制是载流子的扩散运动，它是由浓度梯度引起的电荷流动。

　B. 扩散电流密度正比于载流子的扩散系数和浓度梯度。

3. A. 非均匀掺杂会在热平衡半导体内感应出电场。

　B. 爱因斯坦关系将扩散系数和迁移率联系起来。

4. A. 产生是电子和空穴生成的过程，而复合是电子和空穴湮灭的过程。

　B. 产生和复合率分平衡态和非平衡态两种情况。

　C. 讨论和定义了过剩载流子寿命。

5. 霍尔效应是带电载流子在垂直电场和磁场中运动的结果。载流子偏转，感应出霍尔电压。霍尔电压的极性反映了半导体的导电类型。由霍尔电压可以确定多数载流子浓度和迁移率。

知识点

学完本章之后，读者应具备如下能力：

1. A. 论述载流子漂移的机制。

　B. 解释为什么载流子在外加电场作用下达到平均漂移速度。

　C. 讨论晶格散射和电离杂质散射机制。

　D. 定义迁移率，讨论温度和电离杂质浓度对迁移率的影响。

　E. 定义电导率和电阻率。

　F. 写出漂移电流密度方程。

2. A. 简述载流子的扩散机制。

　B. 确定给定杂质浓度梯度时载流子的扩散方向和电流方向。

　C. 写出扩散电流密度方程。

3. A. 解释为什么非均匀掺杂会在半导体内感应出电场。

　B. 解释爱因斯坦关系。

4. A. 讨论热平衡和非平衡过剩载流子产生率的差别。

　　B. 解释直接带–带复合与带隙中心复合的差别。

5. 描述霍尔效应。

复习题

1. A. 外加电场沿 $+x$ 方向时，电子和空穴流的方向如何？

　　B. 外加电场沿 $+x$ 方向时，电子流引起的电流方向如何？若为空穴流，电流方向又如何？

　　C. 定义载流子迁移率，迁移率的单位是什么？

　　D. 解释迁移率的温度相关性。为什么载流子迁移率是电离杂质浓度的函数？

　　E. 定义半导体材料的电导率和电阻率。电导率和电阻率的单位是什么？

　　F. 画出 Si 和 GaAs 材料电子漂移速度与电场的关系曲线。

2. A. 若载流子浓度梯度为正，电子和空穴流的方向如何？

　　B. 若电子浓度梯度为正，由电子流引起的电流方向如何？若为空穴流，结果又如何？

　　C. 扩散系数的单位是什么？

3. A. 若半导体中的施主杂质浓度沿 $+x$ 方向增加，感应电场的方向如何？

　　B. 写出爱因斯坦关系方程。

4. A. 为什么热平衡时电子和空穴的产生和复合率必须相等？

　　B. 若半导体内产生过剩载流子，为什么总电子和空穴浓度不能接近无穷大？

5. A. 描述半导体的霍尔效应，什么是霍尔电压？

　　B. 解释为什么霍尔电压的极性取决于半导体的导电类型（n 型或 p 型）。

习题

（注意：若无特殊说明，半导体的参数值由附录 B 给出。）

4.1　载流子的漂移运动

4.1　已知 $T = 300$ K 时，均匀掺杂 Si 半导体的浓度分别为 $N_d = 5 \times 10^{15}$ cm^{-3}，$N_a = 0$。（a）试确定自由电子和自由空穴的热平衡浓度；（b）若外加电场 $\mathcal{E} = 30$ V/cm，试计算漂移电流密度；（c）若 $N_d = 0$，$N_a = 5 \times 10^{16}$ cm^{-3}，重新计算（a）和（b）的问题。

4.2　若截面积为 0.001 cm^2、长度为 10^{-3} cm 的 Si 晶体两端与 10 V 电池相连。在 $T = 300$ K 时，若要使 Si 中电流为 100 mA。试计算：（a）所需电阻 R；（b）Si 晶体的电导率为多少？（c）为获得所要求的电导率，掺入的施主杂质浓度为多少？（d）若初始施主杂质浓度 $N_d = 10^{15}$ cm^{-3}，要形成（b）中所需电导率的 p 型补偿半导体，需掺入的受主杂质浓度为多少？

4.3　（a）矩形条状 Si 半导体的截面积为 10 μm × 10 μm，长度 0.1 cm，As 原子的掺杂浓度为 5×10^{16} cm^{-3}。令 $T = 300$ K，若在长度方向施加 5 V 的电压，试确定条形半导体的电流；（b）若长度减小为 0.01 cm，重新计算（a）中的电流；（c）分别计算（a）和（b）中的平均漂移速度。

4.4   (a)若 GaAs 半导体电阻器的施主掺杂浓度 $N_d = 10^{15}$ cm^{-3}，截面积为 50×10^{-6} cm^2。外加偏压为 5 V 时，电阻中的电流 $I = 10$ mA，试确定电阻器的长度；(b)将上述材料由 GaAs 替换为 Si，重做(a)的问题。

4.5   (a)已知 0.75 cm 长的 n 型半导体两端施加 2 V 偏压，电子的平均漂移速度为 7×10^3 cm/s，试确定电子的迁移率；(b)若(a)中的电子迁移率为 950 cm^2/V·s，电子的平均漂移速度又为多少？

4.6   利用图 4.7 中 Si 和 GaAs 的速度-电场关系，试确定电场分别为(a)1 kV/cm 和(b)50 kV/cm 时，两种材料中的电子通过 1 μm 的距离所需的渡越时间。

4.7   完全补偿半导体的施主和受主杂质浓度恰好相等。若杂质全部电离，试求 Si 在 $T = 300$ K 时的电导率，其中掺杂浓度分别为(a)$N_a = N_d = 10^{14}$ cm^{-3}；(b)$N_a = N_d = 10^{18}$ cm^{-3}。

4.8   (a)$T = 300$ K 时，p 型 Si 半导体的电导率 $\sigma = 0.25 (\Omega \cdot \text{cm})^{-1}$，试确定电子和空穴的热平衡浓度；(b)若 n 型 GaAs 的电阻率 $\rho = 2 (\Omega \cdot \text{cm})$，重新计算(a)中的平衡浓度。

4.9   若某种半导体材料具有如下参数：$\mu_n = 1000$ cm^2/V·s，$\mu_p = 600$ cm^2/V·s，$N_c = N_v = 10^{19}$ cm^{-3}，且这些参数与温度无关。$T = 300$ K 时，本征材料电导率的测量值 $\sigma = 10^{-6} (\Omega \cdot \text{cm})^{-1}$。试求 $T = 500$ K 时的电导率。

4.10   (a)试计算 Si，Ge 和 GaAs 在 $T = 300$ K 时的电阻率；(b)若用(a)中的材料制成截面积为 85 μm^2、长度为 200 μm 的条形半导体电阻器，试确定各自的电阻值。

4.11   已知 $T = 300$ K 时，n 型 Si 样品的电阻率为 5 Ω·cm。(a)试问施主杂质浓度为多少？(b)试确定(i)$T = 200$ K 和(ii)$T = 400$ K 时的电阻率。

4.12   已知 Si 中掺杂浓度分别为 $N_d = 2 \times 10^{16}$ cm^{-3}，$N_a = 0$。电子漂移速度与电场关系的经验表达式为

$$v_d = \frac{\mu_{n0}\mathcal{E}}{\sqrt{1 + \left(\dfrac{\mu_{n0}\mathcal{E}}{v_{\text{sat}}}\right)^2}}$$

其中，$\mu_{n0} = 1350$ cm^2/V·s，$v_{\text{sat}} = 1.8 \times 10^7$ cm/s，电场 $\mathcal{E}$ 的单位为 V/cm。试画出 $0 \leqslant \mathcal{E} \leqslant 10^6$ V/cm 范围内，电子的漂移电流密度(幅度)与电场的关系曲线(采用 log-log 坐标)。

4.13 $T = 300$ K 时，Si 的电子迁移率 $\mu_n = 1200$ cm^2/V·s，导带电子因漂移速度而产生的动能分量为 $\frac{1}{2} m_n^* v_d^2$，其中 m_n^* 为有效质量，v_d 为漂移速度。若外加电场分别为(a)20 V/cm 和(b)2 kV/cm 时，试确定导带电子的动能。

4.14   均匀掺杂半导体的掺杂浓度 $N_d = 10^{14}$ cm^{-3}，$N_a = 0$，外加电场 $\mathcal{E} = 100$ V/cm。若 $\mu_n = 1000$ cm^2/V·s，$\mu_p = 0$。同时，假设以下参数：

$$N_c = 2 \times 10^{19}(T/300)^{3/2} \text{ cm}^{-3}$$
$$N_v = 1 \times 10^{19}(T/300)^{3/2} \text{ cm}^{-3}$$
$$E_g = 1.10 \text{ eV}$$

(a)试计算 $T = 300$ K 时的电子电流密度；(b)若电流密度增加 5%，所对应的温度是多少(假设迁移率与温度无关)？

4.15   半导体材料的电子和空穴迁移率分别为 μ_n 和 μ_p，电导率是空穴浓度 p_0 的函数。(a)证

明电导率的最小值 $\sigma_{\min}$ 可表示为

$$\sigma_{\min} = \frac{2\sigma_i(\mu_n\mu_p)^{1/2}}{(\mu_n + \mu_p)}$$

其中，σ_i 为本征电导；(b)证明对应的空穴浓度为 $p_0 = n_i(\mu_n/\mu_p)^{1/2}$。

4.16　已知某种本征半导体在 $T = 300\ \text{K}$ 时的电阻率为 $50\ \Omega\cdot\text{cm}$，在 $T = 330\ \text{K}$ 时的电阻率为 $5\ \Omega\cdot\text{cm}$。若忽略迁移率随温度的变化，试确定这种半导体的带隙能。

4.17　某种半导体内存在三种散射机制。若只有第一种散射机制时的迁移率为 $\mu_1 = 2000\ \text{cm}^2/\text{V}\cdot\text{s}$，只有第二种散射机制时的迁移率为 $\mu_2 = 1500\ \text{cm}^2/\text{V}\cdot\text{s}$，只有第三种散射机制时的迁移率为 $\mu_3 = 500\ \text{cm}^2/\text{V}\cdot\text{s}$。试求净迁移率为多少？

4.18　假设 Si 在 $T = 300\ \text{K}$ 时的电子迁移率为 $\mu_n = 1300\ \text{cm}^2/\text{V}\cdot\text{s}$。若迁移率主要由晶格散射决定，且 μ_n 随 $T^{-3/2}$ 变化。试确定(a) $T = 200\ \text{K}$ 和(b) $T = 400\ \text{K}$ 时的电子迁移率。

4.19　若某种半导体存在两种散射机制。只有第一种散射机制时的迁移率为 $250\ \text{cm}^2/\text{V}\cdot\text{s}$，只有第二种散射机制时的迁移率为 $500\ \text{cm}^2/\text{V}\cdot\text{s}$。当两种散射机制同时存在时，净迁移率为多少？

4.20　Si 的有效态密度函数可表示为如下形式

$$N_c = 2.8 \times 10^{19} \left(\frac{T}{300}\right)^{3/2} \qquad N_v = 1.04 \times 10^{19} \left(\frac{T}{300}\right)^{3/2}$$

假设迁移率可表示为

$$\mu_n = 1350 \left(\frac{T}{300}\right)^{-3/2} \qquad \mu_p = 480 \left(\frac{T}{300}\right)^{-3/2}$$

若带隙能 $E_g = 1.12\ \text{eV}$，且与温度无关。试画出 $200\ \text{K} \leq T \leq 500\ \text{K}$ 时，本征电导率随温度 T 变化的关系曲线。

4.21　(a)设 n 型半导体的电子迁移率可表示为

$$\mu_n = \frac{1350}{\left(1 + \dfrac{N_d}{5 \times 10^{16}}\right)^{1/2}}\ \text{cm}^2/\text{V}\cdot\text{s}$$

其中，1350 是低掺杂浓度时的电子迁移率，而 N_d 是以 cm^{-3} 表示的施主浓度。若杂质全部电离，试画出 $10^{15}\ \text{cm}^{-3} \leq N_d \leq 10^{18}\ \text{cm}^{-3}$ 内的电导率随 N_d 的变化曲线；(b)若迁移率为常数，且 $\mu_n = 1350\ \text{cm}^2/\text{V}\cdot\text{s}$，与(a)中结果进行比较；(c)若半导体中的电场为 $\mathcal{E} = 10\ \text{V/cm}$，试分别画出(a)和(b)中的电子漂移电流密度。

4.2　载流子的扩散运动

4.22　考虑 $T = 300\ \text{K}$ 时的 Si 样品，假设电子浓度随距离线性变化，如图 P4.22 所示。若扩散电流密度 $J_n = 0.19\ \text{A/cm}^2$。设电子扩散系数 $D_n = 25\ \text{cm}^2/\text{s}$，试确定 $x = 0$ 处的电子浓度。

4.23　$T = 300\ \text{K}$ 时，已知 p 型 Si 样品的空穴浓度随距离线性变化，如图 P4.23 所示。若扩散电流密度 $J_p = 0.270\ \text{A/cm}^2$。设空穴扩散系数 $D_p = 12\ \text{cm}^2/\text{s}$，试确定 $x = 50\ \mu\text{m}$ 处的空穴浓度。

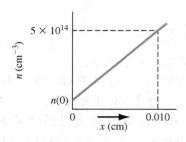

图 P4.22　习题 4.22 的示意图

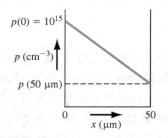

图 P4.23　习题 4.23 的示意图

4.24　在 0.10 cm 的距离内，Si 的电子浓度从 10^{16} cm^{-3} 线性降低到 10^{15} cm^{-3}。样品的截面积为 0.05 cm^2，电子扩散系数为 $D_n = 25$ cm^2/s。试计算电子的扩散电流。

4.25　在 0.10 cm 的距离内，Si 的空穴浓度从 10^{15} cm^{-3} 线性降低到 2×10^{14} cm^{-3}。样品的截面积为 0.075 cm^2，空穴扩散系数为 $D_p = 10$ cm^2/s。试计算空穴的扩散电流。

4.26　n 型 Si 样品的电子浓度从 $x = 0$ 处的 10^{17} cm^{-3} 线性降低到 $x = 4$ μm 处的 6×10^{16} cm^{-3}。在无外加电场时，实验测得的电子电流密度为 -400 A/cm^2，试问电子的扩散系数为多少？

4.27　在 $0 \leqslant x \leqslant L$ 范围内，p 型 GaAs 的空穴浓度为 $p = 10^{16}(1 - x/L)$ cm^{-3}，其中 $L = 10$ μm。若空穴的扩散系数为 10 cm^2/s，试求以下各处的空穴扩散电流密度：(a)$x = 0$；(b)$x = 5$ μm；(c)$x = 10$ μm。

4.28　若 $x \geqslant 0$ 处的空穴浓度为 $p = 10^{15} \exp(-x/L_p)$ cm^{-3}，$x \leqslant 0$ 处的电子浓度为 $n = 5 \times 10^{14} \exp(+x/L_n)$ cm^{-3}。其中，L_n 和 L_p 的参数值分别为 5×10^{-4} cm 和 10^{-3} cm。空穴和电子的扩散系数分别为 10 cm^2/s 和 25 cm^2/s。总电流密度定义为 $x = 0$ 处的电子扩散电流密度和空穴扩散电流密度之和。试计算总电流密度。

4.29　$T = 300$ K 时，Ge 的空穴浓度为

$$p(x) = 10^{15} \exp\left(\frac{-x}{22.5}\right) \text{cm}^{-3}$$

其中，x 的单位为 μm。空穴的扩散系数 $D_p = 48$ cm^2/s，试确定空穴扩散电流密度与 x 的函数关系。

4.30　已知 $T = 300$ K 时，Si 的电子浓度为

$$n(x) = 10^{16} \exp\left(\frac{-x}{18}\right) \text{cm}^{-3}$$

其中，x 以 μm 为单位，且 $0 \leqslant x \leqslant 25$ μm。电子扩散系数 $D_n = 25$ cm^2/s，电子迁移率 $\mu_n = 960$ cm^2/V·s。半导体内的总电子电流密度为常数，且等于 $J_n = -40$ A/cm^2。电子电流包括扩散电流和漂移电流两个分量。试确定半导体内的电场随 x 的分布。

4.31　已知半导体内的总电流由电子漂移电流和空穴扩散电流组成，且总电流为常量。若电子浓度为常数，$n = 10^{16}$ cm^{-3}，空穴浓度表示为

$$p(x) = 10^{15} \exp\left(\frac{-x}{L}\right) \text{cm}^{-3} \qquad (x \geqslant 0)$$

其中，$L = 12$ μm，空穴扩散系数为 $D_p = 12$ cm^2/s，电子迁移率为 $\mu_n = 1000$ cm^2/V·s，总电流密度为 $J = 4.8$ A/cm^2。(a)计算空穴扩散电流密度随 x 的变化；(b)电子电流密度随 x 的变化；(c)半导体内的电场随 x 的变化。

4.32　n 型 GaAs 半导体的 $+x$ 方向有一个恒定电场 $\mathcal{E} = 12$ V/cm，且 $0 \leqslant x \leqslant 50$ μm。若总电流密度恒定，$J = 100$ A/cm^2。$x = 0$ 处，漂移电流和扩散电流相等。令 $T = 300$ K，$\mu_n = 8000$ cm^2/V·s。(a)试确定电子浓度 $n(x)$ 的表达式；(b)计算 $x = 0$ 处和 $x = 50$ μm处的电子浓度；(c)计算 $x = 50$ μm 处的漂移和扩散电流密度。

4.33　在 n 型 Si 中，费米能级在小范围内随距离线性变化。在 $x = 0$ 处，$E_F - E_{Fi} = 0.4$ eV；在 $x = 10^{-3}$ cm 处，$E_F - E_{Fi} = 0.15$ eV。(a)试写出电子浓度随距离变化的表达式；(b)若电子扩散系数为 $D_n = 25$ cm^2/s，试计算(i)$x = 0$ 和(ii)$x = 5 \times 10^{-4}$ cm 处的电子扩散电流密度。

4.34　(a)在 $0 \leqslant x \leqslant L$ 的范围内，半导体的电子浓度为 $n = 10^{16}(1 - x/L)$ cm^{-3}，其中 $L = 10$ μm。电子迁移率和扩散系数分别为 $\mu_n = 1000$ cm^2/V·s，$D_n = 25.9$ cm^2/s。外加电场使得总电子电流密度在 x 的给定范围内为常数，且 $J_n = -80$ A/cm^2，试确定所需电场与距离的函数关系；(b)若 $J_n = -20$ A/cm^2，重做(a)的问题。

4.3　渐变杂质分布

4.35　考虑热平衡时的半导体(无电流)。假设施主杂质浓度在 $0 \leqslant x \leqslant 1/\alpha$ 范围内按指数变化

$$N_d(x) = N_{d0} \exp(-ax)$$

其中，N_{d0} 为常数。(a)计算 $0 \leqslant x \leqslant 1/\alpha$ 范围内，电场与 x 的函数关系；(b)计算 $x = 0$ 和 $x = 1/\alpha$ 之间的电势差。

4.36　使用例 4.5 中的数据，计算 $x = 0$ 和 $x = 1$ μm 之间的电势差。

4.37　若 $T = 300$ K 时，半导体在 0.2 μm 长度范围内的感应电场为 1 kV/cm。试确定半导体中的掺杂分布。

4.38　在 $0 \leqslant x \leqslant L$ 的范围内，GaAs 中的施主杂质浓度为 $N_{d0} \exp(-x/L)$。其中，$L = 0.1$ μm，$N_{d0} = 5 \times 10^{16}$ cm^{-3}。假设 $T = 300$ K 时的 $\mu_n = 6000$ cm^2/V·s。(a)试推导给定 x 范围内，电子扩散电流密度随距离变化的表达式；(b)为使漂移电流密度恰好补偿扩散电流密度，试问感应电场应为多少？

4.39　(a)若 $N_d = 10^{17}$ cm^{-3} 时，Si 的电子迁移率如图 4.2(a)所示。试计算并画出电子扩散系数随温度的变化曲线($-50℃ \leqslant T \leqslant 200℃$)；(b)若所有温度下的电子扩散系数均为 $D_n = (0.0259)\mu_n$，重做(a)的问题。从扩散系数的温度相关性，我们可得出什么结论？

4.40　(a)已知 $T = 300$ K 时，载流子的迁移率 $\mu = 925$ cm^2/V·s，试计算载流子的扩散系数；(b)若 $T = 300$ K 时，载流子的扩散系数 $D = 28.3$ cm^2/s，试计算载流子的迁移率。

4.41　若在本征 Si 半导体中扩散 As，且掺杂分布如图 P4.41 所示，试画出平衡时的能带图，并指出电场方向。

4.42　若在本征 Si 半导体中注入 B，且掺杂分布如图 P4.42 所示，试画出平衡能带图。

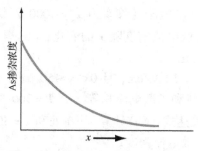

图 P4.41　习题 4.41 的掺杂界面图

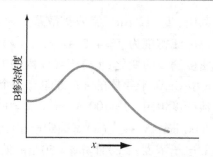

图 P4.42　习题 4.42 的掺杂界面图

4.4　载流子的产生与复合

4.43　已知某种半导体材料的平衡电子浓度为 $n_0 = 10^{15}$ cm^{-3}，本征载流子浓度为 $n_i = 10^{10}$ cm^{-3}。假设过剩载流子的寿命为 10^{-6} s。若过剩空穴浓度为 $\delta p = 5 \times 10^{13}$ cm^{-3}，试确定此时的电子–空穴复合率。

4.44　某种半导体在热平衡时的空穴浓度为 $p_0 = 10^{16}$ cm^{-3}，本征载流子浓度为 $n_i = 10^{10}$ cm^{-3}，少子寿命为 2×10^{-7}s。(a)试求电子的热平衡复合率；(b)若过剩电子浓度 $\delta n = 10^{12}$ cm^{-3}，试确定电子复合率的变化。

4.45　若 n 型 Si 样品的施主浓度为 $N_d = 10^{16}$ cm^{-3}，少子空穴寿命为 $\tau_{p0} = 20$ μs。(a)试问多子电子寿命为多少？(b)确定材料中电子和空穴的热平衡产生率；(c)确定材料中电子和空穴的热平衡复合率。

4.46　(a)半导体样品的截面积为 1 cm^2，厚度为 0.1 cm。当波长为 6300 Å 的 1 W 光被样品均匀吸收后，试确定单位体积、单位时间内产生的电子–空穴对数目。假设每个光子产生一个电子–空穴对；(b)如果过剩少子寿命为 10 μs，那么稳态过剩载流子的浓度为多少？

4.5　霍尔效应

(注意：霍尔效应的几何尺寸参见图 4.20。)

4.47　已知硅样品的 B 原子掺杂浓度为 10^{16} cm^{-3}，样品尺寸与例 4.8 给定的尺寸相同。电流 $I_x = 1$ mA，磁通量密度 $B_z = 3.5 \times 10^{-2}$ T。试确定(a)霍尔电压和(b)霍尔电场。

4.48　$T = 300$ K 时，Ge 的施主掺杂浓度为 5×10^{15} cm^{-3}。霍尔器件的几何尺寸为 $d = 5 \times 10^{-3}$ cm，$W = 2 \times 10^{-2}$ cm，$L = 10^{-1}$ cm。电流 $I_x = 250$ μA，外加电压 $V_x = 100$ mV，磁通量密度 $B_z = 5 \times 10^{-2}$ T。试计算：(a)霍尔电压；(b)霍尔电场和(c)载流子迁移率。

4.49　$T = 300$ K 时，Si 霍尔器件的几何尺寸为 $d = 10^{-3}$ cm，$W = 10^{-2}$ cm，$L = 10^{-1}$ cm。实验测得的参数如下：$I_x = 0.75$ mA，$V_x = 15$ V，$V_H = +5.8$ mV，$B_z = 10^{-1}$ T。试确定：(a)导电类型；(b)多子浓度和(c)多子迁移率。

4.50　已知 $T = 300$ K 时，Si 霍尔器件的几何尺寸为 $d = 5 \times 10^{-3}$ cm，$W = 5 \times 10^{-2}$ cm，$L = 0.50$ cm。实验测得电学参数如下：$I_x = 0.50$ mA，$V_x = 1.25$ V，$B_z = 6.5 \times 10^{-2}$T，霍尔电场 $E_H = -16.5$ mV/cm。试求：(a)霍尔电压；(b)导电类型；(c)多子浓度和(d)多子迁移率。

4.51　考虑 $T = 300$ K 时的 GaAs 样品，霍尔器件的几何尺寸为 $d = 0.01$ cm，$W = 0.05$ cm，$L = 0.5$ cm。实验测得电学参数 $I_x = 2.5$ mA，$V_x = 2.2$ V，$B_z = 2.5 \times 10^{-2}$T，霍尔电压 $V_H = -4.5$ mV。试求：(a)导电类型；(b)多子浓度；(c)迁移率和(d)电阻率。

综合题

4.52　n 型 Si 半导体电阻器在外加电压为 5 V 时的电流为 5 mA。(a)若 $N_d = 3 \times 10^{14} \text{ cm}^{-3}$，$N_a = 0$，设计一个满足上述要求的电阻器；(b)若 $N_d = 3 \times 10^{16} \text{ cm}^{-3}$，$N_a = 2.5 \times 10^{16} \text{ cm}^{-3}$，重新设计电阻器；(c)讨论两种设计的相对长度与掺杂浓度的关系，二者之间是否为线性关系？

4.53　在制备霍尔器件时，测试霍尔电压的两点间的连线不一定恰好与电流 I_x 垂直(参见图 4.20)，讨论这种失准对霍尔电压测量的影响。证明有效霍尔电压可通过以下两种方法获得：第一种是磁场沿 $+z$ 方向，第二种是磁场沿 $-z$ 方向。

4.54　另一种判断半导体导电类型的方法是热探针法。它由两根探针和一块显示电流方向的安培表组成。一个探针加热，另一个探针保持室温。在没有外加电压的情况下，当探针接触半导体时，仍有电流产生。试解释热探针法的测试原理，并画出指示 n 型和 p 型半导体电流方向的示意图。

参考文献

1. Anderson, B. L., and R. L. Anderson. *Fundamentals of Semiconductor Devices*. New York：McGraw-Hill, 2005.

*2. Bube, R. H. *Electrons in Solids：An Introductory Survey*. 3rd ed. San Diego, CA：Academic Press, 1992.

3. Kano, K. *Semiconductor Devices*. Upper Saddle River, NJ：Prentice-Hall, 1998.

*4. Lundstrom, M. *Fundamentals of Carrier Transport*. Vol. X of *Modular Series on Solid State Devices*. Reading, MA：Addison-Wesley, 1990.

5. Muller, R. S., T. I. Kamins, and W. Chan. *Device Electronics for Integrated Circuits*, 3rd ed. New York：John Wiley and Sons, 2003.

6. Navon, D. H. *Semiconductor Microdevices and Materials*. New York：Holt, Rinehart & Winston, 1986.

7. Neamen, D. A. *Semiconductor Physics and Devices：Basic Principles*, 3rd ed. New York：McGraw-Hill, 2003.

8. Pierret, R. F. *Semiconductor Device Fundamentals*. Reading, MA：Addison-Wesley Publishing Co., 1996.

9. Shur, M. *Introduction to Electronic Devices*. New York：John Wiley and Sons, 1996.

*10. Shur, M. *Physics of Semiconductor Devices*. Englewood Cliffs, NJ：Prentice-Hall, 1990.

*11. Singh, J. *Semiconductor Devices：An Introduction*. New York：McGraw-Hill, 1994.

12. Singh, J. *Semiconductor Devices：Basic Principles*. New York：John Wiley and Sons, 2001.

13. Streetman, B. G., and S. Banerjee. *Solid State Electronic Devices*, 5th ed. Upper Saddle River, NJ：Prentice-Hall, 2000.

14. Sze, S. M. *Physics of Semiconductor Devices*. 2nd ed. New York：John Wiley and Sons, 1981.

15. Sze, S. M. *Semiconductor Devices：Physics and Technology*, 2nd ed. New York：John Wiley and Sons, 2002.

*16. van der Ziel, A. *Solid State Physical Electronics*. 2nd ed. Englewood Cliffs, NJ：Prentice-Hall, 1968.

*17. Wang, S. *Fundamentals of Semiconductor Theory and Device Physics*. Englewood Cliffs, NJ：Prentice-Hall, 1989.

18. Yang, E. S. *Microelectronic Devices*. New York：McGraw-Hill, 1988.

标注 * 号的参考文献比本书讲解得更深。

第 5 章　pn 结和金属-半导体接触

到目前为止，我们已讨论了半导体的材料特性。可以计算热平衡电子和空穴浓度，确定费米能级的位置。下面将要讨论将 p 型半导体与 n 型半导体紧密接触形成 pn 结的情况。大多数半导体器件至少有一个 pn 结。

本章考虑 pn 结的静电特性。这些知识对学习第 6 章和第 7 章的金属-氧化物-半导体（MOS）场效应晶体管是非常必要的。pn 结二极管的电流-电压特性将在第 9 章中讨论。

本章也会介绍金属-半导体接触的相关知识，包括理想整流结和理想欧姆接触。

内容概括

1. pn 结的物理结构和空间电荷区。

2. 零偏 pn 结的特性，如内建电势、电场及空间电荷区宽度。

3. 反偏 pn 结的空间电荷区宽度、电场和电容。

4. 金属-半导体整流结

5. 正偏 pn 结和肖特基势垒结的电流-电压特性。

6. 金属-半导体的欧姆接触特性。

7. 非均匀掺杂 pn 结的特性。

8. pn 结的常规制备技术。

历史回顾

1874 年左右，实验发现若将金属丝压在金属硫化物（黄铁矿）的表面时，将出现整流现象。这些触须整流器（cat's-whisker detectors）用在早期的射频电路中。从 1935 年起，科研人员开始采用硒整流器和 Si 电接触二极管，然而这些器件的可靠性较差。后来，普度大学和贝尔实验室研制的锗二极管用在第二次世界大战的雷达系统中。1949 年，肖克利发表了描述 pn 结特性的经典论文。

发展现状

直到今天，pn 结仍是半导体器件的基本构件，pn 结理论依然是半导体器件的物理基础。pn 结二极管自身能实现非线性整流。其他半导体器件都是由不同组合形式的两个或多个 pn 结构成的。

5.1　pn 结的基本结构

目标：描述 pn 结的物理结构和空间电荷区

图 5.1(a)给出了 pn 结的结构示意图。整个半导体材料是一块单晶半导体，其中一个区掺入受主杂质原子形成 p 区，而相邻的另一区则掺入施主杂质原子形成 n 区。分隔 p 区和 n 区的界面称为**冶金结**。

图 5.1(b)给出了 p 区和 n 区的掺杂浓度分布。为简单起见，首先讨论**突变结**的情况。

突变结是指每个区的掺杂浓度均匀，杂质浓度在界面处发生突变。最初，冶金结附近的电子与空穴浓度梯度较大。n 区的多数载流子电子向 p 区扩散，而 p 区的多数载流子空穴向 n 区扩散。若假设半导体与外部电路无连接，那么这种扩散过程不会无限期地持续。随着电子由 n 区向 p 区扩散，带正电的施主离子留在 n 区。同样，随着空穴由 p 区向 n 区扩散，p 区积累了大量带负电的受主离子。n 区和 p 区的净正电荷和负电荷在冶金结附近感应出了一个电场，电场方向由正电荷指向负电荷，即由 n 区指向 p 区。

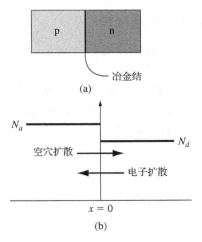

图 5.1　(a) pn 结的简化结构图；(b) 理想均匀掺杂 pn 结的杂质分布

　　pn 结内的净正电荷与净负电荷区如图 5.2 所示。这两个带电区域称为**空间电荷区**。在电场作用下，所有电子与空穴基本被扫出空间电荷。既然空间电荷区内的可动电荷耗尽，因此，这个区域也称为**耗尽区**。上述两种称呼可互换使用。在空间电荷区边界处仍存在多数载流子的浓度梯度。我们认为，浓度梯度产生一个作用于多数载流子的"扩散力"。作用于空间电荷区边界电子与空穴上的"扩散力"如图 5.2 所示。空间电荷区内的电场产生一个与"扩散力"方向相反的另一个作用力。在热平衡条件下，每种粒子(电子与空穴)受到的"扩散力"与"电场力"相互平衡。

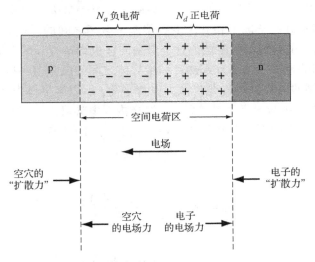

图 5.2　空间电荷区、电场及作用于载流子上的力

5.2　零偏 pn 结

目标：确定零偏 pn 结的特性，如内建电势、电场及空间电荷区宽度

　　前面，我们考虑了 pn 结的基本结构，简单讨论了空间电荷区是如何形成的。本节主要研究无电流和外部激励时，热平衡突变结的主要特性。讨论空间电荷区宽度、电场强度及耗尽区电势。

5.2.1   内建电势

假设 pn 结两端不加偏压，那么 pn 结处于热平衡状态，整个半导体系统的费米能级处处相等，且为常数。图 5.3 给出了空间电荷区两侧的中性 n 区和 p 区的能带图，以及热平衡系统的常数费米能级。既然导带、价带及本征费米能级相对于 p 区和 n 区之间的费米能级发生改变，因此，空间电荷区内的能带及本征费米能级将发生弯曲。下面我们将确定这些能级在空间耗尽区内的形状。

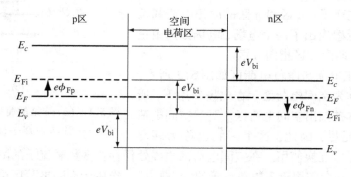

图 5.3   热平衡时 pn 结的能带图。图中也给出了中性 p 区
和 n 区的能带，并定义了三个意义相同的内建电势

n 区导带电子在进入 p 区导带时遇到一个势垒。这个势垒称为**内建电势**，记为 V_{bi}。这个内建电势维持 n 区多数载流子电子和 p 区少数载流子电子之间的平衡。类似地，p 区价带空穴在进入 n 区价带时，也遇到势垒阻挡。这个势垒同样也维持着 p 区多数载流子空穴与 n 区少数载流子空穴之间的平衡。由于外部探针和半导体之间的电势差会抵消 V_{bi}，因此，用电压表不能测量 pn 结两侧的电势差。V_{bi} 与扩散力保持平衡，所以半导体内无电流流动。

pn 结的本征费米能级与导带底是等距的，这样内建电势可由 p 区和 n 区的本征费米能级差来确定。我们可以定义如图 5.3 所示的电势 ϕ_{Fn} 和 ϕ_{Fp}，因此有[①]

$$V_{bi} = |\phi_{Fn}| + |\phi_{Fp}| \tag{5.1}$$

n 区导带电子浓度表示为

$$n_0 = N_c \exp\left[\frac{-(E_c - E_F)}{kT}\right] \tag{5.2}$$

也可以表示为

$$n_0 = n_i \exp\left(\frac{E_F - E_{Fi}}{kT}\right) \tag{5.3}$$

其中，n_i 与 E_{Fi} 分别表示本征载流子浓度与本征费米能级。我们可定义 n 区内的电势 ϕ_{Fn} 为

$$e\phi_{Fn} = E_F - E_{Fi} \tag{5.4}$$

那么，式（5.3）可表示为

$$n_0 = n_i \exp\left[\frac{+(e\phi_{Fn})}{kT}\right] \tag{5.5}$$

---

① 通常，用带下标的符号 V 表示端电压或器件电压参数，用带下标的符号 ϕ 表示器件结构内的电势或电势差。

式 (5.5) 两边取自然对数, 并令 $n_0 = N_d$, 求解电势, 可得

$$\phi_{\text{Fn}} = \frac{+kT}{e} \ln\left(\frac{N_d}{n_i}\right) \tag{5.6}$$

类似地, p 区空穴浓度可以表示为

$$p_0 = N_a = n_i \exp\left(\frac{E_{\text{Fi}} - E_F}{kT}\right) \tag{5.7}$$

其中, N_a 为受主浓度。p 区电势 ϕ_{Fp} 定义为

$$e\phi_{\text{Fp}} = E_F - E_{\text{Fi}} \tag{5.8}$$

需要注意的是, ϕ_{Fp} 为负值。联立式 (5.7) 与式 (5.8), 可得

$$\phi_{\text{Fp}} = \frac{-kT}{e} \ln\left(\frac{N_a}{n_i}\right) \tag{5.9}$$

最后, 将式 (5.6) 和式 (5.9) 代入式 (5.1), 就可得到突变结的内建电势, 即

$$\boxed{V_{\text{bi}} = \frac{kT}{e} \ln\left(\frac{N_a N_d}{n_i^2}\right) = V_t \ln\left(\frac{N_a N_d}{n_i^2}\right)} \tag{5.10}$$

其中, $V_t = kT/e$ 是**热电压**。

现在, 需要注意物理符号的含义。在前面讨论半导体材料时, 我们用 N_d 和 N_a 分别表示相同区域内的施主和受主浓度, 从而形成杂质补偿半导体。从现在开始, N_d 和 N_a 将分别表示 n 区和 p 区内的净施主和净受主浓度。例如, 对补偿半导体的 p 区, N_a 将表示受主浓度与施主浓度之差。n 区参数 N_d 的定义与 N_a 类似。

例 5.1　**计算 pn 结的内建电势**。$T = 300$ K 时, 硅 pn 结的掺杂浓度分别为 $N_a = 2 \times 10^{16}$ cm^{-3}, $N_d = 5 \times 10^{15}$ cm^{-3}。

【解】

由式 (5.10) 可知, 内建电势为

$$V_{\text{bi}} = V_t \ln\left(\frac{N_a N_d}{n_i^2}\right) = (0.0259) \ln\left[\frac{(2 \times 10^{16})(5 \times 10^{15})}{(1.5 \times 10^{10})^2}\right]$$

或

$$V_{\text{bi}} = 0.695 \text{ V}$$

【说明】

由于对数相关性, 内建电势只随掺杂浓度轻微变化。

【自测题】

EX5.1　计算硅 pn 结在 $T = 300$ K 时的内建电势: (a) $N_a = 5 \times 10^{17}$ cm^{-3}, $N_d = 10^{16}$ cm^{-3}; (b) $N_a = 10^{15}$ cm^{-3}, $N_d = 2 \times 10^{16}$ cm^{-3}。

答案: (a) 0.796 V; (b) 0.653 V。

5.2.2　电场强度

耗尽区空间电场是由正、负空间电荷相互分离引起的。图 5.4 给出在均匀掺杂及**突变结近似**的情况下, pn 结内的体电荷密度分布。假设空间电荷区在 n 区的 $x = +x_n$ 处及 p 区的 $x = -x_p$ 处突然中止 (x_p 为正值)。

在一维情况下，由泊松方程确定的电场为

$$\frac{\mathrm{d}^2\phi(x)}{\mathrm{d}x^2} = \frac{-\rho(x)}{\epsilon_s} = -\frac{\mathrm{d}\mathcal{E}(x)}{\mathrm{d}x} \qquad (5.11)$$

其中，$\phi(x)$ 为电势，$\mathcal{E}(x)$ 为电场，$\rho(x)$ 为体电荷密度，ϵ_s 为半导体的介电常数。由图 5.4 可得，电荷密度 $\rho(x)$ 为

$$\rho(x) = -eN_a, \qquad -x_p < x < 0 \qquad (5.12a)$$

和

$$\rho(x) = eN_d, \qquad 0 < x < x_n \qquad (5.12b)$$

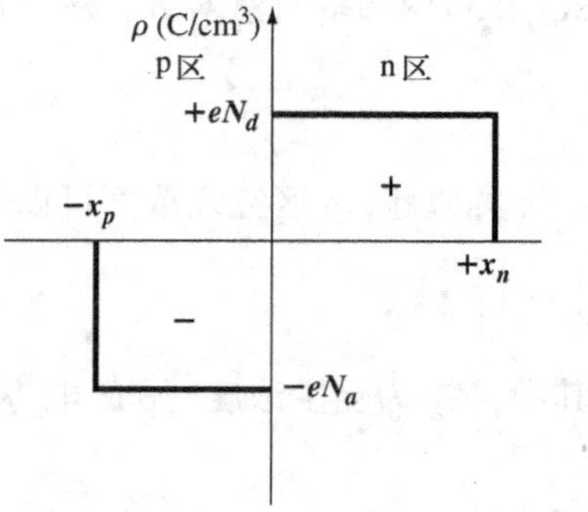

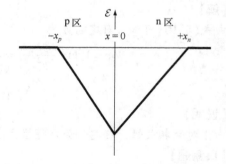

图 5.4　在突变结近似情况下，均匀掺杂pn结的空间电荷密度

对式(5.11)积分，可求得 p 区电场

$$\mathcal{E} = \int \frac{\rho(x)}{\epsilon_s}\,\mathrm{d}x = -\int \frac{eN_a}{\epsilon_s}\,\mathrm{d}x = \frac{-eN_a}{\epsilon_s}x + C_1 \qquad (5.13)$$

其中，C_1 是积分常数。由于热平衡时的电流为零，因此，我们认为 $x \leqslant -x_p$ 的电中性 p 区内的电场为零。由于 pn 结不存在表面电荷密度，所以电场是连续函数。令 $x = -x_p$ 处的电场为零，即$\mathcal{E}=0$，就可确定积分常数 C_1。因此，p 区电场为

$$\mathcal{E} = \frac{-eN_a}{\epsilon_s}(x + x_p), \qquad -x_p \leqslant x \leqslant 0 \qquad (5.14)$$

在 n 区，电场的表达式为

$$\mathcal{E} = \int \frac{eN_d}{\epsilon_s}\,\mathrm{d}x = \frac{eN_d}{\epsilon_s}x + C_2 \qquad (5.15)$$

其中，C_2 也是积分常数。既然 n 区电场为零，且它是连续函数，那么 C_2 也可由 $x = x_n$ 处的 $\mathcal{E}=0$确定。n 区电场为

$$\mathcal{E} = \frac{-eN_d}{\epsilon_s}(x_n - x), \qquad 0 \leqslant x \leqslant x_n \qquad (5.16)$$

既然假设 n 区空间电荷密度为常数（均匀掺杂），那么电场是 n 区距离的线性函数。

在冶金结处($x=0$)，电场仍然是连续的。令式(5.14)和式(5.16)在 $x=0$ 处相等，可得

$$N_a x_p = N_d x_n \qquad (5.17)$$

式(5.17)说明，p 区单位面积的负电荷数量与 n 区单位面积的正电荷数量相等。

图 5.5 是耗尽区内的电场分布。电场方向由 n 区指向 p 区，或者说，沿着 $-x$ 方向。对均匀掺杂的 pn 结而言，电场是结区距离的线性函

图 5.5　均匀掺杂 pn 结空间电荷区的电场，电场随距离线性变化是均匀掺杂的结果

数，最大电场位于冶金结处。即使在 p 区和 n 区无外加电压的情况下，耗尽区内仍然存在电场。

对电场积分，就可得到结区电势。对 p 区，有

$$\phi(x) = -\int \mathcal{E}(x)\,\mathrm{d}x = \int \frac{eN_a}{\epsilon_s}(x + x_p)\,\mathrm{d}x \qquad (5.18)$$

或

$$\phi(x) = \frac{eN_a}{\epsilon_s}\left(\frac{x^2}{2} + x_p x\right) + C_1' \tag{5.19}$$

其中，C_1' 是积分常数。pn 结电势差（而不是绝对电势）是一个非常重要的参数。在此，设 $x = -x_p$ 处的电势为零。积分常数 C_1' 为

$$C_1' = \frac{eN_a}{2\epsilon_s}x_p^2 \tag{5.20}$$

因此，p 区电势可写为

$$\phi(x) = \frac{eN_a}{2\epsilon_s}(x + x_p)^2, \qquad -x_p \leqslant x \leqslant 0 \tag{5.21}$$

同样，对 n 区电场积分，就可求得 n 区电势

$$\phi(x) = \int \frac{eN_d}{\epsilon_s}(x_n - x)\,\mathrm{d}x \tag{5.22}$$

即

$$\phi(x) = \frac{eN_d}{\epsilon_s}\left(x_n x - \frac{x^2}{2}\right) + C_2' \tag{5.23}$$

其中，C_2' 是积分常数。由于电势是连续函数，因此，令式（5.21）和式（5.23）在 $x = 0$ 相等，解方程得

$$C_2' = \frac{eN_a}{2\epsilon_s}x_p^2 \tag{5.24}$$

n 区电势可写为

$$\phi(x) = \frac{eN_d}{\epsilon_s}\left(x_n x - \frac{x^2}{2}\right) + \frac{eN_a}{2\epsilon_s}x_p^2, \qquad 0 \leqslant x \leqslant x_n \tag{5.25}$$

图 5.6 是 pn 结电势随距离变化的曲线。由图可见，电势是距离的二次函数。$x = x_n$ 处电势的大小等于内建电势。由式（5.25），有

$$V_{\mathrm{bi}} = |\phi(x = x_n)| = \frac{e}{2\epsilon_s}\left(N_d x_n^2 + N_a x_p^2\right) \tag{5.26}$$

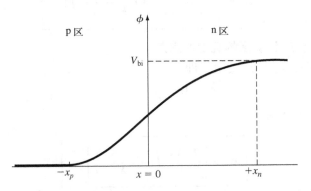

图 5.6　均匀掺杂 pn 结空间电荷区的电势分布，图中也给出了内建电势

电子的电势能为 $E = -e\phi$。这意味着电子电势能在空间电荷区内也是距离的二次函数。图 5.7 所示的能带图给出这种二次相关性。其实在第 4 章我们讨论过相同的影响：若半导体内存在电场，则导带、价带及本征费米能级都随距离变化。

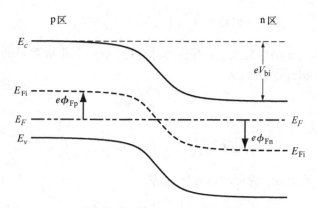

图 5.7 热平衡时 pn 结的能带图

5.2.3 空间电荷区宽度

我们可以计算空间电荷区从冶金结扩展到 p 区和 n 区的距离。这个距离称为空间电荷区宽度。由式(5.17)可得

$$x_p = \frac{N_d x_n}{N_a} \tag{5.27}$$

将式(5.27)代入式(5.26), 求解 x_n 得

$$x_n = \left[\frac{2\epsilon_s V_{\mathrm{bi}}}{e} \left(\frac{N_a}{N_d} \right) \left(\frac{1}{N_a + N_d} \right) \right]^{1/2} \tag{5.28}$$

式(5.28)给出了零偏压情况下, 扩展到 **n 区的空间电荷区宽度**(或耗尽区宽度)x_n。

同样, 若由式(5.17)求解 x_n, 并代入式(5.26), 则可得

$$x_p = \left[\frac{2\epsilon_s V_{\mathrm{bi}}}{e} \left(\frac{N_d}{N_a} \right) \left(\frac{1}{N_a + N_d} \right) \right]^{1/2} \tag{5.29}$$

x_p 是零偏压情况下, 扩展到 **p 区的耗尽区宽度**。

总耗尽区宽度 W 是 x_n 与 x_p 之和, 即

$$W = x_n + x_p \tag{5.30}$$

由式(5.28)和式(5.29), 有

$$W = \left[\frac{2\epsilon_s V_{\mathrm{bi}}}{e} \left(\frac{N_a + N_d}{N_a N_d} \right) \right]^{1/2} \tag{5.31}$$

内建电势由式(5.10)确定, 而**总耗尽宽度**则由式(5.31)确定。

例 5.2 计算 pn 结的空间电荷区宽度和峰值电场。$T = 300$ K 时, 硅 pn 结两侧均匀掺杂, 掺杂浓度分别为 $N_a = 2 \times 10^{16}$ cm^{-3}, $N_d = 5 \times 10^{15}$ cm^{-3}。试确定 x_n、x_p、W 及 $\mathcal{E}_{\max}$。

【解】

在例 5.1 中，我们确定了内建电势。由于本例的掺杂浓度相同，因此，内建电势与例 5.1 相同，$V_{bi} = 0.695$ V。

空间电荷区扩展到 n 区的距离为

$$x_n = \left[\frac{2\epsilon_s V_{bi}}{e} \left(\frac{N_a}{N_d} \right) \left(\frac{1}{N_a + N_d} \right) \right]^{1/2}$$

$$= \left[\frac{2(11.7)(8.85 \times 10^{-14})(0.695)}{1.6 \times 10^{-19}} \left(\frac{2 \times 10^{16}}{5 \times 10^{15}} \right) \left(\frac{1}{2 \times 10^{16} + 5 \times 10^{15}} \right) \right]^{1/2}$$

或

$$x_n = 0.379 \times 10^{-4} \text{ cm} = 0.379 \text{ μm}$$

空间电荷区扩展到 p 区的距离为

$$x_p = \left[\frac{2\epsilon_s V_{bi}}{e} \left(\frac{N_d}{N_a} \right) \left(\frac{1}{N_a + N_d} \right) \right]^{1/2}$$

$$= \left[\frac{2(11.7)(8.85 \times 10^{-14})(0.695)}{1.6 \times 10^{-19}} \left(\frac{5 \times 10^{15}}{2 \times 10^{16}} \right) \left(\frac{1}{2 \times 10^{16} + 5 \times 10^{15}} \right) \right]^{1/2}$$

或

$$x_p = 0.0948 \times 10^{-4} \text{ cm} = 0.0948 \text{ μm}$$

由式 (5.31)，总耗尽区宽度为

$$W = \left[\frac{2\epsilon_s V_{bi}}{e} \left(\frac{N_a + N_d}{N_a N_d} \right) \right]^{1/2}$$

$$= \left\{ \frac{2(11.7)(8.85 \times 10^{-14})(0.695)}{1.6 \times 10^{-19}} \left[\frac{2 \times 10^{16} + 5 \times 10^{15}}{(2 \times 10^{16})(5 \times 10^{15})} \right] \right\}^{1/2}$$

或

$$W = 0.474 \times 10^{-4} \text{ cm} = 0.474 \text{ μm}$$

我们注意到，总耗尽区宽度也可由下式确定

$$W = x_n + x_p = 0.379 + 0.0948 = 0.474 \text{ μm}$$

最大(或峰值)电场为

$$|\mathcal{E}_{max}| = \frac{e N_d x_n}{\epsilon_s} = \frac{(1.6 \times 10^{-19})(5 \times 10^{15})(0.379 \times 10^{-4})}{(11.7)(8.85 \times 10^{-14})}$$

或

$$|\mathcal{E}_{max}| = 2.93 \times 10^4 \text{ V/cm}$$

【说明】

在耗尽区宽度的计算中，我们注意到，耗尽区向轻掺杂区扩展得更深。空间耗尽区宽度的典型值在微米量级。空间电荷区的峰值电场相当大。然而，作为一级近似，假设空间电荷区无可动电荷，所以没有漂移电流存在(在第 9 章，我们会略微修正这个说明)。

【自测题】

EX5.2　$T = 300$ K 时，零偏硅 pn 结的掺杂浓度分别为 $N_d = 5 \times 10^{16}$ cm^{-3}，$N_a = 5 \times 10^{15}$ cm^{-3}。试确定 x_n、x_p、W 和 $|\mathcal{E}_{max}|$。

答案：$x_n = 4.11 \times 10^{-6}$ cm, $x_p = 4.11 \times 10^{-5}$ cm, $W = 4.52 \times 10^{-5}$ cm, $|\mathcal{E}_{\max}| = 3.18 \times 10^4$ V/cm。

【练习题】

TYU5.1　将自测题 EX5.1 中的材料更改为 GaAs，掺杂浓度保持不变，重做自测题 EX5.1。
　　　　答案：(a)1.26 V；(b)1.12 V。

TYU5.2　将自测题 EX5.2 中的材料更改为 GaAs，掺杂浓度保持不变，重做自测题 EX5.2。
　　　　答案：$x_n = 5.60 \times 10^{-6}$ cm, $x_p = 5.60 \times 10^{-5}$ cm, $W = 6.16 \times 10^{-5}$ cm, $|\mathcal{E}_{\max}| = 3.86 \times 10^4$ V/cm。

5.3　反偏 pn 结

目标：确定反偏 pn 结的空间电荷区宽度、电场和电容

　　若在 pn 结两端施加一个偏压，则 pn 结不再处于热平衡条件，或者说，费米能级不再是常数。图 5.8 给出了 n 区相对于 p 区施加正偏压时的能带图。因为正电势向下，所以 n 区费米能级在 p 区费米能级之下。这两个费米能级之差等于以能量为单位的外加偏压。

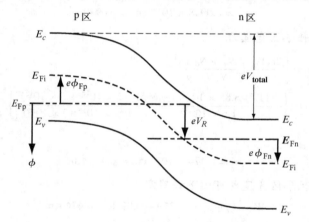

图 5.8　反偏条件下，pn 结的能带图(n 区相对 p 区为正)

　　这时，总势垒 V_{total} 增加。外加偏压为反偏条件。现在，总势垒可表示为

$$V_{\text{total}} = |\phi_{\text{Fn}}| + |\phi_{\text{Fp}}| + V_R \tag{5.32}$$

其中，V_R 是外加**反偏电压**幅度。式(5.32)可重写为

$$V_{\text{total}} = V_{\text{bi}} + V_R \tag{5.33}$$

其中，V_{bi} 是热平衡条件下的内建电势。

5.3.1　空间电荷区宽度与电场

　　图 5.9 给出了外加反偏电压为 V_R 时的 pn 结示意图。另外，图中还指出了空间电荷区的内建电场和外加电场 $\mathcal{E}_{\text{app}}$。电中性 p 区与 n 区内的电场基本为零，或者至少是个极小值，

这意味着在外加偏压作用下，空间电荷区的电场幅度必然大于热平衡时的电场值。电场起始于正电荷，终止于负电荷，这意味着若电场增加，正负电荷的数量也必须随之增加。在掺杂浓度一定的情况下，耗尽区内的正负电荷数量只能通过空间电荷区宽度 W 的增加而增加。因此，空间电荷区宽度 W 随着外加反偏电压 V_R 的增加而增加。必须注意的是，我们在此假设电中性 n 区和 p 区内的电场为零。在第 9 章讨论电流–电压特性时，这个假设将会更加清晰。

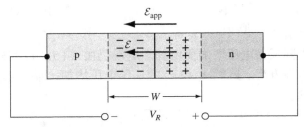

图 5.9　反向偏置时的 pn 结示意图，图中给出了 V_R 感应电场和零偏空间电场的方向

在前面所有的公式中，内建电势可用总电势替换。由式（5.31），总空间电荷区宽度可写为

$$W = \left[\frac{2\epsilon_s(V_{bi} + V_R)}{e} \left(\frac{N_a + N_d}{N_a N_d} \right) \right]^{1/2} \tag{5.34a}$$

上式表明，总空间电荷区宽度随施加的反偏电压增加。若用总电势 V_{total} 替代式（5.28）与式（5.29）中的内建电势，我们可得 pn 结反偏时，p 区和 n 区的空间电荷区宽度，即

$$x_p = \left[\frac{2\epsilon_s(V_{bi} + V_R)}{e} \left(\frac{N_d}{N_a} \right) \frac{1}{N_a + N_d} \right]^{1/2} \tag{5.34b}$$

和

$$x_n = \left[\frac{2\epsilon_s(V_{bi} + V_R)}{e} \left(\frac{N_a}{N_d} \right) \frac{1}{N_a + N_d} \right]^{1/2} \tag{5.34c}$$

例 5.3　**计算 pn 结反偏时的空间电荷区宽度**。$T = 300$ K 时，硅 pn 结两侧均匀掺杂，掺杂浓度分别为 $N_a = 2 \times 10^{16}$ cm^{-3} 和 $N_d = 5 \times 10^{15}$ cm^{-3}。假设反偏电压 $V_R = 5$ V。

【解】

由例 5.1 的计算可知，硅 pn 结的内建电势 $V_{bi} = 0.695$ V。因此，总空间电荷区宽度为

$$W = \left[\frac{2\epsilon_s(V_{bi} + V_R)}{e} \left(\frac{N_a + N_d}{N_a N_d} \right) \right]^{1/2}$$

$$= \left\{ \frac{2(11.7)(8.85 \times 10^{-14})(0.695 + 5)}{1.6 \times 10^{-19}} \left[\frac{2 \times 10^{16} + 5 \times 10^{15}}{(2 \times 10^{16})(5 \times 10^{15})} \right] \right\}^{1/2}$$

即

$$W = 1.36 \times 10^{-4} \text{ cm} = 1.36 \text{ μm}$$

【说明】

在 5 V 反偏电压作用下，空间电荷区宽度由 0.474 μm 增加到 1.36 μm。

【自测题】

EX5.3　（a）$T = 300$ K 时，硅 pn 结反向偏置在 $V_R = 8$ V。pn 结两侧的掺杂浓度分别为 $N_a = 5 \times 10^{15}$ cm^{-3} 和 $N_d = 5 \times 10^{16}$ cm^{-3}。试求 x_n、x_p 和 W；（b）若反偏电压 $V_R = 12$ V，重做（a）的问题。

答案：（a）$x_n = 0.143$ μm，$x_p = 1.43$ μm，$W = 1.57$ μm；（b）$x_n = 0.173$ μm，$x_p = 1.73$ μm；$W = 1.90$ μm。

耗尽区的电场强度随反偏电压增加而增加。电场仍由式(5.14)和式(5.16)给出，且仍是空间电荷区距离的线性方程。既然 x_n 和 x_p 随反偏电压增加，那么电场强度也应增加。最大电场仍位于冶金结处。

由式(5.14)和式(5.16)可知，冶金结处的最大电场为

$$\mathcal{E}_{\max} = \frac{-eN_d x_n}{\epsilon_s} = \frac{-eN_a x_p}{\epsilon_s} \tag{5.35}$$

若用式(5.28)或式(5.29)联立总电势 $V_{\mathrm{bi}} + V_R$，有

$$\mathcal{E}_{\max} = -\left[\frac{2e(V_{\mathrm{bi}} + V_R)}{\epsilon_s}\left(\frac{N_a N_d}{N_a + N_d}\right)\right]^{1/2} \tag{5.36}$$

pn 结的**最大电场**也可写为

$$\mathcal{E}_{\max} = \frac{-2(V_{\mathrm{bi}} + V_R)}{W} \tag{5.37}$$

其中，W 为总空间电荷区宽度。

例 5.4　设计一个 pn 结，使其满足给定反偏电压下的最大电场要求。$T = 300$ K 时，硅 pn 结的 p 区掺杂浓度为 $N_a = 10^{18}$ cm^{-3}。若反偏电压 $V_R = 10$ V 时，空间电荷区的最大电场为 $|\mathcal{E}_{\max}| = 10^5$ V/cm，则 n 区的掺杂浓度应为多少？

【解】

由式(5.36)可知，最大电场强度为

$$|\mathcal{E}_{\max}| = \left[\frac{2e(V_{\mathrm{bi}} + V_R)}{\epsilon_s}\left(\frac{N_a N_d}{N_a + N_d}\right)\right]^{1/2}$$

既然 V_{bi} 是 N_a 的对数函数，这个方程本质上是超越方程，无法得到解析解。然而，作为近似，假设 $V_{\mathrm{bi}} \approx 0.75$ V。那么，可以写出

$$10^5 \approx \left\{\frac{2(1.6 \times 10^{-19})(0.75 + 10)}{(11.7)(8.85 \times 10^{-14})}\left[\frac{(10^{18})(N_d)}{10^{18} + N_d}\right]\right\}^{1/2}$$

解方程得

$$N_d = 3.02 \times 10^{15} \text{ cm}^{-3}$$

N_d 值对应的内建电势为

$$V_{\mathrm{bi}} = (0.0259)\ln\left[\frac{(10^{18})(3.02 \times 10^{15})}{(1.5 \times 10^{10})^2}\right] = 0.783 \text{ V}$$

这个值非常接近用来计算的假设值。因此，计算的 N_a 值是一个非常好的近似。

【结论】

在给定的反偏电压下，较小的 N_d 值导致较小的 $|\mathcal{E}_{\max}|$。本例计算得到的 N_d 值是满足设计指标要求的最大值。

【自测题】

EX5.4　$T = 300$ K 时，硅 pn 结两侧的掺杂浓度分别为 $N_a = 5 \times 10^{15}$ cm^{-3} 和 $N_d = 5 \times 10^{16}$ cm^{-3}。试确定反偏电压 (a) $V_R = 8$ V 和 (b) $V_R = 12$ V 时的最大电场？

　　　　答案：(a) 1.11×10^5 V/cm；(b) 1.34×10^5 V/cm。

5.3.2　势垒电容

既然耗尽区的正、负电荷空间上分离，所以 pn 结存在电容。图 5.10 给出了外加反偏电压为 V_R 和 $V_R + dV_R$ 时，耗尽区内的电荷密度变化。反偏电压增量 dV_R 在 n 区和 p 区分别形成额外的正电荷和负电荷。势垒电容定义为

$$C' = \frac{dQ'}{dV_R} \tag{5.38}$$

其中

$$dQ' = eN_d \, dx_n = eN_a \, dx_p \tag{5.39}$$

微分电荷 dQ' 的单位是 C/cm^2，所以电容 C' 的单位是 F/cm^2，或者说单位面积电容。

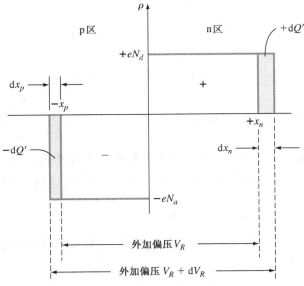

图 5.10　均匀掺杂 pn 结的空间电荷区宽度随反偏电压的变化关系，图中也给出了电压增量产生的额外电荷

对总电势而言，式 (5.28) 可写为

$$x_n = \left\{ \frac{2\epsilon_s(V_{\mathrm{bi}} + V_R)}{e} \left(\frac{N_a}{N_d} \right) \left(\frac{1}{N_a + N_d} \right) \right\}^{1/2} \tag{5.40}$$

势垒电容表示为

$$C' = \frac{\mathrm{d}Q'}{\mathrm{d}V_R} = eN_d \frac{\mathrm{d}x_n}{\mathrm{d}V_R} \tag{5.41}$$

因此

$$C' = \left[\frac{e\epsilon_s N_a N_d}{2(V_{\mathrm{bi}} + V_R)(N_a + N_d)} \right]^{1/2} \tag{5.42}$$

若考虑空间电荷区扩展到 p 区的深度 x_p，我们可以得到与式(5.42)完全相同的电容表达式。势垒电容也称为耗尽层电容。

例 5.5　计算 pn 结的势垒电容。 考虑与例 5.3 描述相同的 pn 结，假设 pn 结的截面积为 $A = 10^{-4}\,\mathrm{cm}^2$，试求外加偏压 $V_R = 5$ V 时的势垒电容。

【解】

由前面的计算可知，内建电势 $V_{\mathrm{bi}} = 0.695$ V，单位面积势垒电容为

$$C' = \left[\frac{e\epsilon_s N_a N_d}{2(V_{\mathrm{bi}} + V_R)(N_a + N_d)} \right]^{1/2}$$

$$= \left[\frac{(1.6 \times 10^{-19})(11.7)(8.85 \times 10^{-14})(2 \times 10^{16})(5 \times 10^{15})}{2(0.695 + 5)(2 \times 10^{16} + 5 \times 10^{15})} \right]^{1/2}$$

或

$$C' = 7.63 \times 10^{-9} \text{ F/cm}^2$$

pn 结总势垒电容为

$$C = AC' = (10^{-4})(7.63 \times 10^{-9})$$

或

$$C = 0.763 \times 10^{-12} \text{ F} = 0.763 \text{ pF}$$

【说明】

pn 结的势垒电容通常在 pF 量级，甚至更小。

【自测题】

EX5.5　$T = 300$ K 时，GaAs pn 结两侧的掺杂浓度分别为 $N_a = 1 \times 10^{15}$ cm^{-3} 和 $N_d = 2 \times 10^{16}$ cm^{-3}，结面积为 $A = 10^{-4}$ cm^2。试分别计算(a) $V_R = 0$ V 和(b) $V_R = 5$ V 时的势垒电容。

答案：(a)0.888 pF；(b)0.380 pF。

若比较反偏时空间电荷区的总耗尽区宽度 W 表达式(5.34)和势垒电容 C' 的表达式(5.42)，我们可将势垒电容表示为

$$C' = \frac{\epsilon_s}{W} \tag{5.43}$$

式(5.43)与平板电容器的单位面积电容表达式相同。若考虑图 5.10，我们或许可以更早地得出上述结论。需要注意的是，空间电荷区宽度是反偏电压的函数，所以势垒电容也是 pn 结两端反偏电压的函数。

5.3.3　单边突变结

现考虑一种称为**单边突变结**的特殊 pn 结。若 $N_a \gg N_d$，则这种结称为 p$^+$n 结。由式(5.34)，

这种结的总空间电荷区宽度为

$$W \approx \left[\frac{2\epsilon_s (V_{\mathrm{bi}} + V_R)}{e N_d} \right]^{1/2} \tag{5.44}$$

考虑到 x_n 和 x_p 的表达式，对 p$^+$n 结，有

$$x_p \ll x_n \tag{5.45}$$

和

$$W \approx x_n \tag{5.46}$$

即几乎整个空间电荷区扩展向 pn 结的轻掺杂区。图 5.11 给出了这种 pn 结的空间电荷分布。

p$^+$n 结的势垒电容简化为

$$C' \approx \left[\frac{e \epsilon_s N_d}{2(V_{\mathrm{bi}} + V_R)} \right]^{1/2} \tag{5.47}$$

单边突变结的耗尽层电容是轻掺杂区杂质浓度的函数。整理式(5.47)，可得

$$\left(\frac{1}{C'} \right)^2 = \frac{2(V_{\mathrm{bi}} + V_R)}{e \epsilon_s N_d} \tag{5.48}$$

由此可见，电容倒数的平方是外加反偏电压的线性函数。

图 5.12 给出式(5.48)描述的电容倒数的平方与反偏电压的关系曲线。若将曲线外推到 $(1/C')^2 = 0$，则该交点横坐标的绝对值即为单边突变结的内建电势。曲线斜率与 pn 结轻掺杂区的杂质浓度呈反比。因此，由此关系可从实验上确定掺杂浓度。推导上述电容表达式中做了如下假设：pn 结两侧均匀掺杂，突变结近似和平面结。

单边突变 pn 结对于实验确定杂质浓度和内建电势是非常有用的。

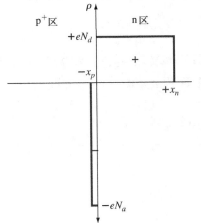
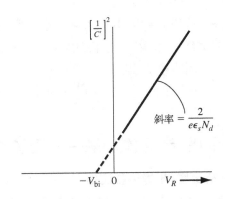

图 5.11　单边突变 p$^+$n 结的空间电荷分布　　图 5.12　均匀掺杂 pn 结的 $(1/C')^2$ 与 V_R 的关系曲线

例 5.6　由图 5.12 给定的参数，确定 p$^+$n 结的掺杂浓度。 考虑 $T = 300$ K 时的硅 p$^+$n 结。假设图 5.12 在电压轴上的截距为 $V_{\mathrm{bi}} = 0.742$ V，斜率为 $3.92 \times 10^{15} \, (\mathrm{F/cm^2})^{-2}/\mathrm{V}$。

【解】

图 5.12 所示曲线的斜率为 $2/e\epsilon_s N_d$，因此，可写出

$$N_d = \frac{2}{e\epsilon_s(\text{斜率})} = \frac{2}{(1.6 \times 10^{-19})(11.7)(8.85 \times 10^{-14})(3.92 \times 10^{15})}$$

或

$$N_d = 3.08 \times 10^{15} \text{ cm}^{-3}$$

内建电势为

$$V_{\text{bi}} = V_t \ln\left(\frac{N_a N_d}{n_i^2}\right)$$

求解 N_a，可得

$$N_a = \frac{n_i^2}{N_d} \exp\left(\frac{V_{\text{bi}}}{V_t}\right) = \frac{(1.5 \times 10^{10})^2}{3.08 \times 10^{15}} \exp\left(\frac{0.742}{0.0259}\right)$$

或

$$N_a = 2.02 \times 10^{17} \text{ cm}^{-3}$$

【说明】

本例的结果说明 $N_a \gg N_d$，所以单边突变结假设是有效的。

【自测题】

EX5.6　实验测得 $T = 300$ K 时，反向偏置在 $V_R = 4$ V 的单边突变硅 p^+n 结的势垒电容为 $C = 1.10$ pF，内建电势 $V_{\text{bi}} = 0.782$ V，pn 结的截面积为 $A = 10^{-4}$ cm^2，试确定 pn 结的掺杂浓度。

答案：$N_d = 7.12 \times 10^{15}$ cm^{-3}，$N_a = 3.13 \times 10^{17}$ cm^{-3}。

【练习题】

TYU5.3　已知 $T = 300$ K 时，反偏 GaAs pn 结的最大电场 $|\mathcal{E}_{\text{max}}| = 2.5 \times 10^5$ V/cm，pn 结两侧的掺杂浓度分别为 $N_d = 5 \times 10^{15}$ cm^{-3} 和 $N_a = 8 \times 10^{15}$ cm^{-3}。试确定产生最大电场所需的反偏电压。

答案：72.5 V。

TYU5.4　已知 $T = 300$ K 时，单边突变硅 p^+n 结的反偏电压为 $V_R = 3$ V，实验测得的势垒电容 $C = 1.25$ pF，内建电势 $V_{\text{bi}} = 0.775$ V，截面积 $A = 10^{-4}$ cm^2。试确定 pn 结两侧的掺杂浓度。

答案：$N_d = 7.12 \times 10^{15}$ cm^{-3}，$N_a = 3.13 \times 10^{17}$ cm^{-3}。

5.4　金属–半导体接触——整流结

目标：分析金属–半导体整流结

很早以前人们就发现，在硒上压金属触须就能实现整流接触。更加可靠的接触是在半导体表面淀积铝等金属，这种结通常称为肖特基势垒结，或简称为肖特基结。

5.4.1　肖特基势垒结

在本节，我们考虑零偏时的金属–半导体整流接触或肖特基势垒结。在多数情况下，整流接触是做在 n 型半导体上的。因此，在下面的分析中，我们集中在这种接触上。

特定金属与 n 型半导体在接触前的理想能带图如图 5.13(a)所示。其中，真空能级作为参考能级，参数 ϕ_m 是金属的功函数(单位为伏特)，ϕ_s 是半导体的功函数，χ 是**电子亲和势**。表 5.1 给出不同金属的功函数，表 5.2 给出了几种半导体的电子亲和势。在图 5.13(a)中，假设 $\phi_m > \phi_s$。在这种情况下，热平衡时理想的金属-半导体能带图如图 5.13(b)所示。接触前，半导体的费米能级高于金属的费米能级。为了保证热平衡时的费米能级在系统内为常数，通过金属-半导体接触，半导体内的电子流向金属的低能态。带正电荷的施主原子留在半导体中，形成空间电荷区。

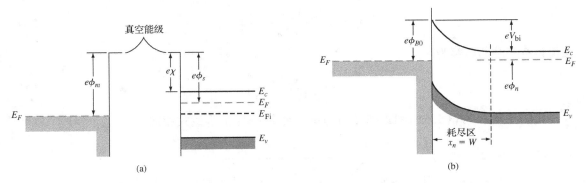

图 5.13　(a)接触前金属和半导体的能带图；(b)金属与 n 型半导体接触时的理想能带图($\phi_m > \phi_s$)

表 5.1　几种金属元素的功函数

元　素	功函数 ϕ_m
Ag，银	4.26
Al，铝	4.28
Au，金	5.1
Cr，镉	4.5
Mo，钼	4.6
Ni，镍	5.15
Pd，钯	5.12
Pt，铂	5.65
Ti，钛	4.33
W，钨	4.55

表 5.2　一些半导体的电子亲和势

元　素	电子亲和势 χ
Ge，锗	4.13
Si，硅	4.01
GaAs，砷化镓	4.07
AlAs，砷化铝	3.5

参数 ϕ_{B0} 是金属-半导体接触的理想势垒高度，它是金属中的电子向半导体侧运动时遇到的势垒，这个势垒称为**肖特基势垒**。理想情况下，由下式给出

$$\phi_{B0} = (\phi_m - \chi) \tag{5.49}$$

在半导体一侧，V_{bi} 是**内建电势**。这个势垒与 pn 结势垒类似，是导带电子向金属侧运动遇到的势垒。内建电势表示为

$$V_{bi} = \phi_{B0} - \phi_n \tag{5.50}$$

上式使 V_{bi} 是半导体掺杂的弱函数，这与 pn 结中的情况相同。由第 3 章可知，$\phi_n = V_t \ln(N_c/N_d)$。

5.4.2 反偏肖特基结

若在半导体上施加一个相对金属为正的电压，半导体一侧的势垒高度增加，而 ϕ_{B0} 理想情况下保持不变。这种偏置条件就是反偏。反向偏置肖特基结的能带图如图 5.14 所示，V_R 是反偏电压幅值。

若采用与处理反向偏置 pn 结相同的方法，将泊松方程用于反向偏置的肖特基结，我们可得其耗尽层宽度为

$$x_n = \left[\frac{2\epsilon_s(V_{\mathrm{bi}}+V_R)}{eN_d}\right]^{1/2} \tag{5.51}$$

反偏肖特基结的电容为

$$C' = \left[\frac{e\epsilon_s N_d}{2(V_{\mathrm{bi}}+V_R)}\right]^{1/2} \tag{5.52}$$

我们注意到，式(5.51)和式(5.52)与单边突变 $\mathrm{p^+n}$ 结的表达式相同。

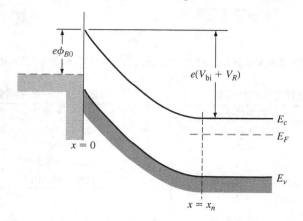

图 5.14 反向偏置时，金属–半导体整流结的理想能带图

5.5 正偏结简介

目标：定性分析正向偏置 pn 结和肖特基结的电流–电压特性

本书第 6 章和第 7 章将讨论零偏和反向偏置 pn 结在 MOS 晶体管中的应用。本节仅定性地讨论正向偏置的 pn 结和肖特基结。对于正向偏置 pn 结的详细分析将在第 9 章中给出。

图 5.7 给出了热平衡(零偏压)时 pn 结的能带图。我们可以得出，电子势垒阻挡 n 区电子流向 p 区，从而在 pn 结的 n 区一侧形成电子积累。类似地，空穴势垒阻挡空穴流入 n 区，在 p 区一侧形成空穴积累。势垒维持系统的热平衡。

图 5.9 示意地画出了反向偏置的 pn 结，图中也给出了电场方向。外加偏压感应的电场与零偏压空间电场的方向相同。如图 5.8 所示，这些电场增加了 p 区和 n 区的势垒高度。增加的电场进一步阻挡 p 区空穴和 n 区电子的移动。所以当施加反向偏压时，结区基本无电流。对于图 5.13(b) 和图 5.14 所示的零偏和反偏肖特基结而言，情况是完全相同的。

5.5.1　pn 结

图 5.15 给出了**正向偏置**时的 pn 结。p 区相对 n 区正向偏置。现在，外加电压感应的电场与原来零偏空间电场的方向相反。空间电荷区的净电场减小，p 区和 n 区的势垒也降低，如图 5.16 所示。势垒降低意味着零偏时建立的热平衡态被打破。在这种情况下，p 区的空穴经过耗尽区扩散进 n 区。同样，n 区的电子经过耗尽区扩散进 p 区，变成少子载流子电子。p 区和 n 区的稳态少数载流子分布如图 5.17 所示。由于存在少数载流子浓度梯度，因而 pn 结内感应出扩散电流。

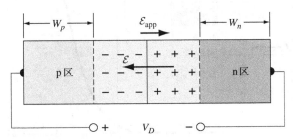

图 5.15　正偏 pn 结的示意图。图中给出了 V_D 感应的电场方向，以及零偏 pn 结的电场方向

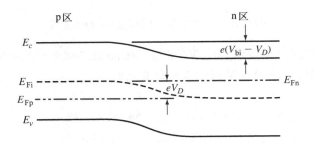

图 5.16　正偏 pn 结的能带图，图中示意地表示了势垒降低

通过分析扩散电流，可得出正偏 pn 结的理想电流–电压关系为（**理想二极管方程**）

$$I_D = I_S \left[\exp\left(\frac{V_D}{V_t} \right) - 1 \right] \tag{5.53}$$

其中，I_S 称为反向饱和电流，它是掺杂浓度、扩散系数和 pn 结面积的函数。硅 pn 结反向饱和电流的典型值为 $10^{-14}\,\mathrm{A} < I_S < 10^{-12}\,\mathrm{A}$。

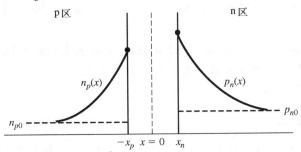

图 5.17　正偏 pn 结的稳态少子浓度

图 5.18 给出了式(5.53)的关系曲线。当 pn 结正偏时($V_D > 0$),电流是电压的指数函数;当 pn 结反偏时($V_D < 0$),指数项很快变得远小于 1,因此,结电流为 $I_D = -I_S$。反向偏置电流不为零,而是一个非常小的值。因为 pn 结的非线性 I-V 特性,这种器件称为 pn 结二极管。

在式(5.53)中,若 $V_D > 0.1$ V,此时指数项占主导,因此可写出

$$I_D \approx I_S \exp\left(\frac{V_D}{V_t}\right) \tag{5.54}$$

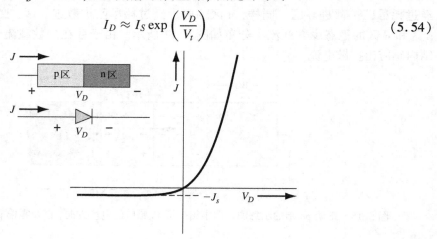

图 5.18 pn 结二极管的理想 I-V 特性曲线

例 5.7 **确定硅 pn 结二极管的电流。** $T = 300$ K 时,硅 pn 结二极管的反向饱和电流 $I_S = 10^{-14}$ A。试确定 $V_D = 0.5$ V、0.6 V 和 0.7 V 时的正向偏置电流。

【解】

由于 $V_D > 0.1$ V,所以二极管的电流由式(5.54)确定,即

$$I_D \approx I_S \exp\left(\frac{V_D}{V_t}\right) = (10^{-14}) \exp\left(\frac{V_D}{0.0259}\right) \quad \text{(A)}$$

当 $V_D = 0.5$ V 时

$$I_D = 2.42 \ \mu\text{A}$$

当 $V_D = 0.6$ V 时

$$I_D = 0.115 \ \text{mA}$$

当 $V_D = 0.7$ V 时

$$I_D = 5.47 \ \text{mA}$$

【说明】

由于指数函数关系,即使反向饱和电流非常小,二极管正向偏置时也有合理的电流值。

【自测题】

EX5.7 硅 pn 结二极管正向偏置,若 $T = 300$ K 时的反向饱和电流 $I_S = 5 \times 10^{-14}$ A。试确定产生 $I_D = 4.25$ mA 正向电流所需的电压。

答案:$V_D = 0.652$ V。

5.5.2　肖特基势垒结

金属–半导体结的电流输运主要是多数载流子,这与 pn 结的少数载流子输运不同。n 型半导体整流接触的基本过程是电子越过势垒的输运,这可由热电子发射理论来描述。

　　热电子发射特性源于势垒高度远大于 kT 这个假设，因此，麦克斯韦–玻尔兹曼近似有效，热平衡态不受**热电子发射**过程的影响。图 5.19 所示为施加正向偏压 V_D 时的一维势垒，图中给出了两个电流密度分量。其中，电流 $J_{s \to m}$ 是半导体中电子流向金属而引入的电子电流密度，而电流 $J_{m \to s}$ 是金属中电子流向半导体而引入的电子电流密度。电流的下标表示电子流动的方向。传统的电流方向与电子电流相反。

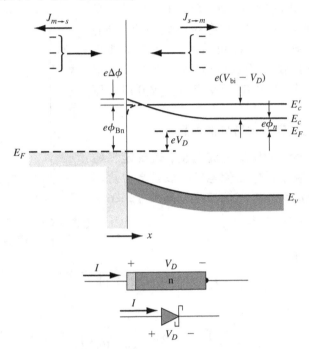

图 5.19　正偏金属–半导体整流接触的能带图。图中也给出
了电流方向，以及肖特基势垒二极管的电路符号

　　金属–半导体结的净电流密度可写为

$$J = J_{s \to m} - J_{m \to s} \tag{5.55}$$

其中，定义金属指向半导体的方向为正。在理想情况下，有

$$J = \left[A^* T^2 \exp\left(\frac{-e\phi_{B0}}{kT} \right) \right] \left[\exp\left(\frac{eV_D}{kT} \right) - 1 \right] \tag{5.56}$$

其中

$$A^* \equiv \frac{4\pi e m_n^* k^2}{h^3} \tag{5.57}$$

参数 A^* 称为有效**理查德森常数**。

　　式(5.56)可写成常规 pn 结二极管电流的形式

$$J = J_{sT} \left[\exp\left(\frac{eV_D}{kT} \right) - 1 \right] \tag{5.58}$$

其中，J_{sT} 是反向饱和电流密度。

5.5.3　肖特基二极管和 pn 结二极管的比较

尽管式(5.58)描述的肖特基势垒二极管的理想 *I-V* 特性和 pn 结二极管 *I-V* 特性的形式相同，但两者之间仍有两点重要差别：首先，二者的反向饱和电流密度不同；其次，二者的开关特性不同。

肖特基二极管的 J_{sT} 通常比 pn 结二极管的 J_s 大几个量级。既然 $J_{sT} \gg J_s$，所以两种二极管的正偏特性不同。图 5.20 所示为肖特基势垒二极管和 pn 结二极管的典型 *I-V* 特性。肖特基二极管获得给定电流所需的电压小于 pn 结二极管。换句话说，肖特基二极管的有效开启电压小于 pn 结二极管。

在第 9 章，将讨论二者开关特性的差别。

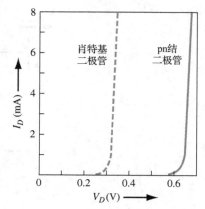

图 5.20　肖特基二极管和 pn 结二极管的正偏 *I - V* 特性比较

例 5.8　**为产生 10 A/cm² 的偏置电流密度，试确定肖特基二极管和 pn 结二极管所需的正偏电压。** 假设肖特基二极管和 pn 结二极管的反向饱和电流密度分别为 $J_{sT} = 6 \times 10^{-5}$ A/cm² 和 $J_s = 3.5 \times 10^{-11}$ A/cm²。

【解】

对肖特基二极管，有

$$J = J_{sT} \left[\exp\left(\frac{V_D}{V_t} \right) - 1 \right]$$

忽略 −1 项，我们可求得正偏电压

$$V_D = V_t \ln\left(\frac{J}{J_{sT}} \right) = (0.0259) \ln\left(\frac{10}{6 \times 10^{-5}} \right) = 0.311 \text{ V}$$

对 pn 结二极管，有

$$V_D = V_t \ln\left(\frac{J}{J_S} \right) = (0.0259) \ln\left(\frac{10}{3.5 \times 10^{-11}} \right) = 0.683 \text{ V}$$

【说明】

比较两个正偏电压可知，肖特基二极管的有效开启电压比 pn 结约低 0.37 V。

【自测题】

EX5.8　pn 结二极管和肖特基二极管的截面积和正向偏置电流 0.5 mA 相同。若肖特基二极管的反向饱和电流为 5×10^{-7} A，两种二极管的正偏电压之差为 0.30 V，试确定 pn 结二极管的反向饱和电流。

答案：4.66×10^{-12} A。

【练习题】

TYU5.5　$T = 300$ K 时，GaAs pn 结二极管的反向饱和电流为 $I_S = 10^{-19}$ A，试确定(a) $V_D = 0.95$ V，(b) $V_D = 1.0$ V 和(c) $V_D = 1.05$ V 时的正偏电流。

答案：(a) 0.85 mA；(b) 5.86 mA；(c) 40.4 mA。

TYU5.6　$T = 300$ K 时，GaAs pn 结二极管的正偏电流 $I_D = 12$ mA，反向饱和电流 $I_S = 5 \times 10^{-19}$ A。试确定所要求的正偏电压。

答案：$V_D = 0.977$ V。

Σ5.6　金属–半导体的欧姆接触

目标：描述金属–半导体的欧姆接触特性

　　任何半导体器件或集成电路都要与外界接触。这些接触是通过欧姆接触来实现的。欧姆接触也是金属与半导体的接触，但不是整流接触。欧姆接触是接触电阻低，且在金属和半导体两侧都能形成电流的接触。理想情况下，通过欧姆接触的电流是外加偏压的线性函数。通常有两种欧姆接触：第一种是理想非整流接触；第二种是势垒隧穿[1]。

　　在图 5.13 中，我们考虑了金属和 n 型半导体的理想接触，其中假设 $\phi_m > \phi_s$。图 5.21 所示为 $\phi_m < \phi_s$ 时，金属和 n 型半导体的理想接触。图 5.21（a）给出了接触前二者的能级，图 5.21（b）则给出了接触后，二者达到热平衡时的势垒。为了达到热平衡，电子从金属流向能态更低的半导体，这使得半导体表面的 n 型化更强。存在于 n 型半导体表面的过剩电子电荷会形成表面电荷密度。若在金属上施加正偏压，电子从半导体流向金属的过程中不存在势垒。若在半导体上施加正偏压，电子从金属流向半导体的有效势垒高度近似为 $\phi_{Bn} = \phi_n$。对中等至重掺杂的半导体而言，这个势垒非常小。在这种偏置条件下，电子可以轻易地从金属流向半导体。

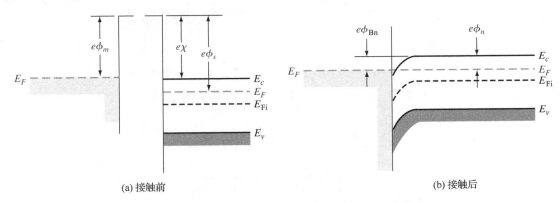

(a) 接触前　　　　　　　　　　　　　　　　　(b) 接触后

图 5.21　$\phi_m < \phi_s$ 时，金属与 n 型半导体的理想能带图

　　图 5.22（a）所示为金属–半导体接触正向偏置时的能带图。其中，金属上的电压相对半导体为正。半导体中的电子可以轻易地向下流向金属。图 5.22（b）所示为半导体上的电压相对金属为正的情况，金属的电子可以轻易地越过势垒进入半导体，这种结就是欧姆接触。

　　图 5.23 所示为金属与 p 型半导体的理想非整流接触。图 5.23（a）是 $\phi_m > \phi_s$ 时，金属和 p 型半导体接触前的能级图。接触后，为了达到热平衡，电子从半导体流向金属，在半导体中留下许多空态（空穴）。表面的过剩空穴堆积使得半导体表面的 p 型化更强。因此，金属中的电子可以轻易地流入半导体中的空态。这种电荷运动对应于空穴从半导体流入金属。我们也可以想象空穴从金属流向半导体的情形，这种结也是欧姆接触。

　　隧穿势垒　金属–半导体整流接触的空间电荷区宽度与半导体掺杂浓度的平方根成反比。

---

① 隧穿是量子力学概念，附录 E 将讨论隧穿概念。

耗尽层宽度随半导体掺杂浓度的增加而减小，因此，随着掺杂浓度的增加，势垒的隧穿概率增加。图 5.24 所示为金属与重掺杂 n 型外延层接触形成结的情况。

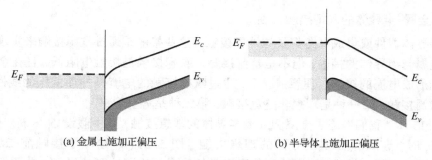

(a) 金属上施加正偏压　　　　　　　　　(b) 半导体上施加正偏压

图 5.22　金属与 n 型半导体欧姆接触的理想能带图

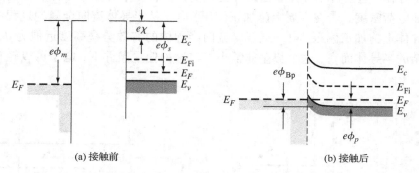

(a) 接触前　　　　　　　　　　　　　(b) 接触后

图 5.23　$\phi_m > \phi_s$ 时，金属与 p 型半导体的理想能带图

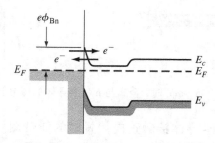

图 5.24　重掺杂 n 型半导体与金属接触的能带图

例 5.9　计算重掺杂半导体肖特基势垒的空间电荷区宽度。 $T = 300$ K 时，硅的掺杂浓度为 $N_d = 7 \times 10^{18}$ cm^{-3}，假定肖特基势垒为 $\phi_{B0} = 0.67$ V，且 $V_{bi} \approx \phi_{B0}$。

【解】

对于单边突变结，零偏时的耗尽区宽度为

$$x_n = \left(\frac{2\epsilon_s V_{bi}}{eN_d} \right)^{1/2} = \left[\frac{2(11.7)(8.85 \times 10^{-14})(0.67)}{(1.6 \times 10^{-19})(7 \times 10^{18})} \right]^{1/2}$$

即

$$x_n = 1.1 \times 10^{-6} \text{ cm} = 110 \text{ Å}$$

【说明】

在重掺杂半导体中，耗尽层宽度的数量级为埃(Å)，因此，发生隧穿的概率很大。对于这样的势垒宽度，隧穿电流是电流输运的主要机制。

【自测题】

EX5.9　若改为重掺杂的 GaAs 肖特基势垒，重新计算例 5.9。假设 n 型掺杂浓度 $N_d = 7 \times 10^{18} \ cm^{-3}$，势垒高度 $\phi_{Bn} = 0.80 \ V$。

　　　答案：$x_n = 129 \ Å$。

Σ5.7　非均匀掺杂 pn 结

到目前为止，我们讨论的 pn 结都假设结区两侧的半导体区域均匀掺杂。但在实际 pn 结中，情况并非如此。在一些电学应用中，往往采用特定的非均匀掺杂分布来实现所要求的 pn 结电容特性。

5.7.1　线性缓变结

以一块均匀掺杂的 n 型半导体为衬底，通过其表面向内部扩散受主原子，扩散后的杂质浓度分布如图 5.25 所示。图中所示的 $x = x'$ 对应于冶金结位置。正如前面所讨论，耗尽区从冶金结向 p 区和 n 区扩展。冶金结附近的净 p 型掺杂浓度可近似为距离冶金结位置的线性函数。同样，净 n 型掺杂浓度也可近似为从冶金结扩展进 n 区距离的线性函数。这种有效掺杂分布称为线性缓变结。

图 5.26 所示为线性缓变结耗尽区的空间电荷密度。为方便起见，冶金结置于 $x = 0$ 处。空间电荷密度可写为

$$\rho(x) = eax \tag{5.59}$$

其中，a 为净杂质浓度梯度。

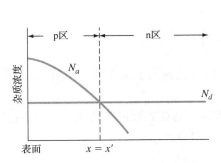

图 5.25　p 区非均匀掺杂时, pn 结的杂质浓度分布

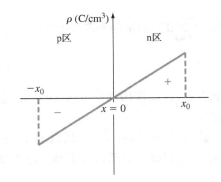

图 5.26　线性缓变 pn 结的空间电荷密度

由泊松方程我们可以确定空间电荷区内的电场与电势。我们有

$$\frac{d\mathcal{E}}{dx} = \frac{\rho(x)}{\epsilon_s} = \frac{eax}{\epsilon_s} \tag{5.60}$$

对上式积分，即可得到空间电荷区的电场

$$\mathcal{E} = \int \frac{eax}{\epsilon_s} \mathrm{d}x = \frac{ea}{2\epsilon_s}(x^2 - x_0^2) \tag{5.61}$$

线性缓变结的电场是距离的二次函数,而均匀掺杂 pn 结的电场是距离的线性函数。在线性缓变结中,最大电场仍然出现在冶金结处。我们注意到,$x = +x_0$ 和 $x = -x_0$ 处的电场均为零。非均匀掺杂半导体的实际电场并不为零,但该电场值非常小,所以令空间电荷区外的体区电场为零仍是一个很好的近似。

对电场再次积分,可得电势

$$\phi(x) = -\int \mathcal{E} \, \mathrm{d}x \tag{5.62}$$

若令 $x = -x_0$ 处的电势 $\phi = 0$,则 pn 结内的电势为

$$\phi(x) = \frac{-ea}{2\epsilon_s}\left(\frac{x^3}{3} - x_0^2 x\right) + \frac{ea}{3\epsilon_s}x_0^3 \tag{5.63}$$

对上式而言,$x = x_0$ 处的电势等于线性缓变结的内建电势,即

$$\phi(x_0) = \frac{2}{3} \cdot \frac{eax_0^3}{\epsilon_s} = V_{\mathrm{bi}} \tag{5.64}$$

使用均匀掺杂结的表达式,我们可近似得到线性缓变结内建电势的另一种表达式,即

$$V_{\mathrm{bi}} = V_t \ln\left[\frac{N_d(x_0) N_a(-x_0)}{n_i^2}\right] \tag{5.65}$$

其中,$N_d(x_0)$ 和 $N_a(-x_0)$ 是空间电荷区边界处的掺杂浓度。将上述的掺杂浓度和浓度梯度联系起来,可得

$$N_d(x_0) = ax_0 \tag{5.66a}$$

和

$$N_a(-x_0) = ax_0 \tag{5.66b}$$

因此,线性缓变结的内建电势表示为

$$V_{\mathrm{bi}} = V_t \ln\left(\frac{ax_0}{n_i}\right)^2 \tag{5.67}$$

可能存在 pn 结两侧掺杂浓度梯度并不相同的情况,但这已超出了本书的讨论范围,在此不再赘述。

若 pn 结两端施加一个反偏电压,则势垒高度增加。前述方程的内建电势 V_{bi} 则应由总电势 $V_{\mathrm{bi}} + V_R$ 代替。由式(5.64)解 x_0,并将总电势代入,可得

$$x_0 = \left[\frac{3}{2}\frac{\epsilon_s}{ea}(V_{\mathrm{bi}} + V_R)\right]^{1/3} \tag{5.68}$$

采用与均匀掺杂 pn 结势垒电容相同的方法,我们可以确定非均匀掺杂结的单位面积势垒电容。图 5.27 所示为电压增加 $\mathrm{d}V_R$ 时,电荷的变化量为 $\mathrm{d}Q'$。**势垒电容**可表示为

$$C' = \frac{\mathrm{d}Q'}{\mathrm{d}V_R} = (eax_0)\frac{\mathrm{d}x_0}{\mathrm{d}V_R} \tag{5.69}$$

由式(5.68)，可得①

$$C' = \left[\frac{ea\epsilon_s^2}{12(V_{bi} + V_R)} \right]^{1/3} \tag{5.70}$$

由上式可见，线性缓变结的势垒电容 C' 与 $(V_{bi} + V_R)^{-1/3}$ 成正比，而均匀掺杂结的 C' 与 $(V_{bi} + V_R)^{-1/2}$ 成正比。这说明线性缓变结的势垒电容与反偏电压的相关性比均匀掺杂结的弱一些。

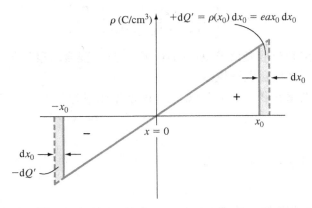

图 5.27　线性缓变 pn 结内，空间电荷区宽度的微变量与反偏电压微变量的关系

5.7.2　超突变结

均匀掺杂结与线性缓变结并不能代表所有的掺杂结。图 5.28 所示为更一般的单边突变 p^+n 结的掺杂分布，其中 $x > 0$ 处的 n 型掺杂分布表示为

$$N = Bx^m \tag{5.71}$$

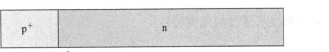

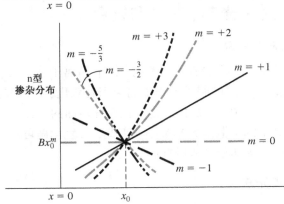

图 5.28　单边突变 p^+n 结的掺杂分布(引自 Sze[15])

---

① 在更加精确的分析中，式(5.70)中的 V_{bi} 应替换为梯度电压。然而，这个分析超出了本书的讨论范围。

$m = 0$ 对应于均匀掺杂结，而 $m = 1$ 则对应于刚刚讨论的线性缓变结。$m = 2$ 和 $m = 3$ 则对应于在重掺杂的 n$^+$ 型衬底上外延生长轻掺杂 n 型区的杂质分布。当 m 值为负时，我们称这种 pn 结为**超突变结**。在这种情况下，冶金结附近处的 n 型掺杂浓度高于半导体内。式(5.71)用于近似估算 $x = x_0$ 附近小区域内的掺杂浓度。因此，当 m 值为负时，它在 $x = 0$ 处就不成立了。

用与前面相同的方法，我们可以推导出势垒电容，即

$$C' = \left[\frac{eB\epsilon_s^{(m+1)}}{(m+2)(V_{bi} + V_R)}\right]^{1/(m+2)} \tag{5.72}$$

当 m 值为负时，势垒电容是反偏电压的强函数，这是**变容二极管**所要求的特性。电容可变意味着器件的电容可由偏置电压控制。

若变容二极管与电感并联，则这个 LC 电路的谐振频率为

$$f_r = \frac{1}{2\pi\sqrt{LC}} \tag{5.73}$$

由式(5.72)可知，二极管的电容可写为

$$C = C_0(V_{bi} + V_R)^{-1/(m+2)} \tag{5.74}$$

在电路应用中，我们通常更希望谐振频率是反偏电压 V_R 的线性函数，所以要求

$$C \propto V^{-2} \tag{5.75}$$

由式(5.74)可知，参数 m 由下式确定

$$\frac{1}{m+2} = 2 \tag{5.76a}$$

或

$$m = -\frac{3}{2} \tag{5.76b}$$

特定的掺杂分布可以实现所要求的电容特性。

Σ5.8 器件制备技术：光刻、刻蚀和键合

目标：描述 pn 结的常规制备技术

在前面的器件制备技术中，已讨论了热氧化、扩散和离子注入。在这一节，我们进一步扩展器件制备技术，不过在 pn 结的制备过程中仍会用到氧化、扩散和离子注入。

在前面讨论的热氧化过程中，二氧化硅是生长在硅表面的。二氧化硅的一个特性是杂质原子(如 P、As 或 B)在其中的扩散系数非常小。因此，二氧化硅可用做阻挡杂质进入特定区域的掩膜。二氧化硅也可作为离子注入的掩膜。

5.8.1 光学掩膜版和光刻

每个芯片上的实际电路和器件布局是通过**光学掩膜版**和光刻实现的。掩膜版是器件或器件部分的物理表示。掩膜版上的不透光区由紫外线吸收材料制成。首先，在半导体表面旋涂一层称为光刻胶的光敏层。光刻胶是一种吸收紫外线，发生化学反应的有机聚合物。如图 5.29 所示，紫外线经过掩膜版对光刻胶曝光，然后在化学溶液中显影。显影液用于去

除不想要的光刻胶部分,在硅片上产生想要的图形。掩膜版和光刻工艺非常关键,因为它们决定着制备器件的尺寸。除紫外线外,也可用电子束或 X 射线对光刻胶曝光。

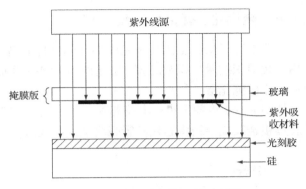

图 5.29 光掩膜版使用的示意图

5.8.2 刻蚀

形成光刻图形后,保留的光刻胶作为掩膜,因此,未被光刻胶保护的区域将被刻蚀。现在,等离子体刻蚀是 IC 制备的标准工艺。通常,将刻蚀气体(如含氯氟烃)通入低压反应腔,然后在阴极和阳极之间加射频电压产生等离子体。硅片放在阴极板上。等离子体中的正电荷离子被电场加速,以垂直表面方向轰击晶片。晶片表面实际的物理和化学过程非常复杂,不过最终的结果是晶片表面的选择区被各向异性地刻蚀。若光刻胶涂覆在二氧化硅表面,则二氧化硅可以同样的方式刻蚀。

5.8.3 杂质扩散或离子注入

杂质扩散或离子注入可用于形成 pn 结。图 5.30 所示为制备两个相邻 pn 结的基本工艺步骤。我们以 n 型衬底为例。在完成二氧化硅刻蚀后即可进行,受主杂质(B)扩散或离子注入。如图 5.30(6)所示,在硅片的特定区域形成了 pn 结。

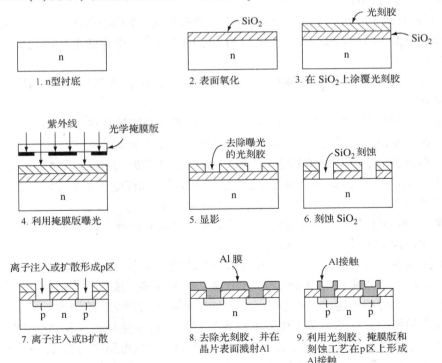

图 5.30 形成两个相邻 pn 结二极管的基本工艺步骤。n 区接触位于衬底底端

5.8.4 金属化、键合和封装

采用上述讨论的工艺步骤完成半导体器件制备后，需将其连接在一起形成电路。通常，采用气相淀积技术沉积金属膜，用光刻和刻蚀技术制备实际互连线。最后，在整个芯片表面沉积氮化硅钝化层。

切割晶片，将各个集成电路芯片分开。然后，将集成电路芯片安放在管壳内。最后，用引线焊接金线或铝线将芯片和管壳终端连接起来。

5.9 小结

1. A. 首先介绍了均匀掺杂的 pn 结。均匀掺杂 pn 结是指在半导体的一个区均匀掺杂受主杂质，而相邻的另一区均匀掺杂施主杂质。这种类型的 pn 结称为同质结。

   B. 冶金结两侧的 p 区和 n 区分别形成了空间电荷区或耗尽区。该区内的可动电子或空穴基本耗尽。由于施主杂质离子的存在，n 区带正电；同样，由于 p 区受主杂质离子的存在，p 区带负电。

2. A. 耗尽区内的净空间电荷密度产生电场。该电场方向由 n 区指向 p 区。

   B. 空间电荷区存在电势差。在零偏条件下，内建电势维持系统的热平衡，并且阻止 n 区多数载流子电子向 p 区扩散，p 区多数载流子空穴向 n 区扩散。推导了内建电势与掺杂浓度的关系式。

   C. 推导了空间电荷区扩展进 n 区的宽度 x_n，扩展进 p 区的宽度 x_p，总空间电荷区宽度 W，以及电场的表达式。

3. A. 反偏电压(n 区相对于 p 区为正)增大了势垒高度、空间电荷区宽度及电场。

   B. 随着反偏电压的改变，耗尽区的电荷量也随之改变。电荷随电压的变化定义为势垒电容。

4. A. 金属和轻掺杂 n 型半导体接触，形成整流结。在金属和半导体之间形成肖特基势垒。

   B. 在零偏和反偏(半导体为正)条件下，金属−半导体接触可在半导体一侧形成空间耗尽区。给出了内建电势、空间电荷区宽度和势垒电容的表达式。

5. A. 正向偏置的 pn 结(p 区相对 n 区为正)降低势垒高度，允许电子和空穴流过结区。

   B. 正向偏置的肖特基结(金属为正)降低势垒高度，允许电子从半导体流过结区。

   C. 二极管正偏时，正向电流是外加偏压的指数函数。

6. A. 金属−半导体的欧姆接触使得金属和半导体之间双向导电。理想情况下，通过欧姆接触的电流是外加偏压的线性函数。

   B. 欧姆接触通常有两种形式：一种是理想的非整流接触，另一种是势垒隧穿。

7. A. 线性缓变结是非均匀掺杂结的典型代表。本章推导了线性缓变结的电场、内建电势和势垒电容的表达式。这些表达式与均匀掺杂结的情况是不同的。

   B. 特定的掺杂分布可用来实现特定的电容特性。超突变结是一种掺杂浓度从冶金结处开始下降的特殊 pn 结。这种结非常适合制作谐振电路中的变容二极管。

8. 用光刻技术制备 pn 结。光刻胶和氧化物刻蚀后，就在半导体表面形成一个窗口，通过这个窗口向指定区域扩散或注入杂质离子，即可形成 pn 结。

知识点

学完本章之后，读者应具备如下能力：

1. A. 画出零偏 pn 结的能带图，并定义内建电势。

   B. 描述空间电荷区是如何形成的。

2. A. 描述空间电荷区内电场的形成。

   B. 简述内建电势如何维持热平衡。

3. A. 画出反偏 pn 结的能带图。

   B. 当 pn 结反向偏置时，空间电荷区宽度和电场如何变化？

   C. 解释势垒电容的起源。

   D. 简述单边突变结的主要特性。

4. A. 简述 $\phi_m > \phi_s$ 时，肖特基势垒的形成，定义肖特基结和内建电势。

   B. 画出肖特基结反偏时的能带图。

5. A. 画出 pn 结和肖特基结正偏时的能带图。

   B. 在同一图中画出 pn 结和肖特基结的 $I\text{-}V$ 特性，并分析其异同。

6. A. 画出金属与 n 型和 p 型半导体理想非整流接触的能带图。

   B. 画出隧穿欧姆接触的能带图。

7. A. 简述线性缓变结是如何形成的。

   B. 定义超突变结。

8. 简述制备 pn 结的基本工艺流程。

复习题

1. 画出零偏 pn 结的能带图。

2. A. 为什么均匀掺杂 pn 结的电场是距离的线性函数，电场的方向如何？

   B. 若 pn 结内的掺杂浓度 $N_a > N_d$，那么是 $x_p > x_n$，$x_n > x_p$ 还是 $x_n = x_p$？

   C. pn 结的内建电势与掺杂浓度是什么关系？

3. A. 在反偏 pn 结中，哪边的电势高？

   B. 画出反偏 pn 结的能带图。

   C. 为什么空间电荷区宽度随反偏电压的增加而增加？

   D. 为什么反偏 pn 结存在势垒电容？势垒电容为什么随反偏电压的增加而降低？

   E. 什么是单边突变 pn 结？我们可以确定单边突变 pn 结的哪些参数？

4. 画出金属和 n 型半导体接触的能带图。定义肖特基势垒和内建电势。

5. A. 画出正偏 pn 结的能带图。

   B. 为什么电荷可以流过正向偏置的 pn 结？

6. A. 画出金属和 p 型半导体理想非整流接触的能带图。

   B. 讨论正偏和反偏情况下，电子在隧穿欧姆接触中的流动。

7. A. 什么是线性缓变结？

　　　　B. 什么是超突变结？这种结的优点或特征是什么？
　　8. 制备 pn 结的基本工艺步骤有哪些？

习题

5.2 零偏 pn 结

5.1　(a)已知 $T = 300$ K 时，硅 pn 结的 n 区掺杂浓度 $N_d = 10^{15}$ cm^{-3}，若 p 区掺杂浓度 N_a 分别为(i)10^{15} cm^{-3}，(ii)10^{16} cm^{-3}，(iii)10^{17} cm^{-3} 和(iv)10^{18} cm^{-3}，试求 pn 结的内建电势 V_{bi}；(b)若 n 区掺杂浓度变为 $N_d = 10^{18}$ cm^{-3} 时，重做(a)的问题。

5.2　若 $T = 300$ K 时，Si, Ge 及 GaAs pn 结具有如下掺杂浓度，试分别计算每种 pn 结的内建电势 V_{bi}。

　　(a)$N_d = 10^{14}$ cm^{-3},　　　　　$N_a = 10^{17}$ cm^{-3}

　　(b)$N_d = 5 \times 10^{16}$ cm^{-3},　　$N_a = 5 \times 10^{16}$ cm^{-3}

　　(c)$N_d = 10^{17}$ cm^{-3},　　　　　$N_a = 10^{17}$ cm^{-3}

5.3　(a)试画出 $T = 300$ K 时，对称硅 pn 结$(N_a = N_d)$在 10^{14} cm$^{-3} \leqslant N_a = N_d \leqslant 10^{19}$ cm^{-3}范围内变化时的内建电势；(b)若保持其他条件不变，硅 pn 结替换为 GaAs pn 结，重做(a)的问题。

5.4　若均匀掺杂 GaAs pn 结的掺杂浓度为 $N_a = 5 \times 10^{18}$ cm^{-3}，$N_d = 5 \times 10^{16}$ cm^{-3}。试画出内建电势 V_{bi} 随温度的变化曲线$(200 \text{ K} \leqslant T \leqslant 500 \text{ K})$。

5.5　$T = 300$ K 时，突变 Si pn 结在零偏时的掺杂浓度分别为 $N_a = 10^{17}$ cm^{-3}，$N_d = 5 \times 10^{15}$ cm^{-3}。(a)计算 pn 结两侧的费米能级相对本征费米能级的位置；(b)画出 pn 结的平衡能带图，由图确定 V_{bi} 和(a)的结果；(c)利用式(5.10)计算 V_{bi}，并与(b)的结果进行比较；(d)确定 x_n，x_p 以及 pn 结的峰值电场。

5.6　若掺杂浓度 $N_a = N_d = 2 \times 10^{16}$ cm^{-3}，重做习题 5.5。

5.7　$T = 300$ K 时，Si 突变 pn 结在热平衡状态下，n 区的 $E_c - E_F = 0.21$ eV，p 区的 $E_F - E_v = 0.18$ eV。(a)试画出 pn 结的能带图；(b)试确定各区的掺杂浓度；(c)确定 V_{bi}。

5.8　考虑 $T = 300$ K 时的均匀掺杂 GaAs pn 结。零偏时，总空间电荷区的20%位于 p 型区内，内建电势 $V_{bi} = 1.20$ V。试求零偏时的(a)N_a，(b)N_d，(c)x_n，(d)x_p 和(e)$\mathcal{E}_{max}$。

5.9　Si pn 结的掺杂浓度分布如图 P5.9 所示。若外加偏压为零，(a)确定 V_{bi}；(b)计算 x_n 和 x_p；(c)画出热平衡时的能带图；(d)画出结区电场随距离的变化曲线。

*5.10　均匀掺杂 Si pn 结的掺杂浓度为 $N_d = 5 \times 10^{15}$ cm^{-3}，$N_a = 10^{16}$ cm^{-3}。内建电势的实测值为 $V_{bi} = 0.40$ V，试计算获得这个结果的温度(提示：读者可以通过试错法来解本题)。

5.11　均匀掺杂 Si pn 结的掺杂浓度为 $N_a = 5 \times 10^{17}$ cm^{-3}，$N_d = 10^{17}$ cm^{-3}。(a)计算 $T = 300$ K 时的内建电势 V_{bi}；(b)确定 V_{bi} 降低1%所对应的温度。

5.12　同型突变结是指结两侧的杂质类型相同，但结的掺杂浓度不同。图 P5.12 所示为 n-n 同型结的掺杂分布。(a)画出同型结的热平衡能带图；(b)利用能带图，确定内建电势；(c)讨论结区内的电荷分布。

5.13　n 型区与本征区接触时，可形成一种特殊的结。这种结可用 n 型区和轻掺杂的 p 型区来

建模。$T = 300$ K 时，假设 Si 的掺杂浓度为 $N_d = 10^{16}$ cm^{-3}，$N_a = 10^{12}$ cm^{-3}。在零偏条件下，试确定(a)V_{bi}，(b)x_n，(c)x_p 和(d)$|\mathcal{E}_{max}|$，并画出结区电场随距离的变化曲线。

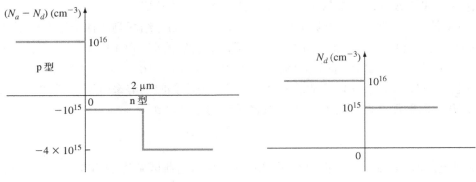

图 P5.9　习题 5.9 的示意图　　　　　图 P5.12　习题 5.12 的示意图

5.14　我们对空间电荷区采用突变耗尽近似，即耗尽区内不存在自由载流子，半导体从空间电荷区突变到中性区。对大多数情况而言，这种近似已经足够了。然而，这种突变过渡并不存在，空间电荷区到中性区的过渡约为几个德拜长度，其中 n 区的德拜长度可表示为

$$L_D = \left(\frac{\epsilon_s kT}{e^2 N_d} \right)^{1/2}$$

若 p 型掺杂浓度为 $N_a = 8 \times 10^{17}$ cm^{-3}，n 型掺杂浓度为(a)$N_d = 8 \times 10^{14}$ cm^{-3}；(b)$N_d = 2.2 \times 10^{16}$ cm^{-3}；(c)$N_d = 8 \times 10^{17}$ cm^{-3}。试分别计算上述条件的 L_D，并确定 L_D/x_n 的比值。

5.15　观察均匀掺杂 pn 结的电场随距离变化的曲线是如何随掺杂浓度的改变而改变的。例如，当 $N_d = 10^{18}$ cm^{-3} 时，令 10^{14} cm$^{-3} \leqslant N_a \leqslant 10^{18}$ cm^{-3}，然后考虑 $N_d = 10^{14}$ cm^{-3}，令 10^{14} cm$^{-3} \leqslant N_a \leqslant 10^{18}$ cm^{-3}，最后考虑 $N_d = 10^{16}$ cm^{-3}，令 10^{14} cm$^{-3} \leqslant N_a \leqslant 10^{18}$ cm^{-3}。从 $N_d \geqslant 100 N_a$ 或 $N_a \geqslant 100 N_d$ 的结果我们可以得到什么结论？假设上述情况的偏置电压均为零。

5.3　反偏 pn 结

5.16　$T = 300$ K 时，Si 突变 pn 结的掺杂浓度为 $N_a = 2 \times 10^{16}$ cm^{-3}，$N_d = 2 \times 10^{15}$ cm^{-3}。试计算：(a)V_{bi}；(b)$V_R = 0$ 和 $V_R = 8$ V 时的耗尽区宽度 W；(c)$V_R = 0$ 和 $V_R = 8$ V 时，空间电荷区的最大电场。

5.17　考虑习题 5.11 描述的 pn 结。器件的截面积 $A = 10^{-4}$ cm^2，反偏电压 $V_R = 5$ V。试分别计算(a)V_{bi}；(b)x_n、x_p 和 W；(c)$\mathcal{E}_{max}$；(d)总势垒电容。

5.18　理想突变 Si n$^+$p 结的两侧均匀掺杂，掺杂浓度的关系为 $N_d = 50 N_a$。内建电势 $V_{bi} = 0.752$ V。当反偏电压 $V_R = 10$ V 时，结区的最大电场强度 $\mathcal{E}_{max} = 1.14 \times 10^5$ V/cm。试确定 $T = 300$ K 时的(a)N_a 和 N_d；(b)$V_R = 10$ V 时的 x_p 和 C'_j。

5.19　Si n$^+$p 结的反偏电压 $V_R = 10$ V。若 p 区掺杂浓度增加两倍，试确定(a)势垒电容和(b)内建电势的变化百分比。

5.20 $T = 300$ K 时，考虑两个反偏电压均为 $V_R = 5$ V 的 Si p$^+$n 结。若结 A 的掺杂浓度为 $N_a = 10^{18}$ cm^{-3}，$N_d = 10^{15}$ cm^{-3}，而结 B 的掺杂浓度为 $N_a = 10^{18}$ cm^{-3}，$N_d = 10^{16}$ cm^{-3}。试确定结 A 和结 B 的下列参数比：(a) W；(b) $|\mathcal{E}_{\max}|$；(c) C_j'。

5.21 (a) 反偏 Si pn 结的峰值电场为 $|\mathcal{E}_{\max}| = 3 \times 10^5$ V/cm。结两侧的掺杂浓度分别为 $N_d = 4 \times 10^{15}$ cm^{-3} 和 $N_a = 4 \times 10^{17}$ cm^{-3}，试求反偏电压的大小；(b) 若 $N_d = 4 \times 10^{16}$ cm^{-3}，$N_a = 4 \times 10^{17}$ cm^{-3}，重做 (a) 的问题；(c) 若 $N_d = N_a = 4 \times 10^{17}$ cm^{-3}，重做 (a) 的问题。

5.22 考虑 $T = 300$ K 时，均匀掺杂的 GaAs pn 结。若零偏时的势垒电容为 $C_j(0)$，反偏电压为 10 V 时的势垒电容为 $C_j(10)$，两种条件的电容之比为

$$\frac{C_j(0)}{C_j(10)} = 3.13$$

反向偏置时，p 区内的空间电荷区宽度占总空间电荷区宽度的 20%。试确定 (a) V_{bi} 和 (b) N_a，N_d。

5.23 $T = 300$ K 时，GaAs pn 结的掺杂浓度为 $N_a = 10^{16}$ cm^{-3}，$N_d = 5 \times 10^{16}$ cm^{-3}。在某一特定的器件应用中，要求两个不同反偏电压下的势垒电容之比为 $C_j'(V_{R1})/C_j'(V_{R2}) = 3$，其中反偏电压 $V_{R1} = 1$ V。试确定 V_{R2}。

5.24 $T = 300$ K 时，均匀掺杂 Si 突变 pn 结两侧的掺杂浓度分别为 $N_a = 10^{18}$ cm^{-3} 和 $N_d = 10^{15}$ cm^{-3}，结面积 $A = 6 \times 10^{-4}$ cm^2。若将该 pn 结与 2.2 mH 的电感并联，试计算以下反偏电压时的谐振频率：(a) $V_R = 1$ V；(b) $V_R = 10$ V。

5.25 若 $T = 300$ K 时，均匀掺杂 Si p$^+$n 结的反偏电压 $V_R = 10$ V，器件最大电场限定在 $\mathcal{E}_{\max} = 10^6$ V/cm。试确定 n 区的最大掺杂浓度。

5.26 设计一个 Si pn 结，使其在 $T = 300$ K 时满足以下指标：反偏电压 $V_R = 1.2$ V 时，总空间电荷区的 10% 位于 n 型区内，总势垒电容为 3.5×10^{-12} F，其中结面积为 5.5×10^{-4} cm^2。试确定 pn 结的 N_a，N_d 和 V_{bi}。

5.27 $T = 300$ K 时，Si pn 结的掺杂分布如图 P5.27 所示。试计算：(a) V_{bi}；(b) 零偏时的 x_n 和 x_p；(c) $x_n = 30$ μm 时的外加偏压。

5.28 $T = 300$ K 时，Si pn 结的掺杂分布如图 P5.28 所示。(a) 试计算空间电荷区完全扩展过整个 p 型区所需的反偏电压；(b) 在 (a) 中给定的反偏条件下，试确定 n$^+$ 区内的空间电荷区宽度；(c) 计算这个偏置电压下的峰值电场。

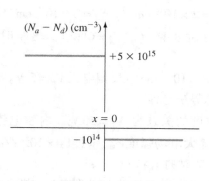

图 P5.27 习题 5.27 的示意图

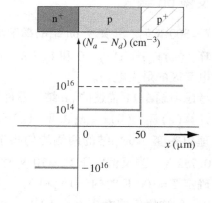

图 P5.28 习题 5.28 的示意图

5.29 (a)已知 Si p^+n结的掺杂浓度为 $N_a = 10^{18}$ cm^{-3}，$N_d = 5 \times 10^{15}$ cm^{-3}，结面积 $A = 5 \times 10^{-5}$ cm^2。试计算不同偏压下的势垒电容：(i)$V_R = 0$ V，(ii)$V_R = 3$ V 和(iii)$V_R = 6$ V，并画出 $1/C^2$ 随 V_R 变化的关系曲线。证明由曲线斜率可确定 N_d，且该曲线在电压轴上的截距为 V_{bi}；(b)若 pn 结的 n 区掺杂浓度变为 $N_d = 6 \times 10^{16}$ cm^{-3}，重做(a)的问题。

5.30 $T = 300$ K 时，单边 Si pn 结在反偏电压 $V_R = 50$ mV 时的实测总势垒电容为 1.3 pF，结面积为 10^{-5} cm^{-2}，内建电势 $V_{bi} = 0.95$ V。(a)试确定 pn 结轻掺杂侧的杂质浓度；(b)计算高掺杂侧的杂质浓度。

5.31 当掺杂浓度变化时，电容 C' 和$(1/C')^2$ 是如何随反偏电压 V_R 变化的。特别考虑 $N_a \geqslant 100N_d$时，这些曲线随 N_a 的变化，以及 $N_d \geqslant 100N_a$ 时，这些曲线随 N_d 的变化。

*5.32 pn 结的掺杂分布如图 P5.32 所示，假设在所有反偏电压下，$x_n > x_0$。试求：(a)pn 结的内建电势为多少？(b)采用突变结近似，画出 pn 结内的电荷密度；(c)推导空间电荷区内的电场表达式。

*5.33 Si pin 结的掺杂分布如图 P5.33 所示，其中"i"代表未进行任何掺杂的理想本征区。当 pin 结两端外加一个反偏电压后，空间电荷区宽度从 -2 μm 一直扩展到 $+2$ μm。(a)采用泊松方程，计算 $x = 0$ 处的电场；(b)画出 pin 结区的电场分布；(c)计算满足上述条件所需的反偏电压。

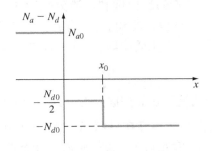

图 P5.32　习题 5.32 的示意图　　　　图 P5.33　习题 5.33 的示意图

5.4　金属–半导体接触——整流结

（注意：若无其他说明，假设下面问题中 Si 的 $A^* = 120$ A/K$^2 \cdot$ cm^2，GaAs 的 $A^* = 1.12$ A/K$^2 \cdot$ cm^2。）

5.34 $T = 300$ K 时，Al 和掺杂浓度为 $N_d = 10^{16}$ cm^{-3} 的 n 型 Si 接触。(a)画出接触前的能带图；(b)画出接触后，零偏时的能带图；(c)计算(b)中的 ϕ_{B0}，x_d 和 $\mathcal{E}_{max}$。

5.35 在掺杂浓度 $N_d = 10^{15}$ cm^{-3} 的 n 型 Si 上淀积 Au，形成理想整流接触。试确定 $T = 300$ K 时，热平衡条件下的(a)ϕ_{B0}，(b)V_{bi}，(c)W 和(d)$\mathcal{E}_{max}$。

5.36 $T = 300$ K 时，在掺杂浓度 $N_d = 5 \times 10^{16}$ cm^{-3} 的 n 型 GaAs 上制备 Au 肖特基二极管。试确定：(a)势垒高度的理论值 ϕ_{B0}；(b)ϕ_n；(c)V_{bi}；(d)$V_R = 5$ V 时的空间电荷区宽度 x_n；(e)$V_R = 5$ V 时，结区的电场分布。

5.37 $T = 300$ K 时，n 型 GaAs 肖特基二极管的 $1/C'^2$-V_R 关系曲线如图 P5.37 所示，其中 C' 是单位 cm^2 的电容。试确定(a)V_{bi}，(b)N_d，(c)ϕ_n 和(d)ϕ_{B0}。

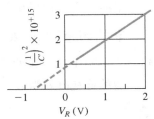

图 P5.37　习题 5.37 的示意图

5.5　正偏结简介

5.38　$T = 300$ K 时，Si pn 结二极管的反向饱和电流 $I_S = 4 \times 10^{-13}$ A。试确定 $V_D = 0.5$ V，0.6 V 和 0.7 V 时的正向电流。

5.39　$T = 300$ K 时，Si pn 结二极管正向偏置，其反向饱和电流 $I_S = 10^{-14}$ A。试确定正向电流为 (a) $I_D = 100$ μA 和 (b) $I_D = 1.5$ mA 时所需的二极管电压。

5.40　$T = 300$ K 时，GaAs pn 结二极管的反向饱和电流 $I_S = 5 \times 10^{-21}$ A。试确定 (a) $V_D = 0.90$ V，(b) $V_D = 1.0$ V 和 (c) $V_D = 1.10$ V 时的正向电流。

5.41　$T = 300$ K 时，GaAs pn 结二极管的正向电流 $I_D = 15$ mA，反向饱和电流 $I_S = 10^{-19}$ A。试确定所需的正偏电压。

5.42　肖特基二极管和 pn 结二极管的结面积 $A = 5 \times 10^{-4}$ cm^2。$T = 300$ K 时，肖特基二极管和 pn 结二极管的反向饱和电流密度分别为 3×10^{-8} A/cm^2 和 3×10^{-12} A/cm^2。若二极管产生 1 mA 的电流，试问各自需要的正偏电压为多少？

5.43　$T = 300$ K 时，pn 结二极管和肖特基二极管的反向饱和电流密度分别为 5×10^{-12} A/cm^2 和 7×10^{-8} A/cm^2。pn 结二极管的结面积 $A = 8 \times 10^{-4}$ cm^2。若产生 1.2 mA 的电流时，两个二极管的正偏电压相差 0.265 V，试确定肖特基二极管的结面积。

5.44　(a) $T = 300$ K 时，肖特基二极管和 pn 结二极管的反向饱和电流分别为 5×10^{-8} A 和 10^{-12} A。若将两个二极管并联，并用 0.5 mA 的电流驱动。(i) 确定每个二极管中的电流；(ii) 确定二极管两端的电压。(b) 若将两个二极管串联，重做 (a) 的问题。

5.6　金属–半导体的欧姆接触

5.45　$T = 300$ K 时，功函数 $\phi_m = 4.2$ V 的某种金属淀积在 n 型硅片上。其中，Si 的电子亲和势 $\chi_s = 4.0$ V，带隙能 $E_g = 1.12$ eV，且假设结区不存在界面态。(a) 试画出该结不存在空间电荷区时，零偏条件下的能带图；(b) 满足 (a) 中条件所需的掺杂浓度 N_d 是多少？(c) 电子从金属进入半导体的势垒高度为多少？

5.46　$T = 300$ K 时，Si 肖特基结在零偏时的能带结构如图 P5.46 所示，令 $\phi_{B0} = 0.7$ V。若 $x_d = 50$ Å 处的电势比势垒峰值低 $\phi_{B0}/2$，试确定所需的掺杂浓度。

5.47　功函数为 4.3 eV 的金属和电子亲和势为 4.0 eV 的 p 型 Si 形成金属–半导体结，其中硅的受主掺杂浓度 $N_a = 5 \times 10^{16}$ cm^{-3}。假设 $T = 300$ K，(a) 画出热平衡时的能带图；(b) 确定肖特基势垒高度；(c) 画出外加反偏电压 $V_R = 3$ V 时的能带图；(d) 画出外加正偏电压 $V_a = 0.25$ V 时的能带图。

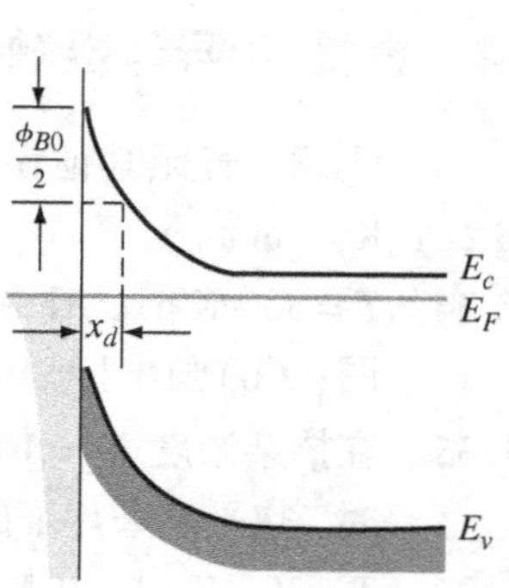

图 P5.46　习题 5.46 的示意图

5.7　非均匀掺杂 pn 结

5.48　$T = 300$ K 时，线性缓变 Si pn 结的内建电势 $V_{bi} = 0.70$ V。反偏电压 $V_R = 3.5$ V 时，实测的势垒电容为 $C' = 7.2 \times 10^{-9}$ F/cm^2。试确定净掺杂浓度的梯度 a。

综合题

5.49　$T = 300$ K 时，单边 p$^+$n Si 二极管的掺杂浓度为 $N_a = 10^{18}$ cm^{-3}。设计一个 pn 结，使其

在 $V_R = 3.5$ V 时的势垒电容 $C_j = 0.95$ pF，并计算 $V_R = 1.5$ V 时的势垒电容。

5.50　$T = 300$ K 时，结面积为 10^{-5} cm^2 的单边 p$^+$n 结的内建电势实测值为 $V_{bi} = 0.8$ V。$(1/C_j)^2 - V_R$ 曲线在 $V_R < 1$ V 时近似为线性，而在 $V_R > 1$ V 时，曲线基本保持常数。$V_R = 1$ V 时的势垒电容 $C_j = 0.082$ pF。试问冶金结两侧的掺杂浓度应为多少？

5.51　$T = 300$ K 时，利用 Si 材料制备一个 n-n 突变结，其中，$x < 0$ 处的掺杂浓度为 $N_{d1} = 10^{15}$ cm^{-3}，而 $x > 0$ 处的掺杂浓度为 $N_{d2} = 5 \times 10^{16}$ cm^{-3}。（a）试画出能带图；（b）推导 V_{bi} 的表达式；（c）画出结区的电荷密度、电场和电势分布；（d）说明电荷密度的来源，并确定其位置。

5.52　Si 扩散 pn 结在 p 区一侧的掺杂浓度线性缓变，其中浓度梯度 $a = 2 \times 10^{19}$ cm^{-4}，n 区为均匀掺杂，掺杂浓度 $N_d = 10^{15}$ cm^{-3}。（a）若零偏时，p 区一侧的耗尽区宽度为 0.7 μm，试计算总耗尽区宽度、内建电势和最大电场；（b）画出结区内的电势函数。

参考文献

1. Dimitrijev, S. *Understanding Semiconductor Devices*. New York：Oxford University Press, 2000.

2. Kano, K. *Semiconductor Devices*. Upper Saddle River, NJ：Prentice-Hall, 1998.

*3. Li, S. S. *Semiconductor Physical Electronics*. New York：Plenum Press, 1993.

4. Muller, R. S., T. I. Kamins, and W. Chan. *Device Electronics for Integrated Circuits*, 3rd ed. New York：John Wiley and Sons, 2003.

5. Navon, D. H. *Semiconductor Microdevices and Materials*. NewYork：Holt, Rinehart & Winston, 1986.

6. Neamen, D. A. *Semiconductor Physics and Devices：Basic Principles*, 3rd ed. New York：McGraw-Hill, 2003.

7. Neudeck, G. W. *The PN Junction Diode*. Vol. 2 of the *Modular Series on Solid State Devices*. 2nd ed. Reading, MA：Addison-Wesley, 1989.

*8. Ng, K. K. *Complete Guide to Semiconductor Devices*. New York：McGraw-Hill, 1995.

9. Pierret, R. F. *Semiconductor Device Fundamentals*. Reading, MA：Addison-Wesley, 1996.

*10. Roulston, D. J. *An Introduction to the Physics of Semiconductor Devices*. New York：Oxford University Press, 1999.

11. Shur, M. *Introduction to Electronic Devices*. New York：John Wiley and Sons, 1996.

*12. Shur, M. *Physics of Semiconductor Devices*. Englewood Cliffs, NJ：Prentice-Hall, 1990.

13. Singh, J. *Semiconductor Devices：Basic Principles*. New York：John Wiley and Sons, 2001.

14. Streetman, B. G., and S. Banerjee. *Solid State Electronic Devices*, 5th ed. Upper Saddle River, NJ：Prentice-Hall, 2000.

15. Sze, S. M. *Physics of Semiconductor Devices*. 2nd ed. New York：Wiley, 1981.

16. Sze, S. M. *Semiconductor Devices：Physics and Technology*, 2nd ed. New York：John Wiley and Sons, Inc., 2002.

*17. Wang, S. *Fundamentals of Semiconductor Theory and Device Physics*. Englewood Cliffs, NJ：Prentice-Hall, 1989.

18. Wolf, S. *Silicon Processing for the VLSI Era：Volume 3—The Submicron MOSFET*. Sunset Beach, CA：Lattice Press, 1995.

19. Yang, E. S. *Microelectronic Devices*. New York：McGraw-Hill, 1988.

第 6 章　MOS 场效应晶体管基础

本章主要讨论金属–氧化物–半导体 MOS 场效应晶体管(MOSFET)的物理基础。MOSFET 与其他元器件组合,可实现电压增益和信号功率放大功能,所以 MOSFET 是有源器件。由于器件尺寸小、集成度高,MOSFET 广泛应用于数字集成电路。MOSFET 是集成电路设计的核心器件。

MOS 结构是指由金属–二氧化硅–硅构成系统,更一般的术语是金属–绝缘体–半导体(MIS)。其中,绝缘体不必是二氧化硅,半导体也不必是硅。尽管讨论的物理基础也可应用到 MIS 系统中,但本章仍以 MOS 系统为例。

本章主要讨论 MOSFET 的物理基础和器件特性,下一章将讨论 MOSFET 的其他问题。

内容概括

1. MOSFET 的器件结构和工作原理。

2. 两端 MOS 电容的主要特性,包括能带图和电荷分布。

3. MOS 电容的电势,包括功函数差、平带电压和阈值电压。

4. MOS 电容的电容–电压(C-V)特性。

5. MOSFET 的基本结构和器件特性,包括电流–电压(I-V)关系。

6. MOSFET 的小信号等效电路及其频率限制。

7. MOSFET 制备技术,包括栅氧、栅金属化和 CMOS 技术。

历史回顾

用栅压控制器件电流的想法最先由利林费尔德(J. Lilienfeld)提出,并在 1926 年申请了相关专利。然而,受当时制备工艺的限制,未能实现这种器件。直到 1960 年,贝尔实验室的江大原(D. Kahng)和阿塔拉(M. Atalla)首次报道了 MOSFET。1962 年,首次制备出集成 16 个 MOS FET 的 MOS 集成电路。采用 PMOS 和 NMOS 构建 CMOS 电路的概念是由威纳尔斯(F. Wanlass)和萨支唐(C. Sah)于 1963 年提出的。第一款微处理器(Intel 4004)是由 Intel 公司的霍夫(M. Hoff)等人在 1971 年实现的,他们将计算机的整个中央处理器集成在同一芯片上。这款芯片集成了 2300 个 MOSFET,它是集成电路技术的重大突破。

发展现状

如今,MOSFET 技术(尤其是 CMOS)仍然是数字集成电路的核心技术。当前的发展目标仍然是进一步降低器件尺寸,以便在同一芯片上集成更多的器件。通常,小尺寸器件也会增加速率,降低功耗。

6.1　MOS 场效应晶体管作用

目标:简述 MOSFET 的基本结构,定性讨论器件的工作原理

图 6.1 所示为 n 道沟 MOSFET 的结构简图。MOSFET 实际是一个四端器件。金属–氧化

物–半导体 MOS 电容是 MOSFET 的核心。从 6.2 节开始,我们将详细分析 MOS 电容。栅氧两侧是 n 型掺杂区,分别称为源区和漏区。栅氧下方,位于源区和漏区之间的区域称为沟道区。如图 6.1 所示,我们感兴趣的两个参数分别是栅长 L 和栅宽 W。另一个需要考虑的几何参数是氧化层厚度 t_{ox}。

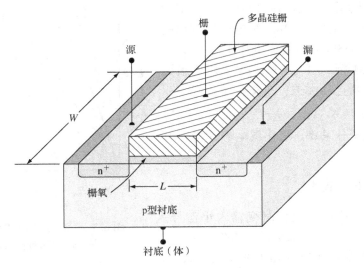

图 6.1　n 沟道 MOSFET 的结构示意图

6.1.1　基本工作原理

图 6.2(a)所示为 MOSFET 器件的典型偏置图,图 6.2(b)为相同偏置条件下的简化电路符号。当栅上施加正偏压时,栅氧中感应出垂直电场,该电场也渗透进半导体,若电场足够大,则在栅氧下方产生一电子层。该电子层称为反型层,也称**沟道层**。

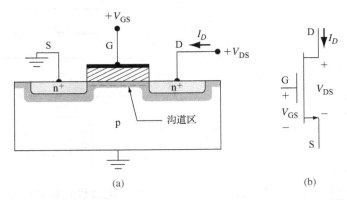

图 6.2　(a)n 沟道 MOSFET 典型的偏置($V_{GS} > V_T$);(b)相同偏置条件下的简化电路符号

当施加漏–源电压 V_{DS},电子从源端经沟道到达漏端,形成漏电流了。该电流是反型层电荷量的函数,反过来,也是垂直电场的函数。**场效应**这个概念是指电流由垂直于电荷流动方向的电场控制。场效应晶体管行为是指两端电压(栅–源电压)控制第三端(漏端)的电流。由于电流是由沟道电子的流动引起的,因此,这种器件称为 n 沟道 MOSFET。

6.1.2　工作模式

MOSFET 的一个基本电学参数是**阈值电压** V_T。若栅–源电压小于阈值电压，晶体管截止，沟道电流为零。若栅–源电压大于阈值电压，则形成反型层，沟道有电流通过。

图 6.3 所示为晶体管的电流–电压特性。图中给出不同栅偏压时，漏电流随漏–源电压的变化曲线。其中，假设 MOSFET 的阈值电压 $V_T = 0.5\text{ V}$。若晶体管偏置在饱和区，$V_{DS} > V_{GS} - V_T$，理想情况下的漏电流与漏–源电压无关，可表示为

$$I_D = K_n(V_{GS} - V_T)^2 \qquad (6.1)$$

传导参数 K_n 是电子迁移率、氧化层电容和沟道宽长比的函数。

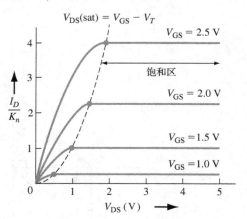

图 6.3　n 沟道 MOSFET 的理想电流–电压特性（设 $V_T = 0.5\text{V}$）

6.1.3　MOSFET 放大

晶体管的一个应用是放大时变输入小信号。图 6.4(a) 给出了实现小信号放大的电路图。若输入信号 $v_i = 0$，则晶体管偏置在饱和区的 Q 点，如图 6.4(b) 所示。写出漏–源环路的电压定律方程，我们有

$$V_{DS} = V_{DD} - I_D R_D \qquad (6.2)$$

式(6.2)称为负载线方程，它叠加在图 6.4(b) 所示的晶体管输出特性曲线上。

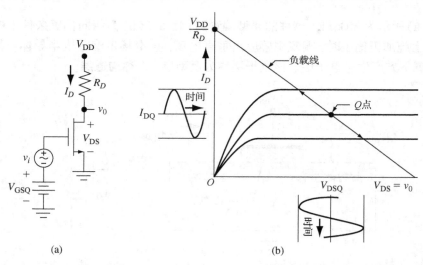

图 6.4　(a) 放大时变输入信号 v_i 的简单电路；(b) 晶体管特性曲线上叠加的负载线和时变信号

当施加一个时变输入信号 v_i 时，栅–源电压随时间变化，因而感应出时变的漏电流。反过来使得漏–源电压也随时间变化。由于时变输出信号的幅值比输入信号的幅值大，所以这个电路是一个放大器。

下面我们将分析 MOS 电容，以便更好地理解反型层的形成。

6.2　双端 MOS 电容

目标：描述双端 MOS 电容的特性，包括能带图和电荷分布

　　MOSFET 的核心是金属-氧化物-半导体（MOS）电容。**MOS 电容**是理解 MOSFET 器件特性和工作原理的基础。为此，我们首先研究 MOS 电容的特性。MOS 电容如图 6.5 所示。MOS 结构中的金属可以是铝或其他一些金属，但目前应用更多的是在氧化物表面淀积高电导率的多晶硅。由于历史原因，金属一词一直沿用至今。图中的参数 t_{ox} 是氧化层厚度，ϵ_{ox} 是氧化层的介电常数。

　　用在本章和下一章的电压和**电势符号**的物理意义为：

　　1. 带有下标的符号 V 用来表示端电压或器件电压参数，如阈值电压或平带电压。

　　2. 带有下标的符号 ϕ 用来表示器件结构内部的电势或电势差。

　　与大多数工程符号一样，本章也可能有一些例外标注。

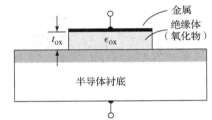

图 6.5　MOS 电容的基本结构。氧化层厚度通常在 20 ~ 200Å（本图未按比例画出）

6.2.1　能带结构和电荷分布

　　借助简单的平板电容器，我们更容易解释 MOS 结构的物理特性。图 6.6(a) 所示的是一平板电容器，上极板相对下极板接负电压，两极板被绝缘材料隔开。加偏压后，上极板积累负电荷，下级板积累正电荷，两极板间感应出如图所示的电场。单位面积电容表示为

$$C' = \frac{\epsilon}{d} \tag{6.3}$$

其中，ϵ 为绝缘体的介电常数，d 为极板间距。在每个极板上，单位面积的电荷量为

$$Q' = C'V \tag{6.4}$$

式中的撇号表示单位面积的电荷和电容。电场幅度为

$$\mathcal{E} = \frac{V}{d} \tag{6.5}$$

　　图 6.6(b) 所示为 p 型半导体衬底的 MOS 电容。顶层金属栅相对半导体衬底加负偏压。从平板电容器的例子可以看出，负电荷出现在顶层金属板上，感应的电场方向如图所示。如果电场渗透进半导体，作为多数载流子的空穴就会被推向氧化物-半导体的界面。图 6.6(c) 所示为在这种外加偏压条件下，MOS 电容中电荷的平衡分布。氧化物-半导体结区的空穴堆积层对应于 MOS 电容"下极板"上的正电荷。

　　图 6.7(a) 所示的 MOS 电容器与图 6.6 相同，只是外加偏压的极性相反。这时正电荷出现在顶层金属板上，感应电场的方向向下，如图所示。在这种情况下，若电场渗透进半导体内，作为多数载流子的空穴被推离氧化物-半导体界面。随着空穴被推离界面，固定的离化受主原子就会产生一个带负电的空间电荷区。耗尽区内的负电荷对应于 MOS 电容"下极板"上的负电荷。图 6.7(b) 说明在这种外加偏压条件下，MOS 电容器中电荷的平衡分布。

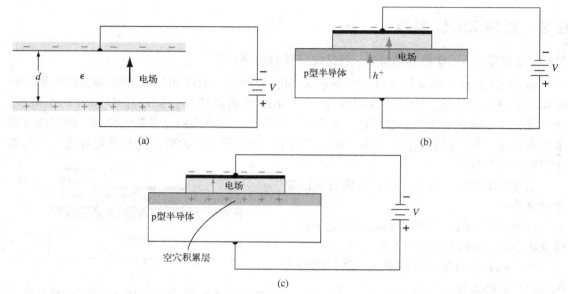

图 6.6　（a）平板电容器的结构示意图；（b）栅极负偏时的 MOS
电容器；（c）存在稳态空穴堆积层的 MOS 电容器

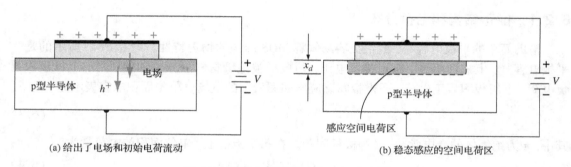

图 6.7　栅极中等正偏时的 MOS 电容器

　　MOS 电容的能带图和电荷分布有助于理解这种器件的工作原理和特性，进而更好地理解
MOSFET 的工作原理。图 6.8（a）所示为向一侧倾倒的 MOS 电容器。p 型衬底接地，栅端接
电压 V_G。图 6.8（b）是这个结构零偏时的理想能带图。由于栅压 $V_G = 0$，半导体中的净电荷
为零。所有能带都是平的。

　　若在半导体内的某个区域存在净电荷密度，由泊松方程可得

$$\frac{\mathrm{d}^2\phi(x)}{\mathrm{d}x^2} = -\frac{\rho(x)}{\epsilon_s} = -\frac{\mathrm{d}\mathcal{E}(x)}{\mathrm{d}x} \tag{6.6}$$

净电荷密度使该区域存在电场和电势。电子能量和电势的关系为

$$E = -e\phi \tag{6.7}$$

联立式（6.6）和式（6.7）可得，有电场存在区域的导带、价带和本征费米能级发生弯曲。这个
效应在第 5 章已讨论过。需要注意的是，正电子能量沿纵轴向上，而正电势沿纵轴向下。

　　图 6.9（a）（i）所示为栅压为负时 MOS 结构的能带图。氧化层中无电流，这意味着半导体
内没有电流。因此，半导体处于热平衡状态，费米能级是常数。

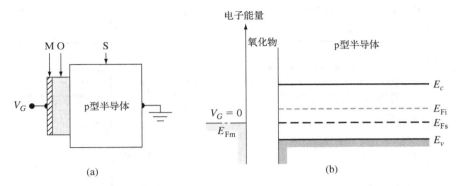

图 6.8　(a) 倾倒的 p 型衬底 MOS 电容器；(b) 零栅压时，p 型衬底 MOS 结构的理想能带图

当栅压为负时，我们已证明在邻近氧化层的半导体表面处形成**空穴积累层**。空穴积累意味着氧化层附近的半导体 p 型化程度更强。如图 6.9(a)(i) 所示，价带能量必须更靠近费米能级。电容器内的电荷分布如图 6.9(a)(ii) 所示。栅压为负意味着金属栅带负电荷，而对应的正电荷则是半导体一侧的积累电荷。

图 6.9(b)(i) 所示为栅压为正时 MOS 结构的能带图。此时，在 p 型半导体一侧感应出带负电的空间**耗尽区**，因此，能带向下弯曲。这种能带弯曲与 pn 结的情况类似。电荷分布如图 6.9(b)(ii) 所示。现在，金属栅带正电荷，MOS 电容的负电荷对应于半导体的耗尽区。

下面，考虑 MOS 电容器的栅压为较大正值时的情况。我们预期感应电场幅度增大，MOS 电容器的正负电荷量也增加。半导体内更多的负电荷表明感应的空间电荷区更大，能带更弯曲。图 6.9(c)(i) 给出这种情况的能带图。表面处的本征费米能级处于费米能级以下，这样，导带比价带更接近费米能级。这意味着邻近氧化层的半导体表面变为 n 型。由此可见，当栅上施加足够大的正偏压时，可将 p 型半导体表面转变为 n 型。这样，我们就在氧化层-半导体界面处感应出**反型层**。

图 6.9(c)(ii) 为电荷分布。对于这种情况，我们已假定表面的本征费米能级远低于费米能级，而中性 p 区内的本征费米能级位于费米能级之上。这个条件意味着表面反型层的电子浓度 (#/cm^3) 与中性 p 区的空穴浓度 (#/cm^3) 相同。这种情况称为阈值，此时 MOS 结构处于临界反型状态。我们将在下一章做进一步的讨论。

对于更大的栅偏压，能带弯曲更严重，如图 6.9(d)(i) 所示。表面导带更接近费米能级，因而表面 n 型程度更强。如图 6.9(d)(ii) 所示，**反型层电荷密度** Q_n' 更大。

在刚刚考虑的 MOS 电容器结构中，我们假设半导体衬底为 p 型。若采用 n 型半导体衬底，MOS 电容器可构建出相同类型的能带图。图 6.10(a) 所示为顶栅正偏时的 MOS 电容器结构。顶栅带正电荷，感应电场方向如图所示。n 型衬底可感应出电子积累层。栅压为负时的情况如图 6.10(b) 所示。在这种情况下，n 型半导体感应出带正电荷的空间电荷区。

图 6.11(a) 所示为倾倒的 n 型半导体 MOS 电容器。其中，n 型衬底接地，栅端接电压 V_G。图 6.11(b) 为对应理想 MOS 结构的能带图。此时，栅压 $V_G = 0$，半导体内净电荷为零，所以全部能带都是平的。

除栅压极性和电荷符号改变外，n 型衬底 MOS 电容器的能带和电荷分布与 p 型衬底 MOS 电容器基本相似。

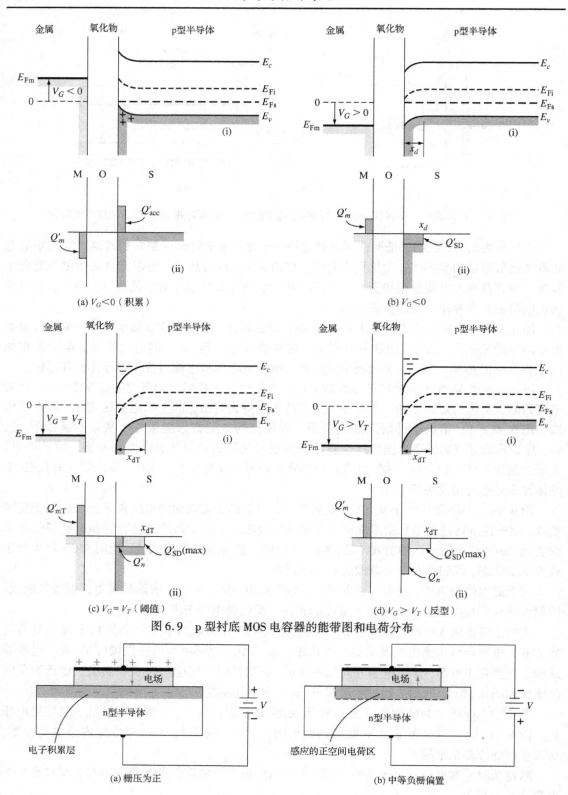

图 6.9　p 型衬底 MOS 电容器的能带图和电荷分布

图 6.10　n 型衬底的 MOS 电容器

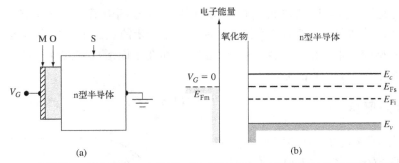

图 6.11　(a)倾倒的 n 型衬底 MOS 电容器；(b)零栅压时，n 型衬底 MOS 电容器的理想能带图

图 6.12(a)(i)所示为栅压为正时的能带图。同样，氧化层和半导体内均无电流。半导体处于热平衡，费米能级是常数。栅压为正时，邻近氧化物的半导体表面形成**电子积累层**。正因为如此，表面处的导带能量更接近费米能级。图 6.12(a)(ii)给出了 MOS 电容的电荷分布。

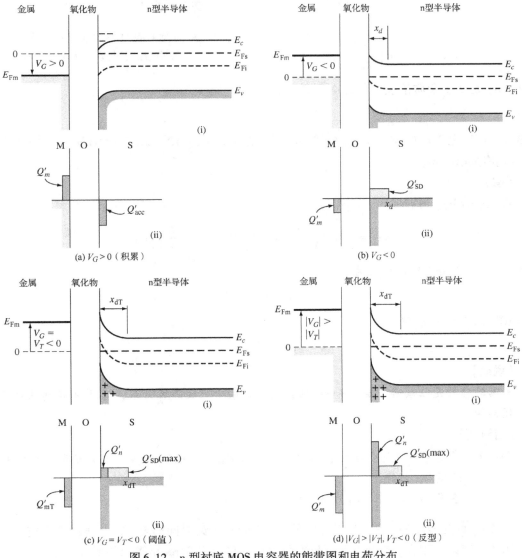

图 6.12　n 型衬底 MOS 电容器的能带图和电荷分布

图 6.12(b)是栅压为负时的情况。半导体一侧感应出空间电荷区。图 6.12(c)所示为栅压更负的情况。在这种情况下，表面的本征费米能级位于费米能级之上。这意味着邻近氧化物的半导体表面是 p 型的，即表面由 n 型转变为 p 型，从而在表面形成**空穴反型层**。图 6.12(d)是栅压更负、反型电荷更多时的情况。

6.2.2　耗尽层厚度

下面我们计算氧化物-半导体界面处感应的空间电荷区宽度。图 6.13 给出了 p 型衬底 MOS 结构的空间电荷区。其中，电势 ϕ_{Fp} 是 E_{Fi} 和 E_F 之间的电势差，表示为

$$e\phi_{Fp} = E_F - E_{Fi} = -kT \ln\left(\frac{N_a}{n_i}\right) \quad (6.8a)$$

或

$$\phi_{Fp} = -V_t \ln\left(\frac{N_a}{n_i}\right) \quad (6.8b)$$

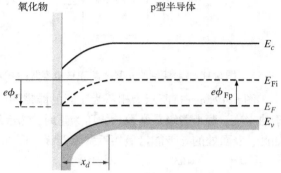

图 6.13　p 型衬底 MOS 结构的能带图。图中给出了电势 ϕ_{Fp} 和表面势 ϕ_s

其中，N_a 是受主杂质浓度，n_i 是本征载流子浓度。

例 6.1　试确定 $T = 300$ K，硅衬底的掺杂浓度分别为(a) $N_a = 10^{15}$ cm^{-3} 和(b) $N_a = 10^{17}$ cm^{-3} 时，MOS 电容的电势 ϕ_{Fp}。

【解】

由式(6.8b)，可得

$$\phi_{Fp} = -V_t \ln\left(\frac{N_a}{n_i}\right) = -(0.0259) \ln\left(\frac{N_a}{1.5 \times 10^{10}}\right)$$

因此，$N_a = 10^{15}$ cm^{-3} 时的电势为

$$\phi_{Fp} = -0.288 \text{ V}$$

$N_a = 10^{17}$ cm^{-3} 时的电势为

$$\phi_{Fp} = -0.407 \text{ V}$$

【说明】

本例的目的是让读者了解电势 ϕ_{Fp} 的数量级。由于对数函数关系，ϕ_{Fp} 并不是衬底掺杂浓度的强函数。

【自测题】

EX6.1　考虑 $T = 300$ K 时的 p 型硅，若电势 $\phi_{Fp} = -0.340$ eV，试确定半导体的掺杂浓度。

答案：$N_a = 7.54 \times 10^{15}$ cm^{-3}。

电势 ϕ_s 称为表面势，它是半导体内的 E_{Fi} 与表面的 E_{Fi} 之间的电势差。表面势是空间电荷区两侧的电势差。现在，空间电荷区宽度可写成与单边突变 pn 结类似的形式，有

$$x_d = \left(\frac{2\epsilon_s \phi_s}{e N_a} \right)^{1/2} \tag{6.9}$$

其中，ϵ_s 是半导体的介电常数。式(6.9)假设突变耗尽近似成立。

图 6.14 是 $\phi_s = \phi_{sT} = |2\phi_{Fp}|$ 时，p 型衬底 MOS 结构的能带图。由图可见，表面处的费米能级远在本征费米能级之上，而半导体内的费米能级则在本征费米能级之下。表面处的电子浓度等于体内的空穴浓度。这种情况称为**阈值反型点**，所加的栅压称为**阈值电压**。如果栅压大于阈值电压，导带会向费米能级轻微弯曲，表面处导带的变化只是栅压的弱函数。然而，表面电子浓度却是表面势的指数函数。若表面势增加几(kT/e)，电子浓度成数量级的增加，但空间电荷区宽度的变化却微乎其微。

反型电荷密度可表示为

$$n_s = n_i \exp\left(\frac{E_F - E_{\mathrm{Fi}}}{kT} \right) \tag{6.10}$$

若 $E_F - E_{\mathrm{Fi}} = e\phi_{sT}$，则 $n_s = N_a$。可写出

$$n_s = N_a \exp\left(\frac{\Delta \phi_s}{V_t} \right) \tag{6.11}$$

其中，$\Delta \phi_s = \phi_s - \phi_{sT}$。图 6.15 给出 n_s 和 $\Delta \phi_s$ 的关系曲线。由图可见，$\Delta \phi_s$ 轻微的变化就会急剧地增加 n_s。

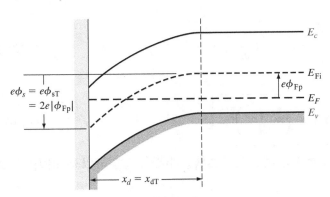

图 6.14　p 型半导体在阈值反型点处的能带图

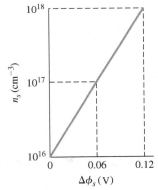

图 6.15　电子反型电荷密度与表面势变化$\Delta \phi_s$ 的函数关系

由于上述原因，空间电荷区在阈值点附近基本达到最大宽度。若令 $\phi_s = \phi_{sT} = |2\phi_{Fp}|$，由式(6.9)可计算出反型点的最大空间电荷区宽度 x_{dT}，即

$$x_{dT} = \left(\frac{4\epsilon_s |\phi_{Fp}|}{e N_a} \right)^{1/2} \tag{6.12}$$

例 6.2　根据给定的掺杂浓度计算最大空间电荷区宽度。 考虑 $T = 300$ K 时的硅，掺杂浓度 $N_a = 10^{16}$ cm^{-3}。

【解】
由式(6.8b)可得

$$\phi_{Fp} = -V_t \ln\left(\frac{N_a}{n_i}\right) = -(0.0259)\ln\left(\frac{10^{16}}{1.5 \times 10^{10}}\right) = -0.347 \text{ V}$$

最大空间电荷区宽度为

$$x_{dT} = \left[\frac{4\epsilon_s|\phi_{Fp}|}{eN_a}\right]^{1/2} = \left[\frac{4(11.7)(8.85 \times 10^{-14})(0.347)}{(1.6 \times 10^{-19})(10^{16})}\right]^{1/2}$$

或

$$x_{dT} = 0.30 \times 10^{-4} \text{ cm} = 0.30 \text{ μm}$$

【说明】

MOS 结构感应的最大空间电荷区宽度与 pn 结的空间电荷区宽度在同一个数量级。

【自测题】

EX6.2　（a）考虑 $T = 300$ K 时，由氧化物和 p 型硅构成的 MOST 结构，其中，硅的掺杂浓度为 $N_a = 3 \times 10^{16}$ cm^{-3}。计算硅的最大空间电荷区宽度；（b）若掺杂浓度 $N_a = 10^{15}$ cm^{-3}，重新计算最大空间电荷区宽度。

答案：（a）0.180 μm；（b）0.863 μm。

前面讨论了 p 型衬底的空间电荷区宽度，同样的最大空间电荷宽度也可在 n 型衬底中出现。图 6.16 是 n 型衬底材料位于阈值电压点的能带图。可写出

$$e\phi_{Fn} = E_F - E_{Fi} = kT \ln\left(\frac{N_d}{n_i}\right) \tag{6.13a}$$

或

$$\phi_{Fn} = V_t \ln\left(\frac{N_d}{n_i}\right) \tag{6.13b}$$

那么，有

$$x_{dT} = \left(\frac{4\epsilon_s\phi_{Fn}}{eN_d}\right)^{1/2} \tag{6.14}$$

图 6.17 是 $T = 300$ K 时，x_{dT} 和硅中掺杂浓度的关系曲线。半导体掺杂可以是 n 型也可以是 p 型。

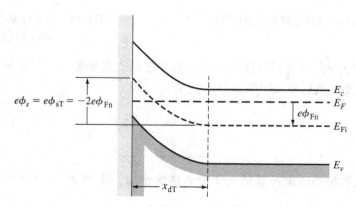

图 6.16　n 型半导体在阈值反型点时的能带图

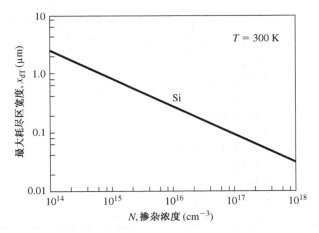

图 6.17　硅中最大空间电荷区宽度与半导体掺杂的关系曲线

【练习题】

TYU6.1　考虑 $T=300$ K 时，由氧化物和 n 型硅构成的 MOS 结构，其中硅的掺杂浓度为 $N_d=8\times10^{15}$ cm^{-3}。试计算硅的最大空间电荷区宽度。

答案：0.33 μm。

6.3　MOS 电容的电势差

目标：分析 MOS 电容的电势，包括功函数差、平带电压和阈值电压

我们已讨论了栅压不同时半导体的能带。下面，将定义半导体处在特定条件时所对应的栅电压。此外，也需要考虑实际的 MOS 结构，而不是前面讨论的理想器件。

除电压和电势差外，电场也是 MOS 器件的重要参数。由泊松方程可知，电场正比于电势的变化率，即 $\mathcal{E}=-\mathrm{d}\phi/\mathrm{d}x$，电子的能量为 $E=-e\phi$。电场和能量的关系为

$$\mathcal{E}=\frac{1}{e}\frac{\mathrm{d}E}{\mathrm{d}x} \tag{6.15}$$

上式表明，若能带弯曲，则存在电场。反过来，若存在电场，则能带必定弯曲。

在讨论 MOS 电容时，需引入新的术语。这些术语的表示符号及其定义总结在表 6.1 中。建议读者在分析 MOS 电容时，参考此表。

表 6.1　MOS 电容的符号小结

符　　号	定　　义
$\phi_{\mathrm{Fn}},\phi_{\mathrm{Fp}}$	n 型和 p 型半导体的 E_F 与 E_{Fi} 之差（eV）
ϕ_m	金属相对真空的功函数
ϕ_m'	金属相对二氧化硅的功函数
ϕ_{ms}	金属-半导体的功函数差
ϕ_s	半导体的表面势
ϕ_{s0}	零偏时，半导体的表面势
χ	半导体相对真空的电子亲和势

（续表）

符 号	定 义
χ'	半导体相对二氧化硅的电子亲和势
x_{dT}	最大耗尽区宽度
C_{ox}	单位面积的氧化层电容
Q'_m	金属上的电荷密度
Q'_n	反型电荷密度
Q'_{SD}	耗尽区的最大电荷密度
Q'_{ss}	氧化层中的等效陷阱电荷
V_{FB}	平带电压
V_{ox}	氧化层上的电压降
V_{ox0}	零偏时，氧化层上的电压降
V_{TN}，V_{TP}	n 沟道和 p 沟道 MOSFET 的阈值电压

6.3.1 功函数差

到目前为止，我们已经讨论了半导体材料的能带图。图 6.18(a) 所示为金属、二氧化硅和 p 型硅在接触前，相对真空能级的能带图。其中，ϕ_m 是金属功函数，χ 是电子亲和势。参数 χ_i 是氧化物的电子亲和势，对于二氧化硅，$\chi_i = 0.9$ V。

图 6.18(b) 是栅压为零时，金属–氧化物–半导体 MOS 结构的能带图。当系统达到热平衡时，费米能级为常数。为了达到平衡条件，我们可在金属和 p 型衬底之间连一条线。空穴从半导体流向金属栅，增加栅电势，直到二者达到平衡。我们定义 ϕ'_m 为修正的金属功函数——从金属向氧化物导带注入电子所需的势能。同样，定义 χ' 为修正的电子亲和势。电压 V_{ox0} 是零栅压时氧化物上的电势差。因为 ϕ_m 和 χ 存在着势差，所以 V_{ox0} 不一定为零。电势 ϕ_{s0} 为表面势。

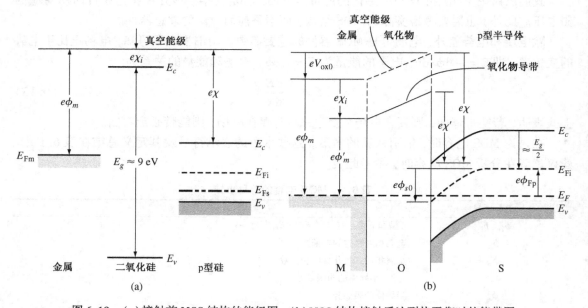

图 6.18　(a) 接触前 MOS 结构的能级图；(b) MOS 结构接触后达到热平衡时的能带图

若将金属一侧的费米能级与半导体一侧的费米能级相加, 可以得到

$$e\phi'_m + eV_{ox0} = e\chi' + \frac{E_g}{2} - e\phi_{s0} + e|\phi_{Fp}| \tag{6.16}$$

上式可重写成为

$$V_{ox0} + \phi_{s0} = -\left[\phi'_m - \left(\chi' + \frac{E_g}{2e} + |\phi_{Fp}|\right)\right] \tag{6.17}$$

我们将**金属−半导体的功函数差** ϕ_{ms} 定义为

$$\boxed{\phi_{ms} \equiv \left[\phi'_m - \left(\chi' + \frac{E_g}{2e} + |\phi_{Fp}|\right)\right]} \tag{6.18}$$

例 6.3　**根据 MOS 结构给定的掺杂浓度, 计算金属−半导体的功函数差 ϕ_{ms}。** 铝−二氧化硅结的 $\phi'_m = 3.20$ V, 硅−二氧化硅结的 $\chi' = 3.25$ V。设硅的带隙能 $E_g = 1.12$ eV, p 型掺杂浓度为 $N_a = 10^{14}$ cm^{-3}。

【解】

$T = 300$ K 时, p 型掺杂硅的 ϕ_{Fp} 为

$$\phi_{Fp} = -V_t \ln\left(\frac{N_a}{n_i}\right) = -(0.0259)\ln\left(\frac{10^{14}}{1.5 \times 10^{10}}\right) = -0.228 \text{ V}$$

功函数差为

$$\phi_{ms} = \phi'_m - \left(\chi' + \frac{E_g}{2e} + |\phi_{Fp}|\right) = 3.20 - (3.25 + 0.56 + 0.288) = -0.838 \text{ V}$$

或

$$\phi_{ms} = -0.838 \text{ V}$$

【说明】

随着 p 型衬底掺杂浓度的增加, ϕ_{ms} 的值变得越来越负。

【自测题】

EX6.3　若硅为 p 型掺杂, 且掺杂浓度 $N_a = 10^{16}$ cm^{-3}, 试求铝−二氧化硅−硅结构的金属−半导体功函数差 ϕ_{ms}。

答案: $\phi_{ms} = -0.957$ V。

淀积在氧化层上的简并掺杂多晶硅也常用做金属栅。图 6.19(a) 是 n^+ 多晶硅栅和 p 型衬底构成 MOS 电容的能带图。图 6.19(b) 是 p^+ 多晶硅栅和 p 型衬底构成 MOS 电容的能带图。在简并掺杂的多晶硅中, 假设 n^+ 型掺杂多晶硅的 $E_F = E_c$, 而 p^+ 型掺杂多晶硅的 $E_F = E_v$。

对 **n^+ 多晶硅栅**, 金属−半导体的功函数差可写为

$$\boxed{\phi_{ms} = \left[\chi' - \left(\chi' + \frac{E_g}{2e} + |\phi_{Fp}|\right)\right] = -\left(\frac{E_g}{2e} + |\phi_{Fp}|\right)} \tag{6.19}$$

对于 p^+ 多晶硅栅, 我们有

$$\boxed{\phi_{ms} = \left[\left(\chi' + \frac{E_g}{e}\right) - \left(\chi' + \frac{E_g}{2e} + |\phi_{Fp}|\right)\right] = \left(\frac{E_g}{2e} - |\phi_{Fp}|\right)} \tag{6.20}$$

　　然而，对于简并掺杂的 n⁺ 和 **p⁺ 多晶硅**，费米能级可在 E_c 之上或 E_v 之下 $0.1 \sim 0.2$ V。因此，实验测得的 ϕ_{ms} 值与式(6.19)和式(6.20)的计算值略有不同。

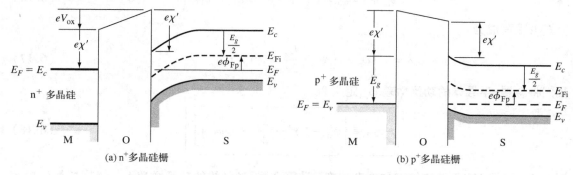

图 6.19　零栅压时，p 型衬底 MOS 结构的能带图

　　我们已经讨论了 p 型衬底 MOS 电容的功函数差，在 MOS 电容中也可采用 n 型衬底。图 6.20 给出了由金属栅和 n 型衬底构建的 MOS 电容的能带图。对于这种情况，栅上加负偏压。金属–半导体的功函数差定义为

$$\phi_{ms} = \phi'_m - \left(\chi' + \frac{E_g}{2e} - \phi_{Fn} \right) \tag{6.21}$$

其中，ϕ_{Fn} 假设为正值。对 n⁺ 和 p⁺ 多晶硅栅的情况，我们可以得到类似的表达式。

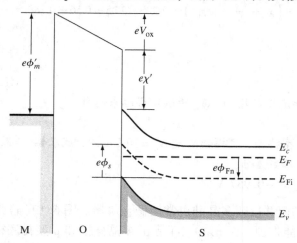

图 6.20　栅压为负时，n 型衬底 MOS 结构的能带图

　　表 6.2 总结了不同栅材料时，金属和半导体的功函数差。

表 6.2　不同栅材料时，金属和半导体的功函数差

p 型硅	n 型硅
Al 栅	Al 栅
$\phi_{ms} = \left[\phi'_m - \left(\chi' + \dfrac{E_g}{2e} + \lvert \phi_{Fp} \rvert \right) \right]$	$\phi_{ms} = \left[\phi'_m - \left(\chi' + \dfrac{E_g}{2e} - \phi_{Fn} \right) \right]$

（续表）

p 型硅	n 型硅
n^+ 多晶硅栅	n^+ 多晶硅栅
$\phi_{ms} = -\left(\dfrac{E_g}{2e} + \lvert\phi_{Fp}\rvert\right)$	$\phi_{ms} = -\left(\dfrac{E_g}{2e} - \phi_{Fn}\right)$
p^+ 多晶硅栅	p^+ 多晶硅栅
$\phi_{ms} = \left(\dfrac{E_g}{2e} - \lvert\phi_{Fp}\rvert\right)$	$\phi_{ms} = \left(\dfrac{E_g}{2e} + \phi_{Fn}\right)$

对于所列表达式，假设金属-半导体在 n^+ 多晶硅栅中，$E_F = E_C$，在 p^+ 多晶硅栅中，$E_F = E_v$。

图 6.21 给出了不同栅材料时，金属-半导体的功函数差与半导体掺杂浓度的函数曲线。我们注意到，多晶硅栅的功函数差 ϕ_{ms} 比式（6.19）和式（6.20）的预测值稍大一些。造成这种差别的原因是，n^+ 多晶硅栅和 p^+ 多晶硅栅的费米能级与导带和价带并不完全相等。对下面将要讨论的平带电压和阈值电压，金属-半导体的功函数差尤为重要。

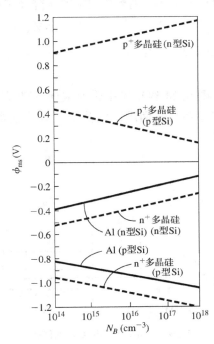

图 6.21　栅金属为铝、n^+ 多晶硅和 p^+ 多晶硅时，金属-半导体的功函数差与掺杂浓度的关系曲线

6.3.2　氧化层电荷

在前面的分析中，我们简单假设氧化物中的净电荷密度为零。然而，实际上这个假设可能并不成立，因为绝缘体中可能存在带正电的固定电荷密度。正电荷是氧化物-半导体界面的共价键断裂或悬挂造成的。在 SiO_2 的热氧化过程中，O_2 扩散过氧化层，到达 Si-SiO_2 界面形成 SiO_2。在发生氧化反应之前，硅原子可能从硅材料中脱离出来。氧化过程结束后，靠近界面的氧化层中留下过剩的硅原子，形成悬挂键。氧化层中的电荷数量通常是氧化条件的强函数，如氧化气氛和温度。将氧化物在 Ar 或 N_2 气氛中退火，可在一定程度上降低固定电荷密度，但并不能降为零。

氧化层中的净固定电荷看起来非常接近氧化物-半导体界面。在分析 MOS 结构时，我们假设单位面积的等效**陷阱电荷** Q'_{ss} 邻近氧化物-半导体界面。目前，我们忽略了器件中存在的其他氧化物电荷。参数 Q'_{ss} 通常表示单位面积的电子电荷数量。

图 6.22 示意地给出了 MOS 电容的氧化层固定电荷 Q'_{ss}。另外，图中也给出了氧化物-半导体的界面陷阱电荷，这些电荷将在本章后面讨论。

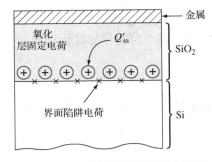

图 6.22　MOS 结构示意图，图中给出了半导体-氧化物界面附近氧化层中的等效固定正电荷 Q'_{ss}，以及界面陷阱电荷

6.3.3　平带电压

平带电压定义为半导体的能带未弯曲时所对应的栅压,此时净空间电荷为零。图6.23给出了平带情况的能带图。由于功函数差和氧化层中可能的陷阱电荷,此时氧化层两端的电压并不一定为零。

栅压为零时,式(6.17)可写为

$$V_{ox0} + \phi_{s0} = -\phi_{ms} \tag{6.22}$$

若栅压不为零,则氧化层上的压降及表面势都会发生变化。可写出

$$V_G = \Delta V_{ox} + \Delta \phi_s = (V_{ox} - V_{ox0}) + (\phi_s - \phi_{s0}) \tag{6.23}$$

由式(6.22),有

$$V_G = V_{ox} + \phi_s + \phi_{ms} \tag{6.24}$$

图6.24给出了平带时MOS结构的电荷分布。此时半导体内的净电荷为零,假设氧化层中存在与表面固定电荷密度等量的电荷。若金属中的电荷密度为Q'_m,则由电中性条件可得

$$Q'_m + Q'_{ss} = 0 \tag{6.25}$$

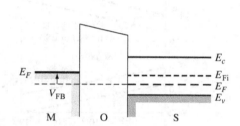

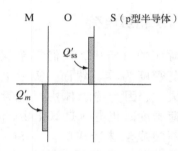

图6.23　平带时MOS电容的能带图(p型衬底,等效固定正电荷密度为Q'_{ss})　　图6.24　平带时MOS电容的电荷分布(p型衬底,等效固定正电荷密度为Q'_{ss})

我们可将Q'_m与氧化层上的电压联系起来,即

$$V_{ox} = \frac{Q'_m}{C_{ox}} \tag{6.26}$$

其中,C_{ox}是单位面积的氧化层电容[①]。将式(6.25)代入式(6.26),可得

$$V_{ox} = \frac{-Q'_{ss}}{C_{ox}} \tag{6.27}$$

在平带情况下,表面势为零,或$\phi_s = 0$。由式(6.24),有

$$V_G = \boxed{V_{FB} = \phi_{ms} - \frac{Q'_{ss}}{C_{ox}}} \tag{6.28}$$

式(6.28)就是MOS电容的**平带电压**。

---

① 尽管常用带撇的符号表示单位面积电容或单位面积电荷,但为了方便,我们忽略单位面积电容上的撇号。

例 6.4 计算 p 型衬底 MOS 电容的平带电压。考虑掺杂浓度为 $N_a = 10^{16} \text{ cm}^{-3}$ 的 p 型衬底 MOS 电容，二氧化硅绝缘层的厚度为 $t_{ox} = 500 \text{ Å}$，栅金属为 n^+ 多晶硅。假设固定电荷密度 $Q'_{ss} = 10^{11}/\text{cm}^2$。

【解】

由图 6.21 可知，功函数差 $\phi_{ms} = -1.1 \text{ V}$。栅氧化层电容为

$$C_{ox} = \frac{\epsilon_{ox}}{t_{ox}} = \frac{(3.9)(8.85 \times 10^{-14})}{500 \times 10^{-8}} = 6.9 \times 10^{-8} \text{ F/cm}^2$$

等效的氧化层表面电荷密度为

$$Q'_{ss} = (10^{11})(1.6 \times 10^{-19}) = 1.6 \times 10^{-8} \text{ C/cm}^2$$

因此，平带电压为

$$V_{FB} = \phi_{ms} - \frac{Q'_{ss}}{C_{ox}} = -1.1 - \left(\frac{1.6 \times 10^{-8}}{6.9 \times 10^{-8}} \right) = -1.33 \text{ V}$$

【说明】

满足 p 型衬底 MOS 电容平带条件的栅压为负值。若固定氧化层电荷数量增加，平带电压将变得更负。

【自测题】

EX6.4　在 Al-SiO$_2$-Si MOS 结构中，硅的掺杂浓度为 $N_a = 3 \times 10^{16} \text{ cm}^{-3}$，氧化层厚度为 $t_{ox} = 200 \text{ Å}$，氧化层固定电荷 $Q'_{ss} = 8 \times 10^{10} \text{ cm}^{-2}$。试计算平带电压。

答案：$\phi_{ms} \approx -0.97 \text{ V}$，$V_{FB} = -1.04 \text{ V}$。

6.3.4　阈值电压

阈值电压定义为达到阈值反型点时所需的栅压。阈值反型点定义为 p 型半导体的表面势 $\phi_s = 2|\phi_{Fp}|$ 或 n 型半导体的表面势 $\phi_s = 2\phi_{Fn}$ 时的器件状态。这两种情形分别示于图 6.14 和图 6.16。可从 MOS 电容的电学和几何特性推导阈值电压。

图 6.25 所示为 p 型衬底 MOS 器件处于阈值反型点时的电荷分布。空间电荷区宽度已达到最大值。假设等效氧化层电荷为 Q'_{ss}，阈值时金属栅上的正电荷为 Q'_{mT}。电荷项上的撇号表示单位面积电荷。尽管我们假设表面已反型，但仍然忽略阈值反型点时的反型层电荷。根据电荷守恒原理，我们可写出

$$Q'_{mT} + Q'_{ss} = |Q'_{SD}(\text{max})| \tag{6.29}$$

其中

$$\boxed{|Q'_{SD}(\text{max})| = eN_a x_{dT}} \tag{6.30}$$

它是耗尽区内单位面积的**最大空间电荷密度**。

施加正栅压时，MOS 结构的能带图如图 6.26 所示。如前所述，栅压能够改变氧化层上的电压，进而改变表面势。由式(6.23)，有

$$V_G = \Delta V_{ox} + \Delta \phi_s = V_{ox} + \phi_s + \phi_{ms}$$

在阈值点，我们定义 $V_G = V_{TN}$，其中，V_{TN} 是产生电子反型层电荷的阈值电压。在阈值点处，表面势 $\phi_s = 2|\phi_{Fp}|$，因此，式(6.23)可写为

$$V_{\text{TN}} = V_{\text{oxT}} + 2|\phi_{\text{Fp}}| + \phi_{\text{ms}} \tag{6.31}$$

其中，V_{oxT} 是阈值反型点时氧化层上的电压。

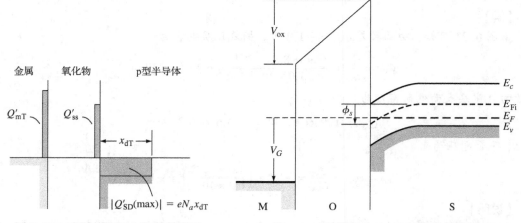

图 6.25　p 型衬底 MOS 电容处于阈
值反型点时的电荷分布

图 6.26　正栅压时，MOS 结构的能带图

电压 V_{oxT} 与金属上的电荷和氧化层电容的关系为

$$V_{\text{oxT}} = \frac{Q'_{\text{mT}}}{C_{\text{ox}}} \tag{6.32}$$

其中，C_{ox} 为单位面积的栅氧化层电容。由式（6.29），可写出

$$V_{\text{oxT}} = \frac{Q'_{\text{mT}}}{C_{\text{ox}}} = \frac{1}{C_{\text{ox}}}(|Q'_{\text{SD}}(\max)| - Q'_{\text{ss}}) \tag{6.33}$$

最后，**阈值电压**可写为

$$V_{\text{TN}} = \frac{|Q'_{\text{SD}}(\max)|}{C_{\text{ox}}} - \frac{Q'_{\text{ss}}}{C_{\text{ox}}} + \phi_{\text{ms}} + 2|\phi_{\text{Fp}}| \tag{6.34a}$$

或者

$$V_{\text{TN}} = (|Q'_{\text{SD}}(\max)| - Q'_{\text{ss}})\left(\frac{t_{\text{ox}}}{\epsilon_{\text{ox}}}\right) + \phi_{\text{ms}} + 2|\phi_{\text{Fp}}| \tag{6.34b}$$

由平带电压的定义式（6.28），阈值电压也可表示为

$$V_{\text{TN}} = \frac{|Q'_{\text{SD}}(\max)|}{C_{\text{ox}}} + V_{\text{FB}} + 2|\phi_{\text{Fp}}| \tag{6.34c}$$

当半导体、氧化层和栅金属材料给定时，阈值电压是半导体掺杂浓度、氧化层电荷 Q'_{ss} 和氧化层厚度的函数。

例 6.5　**设计 MOS 系统的氧化层厚度，以实现指定的阈值电压。**若采用 n$^+$ 多晶硅栅，p 型硅衬底的掺杂浓度 $N_a = 5 \times 10^{16}$ cm^{-3}，氧化层电荷 $Q'_{\text{ss}} = 10^{11}$ cm^{-2}。若要实现 $V_{\text{TN}} = +0.40$ V，试确定氧化层厚度。

【解】

由图 6.21 可知，功函数差 $\phi_{\text{ms}} \approx -1.15$ V。其他参数的计算值为

$$\phi_{\text{Fp}} = -V_t \ln\left(\frac{N_a}{n_i}\right) = -(0.0259)\ln\left(\frac{5\times10^{16}}{1.5\times10^{10}}\right) = -0.389 \text{ V}$$

及

$$x_{\text{dT}} = \left(\frac{4\epsilon_s|\phi_{\text{Fp}}|}{eN_a}\right)^{1/2} = \left[\frac{4(11.7)(8.85\times10^{-14})(0.389)}{(1.6\times10^{-19})(5\times10^{16})}\right]^{1/2} = 0.142 \text{ μm}$$

因此

$$|Q'_{\text{SD}}(\text{max})| = eN_a x_{\text{dT}} = (1.6\times10^{-19})(5\times10^{16})(0.142\times10^{-4})$$

或

$$|Q'_{\text{SD}}(\text{max})| = 1.14\times10^{-7} \text{ C/cm}^2$$

氧化层厚度可由阈值电压确定

$$V_{\text{TN}} = \left[|Q'_{\text{SD}}(\text{max})| - Q'_{\text{ss}}\right]\left(\frac{t_{\text{ox}}}{\epsilon_{\text{ox}}}\right) + \phi_{\text{ms}} + 2|\phi_{\text{Fp}}|$$

那么

$$0.40 = \frac{[1.14\times10^{-7} - (10^{11})(1.6\times10^{-19})]}{(3.9)(8.85\times10^{-14})}t_{\text{ox}} - 1.15 + 2(0.389)$$

解方程得

$$t_{\text{ox}} = 272 \text{ Å}$$

【说明】

本例的阈值电压为正，说明 MOS 器件为**增强型**。零栅压时，器件不反型，因此，必须在栅上施加正偏压来产生反型层电荷。

【自测题】

EX6.5　若栅金属替换为 Al，重新计算例 6.5 中的氧化层厚度。

　　　答案：$\phi_{\text{ms}} \approx -0.98$ V，$t_{\text{ox}} = 212$ Å。

阈值电压必须处于电路设计电压的范围内。尽管我们还没有考虑 MOS 晶体管的电流，但实际上，阈值电压是晶体管的开关点。若电路工作在 0 ~ 5 V，MOSFET 的阈值电压为10 V，则器件和电路不能完成开启和关断。因此，阈值电压是 MOSFET 的一个重要参数。

例6.6　用 Al 栅计算 MOS 系统的阈值电压。 $T = 300$ K 时，p 型硅衬底的掺杂浓度为 $N_a = 10^{14}$ cm^{-3}。设氧化层电荷 $Q'_{\text{ss}} = 10^{10}$ cm^{-2}，氧化层厚度 $t_{\text{ox}} = 500$ Å，且氧化层为二氧化硅。由图 6.21，我们有 $\phi_{\text{ms}} = -0.83$ V。

【解】

先计算所需参数

$$\phi_{\text{Fp}} = -V_t \ln\left(\frac{N_a}{n_i}\right) = -(0.0259)\ln\left(\frac{10^{14}}{1.5\times10^{10}}\right) = -0.228 \text{ V}$$

及

$$x_{\text{dT}} = \left(\frac{4\epsilon_s|\phi_{\text{Fp}}|}{eN_a}\right)^{1/2} = \left[\frac{4(11.7)(8.85\times10^{-14})(0.228)}{(1.6\times10^{-19})(10^{14})}\right]^{1/2} = 2.43 \text{ μm}$$

因此

$$|Q'_{\text{SD}}(\text{max})| = eN_a x_{\text{dT}} = (1.6\times10^{-19})(10^{14})(2.43\times10^{-4}) = 3.89\times10^{-9} \text{ C/cm}^2$$

由式(6.34b)可得,阈值电压为

$$V_{\mathrm{TN}} = (|Q'_{\mathrm{SD}}(\mathrm{max})| - Q'_{\mathrm{ss}})\left(\frac{t_{\mathrm{ox}}}{\epsilon_{\mathrm{ox}}}\right) + \phi_{\mathrm{ms}} + 2|\phi_{\mathrm{Fp}}|$$

$$= [(3.89 \times 10^{-9}) - (10^{10})(1.6 \times 10^{-19})]\left[\frac{500 \times 10^{-8}}{(3.9)(8.85 \times 10^{-14})}\right]$$

$$- 0.83 + 2(0.228)$$

$$= -0.341\ \mathrm{V}$$

【说明】

由于本例的半导体为轻掺杂,在氧化层的正电荷及功函数差的共同作用下,即使栅电压为零也可感应出电子反型层电荷。在这种情况下,阈值电压为负。

【自测题】

EX6.6　MOS 器件具有如下参数:Al 栅,p 型硅衬底的掺杂浓度为 $N_a = 3 \times 10^{16}\ \mathrm{cm}^{-3}$,氧化层厚度 $t_{\mathrm{ox}} = 250\ \text{Å}$,氧化层电荷 $Q'_{\mathrm{ss}} = 10^{11}\ \mathrm{cm}^{-2}$。试确定该 MOS 器件的阈值电压。

答案:$\phi_{\mathrm{ms}} \approx -0.97\ \mathrm{V}$,$V_{\mathrm{TN}} = +0.292\ \mathrm{V}$。

p 型衬底 MOS 器件的阈值电压为负表明该器件为**耗尽型器件**。要使反型层电荷为零,则需给栅极施加负偏压,而正偏栅压将感应更多的反型层电荷。

图 6.27 所示为氧化层电荷不同时,阈值电压 V_{TN} 和受主掺杂浓度的关系曲线。由图可见,要想获得增强型器件,p 型半导体必须重掺杂。

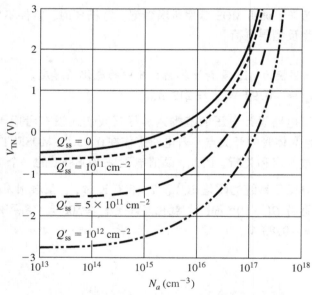

图 6.27　氧化层电荷不同时,n 沟道 MOSFET 阈值电压与
p 型衬底掺杂浓度的关系曲线($t_{\mathrm{ox}} = 500\text{Å}$,Al栅)

前面对阈值电压的推导主要针对 p 型半导体衬底。对 n 型衬底而言,我们可以进行相同的推导。不同之处在于,需要负栅压产生氧化层-半导体界面的空穴反型层。

图 6.20 所示为栅压为负时,n 型衬底 MOS 结构的能带图。这种情况的阈值电压为

$$V_{\mathrm{TP}} = (-|Q'_{\mathrm{SD}}(\max)| - Q'_{\mathrm{ss}})\left(\frac{t_{\mathrm{ox}}}{\epsilon_{\mathrm{ox}}}\right) + \phi_{\mathrm{ms}} - 2\phi_{\mathrm{Fn}} \qquad (6.35)$$

其中

$$\phi_{\mathrm{ms}} = \phi'_m - \left(\chi' + \frac{E_g}{2e} - \phi_{\mathrm{Fn}}\right) \qquad (6.36\mathrm{a})$$

$$|Q'_{\mathrm{SD}}(\max)| = eN_d x_{\mathrm{dT}} \qquad (6.36\mathrm{b})$$

$$x_{\mathrm{dT}} = \left(\frac{4\epsilon_s \phi_{\mathrm{Fn}}}{eN_d}\right)^{1/2} \qquad (6.36\mathrm{c})$$

$$\phi_{\mathrm{Fn}} = V_t \ln\left(\frac{N_d}{n_i}\right) \qquad (6.36\mathrm{d})$$

我们注意到，x_{dT} 和 ϕ_{Fn} 定义为正值，而 V_{TP} 表示产生空穴反型层的阈值电压。我们在后面将省略阈值电压的下角标 N 和 P，但目前加注下标会使概念更加清晰。

例 6.7　设计半导体的掺杂浓度以产生特定的阈值电压。 考虑 Al-SiO$_2$-Si MOS 结构，其中硅为 n 型掺杂，氧化层厚度 $t_{\mathrm{ox}} = 650$ Å，陷阱电荷密度 $Q'_{\mathrm{ss}} = 10^{10}$ cm^{-2}。试确定阈值电压 $V_{\mathrm{TP}} = -1.0$ V 时的掺杂浓度。

【解】

因为掺杂浓度 N_d 包含在 ϕ_{Fn}、x_{dT}、$Q'_{\mathrm{SD}}(\max)$ 和 ϕ_{ms} 中，所以这个问题不能直接求解。阈值电压是 N_d 的非线形函数。在不用计算机数值求解的情况下，我们采用试错法。

若 $N_d = 2.5 \times 10^{14}$ cm^{-3}，有

$$\phi_{\mathrm{Fn}} = V_t \ln\left(\frac{N_d}{n_i}\right) = 0.252 \text{ V}$$

和

$$x_{\mathrm{dT}} = \left(\frac{4\epsilon_s \phi_{\mathrm{Fn}}}{eN_d}\right)^{1/2} = 1.62 \text{ μm}$$

因此

$$|Q'_{\mathrm{SD}}(\max)| = eN_d x_{\mathrm{dT}} = 6.48 \times 10^{-9} \text{ C/cm}^2$$

由图 6.21，可得

$$\phi_{\mathrm{ms}} = -0.35 \text{ V}$$

阈值电压为

$$V_{\mathrm{TP}} = (-|Q'_{\mathrm{SD}}(\max)| - Q'_{\mathrm{ss}})\left(\frac{t_{\mathrm{ox}}}{\epsilon_{\mathrm{ox}}}\right) + \phi_{\mathrm{ms}} - 2\phi_{\mathrm{Fn}}$$

$$= \frac{[-(6.48 \times 10^{-9}) - (10^{10})(1.6 \times 10^{-19})](650 \times 10^{-8})}{(3.9)(8.85 \times 10^{-14})} - 0.35 - 2(0.252)$$

求解可得

$$V_{\mathrm{TP}} = -1.006 \text{ V}$$

这个值与期望结果基本相等。

【说明】

阈值电压为负，说明 n 型衬底 MOS 电容为增强型器件，零栅压时的反型层电荷为零，要感应出空穴反型层必须施加负栅压。

【自测题】

EX6.7　MOS 器件具有如下参数：p$^+$ 多晶硅栅，n 型衬底，氧化层厚度 $t_{ox}=220\text{ Å}$，氧化层电荷 $Q'_{ss}=8\times10^{10}\text{ cm}^{-2}$。若阈值电压 $-0.50\text{ V}\leqslant V_{TP}\leqslant-0.30\text{ V}$，试问所需的 n 型掺杂浓度为多少？

答案：反复尝试可知，$N_d=4\times10^{16}\text{ cm}^{-3}$，$\phi_{ms}\approx+1.10\text{ V}$，$V_{TP}=-0.385\text{ V}$。

图 6.28 所示为 Q'_{ss} 取不同值时，V_{TP} 与掺杂浓度的关系曲线。我们注意到，对于所有的正氧化层电荷值，MOS 电容均为增强型器件。随着 Q'_{ss} 增大，阈值电压变得更负，这说明需要更大的栅压才能在氧化物–半导体界面产生空穴反型层。

Σ6.3.5　电场分布

我们再次写出一维形式的泊松方程 $\mathrm{d}\mathcal{E}/\mathrm{d}x=\rho(x)/\epsilon$。其中，$\rho(x)$ 是体电荷密度，ϵ 是材料的介电常数。由泊松方程可得如下结果：若空间电荷密度为零，则电场是常数；若空间电荷密度为常数（均匀掺杂），则电场是距离的线性函数。

我们也必须考虑氧化物和硅界面处的边界条件。如图 6.29 所示，若在氧化物–半导体界面处，氧化物中的等效电荷密度为 Q'_{ss}，由电磁学可知，在一维情况下，我们有

$$\boldsymbol{D}_s-\boldsymbol{D}_{ox}=Q'_{ss} \tag{6.37}$$

其中，$\boldsymbol{D}_{ox}$ 和 $\boldsymbol{D}_s$ 分别表示氧化物和半导体的电位移矢量。注意，$D=\epsilon\mathcal{E}$，**边界条件**可写为

$$\epsilon_s\mathcal{E}_s-\epsilon_{ox}\mathcal{E}_{ox}=Q'_{ss} \tag{6.38}$$

其中，ϵ_s 和 ϵ_{ox} 分别表示硅和二氧化硅的介电常数。

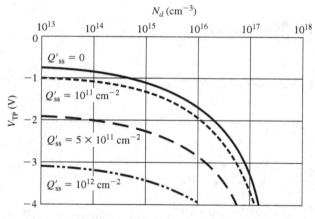

图 6.28　氧化层陷阱电荷不同时，p 沟 MOSFET 阈值电压与 n 型衬底掺杂浓度的关系曲线（$t_{ox}=500\text{Å}$，Al 栅）

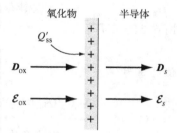

图 6.29　氧化物–半导体边界的电位移矢量和电场矢量

下面我们考虑以下几种情况。图 6.30(a) 所示为 Al 或 n$^+$ 多晶硅栅和 p 型硅衬底构建的 MOS 电容在 $V_G=0$ 时的能带图。耗尽区存在负电荷，而金属上带正电荷。电场分布如图 6.30(b) 所示。氧化层中的电场为常数，而 p 型硅（均匀掺杂）内的电场是距离的线性函

数。由式(6.38)，我们注意到，若 $Q'_{ss} = 0$，因 $\epsilon_s > \epsilon_{ox}$，所以界面处的 $\mathcal{E}_{ox} > \mathcal{E}_s$；若 $Q'_{ss} > 0$，表面处的电场 $\mathcal{E}_s$ 保持常数，而 $\mathcal{E}_{ox}$ 变小。

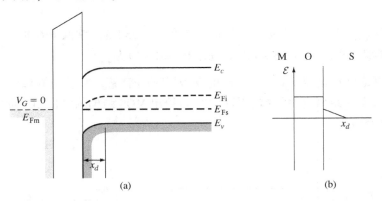

图 6.30　(a) $V_G = 0$ 时，p 型衬底 MOS 结构的能带图；(b) MOS 结构的
电场分布：氧化层中的电场恒定，半导体内的电场线性变化

图 6.31 所示为 $Q'_{ss} = 0$，平带情况时的能带图。平带电压是负值，所有电场均为零。

图 6.32 所示为 $Q'_{ss} > 0$，平带情况时的能带图。此时，p 型硅中仍然没有净电荷或电场。但 Q'_{ss} 电荷在氧化层中感应出电场。由式(6.38)可得，氧化层中的电场为 $\mathcal{E}_{ox} = -Q'_{ss}/\epsilon_{ox}$。

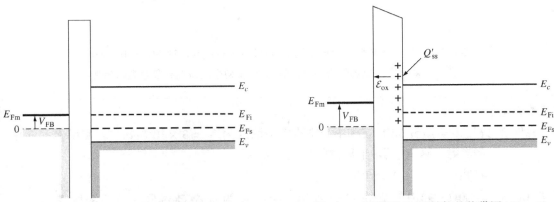

图 6.31　平带时 MOS 结构的能带图($Q'_{ss} = 0$)　　　　图 6.32　平带时 MOS 结构的能带图($Q'_{ss} > 0$)

例 6.8　**计算平带情况下，氧化层中的电场和电压。** 假设二氧化硅层中 $Q'_{ss} = 8 \times 10^{10}\ \text{cm}^{-2}$，氧化层厚度 $t_{ox} = 150\ \text{Å}$。

【解】　界面电荷密度为

$$Q'_{ss} = (1.6 \times 10^{-19})(8 \times 10^{10}) = 1.28 \times 10^{-8}\ \text{C/cm}^2$$

氧化层中的电场为

$$\mathcal{E}_{ox} = \frac{-Q'_{ss}}{\epsilon_{ox}} = \frac{-1.28 \times 10^{-8}}{(3.9)(8.85 \times 10^{-14})} = -3.71 \times 10^4\ \text{V/cm}$$

既然氧化层中的电场为常数，那么氧化层上的电压为

$$V_{ox} = -\mathcal{E}_{ox}t_{ox} = -(-3.71 \times 10^4)(150 \times 10^{-8})$$

或

$$V_{ox} = 55.6\ \text{mV}$$

【说明】

在平带情况下，由于电荷 Q'_{ss} 的存在，氧化层中存在电场，两侧有电压。

【自测题】

EX6.8　　若 $Q'_{ss} = 1.2 \times 10^{11}$ cm^{-2}，氧化层厚度 $t_{ox} = 250$ Å。重做例6.8。

　　　　答案：$\mathcal{E}_{ox} = -5.56 \times 10^4$ V/cm，$V_{ox} = 0.139$ V。

下面我们考虑外加栅压 $V_{GS} > V_{TN}$，产生反型层时的情况。为了简单起见，假设反型电荷密度在半导体表面 d_i 距离内为常数。图6.33(a)给出 MOS 结构的能带图，而图6.33(b)则给出了电荷和电场分布。

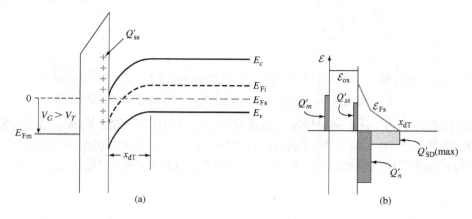

图6.33　(a) $V_G > V_T$ 时，MOS 结构的能带图；(b) $V_G > V_T$ 时，MOS 电容的电
荷分布及电场作为一级近似，假设反型层电荷在有限距离内为常数

【练习题】

TYU6.2　在 Al-SiO$_2$-Si MOS 结构中，硅的掺杂浓度为 $N_a = 3 \times 10^{16}$ cm^{-3}。使用例6.3中的参数，确定金属-半导体的功函数差 ϕ_{ms}。

　　　　答案：$\phi_{ms} = -0.986$ V。

TYU6.3　若 MOS 结构的栅为 n$^+$ 多晶硅，半导体为 p 型硅衬底，掺杂浓度 $N_a = 3 \times 10^{16}$ cm^{-3}。由式(6.19)计算功函数差 ϕ_{ms}。

　　　　答案：$\phi_{ms} = -0.936$ V。

TYU6.4　若将练习题 TYU6.3 中的栅金属更换为 p$^+$ 多晶硅，其他参数不变，由式(6.20)确定此时的功函数差 ϕ_{ms}。

　　　　答案：$\phi_{ms} = +0.184$ V。

TYU6.5　MOS 器件具有如下参数：Al 栅，p 型衬底，掺杂浓度 $N_a = 3 \times 10^{16}$ cm^{-3}，氧化层厚度 $t_{ox} = 250$ Å，$Q'_{ss} = 10^{11}$ cm^{-2}。试确定阈值电压。

　　　　答案：$V_{TN} = 0.276$ V。

TYU6.6　MOS 器件参数如下：p$^+$ 多晶硅栅，n 型硅衬底的掺杂浓度 $N_d = 10^{15}$ cm^{-3}，氧化层厚度 $t_{ox} = 220$ Å，$Q'_{ss} = 8 \times 10^{10}$ cm^{-2}。参考图6.21，试确定器件的阈值电压。

　　　　答案：$\phi_{ms} \approx +0.98$ V，$V_{TP} = +0.235$ V。

TYU6.7　若练习题 TYU6.6 中 MOS 器件的其他参数保持不变，要使阈值电压 -0.50 V $\leqslant$ $V_{TP} \leqslant -0.30$ V，则 n 型掺杂浓度应为多少？

答案：当 $N_d = 4 \times 10^{16}$ cm^{-3} 时，$\phi_{ms} \approx 1.09$ V，$V_{TP} = -0.395$ V。

6.4　电容–电压特性

目标：分析 MOS 电容的电容–电压特性

MOS 电容结构是 MOSFET 的核心。从电容–电压(C-V)特性曲线可以得到 MOS 器件和氧化物–半导体界面的大量信息。器件的电容定义为

$$C = \frac{dQ}{dV} \tag{6.39}$$

其中，dQ 是极板电荷的微分变量，它是电容两端电压微变量的函数。电容是小信号或 ac 变量，可通过在外加直流栅压上叠加交流小电压测出。因此，电容是外加直流栅压的函数。

6.4.1　理想 C-V 特性

首先，我们讨论 MOS 电容的理想 C-V 特性，然后分析与理想结果产生偏差的原因。假设氧化层内和氧化层–半导体界面均无陷阱电荷。

MOS 电容有三种工作状态：积累、耗尽和反型。图 6.34(a) 是栅偏压为负时，p 型衬底 MOS 电容的能带图。在氧化层–半导体界面的半导体一侧产生空穴积累层。如图 6.34(b) 所示，MOS 结构两端的电压微变量将使金属栅和空穴积累电荷发生微变。氧化层边界电荷密度的变化与平板电容的情况类似。在**积累模式**下，MOS 电容的单位面积电容 C' 就是氧化层电容，即

$$C'(\mathrm{acc}) = C_{ox} = \frac{\epsilon_{ox}}{t_{ox}} \tag{6.40}$$

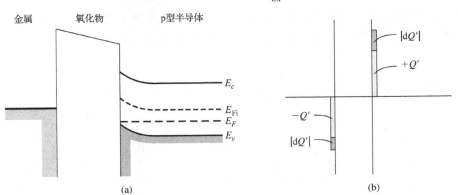

图 6.34　(a) 积累模式时，MOS 电容的能带图；(b) 积累模式时，栅压变化引起的微分电荷分布

图 6.35(a) 所示为栅压正偏较小时，MOS 器件的能带图。由图可见，半导体一侧产生了空间电荷区。图 6.35(b) 为**耗尽模式**时，器件内部的电荷分布情况。此时，氧化层电容与耗尽区电容是串联的。电容两端电压的变化使得空间电荷宽度发生变化，如图所示。串联总电容为

$$\frac{1}{C'(\mathrm{depl})} = \frac{1}{C_{ox}} + \frac{1}{C'_{SD}} \tag{6.41a}$$

或

$$C'(\text{depl}) = \frac{C_{\text{ox}} C'_{\text{SD}}}{C_{\text{ox}} + C'_{\text{SD}}} \tag{6.41b}$$

由于 $C_{\text{ox}} = \epsilon_{\text{ox}}/t_{\text{ox}}$，且 $C'_{\text{SD}} = \epsilon_s/x_d$，式(6.41b)可写为

$$C'(\text{depl}) = \frac{C_{\text{ox}}}{1 + \dfrac{C_{\text{ox}}}{C'_{\text{SD}}}} = \frac{\epsilon_{\text{ox}}}{t_{\text{ox}} + \left(\dfrac{\epsilon_{\text{ox}}}{\epsilon_s}\right) x_d} \tag{6.42}$$

随着空间电荷区宽度的增加，耗尽模式的总电容 C' 降低。

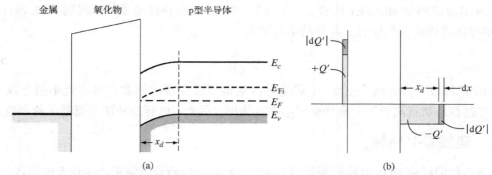

图 6.35 (a)MOS 电容在耗尽模式时的能带图；(b)耗尽模式下，栅压变化引起的微分电荷分布

在前面，我们定义了阈值反型点，它是指耗尽宽度达到最大，且反型层电荷密度为零时的情形。这种情况的电容最小，最小电容 $C'_{\min}$ 表示为

$$C'_{\min} = \frac{\epsilon_{\text{ox}}}{t_{\text{ox}} + \left(\dfrac{\epsilon_{\text{ox}}}{\epsilon_s}\right) x_{\text{dT}}} \tag{6.43}$$

图 6.36(a)所示为 MOS 器件反型时的能带图。在理想情况下，MOS 电容两端电压的微变量将引起反型层电荷密度的微变量。此时，空间电荷区宽度不变。如图 6.36(b)所示，若反型层电荷能跟得上电容电压的变化，则总电容还是氧化层电容

$$C'(\text{inv}) = C_{\text{ox}} = \frac{\epsilon_{\text{ox}}}{t_{\text{ox}}} \tag{6.44}$$

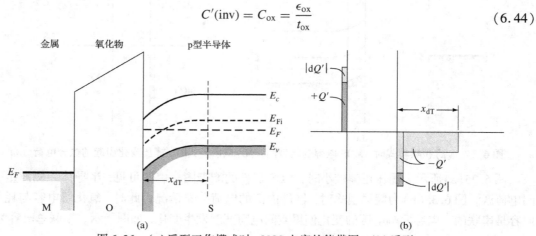

图 6.36 (a)反型工作模式时，MOS 电容的能带图；(b)反型
工作模式下，栅压变化频率较低时的微分电荷分布

图 6.37 所示为 p 型衬底 MOS 电容的理想 $C\text{-}V$ 特性。图中三条虚线分别对应三个电容分量，即 C_{ox}、C'_{SD} 和 C'_{min}。实线为 MOS 电容的理想净电容。如图所示，中等反型区是栅压仅改变空间电荷密度和栅压仅改变反型区电荷密度之间的过渡区。

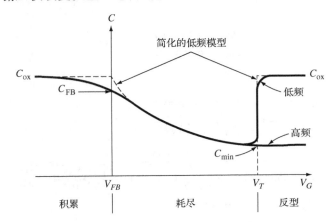

图 6.37　p 型衬底 MOS 电容的理想低频电容–电容特性曲线。图中用虚线画出了简化的理想电容曲线

在 $C\text{-}V$ 曲线上，与平带条件相对应的点是我们非常关心的。平带情况发生在积累和耗尽模式之间，平带时的电容为

$$C'_{\text{FB}} = \cfrac{\epsilon_{\text{ox}}}{t_{\text{ox}} + \left(\cfrac{\epsilon_{\text{ox}}}{\epsilon_s}\right)\sqrt{\left(\cfrac{kT}{e}\right)\left(\cfrac{\epsilon_s}{eN_a}\right)}} \tag{6.45}$$

我们注意到，**平带电容**是氧化层厚度和半导体掺杂浓度的函数。这点在 $C\text{-}V$ 曲线上的位置如图 6.37 所示。

例 6.9　计算 MOS 电容的 C_{ox}、C'_{min} 和 C'_{FB}。$T = 300$ K 时，p 型硅衬底的掺杂浓度为 $N_a = 10^{16}$ cm^{-3}，栅金属为 Al，氧化层为二氧化硅，且厚度为 550 Å。

【解】

氧化层电容为

$$C_{\text{ox}} = \frac{\epsilon_{\text{ox}}}{t_{\text{ox}}} = \frac{(3.9)(8.85 \times 10^{-14})}{550 \times 10^{-8}} = 6.28 \times 10^{-8} \text{ F/cm}^2$$

为求得最小电容，我们需要计算

$$\phi_{\text{Fp}} = -V_t \ln\left(\frac{N_a}{n_i}\right) = -(0.0259)\ln\left(\frac{10^{16}}{1.5 \times 10^{10}}\right) = -0.347 \text{ V}$$

和

$$x_{\text{dT}} = \left(\frac{4\epsilon_s |\phi_{\text{Fp}}|}{eN_a}\right)^{1/2} = \left[\frac{4(11.7)(8.85 \times 10^{-14})(0.347)}{(1.6 \times 10^{-19})(10^{16})}\right]^{1/2} = 0.30 \times 10^{-4} \text{ cm}$$

因此

$$C'_{\min} = \frac{\epsilon_{ox}}{t_{ox} + \left(\frac{\epsilon_{ox}}{\epsilon_s}\right)x_{dT}} = \frac{(3.9)(8.85 \times 10^{-14})}{(550 \times 10^{-8}) + \left(\frac{3.9}{11.7}\right)(0.3 \times 10^{-4})} = 2.23 \times 10^{-8} \text{ F/cm}^2$$

我们注意到

$$\frac{C'_{\min}}{C_{ox}} = \frac{2.23 \times 10^{-8}}{6.28 \times 10^{-8}} = 0.355$$

平带电容为

$$C'_{FB} = \frac{\epsilon_{ox}}{t_{ox} + \left(\frac{\epsilon_{ox}}{\epsilon_s}\right)\sqrt{\left(\frac{kT}{e}\right)\left(\frac{\epsilon_s}{eN_a}\right)}}$$

$$= \frac{(3.9)(8.85 \times 10^{-14})}{(550 \times 10^{-8}) + \left(\frac{3.9}{11.7}\right)\sqrt{(0.0259)\frac{(11.7)(8.85 \times 10^{-14})}{(1.6 \times 10^{-19})(10^{16})}}}$$

$$= 5.03 \times 10^{-8} \text{ F/cm}^2$$

我们也注意到

$$\frac{C'_{FB}}{C_{ox}} = \frac{5.03 \times 10^{-8}}{6.28 \times 10^{-8}} = 0.80$$

【说明】

$C'_{\min}/C_{ox}$ 和 C'_{FB}/C_{ox} 的比值是 C-V 曲线的典型值。

【自测题】

EX6.9　MOS 器件具有如下参数：Al 栅，p 型硅衬底的掺杂浓度 $N_a = 3 \times 10^{16}$ cm^{-3}，$t_{ox} = 250$ Å，$Q'_{ss} = 10^{11}$ cm^{-2}。试确定 $C'_{\min}/C_{ox}$ 和 C'_{FB}/C_{ox} 的比值。

答案：$C'_{\min}/C_{ox} = 0.294$ 和 $C'_{FB}/C_{ox} = 0.761$。

若假设沟道长度和宽度分别外为 2 μm 和 20 μm，则本例的总栅氧电容为

$$C_{oxT} = (6.28 \times 10^{-8})(2 \times 10^{-4})(20 \times 10^{-4}) = 0.025 \times 10^{-12} \text{ F} = 0.025 \text{ pF}$$

由此可见，典型 MOS 器件的总栅氧电容非常小。

　　改变电压轴的符号，我们可以得到 n 型衬底 MOS 电容的理想 C-V 特性曲线。栅压正偏时，器件为积累模式；栅压反偏时，器件为反型模式。n 型衬底 MOS 电容的理想 C-V 特性曲线如图 6.38 所示。

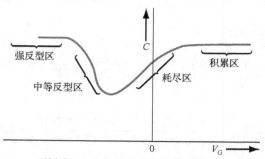

图 6.38　n 型衬底 MOS 电容的理想低频电容-电压特性曲线

Σ6.4.2 频率影响

图 6.36(a)所示为 p 型衬底 MOS 电容偏置在反型模式下的能带图。理想情况下，电容电压的变化将引起反型层电荷密度的变化。然而，实际中我们必须考虑导致反型层电荷密度变化的电子来源。

改变反型层电荷密度的电子来源有两种：一种来自扩散过空间电荷区的 p 型衬底中的少数载流子电子。这种扩散过程与反偏 pn 结产生理想反向饱和电流的过程相同。第二种电子来源是空间电荷区内热激发的电子-空穴对。这个过程与 pn 结反偏时产生的电流过程相同（这个过程将在第 9 章的 pn 结二极管中详细讨论）。这两种过程都以一定的速率产生电子。因此，反型层内的电子浓度不可能瞬间发生改变。若 MOS 电容两端的交流电压变化很快，反型层电荷则不能及时响应。因此，C-V 特性是测量电容的交流信号频率的函数。

在高频上限时，反型层电荷不会响应电容电压的改变。图 6.39 所示为 p 型衬底 MOS 电容的电荷分布。当信号频率很高时，只有金属和空间电荷区的电荷发生改变。此时，MOS 电容的电容值就是 C'_{min}，如前所述。

高频和低频时的 C-V 特性曲线如图 6.40 所示。通常高频在 1 MHz 左右，低频在 5 ~ 100 Hz。通常，我们测量的是 MOS 电容的高频特性。

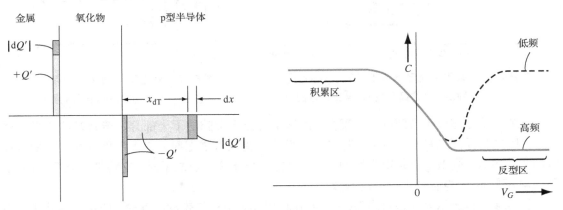

图 6.39 反型模式下，栅压高频   图 6.40 p 型衬底 MOS 电容在低频和
变化时的微分电荷分布   高频时的电容-电压特性曲线

Σ6.4.3 氧化层固定电荷和界面电荷的影响

到目前为止，我们对 C-V 特性的讨论都假设氧化层中不存在固定氧化层电荷和界面电荷。然而，这两种电荷会改变 C-V 特性曲线。

我们前面曾讨论过氧化层固定电荷是如何影响阈值电压的。这种电荷也会影响平带电压。由式(6.28)可知，平带电压可表示为

$$V_{FB} = \phi_{ms} - \frac{Q'_{ss}}{C_{ox}}$$

其中，Q'_{ss} 为等效氧化层固定电荷，ϕ_{ms} 为金属-半导体的功函数差。氧化层固定电荷为正时，

平带电压将向负轴方向移动。既然氧化层固定电荷不是栅压的函数，因此，**C-V 特性曲线**将随氧化层电荷平移，而曲线形状与理想特性完全相同。图 6.41 所示为氧化层固定电荷不同时，p 型衬底 MOS 电容的高频 C-V 特性曲线。

C-V 特性曲线可用来确定等效氧化层固定电荷。对于给定的 MOS 结构，ϕ_{ms} 和 C_{ox} 已知，所以可求出理想平带电压和平带电容。从 C-V 特性曲线可求得平带电压的实验值，因而可计算出氧化层固定电荷。C-V 测试是表征 MOS 器件特性非常有用的诊断工具。例如，在研究 MOS 器件的辐射效应时，C-V 特性尤为重要。

图 6.42 给出了氧化物–半导体界面处半导体一侧的能带图。由于半导体的周期性在界面处突然终止，因此，在禁带中产生允许的电子能态。这些允许的能态称为界面态。与氧化层固定电荷不同，这些电荷可在半导体和界面态之间流动。这些界面态中的净电荷是费米能级位置的函数。

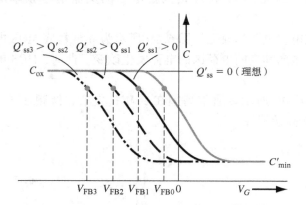

图 6.41　氧化层固定电荷不同时，p 型衬底
MOS电容的高频电容–电压特性曲线

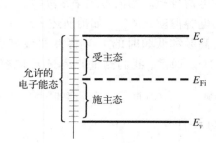

图 6.42　氧化层–半导体界面存在
界面态时的能带示意图

通常，受主态位于带隙的上半部分，而施主态位于带隙的下半部分。若费米能级低于受主态，则这些界面态是电中性的；若费米能级位于受主态之上时，它将带负电荷。若费米能级高于施主态，则施主态是电中性的，若费米能级位于施主态之下时，它将带正电荷。因此，界面电荷是 MOS 电容外加栅压的函数。

图 6.43（a）所示为 p 型衬底 MOS 电容在积累模式下的能带图。此时，施主态捕获净正电荷。若改变栅压产生如图 6.43（b）所示的能带图。在界面处，费米能级和本征费米能级重合，因此，所有界面态都是电中性的，这种特定的偏置情况称为带隙中心。图 6.43（c）为反型时的情形。此时，受主态中存在净负电荷。

随着栅压扫过积累、耗尽和反型条件，界面态中的净电荷由正变负。我们注意到，由于氧化层固定电荷为正，C-V 特性曲线向负轴方向移动。当存在界面态时，随着栅压的扫描平移，界面陷阱电荷的数量和正负性发生改变，因此，C-V 曲线的移动量和方向也发生变化。此时，C-V 曲线开始"扭曲变形"（smearing out），如图 6.44 所示。

再次强调的是，C-V 测试可作为半导体器件制备工艺控制的诊断工具。对于给定的 MOS 器件，我们可以确定其理想 C-V 曲线。实验曲线的任何"扭曲"（smearing out）都意味着存在界面态，而平移则表明存在固定氧化层电荷。由"扭曲"量可确定界面态密度。

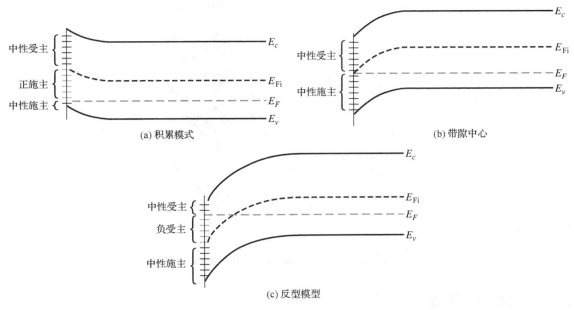

图 6.43　p 型衬底 MOS 电容的能带图及界面态俘获电荷

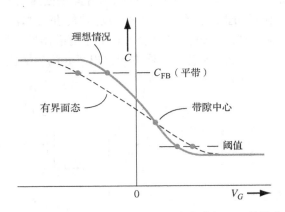

图 6.44　有界面态影响时，MOS 电容的高频 C-V 特性曲线

6.5　MOSFET 基本工作原理

目标：描述 MOSFET 的器件结构，并分析器件特性

图 6.45 所示为 n 沟道 MOS 场效应晶体管的基本结构。由图可见，栅-氧化物-半导体结构，或 MOS 电容是场效应晶体管的核心。栅氧两侧的 n 型区称为**源区和漏区**。MOSFET 的电流是电荷从源端经过氧化物-半导体界面附件的反型层，到达漏端形成的。我们已讨论了 MOS 电容的反型层电荷。在电流-电压关系出现的两个参数是沟道长度 L 和沟道宽度 W。其中，沟道长度表示源-漏之间的距离。

我们看到，MOSFET 实际上是四端器件。在多数情况下，衬底或体端接地。反型层电荷受栅压感应和调制，器件电流由漏-源电压控制。

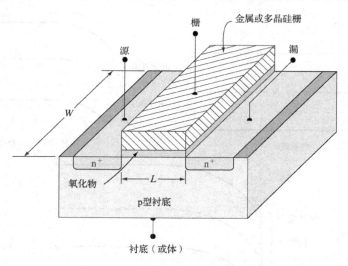

图 6.45　n 沟道 MOSFET 的基本结构

6.5.1　MOSFET 结构

图 6.46(a)所示为 n 沟道增强型 MOSFET。增强的含义是栅压为零时，氧化层下方的半导体衬底并不反型。只有当栅压为正时，才能产生电子反型层，把 n 型源区和 n 型漏区连接起来。源端是载流子的来源，载流子通过沟道流向漏端。对于 n 沟道器件，电子从源端流向漏端，因此，传统电流方向从漏端进入，从源端流出。图中也给出了 n 沟道增强型器件的常用电路符号。

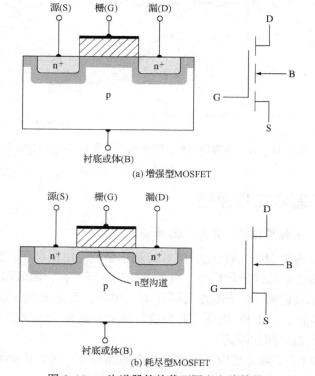

图 6.46　n 沟道器件的截面图和电路符号

图 6.46(b)是 n 沟道耗尽型 MOSFET。栅压为零时，氧化层下方已存在 n 型沟道区。我们已知，p 型衬底 MOS 器件的阈值电压可以为负，这说明零栅压时电子反型层已经存在。这种器件也被称为耗尽型器件。图中所示的 n 型沟道可以是电子反型层也可以是有意掺杂的 n 区。图中也给出了 n 沟耗尽型 MOSFET 的电路符号。

图 6.47(a)和图 6.47(b)分别为 p 沟道增强型和 p 沟道耗尽型 MOSFET。在 p 沟道增强型器件中，为了形成连接 p 型源区和漏区之间的空穴反型层，外加栅压必须为负。空穴从源流向漏，因此，传统的电流方向将从源区进入，从漏区流出。对于耗尽型器件，即使栅压为零，也存在 p 型沟道区。图 6.47 也给出了常用的电路符号。

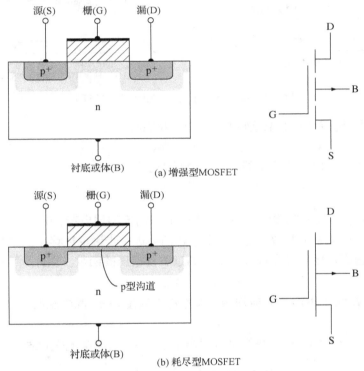

图 6.47　p 沟道 MOSFET 的截面图和电路符号

6.5.2　电流-电压关系——基本概念

NMOS 晶体管　图 6.48(a)所示为 n 沟道增强型 MOSFET。其中，栅-源电压小于阈值电压，漏-源电压非常小。源和衬底(或称体端)接地。在这种偏置条件下，没有电子反型层，漏-衬 pn 结反向偏置，漏电流为零(忽略 pn 结泄漏电流)。

图 6.48(b)所示为栅压 $V_{GS} > V_T$ 时的情况。如图所示，此时沟道产生电子反型层，当在漏极施加小电压时，反型层中的电子将从源极流向漏极。传统电流方向从漏极进入，从源极流出。在这种理想情况下，没有电流通过氧化层到达栅极。

在本节，我们将定性地建立电流-电压特性。在此考虑**长沟道器件**。图 6.48(b)中存在两个电场。氧化层电场(垂直电场)由栅压感应，产生电子反型层。漏电压感应的电场(横向电场)产生反型层中电子从源极流向漏极的驱动力。在长沟道器件中，这两个电场可以分开处理。随着沟道长度缩短，沟道中的电荷与两个电场都相关。我们会在第 7 章中考虑短沟道器件。然而, 长沟道器件的结论可用来研究器件的基本工作原理和特性。通常, 沟道长度大于 2 μm 的器件称为长沟道器件。

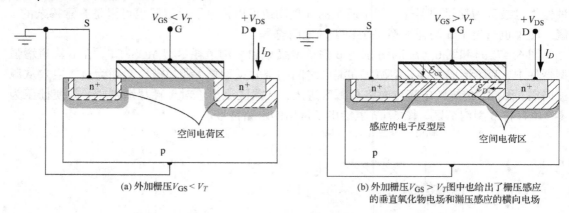

(a) 外加栅压 $V_{GS} < V_T$　　　　(b) 外加栅压 $V_{GS} > V_T$ 图中也给出了栅压感应的垂直氧化物电场和漏压感应的横向电场

图 6.48　漏压较小时, n 沟道增强型 MOSFET

当 V_{DS} 较小时, 沟道区具有电阻特性, 因此, 我们有

$$I_D = g_d V_{DS} \tag{6.46}$$

其中, g_d 定义为 $V_{DS} \to 0$ 时的沟道电导。沟道电导表示为

$$g_d = \frac{W}{L} \mu_n |Q'_n| \tag{6.47}$$

其中, μ_n 是反型层中的电子迁移率, $|Q'_n|$ 为单位面积的反型层电荷, W 是沟道宽度, L 是沟道长度。我们先假设迁移率为常数, 在第 7 章中我们会进一步讨论迁移率的影响。

反型层电荷密度是栅氧电容和大于阈值的过驱动栅压的函数。因此, 可写出

$$|Q'_n| = C_{ox}(V_{GS} - V_T) \tag{6.48}$$

式 (6.48) 说明了基本的 MOS 场效应作用。反型电荷密度是栅–源电压的函数, 因而沟道电导受栅压控制。

联立式 (6.46) 至式 (6.48), 我们可以写出 V_{DS} 较小时的漏电流表达式

$$I_D = \frac{W}{L} \cdot \mu_n C_{ox}(V_{GS} - V_T)V_{DS} \tag{6.49}$$

式 (6.49) 描述的 I_D-V_{DS} 特性曲线如图 6.49 所示。当 $V_{GS} < V_T$ 时, 漏电流为零。当 $V_{GS} > V_T$ 时, 沟道的反型电荷密度增加, 从而增大沟道电导。g_d 越大, 图中 I_D-V_{DS} 特性曲线的斜率也越大。

图 6.50(a) 所示为 $V_{GS} > V_T$, 且 V_{DS} 较小时 MOS 结构的示意图。图中反型沟道层的厚度定性地说明了相对电荷密度。此时, 其在整个沟道长度上为常数。对应的 I_D-V_{DS} 特性曲线如图所示。

图 6.50(b) 所示为 V_{DS} 增大时的情况。随着漏电压的增大, 近漏端氧化层上的压降减小, 这使得漏端附近的反型层电荷密度降低。漏端的沟道电导增量减小, 因而 I_D-V_{DS} 特性曲线的斜率也减小。I_D-V_{DS} 曲线斜率的这种效应如图所示。

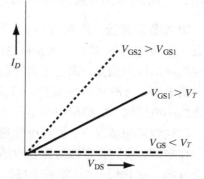

图 6.49　当 V_{DS} 较小时, 三个不同 V_{GS} 对应的 I_D-V_{DS} 特性曲线

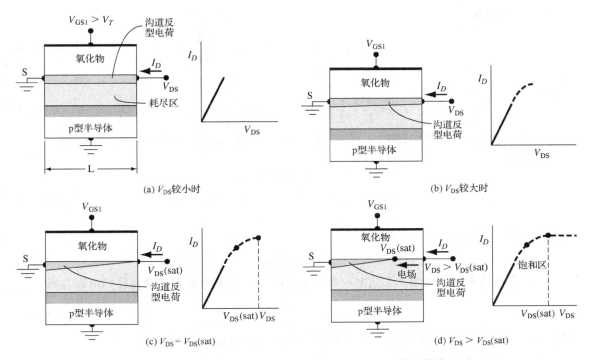

图 6.50　$V_{GS} > V_T$ 时，MOSFET 的截面图和 I_D-V_{DS} 特性曲线

当 V_{DS} 增大到氧化层漏端压降等于 V_T 时，沟道近漏端的反型层电荷密度为零。这个效应示意地表示在图 6.50（c）中。此时，漏端电导增量为零，这意味着 I_D-V_{DS} 特性曲线的斜率为零。我们可写出

$$V_{GS} - V_{DS}(\text{sat}) = V_T \tag{6.50a}$$

或

$$\boxed{V_{DS}(\text{sat}) = V_{GS} - V_T} \tag{6.50b}$$

其中，$V_{DS}(\text{sat})$ 为沟道近漏端的反型电荷密度为零时所对应的漏-源电压。

当 $V_{DS} > V_{DS}(\text{sat})$ 时，沟道中反型电荷为零的点向源端移动。在这种情况下，电子从源端进入沟道，通过沟道流向漏端。在反型电荷为零的点处，电子注入空间电荷区，被电场扫向漏极。假设沟道长度变化 $\triangle L$ 比原始沟道长度 L 小得多，则 $V_{DS} > V_{DS}(\text{sat})$ 时的漏电流为常数。这种情况的 I_D-V_{DS} 特性区称为饱和区。图 6.50（d）给出这种情况的示意图。

当 V_{GS} 改变时，I_D-V_{DS} 特性曲线也会变化。我们看到，若 V_{GS} 增大，I_D-V_{DS} 特性曲线的斜率增加。由式（6.50b）可见，$V_{DS}(\text{sat})$ 是 V_{GS} 的函数。我们可以画出 n 沟道增强型 MOSFET 的 I_D-V_{DS} 特性曲线簇，如图 6.51 所示。

在电流-电压特性的定性分析中，必须修正式（6.49），以满足非线性特性。在 6.5.3 节，我们将给出

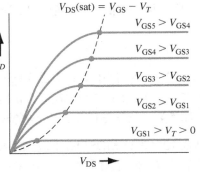

图 6.51　n 沟道增强型 MOSFET
的 I_D-V_{DS} 特性曲线簇

漏电流的表达式

$$I_D = \frac{W}{L}\mu_n C_{ox}\left[(V_{GS} - V_T)V_{DS} - \frac{V_{DS}^2}{2}\right] \tag{6.51a}$$

或

$$I_D = \frac{W}{L}\frac{\mu_n C_{ox}}{2}\left[2(V_{GS} - V_T)V_{DS} - V_{DS}^2\right] \tag{6.51b}$$

我们注意到,对非常小的 V_{DS}, V_{DS}^2 项可以忽略,因此,式(6.51b)简化为式(6.49)

我们定义

$$\boxed{K_n = \frac{W}{L}\frac{\mu_n C_{ox}}{2}} \tag{6.52}$$

为**电导参数**[①]。我们也可以定义

$$k_n' = \mu_n C_{ox} \tag{6.53}$$

为**工艺电导参数**。通常,工艺电导参数 k_n' 对特定的工艺为常数。这样我们可以写出

$$K_n = \frac{W}{L}\frac{k_n'}{2} \tag{6.54}$$

所以宽长比 W/L 是获取期望电流-电压特性的主要设计参量。

现在,式(6.51b)可写为

$$\boxed{I_D = K_n\left[2(V_{GS} - V_T)V_{DS} - V_{DS}^2\right]} \tag{6.55}$$

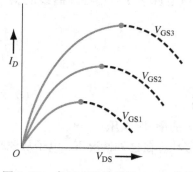

图 6.52 式(6.55)绘出的 I_D-V_{DS} 曲线

图6.52 是栅-源电压 V_{GS} 取三个不同值时,式(6.55)的曲线。显而易见,漏电流和漏-源电压 V_{DS} 的关系是非线性的。由 $\partial I_D/\partial V_{DS} = 0$ 可以求得峰值电流所对应的 V_{DS}。我们发现峰值电流出现在 $V_{DS} = V_{GS} - V_T$。V_{DS} 的这个值恰好是饱和电压 $V_{DS}(sat)$,即电流达到饱和时所对应的点。当 $V_{DS} > V_{DS}(sat)$,理想漏电流为常数,它等于

$$I_D = K_n\left[2(V_{GS} - V_T)V_{DS}(sat) - V_{DS}^2(sat)\right] \tag{6.56}$$

利用 $V_{DS}(sat) = V_{GS} - V_T$,式(6.56)变为

$$\boxed{I_D = K_n(V_{GS} - V_T)^2} \tag{6.57}$$

式(6.55)描述了 n 沟道 MOSFET 偏置在非饱和区时 $[0 \leqslant V_{DS} \leqslant V_{DS}(sat)]$ 的理想电流-电压特性,而式(6.57)则描述了 n 沟道 MOSFET 偏置在饱和区时 $[V_{DS} \geqslant V_{DS}(sat)]$ 的理想电流-电压关系。图 6.51 给出了这些特性。

例 6.10　设计 MOSFET 的栅宽,以使器件在给定偏置条件下产生指定的电流。考虑一个理想的 n 沟道 MOSFET,器件参数如下: $L = 1.25\ \mu m$, $\mu_n = 650\ cm^2/V \cdot s$, $C_{ox} = 6.9 \times 10^{-8}\ F/cm^2$,

---

① 在其他教材中,电导参数定义为 $k_N = (\mu_n W C_{ox})/L$。

$V_T = 0.65$ V。设计器件的沟道宽度，使得 $V_{GS} = 5$ V 时，饱和漏电流 $I_D(\text{sat}) = 4$ mA。

【解】

由式(6.57)和式(6.52)，我们有

$$I_D(\text{sat}) = \frac{W \mu_n C_{\text{ox}}}{2L}(V_{GS} - V_T)^2$$

或

$$4 \times 10^{-3} = \frac{W(650)(6.9 \times 10^{-8})}{2(1.25 \times 10^{-4})} \cdot (5 - 0.65)^2 = 3.39 \text{ W}$$

解方程得

$$W = 11.8 \ \mu\text{m}$$

【说明】

MOSFET 的电流容限直接与沟道宽度 W 成正比，通常，利用增加 W 来增大电流处理能力。

【自测题】

EX6.10　n 沟道 MOSFET 的器件参数如下：$\mu_n = 650$ cm^2/V · s，$t_{\text{ox}} = 200$ Å，$W/L = 50$，$V_T = 0.40$ V。若晶体管偏置在饱和区，试确定 $V_{GS} = 1$ V，2 V 和 3 V 时的漏电流。

答案：$I_D = 1.01$ mA，7.19 mA 和 19 mA。

在前面的讨论中，我们假设 MOSFET 是 n 沟道增强型器件，即 $V_T > 0$。然而，相同的电流-电压关系可用于描述 n 沟道耗尽型 MOSFET，其中 $V_T < 0$。

图 6.53 为 n 沟道耗尽型 MOSFET 的示意图。若 n 型沟道区是由金属-半导体功函数差和氧化层固定电荷产生的电子反型层，则电流-电压特性与我们先前讨论的完全相同，只是阈值电压 V_T 为负值。此外，我们还将考虑了 n 沟道区为 n 型半导体的情况。在这类器件中，负栅压在氧化层下方产生一个空间电荷区，减小 n 沟道区的厚度。厚度的减小降低了沟道电导，因而降低了漏电流。正栅压产生电子积累层，增大漏电流。为了使器件正常关断，这类器件的一个基本条件是沟道厚度 t_c 必须小于最大空间电荷区宽度。n 沟耗尽型 MOSFET 的 I_D-V_{DS} 特性曲线簇如图 6.54 所示。

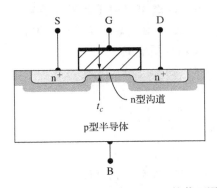

图 6.53　n 沟道耗尽型 MOSFET 的截面图

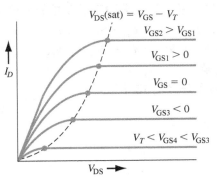

图 6.54　n 沟道耗尽型 MOSFET 的 I_D-V_{DS} 特性曲线簇

我们可用 MOSFET 的 *I-V* 关系从实验上确定迁移率和阈值电压。当 V_{DS} 很小时，式(6.51b)可写为

$$I_D = \frac{W\mu_n C_{ox}}{L}(V_{GS} - V_T)V_{DS} \tag{6.58}$$

图 6.55(a)给出了 V_{DS} 为非常小的常数电压时，式(6.58)以 V_{GS} 为变量的点图。画一条通过这些点的直线进行拟合。V_{GS} 值较小时的偏差是由亚阈值电导引起的，而 V_{GS} 值较大时的偏差则是因为迁移率是栅压的函数造成的。这些影响会在第 7 章中讨论。直线与零电流的截距给出了阈值电压，而直线的斜率与反型层载流子的迁移率成正比。

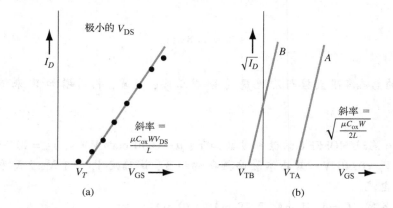

图 6.55　(a)增强型 MOSFET 在 V_{DS} 较小时的 I_D-V_{GS} 曲线；(b)增强型(曲线 A)和耗尽型(曲线 B) n 沟道 MOSFET 在饱和区时的理想 $(I_D)^{1/2}$-V_{GS} 关系

若对式(6.57)取平方根，可得

$$\sqrt{I_D(\text{sat})} = \sqrt{\frac{W\mu_n C_{ox}}{2L}}(V_{GS} - V_T) \tag{6.59}$$

图 6.55(b)给出了式(6.59)的曲线。在理想情况下，从这两条曲线可得到相同的信息。然而，正如我们将在下一章所看到，在短沟道器件中，阈值电压可能是 V_{DS} 的函数。既然式(6.59)应用于工作在饱和区的器件，式中的 V_T 可能与图 6.55(a)确定的外推值不同。通常，非饱和电流-电压特性会得到更可靠的数据。

例 6.11　从实验结果确定反型层的载流子迁移率。 若 n 沟道 MOSFET 的器件参数如下：$W = 15\ \mu m$，$L = 2\ \mu m$，$C_{ox} = 6.9 \times 10^{-8}\ F/cm^2$。假设 $V_{DS} = 0.10\ V$ 时，器件工作在非饱和区，$V_{GS} = 1.5\ V$ 时的漏电流 $I_D = 35\ \mu A$，$V_{GS} = 2.5\ V$ 时的漏电流 $I_D = 75\ \mu A$。

【解】

由式(6.58)可得

$$I_{D2} - I_{D1} = \frac{W\mu_n C_{ox}}{L}(V_{GS2} - V_{GS1})V_{DS}$$

因此

$$75 \times 10^{-6} - 35 \times 10^{-6} = \left(\frac{15}{2}\right)\mu_n(6.9 \times 10^{-8})(2.5 - 1.5)(0.10)$$

解方程得

$$\mu_n = 773\ cm^2/V\cdot s$$

【说明】

受表面散射效应的影响，反型层中载流子的迁移率小于半导体内的迁移率。我们会在下一章讨论这个效应。

【自测题】

EX6.11　考虑例 6.11 描述的 n 沟道 MOSFET。利用上例所得结果，确定 MOSFET 的阈值电压。

　　　　答案：$V_T = 0.625$ V。

PMOS 晶体管　用同样的分析方法，我们可得 p 沟道 MOSFET 的电流-电压关系。图 6.56 给出了 p 沟道增强型 MOSFET 的示意图，其中的电压极性和电流方向与 n 沟道器件相反。我们注意到，这个器件电压的下标改变了。对于图中所示电流方向，偏置在非饱和区 $[0 \leqslant V_{SD} < V_{SD}(\text{sat})]$ 的 p 沟道 MOSFET 的 *I-V* 关系可表示为

$$I_D = \frac{W}{L} \frac{\mu_p C_{ox}}{2} \left[2(V_{SG} + V_{TP})V_{SD} - V_{SD}^2 \right] \tag{6.60a}$$

或

$$\boxed{I_D = K_p \left[2(V_{SG} + V_{TP})V_{SD} - V_{SD}^2 \right]} \tag{6.60b}$$

其中，K_p 是 p 沟道器件的电导参数，定义为

$$\boxed{K_p = \frac{W}{L} \frac{\mu_p C_{ox}}{2} = \frac{W}{L} \frac{k_p'}{2}} \tag{6.61}$$

参数 $k_p' = \mu_p C_{ox}$ 是 p 沟道 MOSFET 的工艺电导参数。

当 MOSFET 偏置在饱和区 $[V_{SD} > V_{SD}(\text{sat})]$，*I-V* 特性可表示为

$$\boxed{I_D = K_p (V_{SG} + V_T)^2} \tag{6.62}$$

我们有

$$V_{SD}(\text{sat}) = V_{SG} + V_T \tag{6.63}$$

需要注意的是，增强型 p 沟道 MOSFET 的阈值电压是负的（$V_T < 0$），而耗尽型器件的阈值电压 $V_T > 0$。

表 6.3 总结了 NMOS 和 PMOS 晶体管的电流-电压关系。

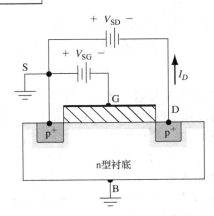

图 6.56　p 沟道增强型 MOSFET 的截面图和偏置

表 6.3　理想 NMOS 和 PMOS 晶体管的电流-电压关系

NMOS	PMOS
转换点 $V_{DS}(\text{sat}) = V_{GS} - V_T$	转换点 $V_{SD}(\text{sat}) = V_{SG} + V_T$
非饱和偏置 $[V_{DS} \leqslant V_{DS}(\text{sat})]$ $I_D = K_n \left[2(V_{GS} - V_T)V_{DS} - V_{DS}^2 \right]$	非饱和偏置 $[V_{SD} \leqslant V_{SD}(\text{sat})]$ $I_D = K_p \left[2(V_{SG} + V_T)V_{SD} - V_{SD}^2 \right]$

（续表）

NMOS	PMOS
饱和偏置 $[V_{DS} \geqslant V_{DS}(\text{sat})]$ $I_D = K_n(V_{GS} - V_T)^2$	饱和偏置 $[V_{SD} \geqslant V_{SD}(\text{sat})]$ $I_D = K_p(V_{SG} + V_T)^2$

例 6.12 **确定 p 沟道 MOSFET 的电导参数和电流。** p 沟道 MOSFET 具有如下参数：$\mu_p =$ 300 cm^2/V·s，$C_{ox} = 6.9 \times 10^{-8}$ F/cm，$(W/L) = 10$，$V_T = -0.65$ V。试确定电导参数 K_p，并找出 $V_{SG} = 3$ V 时的最大电流。

【解】

由电导参数的定义可得

$$K_p = \frac{W\mu_p C_{ox}}{2L} = \frac{1}{2}(10)(300)(6.9 \times 10^{-8})$$
$$= 1.04 \times 10^{-4} \text{ A/V}^2 = 0.104 \text{ mA/V}^2$$

晶体管偏置在饱和区时的电流最大，即

$$I_D = K_p(V_{SG} + V_T)^2 = 0.104[3 + (-0.65)]^2 = 0.574 \text{ mA}$$

【说明】

由于空穴的迁移率较低，因此，对于给定宽长比的 p 沟道 MOSFET，其电导参数约为相同结构 n 沟道 MOSFET 的一半。

【自测题】

EX6.12 p 沟道 MOSFET 在 $V_{SG} = 3$ V 时的最大电流 $I_D = 0.85$ mA。若晶体管的电学参数与例 6.12 中器件完全相同，试确定晶体管的宽长比。

答案：$(W/L) = 14.9$。

CMOS 反相器 互补金属氧化物半导体(CMOS)反相器由 n 沟道增强型器件($V_T > 0$) 和 p 沟道增强型器件($V_T < 0$)串联而成，如图 6.57 所示。CMOS 反相器包括两个 MOSFET 和一个直流电源，它们构成一个实际电路。CMOS 反相器是微处理器中 CMOS 数字电路的基础，因此，有必要了解这个电路的基本原理。

当输入电压位于 $0 \leqslant V_I \leqslant V_T$ 之间，NMOS 管截止，其漏电流为零。既然 NMOS 和 PMOS 器件是串联的，PMOS 的漏电路也必须为零，因此，这个电路的功耗为零(忽略泄漏电流)。PMOS 的源–栅电压 $V_{SGP} = V_{DD} - V_I \approx V_{DD} > |V_T|$。PMOS 晶体管电流为零的唯一条件是 $V_{SD} = 0$ 或 $V_0 = V_{DD}$。

若输入电压 $V_{DD} - |V_T| \leqslant V_I \leqslant V_{DD}$，PMOS 晶体管截止，其漏电流为零。既然 NMOS 和 PMOS 器件是串联的，NMOS 器件的漏电流也为零，因此，CMOS 反相器电路的功耗为零。此时，NMOS 栅–源电压是 $V_{GS} = V_I \approx V_{DD} > V_T$。NMOS 晶体电流为零的唯一条件是 $V_{DS} = 0$ 或 $V_0 = 0$。

CMOS 反相器的电压转移特性(V_0-V_I特性)如图 6.58 所示。转移特性的完整推导后面再述。需要强调的是，当 $V_I \approx$ 逻辑 0($V_I < V_T$)，功耗为零，而当 $V_I \approx$ 逻辑 1($V_I > V_{DD} - |V_T|$)时，功耗也为零。

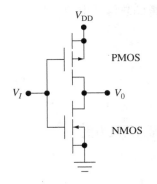

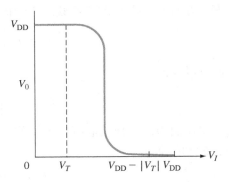

图 6.57　CMOS 反相器电路　　　　　　图 6.58　CMOS 反相器的电压转移特性

Σ6.5.3　电流–电压关系——数学推导

在 6.5.2 节中, 我们定性地讨论了 MOSFET 的电流–电压特性。这一节将推导漏电流、栅–源电压和漏–源电压之间的数学关系。图 6.59 给出了下面推导所用器件的几何结构。

在进行分析之前, 我们做如下假设:

1. 沟道中的电流是由漂移而非扩散产生的。
2. 栅氧化层中无电流流过。
3. 缓变沟道近似有效, 即 $\partial \mathcal{E}_y / \partial y \gg \partial \mathcal{E}_x / \partial x$。这个近似意味着 x 方向的电场 $\mathcal{E}_x$ 基本为常数。
4. 氧化层固定电荷为氧化物–半导体界面的等效电荷密度。
5. 沟道内载流子的迁移率为常数。

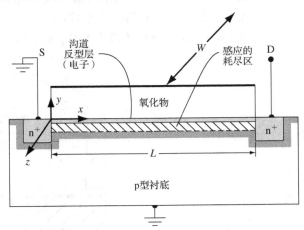

图 6.59　推导 I_D-V_{DS} 关系的 MOSFET 器件几何结构图

我们从欧姆定律开始分析, 欧姆定律表示为

$$J_x = \sigma \mathcal{E}_x \tag{6.64}$$

式中, σ 为沟道电导率, $\mathcal{E}_x$ 为漏–源电压产生的沿沟道方向的电场。沟道电导率表示为 $\sigma = e\mu_n n(y)$, 式中 μ_n 为电子迁移率, $n(y)$ 为反型层的电子浓度。

在 y 和 z 方向上，对 J_x 的沟道截面进行积分，就可得到总沟道电流，即

$$I_x = \int_y \int_z J_x \, \mathrm{d}y \, \mathrm{d}z \tag{6.65}$$

另外，我们可以写出

$$Q_n' = - \int en(y) \, \mathrm{d}y \tag{6.66}$$

式中，Q_n' 为单位面积的反型层电荷，对本例所讨论的情况，其值为负。

式（6.65）可表示为

$$I_x = -W\mu_n Q_n' \mathcal{E}_x \tag{6.67}$$

其中，W 为沟道宽度，它是沿 z 方向积分的结果。

在推导电流-电压关系时，用到的两个概念分别是电中性和高斯定理。图 6.60 给出了 $V_{\mathrm{GS}} > V_T$ 时，器件内部电荷密度的示意图。图中所有电荷均以单位面积电荷表示。利用电中性条件，可写出

$$Q_m' + Q_{\mathrm{ss}}' + Q_n' + Q_{\mathrm{SD}}'(\mathrm{max}) = 0 \tag{6.68}$$

对于 n 沟道器件，反型层电荷和感应的空间电荷都是负的。

高斯定理可写为

$$\oint_S \epsilon \mathcal{E}_n \, \mathrm{d}S = Q_T \tag{6.69}$$

其中，积分是对封闭表面进行的。Q_T 是封闭表面包围的总电荷，$\mathcal{E}_n$ 是通过表面 S，向外的电场法向分量。高斯定理将应用于图 6.61 所定义的表面。由于表面必须封闭，所以必须考虑 x-y 平面的横切面。然而，由于不存在电场的 z 分量，所以这两个端面对式（6.69）的积分不起作用。

现在考虑图 6.61 所示的表面 1 和表面 2。缓变沟道近似假设 $\mathcal{E}_x$ 沿沟道长度为常数。这个假设意味着进入表面 2 的 $\mathcal{E}_x$ 与流出表面 1 的 $\mathcal{E}_x$ 相等。由于式（6.69）中的积分包含电场的外向分量，所以表面 1 和表面 2 的贡献相互抵消。表面 3 位于中性 p 区，所以这个表面的电场为零。

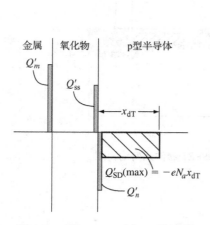

图 6.60　当 $V_{\mathrm{GS}} > V_T$ 时，n 沟道增强型 MOSFET 的电荷分布

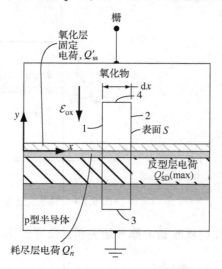

图 6.61　应用高斯定理的示意图

表面 4 是对式 (6.69) 唯一有贡献的表面。考虑氧化层内的电场方向，式 (6.69) 变形为

$$\oint_S \epsilon \mathcal{E}_n \, dS = -\epsilon_{ox} \mathcal{E}_{ox} W \, dx = Q_T \tag{6.70}$$

式中，ϵ_{ox} 为氧化层的介电常数。闭合曲面包围的总电荷为

$$Q_T = [Q'_{ss} + Q'_n + Q'_{SD}(\max)] W \, dx \tag{6.71}$$

联立式 (6.70) 和式 (6.71)，我们有

$$-\epsilon_{ox} \mathcal{E}_{ox} = Q'_{ss} + Q'_n + Q'_{SD}(\max) \tag{6.72}$$

现在，我们需要得到 $\mathcal{E}_{ox}$ 的表达式。图 6.62(a) 给出了氧化层和沟道区的示意图。假设源端接地。电压 V_x 是沿沟道长度方向，沟道中 x 点的电势。x 点处氧化层的电势差是 V_{GS}、V_x 和金属-半导体功函数差的函数。

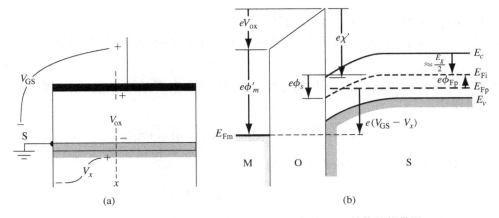

图 6.62　(a) 沿沟道 x 点处的电势；(b) x 点处 MOS 结构的能带图

x 点处 MOS 结构的能带图如图 6.62(b) 所示。p 型半导体的费米能级为 E_{Fp}，金属的费米能级为 E_{Fm}。我们有

$$E_{Fp} - E_{Fm} = e(V_{GS} - V_x) \tag{6.73}$$

考虑势垒，可以写出

$$V_{GS} - V_x = (\phi'_m + V_{ox}) - \left(\chi' + \frac{E_g}{2e} - \phi_s + |\phi_{Fp}| \right) \tag{6.74}$$

上式也可表示为

$$V_{GS} - V_x = V_{ox} + 2|\phi_{Fp}| + \phi_{ms} \tag{6.75}$$

式中，ϕ_{ms} 是金属-半导体的功函数差，对于反型条件，$\phi_s = 2|\phi_{Fp}|$。

氧化层中的电场为

$$\mathcal{E}_{ox} = \frac{V_{ox}}{t_{ox}} \tag{6.76}$$

联立式 (6.72)、式 (6.75) 和式 (6.76)，有

$$-\epsilon_{ox} \mathcal{E}_{ox} = -\frac{\epsilon_{ox}}{t_{ox}} [(V_{GS} - V_x) - (\phi_{ms} + 2|\phi_{Fp}|)] \tag{6.77}$$

$$= Q'_{ss} + Q'_n + Q'_{SD}(\max)$$

将式(6.77)中的反型层电荷密度 Q'_n 代入式(6.67)，可得

$$I_x = -W\mu_n C_{ox} \frac{dV_x}{dx}[(V_{GS} - V_x) - V_T] \tag{6.78}$$

式中，$\mathcal{E}_x = -dV_x/dx$，V_T 是式(6.34)定义的阈值电压。

沿沟道长度对式(6.78)进行积分，可得

$$\int_0^L I_x \, dx = -W\mu_n C_{ox} \int_{V_x(0)}^{V_x(L)} [(V_{GS} - V_T) - V_x] \, dV_x \tag{6.79}$$

假设迁移率 μ_n 为常数。对于 n 沟道器件，电流从漏端注入，且沿整个沟道长度为常数。令 $I_D = -I_x$，式(6.79)变形为

$$I_D = \frac{W\mu_n C_{ox}}{2L}[2(V_{GS} - V_T)V_{DS} - V_{DS}^2] \tag{6.80}$$

上式在 $V_{GS} \geqslant V_T$，且 $0 \leqslant V_{DS} \leqslant V_{DS}(sat)$ 时有效。

从 $\partial I_D/\partial V_{DS} = 0$ 可以得峰值电流所对应的 V_{DS} 值。利用式(6.80)，可得峰值电流出现在

$$V_{DS} = V_{GS} - V_T \tag{6.81}$$

V_{DS} 的这个值恰好等于 $V_{DS}(sat)$，即出现饱和时对应的点。对于 $V_{DS} > V_{DS}(sat)$，理想漏电流是常数，其等于

$$I_D(sat) = \frac{W\mu_n C_{ox}}{2L}[2(V_{GS} - V_T)V_{DS}(sat) - V_{DS}^2(sat)] \tag{6.82}$$

用式(6.81)替代 $V_{DS}(sat)$，式(6.82)表示为

$$I_D(sat) = \frac{W\mu_n C_{ox}}{2L}(V_{GS} - V_T)^2 \tag{6.83}$$

式(6.80)是 n 沟道 MOSFET 工作在非饱和区 $[0 \leqslant V_{DS} \leqslant V_{DS}(sat)]$ 时的理想电流-电压关系，而式(6.83)则是 n 沟道 MOSFET 工作在饱和区 $[V_{DS} \geqslant V_{DS}(sat)]$ 时的理想电流-电压关系。尽管这些 I-V 表达式是从 n 沟道增强型器件导出的，但是仍可将其用于 n 沟道耗尽型 MOSFET。需要注意的是，n 沟道耗尽型 MOSFET 的阈值电压 V_T 为负。

在推导电流-电压关系过程中，我们所做的一个假设是式(6.68)给出的电中性条件在整个沟道长度上都有效。我们明确假设 $Q'_{SD}(max)$ 沿沟道长度方向为常数。然而，由于漏-源电压、空间电荷区宽度在源、漏之间逐渐变化，当 $V_{DS} > 0$ 时，漏端的耗尽区最宽。空间电荷密度沿沟道长度方向的变化必须和反型层电荷的变化相平衡。空间电荷区宽度的增加则说明反型层电荷的减少，这意味着漏电流和漏-源饱和电压比理想值小。由于这种体电荷效应，实际饱和漏电流比理想预测值约低 20%。

6.5.4 衬底偏置效应

截止目前的所有分析中，衬底(或体)均与源端相连并接地。在 MOSFET 电路中，源和衬底的电势可能并不相同。图 6.63(a)给出了 n 沟道 MOSFET 的器件结构及相关的双下标电压变量。由于源-衬 pn 结必须为零或反偏，因此，V_{SB} 总是大于或等于零。

若 $V_{SB} = 0$，阈值电压的定义与先前讨论的一样，反型条件为 $\phi_s = 2|\phi_{Fp}|$，如图 6.63(b)所示。当 $V_{SB} > 0$ 时，表面仍然在 $\phi_s = 2|\phi_{Fp}|$ 时试图反型，但表面处电子的势能比源端电子的势能高，新产生的电子将横向移动并流出源极。当 $\phi_s = 2|\phi_{Fp}| + V_{SB}$ 时，表面达到平衡反型条

件。此时的能带图如图 6.63（c）所示。标有 E_{Fn} 的曲线是从 p 型衬底经过反偏源-衬 pn 结到源接触的费米能级。

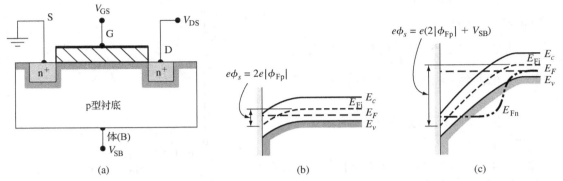

图 6.63 （a）n 沟道 MOSFET 的外加偏压；（b）$V_{SB} = 0$ 时，反型点的能带图；（c）$V_{SB} > 0$ 时，反型点的能带图

当源-衬 pn 结上施加反偏电压时，氧化层下方的空间电荷区宽度从初始值 x_{dT} 增加，即空间电荷区感应出更多的负电荷。根据 MOS 结构的电中性条件，为了达到阈值反型点，金属栅上的正电荷必须增加，以补偿增加的空间负电荷。因此，当 $V_{SB} > 0$ 时，n 沟道 MOSFET 的阈值电压增加。

当 $V_{SB} = 0$ 时，有

$$Q'_{SD}(\max) = -eN_a x_{dT} = -\sqrt{2e\epsilon_s N_a (2|\phi_{Fp}|)} \tag{6.84}$$

当 $V_{SB} > 0$ 时，空间电荷区宽度增加，此时我们有

$$Q'_{SD} = -eN_a x_d = -\sqrt{2e\epsilon_s N_a (2|\phi_{Fp}| + V_{SB})} \tag{6.85}$$

因此，空间电荷密度的变化为

$$\Delta Q'_{SD} = -\sqrt{2e\epsilon_s N_a}\left[\sqrt{2|\phi_{Fp}| + V_{SB}} - \sqrt{2|\phi_{Fp}|}\right] \tag{6.86}$$

为了达到阈值条件，外加栅压必须增大。阈值电压的变化可表示为

$$\boxed{\Delta V_T = -\frac{\Delta Q'_{SD}}{C_{ox}} = \frac{\sqrt{2e\epsilon_s N_a}}{C_{ox}}\left[\sqrt{2|\phi_{Fp}| + V_{SB}} - \sqrt{2|\phi_{Fp}|}\right]} \tag{6.87}$$

式中，$\Delta V_T = V_T(V_{SB} > 0) - V_T(V_{SB} = 0)$。我们注意到，n 沟道器件的 V_{SB} 必须为正，所以 ΔV_T 总是正的。n 沟道 MOSFET 的阈值电压将随源-衬 pn 结电压的增加而增加。

若将体或衬底偏置效应应用于 p 沟道器件，则阈值电压向更负的方向偏移。因为 p 沟道增强型 MOSFET 的阈值电压是负值，故衬底电压将增大形成反型层所需的负栅压。对 n 沟道 MOSFET，也可得出相同的结论。

例 6.13 **计算源-衬偏压引起阈值电压的变化量。** 考虑 $T = 300$ K 时的 n 沟道 MOSFET 器件。假设衬底掺杂浓度 $N_a = 3 \times 10^{16}$ cm^{-3}，氧化层为二氧化硅，且厚度为 $t_{ox} = 500$ Å，$V_{SB} = 1$ V。

【解】

我们可以求出

$$\phi_{Fp} = -V_t \ln\left(\frac{N_a}{n_i}\right) = -(0.0259) \ln\left(\frac{3 \times 10^{16}}{1.5 \times 10^{10}}\right) = -0.376 \text{ V}$$

和

$$C_{ox} = \frac{\epsilon_{ox}}{t_{ox}} = \frac{(3.9)(8.85 \times 10^{-14})}{500 \times 10^{-8}} = 6.9 \times 10^{-8} \text{ F/cm}^2$$

由式(6.87)，我们可得

$$\Delta V_T = \frac{[2(1.6 \times 10^{-19})(11.7)(8.85 \times 10^{-14})(3 \times 10^{16})]^{1/2}}{6.9 \times 10^{-8}}$$

$$\times \{[2(0.376) + 1]^{1/2} - [2(0.376)]^{1/2}\}$$

或

$$\Delta V_T = 1.445(1.324 - 0.867) = 0.66 \text{ V}$$

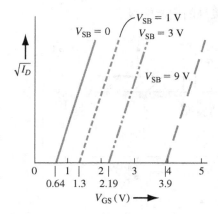

图 6.64 V_{SB} 取不同值时，n 沟道 MOS-FET的$(I_D)^{1/2}$-V_{GS}关系曲线图

【说明】

图 6.64 为 V_{SB} 不同时，$[I_D(\text{sat})]^{1/2}$ 与 V_{GS} 的关系曲线图。初始阈值电压 V_{T0} 为 0.64 V。

【自测题】

EX6.13 硅 MOS 器件具有如下参数：$N_a = 10^{16} \text{ cm}^{-3}$，$t_{ox} = 200$ Å。(a)试计算体效应系数 $\gamma = \sqrt{2e\epsilon_s N_a}/C_{ox}$；(b)计算 $V_{SB} = 1$ V 和 $V_{SB} = 2$ V 时的阈值电压变化。

答案：(a)$\gamma = 0.333$ V$^{1/2}$；(b)$\Delta V_T = 0.156$ V 和 $\Delta V_T = 0.269$ V。

【练习题】

TYU6.8 重新设计自测题 EX6.10 中 n 沟道 MOSFET 的 W/L，使器件偏置在 $V_{GS} = 1.75$ V 时的饱和漏电流 $I_D = 100$ μA。

答案：$W/L = 0.976$。

TYU6.9 p 沟道 MOSFET 的器件参数为：$\mu_p = 310$ cm^2/V·s，$t_{ox} = 220$ Å，$W/L = 60$ 和 $V_T = -0.40$ V。若晶体管偏置在饱和区，试计算 $V_{SG} = 1$ V，1.5 V 和 2 V 时的漏电流。

答案：$I_D = 0.526$ mA，1.77 mA，3.74 mA。

TYU6.10 重新设计练习题 TYU6.9 中 p 沟道 MOSFET 的 W/L，使晶体管偏置在 $V_{SG} = 1.25$ V 时的饱和漏电流 $I_D = 200$ μA。

答案：$W/L = 11.4$。

TYU6.11 若自测题 EX6.13 中的衬底掺杂浓度变为 $N_a = 10^{15} \text{ cm}^{-3}$，其他参数保持不变，重做自测题 EX6.13。

答案：(a)$\gamma = 0.105$ V$^{1/2}$；(b)$\Delta V_T = 0.052$ V 和 $\Delta V_T = 0.0888$ V。

6.6 小信号等效电路及频率限制因素

目标：推导 MOSFET 的小信号等效电路，分析器件的频率限制

在实际应用中，MOSFET 常用于线性放大电路。因此，需要 MOSFET 的小信号等效电路来对电子电路进行数学分析。等效电路包含产生频率效应的电容和电阻。首先，我们建立

MOSFET 的小信号等效电路，然后讨论限制频率响应的物理因素。作为 MOSFET 的一个性能参数，我们也会定义晶体管的截止频率，并推导其表达式。

6.6.1　跨导

MOSFET 的跨导定义为漏电流相对栅压的变化量，或表示为

$$g_m = \frac{\partial I_D}{\partial V_{GS}} \tag{6.88}$$

跨导有时也称为晶体管增益。

若考虑工作在非饱和区的 n 沟道 MOSFET，则由式(6.51b)可得

$$g_{mL} = \frac{\partial I_D}{\partial V_{GS}} = \frac{\partial}{\partial V_{GS}} \left\{ \frac{W}{L} \frac{\mu_n C_{ox}}{2} \left[2(V_{GS} - V_T)V_{DS} - V_{DS}^2 \right] \right\} \tag{6.89a}$$

或

$$g_{mL} = \frac{W \mu_n C_{ox}}{L} V_{DS} \tag{6.89b}$$

由上式可见，在非饱和区，跨导随 V_{DS} 线性增加，但与 V_{GS} 无关。

n 沟道 MOSFET 工作在饱和区的 I-V 特性由式(6.57)给出。器件在这个工作区的跨导可表示为

$$g_{ms} = \frac{\partial I_D}{\partial V_{GS}} = \frac{\partial}{\partial V_{GS}} \left[\frac{W}{L} \frac{\mu_n C_{ox}}{2} (V_{GS} - V_T)^2 \right] \tag{6.90a}$$

或

$$g_{ms} = \frac{W \mu_n C_{ox}}{L} (V_{GS} - V_T) \tag{6.90b}$$

在饱和区，MOSFET 的跨导是 V_{GS} 的线性函数，且与 V_{DS} 无关。

由上式可见，跨导是器件几何结构、载流子迁移率和阈值电压的函数。随着器件沟道宽度的增加，跨导增大。此外，随着沟道长度和氧化层厚度的减小，跨导也增大。在 MOSFET 电路设计中，晶体管的尺寸，特别是沟道宽度 W 是一个重要的工程设计参数。

6.6.2　小信号等效电路

MOSFET 的小信号等效电路是由基本 MOSFET 结构构建的。基于晶体管的固有电容和电阻，以及表示器件方程的元件建立的等效模型如图 6.65 所示。在等效电路中所做的基本假设是器件的源和衬底均接地。

与栅极相连的两个电容 C_{gs} 和 C_{gd} 是器件的固有电容。它们分别表示栅极与沟道近源端电荷和近漏端电荷之间的相互作用。其余的两个栅电容 C_{gsp} 和 C_{gdp} 是寄生或**交叠电容**。在实际器件中，由于容差或工艺因素，栅氧化层会与源/漏区交叠。正如我们将看到，漏交叠电容 C_{gdp} 会降低器件的频率响应。参数 C_{ds} 为漏–衬 pn 结电容，r_s 和 r_d 是与源端和漏端相关的串联电阻。小信号沟道电流由内部栅–源电压通过跨导控制。

共源 n 沟道 MOSFET 的小信号等效电路如图 6.66 所示。电压 V_{gs}' 为控制沟道电流的内部栅–源电压。参数 C_{gsT} 和 C_{gdT} 分别表示总栅–源电容和总栅–漏电容。图 6.66 标出的参数 r_{ds} 在图 6.65 中并没有出现。这个电阻与 I_D-V_{DS} 特性曲线的斜率有关。当理想 MOSFET 工作在饱

和区时，I_D 与 V_{DS} 无关，所以 r_{ds} 为无穷大。然而，在短沟道器件中，受沟道长度调制效应的影响，r_{ds} 是有限的。沟道长度调制效应将在第 7 章中讨论。

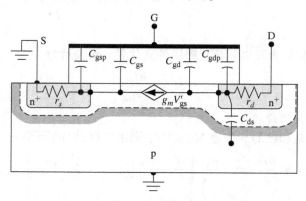

图 6.65　n 沟道 MOSFET 的固有电阻和电容

　　图 6.67 表示简化的低频小信号等效电路。其中忽略了串联电阻 r_s 和 r_d，因此，漏电流仅受栅-源电压控制。这个简化模型的栅输入阻抗为无穷大。

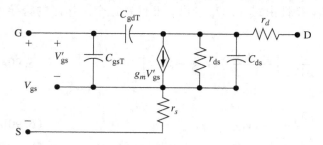

图 6.66　共源 n 沟道 MOSFET 的小信号等效电路

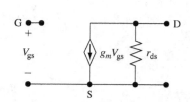

图 6.67　共源 n 沟道 MOSFET 的简化低频小信号等效电路

　　源电阻 r_s 对晶体管特性有非常明显的影响。图 6.68 给出了包括 r_s，但忽略 r_{ds} 的简化低频等效电路图。漏电流可表示为

$$I_d = g_m V'_{gs} \qquad (6.91)$$

其中，V_{gs} 和 V'_{gs} 的关系可以写为

$$V_{gs} = V'_{gs} + (g_m V'_{gs})r_s = (1 + g_m r_s)V'_{gs} \qquad (6.92)$$

由式(6.91)，漏电流可重写为

$$I_d = \left(\frac{g_m}{1 + g_m r_s}\right) V_{gs} = g'_m V_{gs} \qquad (6.93)$$

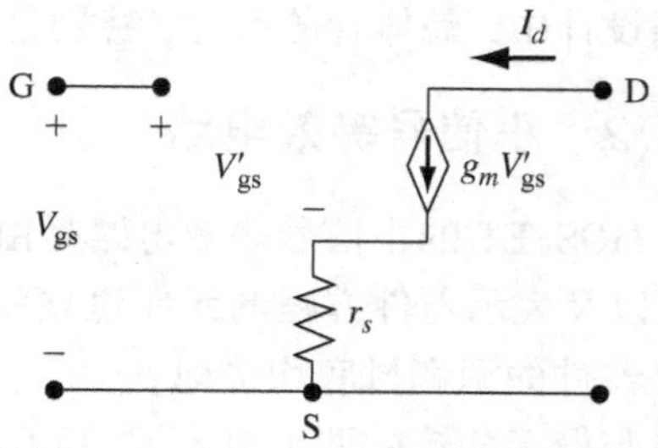

由此可见，源电阻降低了有效跨导或晶体管增益。

　　除了电压极性和电流方向相反外，p 沟道 MOSFET 的等效电路与 n 沟道器件完全相同。n 沟道 MOSFET 模型中的电容和电阻可用于 p 沟道器件模型。

图 6.68　共源 n 沟道 MOSFET 的简化低频小信号等效电路，其中包含了源电阻 r_s

6.6.3　频率限制因素与截止频率

　　MOSFET 的频率限制因素主要有两个。第一个因素是沟道输运时间。若假设载流子以饱和漂移速度 v_sat 输运，那么载流子通过沟道长度 L 的输运时间为 $\tau_t = L/v_\text{sat}$。若 $v_\text{sat} = 10^7$ cm/s，$L = 1$ μm，则输运时间 $\tau_t = 10$ ps，变换成最高频率为 100 GHz。这个频率远大于 MOSFET 最高频率响应的典型值。载流子通过沟道的输运时间通常不是 MOSFET 频率响应的限制因素。

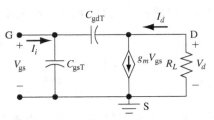

图 6.69　共源 n 沟道 MOSFET 的高频小信号模型

　　第二个因素是栅或电容的充电时间。如果忽略 r_s、r_d、r_ds 和 C_ds，所得的等效小信号电路如图 6.69 所示，其中 R_L 是负载电阻。

　　这个等效电路的栅输入阻抗不再是无穷大。对输入栅极节点的所有电流求和，可得

$$I_i = j\omega C_\text{gsT} V_\text{gs} + j\omega C_\text{gdT} (V_\text{gs} - V_d) \qquad (6.94)$$

其中，I_i 为输入电流。同样，对输出漏端的电流求和，可得

$$\frac{V_d}{R_L} + g_m V_\text{gs} + j\omega C_\text{gdT} (V_d - V_\text{gs}) = 0 \qquad (6.95)$$

　　联立式(6.94)和式(6.95)，并消去电压变量 V_d，可得输入电流的表达式

$$I_i = j\omega \left[C_\text{gsT} + C_\text{gdT} \left(\frac{1 + g_m R_L}{1 + j\omega R_L C_\text{gdT}} \right) \right] V_\text{gs} \qquad (6.96)$$

通常，$\omega R_L C_\text{gdT}$ 远小于 1，所以我们可以忽略分母中的 $(j\omega R_L C_\text{gdT})$ 项。这样，式(6.96)简化为

$$I_i = j\omega [C_\text{gsT} + C_\text{gdT} (1 + g_m R_L)] V_\text{gs} \qquad (6.97)$$

　　图 6.70 给出了式(6.97)所描述等效输入阻抗的等效电路图。参数 C_M 是**米勒电容**，其表示为

$$C_M = C_\text{gdT} (1 + g_m R_L) \qquad (6.98)$$

现在，漏交叠电容的影响变得非常明显。当晶体管工作在饱和区时，C_gd 基本为零，但 C_gdp 是常数。这个寄生电容被晶体管增益倍乘，因而成为影响输入阻抗的重要因素。

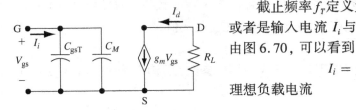

图 6.70　包括米勒电容的小信号等效电路

　　截止频率 f_T 定义为器件的电流增益为 1 时的频率，或者是输入电流 I_i 与理想负载电流 I_d 相等时的频率。由图 6.70，可以看到

$$I_i = j\omega (C_\text{gsT} + C_M) V_\text{gs} \qquad (6.99)$$

理想负载电流

$$I_d = g_m V_\text{gs} \qquad (6.100)$$

电流增益的幅值为

$$\left| \frac{I_d}{I_i} \right| = \frac{g_m}{2\pi f (C_\text{gsT} + C_M)} \qquad (6.101)$$

　　令截止频率 f_T 处的电流增益幅值为 1，可得

$$f_T = \frac{g_m}{2\pi (C_\text{gsT} + C_M)} = \frac{g_m}{2\pi C_G} \qquad (6.102)$$

式中，C_G 是等效输入栅电容。

理想 MOSFET 的交叠或寄生电容 C_{gsp} 和 C_{gdp} 均为零。当晶体管偏置在饱和区时，C_{gd} 接近于零，而 C_{gs} 约为 $C_{ox}WL$。工作在饱和区，且假设迁移率为常数的理想 MOSFET 的跨导由式(6.90b)给出

$$g_{ms} = \frac{W\mu_n C_{ox}}{L}(V_{GS} - V_T)$$

因此，在理想情况下，截止频率表示为

$$f_T = \frac{g_m}{2\pi C_G} = \frac{\dfrac{W\mu_n C_{ox}}{L}(V_{GS} - V_T)}{2\pi (C_{ox}WL)} = \frac{\mu_n(V_{GS} - V_T)}{2\pi L^2} \tag{6.103}$$

例6.14　**计算理想 MOSFET 的截止频率，假设迁移率为常数**。假设 n 沟道器件的电子迁移率 $\mu_n = 400\ cm^2/V \cdot s$，沟道长度 $L = 1.2\ \mu m$，阈值电压 $V_T = 0.5\ V$，栅-源电压 $V_{GS} = 2.2\ V$。

【解】

由式(6.103)，**截止频率**可表示为

$$f_T = \frac{\mu_n(V_{GS} - V_T)}{2\pi L^2} = \frac{(400)(2.2 - 0.5)}{2\pi(1.2 \times 10^{-4})^2} = 7.52\ GHz$$

【说明】

在实际 MOSFET 中，寄生电容会显著降低本例计算的截止频率。

【自测题】

EX6.14　n 沟道 MOSFET 具有如下参数：$\mu_n = 400\ cm^2/V \cdot s$，$t_{ox} = 200\ Å$，$W/L = 20$，$L = 0.5\ \mu m$，$V_T = 0.4\ V$。当晶体管工作在饱和区($V_{GS} = 2.5\ V$)，且与有效负载 $R_L = 100\ k\Omega$ 相连时，(a)试计算米勒电容 C_M 与栅-漏电容 C_{gd} 的比值；(b)确定截止频率。
答案：(a)291；(b)$f_T = 53.5\ GHz$。

【练习题】

TYU6.12　n 沟道 MOSFET 具有如下参数：$\mu_n = 400\ cm^2/V \cdot s$，$t_{ox} = 200\ Å$，$W/L = 20$ 及 $V_T = 0.4\ V$。当晶体管工作在饱和区($V_{GS} = 2.5\ V$)，且与有效负载 $R_L = 100\ k\Omega$ 相连时，试计算米勒电容 C_M 与栅-漏电容 C_{gdT} 的比值。
答案：292。

TYU6.13　n 沟道 MOSFET 具有与 TYU6.12 完全相同的参数，若沟道长度 $L = 0.5\ \mu m$，试确定截止频率。
答案：53.5 GHz。

Σ6.7　器件制备技术

目标：描述 MOSFET 制备的一些技术，如栅氧化、栅金属化和 CMOS 技术

　　本节首先给出制备 NMOS 晶体管的基本工艺步骤，然后讨论制备 CMOS 器件的一些技术。

6.7.1　NMOS 晶体管的制备

初始材料是轻掺杂的(100)晶向的 p 型晶片。优选(100)晶面是因为这个晶面的氧化物-半导体界面陷阱密度远低于(111)表面。第一步是形成沟道阻断区,如图 6.71(a)所示。首先生长一层二氧化硅薄膜,并在其上淀积氮化硅,用光刻胶定义器件的有源区。注入的硼离子通过二氧化硅和氮化硅进入硅衬底。这步离子注入形成重掺杂的 p 型表面,防止这个区域反型和器件导通。在刻蚀沟道阻断区上的氮化硅之后,在这个区域生长场氧。

下一步是生长栅氧,**通过离子注入调整阈值电压**。在去除有源区上的二氧化硅和氮化硅后,在器件有源区生长一层薄栅氧(通常小于 100 Å)。对于增强型器件,为了获得特定的阈值电压,沟道区注入硼离子,如图 6.71(b)所示。对于耗尽型器件,沟道区注入砷离子。

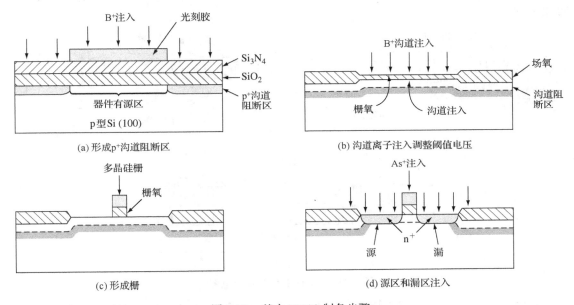

(a) 形成 p⁺沟道阻断区

(b) 沟道离子注入调整阈值电压

(c) 形成栅

(d) 源区和漏区注入

图 6.71　基本 NMOS 制备步骤

然后淀积多晶硅,并通过扩散或离子注入实现重掺杂。如图 6.71(c)所示,采用光刻工艺形成栅。然后如图 6.71(d)所示,注入砷离子,形成源、漏区。多晶硅栅充当离子注入的掩膜,所以源、漏区相对栅是自对准的。这种自对准工艺可使交叠电容最小化。采用低温退火步骤减小结区的横向扩散。

最后一步是金属化。通常,为了保护器件,在整个晶片表面淀积掺磷的氧化物。然后定义并刻蚀源、漏和栅区的接触窗口。淀积金属并反刻,这样就制备出 NMOS 各端的接触。

NMOS 器件的顶视图如图 6.72 所示。图中给出了栅长和栅宽。此外,图中也给出了源、漏和栅的接触。

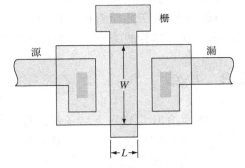

图 6.72　NMOS 晶体管的顶视图,图中给出了源、漏和栅接触

6.7.2　CMOS 技术

　　既然 CMOS 技术在数字电路中如此普及，因此，有必要简要介绍一下 CMOS 制备技术。由于 CMOS 技术包括 NMOS 和 PMOS 两种器件，因而需要在同一衬底上形成相互隔离的 p 型和 n 型衬底区。在 CMOS 电路中，广泛采用的是 **p 阱工艺**。这个工艺采用轻掺杂的 n 型硅衬底，制备 p 沟道 MOSFET。在扩散的 p 型区（称为 p 阱）内制备 n 沟道 MOSFET。在多数情况下，为了获得所需的阈值电压，p 型衬底的掺杂浓度高于 n 型衬底。高掺杂的 p 型区很容易补偿初始 n 型掺杂，形成 p 阱。图 6.73(a)所示为 p 阱 CMOS 结构的截面图。这是一层用来实现器件隔离的、相对较厚的氧化层。场氧可以防止 n 型或 p 型衬底反型，同时维持器件之间的相互隔离。实际制备过程还包括其他工艺步骤。例如，提供互连，以使 p 阱和 n 型衬底与合适的电压实现电互连。n 型衬底的电位必须总是高于 p 阱，所以这个 pn 结总是反向偏置的。

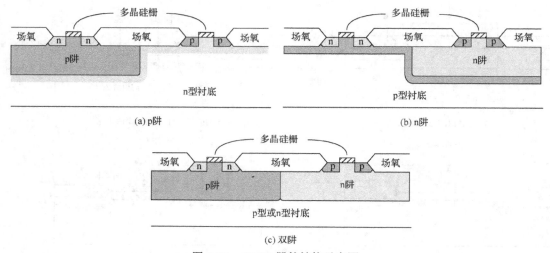

(a) p阱　　　　　　　　　　　　　　　　　　(b) n阱

(c) 双阱

图 6.73　CMOS 器件结构示意图

　　现在，离子注入广泛用于阈值电压调整，因此，可以采用 **n 阱和双阱 CMOS 工艺**。图 6.73(b)所示为 n 阱 CMOS 工艺。它是在优化的 p 型衬底上制备 n 沟道 MOSFET（通常，n 沟道 MOSFET 具有更好的特性，所以这样可以制作出性能良好的 n 沟道器件）。然后形成 n 阱，并在其中制备 p 沟器件。n 阱掺杂可通过离子注入来控制。

　　双阱 CMOS 工艺如图 6.73(c)所示。这种工艺允许 p 阱和 n 阱区同时优化掺杂，以控制阈值电压和晶体管的跨导。由于自对准的沟道阻止区，因此，双阱工艺具有更高的集成度。

6.8　小结

1. 本章给出了 MOS 场效应晶体管的基本结构，定性地讨论了 MOSFET 的工作原理。
2. A. MOSFET 的核心是 MOS 电容。与氧化物–半导体界面相邻的半导体能带发生弯曲，弯曲程度依赖于栅压。半导体表面处的导带和价带相对于费米能级的位置是 MOS 电容端电压的函数。

　　B. 当施加正栅压时，氧化物–半导体界面处的半导体表面由 p 型反转成 n 型；当栅压为负时，半导体表面由 n 型反型为 p 型。这样，就在邻近氧化层的表面处产生可动电荷的反型层。基本的 MOS 场效应行为就是通过栅压调节反型电荷密度或沟道电导来实现的。

3. A. 研究了 MOS 电容两端的电势差。第一个考虑的电势差是金属–半导体功函数差。金属–半导体功函数差是金属栅材料和衬底掺杂浓度的函数。

B. 平带电压是达到平带条件时所加的栅压。此时半导体的导带和价带不再弯曲，半导体内无空间电荷。平带电压是金属–半导体功函数差和氧化层固定电荷密度的函数。

C. 阈值电压是指达到阈值反型点时所加的栅压。此时反型电荷密度等于半导体掺杂浓度。阈值电压是平带电压、半导体掺杂浓度和氧化层厚度的函数。

4. 分析了 MOS 电容的电容–电压特性。通过电容–电压特性可以确定平带电压、氧化层固定电荷密度和界面电荷密度。

5. A. MOSFET 的电流是由源、漏之间的反型层载流子流动产生的。反型层电荷密度和沟道电导由栅压控制（这就是场效应），这意味着沟道电流也由栅压控制。

B. 当晶体管偏置在非饱和区时 $[V_{DS} < V_{DS}(\text{sat})]$，反型层电荷密度从沟道源端完全扩展到漏端，漏电流是栅–源电压和漏–源电压的函数。当晶体管偏置在饱和区 $[V_{DS} > V_{DS}(\text{sat})]$，反型层电荷密度在沟道近漏端夹断，理想漏电流只是栅–源电压的函数。

C. MOSFET 实际上是四端器件，其衬底是第四端。随着源–衬反偏电压的增加，阈值电压的幅值增大。在集成电路中，源端和衬底接不同电位，所以衬底偏置效应可能变得非常重要。

6. A. 建立了包括电容在内的 MOSFET 小信号等效电路。考虑了影响 MOSFET 频率限制的各种物理因素。受米勒效应的影响，漏交叠电容成为限制 MOSFET 频率响应的主要因素。

B. 截止频率是表征器件频率响应的一个品质因子。它与沟道长度成反比，所以减小沟道长度可以增加 MOSFET 的工作频率。

7. A. 描述了 NMOS 晶体管的基本制备过程。其中包括沟道阻断及源、漏接触的自对准。

B. 讨论了包括 p 阱、n 阱和双阱结构的 CMOS 制备技术。

知识点

学完本章之后，读者应具备如下能力：

1. A. 画出 n 沟道 MOSFET 的截面图。

B. 定性地描述 MOSFET 的工作原理。

2. A. 画出不同偏置条件下，MOS 电容中半导体的能带图。

B. 描述 MOS 电容中反型层电荷的产生过程。

C. 分析形成反型层时，空间电荷区宽度达到最大值的原因。

3. A. 分析金属–半导体功函数差的意义。使用铝栅、n^+ 多晶硅栅和 p^+ 多晶硅栅时，功函数差为什么不同？

  B. 描述平带条件。

  C. 定义阈值电压。

4. A. 画出 p 型和 n 型衬底 MOS 电容在高频和低频时的 C-V 特性曲线。

  B. 分析氧化层固定陷阱电荷和界面态对 C-V 特性的影响。

5. A. 画出 n 沟道和 p 沟道 MOSFET 的截面图。

  B. 解释 MOSFEF 的基本工作原理。

  C. 分析 MOSFET 偏置在非饱和区和饱和区时的 I-V 特性。

  D. 分析衬底偏置效应对阈值电压的影响。

6. A. 画出包括电容在内的 MOSFET 的小信号等效电路，并分别说明每个电容的物理来源。

  B. 定义 MOSFET 截止频率的条件。

7. A. 简述 NMOS 晶体管的基本制备过程。

  B. 描述 CMOS 制备流程中 p 阱、n 阱和双阱结构的差别。

复习题

1. A. 描述"场效应"的概念。

  B. 分析 MOSFET 是如何放大时变输入信号的。

2. A. 分别画出工作在积累、耗尽和反型模式下的 n 型衬底 MOS 电容的能带图。

  B. 描述反型层电荷的含义，分析 p 型衬底 MOS 电容的反型层电荷是如何形成的。

  C. 为什么当形成反型时，MOS 电容的空间电荷区达到最大宽度？

3. A. 定义 MOS 电容结构中半导体的电子亲和势。

  B. 画出零偏时，p 型衬底和 n$^+$ 多晶硅栅构成 MOS 结构的能带图。

  C. 定义平带电压。

  D. 定义阈值电压。

4. A. 画出低频时，n 型衬底 MOS 电容的 C-V 特性曲线。在高频时，C-V 特性如何变化，为什么会变化？

  B. 说明高频时，p 型衬底 MOS 电容 C-V 特性曲线上平带时的近似电容。

  C. 氧化层中正陷阱电荷数量增加时，它对 p 型衬底 MOS 电容的 C-V 特性曲线有何影响？

5. A. 定性地画出晶体管偏置在非饱和区时，沟道内反型电荷密度分布的示意图。当晶体管偏置在饱和区时，重画反型电荷密度分布。

  B. 定义饱和漏电压 $V_{DS}(sat)$。

  C. 分别定义 n 沟道、p 沟道增强型和耗尽型器件。

  D. 定义电导参数。器件设计者控制 MOSFET 设计的基本参数是什么？

6. A. 画出 MOSFET 的基本小信号等效电路。

  B. 说明定义 MOSFET 截止频率的条件。

7. A. NMOS 晶体管的沟道阻断是什么？

  B. 自对准源、漏接触是什么意思？

  C. 画出 p 阱工艺 CMOS 结构的剖面图。

习题

6.2　双端 MOS 电容

6.1　四个理想 MOS 电容的直流电荷分布如图 P6.1 所示。对每种情况而言，试确定(a)半导体是 n 型还是 p 型？(b)器件偏置在积累、耗尽还是反型模式？(c)画出半导体区的能带图。

6.2　(a) $T = 300$ K，设半导体的掺杂浓度 $N_a = 10^{16}$ cm^{-3}，试分别计算 p 型 Si、GaAs 和 Ge 构建 MOS 结构的最大空间电荷区宽度 x_{dT} 和最大空间电荷密度 $|Q'_{SD}(\max)|$；(b)若 $T = 200$ K，重新计算(a)的问题。

6.3　(a) $T = 300$ K 时，已知 MOS 结构中 n 型 Si 的最大空间电荷密度 $|Q'_{SD}(\max)| = 7.5 \times 10^{-9}$ C/cm^2，试确定 Si 的掺杂浓度；(b)试确定产生最大空间电荷区宽度的表面势。

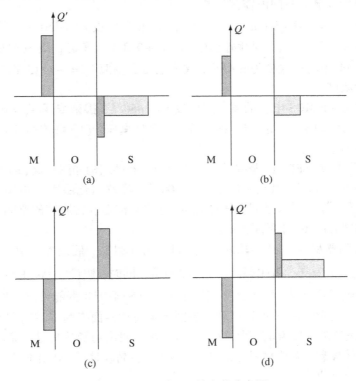

图 P6.1　习题 6.1 的电荷分布图

6.3　MOS 电容的电势差

（注意：除非特别声明，利用图 6.21 确定 ϕ_{ms}。）

6.4　若 p 型 Si 的掺杂浓度 $N_a = 6 \times 10^{15}$ cm^{-3}，由半导体 Si 构建的 MOS 电容的栅极分别采用 (a)Al, (b)n$^+$多晶硅和(c)p$^+$多晶硅，试确定各种情况下的金属–半导体功函数差 ϕ_{ms}。

6.5　考虑 n 型 Si 构建的 MOS 结构，要求金属–半导体功函数差 $\phi_{ms} = -0.35$ V。若栅极分别采用(a)n$^+$多晶硅，(b)p$^+$多晶硅和(c)Al 时，试确定满足上述指标的 Si 掺杂浓度。若某种栅材料不满足要求，解释其原因。

6.6　考虑由 n^+ 多晶硅 – SiO_2 – n 型 Si 制备的 MOS 电容。假设 n 型 Si 的掺杂浓度为 $N_d =$ 10^{15} cm^{-3}。试计算下列情况的平带电压：(a) $t_{ox} = 400$ Å，Q'_{ss} 分别为 (i) 10^{10} cm^{-2} 和 (ii) 10^{11} cm^{-2}；(b) 若 $t_{ox} = 200$ Å，重做 (a) 的问题。

6.7　考虑 $t_{ox} = 450$ Å 的 Al – SiO_2 – p 型 Si 制备的 MOS 电容。其中，Si 的掺杂浓度为 $N_a = 2 \times 10^{16} \text{ cm}^{-3}$，平带电压为 $V_{FB} = -1.0$ V。试确定氧化层固定电荷 Q'_{ss}。

6.8　MOS 晶体管制作在 $N_a = 2 \times 10^{15} \text{ cm}^{-3}$ 的 p 型 Si 衬底上。栅氧化层厚度 $t_{ox} = 450$ Å，等效氧化层固定电荷 $Q'_{ss} = 5 \times 10^{10} \text{ cm}^{-2}$。试确定不同栅材料的阈值电压：(a) Al；(b) n^+ 多晶硅；(c) p^+ 多晶硅。

6.9　若采用掺杂浓度 $N_d = 10^{15} \text{ cm}^{-3}$ 的 n 型硅衬底，重做习题 6.8。

6.10　在掺杂浓度 $N_a = 5 \times 10^{15} \text{ cm}^{-3}$ 的 p 型 Si 衬底上生长厚度 $t_{ox} = 400$ Å 的栅氧化层，平带电压为 -0.9 V。计算阈值反型点处的表面势和阈值电压 (忽略氧化层电荷)，并确定该器件的最大空间电荷区宽度。

*6.11　Al 栅 MOS 晶体管制作在 p 型 Si 衬底上，氧化层厚度 $t_{ox} = 450$ Å，等效氧化层固定电荷 $Q'_{ss} = 8 \times 10^{10} \text{ cm}^{-2}$，实测阈值电压 $V_T = +0.8$ V。确定 p 型 Si 衬底的掺杂浓度。

*6.12　若习题 6.11 中的衬底换为 n 型 Si，阈值电压实测值 $V_T = -1.15$ V，试确定 n 型 Si 衬底的掺杂浓度。

6.13　若 Al – SiO_2 – SiMOS 电容的氧化层厚度 $t_{ox} = 450$ Å，掺杂浓度 $N_d = 10^{15} \text{ cm}^{-3}$，氧化层电荷密度 $Q'_{ss} = 3 \times 10^{11} \text{ cm}^{-2}$。试计算 (a) 平带电压；(b) 阈值电压；(c) 画出器件开始反型时的电场分布。

6.14　n 沟道耗尽型 MOSFET 的栅材料为 n^+ 多晶硅，器件结构如图 6.46(b) 所示。n 沟道掺杂浓度 $N_d = 10^{15} \text{ cm}^{-3}$，氧化层厚度 $t_{ox} = 500$ Å，等效氧化层固定电荷 $Q'_{ss} = 10^{10} \text{ cm}^{-2}$，n 沟道厚度 t_c 等于最大空间电荷区宽度 (忽略 n 沟道 p 衬底结的空间电荷区)。(a) 确定沟道厚度 t_c；(b) 计算阈值电压。

6.15　MOS 电容的栅材料为 n^+ 多晶硅，衬底材料为 n 型 Si。假设 $N_d = 10^{16} \text{ cm}^{-3}$，$n^+$ 多晶硅的 $E_F - E_c = 0.2$ eV，氧化层厚度 $t_{ox} = 300$ Å。同时，假设多晶硅的电子亲和势 χ 等于单晶硅的电子亲和势 χ'。(a) 分别画出 $V_G = 0$ 和平带时的能带结构图；(b) 计算金属 – 半导体的功函数差；(c) 计算氧化层固定电荷和界面态为零时的阈值电压。

6.16　n 沟道 MOSFET 的阈值电压由式 (6.34a) 给出。假设功函数与温度无关，且使用例 6.5 给定的器件参数。若栅材料分别采用 Al 和 n^+ 多晶硅时，试画出 V_T 在 200 K $\leqslant T \leqslant$ 480 K 范围内的变化曲线。

6.17　若 n 沟道 MOSFET 的栅材料分别采用 n^+ 和 p^+ 多晶硅，参考图 6.27，试画出 MOSFET 的阈值电压随 p 型衬底掺杂浓度的变化曲线 (提示：采用合理的器件参数即可)。

6.18　若 p 沟道 MOSFET 的栅材料分别采用 n^+ 和 p^+ 多晶硅，参考图 6.28，试画出 MOSFET 的阈值电压随 n 型衬底掺杂浓度的变化曲线 (提示：采用合理的器件参数即可)。

6.19　若 NMOS 器件的参数由习题 6.10 给定。试画出 V_T 在 20 Å $\leqslant t_{ox} \leqslant$ 500 Å 范围内的变化关系 t_{ox}。

6.4　电容–电压特性

6.20　理想 Al 栅 MOS 电容的 SiO_2 层厚度为 $t_{ox} = 400$ Å，p 型 Si 衬底的受主浓度 $N_a =$

10^{16} cm^{-3}。(a)试分别计算 $f = 1$ Hz 和 $f = 1$ MHz 时的电容 C_{ox}、C'_{FB}、C'_{min} 和 $C'(inv)$；(b)确定 V_{FB} 和 V_T；(c)画出 $f = 1$ Hz 和 1 MHz 时，C'/C_{ox}-V_G 的关系曲线。

6.21　若 MOS 电容的衬底换为施主浓度 $N_d = 5 \times 10^{14}$ cm^{-3} 的 n 型 Si，重做习题 6.20。

*6.22　利用叠加原理，证明氧化层中固定电荷分布 $\rho(x)$ 引起的平带电压位移量为

$$\Delta V_{FB} = -\frac{1}{C_{ox}} \int_0^{t_{ox}} \frac{x\rho(x)}{t_{ox}} \mathrm{d}x$$

*6.23　利用习题 6.22 的结果，计算以下氧化层电荷分布的平带电压偏移：(a)设 $t_{ox} = 750$ Å，氧化层电荷 $Q'_{ss} = 5 \times 10^{11}$ cm^{-2}，且完全位于氧化层-半导体界面；(b)氧化层电荷 $Q'_{ss} = 5 \times 10^{11}$ cm^{-2}，且均匀分布在 750 Å 厚的氧化层中；(c)氧化层电荷 $Q'_{ss} = 5 \times 10^{11}$ cm^{-2}，且呈三角形分布，峰值位于 $x = t_{ox} = 750$ Å 处(氧化物-半导体界面)，在 $x = 0$ 处(金属-氧化层界面)，氧化层电荷为零。

6.24　理想 MOS 电容由本征硅和 n$^+$ 多晶硅栅制备而成。(a)画出平带条件时，MOS 结构的能带图；(b)画出从负栅压到正栅压时的低频 C-V 特性曲线。

6.25　假设 p 型衬底 MOS 电容的施主界面陷阱仅存在于带隙中央(即 E_{Fi} 处)。试画出从积累到反型模式的高频 C-V 特性曲线，并与理想 C-V 特性曲线进行比较。

6.26　SOS 电容的结构如图 P6.26 所示。假设 SiO$_2$ 是理想的(无陷阱电荷)，且厚度 $t_{ox} = 500$ Å。SOS 电容的掺杂浓度分别为 $N_d = 10^{16}$ cm^{-3} 和 $N_a = 10^{16}$ cm^{-3}。(a)试画出器件在(i)平带，(ii)$V_G = +3$ V 和(iii)$V_G = -3$ V 时的能带图；(b)计算平带电压；(c)估算 $V_G = +3$ V 和 $V_G = -3$ V 时，氧化层两端的电压；(d)画出高频 C-V 特性曲线。

6.27　MOS 电容的高频 C-V 特性曲线如图 P6.27 所示。器件面积为 2×10^{-3} cm^2，金属-半导体的功函数差 $\phi_{ms} = -0.50$ V，氧化层为 SiO$_2$，半导体为硅，且其掺杂浓度为 2×10^{16} cm^{-3}。试问：(a)半导体是 n 型还是 p 型？(b)氧化层的厚度为多少？(c)等效氧化层陷阱电荷密度为多少？(d)确定平带电容。

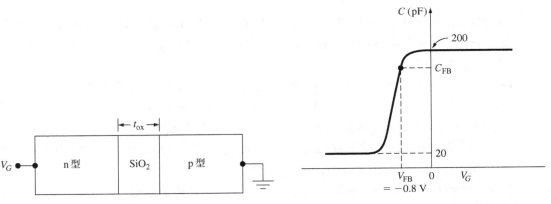

图 P6.26　习题 6.26 的结构示意图　　　　　图 P6.27　习题 6.27 的 C-V 特性曲线

6.28　考虑如图 P6.28 所示的高频 C-V 特性曲线。(a)试在图中标出平带、反型、积累、阈值和耗尽模式所对应的点；(b)画出每种情况下，半导体的能带图。

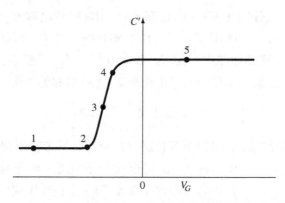

图 P6.28   习题 6.28 的高频 C-V 特性曲线

6.5   MOSFET 基本工作原理

6.29   包括反型电荷密度的表达式由式(6.77)给出。考虑阈值电压的定义，证明饱和时漏端的反型电荷密度为零[提示：令 $V_x = V_{DS} = V_{DS}(\text{sat})$]。

6.30   理想 n 沟 MOSFET 具有如下参数：

$$W = 30\ \mu\text{m} \qquad \mu_n = 450\ \text{cm}^2/\text{V·s}$$
$$L = 2\ \mu\text{m} \qquad t_{ox} = 350\ \text{Å}$$
$$V_T = +0.80\ \text{V}$$

(a)试画出 $V_{GS} = 0\ \text{V}$, $1\ \text{V}$, $2\ \text{V}$, $3\ \text{V}$, $4\ \text{V}$ 和 $5\ \text{V}$ 时, I_D-V_{DS} 在 $0 \leqslant V_{DS} \leqslant 5\ \text{V}$ 范围内的变化曲线, 并在各条曲线上标出 $V_{DS}(\text{sat})$ 点; (b)画出 $(I_D(\text{sat}))^{1/2}$ 在 $0 \leqslant V_{GS} \leqslant 5\ \text{V}$ 范围随 V_{GS} 的变化曲线; (c)画出 $V_{DS} = 0.1\ \text{V}$, $0 \leqslant V_{GS} \leqslant 5\ \text{V}$ 时的 I_D-V_{GS} 关系曲线。

6.31   理想 p 沟道 MOSFET 具有如下参数：

$$W = 15\ \mu\text{m} \qquad \mu_p = 300\ \text{cm}^2/\text{V·s}$$
$$L = 1.5\ \mu\text{m} \qquad t_{ox} = 350\ \text{Å}$$
$$V_T = -0.80\ \text{V}$$

(a)试画出 $V_{SG} = 0\ \text{V}$, $1\ \text{V}$, $2\ \text{V}$, $3\ \text{V}$, $4\ \text{V}$ 和 $5\ \text{V}$ 时, I_D-V_{SD} 在 $0 \leqslant V_{SD} \leqslant 5\ \text{V}$ 范围内的变化曲线, 并在各条曲线上标出 $V_{SD}(\text{sat})$ 点; (b)画出 $V_{SD} = 0.1\ \text{V}$, $0 \leqslant V_{SG} \leqslant 5\ \text{V}$ 时的 I_D-V_{SG} 关系曲线。

6.32   除 $V_T = -2.0\ \text{V}$ 之外, n 沟道 MOSFET 的参数与习题 6.30 完全相同。(a)试画出 $V_{GS} = -2\ \text{V}$, $-1\ \text{V}$, $0\ \text{V}$, $1\ \text{V}$ 和 $2\ \text{V}$ 时, I_D-V_{DS} 曲线在 $0 \leqslant V_{DS} \leqslant 5\ \text{V}$ 范围内的变化关系; (b)画出 $-2\ \text{V} \leqslant V_{GS} \leqslant 3\ \text{V}$ 时, $(I_D(\text{sat}))^{1/2}$-V_{GS} 的关系曲线。

6.33   n 沟道增强型 MOSFET 的偏置如图 P6.33 所示。画出下列情况时的电流-电压特性曲线: (a) $V_{GD} = 0$; (b) $V_{GD} = V_T/2$; (c) $V_{GD} = 2V_T$。

6.34   图 P6.34 给出了包含源极和漏极电阻在内的 NMOS 器件的截面图。这些电阻包括 n⁺ 半导体的体电阻和欧姆接触电阻。该器件的电流-电压关系可将理想方程中的 V_{GS} 替换为 $V_G - I_D R_S$, V_{DS} 替换为 $V_D - I_D(R_S + R_D)$ 而得到。假设晶体管的参数 $V_T = 1\ \text{V}$, $K_n = 1\ \text{mA/V}^2$。(a)试在同一图中画出 $V_G = 2\ \text{V}$ 和 $3\ \text{V}$, $0 \leqslant V_D \leqslant 5\ \text{V}$ 时, 不同源、漏电阻的 I_D-V_D 特性曲线: (i) $R_S = R_D = 0$ 和 (ii) $R_S = R_D = 50\ \Omega$; (b)试在同一图中画出 $V_D =$

0.1 V和 5 V, $0 \leqslant I_D \leqslant 1$ mA 时, 不同源、漏电阻的 $(I_D)^{1/2}$-V_G 特性曲线: (i)$R_S = R_D = 0$ 和(ii)$R_S = R_D = 50$ Ω。

6.35　n 沟道 MOSFET 的参数与习题 6.30 给定的完全相同。栅端与漏端相连。画出 $0 \leqslant V_{DS} \leqslant 5$ V 时的 I_D-V_{DS} 关系曲线。分别确定晶体管工作在非饱和区和饱和区时的 V_{DS} 范围。

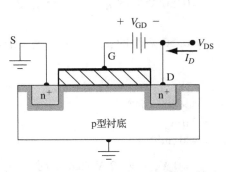 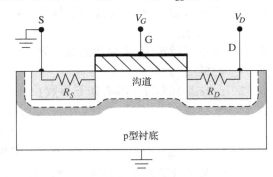

图 P6.33　习题 6.33 中 MOSFET 的偏置示意图　　　　图 P6.34　习题 6.34 的 NMOS 器件截面图

6.36　p 沟道 MOSFET 的沟道电导定义为

$$g_d = \frac{\partial I_D}{\partial V_{SD}}\bigg|_{V_{SD} \to 0}$$

试画出习题 6.31 中 p 沟道 MOSFET 的沟道电导在 $0 \leqslant V_{SG} \leqslant 5$ V 范围变化的曲线。

6.37　偏置在饱和区的理想 n 沟道 MOSFET 的实验曲线如图 P6.37 所示。若 $W/L = 10$, $t_{ox} = 425$ Å, 试确定 V_T 和 μ_n。

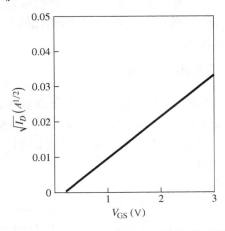

图 P6.37　习题 6.37 的电流-电压特性曲线

6.38　n 沟道 MOSFET 的某条特性曲线由下列参数表征: $I_D(\text{sat}) = 2 \times 10^{-4}$ A, $V_{DS}(\text{sat}) = 4$ V 和 $V_T = 0.80$ V。试问:

（a）栅压为多少?

（b）电导参数值是多少?

（c）若 $V_G = 2$ V, $V_{DS} = 2$ V, 试确定 I_D。

（d）若 $V_G = 3$ V, $V_{DS} = 1$ V, 试确定 I_D。

（e）对（c）和（d）给定的条件, 分别画出沟道的反型电荷密度和耗尽区。

6.39 (a)理想 n 沟道 MOSFET 的反型载流子迁移率 $\mu_n = 525$ cm^2/V·s，阈值电压 $V_T = +0.75$ V，氧化层厚度 $t_{ox} = 400$ Å。当器件偏置在饱和区时，$V_{GS} = 5.0$ V 时的饱和电流 I_D(sat) $= 6$ mA。试确定所需的宽长比；(b)若除 $\mu_p = 300$ cm^2/V·s，$V_T = -0.75$ V 外，p 沟道 MOSFET 的参数与(a)中的器件参数完全相同，试确定所需的宽长比。

6.40 考虑习题 6.30 中描述的晶体管。(a)计算 $V_{DS} = 0.50$ V 时的 g_{mL}；(b)计算 $V_{GS} = 4$ V 时的 g_{ms}。

6.41 考虑习题 6.31 中描述的晶体管。(a)计算 $V_{SD} = 0.50$ V 时的 g_{mL}；(b)计算 $V_{SG} = 4$ V 时的 g_{ms}。

6.42 n 沟道 MOSFET 具有如下参数：

$$t_{ox} = 400 \text{ Å} \qquad N_a = 5 \times 10^{16} \text{ cm}^{-3}$$
$$V_{FB} = -0.5 \text{ V} \qquad L = 2 \text{ μm}$$
$$W = 10 \text{ μm} \qquad \mu_n = 450 \text{ cm}^2/\text{V·s}$$

若晶体管偏置在饱和区，且源–体电压分别为 $V_{SB} = 0$ V，1 V，2 V 和 4 V 时，$\sqrt{I_D}$ -V_{GS} 在 $0 \leqslant I_D \leqslant 1$ mA 范围的变化关系曲线。

6.43 p 沟道 MOSFET 的氧化层厚度 $t_{ox} = 600$ Å，衬底掺杂浓度 $N_d = 5 \times 10^{15}$ cm^{-3}。若体–源电压为 V_{BS} 时，此时的阈值电压相对 $V_{BS} = 0$ 时的阈值电压漂移了 -1.5 V，试确定体–源电压 V_{BS}。

6.44 NMOS 器件具有如下参数：n$^+$ 多晶硅栅，$t_{ox} = 400$ Å，$N_a = 10^{15}$ cm^{-3}，$Q'_{ss} = 5 \times 10^{10}$ cm^{-2}。(a)确定 V_T；(b)是否有可能施加一 V_{SB} 电压，使得 $V_T = 0$？如果可以，V_{SB} 为多大？

6.45 研究衬底偏置效应引起的阈值电压漂移。若阈值电压偏移由式(6.87)给出。试画出 N_a 和 t_{ox} 不同时，ΔV_T 随 V_{SB} 在 $0 \leqslant V_{SB} \leqslant 5$ V 范围变化的关系曲线。试确定 ΔV_T 在整个 V_{SB} 范围内小于 0.7 V 的条件。

6.6 小信号等效电路及频率限制因素

6.46 理想 n 沟道 MOSFET 的宽长比 $(W/L) = 10$，电子迁移率 $\mu_n = 400$ cm^2/V·s，氧化层厚度 $t_{ox} = 475$ Å，阈值电压 $V_T = +0.65$ V。(a)若 $V_{GS} = 5$ V 时，下降的饱和跨导 g_{ms} 不大于理想值的 20%，试确定源电阻的最大值；(b)利用(a)中计算的 r_s 值，当 $V_{GS} = 3$ V 时，g_{ms} 降低到理想值的百分之几？

6.47 n 沟道 MOSFET 具有如下参数：

$$\mu_n = 400 \text{ cm}^2/\text{V·s} \qquad t_{ox} = 500 \text{ Å}$$
$$L = 2 \text{ μm} \qquad W = 20 \text{ μm}$$
$$V_T = +0.75 \text{ V}$$

假设晶体管偏置在饱和区，且 $V_{GS} = 4$ V。(a)计算理想截止频率；(b)假设栅氧化层与源、漏区的交叠量均为 0.75 μm。若输出接 $R_L = 10$ kΩ 的负载电阻，计算截止频率。

6.48 若电子以饱和速度 $v_{sat} = 4 \times 10^6$ cm/s 通过沟道，重做习题 6.47。

综合题

*6.49 设计一个理想的 n 沟道多晶硅栅 MOSFET 器件。假设阈值电压 $V_T = 0.65$ V，氧化层

厚度 $t_{\text{ox}} = 300$ Å，沟道长度 $L = 1.25$ μm，氧化层电荷 $Q'_{\text{ss}} = 1.5 \times 10^{11}$ cm^{-2}。若希望 $V_{\text{GS}} = 2.5$ V，$V_{\text{DS}} = 0.1$ V 时的漏电流 $I_D = 50$ μA。试确定衬底掺杂浓度、沟道宽度和栅的导电类型。

*6.50　设计一个理想的 n 沟道多晶硅栅 MOSFET 器件。假设阈值电压 $V_T = -0.65$ V，氧化层厚度 $t_{\text{ox}} = 300$ Å，沟道长度 $L = 1.25$ μm，氧化层电荷 $Q'_{\text{ss}} = 1.5 \times 10^{11}$ cm^{-2}。若希望 $V_{\text{GS}} = 0$ V 时的饱和漏电流 $I_D(\text{sat}) = 50$ μA。试确定栅的导电类型、衬底掺杂浓度和沟道宽度。

*6.51　考虑如图 6.57 所示的 CMOS 反相器，设计理想的 n 沟道和 p 沟道 MOSFET 器件。其中，沟道长度 $L = 2.5$ μm，氧化层厚度 $t_{\text{ox}} = 450$ Å，假设反型沟道的迁移率为体材料的一半。n 沟道和 p 沟道 MOSFET 的阈值电压分别为 0.5 V 和 -0.5 V。当 $V_{\text{DD}} = 5$ V，反相器的输入电压为 1.5 V 和 3.5 V 时，漏电流 $I_D = 0.256$ mA，且两种器件的栅材料相同。试确定栅的导电类型、衬底掺杂浓度和沟道宽度。

*6.52　设计理想的 n 沟道和 p 沟道 MOSFET 互补对，使其在等效偏置时的 I-V 特性相同。器件具有相同的氧化层厚度 $t_{\text{ox}} = 250$ Å，相同的沟道长度 $L = 2$ μm，假设二氧化硅层是理想的。n 沟道器件的沟道宽度 $W = 20$ μm，沟道的反型层迁移率分别为 $\mu_n = 600$ cm^2/V · s 和 $\mu_p = 220$ cm^2/V · s，且保持不变。(a)试确定 p 型和 n 型衬底的掺杂浓度；(b)阈值电压是多少？(c)p 沟道器件的沟道宽度为多少？

参考文献

1. Dimitrijev, S. *Understanding Semiconductor Devices*. New York：Oxford University Press, 2000.

2. Kano, K. *Semiconductor Devices*. Upper Saddle River, NJ：Prentice-Hall, 1998.

3. Muller, R. S., T. I. Kamins, and W. Chan. Device *Electronics for Integrated Circuits*, 3rd ed. New York：John Wiley and Sons, 2003.

4. Neamen, D. A. *Semiconductor Physics and Devices*：*Basic Principles*, 3rd ed. New York：McGraw-Hill, 2003.

5. Ng, K. K. *Complete Guide to Semiconductor Devices*. New York：McGraw-Hill, 1995.

6. Nicollian, E. H., and J. R. Brews. *MOS Physics and Technology*. New York：Wiley, 1982.

7. Ong, D. G. *Modern MOS Technology*：*Processes, Devices, and Design*. New York：McGraw-Hill, 1984.

8. Pierret, R. F. *Semiconductor Device Fundamentals*. Reading, MA：Addison-Wesley, 1996.

9. Roulston, D. J. *An Introduction to the Physics of Semiconductor Devices*. New York：Oxford University Press, 1999.

10. Schroder, D. K. *Advanced MOS Devices, Modular Series on Solid State Devices*. Reading, MA：Addison-Wesley, 1987.

11. Shur, M. *Introduction to Electronic Devices*. NewYork：JohnWiley & Sons, Inc., 1996.

*12. Shur, M. *Physics of Semiconductor Devices*. Englewood Cliffs, NJ：Prentice-Hall, 1990.

13. Singh, J. *Semiconductor Devices*：*An Introduction*. New York：McGraw-Hill, 1994.

14. Singh, J. *Semiconductor Devices*：*Basic Principles*. New York：Wiley, 2001.

15. Streetman, B. G., and S. Banerjee. *Solid State Electronic Devices*. 5th ed. Upper Saddle River, NJ：Prentice-Hall, 2000.

16. Sze, S. M. *High-Speed Semiconductor Devices*. New York：Wiley, 1990.

17. Sze, S. M. *Physics of Semiconductor Devices*. 2nd ed. New York：Wiley, 1981.

* 18. Taur, Y. , and T. H. Ning. *Fundamentals of Modern VLSI Devices*. New York: Cambridge University Press, 1998.

* 19. Tsividis, Y. *Operation and Modeling of the MOS Transistor*. 2nd ed. Burr Ridge, IL. : McGraw-Hill, 1999.

20. Werner, W. M. "TheWork Function Difference of the MOS System with Aluminum Field Plates and Polycrystalline Silicon Field Plates. " *Solid State Electronics* 17 (1974), pp. 769-75.

21. Wolf, S. *Silicon Processing for the VLSI Era: Volume 3—The Submicron MOSFET*. Sunset Beach, CA: Lattice Press, 1995.

22. Yamaguchi, T. , S. Morimoto, G. H. Kawamoto, and J. C. DeLacy. "Process and Device Performance of 1 μm-Channel n-Well CMOS Technology. " *IEEE Transactions on Electron Devices* ED-31 (February 1984), pp. 205-14.

23. Yang, E. S. *Microelectronic Devices*. New York: McGraw-Hill, 1988.

第7章　MOS 场效应晶体管的其他概念

本章将给出 MOS 场效应晶体管(MOSFET)经常涉及的其他概念。当今，MOSFET 的栅长已缩减到 1 μm 以下，因而这类器件被称为亚微米 MOSFET。这些器件表现出与上一章讨论的"长沟道"特性不同的"短沟道"效应。首先，我们考虑短沟道器件的按比例缩小法则。由于器件尺寸缩小，所以必须再次分析这些器件的迁移率、阈值电压和击穿电压特性。其他细节讨论可在高等器件物理教材中找到。

内容概括

1. 随着栅长的减小，MOSFET 的尺寸和参数是如何缩减的?
2. 短沟道 MOSFET 的各种非理想效应。
3. 阈值电压随 MOSFET 尺寸减小的变化。
4. 讨论其他电学效应，如离子注入调整 MOSFET 的阈值电压。
5. 一些特种 MOSFET 器件的制备和特性。

历史回顾

从第一个 MOSFET 诞生，MOS 技术就以惊人的速度发展。Intel 联合创始人戈登·摩尔(Gordon Moore)对 MOS 技术的发展提出了一条基本规律，即摩尔定律，他认为芯片的有源器件数量每 18 个月翻一番。摩尔定律在过去 30 年里一直得到了实验的证实。同时，每个功能的成本每年降低约 25%。

很多时候，我们也需要大功率器件。1979 年，柯林斯(H. Collins)和佩利(B. Pelley)开发出六角形场效应晶体管(HEXFET)功率器件。为了降低寄生电容，研究人员提出并实现了绝缘体上硅(SOI)结构。1977 年，注氧隔离工艺(SIMOX)被首次提出。1967 年，江大原(D. Kahng)和施敏(S. Sze)首次报道了非易失性 MOS 存储器。

发展现状

MOSFET 技术(特别是 CMOS)仍然是数字集成电路的核心。制备小尺寸器件的目的是在同一芯片上集成更多的器件，进一步缩短开关时间，降低器件功耗。然而，与长沟道器件相比，这些小尺寸器件会引入许多非理想效应。在设计 MOSFET 集成电路时，这些非理想效应必须考虑。此外，为了改善晶体管特性，器件制备技术也必须相应地提升。

7.1 MOSFET 按比例缩小法则

目标：当栅长减小，MOSFET 的器件尺寸和参数是如何按比例减小的

如第 6 章所讨论，MOSFET 的频率响应随栅长的减小而增大。在过去的 20 年中，CMOS 技术演化的驱动力一直是减小栅长。栅长从 0.25 μm 缩减到 0.13 μm 是当今的标准。一个必须考虑的问题是：随着栅长按比例减小，器件的其他参数将如何改变。

7.1.1　恒电场按比例缩小法则

恒电场按比例缩小是指器件尺寸和工作电压等比例地缩小，而器件的水平和垂直电场基本保持不变。为了确保等比例缩小器件的可靠性，缩小后器件中的电场不能增大。

图 7.1(a)为初始 NMOS 器件的剖面图及其参数，图 7.1(b)为等比例缩小后的器件。其中，比例因子为 k。通常，对于给定的工艺技术，每代的比例因子 $k \approx 0.7$。

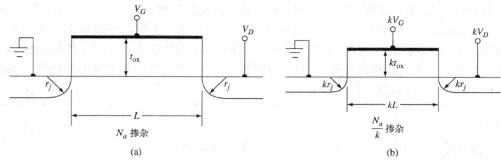

(a)　　　　　　　　　　　　(b)

图 7.1　(a)原始 NMOS 晶体管的剖面图；(b)等比例缩小 NMOS 晶体管的剖面图

如图所示，**栅长**从 L 缩小到 kL。为了保持恒定的水平电场，漏电压必须从 V_D 缩减到 kV_D。最大栅压也从 V_G 缩减到 kV_G，以使栅压和漏压相匹配。为了保持恒定的垂直电场，氧化层厚度则从 t_{ox} 缩减到 kt_{ox}。

对于单边 pn 结，漏端的最大耗尽层宽度为

$$x_D = \sqrt{\frac{2\epsilon(V_{bi} + V_D)}{eN_a}} \tag{7.1}$$

既然沟道长度减小了，耗尽层宽度也要相应地减小。若衬底掺杂浓度增大为原来的 $(1/k)$，V_D 减小 k，耗尽层宽度则大约减小 k 倍。

对于偏置在饱和区的晶体管，单位栅宽的漏电流可表示为[1]

$$\frac{I_D}{W} = \frac{\mu_n \epsilon_{ox}}{2t_{ox}L}(V_{GS} - V_T)^2 \rightarrow \frac{\mu_n \epsilon_{ox}}{2(kt_{ox})(kL)}(kV_{GS} - V_T)^2 \approx 常数 \tag{7.2}$$

由于单位栅宽的漂移电流基本保持常数，所以若栅宽减小 k 倍，则漏电流也减小 k 倍。器件的面积($A \approx WL$)减小 k^2 倍，功率($P = IV$)也减小 k^2 倍，而芯片的功率密度保持不变。

表 7.1 总结了器件等比例缩小及其对电路参数的影响。需要注意的是，互连线的宽度和长度也假设按相同的比例因子缩小。

表 7.1　恒电场等比例缩小法则

	器件和电路参数	缩减因子($k < 1$)
缩减参数	器件尺寸(L, t_{ox}, W, x_j)	k
	掺杂浓度(N_a, N_d)	$1/k$
	电压	k
对器件参数的影响	电场	1
	载流子速度	1
	耗尽层宽度	k

---

[1]　阈值电压简化为 V_T。

（续表）

器件和电路参数	缩减因子（$k<1$）
电容（$C=\epsilon A/t$）	k
漂移电流	k
器件密度	$1/k^2$
功率密度	1
单位器件的功耗（$P=VI$）	k^2
电路延迟时间（$\approx CV/I$）	k
功率–延迟积（$P\tau$）	k^3

对电路参数的影响

来源：Taur and Ning(1982)[23]。

7.1.2　阈值电压——一级近似

在恒电场等比例缩小法则中，器件电压按比例因子 k 减小。阈值电压看起来也应该按同样的比例因子缩减。对于均匀掺杂的衬底，阈值电压可写为

$$V_T = V_{\mathrm{FB}} + 2|\phi_{\mathrm{Fp}}| + \frac{\sqrt{2\epsilon e N_a(2|\phi_{\mathrm{Fp}}|)}}{C_{\mathrm{ox}}} \tag{7.3}$$

式(7.3)的前两项是器件材料参数的函数。然而这些参数并不是等比例缩小的，因此，前两项只是掺杂浓度的弱函数。最后一项近似正比于 $(k)^{1/2}$，所以阈值电压并没有直接按比例因子 k 缩减。

短沟道效应对阈值电压的影响将在7.3节中进一步讨论。

7.1.3　一般按比例缩小法则

在恒电场按比例缩小法则中，工作电压按器件尺寸缩减的比例因子 k 减小。然而，在实际的技术演化中，工作电压并没有按相同的比例因子减小。例如，改变以前电路的电源标准就存在很大的阻力。另外，其他未按比例缩小的参数，如阈值电压和亚阈值电流，也不希望降低工作电压。因此，随着 MOS 器件尺寸的缩小，电场也相应增大。

电场增大的结果是可靠性降低和功率密度增加。随着功率密度的增大，器件温度升高。而升高的温度进而影响器件的可靠性。随着氧化层厚度减小，电场增大，栅氧化层更接近于击穿状态，而且氧化层的完整性难以维持。此外，也容易出现载流子通过氧化层的直接隧穿。电场增大也会增加热电子效应的概率，这个问题我们将在本章后面讨论。缩减器件尺寸也会引入一些必须解决的、挑战性问题。

【练习题】

TYU7.1　NMOS 晶体管具有如下参数：$L=1\ \mu m$，$W=10\ \mu m$，$t_{ox}=250\ \text{Å}$，$N_a=5\times10^{15}\ cm^{-3}$，外加电压为3 V。若器件按恒电场等比例缩小，求当比例因子 $k=0.7$ 时新的器件参数。

答案：$L=0.7\ \mu m$，$W=7\ \mu m$，$t_{ox}=175\ \text{Å}$，$N_a=7.14\times10^{15}\ cm^{-3}$，外加电压为2.1 V。

7.2　非理想效应

目标：分析短沟道 MOSFET 中的各种非理想电学效应

　　与其他半导体器件一样，MOSFET 的实验特性与理想特性存在一定的偏差。这是因为理想特性是基于各种假设和近似推导的。在本节，我们将考虑与理想推导所用假设有偏差的四种效应。这些效应分别是亚阈值电导、沟道长度调制、沟道迁移率变化和速度饱和。

7.2.1　亚阈值电导

　　理想电流-电压关系表明，当栅-源电压小于或等于阈值电压时，漏电流为零。然而，当 $V_{GS} \leqslant V_T$ 时，实验测得的漏电流 I_D 并不为零。图 7.2 给出了理想特性与实验结果的比较。$V_{GS} \leqslant V_T$ 出现的漏电流称为**亚阈值电流**。

　　图 7.3 给出了 p 型衬底 MOS 结构偏置在 $\phi_s < 2|\phi_{Fp}|$ 时的能带图。此时，费米能级更靠近导带而非禁带，因此半导体表面表现出 n 型轻掺杂材料的特性。这样，就可以观测到 n⁺ 源区和漏区之间弱反型沟道的导通。$|\phi_{Fp}| < \phi_s < 2|\phi_{Fp}|$ 时的条件称为弱反型。

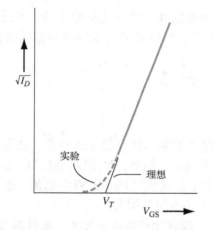
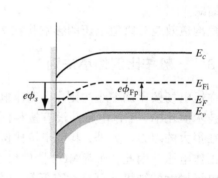

図 7.2　理想与实验 $(I_D)^{1/2}$-V_{GS} 函数关系的比较　　　　图 7.3　$|\phi_{Fp}| < \phi_s < 2|\phi_{Fp}|$ 时的能带图

　　当器件漏端施加一小偏压，其在积累、弱反型和阈值时沿沟道长度方向的表面势如图 7.4 所示。其中，假设 p 型衬底的电势为零。图 7.4(b) 和图 7.4(c) 分别表示积累和弱反型时的情况。此时，n⁺ 源区和沟道之间存在一个势垒，电子必须克服势垒才能产生沟道电流。这些势垒与 pn 结中的势垒相比可知，沟道电流是 V_{GS} 的指数函数。在图 7.4(d) 所示的反型模式下，势垒非常小，亚阈值电流不再是 V_{GS} 的指数函数，此时的 pn 结更像欧姆接触。

　　亚阈值电流的具体推导过程已经超出了本书所讨论的范围，在此我们直接给出

$$I_D(\text{sub}) \propto \left[\exp\left(\frac{V_{GS} - V_T}{V_t} \right) \right] \left[1 - \exp\left(\frac{-V_{DS}}{V_t} \right) \right] \tag{7.4}$$

若 V_{DS} 大于数 (kT/e) 伏特，则亚阈值电流与 V_{DS} 无关。

　　图 7.5 给出了不同体-源电压时，亚阈值电流的指数特性。图中曲线也给出了阈值电压

值。理想情况下，栅压每改变 60 mV，亚阈值电流就变化一个数量级。亚阈值条件的详细分析表明，$\ln(I_D)$-V_{DS} 曲线的斜率是半导体掺杂浓度和界面态密度的函数。亚阈值斜率的测定已成为实验上确定氧化层–半导体界面态密度的一种方法。

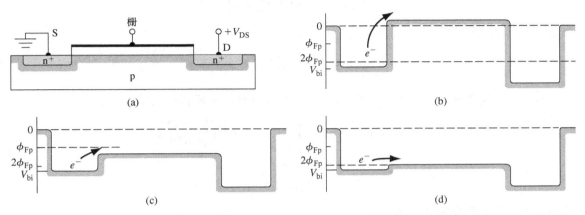

图 7.4　(a)n 沟道 MOSFET 的截面图；(b)积累模式的能带图；(c)弱反型模式的能带图；(d)反型模式的能带图

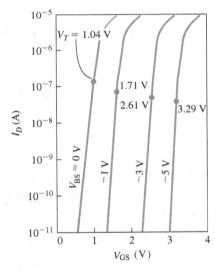

图 7.5　衬底偏压不同时的亚阈值电流–电压特性(每条
曲线都标出了阈值电压)(引自 Schroder[16])

若 MOSFET 偏置在阈值电压或以下时，漏电流不为零，那么在含有数以百万个 MOSFET 的大规模集成电路中，亚阈值电流就会产生显著的功耗。因此，设计电路时必须考虑亚阈值电流，或者保证 MOSFET 偏置在远低于阈值电压的关闭状态。

例 7.1　确定集成电路中亚阈值电流引入的总偏置电流。 假设集成电路芯片集成 10^7 个 n 沟道 MOSFET，所有器件均偏置在 $V_{GS}=0$ 和 $V_{DS}=2$ V。晶体管在此偏置下的亚阈值电流 $I_{sub}=10^{-10}$ A，器件的阈值电压 $V_T=0.5$ V。若在其他参数保持不变的情况下，阈值电压降低到 $V_T=0.25$ V，集成电路芯片的总偏置电流有何变化？

【解】
总偏置电流等于单个晶体管的偏置电流乘以晶体管的数量，即

$$I_T = I_{\text{sub}}(10^7) = (10^{-10})(10^7) \Rightarrow 1 \text{ mA}$$

可写出

$$I_{\text{sub}} \approx I_0 \exp\left(\frac{V_{\text{GS}} - V_T}{V_t}\right)$$

因此

$$10^{-10} = I_0 \exp\left(\frac{0 - 0.5}{0.0259}\right) \Rightarrow I_0 = 0.0242$$

现在，若阈值电压降低到 $V_T = 0.25$ V，则 $V_{\text{GS}} = 0$ 时的亚阈值电流变为

$$I_{\text{sub}} = I_0 \exp\left(\frac{V_{\text{GS}} - V_T}{V_t}\right) = (0.0242) \exp\left(\frac{0 - 0.25}{0.0259}\right)$$

或者

$$I_{\text{sub}} = 1.56 \times 10^{-6} \text{ A}$$

因此，整个芯片的总偏置电流为

$$I_T = (1.56 \times 10^{-6})(10^7) = 15.6 \text{ A}$$

【说明】

本例意在表明，当考虑亚阈值电流时，阈值电压必须设计在合理范围内，以确保栅零偏时的电流不至于过大。

【自测题】

EX7.1   若阈值电压从 $V_T = 0.5$ V 降低到 $V_T = 0.35$ V，重做例 7.1。

答案：$I_T = 327$ mA。

7.2.2   沟道长度调制效应

在第 6 章曾讨论过，随着 MOSFET 漏电压的增大，氧化层两侧的电压降低，因此，漏端附近的反型层电荷密度降低。当 $V_{\text{DS}}(\text{sat}) = V_{\text{GS}} - V_T$ 时，沟道漏端的反型电荷密度为零，而当 $V_{\text{DS}} > V_{\text{DS}}(\text{sat})$ 时，沟道中反型电荷为零的点向源端移动。

在推导理想电流-电压关系时，假设沟道长度 L 为常数。然而，当 MOSFET 偏置在饱和区时，漏端耗尽区横向扩展进入沟道，从而减小了有效沟道长度。既然耗尽区宽度与偏置有关，所以有效沟道长度也与偏置有关，并受漏-源电压的调制。n 沟道 MOSFET 的这种沟道长度调制效应如图 7.6 所示。

在零偏条件下，pn 结的耗尽层宽度扩展进 p 区的深度可表示为

$$x_p = \sqrt{\frac{2\epsilon_s |\phi_{\text{Fp}}|}{eN_a}} \tag{7.5}$$

对单边 n^+p 结，几乎全部反偏电压都降落在轻掺杂的 p 区上。漏-衬结的空间电荷区宽度近似为

$$x_p = \sqrt{\frac{2\epsilon_s}{eN_a}(|\phi_{\text{Fp}}| + V_{\text{DS}})} \tag{7.6}$$

然而，图 7.6 中定义的空间电荷区 ΔL 仅在 $V_{\text{DS}} > V_{\text{DS}}(\text{sat})$ 时才开始形成。作为一级近似，我

们可将 ΔL 表示为**总空间电荷区宽度**减去 $V_{DS} = V_{DS}(sat)$ 时的空间电荷区宽度，即

$$\Delta L = \sqrt{\frac{2\epsilon_s}{eN_a}} \left[\sqrt{|\phi_{Fp}| + V_{DS}(sat) + \Delta V_{DS}} - \sqrt{|\phi_{Fp}| + V_{DS}(sat)} \right] \quad (7.7)$$

式中

$$\Delta V_{DS} = V_{DS} - V_{DS}(sat) \quad (7.8)$$

V_{DS} 为漏–源电压，且 $V_{DS} > V_{DS}(sat)$。

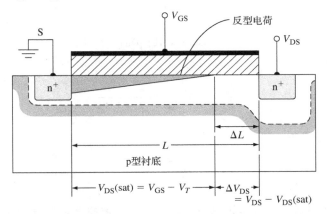

图 7.6　n 沟道 MOSFET 的沟道长度调制效应示意图

确定 ΔL 的其他模型还包括漏电流引起的负电荷以及二维效应。本书并不讨论这些模型。

既然漏电流反比于沟道长度，因此，可写出

$$I_D' = \left(\frac{L}{L - \Delta L} \right) I_D \quad (7.9)$$

式中，I_D' 为实际漏电流，而 I_D 为理想漏电流。由于 ΔL 是 V_{DS} 的函数，所以即便是晶体管偏置在饱和区，I_D' 仍是 V_{DS} 的函数。图 7.7 给出了 I_D'-V_{DS} 关系的典型曲线。受沟道调制效应的影响，饱和区的斜率为正。随着 MOSFET 尺寸的减小，沟道长度变化 ΔL 在初始长度 L 中的比重越来越大，所以沟道长度调制效应也变得越明显。

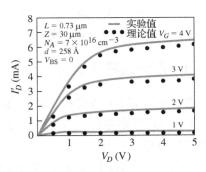

图 7.7　具有短沟道效应的 MOSFET 的电流–电压特性(引自 Sze[21].)

例 7.2　**确定沟道长度调制效应对漏电流值的影响。**设 n 沟道 MOSFET 的衬底掺杂浓度 $N_a = 2 \times 10^{16} \text{ cm}^{-3}$，阈值电压 $V_T = 0.4 \text{ V}$，沟道长度 $L = 1 \text{ }\mu\text{m}$。器件偏置条件为 $V_{GS} = 1 \text{ V}$ 和 $V_{DS} = 2.5 \text{ V}$。求沟道长度调制引起的漏电流与理想漏电流之比。

【解】

我们发现

$$\phi_{Fp} = -V_t \ln\left(\frac{N_a}{n_i}\right) = -(0.0259)\ln\left(\frac{2 \times 10^{16}}{1.5 \times 10^{10}}\right) = -0.365 \text{ V}$$

和

$$V_{DS}(\text{sat}) = V_{GS} - V_T = 1 - 0.4 = 0.6 \text{ V}$$

现在

$$\Delta L = \left[\frac{2(11.7)(8.85 \times 10^{-14})}{(1.6 \times 10^{-19})(2 \times 10^{16})} \right]^{1/2}$$

$$\times \left[\sqrt{0.365 + 0.6 + (2.5 - 0.6)} - \sqrt{0.365 + 0.6} \right]$$

或者

$$\Delta L = 0.181 \ \mu\text{m}$$

可以得出

$$\frac{I_D'}{I_D} = \frac{L}{L - \Delta L} = \frac{1}{1 - 0.181}$$

或者

$$\frac{I_D'}{I_D} = 1.22$$

【说明】

由于沟道长度调制效应，晶体管饱和区的漏电流比理想长沟器件的电流值大 22%。

【自测题】

EX7.2　除沟道长度外，n 沟道 MOSFET 具有与例 7.2 完全相同的参数。当晶体管偏置在 $V_{GS} = 0.8$ V，$V_{DS} = 2.5$ V 时，试找出由于沟道长度调制效应引起的实际漏电流与理想漏电流之比不大于 1.3 的最小沟道长度。

答案：$L = 0.901 \ \mu\text{m}$。

7.2.3　沟道迁移率变化

在推导理想 I-V 特性时，我们明确假设迁移率是常数。然而这个假设必须修正，原因有二：其一是迁移率随栅压变化；其二是随着载流子接近饱和速度，载流子有效迁移率降低，这个影响将在下一节讨论。

如图 7.8 所示，反型层电荷是由垂直电场产生的。正栅压对反型层的电子产生向表面方向的作用力。当电子沿沟道向漏端行进时，它们被吸向表面，受到局部库仑作用力的排斥。图 7.9 示意地表示了这种效应，这个效应称为表面散射，它降低了载流子的迁移率。若氧化层-半导体界面附近存在带正电的氧化层固定电荷，则受其他库仑相互作用的影响，迁移率进一步降低。

反型层载流子迁移率和横向电场的关系通常由实验测得。**有效横向电场**定义为

$$\mathcal{E}_{\text{eff}} = \frac{1}{\epsilon_s} \left(|Q_{SD}'(\max)| + \frac{1}{2} Q_n' \right) \tag{7.10}$$

反型层载流子的有效迁移率可由沟道电导确定，它是栅压的函数。图 7.10 为 $T = 300$ K 时，不同掺杂浓度和氧化层厚度情况下的有效电子迁移率。有效迁移率只是反型层电场的函数，与氧化层厚度无关。**有效迁移率**可表示为

$$\mu_{\text{eff}} = \mu_0 \left(\frac{\mathcal{E}_{\text{eff}}}{\mathcal{E}_0} \right)^{-1/3} \tag{7.11}$$

其中, μ_0 和 $\mathcal{E}_0$ 是常数, 由实验结果确定。

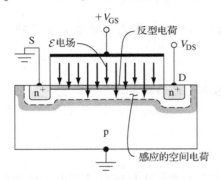

图 7.8　n 沟道 MOSFET 的垂直电场

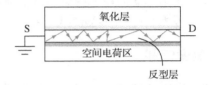

图 7.9　载流子表面散射效应的示意图

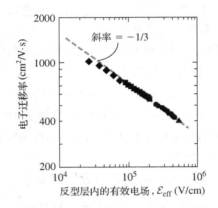

图 7.10　反型层电子迁移率与反型层电场的实验实测结果(引自 Yang[26])

由于晶格散射, 反型层有效载流子迁移率是温度的强函数。随着温度降低, 迁移率增大。此外, 有效迁移率也是栅压的函数, 它通过式(7.10)中的反型电荷密度影响迁移率。随着栅压增大, 载流子迁移率进一步降低。

例 7.3　$T = 300$ K, p 型硅衬底的掺杂浓度 $N_a = 3 \times 10^{16}$ cm^{-3}, 试计算 MOSFET 恰好处于阈值时的有效电场强度。

【解】

由第 6 章中的式(6.8b), 可得

$$\phi_{\text{Fp}} = -V_t \ln \left(\frac{N_a}{n_i} \right) = -(0.0259) \ln \left(\frac{3 \times 10^{16}}{1.5 \times 10^{10}} \right) = -0.376 \text{ V}$$

和

$$x_{\text{dT}} = \left[\frac{4\epsilon_s |\phi_{\text{Fp}}|}{e N_a} \right]^{1/2} = \left[\frac{4(11.7)(8.85 \times 10^{-14})(0.376)}{(1.6 \times 10^{-19})(3 \times 10^{16})} \right]^{1/2} = 0.18 \text{ μm}$$

则

$$|Q'_{\text{SD}}(\text{max})| = e N_a x_{\text{dT}} = 8.64 \times 10^{-8} \text{ C/cm}^2$$

在阈值反型点，我们假设 $Q_n' = 0$，由式 (7.10) 可得有效电场为

$$\mathcal{E}_{\text{eff}} = \frac{1}{\epsilon_s} |Q_{\text{SD}}'(\text{max})| = \frac{8.64 \times 10^{-8}}{(11.7)(8.85 \times 10^{-14})} = 8.34 \times 10^4 \text{ V/cm}$$

【说明】

由图 7.10 可以看出，本例得到的表面有效横向电场对反型层有效载流子迁移率的影响非常大，这使得它明显地低于体内的迁移率。

【自测题】

EX7.3 用例 7.3 的结果和图 7.10，确定有效电子迁移率。

答案：$\mu_n \approx 700 \text{ cm}^2/\text{V} \cdot \text{s}$。

7.2.4 速度饱和

在长沟道 MOSFET 的分析中，我们假设迁移率是常数，这意味着随着电场的增加，漂移速度将无限增大。在这种理想情况下，载流子速度会一直增加，直到达到理想电流值。然而，我们知道随着电场增加，载流子速度会出现饱和。由于短沟道器件的横向电场通常较大，因此，速度饱和在短沟道器件中尤为明显。

在理想 I-V 关系中，当漏端反型层电荷密度变为零时，电流出现饱和。对 n 沟道 MOS-FET，在满足下面饱和条件时，电流达到饱和

$$V_{\text{DS}} = V_{\text{DS}}(\text{sat}) = V_{\text{DS}} - V_T \tag{7.12}$$

然而，速度饱和会改变这个饱和条件。当横向电场约为 10^4 V/cm 时，就会出现速度饱和。若沟道长度 $L = 1$ μm 的 MOSFET 偏置在 $V_{\text{DS}} = 5$ V 时，平均电场可达 5×10^4 V/cm。因此，短沟道器件中极易发生速度饱和。

考虑速度饱和效应后，修正的 $I_D(\text{sat})$ 特性可近似表示为

$$I_D(\text{sat}) = W C_{\text{ox}} (V_{\text{GS}} - V_T) v_{\text{sat}} \tag{7.13}$$

其中，v_{sat} 为饱和速度（电子在体硅中的饱和速度约为 10^7 cm/s），C_{ox} 为单位平方厘米的栅氧电容。受垂直电场和表面散射的影响，饱和速度随栅压增加而减小。速度饱和使得饱和漏电流 $I_D(\text{sat})$ 和饱和漏电压 $V_{\text{DS}}(\text{sat})$ 均比理想预测值小。而且饱和漏电流 $I_D(\text{sat})$ 也近似与 V_{GS} 成线性，而不是先前讨论的理想平方关系。

若取速度饱和时的漏电流与理想长沟道器件的漏电流之比，可得

$$\frac{I_D|_{v,\text{sat}}}{I_D|_{\text{ideal}}} = \frac{W C_{\text{ox}} (V_{\text{GS}} - V_T) v_{\text{sat}}}{\frac{W}{L} \frac{\mu_n C_{\text{ox}}}{2} (V_{\text{GS}} - V_T)^2} = \frac{2L}{\mu_n} \frac{v_{\text{sat}}}{(V_{\text{GS}} - V_T)} \tag{7.14}$$

图 7.11 比较了常数迁移率和场相关迁移率两种情况下的漏电流与漏-源电压特性。由图可见，场相关迁移率曲线的 $I_D(\text{sat})$ 值较小，且近似与 V_{GS} 成线性关系。

由式 (7.13) 可求得器件的跨导

$$g_{\text{ms}} = \frac{\partial I_D(\text{sat})}{\partial V_{\text{GS}}} = W C_{\text{ox}} v_{\text{sat}} \tag{7.15}$$

当达到速度饱和时，跨导与 V_{GS} 和 V_{DS} 无关。在速度饱和导致漏电流饱和的情况下，器件的跨导为常数。

当达到速度饱和时，**截止频率**可表示为

$$f_T = \frac{g_m}{2\pi C_G} = \frac{WC_{ox}v_{sat}}{2\pi(C_{ox}WL)} = \frac{v_{sat}}{2\pi L} \quad (7.16)$$

其中，假设寄生电容可忽略。

例 7.4　**试确定速度饱和与理想长沟两种情况下的漏电流之比。** n 沟 MOSFET 的栅长 $L = 0.8$ μm，阈值电压 $V_T = 0.5$ V，电子迁移率 $\mu_n = 700$ cm²/V·s，饱和速率 $v_{sat} = 5 \times 10^6$ cm/s。若晶体管偏置在 (a) $V_{GS} = 2$ V 和 (b) $V_{GS} = 3$ V 时，试确定速度饱和与理想长沟两种情况下的漏电流之比。

【解】

由式 (7.14) 可得

$$\frac{I_D|_{v,sat}}{I_D|_{ideal}} = \frac{2L}{\mu_n}\frac{v_{sat}}{V_{GS}-V_T} = \frac{2(0.8 \times 10^{-4})}{700}\frac{5 \times 10^6}{V_{GS}-0.5}$$

若 (a) $V_{GS} = 2$ V，则

$$\frac{I_D|_{v,sat}}{I_D|_{ideal}} = 0.762$$

若 (b) $V_{GS} = 3$ V，则

$$\frac{I_D|_{v,sat}}{I_D|_{ideal}} = 0.457$$

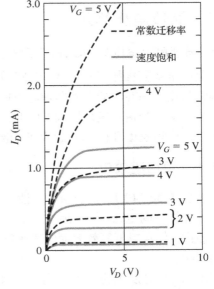

图 7.11　常数迁移率(点线)和场相关迁移率与速度饱和(实线)两种情况的 I_D-V_{DS} 特性比较(引自 Sze[21])

【说明】

我们看到，随着栅-源电压的增加，两者之比降低。这是因为速度饱和电流与 $(V_{GS} - V_T)$ 成线性关系，而理想长沟电流是 $(V_{GS} - V_T)$ 的二次函数。

【自测题】

EX7.4　若 $V_{GS} = 2$ V 时对应的迁移率 $\mu_n = 600$ cm²/V·s，$V_{GS} = 3$ V 时对应的迁移率 $\mu_n = 500$ cm²/V·s，重新计算例 7.4。

答案：(a)0.889；(b)0.640。

【练习题】

TYU7.2　MOSFET 工作在亚阈值区，且 $V_D \gg kT/e$，在给出的理想关系中，漏电流变化一个数量级所需的栅-源电压变化是多少？

答案：$\Delta V_{GS} = 59.64$ mV。

TYU7.3　NMOS 晶体管具有如下参数：$\mu_n = 1000$ cm²/V·s，$C_{ox} = 10^{-8}$ F/cm²，$W = 10$ μm，$L = 1$ μm，$V_T = 0.4$ V，$v_{sat} = 5 \times 10^6$ cm/s。试在同一图中画出 (a) 理想晶体管[参见式 (6.57)] 和 (b) 速度饱和效应[参见式 (7.13)] 两种情况的 $I_D(sat)$ 和 V_{GS} 的关系曲线，其中 $0 \leq V_{GS} \leq 4$ V。

答案：(a)$I_D(sat) = 50(V_{GS} - 0.4)^2$ μA；(b)$I_D(sat) = 50(V_{GS} - 0.4)$ μA。

7.3 阈值电压修正

目标:分析阈值电压随 MOSFET 尺寸的变化

上一章我们推导了理想 MOSFET 的阈值电压表达式和电流-电压特性。下面,将讨论包括沟道长度调制在内的一些非理想效应。随着器件尺寸的缩小,其他效应也会对阈值电压产生影响。减小沟道长度可增大 MOSFET 的跨导及频率响应,减小沟道宽度可提高集成电路的集成度。沟道长度和(或)沟道宽度的减小都会影响阈值电压。

7.3.1 短沟道效应

对理想 MOSFET,我们用电中性条件推导出阈值电压。其中假设金属-氧化物反型层电荷与半导体空间电荷区的电荷之和为零。我们也假设栅面积与半导体有源区面积相同。利用这个假设,仅考虑了等效表面电荷密度,忽略了源、漏空间电荷进入有效沟道区而对阈值电压的影响。

图 7.12(a)所示为 n 型长沟道 MOSFET 处于平带时的截面图,此时源、漏电压均为零。源、漏空间电荷区扩展进沟道,不过仅占据整个沟道的一小部分。因此,栅压基本控制了反型沟道内所有的空间电荷,如图 7.12(b)所示。

随着沟道长度的减小,沟道内由栅压控制的电荷减小。这个影响可由图 7.13 看出。随着漏电压的增大,漏端反偏的空间电荷区进一步向沟道延伸,因此,栅控体电荷也随之减少。由栅控制的空间电荷 $Q'_{\text{SD}}(\max)$ 对阈值电压的影响如式(7.17)所示

$$V_T = (|Q'_{\text{SD}}(\max)| - Q'_{\text{ss}})\left(\frac{t_{\text{ox}}}{\epsilon_{\text{ox}}}\right) + \phi_{\text{ms}} + 2|\phi_{\text{Fp}}| \tag{7.17}$$

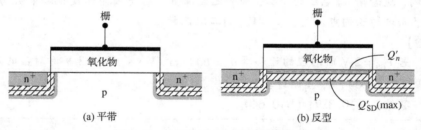

(a) 平带 (b) 反型

图 7.12   n 型长沟 MOSFET 的截面图

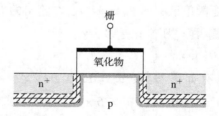

图 7.13   n 型短沟道 MOSFET 处于平带时的截面图

考虑图 7.14 所示参数,我们可以定量地确定短沟道效应对阈值电压的影响。源、漏结由扩散结深 r_j 表征。假设栅下的横向扩散距离与纵向扩散距离相等。这个假设对扩散结是一个很合理的近似,但对离子注入结则稍有偏差。我们首先考虑源、漏和体接触都接地的情况。

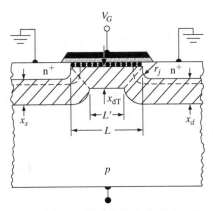

图 7.14   短沟道阈值电压模型中的电荷共享（引自 Yau[27]）

分析中的一个基本假设是栅下梯形区内的体电荷由栅极控制。在阈值反型点处，落在体空间电荷区上的电势差为 $2|\phi_{Fp}|$，源、漏结的内建势垒高度也约为 $2|\phi_{Fp}|$，这表明三个空间电荷区宽度基本相等。因此，我们可以写出

$$x_s \approx x_d \approx x_{dT} \equiv x_{dT} \tag{7.18}$$

利用几何近似，梯形区内单位面积的平均体电荷 Q'_B 为

$$|Q'_B| \cdot L = eN_a x_{dT}\left(\frac{L+L'}{2}\right) \tag{7.19}$$

由几何关系可得

$$\frac{L+L'}{2L} = \left[1 - \frac{r_j}{L}\left(\sqrt{1+\frac{2x_{dT}}{r_j}} - 1\right)\right] \tag{7.20}$$

因此

$$|Q'_B| = eN_a x_{dT}\left[1 - \frac{r_j}{L}\left(\sqrt{1+\frac{2x_{dT}}{r_j}} - 1\right)\right] \tag{7.21}$$

用式（7.21）替代**阈值电压**中的 $|Q'_{SD}(\max)|$ 表达式。

既然 $|Q'_{SD}(\max)| = eN_a x_{dT}$，我们可以得出 ΔV_T 为

$$\boxed{\Delta V_T = -\frac{eN_a x_{dT}}{C_{ox}}\left[\frac{r_j}{L}\left(\sqrt{1+\frac{2x_{dT}}{r_j}} - 1\right)\right]} \tag{7.22}$$

其中

$$\Delta V_T = V_{T(\text{short channel})} - V_{T(\text{long channel})} \tag{7.23}$$

随着沟道长度的减小，阈值电压向负轴方向移动，所以 n 沟道 MOSFET 向耗尽型转变。

例 7.5   **计算由短沟道效应引起的阈值电压漂移**。n 沟道 MOSFET 的掺杂浓度 $N_a = 5 \times 10^{16}$ cm^{-3}，$t_{ox} = 200$ Å，设 $L = 0.8$ μm，$r_j = 0.4$ μm。

【解】

由题设可知，氧化层电容为

$$C_{ox} = \frac{\epsilon_{ox}}{t_{ox}} = \frac{(3.9)(8.85 \times 10^{-14})}{200 \times 10^{-8}} = 1.73 \times 10^{-7} \text{ F/cm}^2$$

电势为

$$\phi_{\text{Fp}} = -V_t \ln\left(\frac{N_a}{n_i}\right) = -(0.0259)\ln\left(\frac{5\times10^{16}}{1.5\times10^{10}}\right) = -0.389\text{ V}$$

最大空间电荷区宽度为

$$x_{\text{dT}} = \left(\frac{4\epsilon_s|\phi_{\text{Fp}}|}{eN_a}\right)^{1/2} = \left[\frac{4(11.7)(8.85\times10^{-14})(0.389)}{(1.6\times10^{-19})(5\times10^{16})}\right]^{1/2} = 0.142\text{ μm}$$

最后，由式(7.22)可得阈值电压漂移

$$\Delta V_T = -\frac{(1.6\times10^{-19})(5\times10^{16})(0.142\times10^{-4})}{1.73\times10^{-7}}\left[\frac{0.4}{0.8}\left(\sqrt{1+\frac{2(0.142)}{0.4}}-1\right)\right]$$

或

$$\Delta V_T = -0.101\text{ V}$$

【说明】

若 n 沟道 MOSFET 的阈值电压 $V_T = 0.4$ V，则由短沟道效应引起的阈值电压漂移量 $\Delta V_T = -0.101$ V 是非常显著的，因此，在设计器件时需要考虑这个影响。

【自测题】

EX7.5　若器件参数 $N_a = 3\times10^{16}$ cm^{-3}，$t_{\text{ox}} = 300$ Å，$L = 0.8$ μm，$r_j = 0.3$ μm，重做例 7.5。

　　　　答案：$\Delta V_T = -0.136$ V。

随着沟道长度的进一步减小，短沟道效应将变得越来越显著。

n 沟道 MOSFET 的阈值电压漂移随沟道长度的变化如图 7.15 所示。随着衬底掺杂浓度的增加，初始阈值电压增大，正如第 6 章所述，短沟道效应引起的阈值电压偏离也变大。短沟道效应对常规器件的阈值电压影响不大，沟道长度小于 2 μm 后，短沟道效应对阈值电压的影响才会显著起来。随着扩散结深 r_j 变小，阈值电压漂移也变小，因此，超浅结可降低阈值电压对沟道长度的依赖性。

式(7.22)是在源、沟道和漏空间电荷宽度相等的假设下推导出来的。若现在施加一漏电压，漏端的空间电荷区宽度展宽，这将使得 L' 变小，栅压控制的体电荷量也减少。这个影响使得阈值电压是漏电压的函数。随着漏电压增大，n 沟道 MOSFET 的阈值电压减小。阈值电压与沟道长度的关系示于图 7.16 中，其中包括了两个漏-源电压和两个体-源电压。

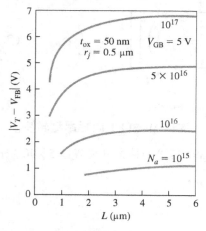

图 7.15　不同衬底掺杂时，阈值电压与沟道
长度的函数关系(引自 Yau[27])

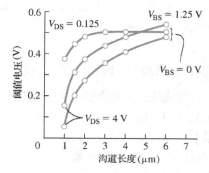

图 7.16　漏-源电压和体-源电压不同时，阈值电压
与沟道长度的函数关系(引自 Yang[26])

7.3.2　窄沟道效应

图 7.17 所示为 n 沟道 MOSFET 偏置在反型时，沿沟道宽度方向的截面图。电流垂直于通过反型层电荷的沟道宽度。由图可见，沟道宽度两端存在一个附加的空间电荷区。这些附加的电荷受栅压控制，但并未包括在理想阈值电压的推导中。因此，必须修正阈值电压的表达式，以包含这个附加电荷。

如果忽略短沟道效应，栅控体电荷可写为

$$Q_B = Q_{B0} + \Delta Q_B \tag{7.24}$$

其中，Q_B 为总体电荷，Q_{B0} 为理想体电荷，ΔQ_B 为沟道宽度两端的附加体电荷。对于偏置在阈值反型点，均匀掺杂的 p 型半导体，可写出

$$|Q_{B0}| = eN_a W L x_{dT} \tag{7.25}$$

和

$$\Delta Q_B = eN_a L x_{dT}(\xi x_{dT}) \tag{7.26}$$

式中，ξ 是考虑横向空间电荷区宽度而引入的拟合参数。受沟道两侧厚的场氧和离子注入导致的非均匀掺杂，横向空间电荷区宽度可能与纵向宽度 x_{dT} 不同。若两端的空间电荷区为半圆形，则 $\xi = \pi/2$。

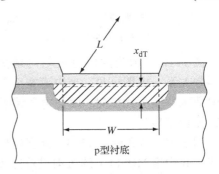

图 7.17　n 沟道 MOSFET 的截面图，图中耗尽区沿沟道宽度方向

现在，可写出

$$|Q_B| = |Q_{B0}| + |\Delta Q_B| = eN_a W L x_{dT} + eN_a L x_{dT}(\xi x_{dT})$$

$$= eN_a W L x_{dT}\left(1 + \frac{\xi x_{dT}}{W}\right) \tag{7.27}$$

随着沟道宽度 W 减小，两端空间电荷区的影响变得越来越明显，因子(ξx_{dT})成为栅宽 W 的显著分量。

受附加空间电荷的影响，阈值电压的变化为

$$\boxed{\Delta V_T = \frac{eN_a x_{dT}}{C_{ox}}\left(\frac{\xi x_{dT}}{W}\right)} \tag{7.28}$$

受窄沟道效应的影响，n 沟道 MOSFET 的阈值电压向正轴漂移。随着栅宽 W 的减小，阈值电压的漂移越来越大。

例 7.6　设计沟道宽度，使窄沟道效应引入的阈值电压漂移限定在某一特定值。 n 沟道 MOS-FET 的掺杂浓度 $N_a = 5 \times 10^{16} \text{ cm}^{-3}$，$t_{ox} = 200 \text{ Å}$，设 $\xi = \pi/2$。若将阈值电压漂移限定在 $\Delta V_T = 0.1 \text{ V}$，问沟道宽度应为多少？

【解】

由例 7.5 可得

$$C_{ox} = 1.73 \times 10^{-7} \text{ F/cm}^2 \qquad \text{和} \qquad x_{dT} = 0.142 \text{ μm}$$

由式(7.28)，我们可将沟道宽度表示为

$$W = \frac{eN_a\left(\xi x_{dT}^2\right)}{C_{ox}(\Delta V_T)} = \frac{(1.6 \times 10^{-19})(5 \times 10^{16})\left(\frac{\pi}{2}\right)(0.142 \times 10^{-4})^2}{(1.73 \times 10^{-7})(0.1)}$$

或

$$W = 1.46\ \mu m$$

【说明】

我们注意到,阈值电压漂移 $\Delta V_T = 0.1$ V 发生在沟道宽度 $W = 1.46\ \mu m$ 时,这个宽度约是空间电荷区宽度 x_{dT} 的 10 倍。

【自测题】

EX7.6 若 $N_a = 6 \times 10^{16}$ cm^{-3}, $t_{ox} = 125$ Å,其他参数与例 7.6 完全相同,请重做例 7.6。
答案:$W = 0.923\ \mu m$。

图 7.18 所示为阈值电压与沟道宽度的函数关系。由图可见,当沟道宽度与空间电荷区宽度可比拟时,阈值电压漂移才变得比较明显。

图 7.19(a)和图 7.19(b)分别定性地描述了 n 沟道 MOSFET 的短沟道效应和窄沟道效应引起的阈值电压漂移。窄沟道器件使阈值电压变大,而短沟道器件使阈值电压变小。如果器件同时受短沟道效应和窄沟道效应的影响,那么这两种模型就需要合并到栅控空间电荷区的三维体近似中。

7.3.3 衬底偏置效应

如上一章所述,阈值电压是体–源电压 V_{BS} 的函数。式(6.87)给出了长沟道、均匀掺杂 MOSFET 的阈值电压漂移表达式。

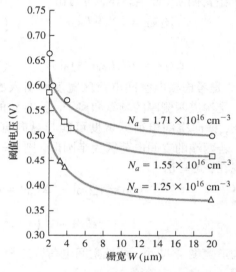

图 7.18 阈值电压与沟道宽度的关系曲线(实线是理论值,点为实验值)(引自 Akers[1])

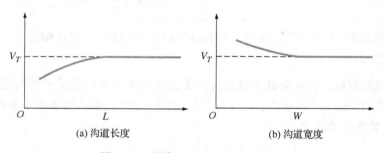

图 7.19 阈值电压变化的定性描述

随着沟道长度的减小,V_T 和 V_{BS} 的关系也会改变。图 7.20 给出了一些结果。体–源电压对 V_T 的影响是漏–体空间电荷共享程度的函数,这与 7.3.1 节讨论的栅–体和漏–体的电荷共享相同。

　　随着沟道长度的减小，体端控制沟道下方 p 型衬底的电荷量也减小。同时，随着漏-体电压增加，体端控制沟道下方 p 型衬底的电荷量也减小。这种效应如图 7.21 所示。因此，随着沟道长度减小和漏-体电压增加，阈值电压对体-源电压的依赖程度减弱。

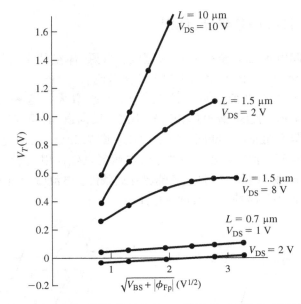

图 7.20　三种不同沟道长度和 V_{DS} 不同时，V_T 随 V_{BS} 的变化

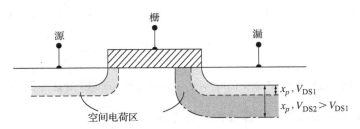

图 7.21　短沟道 MOSFET 随 V_{DS} 增加而呈现的效应。随着 V_{DS} 增加，衬底电压控制的沟道电荷量减小

7.4　其他电学特性

目标：讨论 MOSFET 中诸如离子注入调整阈值电压等其他影响

　　在半导体物理和器件的导论课程中，无法包括 MOSFET 的所有知识。然而，这里将涉及两个附加主题：击穿电压和离子注入调整阈值电压。

7.4.1　氧化层击穿

　　我们曾假设氧化层是理想的绝缘体。然而，若氧化层中的电场足够大，则可能发生击穿，导致器件失效。在二氧化硅中，击穿时的电场在 6×10^6 V/cm 附近。这个击穿场强比硅中的大，但栅氧化层非常薄。当氧化层厚度为 500 Å 时，大约 30 V 的栅压就可以产生击穿。

然而,通常的安全裕度因子为3,因此,$t_{ox} = 500$ Å时的最大安全栅压为10 V。因为氧化层内的缺陷会降低击穿电压,所以安全裕度是非常必要的。除功率器件和超薄氧化层器件外,氧化层击穿通常不是很重要的问题。

7.4.2　临界穿通或漏致势垒降低(DIBL)

穿通是指漏–体空间电荷区完全扩展过沟道区,与源–体空间电荷区相连。在这种情况下,源、漏间的势垒完全消失,因而出现非常大的漏电流。

然而,在达到实际穿通之前,漏电流就开始迅速增大。这种特性称为穿通条件。图7.22(a)给出了$V_{GS} < V_T$,且漏–源电压相对较小时,长沟道 MOSFET 中从源到漏的理想能带图。由图可见,高的势垒阻止源、漏间的有效电流。图7.22(b)为漏电压V_{DS2}较大时的能带图。此时,漏端附近的空间电荷区开始与源端空间电荷区发生作用,且势垒高度也降低。既然电流是势垒高度的指数函数,因此,一旦达到临界穿通条件,电流就会迅速增大。图7.23所示为短沟道器件在接近穿通条件时的一些典型特性曲线。

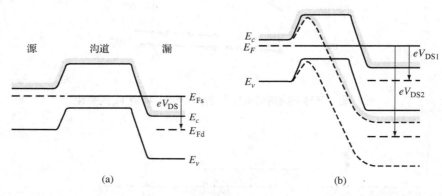

图7.22　(a)沿长沟道 MOSFET 表面的等势图;(b)短沟道 MOSFET 穿通前后,沿表面的等势图

例7.7　假设突变结近似成立,计算理论穿通电压。
n 沟道 MOSFET 的源、漏掺杂浓度$N_d = 10^{19}$ cm^{-3},沟道区掺杂浓度为$N_a = 10^{16}$ cm^{-3}。设沟道长度为$L = 1.2$ μm,源和体区均接地。在突变结近似成立的情况下,计算理论穿通电压。

【解】
pn 结的内建势垒为

$$V_{bi} = V_t \ln\left(\frac{N_a N_d}{n_i^2}\right) = (0.0259)\ln\left[\frac{(10^{16})(10^{19})}{(1.5 \times 10^{10})^2}\right] = 0.874 \text{ V}$$

源–衬 pn 结零偏时,耗尽区宽度为

$$x_{d0} = \left(\frac{2\epsilon_s V_{bi}}{eN_a}\right)^{1/2} = \left[\frac{2(11.7)(8.85 \times 10^{-14})(0.874)}{(1.6 \times 10^{-19})(10^{16})}\right]^{1/2} = 0.336 \text{ μm}$$

漏–衬 pn 结反偏时,耗尽区宽度为

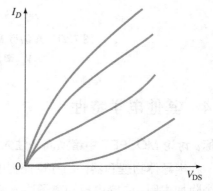

图7.23　MOSFET 出现穿通时的I-V特性曲线

$$x_d = \left[\frac{2\epsilon_s (V_{bi} + V_{DS})}{e N_a} \right]^{1/2}$$

发生穿通时，有

$$x_{d0} + x_d = L \qquad 或 \qquad 0.336 + x_d = 1.2$$

即发生穿通时，有 $x_d = 0.864 \ \mu m$。解方程得

$$V_{bi} + V_{DS} = \frac{x_d^2 e N_a}{2\epsilon_s} = \frac{(0.864 \times 10^{-4})^2 (1.6 \times 10^{-19})(10^{16})}{2(11.7)(8.85 \times 10^{-14})}$$

$$= 5.77 \ V$$

因此，穿通电压为

$$V_{DS} = 5.77 - 0.874 = 4.9 \ V$$

【说明】

当两个空间电荷区接近穿通时，突变结近似将不再是一个很好的假设。

【自测题】

EX7.7　若 $N_a = 3 \times 10^{16} \ cm^{-3}$，$L = 0.6 \ \mu m$，其他参数保持不变，重做例 7.7。

答案：$V_{DS} = 2.86 \ V$。

对于 $10^{16} \ cm^{-3}$ 的掺杂浓度，当突变耗尽层相距约 0.25 μm 时，两个空间电荷区就开始作用。临界穿通条件所对应的漏电压(有时也称为漏致势垒降低)通常远低于例 7.7 计算的理想穿通电压。

7.4.3　热电子效应

随着漏-源电压增加，漏端空间电荷区内的电场也增大。高电场时，空间电荷区内的碰撞电离过程可产生电子-空穴对。在 n 沟道 MOSFET 中，产生的电子扫向漏极，而空穴则流向衬底。

正栅压产生的垂直场将空间电荷区产生的部分电子吸向氧化层，这些效应如图 7.24 所示。这些产生电子的能量比热平衡电子的能量大，因此称为**热电子**。如果这些电子的能量达到 1.5 eV 左右时，就可能隧穿过氧化层，或者克服硅－氧化物势垒，产生栅电流。这些电流通常在飞安(10^{-15} A)或皮安(10^{-12} A)量级。穿过氧化层的部分电子可能被俘获，在氧化层内产生净负电荷密度。电子俘获概率通常小于空穴俘获概率，但热电子诱导的栅电流可在很长一段时间内存在，所以负电荷效应可能增强。氧化层的负电荷陷阱可造成阈值电压的局部正移。

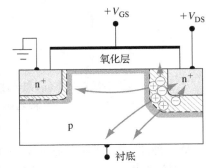

图 7.24　热电子产生、电流分量及电子注入氧化层的示意图

穿过 $Si\text{-}SiO_2$ 界面的高能电子还可能产生其他的界面态。产生界面态的可能原因是由于硅-氢键断裂，产生了硅悬挂键，这些键充当界面态。界面态中的电荷陷阱使得阈值电压漂移，并产生额外的表面散射，降低迁移率。热电子充电效应是一个连续过程，因此，器件在一段时间内退化。这种退化显然是我们所不希望的，它可能限制器件的使用寿命。

7.4.4 离子注入调整阈值电压

氧化层固定电荷、金属-半导体功函数差、栅氧厚度以及半导体掺杂浓度等因素都会影响阈值电压。在特定设计和制备工艺中，所有这些参数都是固定的，因此，所得的阈值电压不可能满足所有应用。我们可以采用离子注入工艺来改变和调整氧化物-半导体表面附近的衬底掺杂浓度，从而获得想要的阈值电压。离子注入不仅可用来掺杂沟道区，而且广泛用做器件制备的标准工艺。例如，用离子注入形成晶体管的源区和漏区。

为了改变掺杂浓度，进而改变阈值电压，我们需要将精确的、数量可控的施主或受主离子注入氧化层表面附近的半导体中。当 MOS 器件偏置在耗尽模式或反型模式，且注入掺杂原子位于空间电荷区内时，离化的掺杂电荷对最大空间电荷密度就有贡献，从而控制阈值电压。注入 p 型或 n 型衬底的受主离子使阈值电压正向漂移，而施主离子则使阈值电压负向漂移。

作为一级近似，假设注入氧化物-半导体界面附近 p 型衬底中单位平方厘米的受主原子为 D_I（参数 D_I 称为注入剂量），如图 7.25(a)所示。注入剂量引起阈值电压的漂移为

$$\Delta V_T = +\frac{eD_I}{C_{\text{ox}}} \tag{7.29}$$

若施主离子注入 p 型衬底中，空间电荷密度减小。因此，阈值电压移向负轴方向。

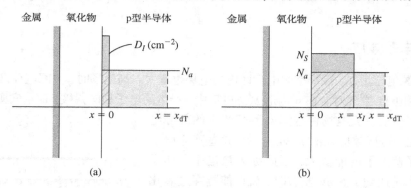

图 7.25 (a)离子注入界面的 δ 函数近似；(b)离子注入界面的阶跃函数近似，其中深度 x_I 小于空间电荷宽度 x_{dT}

第二种注入近似为阶跃函数，如图 7.25(b)所示。若阈值反型点处的空间电荷区宽度小于 x_I，则阈值电压由平均掺杂浓度为 N_s 的半导体决定。相反，若阈值反型点处的空间电荷区宽度大于 x_I，则必须推导 x_{dT} 的新表达式。由泊松方程可得，阶跃注入的最大空间电荷区宽度为

$$x_{\text{dT}} = \sqrt{\frac{2\epsilon_s}{eN_a}\left[2|\phi_{\text{Fp}}| - \frac{ex_I^2}{2\epsilon_s}(N_s - N_a)\right]^{1/2}} \tag{7.30}$$

当 $x_{\text{dT}} > x_I$ 时，阶跃注入的阈值电压可表示为

$$V_T = V_{T0} + \frac{eD_I}{C_{\text{ox}}} \tag{7.31}$$

式中, V_{T0} 为注入前的阈值电压。参数 D_I 由下式给出

$$D_I = (N_s - N_a)x_I \tag{7.32}$$

它表示单位平方厘米注入的离子数量。注入前的阈值电压为

$$V_{T0} = V_{\text{FB0}} + 2|\phi_{\text{Fp0}}| + \frac{eN_a x_{\text{dT0}}}{C_{\text{ox}}} \tag{7.33}$$

下标 0 表示注入前的参数值。

例 7.8　为了将阈值电压调整到某一特定值, 试设计所需的离子注入剂量。n 沟道 MOSFET 的掺杂浓度 $N_a = 5 \times 10^{15}$ cm^{-3}, 氧化层厚度 $t_{\text{ox}} = 500$ Å, 初始平带电压 $V_{\text{FB0}} = -1.25$ V。为了获得 $V_T = +0.70$ V 的阈值电压, 试确定离子注入剂量。

【解】

首先计算出必要的参数

$$\phi_{\text{Fp0}} = -V_t \ln\left(\frac{N_a}{n_i}\right) = -(0.0259)\ln\left(\frac{5 \times 10^{15}}{1.5 \times 10^{10}}\right) = -0.329 \text{ V}$$

$$x_{\text{dT0}} = \left(\frac{4\epsilon_s|\phi_{\text{Fp0}}|}{eN_a}\right)^{1/2} = \left[\frac{4(11.7)(8.85 \times 10^{-14})(0.329)}{(1.6 \times 10^{-19})(5 \times 10^{15})}\right]^{1/2} = 0.413 \text{ μm}$$

$$C_{\text{ox}} = \frac{\epsilon_{\text{ox}}}{t_{\text{ox}}} = \frac{(3.9)(8.85 \times 10^{-14})}{500 \times 10^{-8}} = 6.9 \times 10^{-8} \text{ F/cm}^2$$

注入前的阈值电压为

$$V_{T0} = V_{\text{FB0}} + 2|\phi_{\text{Fp0}}| + \frac{eN_a x_{\text{dT0}}}{C_{\text{ox}}}$$

$$= -1.25 + 2(0.329) + \frac{(1.6 \times 10^{-19})(5 \times 10^{15})(0.413 \times 10^{-4})}{6.9 \times 10^{-8}}$$

$$= -0.113 \text{ V}$$

由式(7.31)可得, 注入后的阈值电压为

$$V_T = V_{T0} + \frac{eD_I}{C_{\text{ox}}}$$

代入参数, 得

$$+0.70 = -0.113 + \frac{(1.6 \times 10^{-19})D_I}{6.9 \times 10^{-8}}$$

解方程得

$$D_I = 3.51 \times 10^{11} \text{ cm}^{-2}$$

若均匀阶跃注入的深度为 $x_I = 0.15$ μm, 则半导体表面的等价受主浓度为

$$N_s - N_a = \frac{D_I}{x_I} = \frac{3.51 \times 10^{11}}{0.15 \times 10^{-4}} = 2.34 \times 10^{16} \text{ cm}^{-3}$$

或者

$$N_s = 2.84 \times 10^{16} \text{ cm}^{-3}$$

【说明】

为了实现想要的阈值电压，所需注入剂量 $D_I = 3.51 \times 10^{11} \text{ cm}^{-2}$。计算时假设沟道的空间电荷区宽度大于离子注入深度 x_I。我们可以看到，本例确实满足这个要求。

【自测题】

EX7.8　MOS 晶体管具有如下参数：$N_a = 10^{15} \text{ cm}^{-3}$，$t_{ox} = 200 \text{ Å}$，$Q'_{ss}/e = 5 \times 10^{10} \text{ cm}^2$，$p^+$ 多晶硅栅。如图 7.25(a) 所示，采用 δ 分布离子注入，最终实现的阈值电压 $V_T = +0.40 \text{ V}$。问：(a) 需注入何种类型的杂质离子(受主还是施主)？(b) 求所需的注入剂量 D_I。

答案：(a) 施主；(b) $D_I = 6.03 \times 10^{11} \text{ cm}^{-2}$。

实际注入掺杂既不是 δ 函数，也不是阶跃函数，而是趋向于高斯分布。由非均匀离子注入浓度引起的阈值电压漂移可由 N_{inv} 与 V_G 曲线的偏移来定义。其中，N_{inv} 为单位平方厘米的反型载流子密度。当晶体管偏置在线性区时，这种偏移对应于漏电流和 V_G 的实测偏移。由于衬底的非均匀掺杂，注入型器件的阈值反型标准，即 $\phi_s = 2|\phi_{Fp}|$，并没有确切的物理意义。这时阈值电压的确定变得更加复杂，在此我们不再讨论。

7.5　器件制备技术：特种器件

目标：考虑特种 MOSFET 器件的制备和表征

在本节，我们将讨论一些特种 MOSFET 结构。因此，除了讨论实际制备技术之外，也将讨论特种器件。

7.5.1　轻掺杂漏晶体管

结击穿电压是最大电场强度的函数。随着沟道长度的减小，偏置电压并未相应地按比例缩小，因此结电场增大。随着电场增大，临界雪崩击穿和穿通效应变得更加严重。此外，随着器件尺寸按比例缩小后，寄生双极器件的影响更大，击穿效应也增强。

抑制击穿效应的方法之一是改变漏接触的掺杂分布。轻掺杂漏(LDD)的设计及掺杂分布如图 7.26(a) 所示。为了方便比较，图 7.26(b) 给出了传统 MOSFET 及其掺杂分布。通过引入轻掺杂漏，空间电荷区内的峰值电场减小，击穿效应被降到最小。漏结峰值电场是掺杂浓度和 n^+ 漏区曲率的函数。图 7.27 所示为传统 n^+ 漏接触和 LDD 结构的示意图。在 LDD 结构中，氧化物–半导体界面处的电场强度比传统结构的小。传统器件的电场在冶金结处达到峰值，然而在漏端迅速降低到零。这是因为高电导的 n^+ 漏区无电场存在。另一方面，LDD 器件在到漏区零电场之前扩展过 n 区。因此，LDD 结构可以抑制击穿和热电子效应，这些内容已在 7.4.3 节讨论过。

轻掺杂漏器件的两个缺点是制造工艺复杂和漏电阻增大。但是，增加的工艺步骤可以显著改善器件性能。图 7.26 所示的 LDD 器件的截面图表明，源端也有轻掺杂的 n 区。源端的轻掺杂区并不会改善器件性能，但却大大降低了工艺复杂度。附加的串联电阻会增大器件功耗，因此在高功率器件的设计中必须考虑这个问题。

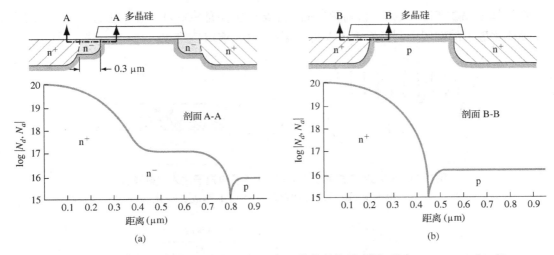

图 7.26 （a）轻掺杂漏（LDD）结构示意图；（b）传统结构示意图（引自 Ogura et al. [11]）

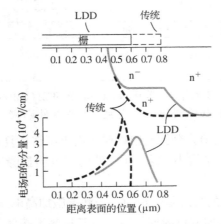

图 7.27 Si-SiO$_2$ 界面处电场强度与距离的函数关系：V_{DS} = 10V，V_{SB} = 2V，V_{GS} = V_T（引自 Ogura et al. [11]）

7.5.2 绝缘体上 MOSFET

截至目前，我们讨论的 MOSFET 都制备在硅晶片上，衬底是器件的第四端。在某些应用中，将 MOSFET 制备在绝缘衬底上的硅膜中更为有利。若硅薄膜是单晶材料，我们称这些器件为 **SOI 器件**。

蓝宝石上硅 在单晶绝缘体上外延生长硅层就可制备异质外延的 SOI 薄膜。在 900℃ ~ 1000℃ 之间热解硅烷就可淀积一层硅膜。由于晶格和热失配，硅膜中的缺陷密度非常高。因此，SOS 器件的电子迁移率比体硅器件的小。SOS 器件常用于要求抗辐射的应用场合。

SIMOX 缩略词 SIMOX 代表"separation by implanted oxygen"（注氧隔离）。SIMOX 的基本原理是采用离子注入技术在硅片表面下方形成一 SiO$_2$ 埋层。图 7.28 给出了这种工艺的基本流程。首先，氧离子注入硅片表面。为了形成 SiO$_2$，每个硅原子需要两个氧原子。所以，O$^+$ 的注入剂量通常大于 10^{18} cm^{-2}。注入工艺后，还需要热退火过程来激活 SiO$_2$，消除表面硅层的注入损伤。

绝缘体上 MOSFET 结构　　目前常用的 SOI 结构主要是 SOS 和氧化层上硅。图 7.29 所示为在二氧化硅上的硅层中制备 CMOS 器件的截面图(SIMOX 工艺)。

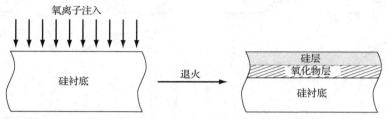

图 7.28　SIMOX 工艺的基本流程:大剂量氧离子注入硅衬底后,
再退火。该工艺可在单晶硅薄层下形成二氧化硅埋层

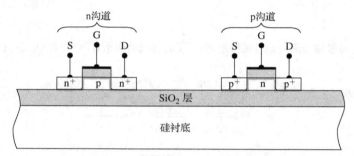

图 7.29　SIMOX 晶片上 n 沟道和 p 沟道 MOSFET(CMOS)的截面图。
刻蚀器件周边的硅薄层,实现器件隔离并减小电容

　　器件隔离是将器件间的硅薄膜刻蚀至绝缘层。由于不需要复杂的阱结构,所以 SOI 器件的集成度更高。此外,在 SOI 结构中,源、漏区的电容也明显降低,所以有可能进一步提高工作速度。

　　由图可见,SOI MOSFET 的衬底是悬空的。当漏端施加高电压时,漏-衬结可能发生碰撞电离。n 沟道器件产生的空穴向 p 型衬底加速。由于衬底无接触,这些正电荷将使 p 型衬底电势升高。衬底电势升高使得阈值电压降低,而阈值电压降低又使漏电流增大。如图 7.30 所示,浮体效应会产生"**扭结**"(kink)效应。扭结效应出现在特定的漏电压。在衬底和源之间制备电学接触可消除扭结效应。然而,这需要修改器件版图,同时器件尺寸也会增加。

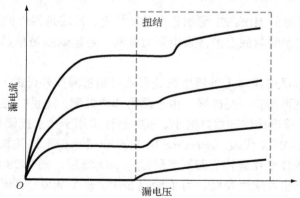

图 7.30　n 沟道 SOI MOSFET 的电流-电压特性曲线,图中解释了扭结效应

7.5.3　功率 MOSFET

功率 MOSFET 的工作原理和其他 MOSFET 完全相同。然而，这种器件的电流处理能力通常在安培量级，漏-源电压范围在 50 ~ 100 V，甚至更高。与双极功率器件相比，功率 MOSFET 的一大优点是在栅上施加控制信号，因此输入阻抗极大。即使在开、关态之间切换，栅电流也很小，所以非常小的控制电流即可切换相对较大的电流。

功率晶体管结构　采用沟道宽度大的 MOSFET 可获得大的电流。为了获得性能良好的大栅宽器件，功率MOSFET 通常由重复的小单元并联而成。为了实现大的阻塞电压，功率 MOSFET 常用垂直结构。功率 MOSFET有两种基本结构。第一种称为 **DMOS 器件**，如图 7.31所示。DMOS 器件采用双扩散工艺：p 型基区（或 p 型衬底区）和 n^+ 源接触由栅边缘定义的窗口扩散而成，p 型基区比 n^+ 源区扩散得更深些，p 型基区和 n^+ 源区之间的横向扩散距离之差定义为表面沟道长度。

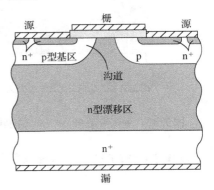

图 7.31　双扩散 MOS（DMOS）晶体管的截面图

电子从源端进入，沿栅下反型层横向流动到 n 型漂移区。然后再沿 n 型漂移区垂直流动到达漏端。传统的电流方向由漏到源端。为了确保漏击穿电压足够大，n 型漂移区必须掺杂适中。然而，n 型漂移区的厚度应尽可能地薄，以降低漏电阻。

第二种功率 MOSFET 结构是 VMOS 结构，如图 7.32 所示。垂直沟道或 **VMOS 功率器件**是非平面结构，因此，需要不同的制备工艺。在这种情况下，沿整个表面进行 p 型基区（或p 型衬底）扩散，然后再进行 n^+ 源扩散。最后，形成一个延伸至 n 型漂移区的 V 形槽。实验发现，某些化学溶液对硅(111)晶面的刻蚀速度比其他晶面的慢。若通过表面窗口图形，刻蚀(100)晶向的硅片，就会产生一个 V 形槽。然后，在 V 形槽内生长栅氧，并淀积金属栅材料。电子反型层在基区或衬底内形成，因此，电流沿源、漏之间的垂直沟道流动。由于耗尽区主要扩展进轻掺杂的 n 型漂移区，所以该区可承受高压。

前面提到，我们可将许多分立 MOSFET 单元并联，制备具有合适宽长比的功率 MOSFET。图 7.33 所示为**六角形场效应晶体管**（HEXFET）结构。每个单元是一个 n^+ 多晶硅栅的 DMOS器件。HEXFET 具有非常高的集成度，通常每平方厘米可达 10^5 个单元的量级。在 VMOS 结构中，V 形槽的各向异性刻蚀必须沿(100)晶面的 [110] 晶向。这个约束限制了这种器件的设计方案。

功率 MOSFET 特性　表 7.2 列出了两种 n 沟道功率 MOSFET 的特性参数。漏电流在安培范围，而击穿电压可达数百伏特。

表 7.2　两种 n 沟道功率 MOSFET 的特性参数

参　　数	2N6757	2N6792
V_{DS}(max)(V)	150	400
I_D(max)(A)(at $T = 25$℃)	8	2
P_D(W)	75	20

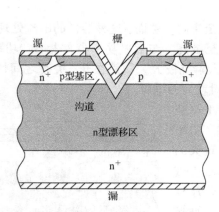
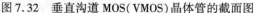

图 7.32 垂直沟道 MOS(VMOS)晶体管的截面图

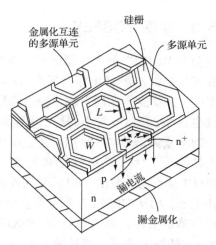

图 7.33 HEXFET 结构示意图

功率 MOSFET 的一个重要参数是导通电阻,其可表示为

$$R_{\text{on}} = R_S + R_{\text{CH}} + R_D \tag{7.34}$$

其中,R_S 是与源接触有关的电阻,R_{CH} 是沟道电阻,R_D 是与漏接触有关的电阻。由于小电阻和大电流可产生相当大的功耗,因此,功率 MOSFET 中的 R_S 和 R_D 不能忽略。

在线性工作区,**沟道电阻**可表示为

$$R_{\text{CH}} = \frac{L}{W\mu_n C_{\text{ox}}(V_{\text{GS}} - V_T)} \tag{7.35}$$

在前面章节,我们已知道迁移率随温度升高而减小。阈值电压仅随温度轻微变化,因此,随着器件电流增大,产生更多功耗,器件的温度随之升高,载流子迁移率降低,R_{CH} 增大,进而限制沟道电流。电阻 R_S 和 R_D 与半导体电阻率成正比,与迁移率成反比,因而与 R_{CH} 具有相同的温度特性。图 7.34 给出了导通电阻随漏电流变化的典型特性曲线。

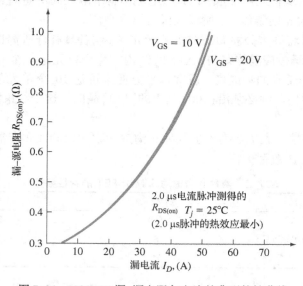

图 7.34 MOSFET 漏-源电阻与电流的典型特性曲线

电阻随温度增加为功率 MOSFET 的稳定性提供了保障。如果某个单元的电流开始增加，相应的温度升高会增大导通电阻，因而限制电流。由于这个特性，功率 MOSFET 的总电流趋向于沿并联单元均匀分布，而不是集中在某个单元。

功率 MOSFET 与双极功率晶体管的工作原理和性能都不相同。功率 MOSFET 的优异性能表现为：开关速度快，无二次击穿，在很宽的温度范围内都有稳定的增益和响应时间。图 7.35(a) 给出了 2N6757 晶体管的跨导随温度的变化曲线。MOSFET 跨导的温度变化小于 BJT 电流增益的温度变化。图 7.35(b) 画出了三组不同温度所对应的漏电流随栅-源电压的变化曲线。我们注意到，在栅-源电压一定时，大电流的电流值随温度升高而降低，提供了前面讨论的稳定性。

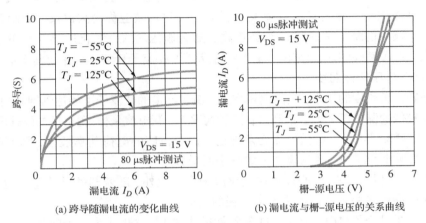

(a) 跨导随漏电流的变化曲线　　　　(b) 漏电流与栅-源电压的关系曲线

图 7.35　高功率 MOSFET 在各种温度下的典型特性

7.5.4　MOS 存储器

在 MOS 结构上增加第二浮栅就可形成非易失性存储器。第一个非易失性存储器件是 1967 年提出的。此后，人们研制出多种器件结构。

MOS 存储器的基本结构如图 7.36 所示。电荷通过与硅相邻的第一氧化层，从硅衬底或漏端注入浮栅。浮栅上存储的电荷改变器件的阈值电压。

在器件编程之前（初始时刻，浮栅上无电荷），在控制栅上施加合适的工作电压就可开启 MOSFET。当对器件编程时，施加大的控制栅压和漏电压。漏端附件的电子可以获得足够的增益，从而隧穿过氧化层，进入浮栅。然后浮栅变成负电荷。当控制信号设为零，浮栅产生相对较大的负阈值电压，器件关闭。现在，即使在控制栅上施加合适的工作电压，也不能克服负阈值电压，器件保持关闭。

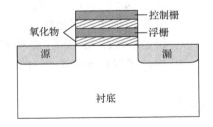

图 7.36　浮栅非易失性存储器的截面图

目前，已设计、制备出多种结构，使得浮栅上的电荷可以擦除。在可擦可编程只读存储器（EPROM）中，用紫外线进行擦除。然而，在电擦除可编程只读存储器（EEPROM）中，可用隧穿过程擦除各个晶体管。一旦器件被擦除，它们可以重新编程。

随着浮栅长度的减小，极限器件结构就变成单电子存储单元。因为小尺寸及相应的小电容，在转移单个电子后，就会产生大的隧穿势垒。单电子存储器有望成为高密集成存储器。

7.6　小结

1. MOSFET 的设计趋势是器件小型化。本章讨论了恒电场按比例缩小原理。这个原理意味着沟道长度、沟道宽度、氧化层厚度和工作电压按相同的比例因子缩减，而衬底掺杂浓度按比例增加。

2. A. 亚阈值电导是指当栅–源电压小于阈值电压时，MOSFET 的漏电流并不为零。亚阈值电导使集成电路具有显著的静态偏置电流。

　　B. 当 MOSFET 偏置在饱和区，漏端耗尽区向沟道延伸，因而有效沟道长度随漏电压的增加而减小。漏电流是漏–源电压的函数。这种效应称为沟道长度调制效应。

　　C. 反型层中的载流子迁移率不是常数。随着栅压增大，氧化层界面处的横向电场增大，引入额外的表面散射。这些散射降低了载流子迁移率，并使漏电流偏离理想的电流–电压特性曲线。

　　D. 随着沟道长度的减小，横向电场增大。流过沟道的载流子可能达到饱和速度，漏电流在较低的漏电压下就会饱和。在这种情况下，漏电流是栅–源电压的线性函数。

3. 随着器件尺寸缩小，阈值电压必须修正。由于衬底的电荷共享效应，阈值电压随沟道长度的减小而减小，随沟道宽度的减小而增大。

4. A. 随着器件尺寸减小，必须考虑氧化层击穿。此外，随着器件尺寸越来越小，临界穿通或漏致势垒降低已成为不可忽视的问题。

　　B. 本章还讨论了热电子效应，随着器件尺寸减小，这也成为一个问题。

　　C. 在特定设计和制备工艺中，半导体材料和器件参数都是固定的。然而，最终的阈值电压可能不可接受。利用离子注入作为最后一步来改变和调整沟道区的衬底掺杂浓度，从而获得想要的阈值电压。这步工艺称为离子注入调整阈值电压，并被广泛用在器件制备中。

5. 本章还讨论了一些特殊 MOS 器件结构。

　　A. 轻掺杂漏晶体管在沟道区近漏端引入轻掺杂漏区，增大击穿电压。

　　B. 为了减小器件尺寸和电容，可将 MOSFET 制备在绝缘体上。这种制备工艺可提高集成度和器件工作速度。

　　C. 讨论了功率 MOSFET 结构和器件特性。

　　D. 讨论了浮栅非易失性 MOS 存储器的工作原理和特性。

知识点

学完本章之后，读者应该具备如下能力：

1. 确定恒电场按比例缩小法则中，MOSFET 的各种参数是如何变化的。

2. A. 描述亚阈值电导的概念和结果。

　　B. 讨论沟道长度调制的起源和结果。

　　C. 描述迁移率变化对 MOSFET 电流–电压特性的影响。

　　D. 讨论载流子速度饱和对 MOSFET 电流–电压特性的影响。

3. A. 说明沟道长度减小对阈值电压的影响。

　　B. 说明沟道宽度减小对阈值电压的影响。

4. A. 描述漏致势垒降低及其对 MOSFET 电流–电压特性的影响。

　　B. 说明为什么需要离子注入调整阈值电压。

5. A. 描述轻掺杂漏晶体管的器件结构。

　　B. 讨论绝缘体上 MOSFET 的基本结构。

　　C. 描述功率 MOSFET 的器件结构。

　　D. 简述浮栅非易失性 MOS 存储器的工作原理。

复习题

1. 若沟道长度按恒电场等比例系数 k 缩小，那么新器件中氧化层厚度和衬底掺杂浓度分别为多少？

2. A. 什么是亚阈值电流？

　　B. 沟道长度调制对 MOSFET 电流–电压特性的影响有哪些？沟道长度调制的机理是什么？

　　C. 讨论迁移率变化对 MOSFET 电流–电压特性的影响。

　　D. 简述载流子速度饱和对 MOSFET 电流–电压特性的影响。

3. A. 沟道长度减小对阈值电压有哪些影响？

　　B. 沟道宽度减小对阈值电压有哪些影响？

4. A. 简述漏致势垒降低及其对 MOSFET 电流–电压特性的影响。

　　B. 说明为什么需要离子注入调整阈值电压。

5. A. 简述轻掺杂漏晶体管的器件结构。

　　B. 简述绝缘体上 MOSFET 的基本结构。

　　C. 讨论功率 MOSFET 的器件结构。

　　D. 简述浮栅非易失性 MOS 存储器的工作原理。

习题

7.1　MOSFET 按比例缩小法则

7.1　若将恒电场按比例缩小法则应用于 MOSFET 饱和和非饱和偏置区的理想电流–电压关系。(a)试问每个偏置区内的漏电流如何变化？(b)两种偏置区内的器件功耗如何变化？

7.2　若 n 沟道 MOSFET 偏置在载流子以饱和速度通过沟道的情况下。若将恒电场按比例缩小法则应用于这个器件，器件的漏电流如何变化？

7.3　NMOS 晶体管的参数 $K_n = 0.1\ \text{mA/V}^2$，$V_T = 0.8\ \text{V}$。假设工作电压为 5 V，恒电场等比例缩小因子 $k = 0.6$，V_T 保持不变。(a)试求原始器件和按比例缩小器件的最大漏电流；(b)确定原始器件和按比例缩小器件的最大功耗；(c)(a)部分中漏电流的实际缩小因子为多少，(b)部分中最大功耗的实际缩小因子又是多少？

7.2 非理想效应

7.4 假设 MOSFET 的亚阈值电流由下式给出：

$$I_D = 10^{-15} \exp\left(\frac{V_{GS}}{(2.1)V_t}\right)$$

其中，$0 \leqslant V_{GS} \leqslant 1$ V，因子 2.1 考虑了界面态的影响。假设同一芯片上 10^6 个相同的晶体管都偏置在 V_{GS}，且 $V_{DD} = 5$ V。(a)若 $V_{GS} = 0.5$ V，0.7 V 和 0.9 V 时，需要提供给芯片的总电流是多少？(b)计算(a)中各 V_{GS} 的芯片总功耗。

7.5 已知 n 沟道 MOSFET 的受主掺杂浓度 $N_a = 10^{16}$ cm^{-3}，阈值电压 $V_T = +0.75$ V。(a)若 $V_{DS} = 5$ V，$V_{GS} = 5$ V 时，沟道长度的变化量 ΔL 不大于初始沟道长度 L 的 10%，试确定最小沟道长度；(b)若 $V_{GS} = 2$ V，重做(a)的问题。

7.6 n 沟道 MOSFET 的衬底掺杂浓度 $N_a = 4 \times 10^{16}$ cm^{-3}，氧化层厚度 $t_{ox} = 400$ Å，界面电荷密度 $Q'_{ss} = 3 \times 10^{10}$ cm^{-2}，功函数差 $\phi_{ms} = 0$，器件偏置条件为 $V_{GS} = 5$ V，$V_{SB} = 0$。(a)考虑沟道长度调制效应，试画出在 $V_{DS}(\text{sat}) \leqslant V_{DS} \leqslant V_{DS}(\text{sat}) + 5$ V 范围内，ΔL 随 V_{DS} 变化的关系曲线；(b)若 $\Delta L/L$ 的最大值为 10%，试确定最小沟道长度 L。

7.7 (a)若 n 沟道 MOSFET 的参数如第 6 章的例 6.10 所描述。考虑沟道长度调制效应[参见式(7.7)和式(7.9)]，试分别画出 $V_{GS} = 1$ V、2 V、3 V 和 4 V 时，I_D-ΔV_{DS} 曲线在 $0 \leqslant \Delta V_{DS} \leqslant 3$ V 范围内的变化关系；(b)若 $L = 0.8$ μm 和 $L = 1$ μm，重做(a)的问题。

7.8 若 n 沟道 MOSFET 的衬底掺杂浓度 $N_a = 10^{16}$ cm^{-3}，$V_{DS}(\text{sat}) = 2$ V。利用式(7.7)，画出 $0 \leqslant \Delta V_{DS} \leqslant 3$ V 范围内，ΔL 随 ΔV_{DS} 的变化曲线。

7.9 考虑第 6 章的习题 6.30 所描述的 n 沟道 MOSFET，其中衬底掺杂浓度 $N_a = 3 \times 10^{16}$ cm^{-3}。(a)利用式(7.9)和式(7.7)，计算 $V_{GS} = 2$ V，$\Delta V_{DS} = 1$ V 时的输出电导 $g_0 = \partial I'_D/\partial V_{DS}$；(b)若沟道长度减小到 $L = 1$ μm，重做(a)的问题。

7.10 (a)n 沟道增强型 MOSFET 的宽长比 $W/L = 10$，氧化层电容 $C_{ox} = 6.9 \times 10^{-8}$ F/cm^2，阈值电压 $V_T = 1$ V。假设 $\mu_n = 500$ cm^2/V·s，且保持不变。试画出晶体管偏置在饱和区时，$(I_D)^{1/2}$-V_{GS} 在 $0 \leqslant V_{GS} \leqslant 5$ V 范围内的变化关系；(b)若假设沟道的有效迁移率为

$$\mu_{\text{eff}} = \mu_0 \left(\frac{\mathcal{E}_{\text{eff}}}{\mathcal{E}_c}\right)^{-1/3}$$

式中，$\mu_0 = 1000$ cm^2/V·s，$\mathcal{E}_c = 2.5 \times 10^4$ V/cm。作为一级近似，设 $\mathcal{E}_{\text{eff}} = V_{GS}/t_{ox}$。若用 μ_{eff} 代替 $(I_D)^{1/2}$-V_{GS} 曲线中的 μ_n，试画出 $(I_D)^{1/2}$-V_{GS} 曲线在 $0 \leqslant V_{GS} \leqslant 5$ V 范围内的变化关系；(c)在同一图中画出(a)和(b)的曲线。从两条曲线的斜率，我们可得到什么结论？

7.11 在 NMOS 器件中，用来描述电子迁移率变化的模型表示为

$$\mu_{\text{eff}} = \frac{\mu_0}{1 + \theta(V_{GS} - V_T)}$$

式中，θ 称为迁移率退化系数。假设 NMOS 器件的参数如下：$C_{ox} = 10^{-8}$ F/cm^2，$(W/L) = 25$，$\mu_0 = 800$ cm^2/V·s，$V_T = 0.5$ V。试在同一图中，画出不同退化系数的 NMOS 器件偏置在饱和区时，$(I_D)^{1/2}$-V_{GS} 曲线在 $0 \leqslant V_{GS} \leqslant 3$ V 范围的变化关系：(a)$\theta = 0$(理想情况)；(b)$\theta = 0.5$ V^{-1}。

7.12　n 沟道增强型 MOSFET 的参数如下:

$$t_{ox} = 400 \text{ Å} \qquad N_a = 5 \times 10^{16} \text{ cm}^{-3}$$
$$V_{FB} = -1.2 \text{ V} \qquad L = 2 \text{ μm}$$
$$W = 20 \text{ μm}$$

(a)假设迁移率 $\mu_n = 400$ cm²/V·s，且保持不变。试画出 $V_{GS} - V_T = 1$ V 和 $V_{GS} - V_T = 2$ V 时，$I_D\text{-}V_{GS}$ 曲线在 $0 \leqslant V_{GS} \leqslant 5$ V 范围的变化关系；(b)若考虑图 P7.12 所示的载流子速度与 V_{DS} 的分段线性模型，试画出与(a)相同的电压条件下，$I_D\text{-}V_{GS}$ 的关系曲线。比较(a)和(b)曲线中的 $V_{DS}(\text{sat})$ 值。

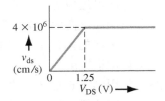

图 P7.12　习题 7.12 和习题 7.13 中的分段线性模型

7.13　NMOS 晶体管的阈值电压 $V_T = 0.4$ V。试在同一图中画出：(a)理想 MOSFET(迁移率为常数)在 $0 \leqslant V_{GS} \leqslant 3$ V 范围内的 $V_{DS}(\text{sat})$ 变化曲线；(b)漂移速度如图 P7.12 所示器件在 $0 \leqslant V_{GS} \leqslant 3$ V 范围内的 $V_{DS}(\text{sat})$ 变化曲线。

7.3　阈值电压修正

7.14　已知 n 沟道 MOSFET 的掺杂浓度 $N_a = 10^{16}$ cm⁻³，氧化层厚度 $t_{ox} = 450$ Å，扩散结半径 $r_j = 0.3$ μm，栅长 $L = 1$ μm。试确定由短沟道效应引起的阈值电压漂移。

7.15　已知 n 沟道 MOSFET 的掺杂浓度 $N_a = 3 \times 10^{16}$ cm⁻³，氧化层厚度 $t_{ox} = 800$ Å，扩散结半径 $r_j = 0.60$ μm。若短沟道效应引起的阈值电压漂移 $\Delta V_T = -0.2$ V，试确定最小沟道长度 L。

*7.16　短沟道效应引起的阈值电压漂移由式(7.22)给定，假设空间电荷区宽度处处相等。如果施加漏电压，则这个假设不再成立。采用同样的梯形近似，证明阈值电压漂移由下式决定：

$$\Delta V_T = -\frac{e N_a x_{dT}}{C_{ox}} \cdot \frac{r_j}{2L} \left[\left(\sqrt{1 + \frac{2x_{ds}}{r_j} + \alpha^2} - 1 \right) + \left(\sqrt{1 + \frac{2x_{dD}}{r_j} + \beta^2} - 1 \right) \right]$$

其中

$$\alpha^2 = \frac{x_{ds}^2 - x_{dT}^2}{r_j^2} \qquad \beta^2 = \frac{x_{dD}^2 - x_{dT}^2}{r_j^2}$$

式中，x_{ds} 和 x_{dD} 分别表示源、漏空间电荷区宽度。

*7.17　假设 MOSFET 的沟道长度 L 足够大，沟道空间电荷区可用图 7.14 所示的梯形电荷区来定义，那么由短沟道效应引起的阈值电压漂移则可由式(7.22)确定。若沟长长度 L 很短，则梯形近似变为三角形近似。试推导在这种情况下 ΔV_T 的表达式。假设不会发生穿通。

7.18　利用图 7.15 所示的参数，并假定 $V_{SB} = 0$。在考虑短沟道效应的情况下，参考图 7.15，试画出 $V_T - V_{FB}$ 在 0.5 μm $\leqslant L \leqslant 6$ μm 范围内的关系曲线。

7.19　若掺杂浓度 $N_a = 10^{16}$ cm⁻³ 和 $N_a = 10^{17}$ cm⁻³，$V_{SB} = 0$ V, 2 V, 4 V 和 6 V，重做习题 7.18。

7.20　式(7.22)描述了短沟道效应引起的阈值电压漂移。如果应用恒电场按比例缩小法则，则 ΔV_T 的缩小因子应为多少？

7.21 n 沟道 MOSFET 的掺杂浓度 $N_a = 10^{16}$ cm^{-3}，氧化层厚度 $t_{ox} = 450$ Å，沟道宽度 $W = 2.5$ μm。若忽略短沟道效应，试计算窄沟道效应引起的阈值电压漂移（假设拟合参数 $\xi = \pi/2$）。

7.22 n 沟道 MOSFET 的掺杂浓度 $N_a \approx 3 \times 10^{16}$ cm^{-3}，氧化层厚度 $t_{ox} = 800$ Å。若沟道宽度末端的耗尽区可近似为三角形，如图 P7.22 所示。假设横向和纵向耗尽宽度都等于 x_{dT}。如果窄沟道效应引起的阈值电压漂移 $\Delta V_T = +0.25$ V，试计算沟道宽度。

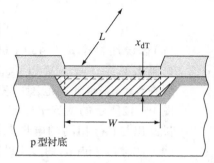

图 P7.22　习题 7.22 的示意图

7.23 使用例 7.6 描述的晶体管参数，在考虑窄沟道效应的情况下，试画出长沟道器件的 V_T-V_{FB} 在 0.5 μm $\leqslant W \leqslant 5$ μm 范围变化的关系曲线。

7.24 式(7.28)描述了窄沟道效应引起的阈值电压漂移。若采用恒电场按比例缩小法则，则 ΔV_T 的缩减因子为多少？

7.4 其他电学特性

7.25 MOS 器件的 SiO$_2$ 绝缘层厚度 $t_{ox} = 250$ Å。（a）试计算理想氧化层击穿电压；（b）若要求安全因子等于 3，试求安全栅压的最大值。

7.26 功率 MOS 器件经受的最大栅压为 20 V。如果要求安全因子为 3，试确定 SiO$_2$ 绝缘层的最小厚度。

7.27 当两个耗尽区相距大约 6 个德拜长度时，临界穿通就会发生。其中，非本征德拜长度 L_D 定义为

$$L_D = \left\{ \frac{\epsilon_s (kT/e)}{e N_a} \right\}^{1/2}$$

考虑例 7.7 所描述的 n 沟道 MOSFET 器件。计算临界穿通电压。与例 7.7 确定的理想穿通电压相比，这个电压有何变化？

7.28 已知 n 沟道 MOSFET 的临界穿通电压（参见习题 7.27）不小于 $V_{DS} = 5$ V，源、漏区的掺杂浓度 $N_d = 10^{19}$ cm^{-3}，沟道区的掺杂浓度 $N_a = 3 \times 10^{16}$ cm^{-3}，源端和衬底接地。试确定最小沟道长度。

7.29 若源–衬电压 $V_{SB} = 2$ V，重做习题 7.27。

7.30 已知 n 沟道 MOSFET 的栅材料为 n$^+$ 多晶硅，沟道掺杂浓度 $N_a = 2 \times 10^{15}$ cm^{-3}，氧化层厚度 $t_{ox} = 650$ Å，氧化层陷阱电荷密度 $Q'_{ss} = 2 \times 10^{11}$ cm^{-2}。（a）计算阈值电压；（b）若期望的阈值电压 $V_T = 0.80$ V，试确定需要注入的杂质类型和离子密度。假设注入离子紧邻氧化物–半导体界面。

7.31 Al 栅 MOS 晶体管制备在 n 型半导体衬底上。其中，衬底掺杂浓度 $N_d = 10^{16}$ cm^{-3}，氧化层厚度 $t_{ox} = 750$ Å，等效氧化层固定电荷 $Q'_{ss} = 5 \times 10^{11}$ cm^{-2}。（a）计算阈值电压；（b）若期望的阈值电压 $V_T = -0.50$ V，试确定需要注入的杂质类型和离子密度。假设注入离子紧邻氧化物–半导体界面。

7.32 已知 n 沟道 MOSFET 的衬底掺杂浓度 $N_a = 10^{15}$ cm^{-3}，氧化层厚度 $t_{ox} = 750$ Å，初始平带电压 $V_{FB} = -1.5$ V。（a）计算阈值电压；（b）若衬底偏压为零时，期望的阈值电压 $V_T =$

0.90 V，试确定需要注入的离子类型和密度 D_I；(c)若源–体电压 $V_{SB}=2$ V，利用(b)部分所得到结果，确定阈值电压。

7.33　已知 MOSFET 的氧化层厚度 $t_{ox}=500$ Å，p 型衬底掺杂浓度 $N_a=10^{14}$ cm^{-3}。沟道注入受主离子的有效剂量 $D_I=2\times10^{11}$ cm^{-2}，离子注入分布可近似为 $x_I=0.2$ μm 的阶梯函数。试计算 $V_{SB}=1$ V，3 V 和 5 V 时，由体效应(或背偏效应)引起的阈值电压漂移。

7.34　MOSFET 具有如下参数：n$^+$ 多晶硅栅，$t_{ox}=80$ Å，$N_d=10^{17}$ cm^{-3}，$Q'_{ss}=5\times10^{10}$ cm^{-2}。(a)这个 MOSFET 的阈值电压为多少，器件是增强型还是耗尽型？(b)为使阈值电压 $V_T=0$，需要注入的离子类型和剂量又是多少？

7.35　若氧化层厚度 $t_{ox}=400$ Å 的 NMOS 器件的阈值电压需向负轴方向漂移 1.4 V，试确定需要注入的离子类型和剂量。

7.5　器件制备技术：特种器件

7.36　已知三个并联的 MOSFET 在导通时的电流为 5 A。(a)若器件的导通电阻分别为 $R_{on1}=1.8$ Ω，$R_{on2}=2$ Ω，$R_{on3}=2.2$ Ω，试计算各器件的电流和功耗；(b)若由于某种原因，第二个器件的导通电阻增大为 $R_{on2}=3.6$ Ω，重新计算各器件的电流和功耗。

综合题

*7.37　若考虑短沟道效应，重做第 6 章的习题 6.49。

*7.38　某种工艺制备的 MOSFET 具有如下参数：

$$t_{ox}=325 \text{ Å} \qquad L=0.8 \text{ μm}$$
$$N_a=10^{16} \text{ cm}^3 \qquad W=20 \text{ μm}$$
$$\text{n}^+ \text{ 多晶硅栅} \qquad r_j=0.35 \text{ μm}$$
$$Q'_{ss}=10^{11} \text{ cm}^{-2}$$

若 $T=300$ K 时，期望的阈值电压 $V_T=0.35$ V。试设计一步离子注入工艺，使其满足阈值电压要求，且产生一个 0.35 μm 深的阶跃函数。

*7.39　已知 CMOS 反相器中的 n 沟道和 p 沟道器件具有相同的掺杂浓度(10^{16} cm^{-3})，相同的氧化层厚度($t_{ox}=150$ Å)，相同的氧化层陷阱电荷($Q'_{ss}=8\times10^{10}$ cm^{-2})。n 沟道器件的栅极为 p$^+$ 多晶硅，而 p 沟道器件的栅极为 n$^+$ 多晶硅。为使两个器件的阈值电压分别为 $V_T=0.5$ V 和 $V_T=-0.5$ V，试确定各器件的离子注入类型和剂量。

参考文献

1. Akers，L. A.，and J. J. Sanchez. "Threshold Voltage Models of Short，Narrow，and Small Geometry MOS-FETs：A Review." *Solid State Electronics* 25 (July 1982)，pp. 621-41.

2. Baliga，B. J. *Power Semiconductor Devices*. Boston：PWS Publishing Co.，1996.

3. Brews，J. R. "Threshold Shifts Due to Nonuniform Doping Profiles in Surface Channel MOSFETs." *IEEE Transactions on Electron Devices* ED-26 (November 1979)，pp. 1696-1710.

4. Dimitrijev，S. *Understanding Semiconductor Devices*. New York：Oxford University Press，2000.

5. Kano，K. *Semiconductor Devices*. Upper Saddle River，NJ：Prentice-Hall，1998.

6. Klaassen, F. M. , and W. Hes. "On the Temperature Coefficient of the MOSFET Threshold Voltage. " *Solid State Electronics* 29 (August 1986), pp. 787-89.

7. Muller, R. S. , T. I. Kamins, and W. Chan. *Device Electronics for Integrated Circuits*, 3rd ed. New York: John Wiley and Sons, 2003.

8. Neamen, D. A. *Semiconductor Physics and Devices: Basic Principles*, 3rd ed. New York: McGraw-Hill, 2003.

*9. Nicollian, E. H. , and J. R. Brews. *MOS Physics and Technology*. New York: Wiley, 1982.

10. Ning, T. H. , P. W. Cook, R. H. Dennard, C. M. Osburn, S. E. Schuster, and H. N. Yu. "1 μm MOS-FET VLSI Technology: Part IV—Hot Electron Design Constraints. " *IEEE Transactions on Electron Devices* ED-26 (April 1979), pp. 346-53.

11. Ogura, S. , P. J. Tsang, W. W. Walker, D. L. Critchlow, and J. F. Shepard. "Design and Characteristics of the Lightly Doped Drain-Source (LDD) Insulated Gate Field-Effect Transistor. " *IEEE Transactions on Electron Devices* ED-27 (August 1980), pp. 1359-67.

12. Ong, D. G. *Modern MOS Technology: Processes, Devices, and Design*. New York: McGraw-Hill, 1984.

13. Pierret, R. F. *Semiconductor Device Fundamentals*. Reading, MA: Addison-Wesley, 1996.

14. Roulston, D. J. *An Introduction to the Physics of Semiconductor Devices*. New York: Oxford University Press, 1999.

15. Sanchez, J. J. , K. K. Hsueh, and T. A. DeMassa. "Drain-Engineered Hot-Electron- Resistant Device Structures: A Review. " *IEEE Transactions on Electron Devices* ED-36 (June 1989), pp. 1125-32.

16. Schroder, D. K. *Advanced MOS Devices, Modular Series on Solid State Devices*. Reading, MA: Addison-Wesley, 1987.

17. Shur, M. *Introduction to Electronic Devices*. New York: John Wiley and Sons, Inc. , 1996.

*18. Shur, M. *Physics of Semiconductor Devices*. Englewood Cliffs, NJ: Prentice-Hall, 1990.

19. Singh, J. *Semiconductor Devices: Basic Principles*. New York: Wiley, 2001.

20. Streetman, B. G. , and S. Banerjee. *Solid State Electronic Devices*. 5th ed. Upper Saddle River, NJ: Prentice-Hall, 2000.

21. Sze, S. M. *Physics of Semiconductor Devices*. 2nd ed. New York: Wiley, 1981.

22. Sze, S. M. *Semiconductor Devices: Physics and Technology*, 2nd ed. New York: John Wiley and Sons, 2002.

*23. Taur, Y. , and T. H. Ning. *Fundamentals of Modern VLSI Devices*. New York: Cambridge University Press, 1998.

*24. Tsividis, Y. *Operation and Modeling of the MOS Transistor*, 2nd ed. Burr Ridge, IL: McGraw-Hill, 1999.

25. Wolf, S. *Silicon Processing for the VLSI Era: Volume* 3, *The Submicron MOSFET*. Sunset Beach, CA: Lattice Press, 1995.

26. Yang, E. S. *Microelectronic Devices*. New York: McGraw-Hill, 1988.

27. Yau, L. D. "A Simple Theory to Predict the Threshold Voltage of Short-Channel IGFETs. " *Solid-State Electronics* 17 (October 1974), pp. 1059-63.

第8章　半导体中的非平衡过剩载流子

第3章讨论了热平衡半导体的物理特性。当给半导体器件各端施加电压或电流时，器件就工作在非平衡态。在第4章关于电流传输、漂移扩散的讨论中，我们假设平衡态没有受到明显的扰动。在分析 MOS 电容时，由于氧化层内无电流流动，所以我们也假设半导体处于热平衡。

若在半导体上施加外部激励，那么除了热平衡载流子外，还存在导带过剩电子和价带过剩空穴。本章将讨论这些非平衡过剩载流子与时间和空间坐标的函数关系。这对于分析正向偏置的 pn 结以及下一章将要讨论的双极型晶体管是非常必要的①。

内容概括

1. 回顾过剩载流子的产生与复合过程。

2. 描述过剩载流子行为的连续性方程和时间相关的扩散方程。

3. 定义双极输运，描述双极输运方程，并讨论该方程的一些应用。

4. 定义和描述准费米能级。

5. 分析过剩载流子的复合。

6. 描述表面效应对过剩载流子复合的影响。

历史回顾

1951 年，海恩斯（J. Haynes）和肖克利（W. Shockley）从实验上确定了过剩载流子的特性。过剩电子和空穴的复合理论是由霍尔（R. Hall）、肖克利和里德（W. Read）于 1952 年提出的。1954 年，查宾（Chapin）、富勒（Fuller）和皮尔森（Pearson）发明了太阳能电池，它是利用光与半导体的相互作用，产生过剩电子和空穴来工作的。

发展现状

过剩电子和空穴的特性仍然是许多半导体器件工作的基础。过剩载流子的产生过程也是太阳能电池和光电探测器的工作基础，而复合过程则是正向偏置的 pn 结、双极型晶体管和发光二极管特性的基础。

8.1　载流子的产生与复合

目标：回顾过剩载流子的产生与复合

在第4章，我们引入了**过剩载流子产生和复合**的概念。其基本概念定义为

产生是电子和空穴生成的过程。

复合是电子和空穴湮灭的过程。

我们讨论了载流子产生或湮灭的一些机制。在本章，将讨论这些载流子的行为与时间和空间坐标的函数关系。

---

① 因为时间限制，读者可以仅用本章结果来学习后续章节。

　　若外部因素以一定的速率产生**过剩电子和空穴**。令 g_n' 和 g_p' 分别表示**过剩电子和空穴的产生率**。产生率的单位为#/$\text{cm}^3 \cdot \text{s}$。过剩电子和空穴通常成对产生，因此

$$g_n' = g_p' \tag{8.1}$$

过剩电子和空穴产生后，导带电子浓度和价带空穴浓度增加到热平衡值以上。我们可以写出

$$n = n_0 + \delta n \tag{8.2a}$$

和

$$p = p_0 + \delta p \tag{8.2b}$$

其中，n_0 和 p_0 是热平衡浓度值，而 δn 和 δp 分别表示过剩电子和过剩空穴浓度。

　　我们发现，电子和空穴以一定的速率复合(#/$\text{cm}^3 \cdot \text{s}$)。我们可将电子和空穴的复合率表示为

$$R_n = \frac{n}{\tau_n} \tag{8.3a}$$

和

$$R_p = \frac{p}{\tau_p} \tag{8.3b}$$

其中，τ_n 和 τ_p 分别表示电子和空穴寿命。

　　下面，我们将分析这些过剩载流子的行为。在分析过程中，还会用到其他一些符号。表8.1列出本章使用的固定符号。

表8.1　本章使用符号的定义

符　号	定　义
n_0, p_0	热平衡电子和空穴浓度(与时间和位置无关)
n, p	总电子和总空穴浓度(可能是时间和/或位置的函数)
$\delta n = n - n_0$	过剩电子和空穴浓度(可能是时间和/或位置的函数)
$\delta p = p - p_0$	
g_n', g_p'	过剩电子和空穴产生率
R_n', R_p'	过剩电子和空穴复合率
τ_{n0}, τ_{p0}	过剩少子电子和空穴寿命

8.2　过剩载流子的分析

目标：推导描述过剩载流子行为的连续性方程及时间相关的扩散方程

　　过剩载流子的产生率与复合率是两个很重要的参数，而过剩载流子在存在电场和浓度梯度的情况下，如何随时间和空间变化也是同样重要的。正像本章开头部分提到的，过剩电子和空穴的运动并不是相互独立的，它们的扩散和漂移过程都具有相同的有效扩散系数和相同的有效迁移率，这种现象称为双极输运。因此，我们首先必须回答的问题就是，什么是决定过剩载流子行为特性的有效扩散系数和有效迁移率。为此，就必须推导出载流子的连续性方程和双极输运方程。

　　最终结果表明，对于小注入的掺杂半导体(这个概念会在后面的分析中定义)，有效扩散系数和迁移率都是针对少数载流子而言的。这个结论在后面将有严密的推导，而且在后面的章节中可以看到，过剩载流子的行为对半导体器件的特性有着深远的影响。

8.2.1　连续性方程

下面将讨论电子和空穴的连续性方程。图 8.1 所示为一个微分体积元，一维空穴粒子流在 x 处进入该微分元，从 $x+\mathrm{d}x$ 处流出。参数 F_{px}^{+} 为空穴粒子流（或通量），其单位为 $\#/\mathrm{cm}^2\cdot\mathrm{s}$。对于如图所示的粒子流密度的 x 分量，有

$$F_{\mathrm{px}}^{+}(x+\mathrm{d}x)=F_{\mathrm{px}}^{+}(x)+\frac{\partial F_{\mathrm{px}}^{+}}{\partial x}\cdot\mathrm{d}x \tag{8.4}$$

上式是 $F_{\mathrm{px}}^{+}(x+\mathrm{d}x)$ 的泰勒展开式，其中微分长度 $\mathrm{d}x$ 很小，所以只取展开式的前两项。微分体积元内，由空穴流 x 分量引起的，空穴在单位时间的净增量表示为

$$\frac{\partial p}{\partial t}\mathrm{d}x\,\mathrm{d}y\,\mathrm{d}z=\left[F_{\mathrm{px}}^{+}(x)-F_{\mathrm{px}}^{+}(x+\mathrm{d}x)\right]\mathrm{d}y\,\mathrm{d}z=-\frac{\partial F_{\mathrm{px}}^{+}}{\partial x}\mathrm{d}x\,\mathrm{d}y\,\mathrm{d}z \tag{8.5}$$

若 $F_{\mathrm{px}}^{+}(x)>F_{\mathrm{px}}^{+}(x+\mathrm{d}x)$，则微分体积元内的净空穴数量随时间增加。若推广到三维空穴流，则式（8.5）的右边可写成 $-\nabla\cdot F_{p}^{+}\mathrm{d}x\mathrm{d}y\mathrm{d}z$，其中 $\nabla\cdot F_{p}^{+}$ 是流量矢量的散度。本书仅限于一维分析。

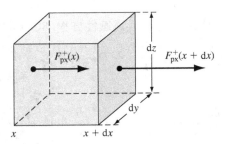

图 8.1　表示空穴粒子流 x 分量的微分体积元

空穴的产生率和复合率也会影响微分体积元内的空穴浓度。微分体积元内，单位时间的空穴净增量为

$$\frac{\partial p}{\partial t}\mathrm{d}x\,\mathrm{d}y\,\mathrm{d}z=-\frac{\partial F_{p}^{+}}{\partial x}\mathrm{d}x\,\mathrm{d}y\,\mathrm{d}z+g_{p}\mathrm{d}x\,\mathrm{d}y\,\mathrm{d}z-\frac{p}{\tau_{\mathrm{pt}}}\mathrm{d}x\,\mathrm{d}y\,\mathrm{d}z \tag{8.6}$$

其中，p 为空穴浓度。式（8.6）右边的第一项是空穴流引起的单位时间增量，第二项是空穴产生引起的增量，最后一项是空穴复合引起的减少量。空穴的复合率表示为 p/τ_{pt}，其中，τ_{pt} 包括热平衡载流子寿命和过剩载流子寿命。

若式（8.6）两边同除以微分体积元 $\mathrm{d}x\mathrm{d}y\mathrm{d}z$，则单位时间内，空穴浓度的净增量为

$$\frac{\partial p}{\partial t}=-\frac{\partial F_{p}^{+}}{\partial x}+g_{p}-\frac{p}{\tau_{\mathrm{pt}}} \tag{8.7}$$

式（8.7）称为**空穴连续性方程**。

同理，**电子的一维连续性方程**表示为

$$\frac{\partial n}{\partial t}=-\frac{\partial F_{n}^{-}}{\partial x}+g_{n}-\frac{n}{\tau_{\mathrm{nt}}} \tag{8.8}$$

其中，F_{n}^{-} 为电子流（或通量），单位也是 $\#/\mathrm{cm}^2\cdot\mathrm{s}$。

8.2.2　时间相关的扩散方程

在第 4 章中，我们推导了一维的空穴和电子电流密度，即

$$J_p = e\mu_p p\mathcal{E} - eD_p\frac{\partial p}{\partial x} \tag{8.9}$$

和

$$J_n = e\mu_n n\mathcal{E} + eD_n\frac{\partial n}{\partial x} \tag{8.10}$$

若空穴电流密度除以（$+e$），而电子电流密度除以（$-e$），则我们可得各自的粒子通量。上述方程变为

$$\frac{J_p}{(+e)} = F_p^+ = \mu_p p\mathcal{E} - D_p\frac{\partial p}{\partial x} \tag{8.11}$$

和

$$\frac{J_n}{(-e)} = F_n^- = -\mu_n n\mathcal{E} - D_n\frac{\partial n}{\partial x} \tag{8.12}$$

取式（8.11）和式（8.12）的散度，并代入连续性方程（8.7）和方程（8.8），可得

$$\frac{\partial p}{\partial t} = -\mu_p\frac{\partial(p\mathcal{E})}{\partial x} + D_p\frac{\partial^2 p}{\partial x^2} + g_p - \frac{p}{\tau_{pt}} \tag{8.13}$$

和

$$\frac{\partial n}{\partial t} = +\mu_n\frac{\partial(n\mathcal{E})}{\partial x} + D_n\frac{\partial^2 n}{\partial x^2} + g_n - \frac{n}{\tau_{\mathrm{nt}}} \tag{8.14}$$

需要注意的是，我们仅限于一维分析。可将乘积的导数展开为

$$\frac{\partial(p\mathcal{E})}{\partial x} = \mathcal{E}\frac{\partial p}{\partial x} + p\frac{\partial\mathcal{E}}{\partial x} \tag{8.15}$$

在更一般的三维分析中，式（8.15）将被矢量单位所替代。式（8.13）和式（8.14）可写为如下形式：

$$D_p\frac{\partial^2 p}{\partial x^2} - \mu_p\left(\mathcal{E}\frac{\partial p}{\partial x} + p\frac{\partial\mathcal{E}}{\partial x}\right) + g_p - \frac{p}{\tau_{\mathrm{pt}}} = \frac{\partial p}{\partial t} \tag{8.16}$$

和

$$D_n\frac{\partial^2 n}{\partial x^2} + \mu_n\left(\mathcal{E}\frac{\partial n}{\partial x} + n\frac{\partial\mathcal{E}}{\partial x}\right) + g_n - \frac{n}{\tau_{\mathrm{nt}}} = \frac{\partial n}{\partial t} \tag{8.17}$$

式（8.16）和式（8.17）分别表示空穴和电子的时间相关扩散方程。既然空穴浓度 p 和电子浓度 n 都包含过剩载流子浓度，因此，式（8.16）和式（8.17）描述了过剩载流子的空间和时间行为。

正如式（8.2a）和式（8.2b）所描述，空穴和电子浓度是热平衡浓度和过剩载流子浓度的函数。热平衡浓度 n_0 和 p_0 不是时间的函数。对于均匀掺杂半导体这样的特例，n_0 和 p_0 也与空间坐标无关。因此，式（8.16）和式（8.17）可表示为

$$D_p\frac{\partial^2(\delta p)}{\partial x^2} - \mu_p\left(\mathcal{E}\frac{\partial(\delta p)}{\partial x} + p\frac{\partial\mathcal{E}}{\partial x}\right) + g_p - \frac{p}{\tau_{\mathrm{pt}}} = \frac{\partial(\delta p)}{\partial t} \tag{8.18}$$

和

$$D_n \frac{\partial^2 (\delta n)}{\partial x^2} + \mu_n \left(\mathcal{E} \frac{\partial (\delta n)}{\partial x} + n \frac{\partial \mathcal{E}}{\partial x} \right) + g_n - \frac{n}{\tau_{nt}} = \frac{\partial (\delta n)}{\partial t} \quad (8.19)$$

注意，式(8.18)和式(8.19)中的一些项包含总浓度 n 和 p，而另一些项仅包含过剩载流子浓度 δn 和 δp。

8.3 双极输运

目标：定义双极输运，描述双极输运方程，并讨论该方程的一些应用

    首先，我们假设电流密度方程(8.9)和方程(8.10)中的电场为外加电场。这个电场也出现在与时间相关的扩散方程中，如方程(8.18)和方程(8.19)所示。如果外加电场在半导体内的某个特殊点产生过剩电子和空穴脉冲，则过剩电子和空穴就会沿相反的方向漂移。然而，由于电子和空穴都是带电的粒子，所以任何分离都会在两种粒子间感应出内建电场。这个内建电场会产生一个电子和空穴的吸引力。这种效果如图 8.2 所示。因此，方程(8.18)和方程(8.19)中的电场包括外加电场和内部感应电场两部分。这个电场可表示为

$$\mathcal{E} = \mathcal{E}_{app} + \mathcal{E}_{int} \quad (8.20)$$

其中，$\mathcal{E}_{app}$ 是外加电场，$\mathcal{E}_{int}$ 是内部感应电场。

    既然内部电场产生了吸引电子和空穴的力，那么这个电场就会维持过剩电子和空穴脉冲。因此，带负电的电子和带正电的空穴将以单一的迁移率或扩散系数一起漂移或扩散。这种现象称为双极扩散或双极输运。

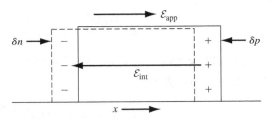

图 8.2 随过剩电子和空穴的分离而感应的内建电场

8.3.1 双极输运方程的推导

    时间相关的扩散方程(8.18)和方程(8.19)描述了过剩载流子的行为。然而，我们还需要第三个方程，以便将过剩电子和空穴的浓度与内部电场联系起来。这个方程就是泊松方程，它可以表示为

$$\nabla \cdot \mathcal{E}_{int} = \frac{e(\delta p - \delta n)}{\epsilon_s} = \frac{\partial \mathcal{E}_{int}}{\partial x} \quad (8.21)$$

其中，ϵ_s 是半导体材料的介电常数。

    为了更易于得到方程(8.18)、方程(8.19)和方程(8.21)的解，我们需要做一些近似。可以看到，我们仅需相对较小的内部电场即可维持过剩电子和空穴的漂移和扩散。因此，我们可以假设

$$|\mathcal{E}_{int}| \ll |\mathcal{E}_{app}| \quad (8.22)$$

    然而，$\nabla \cdot \mathcal{E}_{int}$ 项可能并不能忽略。我们需要利用电中性条件：假设任意空间和时间点的过剩电子浓度和过剩空穴浓度相平衡。如果这个假设完全成立的话，就不会有内部感应电场来维持这两种粒子。然而，过剩电子浓度和过剩空穴浓度的微小偏差就会建立足够强的内部电场，

维持这两种粒子一起漂移和扩散。例如，若 δn 和 δp 偏差1%，则方程(8.18)和方程(8.19)中的 $\nabla \cdot \mathcal{E} = \nabla \cdot \mathcal{E}_{int}$ 项就不可忽略。

联立方程(8.18)和方程(8.19)，消去 $\nabla \cdot \mathcal{E}$ 项。通常，我们假设电子和空穴成对产生，因此，二者的产生率相等。我们有

$$g_n = g_p \equiv g \tag{8.23}$$

另外，电子和空穴通常成对复合，因而复合率也相等。我们可以写出

$$R_n = \frac{n}{\tau_{nt}} = R_p = \frac{p}{\tau_{pt}} \equiv R \tag{8.24}$$

式(8.24)中的寿命包括热平衡载流子寿命和过剩载流子寿命。若采用电中性条件，则 $\delta n \approx \delta p$。若方程(8.18)和方程(8.19)中的过剩电子浓度和过剩空穴浓度都用 δn 表示，则方程(8.18)和方程(8.19)可重写为

$$D_p \frac{\partial^2 (\delta n)}{\partial x^2} - \mu_p \left(\mathcal{E} \frac{\partial (\delta n)}{\partial x} + p \frac{\partial \mathcal{E}}{\partial x} \right) + g - R = \frac{\partial (\delta n)}{\partial t} \tag{8.25}$$

和

$$D_n \frac{\partial^2 (\delta n)}{\partial x^2} + \mu_n \left(\mathcal{E} \frac{\partial (\delta n)}{\partial x} + n \frac{\partial \mathcal{E}}{\partial x} \right) + g - R = \frac{\partial (\delta n)}{\partial t} \tag{8.26}$$

若方程(8.25)乘以 $\mu_n n$，方程(8.26)乘以 $\mu_p p$，并将两式相加，则可消去 $\nabla \cdot \mathcal{E} = \partial \mathcal{E} / \partial x$ 项。相加后的结果为

$$(\mu_n n D_p + \mu_p p D_n) \frac{\partial^2 (\delta n)}{\partial x^2} + (\mu_n \mu_p)(p - n) \mathcal{E} \frac{\partial (\delta n)}{\partial x}$$
$$+ (\mu_n n + \mu_p p)(g - R) = (\mu_n n + \mu_p p) \frac{\partial (\delta n)}{\partial t} \tag{8.27}$$

若方程(8.27)除以 $(\mu_n n + \mu_p p)$，则方程变为

$$\boxed{D' \frac{\partial^2 (\delta n)}{\partial x^2} + \mu' \mathcal{E} \frac{\partial (\delta n)}{\partial x} + g - R = \frac{\partial (\delta n)}{\partial t}} \tag{8.28}$$

其中

$$D' = \frac{\mu_n n D_p + \mu_p p D_n}{\mu_n n + \mu_p p} \tag{8.29}$$

和

$$\boxed{\mu' = \frac{\mu_n \mu_p (p - n)}{\mu_n n + \mu_p p}} \tag{8.30}$$

式(8.28)称为**双极输运方程**，它描述了过剩电子和空穴随空间和时间变化的行为。参数 D' 称为双极扩散系数，μ' 称为双极迁移率。

爱因斯坦关系式将迁移率和扩散系数联系起来

$$\frac{\mu_n}{D_n} = \frac{\mu_p}{D_p} = \frac{e}{kT} \tag{8.31}$$

利用这些关系式，**双极扩散系数**可写为

$$D' = \frac{D_n D_p (n + p)}{D_n n + D_p p} \tag{8.32}$$

双极扩散系数 D' 和双极迁移率 μ' 是电子浓度 n 和空穴浓度 p 的函数。既然 n 和 p 都包含过剩载流子浓度 δn，所以双极输运方程中的系数不是常数。式(8.28)描述的双极输运方程是一个非线性微分方程。

8.3.2   非本征掺杂和小注入限制

利用掺杂半导体和小注入条件，可以简化和线性化双极输运方程。式(8.32)描述的双极扩散系数可写为

$$D' = \frac{D_n D_p [(n_0 + \delta n) + (p_0 + \delta n)]}{D_n (n_0 + \delta n) + D_p (p_0 + \delta n)} \tag{8.33}$$

其中，n_0 和 p_0 分别表示热平衡电子和空穴浓度，δn 是过剩载流子浓度。对于 p 型半导体，我们假设 $p_0 \gg n_0$。而**小注入条件**意味着过剩载流子浓度远小于热平衡多子浓度，即 $\delta n \ll p_0$。若假设 $n_0 \ll p_0$ 和 $\delta n \ll p_0$ 成立，且 D_n 和 D_p 在同一数量级，则式(8.33)描述的双极扩散系数简化为

$$D' = D_n \tag{8.34}$$

若对双极迁移率应用 p 型掺杂半导体和小注入条件，则式(8.30)简化为

$$\mu' = \mu_n \tag{8.35}$$

需要注意的是，对于小注入的 p 型掺杂半导体，双极扩散系数和双极迁移率简化为少子电子的参数值，它们是常数，因而双极输运方程简化为常系数线性微分方程。

下面，考虑小注入条件下的 n 型掺杂半导体。假设 $p_0 \ll n_0$ 和 $\delta n \ll n_0$，则式(8.32)的双极扩散系数简化为

$$D' = D_p \tag{8.36}$$

式(8.30)描述的双极迁移率简化为

$$\mu' = -\mu_p \tag{8.37}$$

双极参数再次简化为少子的参数值，它们仍然是常数。需要注意的是，对于 n 型半导体，双极迁移率是负值。双极迁移率项与载流子漂移有关，所以漂移项的符号依赖于粒子电荷。比较式(8.19)和式(8.28)可以看出，等效的双极粒子带负电。若双极迁移率简化为带正电的空穴参数值，则须引入式(8.37)所示的负号。

双极输运方程中还需考虑的剩余项是产生和复合率。我们可以看到，对 p 型半导体，式(8.28)中的产生和复合率可写为

$$g - R = g_n' - \frac{\delta n}{\tau_n} \tag{8.38}$$

对 n 型半导体，有

$$g - R = g_p' - \frac{\delta p}{\tau_p} \tag{8.39}$$

其中，τ_n 和 τ_p 分别表示过剩电子和过剩空穴寿命。它们通常称为过剩少子电子寿命和过剩少子空穴寿命。

过剩电子的产生率必须等于过剩空穴的产生率。若定义过剩载流子的产生率为 g'，则 $g'_n = g'_p \equiv g'$。我们也可以确定，小注入条件下的少子寿命基本上是常数。因此，双极输运方程中的 $g - R$ 项可用少子参数表示。

对于小注入条件下的 p 型半导体，式(8.28)描述的双极输运方程变为

$$D_n \frac{\partial^2(\delta n)}{\partial x^2} + \mu_n \mathcal{E} \frac{\partial(\delta n)}{\partial x} + g' - \frac{\delta n}{\tau_{n0}} = \frac{\partial(\delta n)}{\partial t} \tag{8.40}$$

式中，参数 δn 是过剩少子电子浓度，τ_{n0} 是小注入条件下的少子寿命，其他参数都是少子电子的参数。

同样，对于小注入条件下的 n 型掺杂半导体，双极输运方程可以写为

$$D_p \frac{\partial^2(\delta p)}{\partial x^2} - \mu_p \mathcal{E} \frac{\partial(\delta p)}{\partial x} + g' - \frac{\delta p}{\tau_{p0}} = \frac{\partial(\delta p)}{\partial t} \tag{8.41}$$

式中，参数 δp 是过剩少子空穴浓度，τ_{p0} 是小注入条件下的少子空穴寿命，其他参数都是少子空穴的参数。

需要特别注意的是，式(8.40)和式(8.41)中的输运和复合参数都是少子的参数。式(8.40)和式(8.41)描述了过剩少子的漂移、扩散和复合与空间坐标和时间的函数。回顾前面采用的电中性条件，过剩少子浓度等于过剩多子浓度。过剩多子的漂移和扩散与过剩少子同时进行，所以过剩多子的行为由过剩少子的参数决定。这种**双极输运现象**在半导体物理中非常重要，它是描述半导体器件特性和行为的基础。

8.3.3 双极输运方程的应用

下面，我们将利用双极输运方程来解决几个具体的问题。这些例子有助于说明半导体材料中过剩载流子的行为，而所得结果将会用于后面的 pn 结和其他半导体器件的讨论中。

例 8.1 至例 8.4 在求解双极输运方程时用到了一些常见的简化，表 8.2 总结了这些简化和结果。

表 8.2   常见双极输运方程的简化形式

条　　件	结　　果
稳态	$\dfrac{\partial(\delta n)}{\partial t} = 0, \quad \dfrac{\partial(\delta p)}{\partial t} = 0$
过剩载流子均匀分布(均匀产生率)	$D_n \dfrac{\partial^2(\delta n)}{\partial x^2} = 0, \quad D_p \dfrac{\partial^2(\delta n)}{\partial x^2} = 0$
零电场	$\mathcal{E}\dfrac{\partial(\delta n)}{\partial x} = 0, \quad \mathcal{E}\dfrac{\partial(\delta p)}{\partial x} = 0$
无过剩载流子产生	$g' = 0$
无过剩载流子复合(无限寿命)	$\dfrac{\delta n}{\tau_{n0}} = 0, \dfrac{\delta p}{\tau_{p0}} = 0$

例 8.1   当半导体恢复热平衡时，求过剩载流子的时间行为。 一块无限大的、均匀 n 型半导体，无外加电场。假设 $t = 0$ 时，晶体中的过剩载流子浓度均匀分布，当 $t > 0$ 时，$g' = 0$。若假设过剩载流子浓度远小于热平衡电子浓度，即小注入条件成立，试计算 $t \geqslant 0$ 时，过剩载流子浓度的时间函数。

【解】

对 n 型半导体，我们需要考虑少子空穴的双极输运方程。由式(8.41)，有

$$D_p \frac{\partial^2(\delta p)}{\partial x^2} - \mu_p \mathcal{E} \frac{\partial(\delta p)}{\partial x} + g' - \frac{\delta p}{\tau_{p0}} = \frac{\partial(\delta p)}{\partial t}$$

由于假设过剩空穴浓度均匀分布，因此，$\partial^2(\delta p)/\partial x^2 = \partial(\delta p)/\partial x = 0$。在 $t > 0$ 时，我们假设 $g' = 0$。因此，式(8.41)简化为

$$\frac{\mathrm{d}(\delta p)}{\mathrm{d} t} = -\frac{\delta p}{\tau_{p0}} \tag{8.42}$$

既然没有空间变量，所以可对时间求导。在小注入条件下，少子空穴的寿命 τ_{p0} 是常数。式(8.42)的解为

$$\boxed{\delta p(t) = \delta p(0) \mathrm{e}^{-t/\tau_{p0}}} \tag{8.43}$$

其中，$\delta p(0)$ 是 $t = 0$ 时刻过剩载流子的浓度。过剩空穴浓度随着时间呈指数衰减，其中时间常数等于少子空穴的寿命。

由电中性条件，我们有 $\delta n = \delta p$。因此，过剩电子的浓度表示为

$$\delta n(t) = \delta p(0) \mathrm{e}^{-t/\tau_{p0}} \tag{8.44}$$

【数值计算】

若 n 型 GaAs 的掺杂浓度 $N_d = 10^{16}$ cm^{-3}，$t = 0$ 时刻产生的电子–空穴对 $\delta p(0) = 10^{14}$/cm^3，并且假设少子空穴的寿命 $\tau_{p0} = 10$ ns。

我们注意到，$\delta p(0) \ll n_0$，故小注入条件成立。由式(8.43)，我们可以写出

$$\delta p(t) = 10^{14} \mathrm{e}^{-t/10^{-8}} \text{ cm}^{-3}$$

在 10 ns 内，过剩电子和过剩空穴浓度衰减到初始值的 1/e。

【说明】

在 n 型半导体中，过剩电子和空穴的复合率由过剩少子空穴的寿命决定。少子浓度的衰减如图 8.3 所示。图中给出了例 8.1 中 10 ns 寿命的曲线(实线)。另外，图中也给出了寿命为 5 ns 和 20 ns 时的曲线。

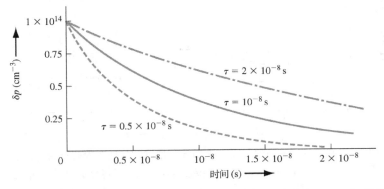

图 8.3　过剩载流子浓度的指数衰减。图中给出了例 8.1 中寿命 $\tau = 10^{-8}$s 的曲线，为了便于比较，图中也给出了寿命分别为 5 ns 和 20 ns 的衰减曲线

【自测题】

EX8.1　$T = 300$ K 时，硅半导体中硼的掺杂浓度为 $N_a = 5 \times 10^{16}$ cm^{-3}。均匀掺杂材料中

产生的过剩载流子浓度为 10^{15} cm^{-3}，假设少子寿命为 5 μs。试问：（a）哪种载流子是少子？（b）若 $t>0$ 时，$g'=\mathcal{E}=0$，试确定 $t>0$ 时刻的少子浓度。

答案：（a）电子；（b）$10^{15}\mathrm{e}^{-t/5\times10^{-6}}$ cm^{-3}。

例 8.2 求半导体达到稳态条件时，过剩载流子的时间相关性。考虑无限大的、均匀 n 型半导体，外加电场为零。假设在 $t<0$ 时刻，半导体处于热平衡状态，而在 $t\geq0$ 时刻，半导体具有均匀的产生率。试计算小注入条件下，过剩载流子浓度的时间函数。

【解】

均匀半导体和均匀产生率条件意味着式(8.41)中的 $\partial^2(\delta p)/\partial x^2 = \partial(\delta p)/\partial x = 0$。对本例，式(8.41)简化为

$$g' - \frac{\delta p}{\tau_{p0}} = \frac{\mathrm{d}(\delta p)}{\mathrm{d}t} \tag{8.45}$$

微分方程的解为

$$\boxed{\delta p(t) = g'\tau_{p0}(1 - \mathrm{e}^{-t/\tau_{p0}})} \tag{8.46}$$

【数值计算】

$T=300$ K 时，n 型硅的掺杂浓度 $N_d = 2\times10^{16}$ cm^{-3}。假设 $\tau_{p0} = 10^{-7}$s，$g' = 5\times10^{21}$ cm^{-3}s^{-1}。由式(8.46)，可写出

$$\delta p(t) = (5\times10^{21})(10^{-7})[1 - \mathrm{e}^{-t/10^{-7}}] = 5\times10^{14}[1 - \mathrm{e}^{-t/10^{-7}}]\,\mathrm{cm}^{-3}$$

【说明】

当 $t\to\infty$ 时，稳态过剩电子浓度和空穴浓度为 5×10^{14} cm^{-3}。我们注意到 $\delta p \ll n_0$，因此，小注入条件成立。图 8.4 给出了寿命为 10^{-7}s 的过剩少子浓度的指数和稳态行为。另外，图中也给出了寿命为 0.5×10^{-7} 和 2×10^{-7}s 的曲线。需要注意的是，随着寿命的改变，过剩载流子浓度的稳态值和达到稳态的时间都发生改变。

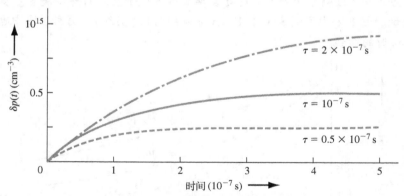

图 8.4　例 8.2 中 $\tau=10^{-7}$s 的过剩载流子浓度的指数和稳态行为。为了便于比较，图中也给出了寿命为 0.5×10^{-7} 和 2×10^{-7}s 的曲线

【自测题】

EX8.2 假设硅具有与自测题 EX8.1 完全相同的参数，$t<0$ 时刻，硅材料处于热平衡态。在 $t=0$ 时刻，过剩载流子的产生源开启，且产生率 $g' = 10^{20}$ cm$^{-3}\cdot$s^{-1}。试

问：(a)哪种载流子是少子？(b)确定 $t>0$ 时刻的少子浓度；(c)当 $t\to\infty$ 时，少子浓度是多少？

答案：(a)电子；(b) $5\times10^{14}\left[1-e^{-t/5\times10^{-6}}\right]cm^{-3}$；(c) $5\times10^{14}\ cm^{-3}$。

时间常数一定时，过剩少子空穴的浓度随时间增加。其中，时间常数 τ_{p0} 是过剩载流子的寿命。当时间趋近无穷时，即使存在过剩电子和空穴的稳态产生，过剩载流子浓度也会达到稳态值。若令 $d(\delta p)/dt=0$，则由式(8.45)，我们可以看到这种稳态效应。剩余的两项说明，稳态时的产生率等于复合率。

例 8.3　确定过剩载流子浓度的稳态空间相关性。 考虑无限大的、均匀 p 型半导体，外加电场为零。对于一维晶体，假设过剩载流子仅在 $x=0$ 处产生，如图 8.5 所示。$x=0$ 处产生的载流子向 $+x$ 和 $-x$ 两个方向扩散。试计算稳态过剩载流子浓度与 x 的函数关系。

【解】

过剩少子电子的双极输运方程由式(8.40)给出，可写为

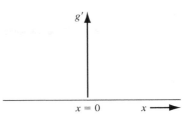

图 8.5　$x=0$ 处的稳态产生率

$$D_n\frac{\partial^2(\delta n)}{\partial x^2}+\mu_n\mathcal{E}\frac{\partial(\delta n)}{\partial x}+g'-\frac{\delta n}{\tau_{n0}}=\frac{\partial(\delta n)}{\partial t}$$

由假设可知，在 $x\neq0$ 处，$\mathcal{E}=0$，$g'=0$。对稳态条件，$\partial(\delta p)/\partial t=0$。若考虑一维晶体，则式(8.40)简化为

$$D_n\frac{d^2(\delta n)}{dx^2}-\frac{\delta n}{\tau_{n0}}=0 \tag{8.47}$$

方程两边同除以扩散系数，则式(8.47)可写为

$$\frac{d^2(\delta n)}{dx^2}-\frac{\delta n}{D_n\tau_{n0}}=\frac{d^2(\delta n)}{dx^2}-\frac{\delta n}{L_n^2}=0 \tag{8.48}$$

其中，我们定义 $L_n^2=D_n\tau_{n0}$。参数 L_n 具有长度单位，称为**少子电子的扩散长度**。式(8.48)的通解为

$$\delta n(x)=Ae^{-x/L_n}+Be^{x/L_n} \tag{8.49}$$

当少子电子从 $x=0$ 向两侧扩散，它们与多子空穴复合。少子电子浓度在 $x=+\infty$ 和 $x=-\infty$ 衰减为零。这些边界条件意味着 $x>0$ 时 $B\equiv0$，$x<0$ 时 $A\equiv0$。因此，式(8.48)的解可写为

$$\boxed{\delta n(x)=\delta n(0)e^{-x/L_n}\qquad x\geqslant0} \tag{8.50a}$$

和

$$\boxed{\delta n(x)=\delta n(0)e^{+x/L_n}\qquad x\leqslant0} \tag{8.50b}$$

其中，$\delta n(0)$ 是 $x=0$ 处的过剩电子浓度值。随着远离产生源($x=0$)，稳态过剩电子浓度随距离指数衰减。

【数值计算】

$T=300\ K$ 时，p 型硅的掺杂浓度为 $N_a=5\times10^{16}\ cm^{-3}$。假设 $\tau_{n0}=5\times10^{-7}s$，$D_n=25\ cm^2\cdot s^{-1}$，$\delta n(0)=10^{15}\ cm^{-3}$。

少子扩散长度为

$$L_n = \sqrt{D_n \tau_{n0}} = \sqrt{(25)(5 \times 10^{-7})} = 35.4 \ \mu m$$

对于 $x \geqslant 0$ 时，有

$$\delta n(x) = 10^{15} e^{-x/35.4 \times 10^{-4}} \ cm^{-3}$$

【说明】

图 8.6 给出了本例的结果。由图可见，在 $x = L_n = 35.4 \ \mu m$ 处，稳态过剩载流子浓度衰减到初始值的 $1/e$。我们也注意到，多子（空穴）浓度在小注入条件下几乎不变。然而，少子（电子）浓度成数量级的变化。

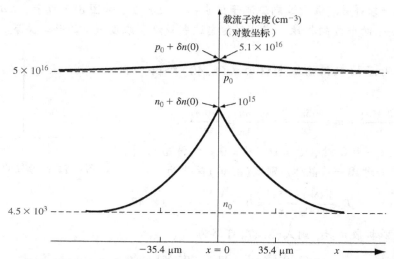

图 8.6　稳态电子和空穴浓度的空间分布图。其中，过剩电子和空穴在 $x = 0$ 处产生

【自测题】

EX8.3　若过剩电子和空穴在硅棒末端（$x = 0$）产生，硅内磷原子的掺杂浓度 $N_d = 10^{17} \ cm^{-3}$，少子寿命为 $1 \ \mu s$，电子扩散系数 $D_n = 25 \ cm^2 \cdot s^{-1}$，空穴扩散系数 $D_p = 10 \ cm^2 \cdot s^{-1}$。若 $\delta n(0) = \delta p(0) = 10^{15} \ cm^{-3}$，试确定硅棒内 $x > 0$ 处的稳态电子和空穴浓度。
答案：$\delta n(x) = \delta p(x) = 10^{15} e^{-x/3.16 \times 10^{-3}} \ cm^{-3}$（式中 x 以 cm 为单位）。

在例 8.1 至例 8.3 中，我们将双极输运方程应用到均匀或者稳态时的特定情况，分析的问题中仅考虑时间变量或空间变量。下面我们分析同时考虑时间和空间相关的例子。

例 8.4　确定过剩载流子浓度的时间和空间相关性。 假设 $t = 0$ 时刻，n 型半导体在 $x = 0$ 处瞬间产生有限数量的电子-空穴对，而 $t > 0$ 时刻，$g' = 0$。若半导体施加沿 $+x$ 方向的恒定电场 $\mathcal{E}_0$。试计算过剩载流子浓度与 x 与 t 的函数关系。

【解】

由式（8.41），我们可以写出少子空穴的一维双极输运方程

$$D_p \frac{\partial^2(\delta p)}{\partial x^2} - \mu_p \mathcal{E}_0 \frac{\partial(\delta p)}{\partial x} - \frac{\delta p}{\tau_{p0}} = \frac{\partial(\delta p)}{\partial t} \tag{8.51}$$

该偏微分方程的解为

$$\delta p(x, t) = p'(x, t) e^{-t/\tau_{p0}} \tag{8.52}$$

将式(8.52)代入式(8.51)，可得偏微分方程

$$D_p \frac{\partial^2 p'(x,t)}{\partial x^2} - \mu_p \mathcal{E}_0 \frac{\partial p'(x,t)}{\partial x} = \frac{\partial p'(x,t)}{\partial t} \tag{8.53}$$

通常，式(8.53)需要拉普拉斯变换求解。在此，我们略去详细的数学推导，最终的解为

$$p'(x,t) = \frac{1}{(4\pi D_p t)^{1/2}} \exp\left[\frac{-(x - \mu_p \mathcal{E}_0 t)^2}{4D_p t}\right] \tag{8.54}$$

由式(8.52)和式(8.54)，过剩少子空穴浓度的完整解表示为

$$\boxed{\delta p(x,t) = \frac{\mathrm{e}^{-t/\tau_{p0}}}{(4\pi D_p t)^{1/2}} \exp\left[\frac{-(x - \mu_p \mathcal{E}_0 t)^2}{4D_p t}\right]} \tag{8.55}$$

【说明】
将式(8.55)直接代回偏微分方程(8.51)，可以证明式(8.55)确实是方程的解。

【自测题】
EX8.4　作为一个很好的近似，式(8.55)给出的归一化过剩载流子浓度的峰值出现在 $x = \mu_p \mathcal{E}_0 t$ 处。假设半导体材料具有如下参数：$\tau_{p0} = 5\ \mu s$，$D_p = 10\ \mathrm{cm}^2 \cdot \mathrm{s}^{-1}$，$\mu_p = 386\ \mathrm{cm}^2/\mathrm{V} \cdot \mathrm{s}$，$\mathcal{E}_0 = 10\ \mathrm{V/cm}$。试计算以下时间的归一化峰值浓度：(a)$t = 1\ \mu s$，(b)$t = 5\ \mu s$，(c)$t = 15\ \mu s$ 和(d)$t = 25\ \mu s$。上述时间对应的峰值位置 x 是多少？
答案：(a)73.0，$x = 38.6\ \mu m$；(b)14.7，$x = 193\ \mu m$；(c)1.15，$x = 579\ \mu m$；(d)0.120，$x = 965\ \mu m$。

由式(8.55)可以画出不同时刻、过剩空穴浓度与距离 x 的函数曲线。图 8.7 给出了外加电场为零时，过剩空穴浓度的分布。当 $t > 0$ 时刻，过剩少子空穴向 $+x$ 和 $-x$ 两个方向扩散。产生的过剩多子电子与空穴以相同的速率扩散。随着时间的推移，过剩空穴与过剩电子复合，因此，$t = \infty$ 时的过剩空穴浓度为零。在这个特例中，扩散和复合过程同时出现。

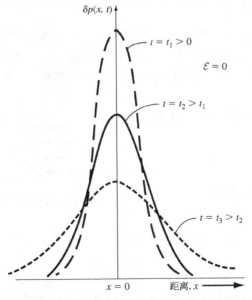

图 8.7　外加电场为零时，不同时刻的过剩空穴浓度与距离的关系曲线

　　图8.8 为外加电场不为零时,式(8.55)描述的过剩空穴浓度随距离 x 的变化曲线。在这种情况下,过剩少子空穴脉冲沿 $+x$ 方向漂移,与外加电场方向一致。此时,仍有与前面相同的扩散和复合过程。这时考虑的重点是电中性条件,即任意时刻、任意位置都有 $\delta n = \delta p$,即过剩电子浓度等于过剩空穴浓度。在这种情况下,即使电子带负电,但过剩电子脉冲仍沿外加电场的方向移动。在双极输运过程中,由少子参数表征过剩载流子。在本例中,过剩载流子的行为取决于少子空穴的参数,这包括 D_p,μ_p 和 τ_{p0}。过剩多子电子由过剩少子空穴拖曳。

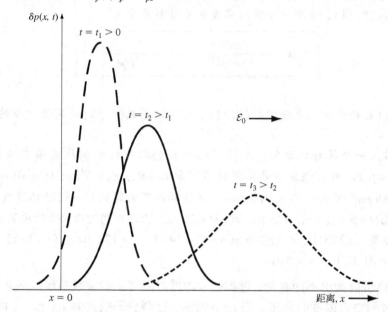

图8.8　外加恒定电场时,不同时刻的过剩空穴浓度与距离的关系曲线

8.3.4　介电弛豫时间常数

　　在前面的分析中,我们假设准电中性条件成立,即过剩空穴浓度与过剩电子浓度相平衡。现在设想如图8.9所示的情况,均匀空穴浓度 δp 瞬间注入半导体表面,于是产生未被过剩电子浓度平衡的过剩空穴浓度和正电荷密度。在这种情况下,如何实现电中性,达到电中性又需要多长时间呢?

　　在此,我们需要考虑三个方程。首先是泊松方程

$$\nabla \cdot \mathcal{E} = \frac{\rho}{\epsilon} \qquad (8.56)$$

第二个是电流方程,即欧姆定律

$$J = \sigma \mathcal{E} \qquad (8.57)$$

图8.9　空穴浓度注入 n 型半导体的表面区域

若忽略产生和复合的影响,连续性方程可表示为

$$\nabla \cdot J = -\frac{\partial \rho}{\partial t} \qquad (8.58)$$

参数 ρ 为净电荷密度,其初始值由 $e(\delta p)$ 给定。假设距离表面附近的 δp 是均匀的。参数 ϵ 是半导体的介电常数。

对欧姆定律取散度，并利用泊松方程，我们可得

$$\nabla \cdot J = \sigma \nabla \cdot \mathcal{E} = \frac{\sigma \rho}{\epsilon} \tag{8.59}$$

将上式代入连续性方程，可得

$$\frac{\sigma \rho}{\epsilon} = -\frac{\partial \rho}{\partial t} = -\frac{\mathrm{d} \rho}{\mathrm{d} t} \tag{8.60}$$

既然式(8.60)仅是时间的函数，因此，我们可将其写为全微分。整理式(8.60)，可得

$$\frac{\mathrm{d} \rho}{\mathrm{d} t} + \left(\frac{\sigma}{\epsilon} \right) \rho = 0 \tag{8.61}$$

上式是一阶微分方程，它的解为

$$\rho(t) = \rho(0) \mathrm{e}^{-(t/\tau_d)} \tag{8.62}$$

其中

$$\tau_d = \frac{\epsilon}{\sigma} \tag{8.63}$$

τ_d 通常称为 **介电弛豫时间常数**。

例 8.5　计算特定半导体的介电弛豫时间常数。$T = 300$ K 时，n 型半导体的施主杂质浓度 N_d $= 10^{16}$ cm^{-3}，试计算该半导体材料的介电弛豫时间常数。

【解】
　　由题设可知，半导体的电导率为

$$\sigma \approx e\mu_n N_d = (1.6 \times 10^{-19})(1200)(10^{16}) = 1.92 \ (\Omega \cdot \mathrm{cm})^{-1}$$

其中，迁移率值是由图 4.3 所得的近似值。硅的介电常数为

$$\epsilon = \epsilon_r \epsilon_0 = (11.7)(8.85 \times 10^{-14}) \ \mathrm{F/cm}$$

由式(8.63)可得，介电弛豫时间常数为

$$\tau_d = \frac{\epsilon}{\sigma} = \frac{(11.7)(8.85 \times 10^{-14})}{1.92} = 5.39 \times 10^{-13} \ \mathrm{s}$$

或

$$\tau_d = 0.539 \ \mathrm{ps}$$

【说明】
　　由式(8.62)可知，大约经历 4 倍时间常数即 2 ps 后，净电荷密度基本为零，也就是说，实现了准电中性条件。因为本例采用的连续性方程(8.58)不含任何产生和复合项，所以最初的正电荷被 n 型半导体产生的过剩电子所中和。与通常约 0.1 μs 的过剩载流子寿命相比，这个过程发生得非常快。这恰好证明了准电中性条件。

【自测题】
　　EX8.5　设 n 型 GaAs 的掺杂浓度 $N_d = 5 \times 10^{16}$ cm^{-3}。试求 GaAs 的介电弛豫时间常数。
　　　　　　答案：取 $\mu_n \approx 5000$ cm^2/V · s，$\tau_d = 0.029$ ps。

8.3.5　海恩斯–肖克利实验

　　前面已经推导了描述半导体中过剩载流子行为的数学公式。海恩斯–肖克利实验是最早的真正研究过剩载流子行为的实验之一。

图 8.10 所示为基本的实验装置。电压源 V_1 在 n 型半导体样品中建立沿 +x 方向的外加电场 $\mathcal{E}_0$。接触 A 向半导体注入过剩载流子，而接触 B 是电压源 V_2 反向偏置的整流接触。接触 B 收集漂移过半导体的部分过剩载流子，并产生输出电压 V_0。

这个实验与例 8.4 所讨论的问题相对应。图 8.11 给出了接触 A 和接触 B 在两种不同情况下的过剩载流子浓度。图 8.11(a) 所示为 $t = 0$ 时刻，A 接触点的理想过剩载流子脉冲。对于给定电场 $\mathcal{E}_{01}$，过剩载流子沿半导体漂移，形成与时间相关的输出电压，如图 8.11(b) 所示。脉冲峰值在 t_0 时刻到达 B 接触点。若外加电场减小到 $\mathcal{E}_{02}$ ($\mathcal{E}_{02} < \mathcal{E}_{01}$)，则 B 接触点的输出电压响应看起来如图 8.11(c) 所示。由于电场小，过剩载流子的漂移

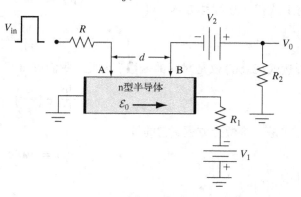

图 8.10　海恩斯-肖克利实验的基本装置

速度小，因此脉冲到达 B 接触点需要较长的时间。在这段长时间周期内，会有更多的扩散和复合。两种不同电场条件下的过剩载流子脉冲形状是不同的，如图 8.11(b) 和图 8.11(c) 所示。

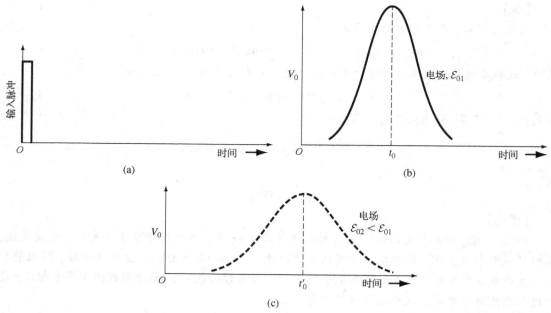

图 8.11　(a) $t = 0$ 时刻，接触 A 的理想过剩载流子脉冲；(b) 外加电场一定时，接触 B 的过剩载流子脉冲与时间的关系曲线；(c) 外加电场较小时，接触B的过剩载流子脉冲与时间的关系曲线

由这个简单实验，我们可以确定少子的迁移率、寿命和扩散系数。作为一级近似，当式 (8.55) 中包含距离和时间的指数项为零时，或

$$x - \mu_p \mathcal{E}_0 t = 0 \qquad (8.64a)$$

时，少子脉冲的峰值到达 B 接触点。在这种情况下，$x = d$，$t = t_0$。其中，d 是 A 接触点

和 B 接触点之间的距离，而 t_0 是脉冲峰值到达 B 接触点的时间。由此可得，迁移率

$$\mu_p = \frac{d}{\mathcal{E}_0 t_0} \tag{8.64b}$$

图 8.12 再次给出了输出响应的时间函数。在 t_1 和 t_2 时刻，过剩载流子浓度是峰值浓度的 e^{-1}。若 t_1 和 t_2 的时间间隔不是很大，在这段时间内，$\mathrm{e}^{-t/\tau_{p0}}$ 与 $(4\pi D_p t)^{1/2}$ 不会显著变化。因此，在 $t=t_1$ 和 $t=t_2$ 时刻，满足

$$(d - \mu_p \mathcal{E}_0 t)^2 = 4D_p t \tag{8.65}$$

若分别令式(8.65)中的 $t=t_1$ 和 $t=t_2$，并将两式相加，则扩散系数可表示为

$$D_p = \frac{(\mu_p \mathcal{E}_0)^2 (\Delta t)^2}{16 t_0} \tag{8.66}$$

其中

$$\Delta t = t_2 - t_1 \tag{8.67}$$

在图 8.12 中，曲线下方的面积 S 与未被多子(电子)复合的过剩空穴数量成正比。我们可以写出

$$S = K \exp\left(\frac{-t_0}{\tau_{p0}}\right) = K \exp\left(\frac{-d}{\mu_p \mathcal{E}_0 \tau_{p0}}\right) \tag{8.68}$$

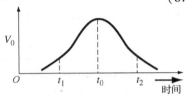

图 8.12　输出过剩载流子脉冲与时间的关系曲线

其中，K 是常数。若改变电场强度，曲线包围的面积也随之变化。若画出 $\ln(S)$ 与 $(d/\mu_p \mathcal{E}_0)$ 的函数曲线，我们可得斜率为 $(1/\tau_{p0})$ 的直线。因此，这个实验也可以确定少子寿命。

一个简单的实验就可以同时观测漂移、扩散和复合过程，所以海恩斯-肖克利实验是非常完美的。在这个实验中，迁移率的确定既直接又准确，而扩散系数和寿命的确定则略微复杂，且不够精确。

【练习题】

TYU8.1　利用自测题 EX8.2 中的参数，计算 $x=10\ \mu m$ 处的电子和空穴扩散电流密度。
答案：$J_p = +0.369\ \mathrm{A/cm}^2$，$J_n = -0.369\ \mathrm{A/cm}^2$。

TYU8.2　利用式(8.55)，试计算距离峰值浓度一个扩散长度处的过剩载流子浓度。采用自测题 EX8.4 中的参数值，计算以下条件的 δp 值：(a)$t=1\ \mu s$，且(i)$x=1.093 \times 10^{-2}\ cm$ 和(ii)$x=-3.21 \times 10^{-3}\ cm$；(b)$t=5\ \mu s$，且(i)$x=2.64 \times 10^{-2}\ cm$ 和(ii)$1.22 \times 10^{-2}\ cm$；(c)$t=15\ \mu s$，且(i)$x=6.50 \times 10^{-2}\ cm$ 和(ii)$x=5.08 \times 10^{-2}\ cm$。
答案：(a)(i)20.9，(ii)20.9；(b)(i)11.4，(ii)11.4；(c)(i)1.05，(ii)1.05。

TYU8.3　利用练习题 TYU8.2 中的参数，(a)根据式(8.55)，画出不同时刻 $\delta p(x,t)$ 与 x 的关系曲线：(i)$t=1\ \mu s$，(ii)$t=5\ \mu s$ 和(iii)$t=15\ \mu s$；(b)画出不同位置处，$\delta p(x,t)$ 与 t 的关系曲线：(i)$x=10^{-2}\ cm$，(ii)$x=3 \times 10^{-2}\ cm$ 和(iii)$x=6 \times 10^{-2}\ cm$。

8.4　准费米能级

目标：定义和描述准费米能级

热平衡电子和空穴浓度是费米能级的函数，我们可以写出

$$n_0 = n_i \exp \left(\frac{E_F - E_{\text{Fi}}}{kT} \right) \tag{8.69a}$$

和

$$p_0 = n_i \exp \left(\frac{E_{\text{Fi}} - E_F}{kT} \right) \tag{8.69b}$$

其中，E_F 和 E_{Fi} 分别表示费米能级和本征费米能级，n_i 是本征载流子浓度。图 8.13(a) 所示为 n 型半导体的能带图，其中，$E_F > E_{\text{Fi}}$。在这种情况下，由式(8.69a)和式(8.69b)可得，$n_0 > n_i$，$p_0 < n_i$。同样，图 8.13(b) 给出了 p 型半导体的能带图，图中 $E_F < E_{\text{Fi}}$。正如我们所期望的，此时的 $n_0 < n_i$，$p_0 > n_i$。以上结果都是针对热平衡态的。

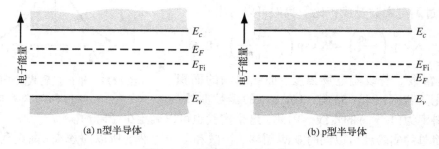

(a) n 型半导体　　　　　　　　　(b) p 型半导体

图 8.13　热平衡态时的能带图

若半导体内产生过剩载流子，则半导体不再处于热平衡态，且费米能级不能严格定义。然而，我们可以定义用于非平衡态的**电子准费米能级**和**空穴准费米能级**。若 δn 和 δp 分别表示过剩电子和空穴浓度，则我们可以写出

$$n_0 + \delta n = n_i \exp \left(\frac{E_{\text{Fn}} - E_{\text{Fi}}}{kT} \right) \tag{8.70a}$$

和

$$p_0 + \delta p = n_i \exp \left(\frac{E_{\text{Fi}} - E_{\text{Fp}}}{kT} \right) \tag{8.70b}$$

其中，E_{Fn} 和 E_{Fp} 分别表示电子和空穴的准费米能级。总电子浓度和总空穴浓度是准费米能级的函数。

例 8.6　$T = 300\text{ K}$ 时，n 型半导体的载流子浓度为 $n_0 = 10^{15}\text{ cm}^{-3}$，$n_i = 10^{10}\text{ cm}^{-3}$，$p_0 = 10^5\text{ cm}^{-3}$。假设非平衡态时的过剩载流子浓度 $\delta n = \delta p = 10^{13}\text{ cm}^{-3}$，试计算准费米能级。

【解】

热平衡时的费米能级由式(8.69a)确定。因此，有

$$E_F - E_{\mathrm{Fi}} = kT \ln\left(\frac{n_0}{n_i}\right) = 0.2982 \text{ eV}$$

由式(8.70a)，我们可以求解非平衡态时电子的准费米能级，即

$$E_{\mathrm{Fn}} - E_{\mathrm{Fi}} = kT \ln\left(\frac{n_0 + \delta n}{n_i}\right) = 0.2984 \text{ eV}$$

同理，由式(8.70b)，我们可得非平衡态时空穴的准费米能级，即

$$E_{\mathrm{Fi}} - E_{\mathrm{Fp}} = kT \ln\left(\frac{p_0 + \delta p}{n_i}\right) = 0.179 \text{ eV}$$

【说明】

我们注意到，电子的准费米能级在 E_{Fi} 之上，而空穴的准费米能级在 E_{Fi} 之下。

【自测题】

EX8.6　$T = 300$ K 时，硅的掺杂浓度为 $N_d = 10^{16}$ cm^{-3}，$N_a = 0$。产生过剩载流子的稳态值为 $\delta n = \delta p = 5 \times 10^{14}$ cm^{-3}。(a)计算热平衡费米能级相对 E_{Fi} 的值；(b)确定 E_{Fn} 和 E_{Fp} 相对 E_{Fi} 的值。

答案：(a) $E_F - E_{\mathrm{Fi}} = 0.3473$ eV；(b) $E_{\mathrm{Fn}} - E_{\mathrm{Fi}} = 0.3486$ eV，$E_{\mathrm{Fi}} - E_{\mathrm{Fp}} = 0.2697$ eV。

图 8.14(a)给出了与热平衡态对应费米能级的能带图，而图 8.14(b)为非平衡态时的能带图。在小注入情况下，多子电子浓度未发生明显变化，因此，电子的准费米能级与热平衡时的费米能级相差不大。而少子空穴的准费米能级则与热平衡时的费米能级明显不同，这说明我们已明显偏离热平衡态。由于电子浓度增加，电子的准费米能级略向导带靠近，而空穴浓度明显增加，因此空穴的准费米能级向价带靠近更加明显。在后面讨论正偏 pn 结时，我们会再次考虑准费米能级。

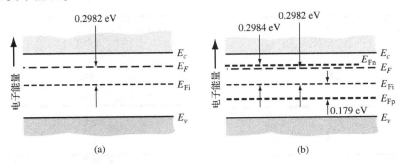

图 8.14　(a)热平衡态时的能带图，$N_d = 10^{15}$ cm^{-3}，$n_i = 10^{10}$ cm^{-3}；(b)过剩载流子浓度为 10^{13} cm^{-3} 时，电子和空穴的准费米能级

【练习题】

TYU8.4　$T = 300$ K 时，硅中杂质浓度 $N_d = 10^{15}$ cm^{-3}，$N_a = 6 \times 10^{15}$ cm^{-3}。材料产生过剩载流子的稳态值为 $\delta n = \delta p = 2 \times 10^{14}$ cm^{-3}。(a)确定热平衡费米能级相对 E_{Fi} 的值；(b)计算 E_{Fn} 和 E_{Fp} 相对 E_{Fi} 的值。

答案：(a) $E_{\mathrm{Fi}} - E_F = 0.3294$ eV；(b) $E_{\mathrm{Fn}} - E_{\mathrm{Fi}} = 0.2460$ eV，$E_{\mathrm{Fi}} - E_{\mathrm{Fp}} = 0.3304$ eV。

8.5 过剩载流子的寿命

目标：分析过剩载流子复合

过剩电子和空穴的复合率是半导体的重要参数，我们将在第9章和第10章看到，它影响器件的许多特性。在本章开始，我们简要回顾了载流子复合，并得出复合率与平均载流子寿命成反比。到目前为止，我们假设平均载流子寿命仅是半导体材料的一个参数。

前面我们讨论了理想半导体，认为禁带中不存在电子能态。这种理想效应仅在具有理想周期性势函数的完美单晶材料中存在。实际半导体晶体材料存在缺陷，它破坏了完美的周期性势函数。如果缺陷密度不是很大，缺陷会在禁带中产生分立的电子能态。这些能态可能成为决定平均载流子寿命的主要因素。下面采用肖克利-里德-霍尔复合理论确定平均载流子寿命。

8.5.1 肖克利–里德–霍尔（SRH）复合理论

禁带中的允许能态（也称为陷阱）充当复合中心，以近乎相同的概率俘获电子和空穴。相同的俘获概率意味着其对电子和空穴的俘获截面相等。肖克利–里德–霍尔复合理论假设带隙内的 E_t 能量处存在单个复合中心或陷阱。如图 8.15 所示，这个陷阱存在 4 种基本过程。我们假设这个陷阱是受主陷阱，也就是说，它若包含电子，则带负电；若不包含电子，则呈电中性。

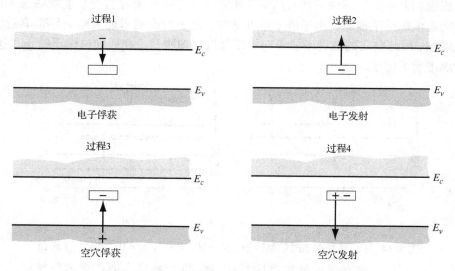

图 8.15 受主陷阱的 4 种基本俘获与发射过程

4 种基本过程如下：

过程 1：电子俘获，中性空陷阱从导带俘获电子。

过程 2：电子发射，它是过程 1 的逆过程——占据陷阱能级的电子发射回导带。

过程 3：空穴俘获，电子陷阱从价带俘获空穴（或者我们也可看成是陷阱中的电子发射到价带的过程）。

过程 4：空穴发射，过程 3 的逆过程——中性陷阱将空穴发射到价带（或者我们也可将这个过程看成是从价带俘获电子）。

受 $E = E_t$ 复合中心的影响，电子和空穴的复合率表示为

$$R_n = R_p \equiv R = \frac{C_n C_p N_t (np - n_i^2)}{C_n(n + n') + C_p(p + p')} \tag{8.71}$$

其中，C_n 是与电子俘获速率成正比的常数，C_p 是与空穴俘获速率成正比的常数，N_t 是陷阱中心的密度，参数 n' 和 p' 与带隙内陷阱的位置有关。若陷阱位于带隙中央，则 $n' \approx p' \approx n_i$。

若考虑热平衡态，$np = n_0 p_0 = n_i^2$，则 $R_n = R_p = 0$。那么式(8.71)就是过剩电子和空穴的复合率。既然式(8.71)中的 R 是过剩载流子的复合率，因此，我们可以写出

$$R = \frac{\delta n}{\tau} \tag{8.72}$$

其中，δn 是过剩载流子浓度，τ 是过剩载流子寿命。

8.5.2　非本征掺杂和小注入限制

前面利用非本征掺杂和小注入限制，将式(8.28)表示的双极输运方程从非线性微分方程简化为线性微分方程。下面我们将这两个限制条件应用到复合率方程中。

对于小注入条件下的 n 型半导体，我们有

$$n_0 \gg p_0, \quad n_0 \gg \delta p, \quad n_0 \gg n', \quad n_0 \gg p'$$

其中，δp 是过剩少子空穴浓度。假设 $n_0 \gg n'$ 和 $n_0 \gg p'$ 表明陷阱能级接近禁带中央，n' 和 p' 与本征载流子浓度偏差不大。基于上述假设，式(8.71)可化简为

$$R = C_p N_t \delta p \tag{8.73}$$

n 型半导体中过剩载流子的复合率是参数 C_p 的函数，而 C_p 与少子空穴的俘获截面有关。因此，复合率是少子参数的函数。这与双极输运参数简化为少子参数值是相同的。

复合率与平均载流子寿命有关。比较式(8.72)和式(8.73)，我们可以写出

$$R = \frac{\delta n}{\tau} = C_p N_t \delta p \equiv \frac{\delta p}{\tau_{p0}} \tag{8.74}$$

其中

$$\tau_{p0} = \frac{1}{C_p N_t} \tag{8.75}$$

τ_{p0} 定义为**过剩少子空穴的寿命**。若陷阱密度增加，过剩载流子的复合率随之增加，因而过剩少子寿命降低。

同理，对小注入条件下的高掺杂 p 型半导体，我们可以假设

$$p_0 \gg n_0, \quad p_0 \gg \delta n, \quad p_0 \gg n', \quad p_0 \gg p'$$

寿命则变成**过剩少子电子的寿命**，即

$$\tau_{n0} = \frac{1}{C_n N_t} \tag{8.76}$$

再次注意的是，对于 n 型半导体，寿命是 C_p 的函数，而 C_p 与少子空穴的俘获速率有关。对于 p 型半导体，寿命是 C_n 的函数，它与少子电子的俘获速率有关。因此，在小注入条件下，非本征半导体材料的过剩载流子寿命简化为少子寿命。

例 8.7　求本征半导体中过剩载流子的寿命。如果我们将式(8.75)式(8.76)定义的过剩载流子寿命代入式(8.71)，则复合率可表示为

$$R = \frac{(np - n_i^2)}{\tau_{p0}(n + n') + \tau_{n0}(p + p')} \tag{8.77}$$

考虑到本征半导体中含有过剩载流子, 故有 $n = n_i + \delta n$, $p = n_i + \delta n$。同时假设 $n' = p' = n_i$。

【解】

式(8.77)现在变为

$$R = \frac{2n_i \delta n + (\delta n)^2}{(2n_i + \delta n)(\tau_{p0} + \tau_{n0})}$$

若假设小注入条件成立, $\delta n \ll 2n_i$, 则可写出

$$R = \frac{\delta n}{\tau_{p0} + \tau_{n0}} = \frac{\delta n}{\tau}$$

其中, τ 是过剩载流子寿命。我们看到, 在本征材料中, $\tau = \tau_{p0} + \tau_{n0}$。

【说明】

随着半导体材料从非本征变为本征, 过剩载流子寿命增加。

【自测题】

EX8.7　$T = 300$ K 时, 硅的掺杂浓度为 $N_d = 10^{15}$ cm^{-3}, $N_a = 0$。假设在过剩载流子复合率方程中, $n' = p' = n_i$, 且 $\tau_{p0} = \tau_{n0} = 5 \times 10^{-7}$ s。若 $\delta n = \delta p = 10^{14}$ cm^{-3}, 试计算过剩载流子的复合率。

答案: 1.83×10^{20} cm$^{-3} \cdot$ s^{-1}。

我们从直观上看到, 随着半导体材料从非本征变为本征, 可与过剩少子复合的多子数量减少。正是由于本征材料中参与复合的载流子较少, 所以过剩载流子的平均寿命增加。

8.6　表面效应

目标: 定性描述表面效应对过剩载流子复合的影响

在前面的所有讨论中, 我们隐含地假设半导体是无限大的, 因此, 没有考虑半导体表面的边界条件。在半导体的实际应用中, 材料并不是无限大的, 因此, 半导体与相邻介质存在界面。

8.6.1　表面态

当半导体材料突然终止时, 理想单晶晶格的完美周期性在半导体表面突然终止。周期势函数的破坏使得禁带中出现允许的电子能态。在8.5节中, 我们说明半导体中的单个缺陷会在禁带中产生分立能态。表面处周期势的突然终止使得禁带中出现允许能态的分布。图8.16所示的体半导体的能带图中示意地表示了带隙中的分立能态。

肖克利-里德-霍尔复合理论表明过剩少子寿命与缺陷密度成反比。由于表面缺陷密度大于体内缺陷密度, 因此, 表面过剩少子寿命比对应体材料的寿命短。对于非本征 n 型半导体, 过剩载流子在体内的复合率由式(8.74)确定。因此, 有

$$R = \frac{\delta p}{\tau_{p0}} \equiv \frac{\delta p_B}{\tau_{p0}} \tag{8.78}$$

其中, δp_B 是体材料内过剩少子空穴的浓度。在表面处, 我们可以写出类似的过剩载流子复合

率表达式

$$R_s = \frac{\delta p_s}{\tau_{p0s}} \qquad (8.79)$$

其中，δp_s 是半导体表面过剩少子空穴的浓度，τ_{p0s} 是半导体表面过剩少子空穴的寿命。

假设过剩载流子在整个半导体材料中的产生率都是常数，则均匀的、无限大的半导体在稳态时的产生率等于复合率。根据这个结论，表面和体内的复合率也必须相等。因为 $\tau_{p0s} < \tau_{p0}$，所以表面的过剩少子浓度小于体内的过剩少子浓度，即 $\delta p_s < \delta p_B$。图 8.17 示意地画出了过剩载流子浓度与表面距离的关系曲线。

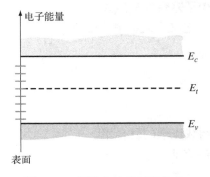

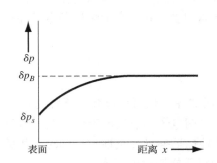

图 8.16　带隙中的表面态分布　　　　图 8.17　稳态过剩空穴浓度与表面距离的关系曲线

8.6.2　表面复合速度

如图 8.17 所示，表面附近存在过剩载流子的浓度梯度。因此，体内的过剩载流子向表面扩散，并发生复合。这种向表面的扩散可用以下方程描述

$$-D_p \left[\boldsymbol{n} \cdot \frac{\mathrm{d}(\delta p)}{\mathrm{d}x} \right]\bigg|_{\mathrm{surf}} = s\delta p|_{\mathrm{surf}} \qquad (8.80)$$

其中，方程的两边在表面等价。参数 $\boldsymbol{n}$ 是垂直于表面的外向单位矢量。利用图 8.17 所示的几何关系，$\mathrm{d}(\delta p)/\mathrm{d}x$ 是正值，$\boldsymbol{n}$ 是负值，所以参数 s 是正值。

式 (8.80) 的一维分析表明，参数 s 的单位为 cm/s，即具有速度单位。因此，参数 s 称为表面复合速度。若表面和体内的过剩载流子浓度相等，则梯度项为零，表面复合速度也为零。随着表面过剩载流子浓度逐渐减小，梯度项变大，因此，表面复合速度增加。若表面过剩载流子浓度降为零，则表面复合速度趋于无穷大。表面复合速度给出了一些与体区不同的表面特性。

8.7　小结

1. 首先，回顾了过剩电子和空穴的产生与复合过程，定义了过剩载流子的产生与复合率。复合率可写为 $R = \delta n/\tau$。其中，δn 是过剩载流子浓度，τ 是过剩载流子寿命。

2. 推导了连续性方程和时间相关的扩散方程。这些方程描述了半导体中过剩载流子的行为。

3. A. 过剩电子和空穴并不是互相独立的运动，而是共同运动。这种共同运动称为双极输运。

B. 推导了双极输运方程，并将小注入和非本征掺杂限制应用到扩散系数和迁移率中。在这些约束条件下，过剩电子和空穴以少子特性共同漂移和扩散。这个结论是半导体器件行为的基础。

C. 建立了过剩载流子寿命的概念。

D. 分析了过剩载流子行为与时间的函数关系，与空间的函数关系，以及与时间和空间的函数关系。

4. 定义了电子的准费米能级和空穴的准费米能级。这些参数表征非平衡半导体的总电子和总空穴浓度。

5. 引入了肖克利–里德–霍尔复合理论，建立了过剩少子寿命的表达式。

6. 半导体的表面效应会影响过剩电子和空穴的行为。定义了表面复合速度。

知识点

学完本章之后，读者应具备如下能力：

1. 讨论过剩电子和空穴的产生与复合过程，定义过剩载流子的复合率。

2. 定性地描述推导连续性方程和时间相关扩散方程的方法。

3. A. 简述双极输运的概念。

　　B. 定义小注入和非本征掺杂。

　　C. 简述过剩载流子寿命的概念。

　　D. 简述不同边界条件时，过剩载流子的行为。

4. 定义电子的准费米能级和空穴的准费米能级。

5. 简述肖克利–里德–霍尔复合理论的基本思想。

6. 定性描述表面对过剩载流子浓度的影响。

复习题

1. A. 以过剩载流子浓度和寿命定义过剩载流子的复合率。

　　B. 讨论带隙中央附近的电子能态辅助电子–空穴产生和电子–空穴复合的过程。

2. 讨论推导空穴连续性方程的过程。

3. A. 什么是双极输运？

　　B. 定义 p 型半导体材料的小注入和非本征掺杂。

　　C. 若 $t=0$ 时刻，在 p 型半导体材料上施加一个外部源，试描述 $t>0$ 时刻，均匀产生的过剩载流子的行为。$t=\infty$ 时，过剩载流子浓度是多少？

　　D. 若在 p 型半导体上施加沿 $+x$ 方向的电场，试描述 $t=0$ 时刻，在 $x=0$ 处产生的过剩空穴的行为。

4. 定义电子的准费米能级和空穴的准费米能级。

5. n 型半导体中的过剩空穴的复合率是三个参量的函数，这三个参量是什么？

6. 为什么半导体表面的过剩载流子复合率比体内的复合率大？

习题

（注意：如果没有特别指明，半导体参数使用附录 B 给定的数值。假设 $T = 300$ K。）

8.1 载流子的产生与复合

8.1 已知半导体内的平衡载流子浓度 $n_0 = 10^{15}$ cm^{-3}，本征载流子浓度 $n_i = 10^{10}$ cm^{-3}。假设过剩载流子寿命为 10^{-6} s，若过剩空穴浓度 $\delta p = 5 \times 10^{13}$ cm^{-3}，试确定电子–空穴对的复合率。

8.2 已知半导体热平衡时的空穴浓度为 $p_0 = 10^{16}$ cm^{-3}，本征载流子浓度 $n_i = 10^{10}$ cm^{-3}。少数载流子寿命为 2×10^{-7} s。（a）试确定热平衡时的电子复合率；（b）若过剩电子浓度 $\delta n = 10^{12}$ cm^{-3}，试确定电子复合率的变化量。

8.2 过剩载流子的分析

8.3 根据式（8.7）和式（8.9），推导式（8.16）。

8.4 一维空穴流如图 8.1 所示，如果微分体积元内的空穴产生率 $g_p = 10^{20}$ cm$^{-3} \cdot$ s^{-1}，复合率为 2×10^{19} cm$^{-3} \cdot$ s^{-1}。为保持稳态空穴浓度，粒子流密度的梯度应为多少？

8.5 若产生率降为零，重做习题 8.4。

8.3 双极输运

8.6 由式（8.18）和式 8.19）给出的连续性方程，推导双极输运方程（8.28）。

8.7 已知 $T = 300$ K 时，均匀掺杂 Ge 样品的施主杂质浓度为 2×10^{13} cm^{-3}，过剩载流子寿命 $\tau_{p0} = 24$ μs。试确定双极扩散系数和双极迁移率，并求电子和空穴的寿命。

8.8 假设 n 型半导体均匀照射，过剩载流子的产生率 g' 也是均匀的。证明在稳态条件下，半导体电导率的变化可表示为

$$\Delta \sigma = e(\mu_n + \mu_p)\tau_{p0} g'$$

8.9 已知 $T = 300$ K 时，n 型 Si 半导体的掺杂浓度 $N_d = 5 \times 10^{16}$ cm^{-3}，$N_a = 0$。光在 $t = 0$ 时刻照射半导体，当 $t > 0$ 时，整个半导体的过剩载流子产生率处处相等，且 $g' = 5 \times 10^{21}$ cm$^{-3} \cdot$ s^{-1}。令 $n_i = 1.5 \times 10^{10}$ cm^{-3}，$\tau_{p0} = 10^{-7}$，$\tau_{n0} = 10^{-6}$，电子迁移率 $\mu_n = 1000$ cm^2/V · s，空穴迁移率 $\mu_p = 420$ cm^2/V · s。试求 $t \geq 0$ 时刻，Si 的电导率随时间的变化。

8.10 已知 n-GaAs 半导体的掺杂浓度 $N_d = 10^{16}$ cm^{-3}，$N_a = 0$，少子寿命 $\tau_{p0} = 2 \times 10^{-7}$ s。若半导体内的均匀产生率 $g' = 2 \times 10^{21}$ cm$^{-3} \cdot$ s^{-1}，试计算稳态时的电导增量和稳态过剩载流子的合率。

8.11 $T = 300$ K 时，n 型 Si 的掺杂浓度 $N_d = 5 \times 10^{16}$ cm^{-3}，$N_a = 0$。样品长度 $L = 0.1$ cm，截面积 $A = 10^{-4}$ cm^2，样品两端电压为 5 V。若从 $t < 0$ 时刻，入射光均匀照射半导体，半导体内的过剩载流子产生率处处相等，且 $g' = 5 \times 10^{21}$ cm$^{-3} \cdot$ s^{-1}。少子寿命 $\tau_{p0} = 3 \times 10^{-7}$ s。在 $t = 0$ 时刻，光照突然关闭。试推导 $t \geq 0$ 时刻，半导体的电流与时间的函数表达式（忽视表面效应）。

8.12　$T = 300$ K 时，均匀 GaAs 半导体的掺杂浓度 $N_a = 10^{16}$ cm^{-3}，$N_d = 0$。$t = 0$ 时刻，入射光照射半导体，均匀产生率 $g' = 10^{20}$ cm$^{-3} \cdot$ s^{-1}，且无外加电场。(a)试推导过剩载流子浓度和过剩载流子复合率随时间变化的表达式；(b)若最大稳态过剩载流子浓度为 1×10^{14} cm^{-3}，试确定少子寿命的最大值；(c)试计算过剩载流子浓度降低到稳态值的 3/4、1/2 和 1/4 时所对应的时间。

8.13　$T = 300$ K 时，Si 半导体材料的掺杂浓度 $N_d = 10^{15}$ cm^{-3}，$N_a = 0$。平衡复合率 $R_{p0} = 10^{11}$ cm$^{-3} \cdot$ s^{-1}。在产生率处处均匀的情况下，过剩载流子的浓度 $\delta n = \delta p = 10^{14}$ cm^{-3}。(a)通过哪种因素可增加总复合率？(b)过剩载流子的寿命是多少？

8.14　已知 n 型 Si 半导体的掺杂浓度为 3×10^{16} cm^{-3}，少子寿命 $\tau_{p0} = 10^{-7}$ s。$t = 0$ 时刻，入射光均匀照射半导体，均匀产生率 $g' = 2 \times 10^{20}$ cm$^{-3} \cdot$ s^{-1}，在 $t = 10^{-7}$ s 时刻，光源关闭。试确定在 $0 \leqslant t \leqslant \infty$ 范围内，过剩载流子浓度随时间变化的函数表达式，并画出过剩载流子浓度随时间变化的关系曲线。

8.15　某种半导体材料具有如下特性：

$$D_n = 25 \text{ cm}^2/\text{s} \qquad \tau_{n0} = 10^{-6} \text{ s}$$
$$D_p = 10 \text{ cm}^2/\text{s} \qquad \tau_{p0} = 10^{-7} \text{ s}$$

在 $t \leqslant 0$ 时刻，均匀掺杂的 p 型半导体处于热平衡态。$t = 0$ 时刻，外部光源照射半导体，半导体体内的过剩载流子产生率处处相等，且 $g' = 10^{20}$ cm$^{-3} \cdot$ s^{-1}。在 $t = 2 \times 10^{-6}$ s 时刻，关闭外部光源。(a)试推导在 $0 \leqslant t \leqslant \infty$ 范围内，过剩电子浓度随时间变化的函数表达式；(b)确定(i)$t = 0$，(ii)$t = 2 \times 10^{-6}$ s 和(iii)$t = \infty$ 时的过剩电子浓度；(c)画出过剩电子浓度随时间变化的函数曲线。

8.16　$T = 300$ K 时，均匀掺杂 p 型 Si 半导体的杂质浓度 $N_a = 3 \times 10^{15}$ cm^{-3}，无外加电场。如图 P8.16 所示，入射光照射半导体材料的一端。$x = 0$ 处产生的过剩载流子浓度为 $\delta p(0) = \delta n(0) = 10^{13}$ cm^{-3}。假设 Si 半导体具有如下参数(忽略表面效应)：

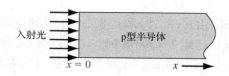

图 P8.16　习题 8.16 和习题 8.18 的示意图

$$\mu_n = 1200 \text{ cm}^2/\text{V·s} \qquad \tau_{n0} = 5 \times 10^{-7} \text{ s}$$
$$\mu_p = 400 \text{ cm}^2/\text{V·s} \qquad \tau_{p0} = 1 \times 10^{-7} \text{ s}$$

(a)确定稳态过剩电子和空穴浓度与距离 x 的函数关系；(b)确定电子扩散电流密度随距离 x 的变化关系。

8.17　$T = 300$ K 时，受主掺杂浓度为 $N_a = 1 \times 10^{14}$ cm^{-3} 的半无限大($x \geqslant 0$)硅半导体在 $x = 0$ 端与一个"少子吸收器"相连，使得 $x = 0$ 处的少子浓度 $n_p = 0$(n_p 是 p 型半导体的少子电子浓度)，且无外加电场。(a)试确定热平衡时的 n_{p0} 和 p_{p0} 值；(b)$x = 0$ 处的过剩少子浓度是多少？(c)推导稳态过剩少子浓度随 x 变化的函数表达式。

8.18　如图 P8.16 所示，过剩载流子在 p 型半导体的 $x = 0$ 端产生。其中，掺杂浓度 $N_a = 5 \times 10^{16}$ cm^{-3}，$N_d = 0$。$x = 0$ 处的稳态过剩载流子浓度为 10^{15} cm^{-3}(忽略表面效应)，且无外加电场。假设 $\tau_{n0} = \tau_{p0} = 8 \times 10^{-7}$ s。(a)试计算 $x = 0$ 处的 δn 以及电子和空穴的扩散电流密度；(b)计算 $x = L_n$ 处的 δn 以及电子和空穴的扩散电流密度。

*8.19　已知 n 型 Si 半导体在 $x = 0$ 处产生的过剩载流子如图 8.5 所示。若沿 $+x$ 方向施加一恒定电场 $\mathcal{E}_0$。试证明稳态过剩载流子浓度可表示为

$$\delta p(x) = A\exp(s_- x), \quad x > 0 \qquad \text{和} \qquad \delta p(x) = A\exp(s_+ x), \quad x < 0$$

其中

$$s_{\mp} = \frac{1}{L_p}\left[\beta \mp \sqrt{1 + \beta^2}\right], \qquad \beta = \frac{\mu_p L_p \mathcal{E}_0}{2D_p}$$

8.20　假设 $L_p = 10\ \mu m$，根据习题 8.19 所得结果，试分别画出电场强度（a）$\mathcal{E}_0 = 0$ 和（b）$\mathcal{E}_0 = 10\ V/cm$ 时，过剩载流子浓度 $\delta p(x)$ 随 x 变化的关系曲线。

*8.21　考虑习题 8.16 所描述的半导体材料，若沿 $+x$ 方向施加电场 $\mathcal{E}_0$。（a）推导稳态过剩电子浓度的表达式（假设解的形式为 $e^{-\alpha x}$）；（b）分别画出（i）$\mathcal{E}_0 = 0$ 和（ii）$\mathcal{E}_0 = 12\ V/cm$ 时，δn 随 x 变化的关系曲线；（c）解释（b）中两条曲线的一般特性。

8.22　假设 $t < 0$ 时刻，p 型半导体处于热平衡态，少子寿命无限大。如果入射光均匀照射半导体，半导体内的产生率处处相等，且可表示为如下形式

$$g'(t) = G_0', \qquad 0 < t < T$$
$$g'(t) = 0, \qquad t < 0 \text{ 和 } t > T$$

其中，G_0' 为常数。试确定过剩载流子浓度随时间变化的函数关系。

*8.23　考虑如图 P8.23 所示的 n 型半导体。入射光在 $-L < x < +L$ 范围内引入的过剩载流子产生率 G_0' 为常数。假设少子寿命无限长，且 $x = -3L$ 和 $x = +3L$ 处，过剩少子空穴的浓度为零。试确定在小注入和外加电场为零两种情况下，稳态过剩少子浓度随 x 变化的函数关系。

8.24　若海恩斯–肖克利实验采用的样品为 n 型锗，样品长度 $L = 1.0\ cm$，外加电压 $V_1 = 2.5\ V$。A、B 两点相距 $0.75\ cm$。若 A 点注入的载流子经 160 μs 后，脉冲峰值到达 B 点。已知脉冲宽度 $\Delta t = 75.5\ \mu s$。试确定空穴迁移率和扩散系数，并与爱因斯坦关系进行比较。

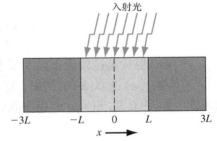

图 P8.23　习题 8.23 的示意图

8.25　考虑函数 $f(x, t) = (4\pi Dt)^{-1/2}\exp(-x^2/4Dt)$。（a）证明此函数是微分方程 $D(\partial^2 f/\partial x^2) = \partial f/\partial t$ 的解；（b）证明在任意时刻，函数 $f(x, t)$ 在 $-\infty$ 到 $+\infty$ 范围对 x 的积分均为 1；（c）证明当 $t \to 0$ 时，该函数趋于 δ 函数。

8.26　海恩斯–肖克利实验的基本方程由式（8.55）给定。（a）在 $\mathcal{E}_0 = 0$ 和 $\mathcal{E}_0 \neq 0$ 两种情况下，分别画出 t 取不同值时，$\delta p(x, t)$ 随 x 变化的关系曲线；（b）在 $\mathcal{E}_0 = 0$ 和 $\mathcal{E}_0 \neq 0$ 两种情况下，分别画出 x 取不同值时，$\delta p(x, t)$ 随 t 变化的关系曲线。

8.4　准费米能级

8.27　掺杂浓度为 $N_d = 10^{16}\ cm^{-3}$ 的 n 型 Si 样品，在稳定光照下的产生率为 $g' = 10^{21}\ cm^{-3}\cdot s^{-1}$。若假设 $\tau_{n0} = \tau_{p0} = 10^{-6}\ s$，$n_i = 1.5 \times 10^{10}\ cm^{-3}$，试计算电子和空穴的准费米能级相对本征能级的位置，并在能带图中标出这些能级。

8.28　$T = 300\ K$ 时，p 型 Si 半导体的掺杂浓度为 $N_a = 5 \times 10^{15}\ cm^{-3}$。（a）确定费米能级相对本征费米能级的位置；（b）若过剩载流子浓度为平衡多子浓度的 10%，确定准费米能级相对本征费米能级的位置；（c）画出费米能级和准费米能级相对本征费米能级的位置。

器 件	发射区掺杂浓度	基区宽度
A	$N_E = N_{E0}$	$x_E = x_{E0}$
B	$N_E = 2N_{E0}$	$x_E = x_{E0}$
C	$N_E = N_{E0}$	$x_E = x_{E0}/2$

10.25 已知 Si npn 双极型晶体管偏置在 $V_{BE} = -3$ V，$V_{BC} = 0.6$ V 的反向有源模式。晶体管各区的掺杂浓度分别为 $N_E = 10^{18}$ cm^{-3}，$N_B = 10^{17}$ cm^{-3}，$N_C = 10^{16}$ cm^{-3}。其他参数为 $x_B = 1$ μm，$\tau_{E0} = \tau_{B0} = \tau_{C0} = 2 \times 10^{-7}$ s，$D_E = 10$ cm^2/s，$D_B = 20$ cm^2/s，$D_C = 15$ cm^2/s，$A = 10^{-3}$ cm^{-2}。(a)计算并画出器件的少子分布；(b)计算集电极和发射极电流(忽略几何参数的影响，并假设复合系数为1)。

10.26 (a)假设 γ 和 δ 都等于 1，试分别计算 $x_B/L_B = 0.01$，0.10，1.0 和 10 时的基区输运系数 α_T，并确定上述各情况的 β；(b)假设 α_T 和 δ 均为 1，试分别计算 $N_B/N_E = 0.01$，0.10，1.0 和 10 时的发射结注入效率 γ，并确定上述各情况的 β 值；(c)若基区输运系数或发射结注入效率是共射极电流增益的限制因素，那么从(a)和(b)的结果中可得出什么结论？

10.27 (a)若晶体管的器件参数如下，试分别计算 $V_{BE} = 0.2$ V，0.4 V 和 0.6 V 时的复合系数。

$$D_B = 25 \text{ cm}^2/\text{s} \qquad D_E = 10 \text{ cm}^2/\text{s}$$
$$N_E = 5 \times 10^{18} \text{ cm}^{-3} \qquad N_B = 1 \times 10^{17} \text{ cm}^{-3}$$
$$N_C = 5 \times 10^{15} \text{ cm}^{-3} \qquad x_B = 0.7 \text{ μm}$$
$$\tau_{B0} = \tau_{E0} = 10^{-7} \text{ s} \qquad J_{r0} = 2 \times 10^{-9} \text{ A/cm}^2$$
$$n_i = 1.5 \times 10^{10} \text{ cm}^{-3}$$

(b)假设基区输运系数和发射结注入效率均为 1，试求(a)中条件的共射极电流增益；(c)考虑(b)的结果，复合系数是否是限制共发射极电流增益的主要因素？

10.28 $T = 300$ K，Si npn 双极型晶体管的参数如下：

$$D_B = 25 \text{ cm}^2/\text{s} \qquad D_E = 10 \text{ cm}^2/\text{s}$$
$$\tau_{B0} = 10^{-7} \text{ s} \qquad \tau_{E0} = 5 \times 10^{-8} \text{ s}$$
$$N_B = 10^{16} \text{ cm}^{-3} \qquad x_E = 0.5 \text{ μm}$$

已知复合系数 $\delta = 0.998$，$\alpha_T = \gamma$。若要求晶体管的共发射极电流增益 $\beta = 120$。试确定最大基区宽度 x_B 和最小发射区掺杂浓度 N_E。

*10.29 (a)$T = 300$ K 时，Si npn 双极型晶体管的复合电流密度 $J_{r0} = 5 \times 10^{-8}$ A/cm^2，均匀掺杂的各区浓度分别为 $N_E = 10^{18}$ cm^{-3}，$N_B = 5 \times 10^{16}$ cm^{-3}，$N_C = 10^{15}$ cm^{-3}，其他参数为 $D_E = 10$ cm^2/s，$D_B = 25$ cm^2/s，$\tau_{E0} = 10^{-8}$ s，$\tau_{B0} = 10^{-7}$ s。若 $V_{BE} = 0.55$ V 时的复合系数 $\delta = 0.995$，试确定中性基区宽度；(b)若 J_{r0} 不随温度变化，当工作温度 $T = 400$ K，$V_{BE} = 0.55$ V 时的复合系数 δ 为多少？使用(a)中确定的 x_B 值。

10.30 (a)若双极型晶体管的 x_B/L_B 在 $0.01 \leqslant (x_B/L_B) \leqslant 10$ 范围内变化，试画出基区输运系数 α_T 随 (x_B/L_B) 的变化曲线(横轴采用对数坐标)；(b)假设发射结注入效率和基区复合系数均为 1，试画出(a)所述条件下的共发射极电流增益；(c)考虑(b)的结果，基区输运系数是否是共发射极电流增益的主要限制因素？

10.31 (a)若假设晶体管的 $D_E = D_B$，$L_B = L_E$，$x_B = x_E$，同时忽略带隙变窄效应。当掺杂比

第9章　pn结二极管与肖特基二极管

第5章讨论了热平衡和反向偏置时，pn结和肖特基势垒结的静电特性，确定了热平衡时的内建电势，计算了空间电荷区的电场，并得到空间电荷区宽度。此外，我们也考虑了势垒电容。本章主要讨论正偏pn结和肖特基势垒结的特性。当外加正偏电压时，结的势垒降低，允许载流子流过空间电荷区。当空穴由p区经pn结空间电荷区进入n区时，它们成为n区的过剩少子，经历第8章讨论的过剩少子扩散、漂移与复合过程，即双极输运。同样，当电子从n区扩散过pn结空间电荷区进入p区时，它们也成为过剩少子，经历同样的双极输运过程。在本章，我们将建立正偏pn结和肖特基势垒结的电流-电压关系。

内容概括

1. 回顾pn结和肖特基势垒的结构，以及零偏和反偏时的结特性。
2. pn结二极管的理想电流-电压特性。
3. 肖特基二极管的理想电流-电压关系。
4. pn结二极管的小信号等效电路。
5. pn结二极管空间电荷区内的产生与复合电流。
6. 二极管的击穿电压。
7. 二极管的开关特性。

历史回顾

半导体研究的主要驱动力源于第二次世界大战中的雷达项目，雷达系统的关键部件是能够探测微波信号的器件。最终，锗二极管得到批量生产，并用在雷达系统中。这次成功的应用推动了半导体器件的研究工作。

发展现状

当今，pn结仍是半导体器件的基本构件，pn结理论仍是半导体器件物理的基础。pn结本身可进行非线性整流，而其他半导体器件则可由两个或多个pn结组合而成。

9.1　pn结和肖特基势垒结的回顾

目标：回顾pn结和肖特基势垒的结构，以及零偏和反偏时的结特性

第5章给出了pn结和肖特基势垒结的基本结构，分析了零偏和反偏时的器件特性。在本章，我们将分析这些器件的正向偏置特性。

9.1.1　pn结

图9.1(a)所示为pn结的简化结构图。整个半导体是一块单晶材料，其中一个区掺杂受主形成p区，而相邻的另一区掺杂施主形成n区。在多数情况下，我们假设每个区都是均匀掺杂的。正如第5章所讨论的那样，在冶金结的两侧形成空间电荷区，如图9.1(b)所示。电

子从 n 区扩散，留下带正电荷的施主离子，而空穴从 p 区扩散，留下带负电荷的受主离子。空间电荷区内的电荷分离产生电场。由于每个区的电荷是均匀的，所以电场是距离的线性函数。最大电场出现在冶金结处。

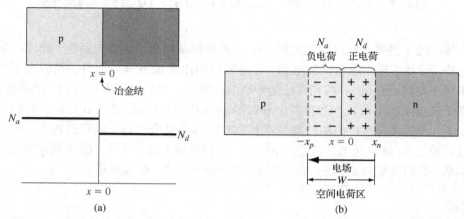

图 9.1　(a)均匀掺杂 pn 结的简化结构图；(b)描述耗尽区、空间电荷和电场的 pn 结

图 9.2(a)给出了 pn 结在热平衡(零偏)时的能带结构图。正如前述所讨论，整个结构的费米能级都是常数。n 区和 p 区间的内建电势阻止 n 区多子电子和 p 区多子空穴的继续扩散，因此，这种情况没有载流子净流动。

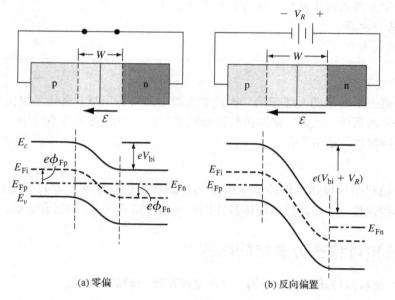

图 9.2　pn 结及其能带结构图

由图 9.2 可见，内建电势表示为

$$V_{bi} = |\phi_{Fp}| + |\phi_{Fn}| \qquad (9.1)$$

利用第 3 章的结果，可得

$$V_{bi} = V_t \ln\left(\frac{N_a N_d}{n_i^2}\right) \qquad (9.2)$$

图9.2(b)所示为 pn 结反向偏置(n 区相对 p 区
为正)时的能带结构图。此时,两区间的总势垒
高度增加。既然势垒增加了,所以流过结区的净
载流子仍然为零。随着本章对 pn 结研究的不断
深入,我们将对这个表述稍做修改。

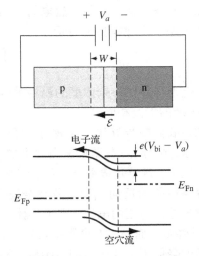

空间电荷区宽度随外加反偏电压的增加而增
加。既然增加的反偏电压会在空间电荷区产生额
外的电荷,所以结区处存在一个电容。这个电容
称为势垒电容或耗尽电容。

图9.3 所示为 pn 结正向偏置(p 区相对 n 区
正偏)时的能带结构图。在这种情况下,两区间
的势垒高度降低。势垒高度的降低打破了热平衡
条件,因此,电子可以从 n 区经过空间电荷区扩
散进 p 区。同样,空穴从 p 区经空间电荷区扩散
进 n 区。电荷的净流动意味着器件内存在电流,
电流方向是从 p 区到 n 区。我们将在 9.2 节推导理想电流-电压特性。

图9.3　正向偏置的 pn 结及其能带结构图,
图中标出了电子和空穴的扩散过程

9.1.2　肖特基势垒结

某种金属和 n 型半导体在接触前的理想能带结构如图 9.4(a)所示。其中,真空能级作
为参考能级。参数 ϕ_m 是金属的功函数(以伏特为单位), ϕ_s 是半导体的功函数, χ 称为电子亲
和势。在第 5 章中,我们给出了一些金属的功函数和半导体的电子亲和势。在图 9.4(a)中,
我们假设 $\phi_m > \phi_s$。在这种情况下,金属-半导体热平衡时的理想能带结构如图 9.4(b)所示。
接触前,半导体的费米能级在金属费米能级以上。为了保证系统在热平衡时的费米能级为常
数,电子从半导体流向金属的低能态,而带正电荷的施主离子则留在半导体中,因而在界面
附近产生空间电荷区。

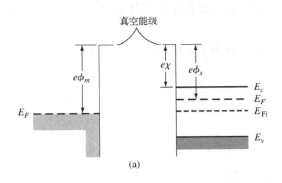

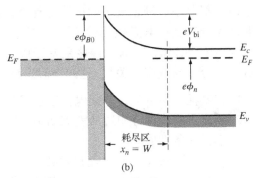

图9.4　(a)金属和半导体接触前的能带图;(b)金属-n 型半导体结的理想能带图($\phi_m > \phi_s$)

参数 ϕ_{B0} 表示半导体接触的理想势垒高度,可将其视为电子从金属进入半导体的势垒。
这个势垒称为**肖特基势垒**,理想情况下表示为

$$\phi_{B0} = (\phi_m - \chi) \tag{9.3}$$

在半导体一侧，V_{bi}是**内建电势**。与 pn 结类似，这个势垒可视为导带电子进入金属需要克服的势垒。内建电势可表示为

$$V_{bi} = \phi_{B0} - \phi_n \tag{9.4}$$

其中，V_{bi}是半导体掺杂浓度的弱相关函数，这与 pn 结的情况相同。

如果我们在半导体上施加相对金属为正的电压，半导体–金属势垒高度增加。在理想情况下，肖特基势垒 ϕ_{B0} 保持不变。这种偏置条件称为反向偏置。若在金属上施加相对半导体为正的电压，则半导体–金属势垒 V_{bi} 降低，而 ϕ_{B0} 依然保持常数。既然势垒高度降低了，因此，在这种情况下，电子可以轻易地从半导体流向金属。这种偏置条件称为正向偏置。正向偏置的能带结构如图 9.5 所示。

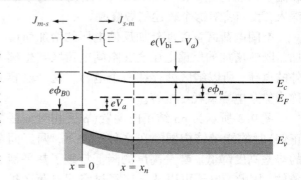

图 9.5　金属–半导体整流接触在正向偏置时的能带结构图，图中给出了电子流和空穴流的方向

与 pn 结的少子扩散不同，金属–半导体肖特基势垒结的电流输运主要是多子。n 型半导体整流接触的基本过程是电子越过势垒的输运，这可由热电子发射理论来描述。

9.2　pn 结——理想电流-电压特性

目标： 推导 pn 结二极管的理想电流-电压特性

前面已指出，pn 结正向偏置时，空间电荷区存在载流子的净扩散。p 区空穴经空间电荷区扩散进 n 区，而 n 区电子经空间电荷区扩散进 p 区。接下来，我们考虑注入 n 区的少子空穴，以及注入 p 区的少子电子。在第 8 章，我们利用双极输运方程讨论了过剩少子的行为，每个区内都存在过剩载流子的扩散与复合。载流子扩散意味着存在扩散电流。下面我们讨论过剩载流子浓度和电流-电压关系的数学推导。

pn 结的理想电流-电压特性是基于以下四个假设推导的（最后一个假设包括三个部分，不过每部分都与电流有关）。这四个假设是：

1. 突变耗尽层近似。空间电荷区边界是突变的，耗尽区以外的半导体是电中性的。
2. 载流子的统计分布遵从麦克斯韦-玻尔兹曼近似。
3. 小注入条件成立。
4. (a) 整个 pn 结的总电流是常数；
　　(b) pn 结内的电子电流与空穴电流都是连续函数；
　　(c) 耗尽区内的电子电流与空穴电流都是常数。

本章公式用到的符号看起来非常多。表 9.1 列出部分与电子和空穴浓度相关的术语。许多术语在前面的章节已经使用过，不过为了方便，我们再次列出。推导所用的几何参数如图 9.1(b) 所示。

表 9.1　本章常用的术语和符号

术　语	物理意义
N_a	pn 结内 p 区的受主浓度
N_d	pn 结内 n 区的施主浓度
$n_{n0} = N_d$	热平衡时，n 区多子电子浓度
$p_{p0} = N_a$	热平衡时，p 区多子空穴浓度
$n_{p0} = n_i^2 / N_a$	热平衡时，p 区少子电子浓度
$p_{n0} = n_i^2 / N_d$	热平衡时，n 区少子空穴浓度
n_p	p 区总少子电子浓度
p_n	n 区总少子空穴浓度
$n_p(-x_p)$	空间电荷区边界处 p 区少子电子浓度
$p_n(x_n)$	空间电荷区边界处 n 区少子空穴浓度
$\delta n_p = n_p - n_{p0}$	p 区过剩少子电子浓度
$\delta p_n = p_n - p_{n0}$	n 区过剩少子空穴浓度

9.2.1　边界条件

图 9.6 所示为 pn 结处于热平衡时的导带能量图。n 区导带比 p 区导带具有更多的电子，而内建电势阻止电子大量地从 n 区流向 p 区。换言之，内建电势维持 pn 结两侧载流子的平衡分布。

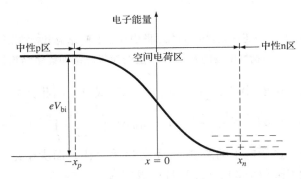

图 9.6　pn 结的导带能量图，图中也示意地画出了势垒和耗尽区宽度

前面我们推导了内建电势的表达式，即

$$V_{\mathrm{bi}} = V_t \ln\left(\frac{N_a N_d}{n_i^2}\right)$$

方程两边除以 $V_t = kT/e$，然后取指数，再取倒数，可得

$$\frac{n_i^2}{N_a N_d} = \exp\left(\frac{-V_{\mathrm{bi}}}{V_t}\right) = \exp\left(\frac{-e V_{\mathrm{bi}}}{kT}\right) \tag{9.5}$$

若假设杂质完全电离，则有

$$n_{n0} \approx N_d \tag{9.6}$$

其中，n_{n0} 是 n 区多子电子的热平衡浓度。在 p 区，可写出

$$n_{p0} = \frac{n_i^2}{N_a} \tag{9.7}$$

其中，n_{p0} 是 p 区少子电子的热平衡浓度。将式(9.6)和式(9.7)代入式(9.5)，可得

$$n_{p0} = n_{n0} \exp\left(\frac{-eV_{\text{bi}}}{kT}\right) \tag{9.8}$$

上式将热平衡时的 p 区少子电子浓度与 n 区多子电子浓度联系起来。

　　若 p 区相对 n 区施加正电压，则 pn 结的势垒降低。图9.7(a)所示为外加偏压 V_a 时的 pn 结。p 型和 n 型体区内的电场通常很小，所以几乎所有的外加电压都降落在结区。外加电压感应电场 $\mathcal{E}_{\text{app}}$ 的方向与热平衡时空间电荷区的电场方向相反，因此，空间电荷区的净电场低于热平衡时的电场值。因此，热平衡时扩散与电场力所达成的平衡被打破。阻止多子穿越空间电荷区的电场被削弱，因而 n 区多子电子经空间电荷区注入 p 区，而 p 区多子空穴经空间电荷区注入 n 区。只要外加偏压 V_a 存在，注入空间电荷区的载流子就会持续，所以 pn 结内形成一股电流。这种偏置条件称为正偏，正向偏置 pn 结的能带图如图9.7(b)所示。

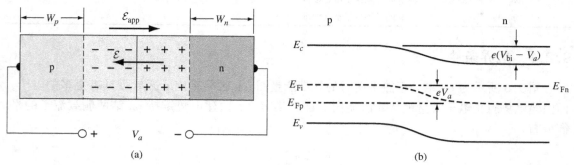

图9.7　（a）正向偏置的 pn 结，图中标注了 V_a 感应电场和空间
电荷区电场的方向；（b）正向偏置 pn 结的能带结构图

　　当 pn 结正偏时，式(9.8)中的势垒 V_{bi} 由 $(V_{\text{bi}} - V_a)$ 替代，因此，式(9.8)变为

$$n_p = n_{n0} \exp\left(\frac{-e(V_{\text{bi}} - V_a)}{kT}\right) = n_{n0} \exp\left(\frac{-eV_{\text{bi}}}{kT}\right) \exp\left(\frac{+eV_a}{kT}\right) \tag{9.9}$$

若假设小注入条件成立，多子电子的浓度 n_{n0} 不会显著变化。而少子浓度 n_p 则会偏离其热平衡值 n_{p0} 几个数量级。利用式(9.8)，式(9.9)可表示为

$$\boxed{n_p = n_{p0} \exp\left(\frac{eV_a}{kT}\right)} \tag{9.10}$$

　　当 pn 结施加正偏电压时，它就不再处于热平衡。式(9.10)左边是 p 区总少子电子的浓度，现在它比热平衡时的浓度值大。正偏电压降低势垒，所以 n 区多子电子经结区注入 p 区，从而增加 p 区少子电子的浓度。换言之，p 区内产生了过剩少子电子。

　　当电子注入 p 区后，如第8章所讨论，它们经历扩散和复合过程。式(9.10)是 p 区空间电荷区边界的少子电子浓度的表达式。

　　在正偏电压的作用下，p 区多子空穴经空间电荷区注入 n 区，经历上述完全相同的过程。因此，可写出

$$\boxed{p_n = p_{n0} \exp\left(\frac{eV_a}{kT}\right)} \tag{9.11}$$

其中，p_n 是 n 区空间电荷区边界处少子空穴的浓度。图 9.8 给出了这些结果。通过给 pn 结施加正偏电压，可在 pn 结的每个区都产生过剩少子。

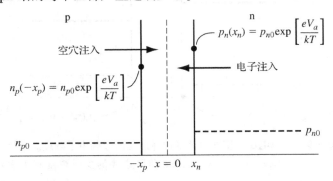

图 9.8　正偏电压在空间电荷区边界产生的过剩少子浓度

例 9.1　当 pn 结正向偏置时，试计算空间电荷区边界的少子浓度。$T = 300$ K 时，硅 pn 结的 n 区掺杂浓度为 $N_d = 10^{16}$ cm^{-3}。若 pn 结正向偏置在 0.60 V，试计算空间电荷区边界的少子空穴浓度。

【解】

热平衡时，n 区少子空穴的浓度为

$$p_{n0} = \frac{n_i^2}{N_d} = \frac{(1.5 \times 10^{10})^2}{10^{16}} = 2.25 \times 10^4 \, \text{cm}^{-3}$$

由式(9.11)，有

$$p_n(x_n) = p_{n0} \exp\left(\frac{eV_a}{kT}\right) = (2.25 \times 10^4) \exp\left(\frac{0.60}{0.0259}\right)$$

或

$$p_n(x_n) = 2.59 \times 10^{14} \, \text{cm}^{-3}$$

【说明】

尽管 pn 结施加相对较小的正偏电压，少子浓度仍可增加几个数量级。由于过剩电子浓度远小于热平衡电子浓度(为了维持电中性，过剩电子浓度等于过剩空穴浓度)，所以小注入假设仍然成立。

【自测题】

EX9.1　$T = 300$ K 时，硅 pn 结的掺杂浓度为 $N_d = 5 \times 10^{16}$ cm^{-3}，$N_a = 2 \times 10^{16}$ cm^{-3}。若 pn 结的正偏电压 $V_a = 0.610$ V，试确定空间电荷区边界的少子浓度。

答案：$p_n(x_n) = 7.62 \times 10^{13}$ cm^{-3}，$n_p(-x_p) = 1.90 \times 10^{14}$ cm^{-3}。

式(9.10)和式(9.11)给出的空间电荷区边界少子浓度的表达式，是在假设 pn 结上施加正偏电压($V_a > 0$)的条件下推出的。然而，推导过程并未说明 V_a 不可以取负值(反偏)。若在 pn 结上施加比零点几伏稍大的反偏电压后，则由式(9.10)和式(9.11)可得，空间电荷区边界的少子浓度基本为零。反向偏置条件下的少子浓度降到热平衡浓度值以下，如图 9.9 所示。

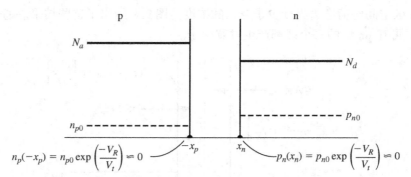

图 9.9　反偏电压在空间电荷区边界产生的过剩少子浓度。若反偏
电压 $V_R \geqslant 0.25\,V$，空间电荷区边界的少子浓度基本为零

9.2.2　少子分布

第 8 章建立了 n 区过剩少子空穴的双极输运方程。在一维情况下，该式写为

$$D_p\frac{\partial^2(\delta p_n)}{\partial x^2} - \mu_p\mathcal{E}\frac{\partial(\delta p_n)}{\partial x} + g' - \frac{\delta p_n}{\tau_{p0}} = \frac{\partial(\delta p_n)}{\partial t} \tag{9.12}$$

其中，$\delta p_n = p_n - p_{n0}$ 是过剩少子空穴浓度，即总少子浓度与热平衡少子浓度之差。双极输运方程描述了过剩载流子行为与时间和空间坐标的函数关系。

第 4 章计算过半导体的漂移电流密度。结果表明，很小的电场就能产生相对较大的电流。作为一级近似，我们假设中性 p 区与 n 区内的电场为零。在 $x > x_n$ 的 n 型区内，我们有 $\mathcal{E} = 0$，且 $g' = 0$。若假设稳态条件成立，$\partial(\delta p_n)/\partial t = 0$，则式（9.12）简化为

$$\frac{\mathrm{d}^2(\delta p_n)}{\mathrm{d}x^2} - \frac{\delta p_n}{L_p^2} = 0 \qquad (x > x_n) \tag{9.13}$$

其中，$L_p^2 = D_p\tau_{p0}$。在相同的假设条件下，p 区过剩少子电子的浓度由下式决定

$$\frac{\mathrm{d}^2(\delta n_p)}{\mathrm{d}x^2} - \frac{\delta n_p}{L_n^2} = 0 \qquad (x < x_p) \tag{9.14}$$

其中，$L_n^2 = D_n\tau_{n0}$。常数 L_p 和 L_n 分别称为少子空穴和少子电子的扩散长度。

式（9.13）和式（9.14）的第一项表示扩散过程，而第二项表示复合过程。因此，在 p 区和 n 区都存在过剩载流子的扩散与复合过程。

总少子浓度的边界条件为

$$p_n(x_n) = p_{n0}\exp\left(\frac{eV_a}{kT}\right) \tag{9.15a}$$

$$n_p(-x_p) = n_{p0}\exp\left(\frac{eV_a}{kT}\right) \tag{9.15b}$$

$$p_n(x \to +\infty) = p_{n0} \tag{9.15c}$$

$$n_p(x \to -\infty) = n_{p0} \tag{9.15d}$$

当少子经空间电荷区扩散进中性半导体区后，它们与多子复合。假设图 9.7（a）中的长度 W_n 与 W_p 很长，即 $W_n \gg L_p$，$W_p \gg L_n$。这说明在远离空间电荷区的地方，过剩少子浓度必定趋于零。这种结构称为**长 pn 结**。

式(9.13)的通解为

$$\delta p_n(x) = p_n(x) - p_{n0} = A e^{x/L_p} + B e^{-x/L_p} \qquad (x \geqslant x_n) \qquad (9.16)$$

式(9.14)的通解为

$$\delta n_p(x) = n_p(x) - n_{p0} = C e^{x/L_n} + D e^{-x/L_n} \qquad (x \leqslant -x_p) \qquad (9.17)$$

将边界条件式(9.15c)和式(9.15d)代入上两式,我们可得系数 A 和 D 必须为零。而系数 B 和 C 由式(9.15a)和式(9.15b)所给的边界条件确定。因此,$x \geqslant x_n$ 处的**过剩少子浓度**为

$$\delta p_n(x) = p_n(x) - p_{n0} = p_{n0}\left[\exp\left(\frac{eV_a}{kT}\right) - 1\right]\exp\left(\frac{x_n - x}{L_p}\right) \qquad (9.18)$$

而 $x \leqslant -x_p$ 处的过剩少子浓度为

$$\delta n_p(x) = n_p(x) - n_{p0} = n_{p0}\left[\exp\left(\frac{eV_a}{kT}\right) - 1\right]\exp\left(\frac{x_p + x}{L_n}\right) \qquad (9.19)$$

少子浓度随偏离结区的距离而指数衰减,并达到其热平衡值。图 9.10 给出了上述结果。需要注意的是,图 9.10 所示结果是在假设 n 区和 p 区长度远大于少子扩散长度的情况下得出的。

如前所述,正偏电压降低了 pn 结的内建势垒,因此,n 区电子扩散过空间电荷区,在 p 区产生过剩少子。这些过剩电子扩散进 p 型体区,并与多子空穴复合。过剩少子电子的浓度随偏离结区的距离而降低。相同的讨论可应用到空穴经空间电荷区扩散进 n 区的情况。

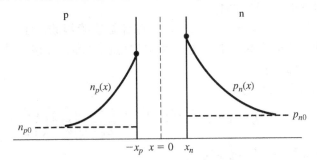

图 9.10　pn 结正向偏置时的稳态少子浓度

9.2.3　理想 pn 结电流

下面我们利用本节开头给出的第四个假设,推导 pn 结的电流公式。pn 结的总电流是电子电流和空穴电流之和,且耗尽区的电子电流和空穴电流为常数。由于电子电流和空穴电流都是连续函数,因此,pn 结的总电流等于 $x = x_n$ 处的少子空穴扩散电流加上 $x = -x_p$ 处的少子电子扩散电流。如图 9.10 所示,少子浓度梯度将产生扩散电流。由于我们假设空间电荷区边界的电场为零,因此,可以忽略少子的漂移电流成分。确定 pn 结电流的方法如图 9.11 所示。

由式(9.20),我们可以计算 $x = x_n$ 处的少子空穴扩散电流密度

$$J_p(x_n) = -eD_p\frac{\mathrm{d}p_n(x)}{\mathrm{d}x}\bigg|_{x=x_n} \qquad (9.20)$$

由于我们假设各区均匀掺杂，热平衡载流子浓度为常数，因此，空穴扩散电流密度又可以写为

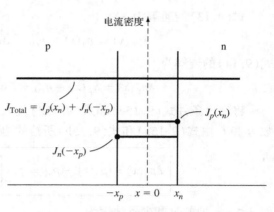

$$J_p(x_n) = -eD_p \frac{\mathrm{d}(\delta p_n(x))}{\mathrm{d}x}\bigg|_{x=x_n} \quad (9.21)$$

对式(9.18)取微分，并代入式(9.21)，我们可得

$$J_p(x_n) = \frac{eD_p p_{n0}}{L_p}\left[\exp\left(\frac{eV_a}{kT}\right) - 1\right] \quad (9.22)$$

图 9.11　通过 pn 结空间电荷区的电子流密度和空穴电流密度

正偏条件下的**空穴电流密度**沿 +x 轴方向，即由 p 区指向 n 区。

同理，也可计算出 $x = -x_p$ 处的电子扩散电流密度，即

$$J_n(-x_p) = eD_n \frac{\mathrm{d}(\delta n_p(x))}{\mathrm{d}x}\bigg|_{x=-x_p} \quad (9.23)$$

由式(9.19)，可得

$$J_n(-x_p) = \frac{eD_n n_{p0}}{L_n}\left[\exp\left(\frac{eV_a}{kT}\right) - 1\right] \quad (9.24)$$

电子电流密度同样沿 +x 轴方向。

在本节开头我们曾假设，电子电流与空穴电流都是连续函数，且空间电荷区的电子电流和空穴电流都是常数。总电流等于电子电流和空穴电流之和，且整个结区的总电流为常量。图 9.11 再次给出各电流的大小。

pn 结的总电流密度可表示为

$$J = J_p(x_n) + J_n(-x_p) = \left(\frac{eD_p p_{n0}}{L_p} + \frac{eD_n n_{p0}}{L_n}\right)\left[\exp\left(\frac{eV_a}{kT}\right) - 1\right] \quad (9.25)$$

式(9.25)就是 pn 结的理想电流-电压特性。

我们将参数 J_s 定义为

$$J_s = \left(\frac{eD_p p_{n0}}{L_p} + \frac{eD_n n_{p0}}{L_n}\right) \quad (9.26)$$

则式(9.25)可重写为

$$J = J_s\left[\exp\left(\frac{eV_a}{kT}\right) - 1\right] \quad (9.27)$$

式(9.27)称为**理想二极管方程**，它在很宽的电流与电压范围内，都能很好地描述 pn 结的电流-电压特性。尽管式(9.27)是在偏压为正($V_a > 0$)的假设下得出的，但这并不妨碍 V_a 取负值，即反向偏置。图 9.12 画出了式(9.27)描述的 pn 结电流与偏置电压 V_a 的关系曲线。若电压 V_a 取负值(即反向偏置)，且大于几个热电压(kT/e V)，则反偏电流密度与反偏电压

无关。此时，参数 J_s 称为反向饱和电流密度。很显然，pn 结的电流-电压特性是非对称的。

例 9.2　$T = 300$ K 时，确定硅 pn 结的理想**反向饱和电流密度**。硅 pn 结的具体参数如下：

$N_a = N_d = 10^{16}$ cm^{-3}　　$n_i = 1.5 \times 10^{10}$ cm^{-3}

$D_n = 25$ cm^2/s　　$\tau_{p0} = \tau_{n0} = 5 \times 10^{-7}$ s

$D_p = 10$ cm^2/s　　$\epsilon_r = 11.7$

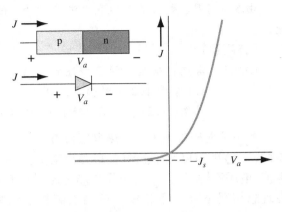

【解】

理想反向饱和电流密度的表达式为

$$J_s = \frac{eD_n n_{p0}}{L_n} + \frac{eD_p p_{n0}}{L_p}$$

上式可重写为

图 9.12　pn 结二极管的理想 *I-V* 特性

$$J_s = en_i^2 \left(\frac{1}{N_a} \sqrt{\frac{D_n}{\tau_{n0}}} + \frac{1}{N_d} \sqrt{\frac{D_p}{\tau_{p0}}} \right)$$

将参数代入上式，我们可得 $J_s = 4.15 \times 10^{-11}$ A/cm^2。

【说明】

理想**反向饱和电流密度**非常小。若 pn 结的截面积 $A = 10^{-4}$ cm^2，则理想反偏二极管的电流为 $I_s = 4.15 \times 10^{-15}$ A。

【自测题】

EX9.2　$T = 300$ K 时，GaAs pn 结二极管具有如下参数：$N_a = N_d = 10^{16}$ cm^{-3}，$D_n = 200$ cm^2/s，$D_p = 8$ cm^2/s，$\tau_{n0} = \tau_{p0} = 5 \times 10^{-7}$s。若二极管截面积 $A = 10^{-4}$ cm^2，试计算反向饱和电流。

答案：$I_s = 1.24 \times 10^{-22}$ A。

例 9.3　**计算正向偏置 pn 结的电流**。若 pn 结二极管的参数与例 9.2 完全相同，且截面积 $A = 10^{-4}$ cm^2。试分别计算正偏电压 $V_a = 0.5$ V，0.6 V 和 0.7 V 时的电流。

【解】

对于正偏电压，可写出

$$I = JA = J_S A \left[\exp\left(\frac{V_a}{V_t}\right) - 1 \right] \approx J_S A \exp\left(\frac{V_a}{V_t}\right)$$

当 $V_a = 0.5$ V 时，有

$$I = (4.15 \times 10^{-11})(10^{-4}) \exp\left(\frac{0.5}{0.0259}\right) \Rightarrow 1.0 \ \mu\text{A}$$

当 $V_a = 0.6$ V 时，有

$$I = (4.15 \times 10^{-11})(10^{-4}) \exp\left(\frac{0.6}{0.0259}\right) \Rightarrow 47.7 \ \mu\text{A}$$

当 $V_a = 0.7$ V 时，有

$$I = (4.15 \times 10^{-11})(10^{-4}) \exp\left(\frac{0.7}{0.0259}\right) \Rightarrow 2.27 \ \text{mA}$$

【说明】

由本例可见,尽然反向饱和电流非常小,但相对较小的正偏电压仍可产生明显的 pn 结电流。

【自测题】

EX9.3 考虑自测题 EX9.2 描述的 GaAs pn 结二极管,试分别计算外加偏压 $V_a = 1.0$ V,1.1 V 和 1.2 V 时的正向电流。

答案: 7.27 μA, 0.345 mA, 16.4 mA。

若正偏电压略大于几个热电压(kT/e V),则式(9.27)中的(-1)项即可忽略。图 9.13 是以对数坐标表示的正偏电流–电压特性。当 V_a 大于几个热电压时(kT/e V),上图在理想情况下是一条直线。正偏电流是正偏电压的指数函数。

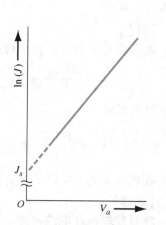

图 9.13 pn 结二极管的理想 I-V 特性,电流采用对数坐标

例 9.4 **设计一个 pn 结二极管,使其在给定的正偏电压下产生特定的电子电流密度和空穴电流密度。** 考虑 $T = 300$ K 时的硅 pn 结。设计一个 pn 结二极管,使其在 $V_a = 0.65$ V 时,$J_n = 20$ A/cm^2,$J_p = 5$ A/cm^2。其他参数参见例 9.2。

【解】

由式(9.24)可得,电子扩散电流密度为

$$J_n = \frac{eD_n n_{p0}}{L_n}\left[\exp\left(\frac{eV_a}{kT}\right) - 1\right] = e\sqrt{\frac{D_n}{\tau_{n0}}} \cdot \frac{n_i^2}{N_a}\left[\exp\left(\frac{eV_a}{kT}\right) - 1\right]$$

代入参数值,可得

$$20 = (1.6 \times 10^{-19})\sqrt{\frac{25}{5 \times 10^{-7}}} \cdot \frac{(1.5 \times 10^{10})^2}{N_a}\left[\exp\left(\frac{0.65}{0.0259}\right) - 1\right]$$

即

$$N_a = 1.01 \times 10^{15} \text{ cm}^{-3}$$

由式(9.22)可得,空穴扩散电流密度为

$$J_p = \frac{eD_p p_{n0}}{L_p}\left[\exp\left(\frac{eV_a}{kT}\right) - 1\right] = e\sqrt{\frac{D_p}{\tau_{p0}}} \cdot \frac{n_i^2}{N_d}\left[\exp\left(\frac{eV_a}{kT}\right) - 1\right]$$

代入参数值,可得

$$5 = (1.6 \times 10^{-19})\sqrt{\frac{10}{5 \times 10^{-7}}} \cdot \frac{(1.5 \times 10^{10})^2}{N_d}\left[\exp\left(\frac{0.65}{0.0259}\right) - 1\right]$$

即

$$N_d = 2.55 \times 10^{15} \text{ cm}^{-3}$$

【说明】

改变器件的掺杂浓度即可调整流过二极管的电子电流密度与空穴电流密度的相对大小。

【自测题】

EX9.4 $T = 300$ K 时,硅 pn 结二极管具有如下参数:$N_a = 5 \times 10^{16}$ cm^{-3},$N_d = 1 \times 10^{16}$ cm^{-3},$D_n = 25$ cm^2/s,$D_p = 10$ cm^2/s,$\tau_{n0} = 5 \times 10^{-7}$s,$\tau_{p0} = 1 \times 10^{-7}$s。器件的

截面积 $A = 10^{-3}\ \mathrm{cm}^2$，正偏电压 $V_a = 0.625\ \mathrm{V}$。试计算(a)空间电荷区边界的少子电子扩散电流；(b)空间电荷区边界的少子空穴扩散电流；(c)pn 结二极管的总电流。

答案：(a)0.154 mA；(b)1.09 mA；(c)1.24 mA。

9.2.4　物理小结

我们已经讨论了 pn 结外加正偏电压的情况。正偏电压降低势垒高度，电子和空穴穿过空间电荷区注入相邻区域。注入的载流子变成少子，它们从结区向体内扩散，并与多子复合。

我们计算了空间电荷区边界的少子扩散电流密度。重新考虑式(9.18)和式(9.19)，可得通过 p 区和 n 区的少子扩散电流密度与结区距离的函数关系为

$$J_p(x) = \frac{eD_p p_{n0}}{L_p}\left[\exp\left(\frac{eV_a}{kT}\right) - 1\right]\exp\left(\frac{x_n - x}{L_p}\right) \qquad (x \geqslant x_n) \qquad (9.28)$$

和

$$J_n(x) = \frac{eD_n n_{p0}}{L_n}\left[\exp\left(\frac{eV_a}{kT}\right) - 1\right]\exp\left(\frac{x_p + x}{L_n}\right) \qquad (x \leqslant -x_p) \qquad (9.29)$$

在每个区内，少子扩散电流密度随距离增加而指数衰减。然而，通过 pn 结的总电流仍为常量。总电流与少子扩散电流之差就是多子电流。图 9.14 给出流过 pn 结的各电流分量。远离结区的 p 区多子空穴的漂移既能提供注入 n 区的空穴，又可补偿与过剩电子复合而损失的空穴。上述讨论同样适用于 n 区电子的漂移。

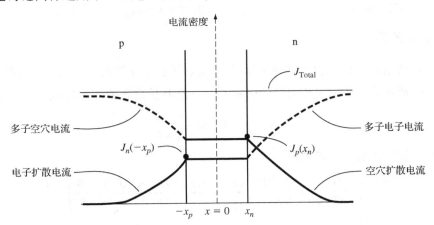

图 9.14　正向偏置时，通过 pn 结的理想电子电流与空穴电流分量

我们看到，正向偏置的 pn 结可产生过剩载流子。由第 8 章双极输运理论的结果可知，在小注入条件下，过剩载流子的行为是由少子参数决定的。既然知道了少子的行为特征，因此，在确定 pn 结的电压-电流关系时，我们考虑少子流。有时看起来有些奇怪，为什么我们如此关注少子，而不是为数众多的多子呢？这个原因可在双极输运理论推出的结果中找到。

p 区和 n 区存在漂移电流密度的事实说明这些区域内的电场并不为零，这与前述假设不符。我们可以通过计算中性区内的电场大小来证明零电场近似的正确性。

例9.5 **计算产生给定多子漂移电流所需的电场。** $T = 300$ K 时，硅 pn 结的参数与例9.2 中的相同，外加正偏电压 $V_a = 0.65$ V。

【解】

总正偏电流密度可表示为

$$J = J_s \left[\exp\left(\frac{eV}{kT}\right) - 1 \right]$$

例9.2 已确定反向饱和电流，因此，可以写出

$$J = (4.15 \times 10^{-11}) \left[\exp\left(\frac{0.65}{0.0259}\right) - 1 \right] = 3.29 \, \text{A/cm}^2$$

在远离结区的 n 区内，总电流是多子电子的漂移电流，即

$$J = J_n \approx e \mu_n N_d \mathcal{E}$$

若掺杂浓度 $N_d = 10^{16}$ cm^{-3}，迁移率 $\mu_n = 1350$ cm^2/V·s，则中性区内的电场为

$$\mathcal{E} = \frac{J_n}{e \mu_n N_d} = \frac{3.29}{(1.6 \times 10^{-19})(1350)(10^{16})} = 1.52 \, \text{V/cm}$$

【说明】

在推导电流-电压关系时，我们假设中性 p 区和 n 区内的电场为零。虽然中性区的实际电场并不为零，但是上例表明这个电场是非常小的，所以零电场近似仍然有效。

【自测题】

EX9.5   使用自测题 EX9.2 描述的 GaAs pn 结二极管，试计算 pn 结外加正偏电压 $V_a = 1.1$ V 时，中性 n 区内的近似电场。

  答案：取 $\mu_n \approx 7000$ cm^2/V·s，$\mathcal{E} = 0.308$ V/cm。

9.2.5 温度效应

式(9.26)所给的理想反向饱和电流密度 J_s 是热平衡少子浓度 n_{p0} 和 p_{n0} 的函数，而这些少子浓度又与 n_i^2 成正比，其中 n_i 是温度的强函数。若忽略扩散系数的温度效应，则可得

$$J_s \propto n_i^2 \propto (T)^3 \exp\left(\frac{-E_g}{kT}\right)$$

若结温相对室温升高10℃，可发现

$$\frac{J_s(310 \, \text{K})}{J_s(300 \, \text{K})} = \left(\frac{310}{300}\right)^3 \frac{\exp[-1.12/(8.62 \times 10^{-5})(310)]}{\exp[-1.12/(8.62 \times 10^{-5})(300)]}$$

或者

$$\frac{J_s(310 \, \text{K})}{J_s(300 \, \text{K})} = 4.46$$

在室温附近，硅 pn 结的温度每升高10℃，反向饱和电流增加4.46 倍。

正向偏置的电流-电压关系由式(9.27)给出，这个关系包括 J_s 和 $\exp(eV_a/kT)$ 项。这使得正偏电流-电压关系也是温度的函数。随着温度升高，得到相同二极管电流所需的正偏电压降低。若偏置电压保持不变，二极管电流则随温度升高而增大。正偏电流变化对温度的敏感性低于反向饱和电流。

温度对二极管电流-电压特性的影响如图9.15 所示。

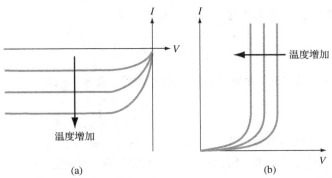

图 9.15　反向偏置(a)和正向偏置(b)条件下, pn 结二极管的温度效应

例 9.6　确定 pn 结正偏电压随温度的变化。 硅 pn 结的初始温度 $T = 300$ K, 正偏电压 $V_a = 0.60$ V。若温度增加到 $T = 310$ K, 问维持结电流不变, 正偏电压的变化是多少？忽略态密度参数的温度效应。

【解】

正偏电流可写为

$$J \propto \exp\left(\frac{-E_g}{kT}\right) \exp\left(\frac{eV_a}{kT}\right)$$

如果温度改变, 我们可以取两个温度下二极管电流的比值, 即

$$\frac{J_2}{J_1} = \frac{\exp\left(-E_g/kT_2\right) \exp\left(eV_{a2}/kT_2\right)}{\exp\left(-E_g/kT_1\right) \exp\left(eV_{a1}/kT_1\right)}$$

若电流保持不变, 即 $J_1 = J_2$, 则必须有

$$\frac{E_g - eV_{a2}}{kT_2} = \frac{E_g - eV_{a1}}{kT_1}$$

令 $T_1 = 300$ K, $T_2 = 310$ K, $E_g = 1.12$ eV, $V_{a1} = 0.60$ V, 解方程得 $V_{a2} = 0.5827$ V。

【说明】

温度升高 10℃引起正偏电压的变化为 −17.3 mV。

【自测题】

EX9.6　若 GaAs pn 结二极管($E_g = 1.42$ eV)的初始温度 $T = 300$ K, 初始偏压 $V_a = 1.10$ V, 重做例 9.6。

答案: $\Delta V_a = -0.011$ V。

9.2.6　短二极管

在前面的分析中, 我们假设 p 区和 n 区的长度比少子扩散长度大。然而, 许多实际 pn 结的某一区长度比少子扩散长度要短。图 9.16 给出这样的一个例子: 假设长度 W_n 远小于少子空穴的扩散长度 L_p。

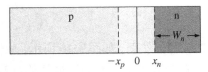

图 9.16　短二极管的结构示意图

n 区的稳态过剩少子空穴浓度由式(9.13)给出，即

$$\frac{\mathrm{d}^2(\delta p_n)}{\mathrm{d}x^2} - \frac{\delta p_n}{L_p^2} = 0$$

在此，我们仍然采用式(9.15a)所给出的初始边界条件，在 $x = x_n$ 处

$$p_n(x_n) = p_{n0} \exp\left(\frac{eV_a}{kT}\right)$$

我们还需要另一个边界条件。在许多情况下，假设 $x = (x_n + W_n)$ 处为欧姆接触，这意味着此处的表面复合速度为无穷大，所以过剩少子浓度为零。因此，第二个边界条件可写为

$$p_n(x = x_n + W_n) = p_{n0} \tag{9.30}$$

式(9.13)的通解仍由式(9.16)给出，即

$$\delta p_n(x) = p_n(x) - p_{n0} = Ae^{x/L_p} + Be^{-x/L_p} \qquad (x \geqslant x_n)$$

因为 n 区长度有限，所以在这种情况下，通解中的两项都必须保留。应用式(9.15b)和式(9.30)给定的边界条件，我们可以得到过剩少子的浓度

$$\delta p_n(x) = p_{n0}\left[\exp\left(\frac{eV_a}{kT}\right) - 1\right]\frac{\sinh[(x_n + W_n - x)/L_p]}{\sinh[W_n/L_p]} \tag{9.31}$$

式(9.31)是正偏 pn 结中 n 区过剩少子空穴浓度的通解。若 $W_n \gg L_p$，即长二极管假设有效，则式(9.31)简化为式(9.18)；若 $W_n \ll L_p$，则双曲正弦项近似为

$$\sinh\left(\frac{x_n + W_n - x}{L_p}\right) \approx \left(\frac{x_n + W_n - x}{L_p}\right) \tag{9.32a}$$

和

$$\sinh\left(\frac{W_n}{L_p}\right) \approx \left(\frac{W_n}{L_p}\right) \tag{9.32b}$$

因此，式(9.31)变为

$$\delta p_n(x) = p_{n0}\left[\exp\left(\frac{eV_a}{kT}\right) - 1\right]\left(\frac{x_n + W_n - x}{W_n}\right) \tag{9.33}$$

少子浓度变成距离的线性函数。

少子空穴的扩散电流密度可表示为

$$J_p = -eD_p\frac{\mathrm{d}(\delta p_n(x))}{\mathrm{d}x}$$

因此，在短 n 区中，我们有

$$J_p(x) = \frac{eD_p p_{n0}}{W_n}\left[\exp\left(\frac{eV_a}{kT}\right) - 1\right] \tag{9.34}$$

现在，少子空穴扩散电流密度表达式的分母为 W_n，而不是 L_p。因为 $W_n \ll L_p$，所以**短二极管**的扩散电流密度比长二极管的大。此外，由于少子浓度近似是通过 n 区距离的线性函数，所以少子扩散电流密度是常数。电流恒定意味着短区内不存在少子复合。

9.2.7　本节小结

我们考虑了长二极管和短二极管。然而，如图9.16所示，中性 n 区的长度 W_n 可取任意值。表9.2总结了三种可能情况的空穴电流密度。这些结果是从过剩少子分布表达式(9.31)得出的。同样的结果可用于中性 p 区的电子电流密度。

表 9.2　特定 n 区长度的空穴电流密度表达式

条件	空穴电流密度
长二极管($W_n \gg L_p$)	$J_p(x) = \dfrac{eD_p p_{n0}}{L_p}\left[\exp\left(\dfrac{eV_a}{kT}\right) - 1\right]\exp\left(\dfrac{x_n - x}{L_p}\right)$
中二极管($W_n \approx L_p$)	$J_p(x) = \dfrac{eD_p p_{n0}}{L_p}\left[\exp\left(\dfrac{eV_a}{kT}\right) - 1\right]$ $\times \dfrac{\cosh\left[(x_n + W_n - x)/L_p\right]}{\sinh\left(W_n/L_p\right)}$
短二极管($W_n \ll L_p$)	$J_p(x) = \dfrac{eD_p p_{n0}}{W_n}\left[\exp\left(\dfrac{eV_a}{kT}\right) - 1\right]$

【练习题】

TYU9.1　$T = 300$ K 时，Si pn 结二极管的掺杂浓度为 $N_d = 5 \times 10^{15}$ cm^{-3}，$N_a = 5 \times 10^{16}$ cm^{-3}。若空间电荷区边界的少子浓度不大于对应多子浓度的 10%，试计算满足上述条件所要求的最大正偏电压。

答案：$V_a(\max) = 0.599$ V。

TYU9.2　若 GaAs pn 结二极管与练习题 TYU9.1 中的初始条件相同，重做练习题 TYU9.1。

答案：$V_a(\max) = 1.067$ V。

TYU9.3　若 GaAs pn 结二极管偏置在 $V_a = 1.10$ V，重做练习题 EX9.4。假设 $D_n = 200$ cm$^2 \cdot$ s^{-1}，$D_p = 8$ cm$^2 \cdot$ s^{-1}。

答案：(a)0.578 mA；(b)1.29 mA；(c)1.87 mA。

TYU9.4　考虑自测题 EX9.4 描述的硅 pn 结二极管，参考图 9.14，试计算如下位置的电子电流和空穴电流：(a)$x = x_n$；(b)$x = x_n + L_p$；(c)$x = x_n + 10L_p$。

答案：(a)$I_n = 0.514$ mA，$I_p = 1.09$ mA；(b)$I_n = 0.843$ mA，$I_p = 0.401$ mA；(c)$I_n = 1.244$ mA，$I_p \approx 0$。

TYU9.5　考虑自测题 EX9.4 描述的 pn 结二极管，p 区为长区，n 区为短区，且 $W_n = 2$ μm。(a)计算耗尽区的电子电流与空穴电流；(b)与自测题 EX9.4 相比，为什么空穴电流增大？

答案：(a)$I_n = 0.154$ mA，$I_p = 5.44$ mA；(b)空穴浓度梯度增大。

9.3　肖特基二极管——理想电流-电压关系

目标：建立肖特基二极管的理想电流-电压关系

如前所述，人们很早就认识到，在硒(Se)上压金属触须可实现整流接触，而性能可靠的二极管可在半导体表面淀积 Al 等金属薄膜来制备。这类二极管俗称肖特基势垒二极管或肖特基二极管。肖特基势垒结和金属-半导体欧姆接触已在第 5 章介绍。

9.3.1 肖特基二极管

在本节，我们将考虑肖特基二极管，并建立理想电流-电压关系。在大多数情况下，整流接触做在 n 型半导体上，因此，我们主要讨论这种类型的二极管。

与 pn 结的电流机制不同，金属-半导体结的电流输运主要是多子。n 型半导体整流接触的基本过程是电子越过势垒的输运，这种现象可由**热电子发射**理论解释。

由势垒高度远大于 kT 这一假定可推导出热电子发射特性，因此，麦克斯韦-玻尔兹曼近似成立，且这一过程并不影响热平衡。图 9.17 给出了外加正偏电压 V_a 时的一维势垒，图中给出了两种电子电流密度分量。电流 $J_{s \to m}$ 是电子从半导体进入金属的电流密度，而 $J_{m \to s}$ 是电子从金属进入半导体中的电流密度。电流密度中的下标指明电子流动的方向。常规电流方向与电子流动方向相反。

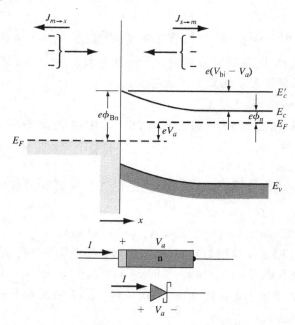

图 9.17　正向偏置时，金属-半导体结的能带图

电流密度 $J_{s \to m}$ 是 x 方向速度足以克服势垒的电子浓度的函数。我们可以写出

$$J_{s \to m} = e \int_{E_c'}^{\infty} v_x \, \mathrm{d}n \tag{9.35}$$

其中，E_c' 是热电子发射到金属所需的最小能量，v_x 是载流子沿 x 输运方向的速度，e 是电子电量。电子浓度增量表示为

$$\mathrm{d}n = g_c(E) f_F(E) \, \mathrm{d}E \tag{9.36}$$

其中，$g_c(E)$ 是导带态密度，$f_F(E)$ 是费米-狄拉克概率分布。若麦克斯韦-玻尔兹曼近似有效，则我们可写出

$$\mathrm{d}n = \frac{4\pi (2m_n^*)^{3/2}}{h^3} \sqrt{E - E_c} \, \exp\left[\frac{-(E - E_F)}{kT}\right] \mathrm{d}E \tag{9.37}$$

若 E_c 之上的电子能量均为动能，则有

$$\frac{1}{2}m_n^* v^2 = E - E_c \tag{9.38}$$

金属–半导体结内的净电流密度可写为

$$J = J_{s \to m} - J_{m \to s} \tag{9.39}$$

其中，定义由金属到半导体的电流方向为正。因此，我们有

$$J = \left[A^* T^2 \exp\left(\frac{-e\phi_{Bn}}{kT}\right) \right] \left[\exp\left(\frac{eV_a}{kT}\right) - 1 \right] \tag{9.40}$$

其中

$$A^* \equiv \frac{4\pi e m_n^* k^2}{h^3} \tag{9.41}$$

参数 A^* 是热电子发射的有效**理查德森常数**。

式(9.40)可写成常见的二极管电流形式，即

$$J = J_{sT} \left[\exp\left(\frac{eV_a}{kT}\right) - 1 \right] \tag{9.42}$$

其中，J_{sT} 是**反向饱和电流**密度，它由下式给出

$$J_{sT} = A^* T^2 \exp\left(\frac{-e\phi_{Bn}}{kT}\right) \tag{9.43}$$

本书中假设势垒高度 ϕ_{Bn} 与理想势垒高度 ϕ_{B0} 相同，并忽略所有的非理想效应。通常，硅的理查德森常数 $A^* = 120 \text{ A/cm}^2 \cdot \text{K}^2$，GaAs 的理查德森常数 $A^* = 1.12 \text{ A/cm}^2 \cdot \text{K}^2$。两者之差是由电子有效质量不同引起的。

例 9.7　$T = 300 \text{ K}$ 时，硅肖特基二极管的势垒高度 $\phi_{Bn} = 0.67 \text{ V}$，试计算其反向饱和电流密度。

【解】

由式(9.43)，可得

$$J_{sT} = A^* T^2 \exp\left(\frac{-e\phi_{Bn}}{kT}\right) = (120)(300)^2 \exp\left(\frac{-0.67}{0.0259}\right)$$

或

$$J_{sT} = 6.29 \times 10^{-5} \text{ A/cm}^2$$

【说明】

通常，肖特基二极管的反向饱和电流密度比 pn 结二极管高几个数量级。在肖特基二极管的某些应用中，反向饱和电流密度大是一个优点。

【自测题】

EX9.7　若假设肖特基势垒高度 $\phi_{Bn} = 0.86 \text{ V}$，试计算 $T = 300 \text{ K}$ 时，GaAs 肖特基二极管的反向饱和电流密度。

答案：$3.83 \times 10^{-10} \text{ A/cm}^2$。

9.3.2 肖特基二极管与 pn 结二极管的比较

虽然式(9.42)给出的肖特基二极管的理想电流-电压特性在形式上与 pn 结二极管相同, 但是两者之间有两点重要区别: 第一个是反向饱和电流密度的数量级不同; 第二个是开关特性不同。

由例9.7可知, 肖特基二极管的反向饱和电流密度相对较大。硅 pn 结二极管的反偏电流主要由产生电流决定。尽管如此, 硅 pn 结二极管的反偏电流仍比肖特基二极管低 2~3 个数量级。

既然 $J_{sT} \gg J_s$, 两种二极管的正向偏置特性也就不同了。图9.18给出了肖特基二极管和 pn 结二极管的典型 I-V 特性。由图可见, 肖特基二极管的有效开启电压比 pn 结二极管的低。为了获得相同的正偏电流, 肖特基二极管所需的正偏电压更低。

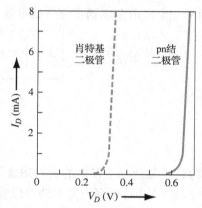

图9.18 肖特基二极管与 pn 结二极管正向 I-V 特性的比较

例9.8 为了获得20 A/cm² 的正偏电流密度, 试计算肖特基二极管和 pn 结二极管所需的正偏电压。假设 $T = 300$ K 时, 肖特基二极管和 pn 结二极管的反向饱和电流密度分别为 $J_{sT} = 5 \times 10^{-5}$ A/cm² 和 $J_s = 10^{-11}$ A/cm²。

【解】

对肖特基二极管, 我们有

$$J = J_{sT} \left[\exp\left(\frac{eV_a}{kT} \right) - 1 \right]$$

忽略(−1)项, 我们可求得正偏电压, 即

$$V_a = \left(\frac{kT}{e} \right) \ln\left(\frac{J}{J_{sT}} \right) = V_t \ln\left(\frac{J}{J_{sT}} \right) = (0.0259) \ln\left(\frac{20}{5 \times 10^{-5}} \right) = 0.334 \text{ V}$$

对 pn 结二极管, 我们有

$$V_a = V_t \ln\left(\frac{J}{J_s} \right) = (0.0259) \ln\left(\frac{20}{10^{-11}} \right) = 0.734 \text{ V}$$

【说明】

通过比较本例的两个正偏电压, 我们可知, 肖特基二极管的开启电压比 pn 结二极管的约小 0.4 V。

【自测题】

EX9.8 (a)pn 结和肖特基二极管的反向饱和电流分别为 10^{-14} A 和 10^{-9} A, 若二极管要产生 100 μA 的电流, 试确定所需的正偏电压; (b)若正向电流为 1 mA, 重做(a)的问题。

答案: (a)0.596 V, 0.298 V; (b)0.656 V, 0.358 V。

开启电压的实际偏差是金属-半导体接触的势垒高度和 pn 结掺杂浓度的函数, 不过我们总可以实现比较大的电压差。

肖特基二极管和 pn 结二极管的第二点不同在于频率响应, 或者说开关特性。由前面的讨论可知, 肖特基二极管的电流主要是由越过势垒的多子注入引起的。例如, 图9.17所示的能带结构图表明, 与半导体空态直接相邻的金属中存在电子。若电子从半导体价带流入金

属,这相当于空穴注入半导体。空穴注入会在 n 型半导体中产生过剩少子空穴。然而,计算和测试结果表明,在大多数情况下,少子空穴电流与总电流之比极低。

因此,肖特基二极管是**多子器件**。这表明肖特基二极管不存在与正向偏置相关的扩散电容。扩散电容的消除使得肖特基二极管比 pn 结二极管具有更高的频率特性。同样,当肖特基二极管从正偏向反偏切换时,也不存在 pn 结二极管的少子存储效应。既然没有少子存储时间,所以肖特基二极管可用做快速开关器件。肖特基二极管的典型开关时间在皮秒量级,而 pn 结二极管的开关时间通常在纳秒量级。

【练习题】

TYU9.6　pn 结二极管和肖特基二极管具有相同的截面积和正偏电流(0.5 mA),若肖特基二极管的反向饱和电流为 5×10^{-7} A,两者的正偏电压之差为 0.30 V,试确定 pn 结二极管的反向饱和电流。

答案：4.66×10^{-12} A。

9.4　pn 结二极管的小信号模型

目标：建立 pn 结二极管的小信号等效电路

前面讨论了 pn 结二极管的直流特性。当 pn 结半导体器件用于线性放大器电路时,正弦信号叠加在直流电流和电压上。因此,pn 结的小信号特性就变得非常重要。

9.4.1　扩散电阻

式(9.27)给出了 pn 结二极管的理想电流-电压关系。其中,J 与 J_s 均为电流密度。若方程两边同乘以 pn 结面积,则有

$$I_D = I_s \left[\exp\left(\frac{eV_a}{kT}\right) - 1 \right] \tag{9.44}$$

其中,I_D 是二极管电流,I_s 是二极管反向饱和电流。

假设二极管正向偏置,直流电压 V_0 产生的直流电流为 I_{DQ}。如图 9.19 所示,若现在叠加一个小的、低频正弦电压,则就在直流电流上叠加小信号正弦电流。正弦电流与正弦电压之比称为增量电导。在正弦电流和电压极小的条件下,小信号增量电导就是直流电流-电压曲线的斜率,即

$$g_d = \left. \frac{\mathrm{d}I_D}{\mathrm{d}V_a} \right|_{V_a = V_0} \tag{9.45}$$

增量电导的倒数是增量电阻,其定义为

$$r_d = \left. \frac{\mathrm{d}V_a}{\mathrm{d}I_D} \right|_{I_D = I_{DQ}} \tag{9.46}$$

其中,I_{DQ} 是二极管的直流静态电流。

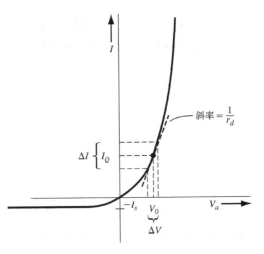

图 9.19　小信号扩散电阻的概念示意图

如果假设二极管的正偏电压足够大，则电流-电压关系中的(-1)项就可省略，此时，**增量电导**变为

$$g_d = \frac{\mathrm{d}I_D}{\mathrm{d}V_a}\bigg|_{V_a=V_0} = \left(\frac{e}{kT}\right)I_s \exp\left(\frac{eV_0}{kT}\right) \approx \frac{I_{DQ}}{V_t} \tag{9.47}$$

小信号增量电阻是上式的倒数，即

$$r_d = \frac{V_t}{I_{DQ}} \tag{9.48}$$

增量电阻随偏置电流的增加而减小。如图 9.19 所示，它与 *I-V* 特性曲线的斜率成反比。增量电阻也称为**扩散电阻**。

9.4.2 小信号导纳

在第 8 章，我们讨论了 pn 结的电容，它是反偏电压的函数。当 pn 结二极管正向偏置时，另一个电容成为二极管导纳的一个因素。在正向偏置条件下，pn 结的小信号导纳(或者说阻抗)是由少子扩散电流关系推导出来的。

定性分析　在做数学分析之前，我们可以定性地理解产生扩散电容的物理过程。其中，扩散电容是 pn 结导纳的一个分量。图 9.20(a)示意地画出了直流正向偏置的 pn 结。小信号交流电压叠加在直流电压上，因此，总正偏电压可写为 $V_a = V_{dc} + \hat{v}\sin\omega t$。

随着 pn 结外加偏压的变化，经过空间电荷区注入 n 区的空穴数量也发生变化。图 9.20(b)给出了空间电荷区边界的空穴浓度与时间的函数关系。$t = t_0$ 时刻，交流电压为零，因此，$x = 0$ 处的空穴浓度为 $p_n(0) = p_{n0}\exp(V_{dc}/V_t)$。

随着交流电压在正半周期的增加，$x = 0$ 处的空穴浓度也增加，并在 $t = t_1$ 时刻达到最大值，这与交流电压峰值相对应；当交流电压进入负半周期时，pn 结上的总压降减少，所以 $x = 0$ 处的空穴浓度随之降低，并在 $t = t_2$ 时刻达到最小值，这与交流电压达到最大负值的时间相对应。因此，$x = 0$ 处的少子空穴浓度有一个叠加在直流值上的交流分量，如图 9.20(b)所示。

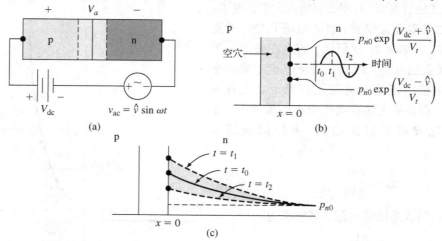

图 9.20　(a)正偏直流电压叠加交流电压的 pn 结；(b)空间电荷区边界的空穴浓度随时间的变化关系；(c)在三个不同时刻下，空穴浓度与 n 区距离的关系曲线(假设交流电压频率较低)

如前所述,空间电荷区边界($x=0$)的空穴扩散进 n 区,并与 n 区的多子电子复合。假设交流电压的周期大于载流子扩散进 n 区所用时间。这样的话,扩散进 n 区的空穴浓度就可视为稳态分布。图 9.20(c)给出了不同时刻的稳态空穴浓度分布。$t=t_0$ 时刻,交流电压为零。因此,$t=t_0$ 曲线对应与直流电压建立的空穴浓度分布。$t=t_1$ 曲线对应与交流电压达到最大正值建立的空穴分布,$t=t_2$ 曲线对应与交流电压达到最大负值建立的空穴分布。阴影部分表示在交流电压的周期内,交替充放电的电荷 ΔQ。

同理,p 区少子电子浓度也经历完全相同的过程。n 区空穴与 p 区电子的充放电过程产生一个电容,这个电容称为扩散电容。扩散电容的物理机制与第 5 章讨论的势垒电容不同。正向偏置 pn 结的扩散电容比势垒电容大得多。

若用包含空间和时间相关项的双极输运方程来确定 pn 结的小信号导纳 Y,其结果可表示为

$$Y = \left(\frac{1}{V_t}\right)(I_{p0} + I_{n0}) + j\omega\left[\left(\frac{1}{2V_t}\right)(I_{p0}\tau_{p0} + I_{n0}\tau_{n0})\right] \tag{9.49}$$

其中,I_{p0} 和 I_{n0} 是二极管的空穴电流和电子电流。τ_{p0} 和 τ_{n0} 是过剩载流子的寿命。

式(9.49)可写为如下形式

$$Y = g_d + j\omega C_d \tag{9.50}$$

参数 g_d 称为**扩散电导**,并表示为

$$g_d = \left(\frac{1}{V_t}\right)(I_{p0} + I_{n0}) = \frac{I_{DQ}}{V_t} \tag{9.51}$$

其中,I_{DQ} 是直流偏置电流。式(9.51)与前面所得的电导式(9.47)完全相同。参数 C_d 称为**扩散电容**,并表示为

$$\boxed{C_d = \left(\frac{1}{2V_t}\right)(I_{p0}\tau_{p0} + I_{n0}\tau_{n0})} \tag{9.52}$$

例 9.9　计算 pn 结二极管的小信号导纳。本例意在表明扩散电容的大小,并与第 5 章讨论的势垒电容进行比较,本例还将计算扩散电阻。假设 $N_a \gg N_d$,故 $p_{n0} \gg n_{p0}$,这个假设意味着 $I_{p0} \gg I_{n0}$。令 $T = 300$ K,$\tau_{p0} = 10^{-7}$ s,$I_{p0} = I_{DQ} = 1$ mA。

【解】

在上述假设条件下,扩散电容可表示为

$$C_d \approx \left(\frac{1}{2V_t}\right)(I_{p0}\tau_{p0}) = \frac{1}{(2)(0.0259)}(10^{-3})(10^{-7}) = 1.93 \times 10^{-9} \text{ F}$$

扩散电阻

$$r_d = \frac{V_t}{I_{DQ}} = \frac{0.0259 \text{ V}}{1 \text{ mA}} = 25.9 \text{ } \Omega$$

【说明】

正偏 pn 结的扩散电容值(1.93 nF)比第 5 章讨论的反偏 pn 结的势垒电容(或耗尽电容)大 3~4 个数量级,而 pn 结耗尽电容的典型值在数十皮法(pF),正偏扩散电容对第 10 章将讨论的双极型晶体管非常重要。

【自测题】

EX9.9　$T = 300$ K 时,硅 pn 结二极管具有如下参数:$N_d = 8 \times 10^{16}$ cm^{-3},$N_a = 2 \times$

10^{15} cm^{-3}, $D_n = 25$ cm$^2 \cdot$ s^{-1}, $D_p = 10$ cm$^2 \cdot$ s^{-1}, $\tau_{n0} = 5 \times 10^{-7}$ s, $\tau_{p0} = 10^{-7}$ s, 截面积 $A = 10^{-3}$ cm^2。若二极管偏置在 (a) $V_a = 0.550$ V 和 (b) $V_a = 0.610$ V，试计算扩散电阻和扩散电容。

答案：(a) $r_d = 118$ Ω，$C_d = 2.06$ nF；(b) $r_d = 11.6$ Ω，$C_d = 20.9$ nF。

扩散电容在正偏 pn 结的电容项中占主导地位。若二极管的电流非常大，则二极管的小信号扩散电阻非常小。随着二极管电流的减小，扩散电阻增大。当讨论双极型晶体管时，我们会考虑正偏 pn 结的阻抗。

9.4.3 等效电路

由式(9.50)得到的正偏 pn 结的小信号等效电路如图 9.21(a)所示。此外，我们还需添加势垒电容，它与扩散电阻和扩散电容并联。最后，还要增加一个串联电阻。由于中性 n 区和 p 区具有有限值的电阻，所以实际 pn 结包括串联电阻。完整的等效电路如图 9.21(b)所示。

实际 pn 结上的电压是 V_a，而加在二极管上的总电压为 V_{app}。结电压 V_a 是理想电流–电压表达式中的电压。因此，我们可以写出

$$V_{\text{app}} = V_a + Ir_s \tag{9.53}$$

图 9.22 是由式(9.53)画出的电流–电压特性曲线，图中给出了串联电阻的影响。若包括串联电阻的影响，获得同样电流所需的外加电压更大。在大多数二极管中，串联电阻均可忽略。然而，在 pn 结构建的某些半导体器件中，串联电阻位于反馈回路中，此时电阻因乘以增益因子而变得不可忽略。

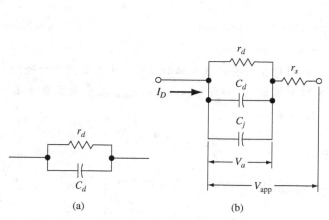

图 9.21 （a）理想正偏 pn 结二极管的小信号等效电路；(b) pn 结二极管的完整小信号等效电路

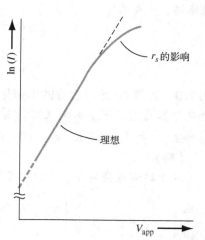

图 9.22 考虑串联电阻的影响时，pn 结二极管的正偏 I-V 特性

【练习题】

TYU9.7 除了 $D_n = 207$ cm$^2 \cdot$ s^{-1}，$D_p = 9.8$ cm$^2 \cdot$ s^{-1} 外，GaAs pn 结二极管在 $T = 300$ K 时的参数与自测题 EX9.9 中的完全相同。若二极管正向偏置在 (a) $V_a = 0.970$ V 和 (b) $V_a = 1.045$ V，试确定其扩散电阻和扩散电容。

答案：(a) $r_d = 263$ Ω，$C_d = 0.940$ nF；(b) $r_d = 14.6$ Ω，$C_d = 17.0$ nF。

> **TYU9.8** $T = 300$ K 时, 硅 pn 结二极管的参数与自测题 EX9.9 中的完全相同。若中性 p 区与中性 n 区的长度均为 0.01 cm, 估计二极管的串联电阻(忽略欧姆接触)。
>
> 答案: $R = 66 \ \Omega$。

9.5 产生–复合电流

目标: 分析 pn 结二极管空间电荷区内的产生与复合电流

在推导理想电流–电压关系过程中, 我们忽略了空间电荷区内的所有效应。既然空间电荷区产生其他电流分量, 所以 pn 结二极管的实际 I–V 特性与理想表达式有所偏差。由复合过程产生的其他电流已在第 5 章中讨论过。

由 SRH 复合理论给出的过剩电子与空穴的复合速率可写为

$$R = \frac{C_n C_p N_t (np - n_i^2)}{C_n(n + n') + C_p(p + p')} \tag{9.54}$$

其中, 参数 n 和 p 分别表示电子浓度和空穴浓度。

9.5.1 反偏产生电流

对于反偏的 pn 结, 我们已证明可动电子和空穴基本被扫出空间电荷区。因此, 在空间电荷区内, $n \approx p \approx 0$。式(9.54)描述的复合速率变为

$$R = \frac{-C_n C_p N_t n_i^2}{C_n n' + C_p p'} \tag{9.55}$$

负号意味着负的复合速率, 所以反向偏置的空间电荷区实际产生电子–空穴对。过剩电子和空穴的复合过程就是重新建立热平衡的过程。既然反偏空间电荷区内的电子和空穴浓度基本为零, 通过陷阱能级产生的电子和空穴也试图重新建立热平衡。图 9.23 示意地画出上述产生过程。电子和空穴一经产生, 就被电场扫出空间电荷区。电荷流动方向与反偏电流方向相同。反偏产生电流是由空间电荷区产生的电子和空穴引起的, 这个电流叠加在理想反偏饱和电流上。

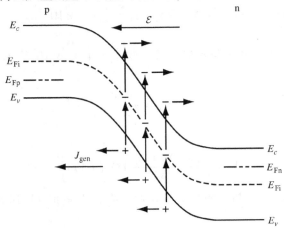

图 9.23 反偏 pn 结的产生过程

由式(9.55)，我们可以计算出反偏产生电流的密度。如果做一个简化假设，令陷阱能级位于本征费米能级，那么就有 $n' = n_i$ 和 $p' = n_i$。式(9.55)现在变成

$$R = \frac{-n_i}{\dfrac{1}{N_t C_p} + \dfrac{1}{N_t C_n}} \tag{9.56}$$

用第8章中寿命的定义，可将式(9.56)写为

$$R = \frac{-n_i}{\tau_{p0} + \tau_{n0}} \tag{9.57}$$

若将 τ_{p0} 和 τ_{n0} 的平均定义为一个新寿命，即

$$\tau_0 = \frac{\tau_{p0} + \tau_{n0}}{2} \tag{9.58}$$

则复合速率可写为

$$R = \frac{-n_i}{2\tau_0} \equiv -G \tag{9.59}$$

负复合速率意味着产生速率，因此，G 是空间电荷区内电子和空穴的产生速率。

产生电流密度可由下式确定

$$J_{\text{gen}} = \int_0^W eG \, \mathrm{d}x \tag{9.60}$$

上式对整个空间电荷区积分。如果假设整个空间电荷区的产生速率为常数，那么可得

$$\boxed{J_{\text{gen}} = \frac{en_i W}{2\tau_0}} \tag{9.61}$$

总反偏电流密度是理想反向饱和电流密度和反偏产生电流密度之和，即

$$J_R = J_s + J_{\text{gen}} \tag{9.62}$$

理想反向饱和电流密度 J_s 与反偏电压无关。但产生电流 J_{gen} 是耗尽区宽度 W 的函数，而 W 又是反偏电压的函数。所以实际反偏电流密度不再与反偏电压无关。

例9.10 $T = 300 \text{ K}$ 时，确定硅 pn 结中的理想反向饱和电流密度和产生电流密度的相对大小。考虑例9.2描述的硅 pn 结二极管，令 $\tau_0 = \tau_{p0} = \tau_{n0} = 5 \times 10^{-7} \text{s}$。

【解】

例9.2已计算出理想反向饱和电流密度，即 $J_s = 4.15 \times 10^{-11} \text{ A/cm}^2$，产生电流密度由式(9.61)给出

$$J_{\text{gen}} = \frac{en_i W}{2\tau_0}$$

耗尽区宽度

$$W = \left[\frac{2\epsilon_s}{e} \left(\frac{N_a + N_d}{N_a N_d} \right) (V_{\text{bi}} + V_R) \right]^{1/2}$$

如果假设 $V_{\text{bi}} + V_R = 5 \text{ V}$，利用例9.2给出的参数，可得 $W = 1.14 \times 10^{-4} \text{ cm}$。因此，产生电流密度为

$$J_{\text{gen}} = 2.74 \times 10^{-7} \text{ A/cm}^2$$

【说明】

通过比较上述计算结果可知，在室温下，硅 pn 结二极管的产生电流密度比理想饱和电流密度大约 4 个数量级。也就是说，产生电流是硅 pn 结二极管反偏电流的主要分量。

【自测题】

EX9.10　$T = 300$ K 时，GaAs pn 结二极管具有如下参数：$N_d = 8 \times 10^{16}$ cm^{-3}，$N_a = 2 \times 10^{15}$ cm^{-3}，$D_n = 207$ cm^2/s，$D_p = 9.80$ cm^2/s，$\tau_{n0} = 5 \times 10^{-7}$ s，$\tau_{p0} = 10^{-7}$ s，截面积 $A = 10^{-3}$ cm^2。（a）若二极管反偏电压 $V_R = 5$ V，试计算反偏产生电流；（b）计算（a）中产生电流 J_{gen} 与理想反向饱和电流之比。

答案：（a）$I_{gen} = 1.03 \times 10^{-13}$ A；（b）1.93×10^7。

9.5.2　正偏复合电流

对于反偏的 pn 结，电子和空穴基本被完全扫出空间电荷区，所以 $n \approx p \approx 0$。然而，在正向偏置条件下，电子和空穴注入空间电荷区，所以空间电荷区确实存在过剩载流子。在空间电荷区内，部分电子与空穴复合的可能性确实存在，并不成为少子分布的一部分。

电子和空穴的复合速率仍由式（9.54）给出，即

$$R = \frac{C_n C_p N_t (np - n_i^2)}{C_n(n + n') + C_p(p + p')}$$

分子和分母同除以 $C_n C_p N_t$，并利用 τ_{n0} 和 τ_{p0} 的定义，我们可将复合速率写为

$$R = \frac{np - n_i^2}{\tau_{p0}(n + n') + \tau_{n0}(p + p')} \tag{9.63}$$

图 9.24 所示为正偏 pn 结的能带图。图中给出了本征费米能级以及电子和空穴的准费米能级。由第 8 章的结果，可将电子浓度写为

$$n = n_i \exp\left(\frac{E_{Fn} - E_{Fi}}{kT}\right) \tag{9.64}$$

空穴浓度写为

$$p = n_i \exp\left(\frac{E_{Fi} - E_{Fp}}{kT}\right) \tag{9.65}$$

其中，E_{Fn} 和 E_{Fp} 分别表示电子准费米能级和空穴准费米能级。

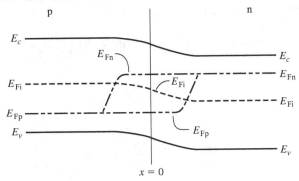

图 9.24　正偏 pn 结的能带结构图。图中给出了准费米能级

由于$(E_{Fn} - E_{Fi})$和$(E_{Fi} - E_{Fp})$在空间电荷区内是变化的, 所以复合速率的计算超出本书的范围。

采用一些近似, 可将**复合电流**密度写为

$$J_{rec} = \frac{eWn_i}{2\tau_0} \exp\left(\frac{eV_a}{2kT}\right) = J_{r0} \exp\left(\frac{eV_a}{2kT}\right) \tag{9.66}$$

其中, W是空间电荷区宽度。

例9.11 确定复合电流密度。 考虑例9.10所描述的硅 pn 结二极管。(a)若正偏电压 $V_a = 0.3$ V, 试确定复合电流密度; (b)试计算(a)中的复合电流密度 J_{rec} 与 $V_a = 0.3$ V 时的理想扩散电流密度之比。

【解】

(a)由 pn 结理论, 可得

$$V_{bi} = V_t \ln\left(\frac{N_a N_d}{n_i^2}\right) = (0.0259) \ln\left[\frac{(10^{16})(10^{16})}{(1.5 \times 10^{10})^2}\right] = 0.695 \text{ V}$$

和

$$W = \left[\frac{2\epsilon_s}{e}\left(\frac{N_a + N_d}{N_a N_d}\right)(V_{bi} - V_a)\right]^{1/2}$$

$$= \left\{\frac{2(11.7)(8.85 \times 10^{-14})}{1.6 \times 10^{-19}}\left[\frac{10^{16} + 10^{16}}{(10^{16})(10^{16})}\right](0.695 - 0.30)\right\}^{1/2}$$

或

$$W = 0.320 \text{ μm}$$

因此

$$J_{rec} = \frac{eWn_i}{2\tau_0} \exp\left(\frac{V_a}{2V_t}\right)$$

$$= \frac{(1.6 \times 10^{-19})(0.32 \times 10^{-4})(1.5 \times 10^{10})}{2(5 \times 10^{-7})} \exp\left[\frac{0.30}{2(0.0259)}\right]$$

或

$$J_{rec} = 2.52 \times 10^{-5} \text{ A/cm}^2$$

(b)由例9.2, 我们发现 $J_s = 4.15 \times 10^{-11}$ A/cm^2。因此

$$J_D \approx J_S \exp\left(\frac{V_a}{V_t}\right) = (4.15 \times 10^{-11}) \exp\left(\frac{0.30}{0.0259}\right)$$

或

$$J_D = 4.45 \times 10^{-6} \text{ A/cm}^2$$

因此

$$\frac{J_{rec}}{J_D} = \frac{2.52 \times 10^{-5}}{4.45 \times 10^{-6}} = 5.66$$

【说明】

当正偏电压较低时, 复合电流是正偏电流的主要分量。

【练习题】

TYU9.11　若正偏电压为 $V_a = 0.5$ V, 重做例 9.11, 并与例 9.11 中的结果进行比较。

答案: $J_{rec}/J_D = 0.084$。

9.5.3　总正偏电流

　　pn 结的总正偏电流密度是复合电流密度和理想扩散电流密度之和。图 9.25 画出了中性 n 区内的少子空穴浓度。这种分布形成了理想空穴扩散电流密度, 并且它是少子空穴扩散长度和外加偏压的函数。这种分布的建立是空穴注入空间电荷区的必然结果。现在, 如果空间电荷区内的部分注入空穴因复合而损失, 那么必须由 p 区注入额外的空穴, 以弥补这些损失。单位时间内额外注入的载流子形成复合电流。图 9.25 示意地给出了这个附加分量。

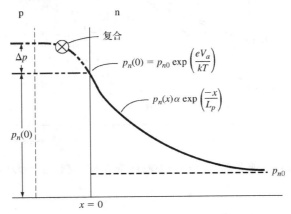

图 9.25　由于复合, p 区向空间电荷区注入额外的
空穴, 以建立 n 区的少子空穴浓度分布

　　总正偏电流密度是复合电流密度与理想扩散电流密度之和, 因此, 可以写出

$$J = J_{rec} + J_D \tag{9.67}$$

其中, J_{rec} 由式 (9.66) 给出, 而 J_D 可表示为

$$J_D = J_s \exp\left(\frac{eV_a}{kT}\right) \tag{9.68}$$

式 (9.27) 中的 (-1) 项已被忽略。参数 J_s 是理想反向饱和电流密度。由前述讨论可知, 复合电流 J_{r0} 的值比 J_s 大。

　　取式 (9.66) 和式 (9.68) 的自然对数, 可得

$$\ln J_{rec} = \ln J_{r0} + \frac{eV_a}{2kT} = \ln J_{r0} + \frac{V_a}{2V_t} \tag{9.69a}$$

和

$$\ln J_D = \ln J_s + \frac{eV_a}{kT} = \ln J_s + \frac{V_a}{V_t} \tag{9.69b}$$

图 9.26 给出了以对数坐标表示的复合电流分量和扩散电流分量与 V_a/V_t 的关系曲线。两条曲线的斜率并不相同。图中也给出了总电流密度, 它是两个电流分量的和。我们注意到, 电流密度较低时, 复合电流占主导; 电流密度较高时, 扩散电流占主导。

通常，二极管的电流-电压关系可写为

$$I = I_s \left[\exp\left(\frac{eV_a}{nkT}\right) - 1 \right]$$

(9.70)

其中，参数 n 称为**理想因子**。正偏电压较大时，扩散电流占主导，此时 $n \approx 1$；正偏电压较小时，复合电流占主导，此时 $n \approx 2$。而在过渡区域时，$1 < n < 2$。

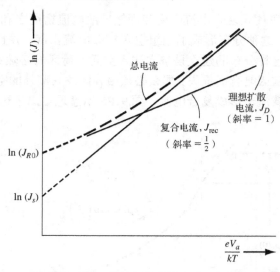

图 9.26　正向偏置时，pn 结的理想扩散电流、复合电流和总电流

9.6　结击穿

目标：讨论二极管的击穿电压

　　在理想 pn 结中，反偏电压通过器件产生小的反偏电流。然而，反偏电压不能无限增长。在某个特定电压下，反偏电流增长迅速。发生这种现象的电压称为击穿电压。

　　引起 pn 结反向击穿的物理机制有两种：**齐纳击穿**和**雪崩击穿**。隧穿机制使重掺杂的 pn 结发生齐纳击穿。在重掺杂的 pn 结内，反偏结区两侧的导带与价带靠得很近，所以电子可由 p 区价带直接隧穿进 n 区导带。图 9.27(a) 示意地画出这种隧穿过程。

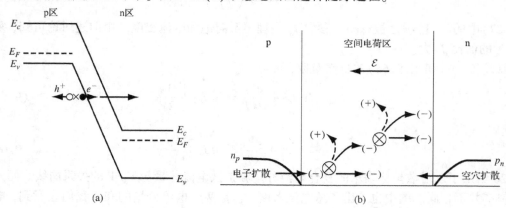

图 9.27　(a)反偏 pn 结的齐纳击穿机制；(b)反偏 pn 结的雪崩击穿过程

若空间电荷区内运动的电子或空穴从电场获得
足够的能量，并与耗尽区的原子发生碰撞，产生新
的电子–空穴对，如此周而复始，就会发生雪崩击
穿。图 9.27(b)示意地画出了雪崩过程。在电场的
作用下，新产生的电子和空穴朝相反的方向运动，
所以新产生电流叠加在原有反向电流上。此外，新
产生的电子或空穴获得足够的能量去离化其他原
子，进而发生雪崩过程。对大多数 pn 结而言，雪崩
效应是结击穿的主要机制。

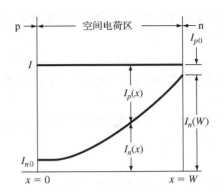

图 9.28　雪崩倍增过程中，空间电荷区
内的电子电流和空穴电流分量

如果假设在 $x = 0$ 处，进入耗尽区的反向电子电
流为 I_{n0}，如图 9.28 所示。由于雪崩效应，电子电流
I_n 将随经过耗尽区距离的增大而增大。在 $x = W$ 处，
电子电流可写为

$$I_n(W) = M_n I_{n0} \tag{9.71}$$

其中，M_n 是倍增因子。空穴电流从耗尽区的 n 型侧向 p 型侧逐渐增大，并在 $x = 0$ 处达到最
大值。稳态时，通过 pn 结的总电流为常数。

我们可以写出某一点 x 处的电子电流增量表达式，即

$$\mathrm{d}I_n(x) = I_n(x)\alpha_n \,\mathrm{d}x + I_p(x)\alpha_p \,\mathrm{d}x \tag{9.72}$$

其中，α_n 和 α_p 分别表示电子和空穴的离化速率。离化速率是指电子(α_n)或空穴(α_p)在单位
长度内产生电子–空穴对的数量。式(9.72)可写为

$$\frac{\mathrm{d}I_n(x)}{\mathrm{d}x} = I_n(x)\alpha_n + I_p(x)\alpha_p \tag{9.73}$$

总电流 I 可表示为

$$I = I_n(x) + I_p(x) \tag{9.74}$$

它是常数。从式(9.74)解 $I_p(x)$，并将其代入式(9.73)，可得

$$\frac{\mathrm{d}I_n(x)}{\mathrm{d}x} + (\alpha_p - \alpha_n)I_n(x) = \alpha_p I \tag{9.75}$$

如果假设电子和空穴的离化速率相等，即

$$\alpha_n = \alpha_p \equiv \alpha \tag{9.76}$$

则式(9.75)可简化，对整个空间电荷区积分，可得

$$I_n(W) - I_n(0) = I \int_0^W \alpha \,\mathrm{d}x \tag{9.77}$$

利用式(9.71)，式(9.77)可写为

$$\frac{M_n I_{n0} - I_n(0)}{I} = \int_0^W \alpha \,\mathrm{d}x \tag{9.78}$$

既然 $M_n I_{n0} \approx I$，且 $I_n(0) = I_{n0}$，式(9.78)变为

$$1 - \frac{1}{M_n} = \int_0^W \alpha \,\mathrm{d}x \tag{9.79}$$

雪崩击穿电压定义为 M_n 接近无穷大的电压。因此，产生雪崩击穿的条件为

$$\int_0^W \alpha \, \mathrm{d}x = 1 \tag{9.80}$$

离化速率是电场的强函数。由于空间电荷区内的电场不是常数，所以式(9.80)并不容易评估。

例如，如果我们考虑单边的p$^+$n结，则最大电场由下式给出

$$\mathcal{E}_{\max} = \frac{eN_d x_n}{\epsilon_s} \tag{9.81}$$

耗尽区宽度 x_n 可近似表示为

$$x_n \approx \left(\frac{2\epsilon_s V_R}{e} \frac{1}{N_d} \right)^{1/2} \tag{9.82}$$

其中，V_R 是外加反偏电压。在此，我们忽略了内建电势 V_{bi}。

若现在将 V_R 定义为击穿电压 V_B，最大电场 $\mathcal{E}_{\max}$ 定义为发生击穿时的临界电场 $\mathcal{E}_{\mathrm{crit}}$。联立式(9.81)和式(9.82)，可写出

$$\boxed{V_B = \frac{\epsilon_s \mathcal{E}_{\mathrm{crit}}^2}{2eN_B}} \tag{9.83}$$

其中，N_B 是单边突变结中轻掺杂区的浓度。如图 9.29 所示，**临界电场**是掺杂浓度的弱相关函数。

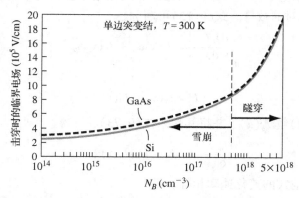

图 9.29　单边突变结发生击穿时的临界电场与掺杂浓度的关系曲线(引自 Sze[13])

前面我们讨论的都是均匀掺杂的平面结。对于线性缓变结而言，其击穿电压会降低。图 9.30 给出了单边突变结和线性缓变结的击穿电压曲线。若把扩散结的曲率也考虑进来，则击穿电压会进一步下降。

例 9.12　设计满足击穿电压要求的理想单边突变n$^+$p结二极管。 $T = 300$ K 时，硅 pn 结二极管的掺杂浓度 $N_d = 3 \times 10^{18}$ cm^{-3}，试设计二极管的参数，使击穿电压为 100 V。

【解】

由图 9.30 可知，单边突变结的击穿电压 $V_B = 100$ V 时，轻掺杂侧的杂质浓度约为 4×10^{15} cm^{-3}。

若掺杂浓度为 4×10^{15} cm^{-3}，由图 9.29 可知，临界电场近似为 3.7×10^5 V/cm。由式(9.83)计算可得，此时的击穿电压为 110 V，与图 9.30 中的结果非常吻合。

【结论】

如图 9.30 所示，随着轻掺杂区杂质浓度的降低，击穿电压增大。

【自测题】

EX9.12　为了获得击穿电压 $V_B = 60$ V 的、均匀掺杂的单边突变硅 pn 结二极管。试确定，轻掺杂区的最大掺杂浓度是多少？

　　　　答案：$N_B \approx 9 \times 10^{15}$ cm^{-3}。

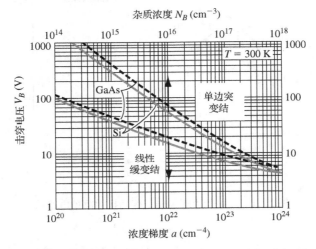

图 9.30　均匀掺杂结和线性缓变结的击穿电压与杂质浓度的关系曲线(引自 Sze[13])

【练习题】

TYU9.9　若自测题 EX9.12 中的二极管为 GaAs 二极管，其他参数保持不变，重做自测题 EX9.12。

　　　　答案：$N_B \approx 1.5 \times 10^{16}$ cm^{-3}。

9.7　电荷存储与二极管瞬态

目标：分析二极管的开关特性

pn 结二极管常用做电子开关。正向偏置时，称为开态，很小的外加偏压就可产生相对较大的电流；而反向偏置时，称为关态，此时只有很小的电流存在。在电路应用中，我们最感兴趣的是 pn 结二极管的开关速度。本节将定性讨论二极管的瞬态及电荷存储效应，只简单给出描述开关时间的方程，并不进行数学推导。

9.7.1　关瞬态

假如二极管由正向偏置的开态变为反向偏置的关态。图 9.31 给出了 $t = 0$ 时刻，切换开关状态的简单电路示意图。$t < 0$ 时刻，正偏电流为

$$I = I_F = \frac{V_F - V_a}{R_F} \tag{9.84}$$

正向偏压为 V_F 时，器件内的少子浓度分布如图 9.32(a)所示。在二极管的 p 区和 n 区内都有过剩少子存储。空间电荷区边界的过剩少子浓度由正向结电压 V_a 维持。当外加偏压由正偏变为反偏时，空间电荷区边界的少子浓度不能再维持，于是开始降低，如图 9.32(b)所示。

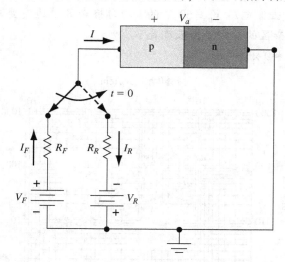

图 9.31　二极管由正偏向反偏切换的简单电路图

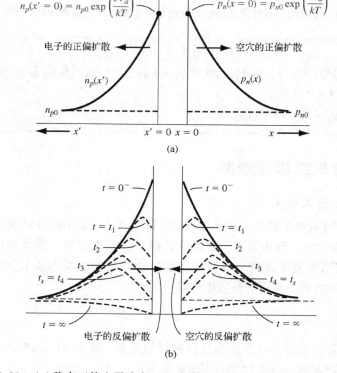

图 9.32　(a)稳态正偏少子浓度；(b)切换过程中，不同时刻的少子浓度

空间电荷区边界少子浓度的衰落引起大的浓度梯度和沿反偏方向的扩散电流。如果假设此时二极管上的压降比 V_R 小，则反向电流近似为

$$I = -I_R \approx \frac{-V_R}{R_R} \tag{9.85}$$

势垒电容不允许结电压瞬时改变。如果电流 I_R 比上式的值大，则结上电压为正偏，这与前述的反偏电流假设相矛盾；如果电流 I_R 比上式的值小，则 pn 结反偏，即结电压发生瞬时变化。既然反偏电流由式(9.85)确定，反偏电流密度的梯度是常数，这样，空间电荷区边界的少子浓度随时间降低，如图 9.32(b) 所示。

在 $0^+ \le t \le t_s$ 时刻，反偏电流 I_R 近似为常量。其中，t_s 称为**存储时间**。存储时间是空间电荷区边界少子浓度达到热平衡时所经历的时间长度。在 t_s 之后，结上的压降开始变化。电流特性如图 9.33 所示。反偏电流 I_R 是由存储的少子电荷流动引起的，而存储的少子电荷是 $t = 0^-$ 和 $t = \infty$ 时的少子浓度之差，如图 9.32(b) 所示。

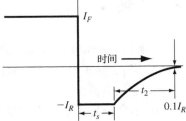

图 9.33　二极管开关过程中，电流特性与时间的关系曲线

存储时间 t_s 可通过求解时间相关的连续性方程而确定。如果考虑单边突变的 p^+n 结，则存储时间 t_s 可由下式确定

$$\mathrm{erf} \sqrt{\frac{t_s}{\tau_{p0}}} = \frac{I_F}{I_F + I_R} \tag{9.86}$$

其中，$\mathrm{erf}(x)$ 是误差函数。存储时间的近似解为

$$t_s \approx \tau_{p0} \ln \left(1 + \frac{I_F}{I_R} \right) \tag{9.87}$$

$t > t_s$ 的恢复期是 pn 结达到稳态反偏条件所需的时间。剩余的过剩载流子被移走，空间电荷区宽度逐渐增加到反偏时的宽度值。衰减时间 t_2 由下式确定

$$\mathrm{erf} \sqrt{\frac{t_2}{\tau_{p0}}} + \frac{\exp(-t_2/\tau_{p0})}{\sqrt{\pi t_2/\tau_{p0}}} = 1 + 0.1 \left(\frac{I_R}{I_F} \right) \tag{9.88}$$

总关断时间是 t_s 和 t_2 之和。

为使二极管快速关断，通常需要较大的反向电流和短的少子寿命。在设计二极管电路时，为了快速开关二极管，设计者必须为瞬态反偏电流脉冲提供一条泄放通路。这些效应在分析双极型晶体管的开关特性时，还会再次讨论。

9.7.2　开瞬态

二极管由"关"态切换为正偏"开"态的过程称为开瞬态。给二极管施加一个正向脉冲就可实现上述过程。开过程的第一阶段进行得非常快，它是空间电荷区宽度由反偏值缩小到 $V_a = 0$ 时热平衡宽度所用的时间。在此期间，空间电荷区的离化施主和受主变为电中性。

开过程的第二阶段是建立少子分布所用的时间。在此期间，结电压逐渐增至稳态值。在少子寿命很短，且正偏电流很小的情况下，可实现小的开启时间。

【练习题】

TYU9.10 单边突变的硅p^+n结二极管的正偏电流 $I_F = 1.75$ mA，若 $V_R = 2$ V 的有效反偏
电压将二极管切换到关态，有效串联电阻 $R_R = 4$ kΩ，少子空穴寿命为 10^{-7}s。
(a)确定存储时间 t_s；(b)计算衰减时间 t_2；(c)二极管的关断时间为多少？
答案：(a)0.746×10^{-7}s；(b)1.25×10^{-7}s；(c)$\approx 2 \times 10^{-7}$s。

9.8　小结

1. 回顾了 pn 结和肖特基结的基本结构，以及零偏和反偏时的能带结构图。

2. A. 当 pn 结正向偏置时(p 区相对 n 区为正)，势垒降低，所以 p 区空穴和 n 区电子流过空间电荷区。

   B. 本章推导了空间电荷区边界 n 区少子空穴浓度和 p 区少子电子浓度与正偏电压的函数关系，并给出了相关的边界条件。

   C. 采用双极输运方程推导了 n 区和 p 区的稳态过剩载流子浓度与正偏电压的关系。每个区都会发生扩散和复合过程。

   D. 由于存在少子浓度梯度，pn 结内存在少子扩散电流。这些扩散电流产生了 pn 结二极管的理想电流-电压关系。

3. A. 当在肖特基势垒结上施加正偏电压时(金属相对 n 型半导体为正)，半导体和金属间的势垒降低。

   B. 肖特基二极管的电流是由多子电子越过势垒的热电子发射引起的。建立了理想的电流-电压关系。

   C. 肖特基二极管和 pn 结二极管的比较表明，肖特基二极管的反向饱和电流比 pn 结二极管的大，这使得肖特基二极管具有较小的开启电压。

4. 建立了 pn 结的小信号等效电路，我们感兴趣的两个参数是扩散电阻和扩散电容。

5. A. 反偏 pn 结的空间电荷区产生过剩载流子，这些载流子被电场扫出，形成反向产生电流。它是反偏电流的一个分量。

   B. 正向偏置条件下，从 n 区和 p 区注入空间电荷区的部分载流子发生复合。这个复合过程形成正向复合电流。它是正偏二极管电流的另一分量。

6. 当 pn 结二极管施加足够大的反偏电压时，二极管发生雪崩击穿，所以产生大的反向电流。推导了击穿电压与掺杂浓度的函数关系。在单边突变的 pn 结中，击穿电压是轻掺杂区杂质浓度的函数。

7. 当 pn 结从正向偏置切换到反向偏置时，必须把存储的过剩少子电荷从结区移走。移走这些电荷所需的时间称为存储时间，它是二极管开关速度的一个限制因素。

知识点

学完本章之后，读者应具备如下能力：

1. 描述均匀掺杂 pn 结的结构，画出零偏和反偏 pn 结的能带图。

2. A. 当 pn 结正偏时，描述空间电荷区内电荷流动的机制。

　 B. 简述空间电荷区边界少子浓度的边界条件。

　 C. 简述 pn 结中稳态少子浓度的推导过程。

　 D. 描述 pn 结理想电流-电压关系的推导过程。

　 E. 描述正偏 pn 结内电荷流动的物理过程。

　 F. 简述短二极管的特性。

3. A. 简述正偏肖特基二极管的电流机制。

　 B. 简述为什么肖特基二极管的开关速度比 pn 结二极管的速度快？

4. 简述扩散电阻和扩散电容的物理意义。

5. A. 简述反偏 pn 结二极管的产生电流过程。

　 B. 描述正偏 pn 结二极管的复合电流过程。

6. 简述 pn 结的雪崩击穿机制。

7. 简述 pn 结的关瞬态响应。

复习题

1. 画出零偏和反偏条件下，pn 结和肖特基结的能带结构图。定义内建电势。

2. A. 画出正偏 pn 结的能带结构图。

　 B. 为什么载流子可以扩散过正偏 pn 结的空间电荷区。

　 C. 对于正偏和反偏的 pn 结，写出空间电荷区边界少子浓度的边界条件表达式。

　 D. 画出正偏 pn 结内稳态少子浓度的分布图。

　 E. 简述理想 pn 结二极管电流-电压关系的推导过程。

　 F. 画出通过正偏 pn 结二极管的电子电流和空穴电流。

　 G. 短二极管指的是什么？

3. A. 正偏肖特基二极管的电流机制是什么？

　 B. 为什么肖特基二极管的有效开启电压比 pn 结二极管的低？

　 C. 为什么肖特基二极管的开关速度比 pn 结二极管的快？

4. A. 解释扩散电阻的物理机制。

　 B. 解释扩散电容的物理机制。

5. A. 简述反偏 pn 结中产生电流的物理机制。

　 B. 简述正偏 pn 结中复合电流的物理机制。

6. 为什么 pn 结的击穿电压随掺杂浓度的增加而减小？

7. 解释存储时间的物理意义。

习题

9.2　pn 结——理想电流-电压特性

9.1　(a) $T = 300$ K 时，理想 pn 结二极管工作在正向偏置条件下。若二极管电流增大 10 倍，二极管两端电压的变化量为多少？(b) 若电流增大 100 倍，电压改变量又是多少？

9.2 $T = 300$ K 时，若 pn 结二极管的理想反偏电流是反向饱和电流的 90%，试确定二极管两端的反偏电压。

9.3 $T = 300$ K 时，理想 Si pn 结二极管工作在正向偏置条件下。其少子寿命分别为 $\tau_{n0} = 10^{-6}$ s 和 $\tau_{p0} = 10^{-7}$ s，n 区掺杂浓度 $N_d = 10^{16}$ cm^{-3}。当 p 区掺杂浓度在 10^{15} cm$^{-3} \leqslant N_a \leqslant 10^{18}$ cm^{-3} 变化时，试画出空间电荷区内的空穴电流与总电流之比随 N_a 变化的关系曲线（掺杂浓度采用对数坐标）。

9.4 利用例 9.2 给定的半导体参数，设计一个满足以下条件的 Si pn 结二极管：(1)当 pn 结二极管工作在 $T = 300$ K 时，二极管两端电压 $V_D = 0.65$ V 时所对应的电流为 $I = 10$ mA；(2)电子电流与总电流之比等于 0.1，且最大电流密度不超过 20 A/cm^2。

9.5 $T = 300$ K 时，假设 Si pn 结的 $\tau_{p0} = 0.1\ \tau_{n0}$，$\mu_n = 2.4\mu_p$。若将经过耗尽区的电子电流与总电流之比定义为电子注入效率。试确定电子注入效率与(a) N_d/N_a 和(b) σ_n/σ_p 的表达式。

9.6 $T = 300$ K 时，Si p$^+$n 二极管的掺杂浓度为 $N_a = 10^{18}$ cm^{-3}，$N_d = 10^{16}$ cm^{-3}。少子空穴的扩散系数 $D_p = 12$ cm^2/s，少子空穴寿命为 $\tau_{p0} = 10^{-7}$ s，结面积 $A = 10^{-4}$ cm^2。试计算反向饱和电流和正偏电压 $V_a = 0.5$ V 时的二极管电流。

9.7 理想 Si pn 结二极管具有如下参数：$\tau_{n0} = \tau_{p0} = 0.1 \times 10^{-6}$ s，$D_n = 25$ cm^2/s，$D_p = 10$ cm^2/s。若耗尽区电流的 95% 为电子电流，试确定 N_a/N_d 之比。

9.8 $T = 300$ K 时，截面积 $A = 10^{-4}$ cm^2 的 pn 结具有如下参数：

n 区	p 区
$N_d = 10^{17}$ cm^{-3}	$N_a = 5 \times 10^{15}$ cm^{-3}
$\tau_{p0} = 10^{-7}$ s	$\tau_{n0} = 10^{-6}$ s
$\mu_n = 850$ cm^2/V·s	$\mu_n = 1250$ cm^2/V·s
$\mu_p = 320$ cm^2/V·s	$\mu_p = 420$ cm^2/V·s

(a)画出 pn 结的平衡能带图，并在图中标出 pn 结两侧的费米能级相对本征费米能级的位置；(b)计算反向饱和电流 I_s，确定正偏电压为 0.5 V 时的二极管电流；(c)确定在空间电荷区边界 $x = x_n$ 处的空穴电流与总电流之比。

9.9 $T = 300$ K 时，Ge pn 结二极管具有如下参数：$N_a = 10^{18}$ cm^{-3}，$N_d = 10^{16}$ cm^{-3}，$D_p = 49$ cm^2/s，$D_n = 100$ cm^2/s，$\tau_{n0} = \tau_{p0} = 5$ μs，$A = 10^{-4}$ cm^2。试分别计算(a)正偏电压为 0.2 V 和(b)反偏电压为 0.2 V 时的二极管电流。

9.10 $T = 300$ K 时，Si n$^+$p 结二极管的参数如下：$N_d = 10^{18}$ cm^{-3}，$N_a = 10^{16}$ cm^{-3}，$D_n = 25$ cm^2/s，$D_p = 10$ cm^2/s，$\tau_{n0} = \tau_{p0} = 1$ μs，$A = 10^{-4}$ cm^2。试分别计算(a)正偏电压为 0.5 V 和(b)反偏电压为 0.5 V 时的二极管电流。

9.11 均匀掺杂 Si 突变结两侧的杂质浓度分别为 $N_a = 5 \times 10^{15}$ cm^{-3} 和 $N_d = 1 \times 10^{15}$ cm^{-3}，结面积 $A = 10^{-4}$ cm^2，少子寿命 $\tau_{n0} = 0.4$ μs，$\tau_{p0} = 0.1$ μs。若器件结构如图 P9.11 所示，试计算：(a)空穴形成的理想反向饱和电流；(b)电子形成的理想反向饱和电流；(c) $V_a = 0.5V_{bi}$ 时，x_n 处的空穴浓度；(d) $V_a = 0.5V_{bi}$ 时，$x = x_n + 0.5L_p$ 处的电子电流。

9.12 考虑如图 P9.12 所示的理想长 Si pn 结二极管。$T = 300$ K 时，n 区的施主杂质浓度为 10^{16} cm^{-3}，p 区的受主杂质浓度为 5×10^{16} cm^{-3}，少子寿命分别为 $\tau_{n0} = 0.05$ μs，$\tau_{p0} =$

0.01 μs。少子扩散系数分别为 $D_n = 23$ cm²/s，$D_p = 8$ cm²/s，二极管两端的正偏电压 $V_a = 0.610$ V。试计算：(a)$x \geq 0$ 时，少子空穴浓度与 x 的函数关系；(b)$x = 3 \times 10^{-4}$ cm 处的空穴扩散电流密度；(c)$x = 3 \times 10^{-4}$ cm 处的电子电流密度。

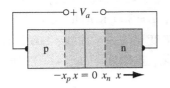

图 P9.11　习题 9.11 的示意图　　　　　图 P9.12　习题 9.12 的示意图

9.13　小注入的上限通常定义为：空间电荷区边界在轻掺杂侧的少子浓度达到该区多子浓度的 1/10。根据上述定义，分别计算习题 9.9 和习题 9.10 所描述的二极管达到小注入上限时的正偏电压。

9.14　Si pn 结二极管的截面积 $A = 10^{-3}$ cm²。二极管的温度 $T = 300$ K，掺杂浓度分别为 $N_d = 10^{16}$ cm⁻³ 和 $N_a = 8 \times 10^{15}$ cm⁻³。假设少子寿命分别为 $\tau_{n0} = 10^{-6}$s 和 $\tau_{p0} = 10^{-7}$s。若二极管两端的正偏电压 V_a 分别为 0.3 V，0.4 V 和 0.5 V 时，试分别计算不同偏压下，p 区的过剩电子总数和 n 区的过剩空穴总数。

9.15　考虑 $T = 300$ K 时的两个理想 pn 结二极管。除半导体材料的带隙能不同外，其他电学和物理参数完全相同。第一个 pn 结二极管的带隙能为 0.525 eV，正偏电压 $V_a = 0.255$ V 时的二极管电流 $I = 10$ mA。试设计第二个二极管的带隙能，使其在正偏电压 $V_a = 0.32$ V 时的二极管电流为 10 μA。

9.16　反向饱和电流是温度的函数。(a)假设 I_s 随温度的变化仅由本征载流子浓度的改变引起，试证明 I_s 随温度的变化关系式可写为 $I_s = CT^3 \exp(-E_g/kT)$。其中，C 是常数，它仅是二极管参数的函数；(b)若温度 T 从 300 K 升高到 400 K，试确定 Ge 二极管和 Si 二极管的反向饱和电流增量。

9.17　假设迁移率、扩散系数和少子寿命与温度无关(取 $T = 300$ K 时的参数值)，同时假设 $\tau_{n0} = 10^{-6}$s，$\tau_{p0} = 10^{-7}$s，$N_d = 5 \times 10^{15}$ cm⁻³，$N_a = 5 \times 10^{16}$ cm⁻³。若温度 T 从 200 K 升高到 500 K，试分别画出(a)Si，(b)Ge 和(c)GaAs 理想 pn 结的反向饱和电流随温度变化的关系曲线(电流密度采用对数坐标)。

9.18　理想的均匀掺杂 Si pn 结二极管的截面积为 10^{-4} cm²，p 区的受主掺杂浓度为 5×10^{18} cm⁻³，n 区的施主掺杂浓度为 10^{15} cm⁻³。假设下列参数值与温度无关：$E_g = 1.10$ eV，$\tau_{n0} = \tau_{p0} = 10^{-7}$s，$D_n = 25$ cm²/s，$D_p = 10$ cm²/s，$N_c = 2.8 \times 10^{19}$ cm⁻³，$N_v = 1.04 \times 10^{19}$ cm⁻³。正偏和反偏电压均为 0.50 V 时，正向与反向电流之比不小于 10^4，同时反向饱和电流不大于 1 μA。试问二极管满足上述指标的最高温度为多少？

*9.19　如图 9.16 所示，Si p⁺n 结二极管的 n 区很窄，即 $W_n < L_p$。在边界 $x = x_n + W_n$ 处，少子浓度 $p_n = p_{n0}$。(a)推导由式(9.31)给定的过剩空穴浓度 $\delta p_n(x)$ 的表达式；(b)利用(a)中结果，证明二极管的电流密度可表示为

$$J = \frac{eD_p p_{n0}}{L_p} \coth\left(\frac{W_n}{L_p}\right) \left[\exp\left(\frac{eV}{kT}\right) - 1\right]$$

9.20　在二极管正向偏置电流固定的情况下，可用 Si 二极管测定其工作温度。此时，正偏

电压是温度的函数。$T = 300$ K 时，二极管的正偏电压为 0.60 V。试确定(a)$T =$ 310 K 和(b)$T = 320$ K 时的二极管电压。

9.21 正向偏置的 Si 二极管可用做温度传感器。若二极管由一个恒流源正向偏置，而测量的 V_a 是温度的函数。(a)假设电子与空穴的 D/L 及 E_g 均与温度无关，试推导 $V_a(T)$ 的表达式；(b)若二极管的偏置电流 $I_D = 0.1$ mA，$T = 300$ K 时的反向饱和电流 $I_s = 10^{-15}$ A，试画出 $20\,^{\circ}\mathrm{C} < T < 200\,^{\circ}\mathrm{C}$ 范围内，V_a 随 T 变化的关系曲线；(c)若 $I_D = 1$ mA，重复(b)的问题；(d)若考虑带隙能随温度的变化，重新计算(a)~(c)的问题。

9.3 肖特基二极管——理想电流-电压关系

9.22 PtSi 肖特基二极管制备在掺杂浓度 $N_d = 10^{16}$ cm^{-3} 的 n 型 Si 片上。$T = 300$ K 时，势垒高度为 0.89 V。试求 $J_n = 2$ A/cm^2 时的 ϕ_n、V_{bi}、J_{sT} 和 V_a。

9.23 (a)$T = 300$ K 时，考虑钨(W)与 n 型 Si 形成的肖特基二极管。令 $N_d = 5 \times 10^{15}$ cm^{-3}，结面积 $A = 5 \times 10^{-4}$ cm^2，$\phi_{Bn} = 0.68$ V。试计算二极管电流为 1 mA，10 mA 和 100 mA 时，所需的正偏电压；(b)若温度升高到 $T = 400$ K 时，重做(a)的问题。

9.24 肖特基二极管可在 n 型 GaAs 上淀积 Au 膜制备而成。其中，GaAs 的掺杂浓度为 $N_d = 5 \times 10^{16}$ cm^{-3}，$T = 300$ K，$\phi_{Bn} = 0.86$ V。(a)若要求 $J_n = 5$ A/cm^2，试确定所需的正偏电压；(b)为使电流密度变为原来的两倍，正偏电压的变化量应为多少？

9.25 (a)Au-GaAs(n 型)肖特基二极管的截面积为 10^{-4} cm^2，$\phi_{Bn} = 0.86$ V。试画出 $0 \leqslant V_D \leqslant 0.5$ V 时的正偏 I-V 特性曲线(电流采用对数坐标)；(b)若改为 AuSi(n 型)肖特基二极管，且 $\phi_{Bn} = 0.65$ V，重做(a)的问题；(c)从这些结果可得出什么结论。

9.26 肖特基二极管和 pn 结二极管的截面积 $A = 5 \times 10^{-4}$ cm^2。$T = 300$ K 时，肖特基二极管和 pn 结二极管的反向饱和电流密度分别为 3×10^{-8} A/cm^2 和 3×10^{-12} A/cm^2。若要求二极管电流为 1 mA，试求各二极管所需的正偏电压。

9.27 $T = 300$ K 时，pn 结二极管和肖特基二极管的反向饱和电流密度分别为 5×10^{-12} A/cm^2 和 7×10^{-8} A/cm^2，pn 结二极管的截面积 $A = 8 \times 10^{-4}$ cm^2。当电流为 1.2 mA 时，两个二极管的正偏电压之差为 0.265 V，试确定肖特基二极管的截面积。

9.28 (a)$T = 300$ K 时，肖特基二极管和 pn 结二极管的反向饱和电流分别为 5×10^{-8} A 和 10^{-12} A。若两个二极管并联，并用 0.5 mA 的恒定电流驱动。(i)确定各个二极管的电流；(ii)确定各个二极管两端的电压；(b)若两个二极管串联，重做(a)的问题。

*9.29 肖特基二极管和 pn 结二极管的截面积 $A = 7 \times 10^{-4}$ cm^2。$T = 300$ K 时，肖特基二极管和 pn 结二极管的反向饱和电流密度分别为 4×10^{-8} A/cm^2 和 3×10^{-12} A/cm^2。若要求两个二极管的正偏电流均为 0.8 mA。(a)确定二极管两端所需的偏置电压；(b)若维持(a)中所得的二极管电压不变，试确定 400 K 时的二极管电流(考虑反向饱和电流的温度相关性)。假设 pn 结二极管的 $E_g = 1.12$ eV，肖特基二极管的 $\phi_{B0} = 0.82$ V)。

9.4 pn 结二极管的小信号模型

9.30 $T = 300$ K 时，pn 结二极管的正偏电压 $V_a = 0.72$ V，$I_{DQ} = 2$ mA。若 n 区和 p 区的少子寿命均为 1 μs，试计算 pn 结二极管的交流小信号导纳。

9.31 考虑 $T = 300$ K 时的 Si p$^+$n 结二极管。其中，二极管的正偏电流为 1 mA，n 区空穴的

寿命为 10^{-7} s。若忽略耗尽电容,试分别计算频率为 10 kHz, 100 kHz, 1 MHz 和 10 MHz时的二极管阻抗。

9.32　若 Si pn 结二极管的参数与习题9.8 相同。(a)计算并画出偏置电压在 $-10\ \text{V} \leqslant V_a \leqslant 0.75\ \text{V}$ 范围内变化时的耗尽电容和扩散电容;(b)试确定耗尽电容和扩散电容相等时的电压值。

9.33　考虑 $T = 300$ K 时的 Si p$^+$n结二极管。扩散电容与正偏电流关系曲线的斜率为 2.5×10^{-6} F/A。试确定空穴寿命和正偏电流为 1 mA 时的扩散电容。

9.34　$T = 300$ K 时,单边n$^+$p硅二极管工作在正偏条件下。已知截面积 $A = 10^{-3}$ cm^2, pn 结两侧的掺杂浓度 $N_d = 10^{18}$ cm^{-3}, $N_a = 10^{16}$ cm^{-3}, $\tau_{p0} = 10^{-8}$s, $\tau_{n0} = 10^{-7}$s, $D_p = 10$ cm^2/s, $D_n = 25$ cm^2/s, 最大扩散电容为 1 nF。试确定:(a)二极管的最大电流;(b)最大正偏电压;(c)扩散电阻。

9.35　$T = 300$ K 时, Si pn 结二极管的截面积 $A = 10^{-2}$ cm^2, p 区长度为 0.2 cm, n 区长度为 0.1 cm, 两区的掺杂浓度分别为 $N_d = 10^{15}$ cm^{-3} 和 $N_a = 10^{16}$ cm^{-3}。(a)计算二极管的串联电阻;(b)若串联电阻上的压降为 0.1 V 时,二极管的电流为多少?

9.36　为获得指定的二极管电流,我们需要考虑串联电阻对正偏电压的影响。(a)假设 $T = 300$ K 时, 二极管的反向饱和电流 $I_s = 10^{-10}$ A, n 区电阻率为 0.2 Ω·cm, p 区电阻率为 0.1 Ω·cm。假设各中性区的长度均为 10^{-2} cm, 二极管的截面积 $A = 2 \times 10^{-5}$ cm^2。若要求二极管电流分别为 1 mA 和 10 mA, 试确定所需的外加电压;(b)忽略串联电阻的影响,重做(a)的问题。

9.37　$T = 300$ K 时,理想 Si pn 结二极管正向偏置。小信号扩散电阻的最小值为 $r_d = 48$ Ω, 反向饱和电流 $I_s = 2 \times 10^{-11}$ A。试计算满足上述要求的最大正偏电压。

9.38　(a) $T = 300$ K 时,理想 Si pn 结二极管正向偏置在 $V_a = +20$ mV, 反向饱和电流 $I_s = 10^{-13}$ A。计算小信号扩散电阻;(b)若上述二极管反向偏置,且偏置电压 $V_a = -20$ mV, 重做(a)的问题。

9.5　产生–复合电流

9.39　$T = 300$ K 时, GaAs pn 结二极管反向偏置, 偏置电压 $V_R = 5$ V。其他参数取值如下: $N_a = N_d = 10^{16}$ cm^{-3}, $D_p = 6$ cm^2/s, $D_n = 200$ cm^2/s, $\tau_{p0} = \tau_{n0} = \tau_0 = 10^{-8}$s。计算理想反向饱和电流密度和反偏产生电流密度。与 Si pn 结二极管相比,这两个电流的相对值有何变化?

*9.40　(a)重新考虑例 9.10。假定除 n_i 外,所有参数均与温度无关。试确定 $J_s = J_{\text{gen}}$ 时所对应的温度,并给出该温度下的 J_s 和 J_{gen};(b)利用例 9.10 所得结果,计算理想扩散电流等于复合电流时的正偏电压。

9.41　$T = 300$ K 时, GaAs pn 结二极管的掺杂浓度 $N_a = N_d = 10^{17}$ cm^{-3}, 截面积 $A = 10^{-3}$ cm^2。少子的迁移率为 $\mu_n = 3000$ cm^2/V·s, $\mu_p = 200$ cm^2/V·s。少子寿命 $\tau_{p0} = \tau_{n0} = \tau_0 = 10^{-8}$s。作为一级近似,假设空间电荷区内电子–空穴对的产生和复合率为常数。(a)试分别计算反偏电压为 5 V, 正偏电压为 0.3 V 和 0.5 V 时的总二极管电流;(b)将(a)计算的电流值与相同偏置下的理想二极管电流进行比较。

9.42　考虑习题9.41描述的 pn 结二极管。若正偏电压在 $0.1\ \text{V} \leqslant V_a \leqslant 1.0\ \text{V}$ 范围内变化, 试画出二极管复合电流与理想二极管电流随 V_a 变化的关系曲线(电流取对数坐标)。

9.43　$T = 300$ K 时，Si pn 结二极管具有如下参数：$N_a = N_d = 10^{16}$ cm^{-3}，$\tau_{p0} = \tau_{n0} = \tau_0 = 5 \times 10^{-7}$ s，$D_p = 10$ cm^2/s，$D_n = 25$ cm^2/s，$A = 10^{-4}$ cm^2。若正偏电压在 0.1 V $\leq V_a \leq 0.6$ V 范围内变化，试画出二极管复合电流与理想二极管电流随 V_a 变化的关系曲线（电流采用对数坐标）。

9.44　$T = 300$ K 时，GaAs pn 结二极管的掺杂浓度 $N_a = N_d = 10^{17}$ cm^{-3}，截面积 $A = 5 \times 10^{-3}$ cm^2。少子迁移率 $\mu_n = 3500$ cm^2/V·s，$\mu_p = 220$ cm^2/V·s。少子寿命 $\tau_{p0} = \tau_{n0} = \tau_0 = 10^{-8}$ s。若正向偏压在 0.1 V $\leq V_D \leq 1.0$ V 范围内变化，试画出二极管正偏电流（包括复合电流）随电压变化的关系曲线，并与理想二极管电流进行比较。

9.45　如图 P9.45 所示，$T = 300$ K 时，均匀掺杂 Si pn 结的掺杂浓度 $N_a = N_d = 5 \times 10^{15}$ cm^{-3}，少子寿命 $\tau_{p0} = \tau_{n0} = \tau_0 = 10^{-7}$ s。二极管反向偏置，且偏置电压 $V_R = 10$ V。若入射光仅照射空间电荷区，过剩载流子产生率为 $g' = 4 \times 10^{19}$ cm^{-3}·s^{-1}。计算产生电流密度。

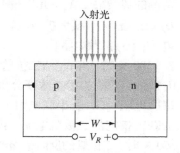

图 P9.45　习题 9.45 和习题 9.46 的示意图

9.46　长 Si pn 结二极管的参数如下：$N_d = 10^{18}$ cm^{-3}，$N_a = 3 \times 10^{16}$ cm^{-3}，$\tau_{n0} = \tau_{p0} = \tau_0 = 10^{-7}$ s，$D_n = 18$ cm^2/s，$D_p = 6$ cm^2/s。如图 P9.45 所示，入射光仅照射空间电荷区，产生电流密度为 $J_G = 25$ mA/cm^2。其中，二极管开路。产生电流密度使二极管正偏，由此引入的正偏电流方向与产生电流相反。当产生电流密度与正偏电流密度大小相等时，二极管达到稳态。试问稳态条件感应的正偏电压是多少？

9.6　结击穿

9.47　已知 Si 半导体发生击穿的临界电场为 $\mathcal{E}_{crit} = 4 \times 10^5$ V/cm。若 Si p$^+$n 突变结的击穿电压为 30 V，试确定 n 区的最大掺杂浓度。

9.48　设计一个 Si p$^+$n 突变结二极管，要求反向击穿电压为 120 V，正偏电压 $V = 0.65$ V 时的二极管电流为 2 mA。假设 $\tau_{p0} = 10^{-7}$ s，试从图 4.3 中找出对应的 μ_p。

9.49　已知 GaAs n$^+$p 突变结的 p 型掺杂浓度 $N_a = 10^{16}$ cm^{-3}。试确定该二极管的击穿电压。

9.50　对称掺杂 Si pn 结的杂质浓度为 $N_a = N_d = 5 \times 10^{16}$ cm^{-3}。发生击穿时的峰值电场 $\mathcal{E} = 4 \times 10^5$ V/cm。试确定这个 pn 结的击穿电压。

9.51　已知 Si p$^+$n 突变结的 n 区掺杂浓度 $N_d = 5 \times 10^{15}$ cm^{-3}。若要求雪崩击穿发生在耗尽区到达欧姆接触（穿通）之前，试确定最小 n 区长度。

9.52　若 Si pn 结二极管的掺杂浓度为 $N_a = N_d = 10^{18}$ cm^{-3}，发生齐纳击穿时的峰值电场为 10^6 V/cm。试求反向击穿电压。

9.53　二极管通常具有如图 P5.28 所示的掺杂分布，即所谓的 n$^+$pp$^+$ 二极管。在反向偏置条件下，耗尽区必须位于 p 区内，以防过早击穿。已知 p 区掺杂浓度为 10^{15} cm^{-3}。若 p 区宽度为 (a)75 μm 和 (b)150 μm，试分别计算耗尽区位于 p 区，且不发生击穿的反偏电压。对于每一种情况，是先达到耗尽区最大宽度还是先达到击穿电压？

9.54　$T = 300$ K 时，Si pn 结的掺杂分布在 2 μm 的距离内线性变化，即从 $N_a = 10^{18}$ cm^{-3} 线性变化到 $N_d = 10^{18}$ cm^{-3}。试估算 pn 结的击穿电压。

9.7　电荷存储与二极管瞬态

9.55　(a)在 pn 结从正偏转变为反偏的过程中,假设反向电流 I_R 与正向电流 I_F 之比为 0.2。试确定电荷存储时间与少子寿命之比 t_s/τ_{p0};(b)若反向电流与正向电流之比 $I_R/I_F = 1$,重做(a)的问题。

9.56　在 pn 结从正偏转变为反偏的过程中,我们指定 $t_s = 0.2\,\tau_{p0}$。为满足上述要求,试计算 I_R/I_F 值,并确定这种情况的 t_2/τ_{p0} 值。

*9.57　pn 结二极管在零偏时的势垒电容为 18 pF,在 $V_R = 10$ V 时的势垒电容为 4.2 pF,少子寿命为 10^{-7} s。若二极管从电流 2 mA 的正偏态转变为电压 10 V 的反偏态,外接电阻 10 kΩ。试估算关断时间。

综合题

9.58　(a)解释为什么扩散电容对反偏 pn 结不重要。(b)考虑 Si,Ge 和 GaAs pn 结二极管,若正向偏置时,各二极管的总电流密度都相同,讨论电子和空穴电流密度的相对值。

*9.59　设计一个工作在 300 K 的 Si pn 结二极管,使其满足如下条件:反向击穿电压不小于 50 V;正偏电流 $I_D = 100$ mA 时仍为小注入。已知少子扩散系数和寿命分别为 $D_n = 25$ cm^2/s,$D_p = 10$ cm^2/s,$\tau_{p0} = \tau_{n0} = 5 \times 10^{-7}$ s。设计该二极管,使其具有最小的截面积。

*9.60　Si 突变结两侧的施主和受主掺杂浓度相等。(a)推导以临界电场和掺杂浓度表示的击穿电压表达式;(b)假如击穿电压 $V_B = 50$ V,确定允许的掺杂浓度范围。

参考文献

1. Dimitrijev, S. *Understanding Semiconductor Devices*. New York: Oxford University Press, 2000.

2. Kano, K. *Semiconductor Devices*. Upper Saddle River, NJ: Prentice-Hall, 1998.

3. Muller, R. S., T. I. Kamins, and W. Chan. *Device Electronics for Integrated Circuits*, 3rd ed. New York: John Wiley and Sons, 2003.

4. Neamen, D. A. *Semiconductor Physics and Devices: Basic Principles*, 3rd ed. New York: McGraw-Hill, 2003.

5. Neudeck, G. W. *The PN Junction Diode*. Vol. 2 of the *Modular Series on Solid State Devices*. 2nd ed. Reading, MA: Addison-Wesley, 1989.

*6. Ng, K. K. *Complete Guide to Semiconductor Devices*. New York: McGraw-Hill, 1995.

7. Pierret, R. F. *Semiconductor Device Fundamentals*. Reading, MA: Addison-Wesley Publishing Co., 1996.

8. Roulston, D. J. *An Introduction to the Physics of Semiconductor Devices*. New York: Oxford University Press, 1999.

9. Shur, M. *Introduction to Electronic Devices*. New York: John Wiley and Sons, Inc., 1996.

*10. Shur, M. *Physics of Semiconductor Devices*. Englewood Cliffs, NJ: Prentice-Hall, 1990.

11. Streetman, B. G., and S. Banerjee. *Solid State Electronic Devices*. 5th ed. Upper Saddle River, NJ: Prentice-Hall, 2000.

12. Sze, S. M. *Physics of Semiconductor Devices*. 2nd ed. New York: John Wiley & Sons, 1981.

13. Sze, S. M. *Semiconductor Devices: Physics and Technology*. 2nd ed. New York: John Wiley and Sons, 2002.

*14. Wang, S. *Fundamentals of Semiconductor Theory and Device Physics*. Englewood Cliffs, NJ: Prentice-Hall, 1989.

15. Yang, E. S. *Microelectronic Devices*. New York: McGraw-Hill, 1988.

第 10 章　双极型晶体管

双极结型晶体管(或双极型晶体管)是我们要讨论的第二种晶体管器件(第 6 章和第 7 章已讨论过 MOSFET)。与 MOSFET 类似,双极型晶体管与其他电路元件组合使用时,可实现电流增益、电压增益和信号功率增益。基于上述原因,双极型晶体管也称为有源器件。

双极型晶体管有 3 个独立的掺杂区和两个 pn 结,当两个 pn 结靠得足够近时,就会发生相互作用。双极型晶体管的基本行为是一端电流受器件另外两端电压的控制。我们将利用已讨论的 pn 结理论来分析双极型晶体管。因为这种器件内部有电子和空穴两种载流子参与导电,所以称为双极型晶体管。

内容概括

1. 讨论双极型晶体管的工作原理,建立晶体管的电流关系。
2. 确立器件内部的少子分布。
3. 确定贡献因子,推导共基极电流增益因子的数学表达式。
4. 考虑晶体管的非理想效应。
5. 建立晶体管的小信号等效电路。
6. 分析晶体管的频率限制。
7. 讨论双极型晶体管的大信号开关特性。
8. 介绍一些特种双极型晶体管的制备技术。

历史回顾

1947 年 12 月,贝尔实验室首次展示了双极型晶体管对语音信号的放大。双极型晶体管的发明人威廉·肖克利、约翰·巴登和瓦特·布莱坦荣获了 1956 年的诺贝尔物理学奖。第一只晶体管是在锗衬底上实现的,发射极和集电极都是点接触型的。1950 年展示的结型晶体管则大大提高了晶体管的可靠性。德州仪器(TI)公司制备出第一只硅双极型晶体管,并随后实现了第一块集成电路。从此,双极型晶体管开启了电子学的新时代。

发展现状

硅双极型器件在微电子产业中依然扮演着关键角色,特别是在模拟电子领域。目前,集成电路制备技术可制造出体积更小、速度更快的器件。采用反应离子刻蚀(RIE)技术可在整个外延层上刻蚀出近乎垂直的沟槽,然后在沟槽中生长氧化物。这种沟槽技术可用来实现器件隔离。也可制备异质结双极型晶体管来实现某种特性。

10.1　双极型晶体管的工作原理

目标:讨论双极型晶体管的工作原理,建立晶体管的电流关系

双极型晶体管有三个独立的掺杂区和两个 pn 结。在某种情况下,两个 n 型区被一个薄的 p 型区隔开,形成 npn 双极型晶体管。与之互补的是,两个 p 型区被一个薄的 n 型区隔开,形成 pnp 双极型晶体管。图 10.1 给出了 npn 和 pnp 晶体管的基本结构,图中也给出了对应的电路符号。晶体管的三端分别称为发射极、基极和集电极。随着分析的深入,各端术语的缘由会越来越清晰。

符号(++)和(+)通常表示双极型晶体管掺杂浓度的相对大小。其中,符号(++)表示极重掺杂,(+)表示中等掺杂。发射区掺杂浓度最高,而集电区掺杂浓度最低。采用这些相对杂质浓度及窄基区的原因,将会随着双极型晶体管理论的建立而变得明晰起来。pn 结建立的概念可直接应用于双极型晶体管。

图 10.1 中的框图给出了晶体管的基本结构,不过这是非常简单的草图。图 10.2(a)所示为集成电路工艺制备的典型 npn 双极型晶体管的截面图,而图 10.2(b)为现代半导体技术制备的 npn 双极型晶体管的截面图。由图可见,双极型晶体管的实际结构并不像图 10.1 所示的那么简单。造成实际结构复杂的原因之一,是各终端连接都要做在表面上。为了使半导体的体电阻最小化,引入了重掺杂的 n^+ 埋层。结构复杂的另一个原因是要在一片半导体材料上制备多个双极型晶体管,各晶体管必须相互隔离。这是因为并非所有集电极都在同一电位上。如图 10.2(a)所示,可通过增加 p^+ 区形成反向偏置的 pn 结,实现器件间隔离,或者如图 10.2(b)所示,采用大面积氧化区实现隔离。

对图 10.2 所示器件,我们需要注意的是,双极型晶体管并不是对称器件。尽管晶体管可包含两个 n 区或两个 p 区,但发射区和集电区的掺杂浓度不同,且这些区域的几何形状也大不相同。虽然图 10.1 所示的框图是高度简化的,但对建立基本晶体管理论却是非常有用的。

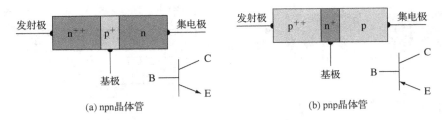

图 10.1　双极型晶体管的简化框图和电路符号

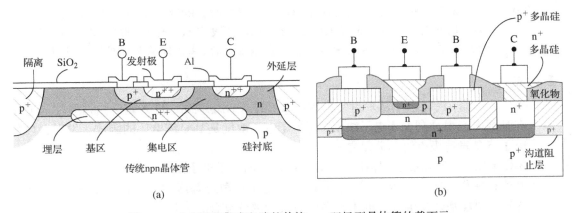

图 10.2　(a)用于集成电路的传统 npn 双极型晶体管的截面示意图;(b)双多晶硅 npn 双极型晶体管的截面图

10.1.1　基本工作原理

npn 和 pnp 双极型晶体管为互补器件。我们以 npn 晶体管为例建立双极型晶体管理论，但其基本原理和方程式同样适用于 pnp 器件。图 10.3 所示为所有区域均匀掺杂的情况下，npn 双极型晶体管的理想掺杂分布图。其中，发射区、基区和集电区的典型掺杂浓度分别为 10^{19} cm^{-3}，10^{17} cm^{-3} 和 10^{15} cm^{-3}。

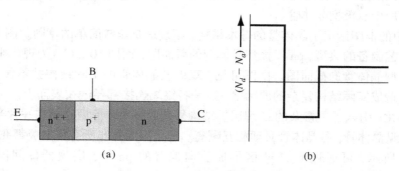

图 10.3　均匀掺杂 npn 双极型晶体管的理想掺杂分布图

如图 10.4(a)所示，在常规偏置条件下，基区 – 发射区 B-E 结正向偏置，基区 – 集电区 B-C 结反向偏置。这种偏置条件称为正向**有源**工作模式。我们可用前面建立的 pn 结理论描述器件的工作原理。器件工作原理描述如下所述。

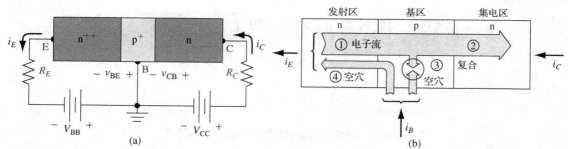

图 10.4　(a)npn 双极型晶体管工作在正向有源模式时的偏置情况(B-E 结正向偏置，B-C 结反向偏置)；(b)正向有源偏置 npn 晶体管内的电荷流动：①电子从发射区扩散入基区，②电子到达集电区，③少子电子和多子空穴在基区复合，④空穴从基区扩散入发射区

主要效应

1. B-E 结正偏，所以电子从发射区扩散过 B-E 结空间电荷区，进入基区。这些注入电子在基区内产生过剩少子电子浓度，而少子电子浓度是 B-E 结电压的函数。发射区内的电子流是发射极电流的分量之一。
2. B-C 结反偏，所以在理想情况下，B-C 结边界的少子电子浓度为零。
3. 基区存在很大的电子浓度梯度，所以少子电子扩散过基区。对于正向偏置的 pn 结二极管，中性基区发生少子电子和多子空穴的部分复合。
4. 电子扩散过基区，进入反向偏置的 B-C 结空间电荷区。B-C 结空间电荷区内的电场将电子扫向集电区。集电区电子数量是注入基区电子数量的函数。器件的电子流如图 10.4(b)所示。

5. 流入集电区的电子数量(集电极电流)是 B-E 结电压的函数。**基本晶体管作用**就是器件的一端电流为另外两端电压的函数。

二次效应

6. 基区内少子电子与多子空穴的复合意味着必须补充损失的多子空穴。这个过程产生基极电流的第二分量,如图 10.4(b)所示。

7. 由于 B-E 结正向偏置,所以空穴从基区扩散过 B-E 结空间电荷区,如图 10.4(b)所示。因为基区的掺杂浓度低于发射区,所以从基区扩散进发射区的空穴数量小于从发射区扩散进基区的电子数量。这些空穴流是基极电流的另一分量,是发射极电流的第二分量。

8. 反偏 B-C 结电流也存在。尽管这个电流通常很小,但在后面的分析中,我们会详细讨论。

器件工作的主要目标是使发射区注入的电子最大限度地到达集电区,所以基区内少子电子和多子空穴的复合应最小化。正因为如此,基区宽度需要小于少子扩散长度(参见第 9 章的"短"二极管)。靠得足够近的两个 pn 结称为相互作用的 pn 结。

npn 晶体管内的少子浓度分布如图 10.5(a)所示,实际分布将在 10.2 节中推导。偏置在正向有源模式的 npn 晶体管的能带结构如图 10.5(b)所示。发射区与基区间的势垒降低,所以电子从发射区扩散过 B-E 结空间电荷区。这些电子中的大部分到达集电极,形成集电极电流的主要分量。

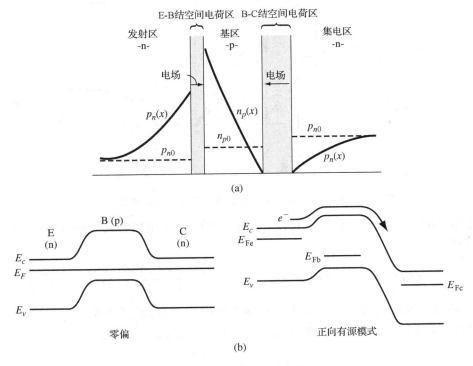

图 10.5　(a)npn 双极型晶体管工作在正向有源模式时的少子分布;
　　　　　(b)npn 晶体管在零偏和正向有源偏置时的能带图

图 10.6 给出了 npn 晶体管的截面图。其中，电子从 n 型发射区注入（所以称为**发射区**），在集电区中被收集（所以称为**集电区**）。1947 年，首次实现的晶体管是点接触晶体管，两条金属触须（类似于猫的胡须）压在锗片上。金属触须形成发射极和集电极，而锗片形成基极和晶体管的机械支撑（所以称为**基极**）。

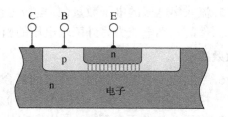

图 10.6　npn 晶体管的截面图（图中也给出器件工作在正向有源模式时，电子的注入和收集）

10.1.2　简化的晶体管电流关系

通过简化分析，我们可对晶体管的工作原理及电流与电压的各种关系获得基本了解。在本节讨论之后，我们将对双极型晶体管的物理机理进行更加详细的分析。

图 10.7 再次给出了工作在正向有源模式情况下的 npn 双极型晶体管的少子浓度分布。理想情况下，基区少子电子浓度是基区宽度的线性函数，这表明没有复合发生。电子扩散过基区，然后被 B-C 结空间电荷区的电场扫向集电区。

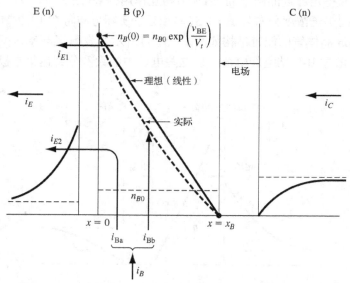

图 10.7　正向偏置 npn 双极型晶体管的少子分布和基本电流

集电极电流　假设电子在基区内为理想的线性分布，集电极电流可表示为下式给出的扩散电流形式

$$i_C = e D_n A_{BE} \frac{dn(x)}{dx} = e D_n A_{BE} \left[\frac{n_B(0) - 0}{0 - x_B} \right] = \frac{-e D_n A_{BE}}{x_B} \cdot n_{B0} \exp \left(\frac{v_{BE}}{V_t} \right) \quad (10.1)$$

其中，A_{BE} 是 B-E 结的截面积，n_{B0} 是基区的热平衡电子浓度，V_t 是热电压。电子沿 $+x$ 向扩散，所以传统电流沿 $-x$ 向。若仅考虑大小，式（10.1）可写为

$$i_C = I_S \exp \left(\frac{v_{BE}}{V_t} \right) \quad (10.2)$$

集电极电流受基区-发射区电压控制，也就是说，器件一端电流由另外两端电压控制。正如我们所提到的，这是晶体管的基本工作原理。

发射极电流　如图 10.7 所示，发射极电流的一个分量 i_{E1} 是由发射区注入基区的电子电流引起的。理想情况下，该电流等于式(10.1)给定的集电极电流。

由于 B-E 结正偏，基区多子空穴越过 B-E 结注入发射区。这些注入空穴产生 pn 结电流 i_{E2}，如图 10.7 所示。这个电流仅是 B-E 结电流，所以发射极电流的这个分量对集电极电流没有贡献。既然 i_{E2} 是正偏的 pn 结电流，所以我们可以写出(仅考虑大小)

$$i_{E2} = I_{S2} \exp\left(\frac{v_{\text{BE}}}{V_t}\right) \tag{10.3}$$

其中，I_{S2} 包含了发射区的少子空穴参数。总**发射极电流**是两个分量之和，或者写成

$$i_E = i_{E1} + i_{E2} = i_C + i_{E2} = I_{\text{SE}} \exp\left(\frac{v_{\text{BE}}}{V_t}\right) \tag{10.4}$$

既然式(10.4)中的所有电流分量都是(v_{BE}/V_t)的函数，所以集电极电流与发射极电流之比是一个常数。我们可以写出

$$\frac{i_C}{i_E} \equiv \alpha \tag{10.5}$$

其中，α 称为**共基极电流增益**。分析式(10.4)，我们可得 $i_C < i_E$ 或 $\alpha < 1$。既然 i_{E2} 不是基本晶体管作用的一部分，所以我们希望这个电流分量越小越好，共基极电流增益尽可能地接近 1。

参考图 10.4(a)和式(10.4)，我们注意到，发射极电流是 B-E 结电压的指数函数，而集电极电流 $i_C = \alpha i_E$。作为一级近似，只要 B-C 结反向偏置，集电极电流就与 B-C 结电压无关。如图 10.8 所示，我们可以粗略地画出双极型晶体管的理想共基极特性。由图可见，双极型晶体管充当恒流源。

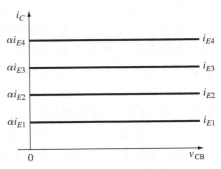

图 10.8　双极型晶体管的理想共基极电流-电压特性

基极电流　如图 10.7 所示，发射极电流分量 i_{E2} 是 B-E 结电流，所以它也是基极电流的分量之一，图中标为 i_{Ba}。基极电流的这个分量正比于 $\exp(v_{\text{BE}}/V_t)$。

此外，基极电流还有第二个分量。前面我们考虑了理想情况，即基区内的少子电子与多子空穴不发生复合。然而，实际基区会有部分载流子复合。既然多子空穴在基区内消失，所以必须有正电荷流入基区作为补给，这些电荷流在图 10.7 中表示为电流 i_{Bb}。基区内单位时间复合的空穴数量与基区内的少子电子数量直接相关，所以电流 i_{Bb} 也与 $\exp(v_{\text{BE}}/V_t)$ 成正比。总基极电流是 i_{Ba} 与 i_{Bb} 之和，它正比于 $\exp(v_{\text{BE}}/V_t)$。

既然集电极电流与基极电流都正比于 $\exp(v_{\text{BE}}/V_t)$，所以二者之比为常数。我们可以写出

$$\frac{i_C}{i_B} \equiv \beta \tag{10.6}$$

其中，β 称为**共发射极电流增益**。通常，基极电流相对较小，所以共发射极电流增益远大于 1（数量级为 100 或更大）。

10.1.3 工作模式

图 10.9 给出了简单电路中的 npn 晶体管。在这种组态下，晶体管可以偏置在三种工作模式之一。若 B-E 结电压为零或反向偏置($V_{BE} \leq 0$)，则发射区的多子电子不会注入基区。若 B-C 结也反向偏置，则此时的发射极电流和集电极电流均为零。这种条件称为**截止**——晶体管的所有电流均为零。

当 B-E 结变为正向偏置后，正如我们前面所讨论的，晶体管将产生发射极电流。注入基区的电子产生集电极电流。沿集电极－发射极(C-E)环路，可写出基尔霍夫电压定律(KVL)方程

$$V_{CC} = I_C R_C + V_{CB} + V_{BE} = V_R + V_{CE} \tag{10.7}$$

若 V_{CC} 足够大，而 V_R 足够小，则 $V_{CB} > 0$。这意味着 npn 晶体管的 B-C 结反向偏置。这种情况就是晶体管的**正向有源工作区**。

随着 B-E 结电压的增大，集电极电流和 V_R 都会增加。V_R 增加意味着反向偏置 C-B 结的电压降低，或者说 $|V_{CB}|$ 减小。在某一点，集电极电流可

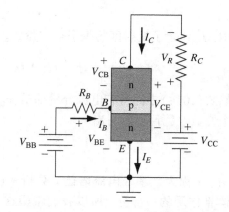

图 10.9 共射极电路中的 npn 双极型晶体管

能变得足够大，以至于 V_R 和 V_{CC} 的组合在 B-C 结上产生零电压。超过这一点，集电极电流 I_C 的微小增加将引起 V_R 略微增加，从而使得 B-C 结变为正向偏置($V_{CB} < 0$)，这种情况称为**饱和**。在饱和工作模式下，B-E 结和 B-C 结均为正向偏置。此时，集电极电流不再受 B-E 结电压控制。

图 10.10 给出了晶体管以共射极组态连接参见图 10.9，且基极电流为定值时，晶体管电流 I_C 与 V_{CE} 的关系曲线。当集电区－发射区(C-E)结电压足够大，基区－集电区(B-C)结反向偏置时，在一阶理论中，集电极电流为常数。当 C-E 结电压较小时，B-C 结变为正向偏置，对于恒定的基极电流，集电极电流随 C-E 结电压逐渐降为零。

对于 C-E 环路，我们同样可写出基尔霍夫电压方程，即

$$V_{CE} = V_{CC} - I_C R_C \tag{10.8}$$

式(10.8)给出了集电极电流与 C-E 结电压的线性关系。这种线性关系称为**负载线**，如图 10.10 所示。叠加在晶体管特性曲线上的负载线可形象地表示晶体管的偏置状态和工作模式。当 $I_C = 0$ 时，晶体管处于截止模式；当基极电流变化，而集电极电流不再变化时，则处于饱和模式；当关系式 $I_C = \beta I_B$ 成立时，晶体管处于正向有源模式。图 10.10 给出了上述三种工作模式。

虽然图 10.10 没有给出对应的电路结构，但双极型晶体管仍可能存在第四种工作模式。第四种工作模式称为**反向有源模式**，它出现在 B-E 结反偏，而 B-C 结正偏时。在这种情况下，晶体管工作在"颠倒"状态。发射极和集电极的角色相互颠倒。前面已经说过，双极型晶体管是非对称器件，所以反向有源特性和正向有源特性并不相同。

图 10.11 给出了晶体管四种工作模式的结电压条件。四种工作模式的少子分布和能带结构将在 10.2.2 节中讨论。

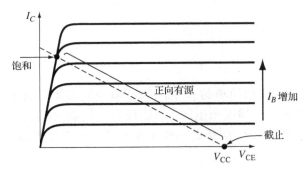

图 10.10 双极型晶体管的共射极电流–
电压特性(图中给出负载线)

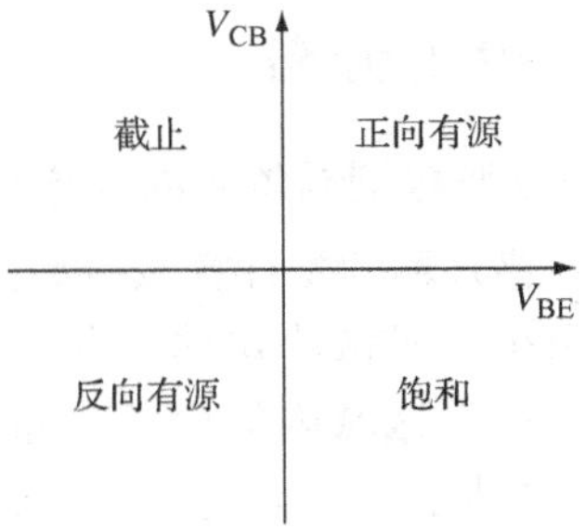

图 10.11 双极型晶体管四种工
作模式的结电压条件

10.1.4 双极型晶体管放大电路

双极型晶体管和其他元件相连可实现电压
和电流放大。下面将定性地演示这种放大作用。
图 10.12 给出了以共射极组态连接的 npn 双极型
晶体管。利用直流电压源 V_{BB} 和 V_{CC} 将晶体管偏
置在正向有源工作模式。电压源 v_i 表示需要放
大的时变输入电压(如卫星信号)。

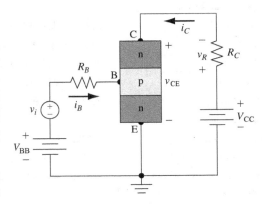

若假设输入信号 v_i 是电压信号,则电路产生
的各电压和电流如图 10.13 所示。正弦电压 v_i 产
生一个叠加在基极静态电流上的正弦电流信号。
因为 $i_C = \beta i_B$,所以在集电极静态电流上叠加了

图 10.12 共射极 npn 双极电路组态,B-E
环路包含时变信号电压 v_i

一个相对较大的正弦集电极电流。时变的集电极电流在电阻 R_C 上产生时变电压。由基尔霍
夫电压定律可知,这意味着双极型晶体管的集电极和发射极之间存在一个叠加在直流电压值
上的正弦电压。在电路中,集电极–发射极部分的正弦电压比信号输入电压 v_i 大,所以该电路
对时变信号产生电压增益。因此,这个电路称为电压放大电路。

本章后面的内容将详细讨论双极型晶体管的工作机理和特性。

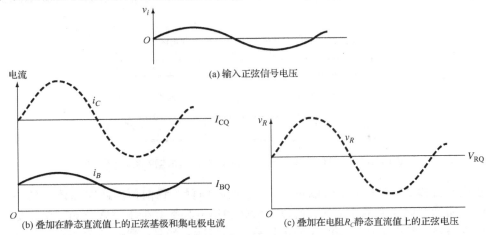

图 10.13 图 10.12 所示电路中的电流和电压

10.2 少子分布

目标：确立双极型晶体管的少子分布

我们感兴趣的是计算双极型晶体管的电流。正如简单的 pn 结一样，双极型晶体管的电流也是由少子扩散决定的。既然扩散电流是由少子梯度产生的，所以我们必须确定晶体管在稳态下三个区域内的少子分布。首先，考虑正向有源模式，然后再考虑其他工作模式。表 10.1 总结了后续分析中将用到的符号。

表 10.1　双极型晶体管分析中用到的符号

符　号	定　义
npn 和 pnp 晶体管	
N_E, N_B, N_C	发射区、基区和集电区的掺杂浓度
x_E, x_B, x_C	中性发射区、基区和集电区的宽度
D_E, D_B, D_C	发射区、基区和集电区的少子扩散系数
L_E, L_B, L_C	发射区、基区和集电区的少子扩散长度
τ_{E0}, τ_{B0}, τ_{C0}	发射区、基区和集电区的少子寿命
npn 晶体管	
p_{E0}, n_{B0}, p_{C0}	发射区、基区和集电区的热平衡少子空穴、电子和空穴浓度
$p_E(x')$, $n_B(x)$, $p_C(x'')$	发射区、基区和集电区的总少子空穴、电子和空穴浓度
$\delta p_E(x')$, $\delta n_B(x)$, $\delta p_C(x'')$	发射区、基区和集电区的过剩少子空穴、电子和空穴浓度
pnp 晶体管	
n_{E0}, p_{B0}, n_{C0}	发射区、基区和集电区的热平衡少子电子、空穴和电子浓度
$n_E(x')$, $p_B(x)$, $n_C(x'')$	发射区、基区和集电区的总少子电子、空穴和电子浓度
$\delta n_E(x')$, $\delta p_B(x)$, $\delta n_C(x'')$	发射区、基区和集电区的过剩少子电子、空穴和电子浓度

10.2.1 正向有源模式

考虑几何尺寸如图 10.14 所示的、均匀掺杂的 npn 双极型晶体管。当考虑各发射区、基区和集电区时，我们将坐标原点移到空间电荷区边界，如图所示，采用 x, x' 和 x'' 取正值的坐标系。

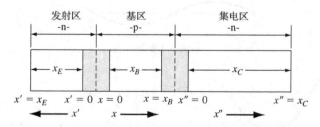

图 10.14　用于计算少子分布的 npn 双极型晶体管的几何尺寸

在正向有源模式，B-E 结正向偏置，B-C 结反向偏置。我们预期此时晶体管的少子分布如图 10.15 所示。因为有两个 n 区，所以发射区和集电区都有少子空穴分布。为了区分这两个少子空穴分布，我们采用图 10.15 所示符号。需要注意的是，我们只关心少子分布。参数

p_{E0}，n_{B0} 和 p_{C0} 分别表示发射区、基区和集电区的热平衡少子浓度。函数 $p_E(x')$，$n_B(x)$ 和 $p_C(x'')$ 分别表示发射区、基区和集电区的稳态少子浓度。假设中性集电区长度 x_C 比集电区的少子扩散长度 L_C 大得多，但此处我们考虑有限发射区长度 x_E。若假设 $x'=x_E$ 处的表面复合速度为无穷大，则 $x'=x_E$ 处的过剩少子浓度为零，即 $p_E(x'=x_E)=p_{E0}$。当在 $x'=x_E$ 处制作欧姆接触时，无穷大表面复合速度是一个很好的近似。

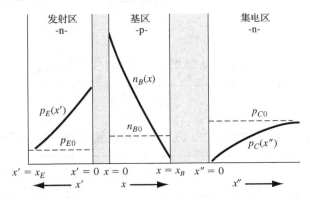

图 10.15　正向有源模式工作下，npn 双极型晶体管的少子分布

基区　稳态过剩少子电子浓度可由双极输运方程得到，这在第 8 章中已详细讨论过。若中性基区的电场为零，稳态双极输运方程可简化为

$$D_B \frac{\partial^2 [\delta n_B(x)]}{\partial x^2} - \frac{\delta n_B(x)}{\tau_{B0}} = 0 \tag{10.9}$$

其中，δn_B 是过剩少子电子浓度，D_B 和 τ_{B0} 分别表示基区少子的扩散系数和少子寿命。过剩少子浓度定义为

$$\delta n_B(x) = n_B(x) - n_{B0} \tag{10.10}$$

式 (10.9) 的通解可写为

$$\delta n_B(x) = A \exp\left(\frac{+x}{L_B}\right) + B \exp\left(\frac{-x}{L_B}\right) \tag{10.11}$$

其中，$L_B = \sqrt{D_B \tau_{B0}}$，它是基区少子的扩散长度。由于基区宽度有限，式 (10.11) 中的两个指数项必须保留。

在两个边界处，过剩少子电子浓度变为

$$\delta n_B(x=0) \equiv \delta n_B(0) = A + B \tag{10.12a}$$

和

$$\delta n_B(x=x_B) \equiv \delta n_B(x_B) = A \exp\left(\frac{+x_B}{L_B}\right) + B \exp\left(\frac{-x_B}{L_B}\right) \tag{10.12b}$$

由于 B-E 结正向偏置，所以 $x=0$ 处的边界条件为

$$\delta n_B(0) = n_B(x=0) - n_{B0} = n_{B0}\left[\exp\left(\frac{eV_{\text{BE}}}{kT}\right) - 1\right] \tag{10.13a}$$

B-C 结反向偏置，故 $x=x_B$ 处的第二个边界条件为

$$\delta n_B(x_B) = n_B(x=x_B) - n_{B0} = 0 - n_{B0} = -n_{B0} \tag{10.13b}$$

由式(10.13a)和式(10.13b)给出的边界条件，我们可以确定式(10.12a)和式(10.12b)的系数 A 和 B。解方程得

$$A = \frac{-n_{B0} - n_{B0}\left[\exp\left(\dfrac{eV_{BE}}{kT}\right) - 1\right]\exp\left(\dfrac{-x_B}{L_B}\right)}{2\sinh\left(\dfrac{x_B}{L_B}\right)} \tag{10.14a}$$

和

$$B = \frac{n_{B0}\left[\exp\left(\dfrac{eV_{BE}}{kT}\right) - 1\right]\exp\left(\dfrac{x_B}{L_B}\right) + n_{B0}}{2\sinh\left(\dfrac{x_B}{L_B}\right)} \tag{10.14b}$$

将式(10.14a)和式(10.14b)代入式(10.11)，可以写出基区的过剩少子电子浓度

$$\delta n_B(x) = \frac{n_{B0}\left\{\left[\exp\left(\dfrac{eV_{BE}}{kT}\right) - 1\right]\sinh\left(\dfrac{x_B - x}{L_B}\right) - \sinh\left(\dfrac{x}{L_B}\right)\right\}}{\sinh\left(\dfrac{x_B}{L_B}\right)} \tag{10.15a}$$

由于包含双曲正弦函数，式(10.15a)看起来有些复杂。不过我们要强调的是，基区宽度 x_B 小于少子扩散长度 L_B。这个近似现在看起来好像有些武断，但是随着计算的深入，其原因会变得越来越清晰。既然我们取 $x_B < L_B$，双曲正弦函数的变量总小于1，而且在大多数情况下，远小于1。图 10.16 绘出了 $0 \leqslant y \leqslant 1$ 时的 $\sinh(y)$ 曲线，以及 y 值较小时的线性近似。由图可见，若 $y < 0.4$，函数 $\sinh(y)$ 与其线性近似的误差小于3%。由此可以得出结论：式(10.15a)描述的中性基区的过剩电子浓度 δn_B 可近似为 x 的线性函数。当 $x \ll 1$ 时，$\sinh(x) \approx x$，基区过剩电子浓度可表示为

$$\delta n_B(x) \approx \frac{n_{B0}}{x_B}\left\{\left[\exp\left(\dfrac{eV_{BE}}{kT}\right) - 1\right](x_B - x) - x\right\} \tag{10.15b}$$

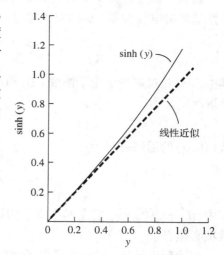

图 10.16　双曲正弦函数及其线性近似

在后面例子的计算中，我们将采用这种线性近似。例 10.1 和自测题 10.1 将给出式(10.15a)和式(10.15b)所确定的过剩载流子浓度。

例 10.1　**确定 npn 双极型晶体管基区的过剩少子电子浓度。** $T = 300$ K 时，硅双极型晶体管的各区均匀掺杂，掺杂浓度分别为 $N_E = 10^{18}$ cm^{-3}，$N_B = 10^{16}$ cm^{-3}，B-E 结正偏电压 $V_{BE} = 0.610$ V。假设中性基区宽度 $x_B = 1$ μm，少子扩散长度 $L_B = 10$ μm，试确定 $x = x_B/2$ 处的实际少子浓度[参见式(10.15a)]与理想情况的线性少子分布[参见式(10.15b)]之比。

【解】

由半导体物理知识，可得

$$n_{B0} = \frac{n_i^2}{N_B} = \frac{(1.5 \times 10^{10})^2}{10^{16}} = 2.25 \times 10^4 \text{ cm}^{-3}$$

对实际分布，有

$$\delta n_B \left(x = \frac{x_B}{2} \right) = \frac{2.25 \times 10^4}{\sinh \left(\frac{1}{10} \right)}$$
$$\times \left\{ \left[\exp \left(\frac{0.610}{0.0259} \right) - 1 \right] \sinh \left(\frac{1 - 0.5}{10} \right) - \sinh \left(\frac{0.5}{10} \right) \right\}$$

或

$$\delta n_B \left(x = \frac{x_B}{2} \right) = 1.9018 \times 10^{14} \text{ cm}^{-3}$$

对线性近似，有

$$\delta n_B \left(x = \frac{x_B}{2} \right) = \frac{2.25 \times 10^4}{10^{-4}}$$
$$\times \left\{ \left[\exp \left(\frac{0.610}{0.0259} \right) - 1 \right] (0.5 \times 10^{-4}) - (0.5 \times 10^{-4}) \right\}$$

或

$$\delta n_B \left(x = \frac{x_B}{2} \right) = 1.9042 \times 10^{14} \text{ cm}^{-3}$$

取实际浓度与线性近似之比，可得

$$R = \frac{1.9018 \times 10^{14}}{1.9042 \times 10^{14}} = 0.9987$$

【说明】

当 $x_B = 1 \text{ μm}$，$L_B = 10 \text{ μm}$ 时，我们可以看到，基区内实际的过剩少子浓度与线性近似的少子浓度非常接近。

【自测题】

EX10.1　若其他参数与例 10.1 完全相同，基区宽度取不同值：（a）$x_B = 2 \text{ μm}$ 和 $x_B = 4 \text{ μm}$ 时，重做例 10.1。

答案：（a）0.9950；（b）0.980。

表 10.2 列出了本章可能遇到的双曲函数的泰勒展开式。在大多数情况下，在展开这些函数时，我们只考虑其线性项。

表 10.2　双曲函数的泰勒展开

函　　数	泰勒展开式
$\sinh(x)$	$x + x^3/3! + x^5/5! + \cdots$
$\cosh(x)$	$1 + x^2/2! + x^4/4! + \cdots$
$\tanh(x)$	$x - x^3/3 + 2x^5/15 + \cdots$

发射区　现在考虑发射区的少子空穴浓度。稳态过剩空穴浓度由下式确定：

$$D_E \frac{\partial^2 (\delta p_E(x'))}{\partial x'^2} - \frac{\delta p_E(x')}{\tau_{E0}} = 0 \tag{10.16}$$

其中，D_E 和 τ_{E0} 分别表示发射区的少子扩散系数和少子寿命。过剩空穴浓度可表示为

$$\delta p_E(x') = p_E(x') - p_{E0} \tag{10.17}$$

式(10.16)的通解可写为

$$\delta p_E(x') = C \exp\left(\frac{+x'}{L_E}\right) + D \exp\left(\frac{-x'}{L_E}\right) \tag{10.18}$$

其中，$L_E = \sqrt{D_E \tau_{E0}}$。若假设中性发射区长度 x_E 比少子扩散长度 L_E 小，则式(10.18)中的两个指数项都必须保留。

两个边界处的过剩少子空穴浓度分布为

$$\delta p_E(x' \geqslant 0) \equiv \delta p_E(0) = C + D \tag{10.19a}$$

和

$$\delta p_E(x' = x_E) \equiv \delta p_E(x_E) = C \exp\left(\frac{x_E}{L_E}\right) + D \exp\left(\frac{-x_E}{L_E}\right) \tag{10.19b}$$

因为 B-E 结正向偏置，所以

$$\delta p_E(0) = p_E(x' = 0) - p_{E0} = p_{E0}\left[\exp\left(\frac{eV_{\text{BE}}}{kT}\right) - 1\right] \tag{10.20a}$$

在 $x' = x_E$ 处，无穷大表面复合速度意味着

$$\delta p_E(x_E) = 0 \tag{10.20b}$$

由式(10.19)和式(10.20)解系数 C 和 D，可得式(10.18)描述的过剩少子空穴浓度

$$\delta p_E(x') = \frac{p_{E0}\left[\exp\left(\dfrac{eV_{\text{BE}}}{kT}\right) - 1\right]\sinh\left(\dfrac{x_E - x'}{L_E}\right)}{\sinh\left(\dfrac{x_E}{L_E}\right)} \tag{10.21a}$$

若 x_E 较小，则过剩少子浓度也随距离线性变化。因此，可得

$$\delta p_E(x') \approx \frac{p_{E0}}{x_E}\left[\exp\left(\frac{eV_{\text{BE}}}{kT}\right) - 1\right](x_E - x') \tag{10.21b}$$

若 x_E 与 L_E 可比拟，则 $\delta p_E(x')$ 与 x_E 指数相关。

例 10.2　确定晶体管发射区的过剩少子浓度，并与基区过剩少子浓度进行比较。若硅双极型晶体管的参数与例 10.1 完全相同，试确定 $\delta p_E(x' = 0)/\delta n_B(x = 0)$。

【解】

由式(10.20a)，可得

$$\delta p_E(0) = p_{E0}\left[\exp\left(\frac{eV_{\text{BE}}}{kT}\right) - 1\right]$$

由式(10.13a)，可得

$$\delta n_B(0) = n_{B0}\left[\exp\left(\frac{eV_{\text{BE}}}{kT}\right) - 1\right]$$

因此

$$\frac{\delta p_E(0)}{\delta n_B(0)} = \frac{p_{E0}}{n_{B0}} = \frac{n_i^2 / N_E}{n_i^2 / N_B} = \frac{N_B}{N_E} = \frac{10^{16}}{10^{18}}$$

即

$$\frac{\delta p_E(0)}{\delta n_B(0)} = 0.01$$

【说明】

随着对双极型晶体管分析的深入，我们将看到，对于性能良好的晶体管，这个比率需求相当小。

【自测题】

EX10.2　若掺杂浓度 $N_E = 8 \times 10^{17}\ \text{cm}^{-3}$，$N_B = 2 \times 10^{16}\ \text{cm}^{-3}$，重做例 10.2。

　　　　答案：$R = 0.025$。

集电区　集电区过剩少子空穴浓度由下式确定

$$D_C \frac{\partial^2 (\delta p_C(x''))}{\partial x''^2} - \frac{\delta p_C(x'')}{\tau_{C0}} = 0 \tag{10.22}$$

其中，D_C 和 τ_{C0} 分别表示集电区的少子扩散系数和少子寿命。集电区的少子空穴浓度可表示为

$$\delta p_C(x'') = p_C(x'') - p_{C0} \tag{10.23}$$

式（10.22）的通解为

$$\delta p_C(x'') = G \exp\left(\frac{x''}{L_C}\right) + H \exp\left(\frac{-x''}{L_C}\right) \tag{10.24}$$

其中，$L_C = \sqrt{D_C \tau_{C0}}$。若假设集电区足够长，则系数 G 必须为零，这是因为过剩少子浓度必须保持有限。第二个边界条件为

$$\delta p_C(x'' = 0) \equiv \delta p_C(0) = p_C(x'' = 0) - p_{C0} = 0 - p_{C0} = -p_{C0} \tag{10.25}$$

因此，集电区的过剩少子空穴浓度为

$$\boxed{\delta p_C(x'') = -p_{C0} \exp\left(\frac{-x''}{L_C}\right)} \tag{10.26}$$

这个结果与反偏 pn 结所得结论完全相同。

例 10.3　计算集电区内的距离。 考虑偏置在正向有源模式的 npn 双极型晶体管的集电区。与 L_C 相比，x'' 为何值时，少子浓度达到热平衡值的 95%？

【解】

联立式（10.23）和式（10.26），可得少子浓度为

$$p_C(x'') = \delta p_C(x'') + p_{C0} = p_{C0} \left[1 - \exp\left(\frac{-x''}{L_C}\right) \right]$$

或

$$\frac{p_C(x'')}{p_{C0}} = 1 - \exp\left(\frac{-x''}{L_C}\right)$$

对于 $p_C(x'')/p_{C0} = 0.95$，有

$$\frac{x''}{L_C} \approx 3$$

【说明】

为了使集电区的过剩少子浓度达到上面分析假设的稳态值，集电区必须相当宽。然而，这种条件并不是对所有情况都成立。

【自测题】

EX10.3　若 $\delta p(x'')/p_{c0} = 0.50$，重做例10.3。

答案：0.693。

10.2.2　其他工作模式

前面我们分析了 npn 双极型晶体管偏置在正向有源模式时的情况，即 B-E 结正向偏置，B-C 结反向偏置。所得器件的少子分布和能带结构分别如图 10.5(a)和图 10.5(b)所示。

双极型晶体管也可以工作在截止、饱和或反向有源模式。我们将定性地讨论这些工作模式的少子分布，在本章的习题中对具体问题进行实际计算。此外，我们也会考虑每种工作模式的能带结构图。

图 10.17 给出 npn 晶体管工作在截止模式时的情况。在截止模式中，B-E 结和 B-C 结均为反向偏置(B-E 结的最小偏置为零偏)。对于反向偏置的 pn 结，每个空间电荷区边界的少子浓度在理想情况下都为零。图中假设发射区和集电区足够长，而基区宽度比少子扩散长度窄。既然 $x_B \ll L_B$，所以几乎所有的少子都被扫出基区。由于反向偏置时，B-E 结和 B-C 结的势垒高度增加，因此，基本没有电荷流动。

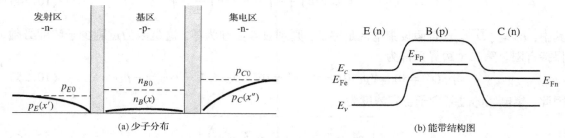

(a) 少子分布　　　　　　　　　　　　(b) 能带结构图

图 10.17　B-E 结和 B-C 结反偏时，晶体管的截止工作模式

图 10.18 所示为晶体管工作在饱和模式时的少子分布和能带结构图。两个结均为正向偏置。然而，对于如图 10.9 所示晶体管连接的电路组态，此时集电极和发射极的净电流为正。对于 npn 晶体管，这意味着净电子流由发射区到集电区。这种情况说明 B-E 结势垒比 B-C 结势垒小，此时的能带结构如图 10.18(b)所示。既然两个结都是正向偏置的，所以空间电荷区边界的少子浓度大于热平衡值，如图 10.18(a)所示。然而，基区少子浓度仍然存在梯度，它会产生集电极电流。

最后，图 10.19 给出了反向有源工作模式时的情况。在这种工作模式下，B-E 结反向偏置，B-C 结正向偏置。少子分布如图 10.19(a)所示，它基本是正向有源工作模式的"镜像"。图 10.19(b)所示为反向有源模式的能带结构图。现在，电子从集电区扩散过 B-C 结注入基区，然后扩散进发射区。必须注意的是，双极型晶体管不是对称器件。图 10.20 给出了电子从集电区注入基区的情况。由于 B-C 结面积通常远大于 B-E 结面积，所以并非所有注入电子都被发射极收集。此外，基区和集电区的相对掺杂浓度也与基区和发射区的不同。因此，正向有源工作模式和反向有源工作模式的特性明显不同。

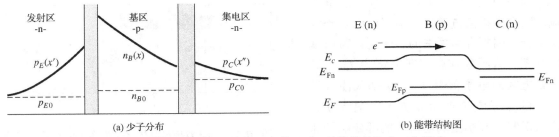

(a) 少子分布　　　　　　　　　　　　　　　　(b) 能带结构图

图 10.18　B-E 结和 B-C 结正向偏置时，晶体管的饱和工作模式

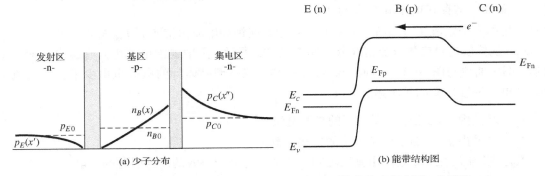

(a) 少子分布　　　　　　　　　　　　　　　　(b) 能带结构图

图 10.19　B-E 结反向偏置和 B-C 结正向偏置时，晶体管的反向有源工作模式

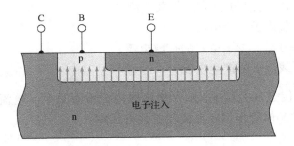

图 10.20　反向有源工作模式的 npn 双极型晶体管的
截面图，图中给出了电子的注入与收集

10.3　低频共基极电流增益

目标：确定贡献因子，建立共基极电流增益因素的数学表达式

　　双极型晶体管的基本工作原理是用 B-E 结电压控制集电极电流。集电极电流是从发射区越过 B-E 结，最后到达集电区多子数量的函数。共基极电流增益定义为集电极电流与发射极电流之比。各种带电载流子的流动引出器件特定电流的定义。我们可用这些定义来确定晶体管的电流增益。

10.3.1　贡献因子

　　图 10.21 给出了 npn 双极型晶体管内的各种粒子流分量。我们将定义这些粒子流分量，并考虑由它们产生的电流。尽管看起来有许多粒子流分量，但我们可将各种因素与图 10.15 所示的少子分布联系起来，从而使分析更加清晰明了。

因子 J_{nE}^- 是从发射区注入基区的电子流。当电子扩散进基区，小部分同多子空穴复合。因复合而损失的多子空穴需由基极补充。这部分补充空穴流记为 J_{RB}^+。到达集电区的电子流是 J_{nC}^-。从基区注入发射区的多子空穴产生空穴流，记为 J_{pE}^+。注入正偏 B-E 结空间电荷区的部分电子和空穴会在此复合，这种复合产生电子流 J_R^-。反偏 B-C 存在电子和空穴的产生，

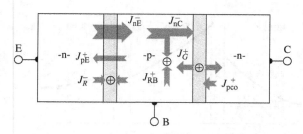

图 10.21　npn 双极型晶体管工作在正向有源模式下的粒子流密度或流分量

这种产生引入空穴流 J_G^+。最后，B-C 结的理想反向饱和电流由空穴流 J_{pco}^- 表示。

　　npn 晶体管内对应的电流密度分量如图 10.22 所示，图中也给出了正向有源模式的少子分布，图中曲线与图 10.15 相同。与 pn 结一样，双极型晶体管的电流也由少子扩散电流定义。各电流密度定义如下所述。

J_{nE}：基区内 $x=0$ 处，少子电子的扩散电流。

J_{nC}：基区内 $x=x_B$ 处，少子电子的扩散电流。

J_{RB}：J_{nE} 与 J_{nC} 之差，它是由基区过剩少子电子与多子空穴的复合引起的。电流 J_{RB} 是注入基区的，补充因复合而损失的空穴流。

J_{pE}：发射区内 $x'=0$ 处，少子空穴的扩散电流。

J_R：正偏 B-E 结的载流子复合电流。

J_{pc0}：集电区内 $x''=0$ 处，少子空穴的扩散电流。

J_G：反偏 B-C 结内载流子的产生电流。

　　电流 J_{RB}，J_{pE} 和 J_R 仅是 B-E 结电流，对集电极电流没有贡献。电流 J_{pc0} 和 J_G 仅是 B-C 结电流。上述这些电流对晶体管作用或电流增益没有贡献。

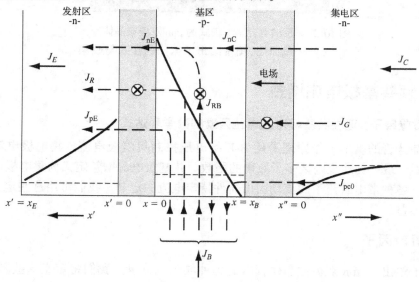

图 10.22　npn 晶体管工作在正向有源模式下的电流密度分量

直流共基极电流增益定义为

$$\alpha_0 = \frac{I_C}{I_E} \tag{10.27}$$

如果我们假设集电结和发射结的有效截面积相同，则电流增益可表示成电流密度的形式

$$\alpha_0 = \frac{J_C}{J_E} = \frac{J_{nC} + J_G + J_{pc0}}{J_{nE} + J_R + J_{pE}} \tag{10.28}$$

我们的主要兴趣在于确定集电极电流是如何随发射极电流而变化的。小信号或**正弦共基极电流增益**定义为

$$\alpha = \frac{\partial J_C}{\partial J_E} = \frac{J_{nC}}{J_{nE} + J_R + J_{pE}} \tag{10.29}$$

反向偏置的 B-C 结电流 J_G 和 J_{pc0} 并不是发射极电流的函数。

式(10.29)可重写为如下形式

$$\alpha = \left(\frac{J_{nE}}{J_{nE} + J_{pE}}\right)\left(\frac{J_{nC}}{J_{nE}}\right)\left(\frac{J_{nE} + J_{pE}}{J_{nE} + J_R + J_{pE}}\right) \tag{10.30a}$$

或

$$\alpha = \gamma \alpha_T \delta \tag{10.30b}$$

式(10.30b)中各因子的定义为

$$\gamma = \left(\frac{J_{nE}}{J_{nE} + J_{pE}}\right) \qquad \equiv 发射结注入效率 \tag{10.31a}$$

$$\alpha_T = \left(\frac{J_{nC}}{J_{nE}}\right) \qquad \equiv 基区输运系数 \tag{10.31b}$$

$$\delta = \frac{J_{nE} + J_{pE}}{J_{nE} + J_R + J_{pE}} \qquad \equiv 复合系数 \tag{10.31c}$$

需要注意的是，这些电流定义应用于 npn 晶体管。类似的电流增益限制表达式可用于 pnp 晶体管：电子电流由空穴电流替代，空穴电流由电子电流替代。

我们希望集电极电流的变化与发射极电流的变化完全相同，在理想情况下，$\alpha = 1$。然而，由式(10.29)可知，α 永远小于 1。因此，我们的目标是使 α 尽可能地接近 1。由于各个因子都小于 1，所以为了达到这个目标，必须使式(10.30b)中的每一项尽可能地接近 1。

发射结注入效率 γ 考虑了发射区的少子空穴扩散电流。这个电流是发射极电流的一部分，但对晶体管作用没有贡献，因为 J_{pE} 不是集电极电流的组成部分。基区输运系数 α_T 考虑了基区过剩少子电子的复合。理想情况下，我们希望基区没有复合。复合系数 δ 考虑了正偏 B-E 结的复合。电流 J_R 对发射极电流有贡献，但对集电极电流没有贡献。

10.3.2　电流增益系数的数学推导

现在，我们希望以晶体管的电学参数和几何参数来确定各增益因子。所推导结果将给出晶体管的各个参数如何影响器件电学特性，从而指出设计"好"双极型晶体管的方法。

发射结注入效率　首先，考虑发射结注入效率。由式(10.31a)，可得

$$\gamma = \left(\frac{J_{nE}}{J_{nE} + J_{pE}}\right) = \frac{1}{\left(1 + \dfrac{J_{pE}}{J_{nE}}\right)} \tag{10.32}$$

在 10.2.1 节中，我们推导了正向有源模式的少子分布函数。注意，图 10.22 中定义的电流 J_{nE} 沿 $-x$ 方向，所以我们将电流密度写为

$$J_{pE} = -eD_E \frac{\mathrm{d}[\delta p_E(x')]}{\mathrm{d}x'}\bigg|_{x'=0} \qquad (10.33\mathrm{a})$$

和

$$J_{nE} = (-)eD_B \frac{\mathrm{d}[\delta n_B(x)]}{\mathrm{d}x}\bigg|_{x=0} \qquad (10.33\mathrm{b})$$

其中，$\delta p_E(x')$ 和 $\delta n_B(x)$ 分别由式（10.21）和式（10.15）给出。

对 $\delta p_E(x')$ 和 $\delta n_B(x)$ 微分，并代入式（10.33），可得

$$J_{pE} = \frac{eD_E p_{E0}}{L_E}\left[\exp\left(\frac{eV_{BE}}{kT}\right) - 1\right]\frac{1}{\tanh(x_E/L_E)} \qquad (10.34\mathrm{a})$$

和

$$J_{nE} = \frac{eD_B n_{B0}}{L_B}\left\{\frac{1}{\sinh(x_B/L_B)} + \frac{[\exp(eV_{BE}/kT) - 1]}{\tanh(x_B/L_B)}\right\} \qquad (10.34\mathrm{b})$$

J_{pE} 和 J_{nE} 的取值为正，表明电流方向与图 10.22 所定义的方向一致。如果假设 B-E 结正偏得足够大，以至于 $V_{BE} \gg kT/e$，则

$$\exp\left(\frac{eV_{BE}}{kT}\right) \gg 1$$

同时

$$\frac{\exp(eV_{BE}/kT)}{\tanh(x_B/L_B)} \gg \frac{1}{\sinh(x_B/L_B)}$$

由式（10.32）可得，发射结注入效率变为

$$\boxed{\gamma = \frac{1}{1 + \dfrac{p_{E0}D_E L_B}{n_{B0}D_B L_E}\dfrac{\tanh(x_B/L_B)}{\tanh(x_E/L_E)}}} \qquad (10.35\mathrm{a})$$

如果我们假设式（10.35a）中的所有参数除 p_{E0} 和 n_{B0} 外均为定值，则为了使 $\gamma \approx 1$，必须有 $p_{E0} \ll n_{B0}$。可写出

$$p_{E0} = \frac{n_i^2}{N_E} \qquad \text{和} \qquad n_{B0} = \frac{n_i^2}{N_B}$$

其中，N_E 和 N_B 分别表示发射区和基区的掺杂浓度。因此，$p_{E0} \ll n_{B0}$ 意味着 $N_E \gg N_B$。为了使发射结注入效率接近 1，发射区掺杂浓度必须远大于基区掺杂浓度。这个条件意味着从 n 型发射区注入 B-E 结空间电荷区的电子数量比 p 型基区注入的空穴数量多得多。若 $x_B \ll L_B$ 和 $x_E \ll L_E$ 这两个条件都成立，则发射结注入效率可写为

$$\boxed{\gamma \approx \frac{1}{1 + \dfrac{N_B}{N_E}\dfrac{D_E}{D_B}\dfrac{x_B}{x_E}}} \qquad (10.35\mathrm{b})$$

基区输运系数　　需要考虑的下一项是基区输运系数，它由式（10.31b）确定，即 $\alpha_T = J_{nC}/J_{nE}$。

由图 10.22 中电流方向的定义，可得

$$J_{\mathrm{nC}} = (-)eD_B \frac{\mathrm{d}[\delta n_B(x)]}{\mathrm{d}x}\bigg|_{x=x_B} \tag{10.36a}$$

和

$$J_{\mathrm{nE}} = (-)eD_B \frac{\mathrm{d}[\delta n_B(x)]}{\mathrm{d}x}\bigg|_{x=0} \tag{10.36b}$$

由式(10.15)给定的 $\delta n_B(x)$ 表达式，可得

$$J_{\mathrm{nC}} = \frac{eD_B n_{B0}}{L_B}\left\{\frac{[\exp(eV_{BE}/kT)-1]}{\sinh(x_B/L_B)} + \frac{1}{\tanh(x_B/L_B)}\right\} \tag{10.37}$$

J_{nE} 的表达式由式(10.34b)给出。

如果再次假设 B-E 结正向偏置的足够大，以至于 $V_{BE} \gg kT/e$，则 $\exp(eV_{BE}/kT) \gg 1$。将式(10.37)和式(10.34b)代入式(10.31b)，有

$$\alpha_T = \frac{J_{\mathrm{nC}}}{J_{\mathrm{nE}}} \approx \frac{\exp(eV_{BE}/kT) + \cosh(x_B/L_B)}{1 + \exp(eV_{BE}/kT)\cosh(x_B/L_B)} \tag{10.38}$$

为了让 α_T 接近 1，中性基区宽度 x_B 必须远小于基区的少子扩散长度 L_B。若 $x_B \ll L_B$，则 $\cosh(x_B/L_B)$ 略大于 1。此外，若 $\exp(eV_{BE}/kT) \gg 1$，则**基区输运系数**可近似为

$$\boxed{\alpha_T \approx \frac{1}{\cosh(x_B/L_B)}} \tag{10.39a}$$

若 $x_B \ll L_B$，则可将双曲余弦函数展开为泰勒级数，因此

$$\boxed{\alpha_T = \frac{1}{\cosh(x_B/L_B)} \approx \frac{1}{1+\frac{1}{2}(x_B/L_B)^2} \approx 1 - \frac{1}{2}(x_B/L_B)^2} \tag{10.39b}$$

若 $x_B \ll L_B$，则基区输运系数 α_T 将接近于 1。现在，我们明白了为什么前面指出中性基区宽度 x_B 应小于 L_B。

复合系数 复合系数由式(10.31c)给定，可写出

$$\delta = \frac{J_{\mathrm{nE}} + J_{\mathrm{pE}}}{J_{\mathrm{nE}} + J_R + J_{\mathrm{pE}}} \approx \frac{J_{\mathrm{nE}}}{J_{\mathrm{nE}} + J_R} = \frac{1}{1 + J_R/J_{\mathrm{nE}}} \tag{10.40}$$

在式(10.40)中，假设 $J_{\mathrm{pE}} \ll J_{\mathrm{nE}}$。由正偏 pn 结空间电荷区内的载流子复合而产生的复合电流密度已在第 9 章讨论过，我们可将其写为

$$J_R = \frac{ex_{\mathrm{BE}} n_i}{2\tau_0}\exp\left(\frac{eV_{\mathrm{BE}}}{2kT}\right) = J_{r0}\exp\left(\frac{eV_{\mathrm{BE}}}{2kT}\right) \tag{10.41}$$

其中，x_{BE} 是 B-E 结的空间电荷区宽度。

由式(10.34b)可知，电流 J_{nE} 可近似为

$$J_{\mathrm{nE}} = J_{s0}\exp\left(\frac{eV_{\mathrm{BE}}}{kT}\right) \tag{10.42}$$

其中

$$J_{s0} = \frac{eD_B n_{B0}}{L_B\tanh(x_B/L_B)} \tag{10.43}$$

由式(10.40)，复合系数可写为

$$\delta = \cfrac{1}{1 + \cfrac{J_{r0}}{J_{s0}} \exp\left(\cfrac{-eV_{BE}}{2kT}\right)} \tag{10.44}$$

复合系数是 B-E 结电压的函数。随着 V_{BE} 的增加，复合电流所占比例减小，复合系数接近 1。

　　复合系数也必须包括表面效应的影响。正如第 8 章所讨论的那样，表面效应可由表面复合速率描述。图 10.23(a) 给出了靠近表面的 npn 晶体管的 B-E 结。假设 B-E 结正向偏置。图 10.23(b) 给出了基区中沿截面 A-A' 的过剩少子浓度。这条曲线是通常情况下正偏 pn 结的少子浓度分布曲线。图 10.23(c) 所示为从表面沿截面 C-C' 的过剩少子电子浓度。前面我们已指出，表面的过剩少子浓度小于体内的过剩少子浓度。在这种电子分布情况下，电子从体内向表面扩散，并与多子空穴发生复合。图 10.23(d) 是电子从发射区注入基区，并向表面扩散的示意图。这种扩散产生复合电流的另一分量，复合电流的这个分量也必须包括在复合系数 δ 中。因为需要进行二维分析，所以实际计算比较困难，但复合电流的形式与式(10.41)相同。

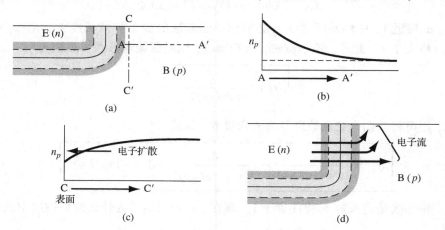

图 10.23　E-B 结的表面，图中给出了载流子向表面的扩散

10.3.3　本节小结

　　尽管在所有的推导中，我们都以 npn 晶体管为例，但实际上相同的分析同样可用于 pnp 晶体管。除电子浓度替换为空穴浓度，空穴浓度替换为电子浓度外，pnp 晶体管的少子分布与 npn 晶体管完全相同。另外，pnp 晶体管的电流方向和电压极性也会改变。

　　前面已经考虑了共基极电流增益，式(10.27)将其定义为 $\alpha_0 = I_C/I_E$。共发射极电流增益定义为 $\beta_0 = I_C/I_B$。由图 10.9，我们可以看到 $I_E = I_B + I_C$。由 KCL 方程，我们可以确定共发射极电流增益和共基极电流增益的关系。我们可写出

$$\frac{I_E}{I_C} = \frac{I_B}{I_C} + 1$$

将电流增益的定义式代入上式，可得

$$\frac{1}{\alpha_0} = \frac{1}{\beta_0} + 1$$

由于这个关系式对直流和小信号条件均成立，所以可以略去下标。现在，可用**共基极电流增益**表示**共发射极电流增益**，即

$$\beta = \frac{\alpha}{1-\alpha}$$

同样，也可用共发射极电流增益表示共基极电流增益，即

$$\alpha = \frac{\beta}{1+\beta}$$

表 10.3 总结了共基极电流增益各限制因子的表达式。其中，假设 $x_B \ll L_B$ 和 $x_E \ll L_E$。同时，表中也给出了共基极电流增益和共发射极电流增益的近似表达式。

10.3.4 增益系数的计算实例

如果假设 β 的典型值为 100，则 $\alpha = 0.99$。如果同时假设 $\gamma = \alpha_T = \delta$，则为了使 $\beta = 100$，每个因子都必须等于 0.9967。这个计算表明，为了取得合理的电流增益，每个因子都应接近 1。在下面的计算中，我们应用到这些因子。

表 10.3 限制因子小结

发射结注入效率

$$\gamma \approx \frac{1}{1 + \dfrac{N_B}{N_E}\dfrac{D_E}{D_B}\dfrac{x_B}{x_E}} \qquad (x_B \ll L_B, \quad x_E \ll L_E)$$

基区输运系数

$$\alpha_T \approx \frac{1}{1 + \dfrac{1}{2}\left(\dfrac{x_B}{L_B}\right)^2} \qquad (x_B \ll L_B)$$

复合系数

$$\delta = \frac{1}{1 + \dfrac{J_{r0}}{J_{s0}}\exp\left(\dfrac{-eV_{BE}}{2kT}\right)}$$

共基极电流增益

$$\alpha = \gamma\alpha_T\delta \approx \frac{1}{1 + \dfrac{N_B}{N_E}\dfrac{D_E}{D_B}\dfrac{x_B}{x_E} + \dfrac{1}{2}\left(\dfrac{x_B}{L_B}\right)^2 + \dfrac{J_{r0}}{J_{s0}}\exp\left(\dfrac{-eV_{BE}}{2kT}\right)}$$

共发射极电流增益

$$\beta = \frac{\alpha}{1-\alpha} \approx \frac{1}{\dfrac{N_B}{N_E}\dfrac{D_E}{D_B}\dfrac{x_B}{x_E} + \dfrac{1}{2}\left(\dfrac{x_B}{L_B}\right)^2 + \dfrac{J_{r0}}{J_{s0}}\exp\left(\dfrac{-eV_{BE}}{2kT}\right)}$$

例 10.4 为使发射结注入效率 $\gamma = 0.9967$，试确定发射区掺杂浓度与基区掺杂浓度之比。考虑一个 npn 双极型晶体管，为了简单，假设 $D_E = D_B$，$L_E = L_B$，以及 $x_E = x_B$。

【解】

由题设可知，式(10.35a)可简化为

$$\gamma = \frac{1}{1 + \dfrac{p_{E0}}{n_{B0}}} = \frac{1}{1 + \dfrac{n_i^2/N_E}{n_i^2/N_B}}$$

因此

$$\gamma = \frac{1}{1 + \dfrac{N_B}{N_E}} = 0.9967$$

所以

$$\frac{N_B}{N_E} = 0.003\,31 \quad \text{或} \quad \frac{N_E}{N_B} = 302$$

【说明】

为了获得高发射结注入效率，发射区掺杂浓度必须远大于基区掺杂浓度。

【自测题】

EX10.4　考虑一个 npn 双极型晶体管，晶体管的具体参数如下：$x_E = 2x_B = 2\ \mu\text{m}$，$D_E = 8\ \text{cm}^2/\text{s}$，$D_B = 20\ \text{cm}^2/\text{s}$，$\tau_{E0} = 10^{-8}\text{s}$，$\tau_{B0} = 10^{-7}\text{s}$。假设发射区掺杂浓度 $N_E = 5 \times 10^{18}\ \text{cm}^{-3}$，为了使发射结注入效率 $\gamma = 0.9950$，试确定基区掺杂浓度。

答案：$N_B = 1.03 \times 10^{16}\ \text{cm}^{-3}$。

例 10.5　若晶体管为 pnp 双极型晶体管，且 $D_B = 10\ \text{cm}^2/\text{s}$，$\tau_{B0} = 10^{-7}\text{s}$。为了使基区输运系数 $\alpha_T = 0.9967$，试确定基区宽度。

【解】

前面推导的基区输运系数对 pnp 和 npn 晶体管都成立，可表示为

$$\alpha_T = \frac{1}{\cosh(x_B/L_B)} = 0.9967$$

因此

$$\frac{x_B}{L_B} = 0.0814$$

我们有

$$L_B = \sqrt{D_B \tau_{B0}} = \sqrt{(10)(10^{-7})} = 10^{-3}\ \text{cm}$$

所以基区宽度为

$$x_B = 0.814 \times 10^{-4}\ \text{cm} = 0.814\ \mu\text{m}$$

【说明】

基区宽度略小于 $0.8\ \mu\text{m}$，即可满足上述基区输运系数的要求。在大多数情况下，基区输运系数并不是双极型晶体管电流增益的限制因素。

【自测题】

EX10.5　采用例 10.5 所述晶体管，并假设晶体管参数如下：$D_E = 8\ \text{cm}^2/\text{s}$，$D_B = 20\ \text{cm}^2/\text{s}$，$\tau_{E0} = 10^{-8}\text{s}$，$\tau_{B0} = 10^{-7}\text{s}$。若要使基区输运系数 $\alpha_T = 0.9980$，试确定中性基区宽度 x_B。

答案：$x_B = 0.895\ \mu\text{m}$。

例 10.6　考虑 $T = 300\ \text{K}$ 时的 npn 双极型晶体管，同时假设 $J_{r0} = 10^{-8}\ \text{A/cm}^2$，$J_{s0} = 10^{-11}\ \text{A/cm}^2$。若要使复合系数 $\delta = 0.9967$，试计算 B-E 结所需的正偏电压。

【解】

由式(10.44)可得，复合系数为

$$\delta = \frac{1}{1 + \dfrac{J_{r0}}{J_{s0}}\exp\left(\dfrac{-eV_{\text{BE}}}{2kT}\right)}$$

因此，有

$$0.9967 = \frac{1}{1 + \dfrac{10^{-8}}{10^{-11}} \exp\left(\dfrac{-eV_{\mathrm{BE}}}{2kT}\right)}$$

重新整理上式，可写出

$$\exp\left(\frac{+eV_{\mathrm{BE}}}{2kT}\right) = \frac{0.9967 \times 10^3}{1 - 0.9967} = 3.02 \times 10^5$$

因此

$$V_{\mathrm{BE}} = 2(0.0259)\ln(3.02 \times 10^5) = 0.654 \text{ V}$$

【说明】

本例表明复合系数可能成为双极型晶体管电流增益的重要限制因素。在本例中，如果 V_{BE} 小于 0.654 V，则复合系数 δ 将在设定值 0.9967 之下。

【自测题】

EX10.6　采用例 10.6 所述晶体管，并假设晶体管参数如下：$D_E = 8 \text{ cm}^2/\text{s}$，$D_B = 20 \text{ cm}^2/\text{s}$，$\tau_{E0} = 10^{-8}\text{s}$，$\tau_{B0} = 10^{-7}\text{s}$。若 $J_{r0} = 10^{-8}$ A/cm^2，$J_{s0} = 10^{-11}$ A/cm^2，试确定 V_{BE} 为何值时，$\delta = 0.9960$。

答案：$V_{\mathrm{BE}} = 0.6436$ V。

例 10.7　$T = 300$ K 时，硅 npn 双极型晶体管的参数如下，试计算共射极电流增益。

$$
\begin{array}{ll}
D_E = 10 \text{ cm}^2/\text{s} & x_B = 0.70 \text{ μm} \\
D_B = 25 \text{ cm}^2/\text{s} & x_E = 0.50 \text{ μm} \\
\tau_{E0} = 1 \times 10^{-7} \text{ s} & N_E = 1 \times 10^{18} \text{ cm}^{-3} \\
\tau_{B0} = 5 \times 10^{-7} \text{ s} & N_B = 1 \times 10^{16} \text{ cm}^{-3} \\
J_{r0} = 5 \times 10^{-8} \text{ A/cm}^2 & V_{\mathrm{BE}} = 0.65 \text{ V}
\end{array}
$$

由上述给定参数，可得如下参数

$$p_{E0} = \frac{(1.5 \times 10^{10})^2}{1 \times 10^{18}} = 2.25 \times 10^2 \text{ cm}^{-3}$$

$$n_{B0} = \frac{(1.5 \times 10^{10})^2}{1 \times 10^{16}} = 2.25 \times 10^4 \text{ cm}^{-3}$$

$$L_E = \sqrt{D_E \tau_{E0}} = 10^{-3} \text{ cm}$$

$$L_B = \sqrt{D_B \tau_{B0}} = 3.54 \times 10^{-3} \text{ cm}$$

【解】

由式(10.35a)，可得发射结注入效率

$$\gamma = \frac{1}{1 + \dfrac{(2.25 \times 10^2)(10)(3.54 \times 10^{-3})}{(2.25 \times 10^4)(25)(10^{-3})} \cdot \dfrac{\tanh(0.0198)}{\tanh(0.050)}} = 0.9944$$

由式(10.39a)，可得基区输运系数

$$\alpha_T = \frac{1}{\cosh\left(\dfrac{0.70 \times 10^{-4}}{3.54 \times 10^{-3}}\right)} = 0.9998$$

由式(10.44),可得复合系数

$$\delta = \cfrac{1}{1 + \cfrac{5 \times 10^{-8}}{J_{s0}} \exp\left(\cfrac{-0.65}{2(0.0259)}\right)}$$

其中

$$J_{s0} = \frac{eD_B n_{B0}}{L_B \tanh\left(\dfrac{x_B}{L_B}\right)} = \frac{(1.6 \times 10^{-19})(25)(2.25 \times 10^4)}{3.54 \times 10^{-3} \tanh(1.977 \times 10^{-2})} = 1.29 \times 10^{-9} \text{ A/cm}^2$$

将上式代入复合系数计算式,可得 $\delta = 0.999\,86$。因此,共基极电流增益

$$\alpha = \gamma \alpha_T \delta = (0.9944)(0.9998)(0.999\,86) = 0.994\,06$$

由共发射极电流增益和共基极电流增益的关系式,有

$$\beta = \frac{\alpha}{1-a} = \frac{0.994\,06}{1 - 0.994\,06} = 167$$

【说明】

在本例中,发射结注入效率是电流增益的限制因素。

【自测题】

EX10.7　　pnp 双极型晶体管的参数如下: $D_E = 15 \text{ cm}^2/\text{s}$, $D_B = 8 \text{ cm}^2/\text{s}$, $\tau_{E0} = 2 \times 10^{-7}\text{s}$, $\tau_{B0} = 3 \times 10^{-7}\text{s}$,而其他参数与例 10.7 相同。试确定晶体管的共发射极电流增益。

　　　　　答案:计算可得 $\gamma = 0.9744$, $\alpha_T = 0.9990$, $\delta = 0.9996$,所以 $\beta = 36$。

【练习题】

注意:在下列练习题中,假定硅 npn 双极型晶体管在 $T = 300$ K 时的参数如下: $D_E = 15 \text{ cm}^2/\text{s}$, $D_B = 8 \text{ cm}^2/\text{s}$, $D_C = 12 \text{ cm}^2/\text{s}$, $\tau_{E0} = 2 \times 10^{-7}\text{s}$, $\tau_{B0} = 3 \times 10^{-7}\text{s}$, $\tau_{C0} = 10^{-6}\text{s}$。

TYU10.1　　假设 $\alpha_T = \delta = 0.9967$, $x_B = x_E = 1.0$ μm, $N_B = 5 \times 10^{16} \text{ cm}^{-3}$, $N_E = 5 \times 10^{18} \text{ cm}^{-3}$。试确定共发射极电流增益 β。

　　　　　答案: $\beta = 92.5$。

TYU10.2　　假设 $\gamma = \delta = 0.9967$, $x_B = 0.8$ μm,试确定共发射极电流增益 β。

　　　　　答案: $\beta = 121$。

TYU10.3　　假设 $\gamma = \alpha_T = 0.9967$, $J_{r0} = 5 \times 10^{-9} \text{ A/cm}^2$, $J_{s0} = 10^{-11} \text{ A/cm}^2$, $V_{BE} = 0.585$ V。试确定共发射极电流增益 β。

　　　　　答案: $\beta = 77.4$。

TYU10.4　　(a)若由于制备偏差,晶体管中性基区宽度变化范围为 0.800 μm $\leqslant x_B \leqslant 1.00$ μm,假设 $L_B = 1.414 \times 10^{-3}$ cm,试确定基区输运系数 α_T 的变化范围;(b)利用(a)部分计算结果,同时假设 $\gamma = \delta = 0.9967$,试问共发射极电流增益的变化范围是多少?

　　　　　答案:(a) $0.9975 \leqslant \alpha_T \leqslant 0.9984$;(b) $109 \leqslant \beta \leqslant 121$。

10.4 非理想效应

目标：讨论晶体管的非理想效应

在前面的讨论中，我们都假设晶体管是理想的，它们满足均匀掺杂、小注入、发射区和基区宽度恒定、禁带宽度固定、电流密度均匀、结区未击穿等条件。如果任何一个理想条件不成立，那么晶体管的特性就会偏离我们讨论的理想特性。

10.4.1 基区宽度调制

前面我们简单地假设中性基区宽度 x_B 固定。然而，B-C 结空间电荷区会随 B-C 结电压而扩展进基区，所以基区宽度实际上是 B-C 结电压的函数。随着 B-C 结反偏电压的增加，B-C 结空间电荷区宽度增加，因而 x_B 减小。正如图 10.24 所看到的那样，中性基区宽度的变化会改变集电极电流。基区宽度减小使得基区内的少子浓度梯度增加，反过来增大扩散电流。这种效应称为基区宽度调制效应，又称为厄利(Early)效应。

在图 10.25 所示的电流–电压特性曲线中，我们可以观察到厄利效应。在大多数情况下，基极电流恒定与 B-E 结电压恒定是等效的。理想情况下，集电极电流与 B-C 结电压无关，曲线斜率为零，所以晶体管的输出电导也为零。然而，基区宽度调制，或厄利效应，产生非零斜率，导致有限输出电导。如果将集电极电流特性曲线反向延长到零，那么曲线与电压轴相交于一点，这点就被定义为**厄利电压**。通常，厄利电压取正值，它是晶体管技术指标的一个常见参数，厄利电压的典型值在 100 ~ 300 V 之间。

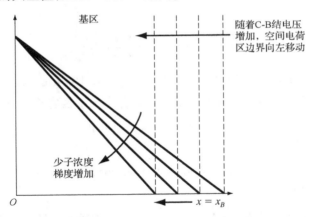

图 10.24　当 B-C 结空间电荷区宽度变化时，基区宽度和少子浓度梯度随之变化

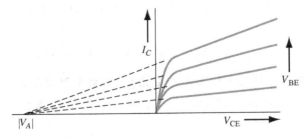

图 10.25　集电极电流与 C-E 结电压的关系曲线，图中给出了厄利效应和厄利电压

由图 10.25，我们可以写出

$$\frac{\mathrm{d}I_C}{\mathrm{d}V_{\mathrm{CE}}} = g_0 = \frac{I_C}{V_{\mathrm{CE}} + V_A} \qquad (10.45\mathrm{a})$$

式中，V_A 和 V_{CE} 取正值，g_0 定义为**输出电导**。式(10.45a)可重写为如下形式

$$I_C = g_0(V_{\mathrm{CE}} + V_A) \qquad (10.45\mathrm{b})$$

上式明确地表明，集电极电流是 C-E 结电压或 C-B 结电压的函数。

例 10.8　计算中性基区宽度随 C-B 结电压的变化。 $T = 300$ K 时，均匀掺杂硅双极型晶体管的基区掺杂浓度 $N_B = 5 \times 10^{16}$ cm^{-3}，集电区掺杂浓度 $N_C = 2 \times 10^{15}$ cm^{-3}，假设基区宽度 $x_B = 0.7$ μm。当 C-B 结电压在 $2 \sim 10$ V 内变化时，试计算中性基区宽度的变化。

【解】

扩展进基区的空间电荷区宽度可写为

$$x_{\mathrm{dB}} = \left\{ \frac{2\epsilon_s(V_{\mathrm{bi}} + V_{\mathrm{CB}})}{e} \left[\frac{N_C}{N_B} \frac{1}{(N_B + N_C)} \right] \right\}^{1/2}$$

或者

$$x_{\mathrm{dB}} = \left\{ \frac{2(11.7)(8.85 \times 10^{-14})(V_{\mathrm{bi}} + V_{\mathrm{CB}})}{1.6 \times 10^{-19}} \times \left[\frac{2 \times 10^{15}}{5 \times 10^{16}} \frac{1}{(5 \times 10^{16} + 2 \times 10^{15})} \right] \right\}^{1/2}$$

整理上式，可得

$$x_{\mathrm{dB}} = [(9.96 \times 10^{-12})(V_{\mathrm{bi}} + V_{\mathrm{CB}})]^{1/2}$$

内建电势为

$$V_{\mathrm{bi}} = \frac{kT}{e} \ln\left(\frac{N_B N_C}{n_i^2} \right) = 0.718 \, \mathrm{V}$$

当 $V_{\mathrm{CB}} = 2$ V 时，$x_{\mathrm{dB}} = 0.052$ μm；当 $V_{\mathrm{CB}} = 10$ V 时，$x_{\mathrm{dB}} = 0.103$ μm。由于 B-E 结正向偏置，空间电荷区很窄，所以常常忽略。这样我们就可以计算中性基区宽度。当 $V_{\mathrm{CB}} = 2$ V

$$x_B = 0.70 - 0.052 = 0.648 \, \mathrm{μm}$$

当 $V_{\mathrm{CB}} = 10$ V

$$x_B = 0.70 - 0.103 = 0.597 \, \mathrm{μm}$$

【说明】

本例表明，当 C-B 结电压在 $2 \sim 10$ V 之间变化时，中性基区宽度可以轻易地改变 8%。

【自测题】

EX10.8　若基区掺杂浓度 $N_B = 3 \times 10^{16}$ cm^{-3}，集电区掺杂浓度为 $N_C = 10^{15}$ cm^{-3}，重做例 10.8。

答案：当 $V_{\mathrm{CB}} = 2$ V 时，$x_B = 0.639$ μm；当 $V_{\mathrm{CB}} = 10$ V 时，$x_B = 0.578$ μm。

例 10.9　计算集电极电流随中性基区宽度的变化，并估计厄利电压。 均匀掺杂硅 npn 晶体管的参数与例 10.8 相同。假设 $D_B = 25$ cm^2/s，$V_{\mathrm{BE}} = 0.60$ V，且 $x_B \ll L_B$。

【解】

由式(10.15a)可得，基区过剩少子电子浓度为

$$\delta n_B(x) = \frac{n_{B0}\left\{\left[\exp\left(\dfrac{eV_{BE}}{kT}\right) - 1\right]\sinh\left(\dfrac{x_B - x}{L_B}\right) - \sinh\left(\dfrac{x}{L_B}\right)\right\}}{\sinh\left(\dfrac{x_B}{L_B}\right)}$$

若 $x_B \ll L_B$，则 $(x_B - x) \ll L_B$，可以写出如下近似

$$\sinh\left(\frac{x_B}{L_B}\right) \approx \left(\frac{x_B}{L_B}\right) \qquad 和 \qquad \sinh\left(\frac{x_B - x}{L_B}\right) \approx \left(\frac{x_B - x}{L_B}\right)$$

因此，$\delta n_B(x)$ 的表达式可近似为

$$\delta n_B(x) \approx \frac{n_{B0}}{x_B}\left\{\left[\exp\left(\frac{eV_{BE}}{kT}\right) - 1\right](x_B - x) - x\right\}$$

集电极电流为

$$|J_C| = eD_B\frac{\mathrm{d}[\delta n_B(x)]}{\mathrm{d}x} \approx \frac{eD_B n_{B0}}{x_B}\exp\left(\frac{eV_{BE}}{kT}\right)$$

计算 n_{B0} 值，可得

$$n_{B0} = \frac{n_i^2}{N_B} = \frac{(1.5 \times 10^{10})^2}{5 \times 10^{16}} = 4.5 \times 10^3 \text{ cm}^{-3}$$

若令 $V_{CB} = 2 \text{ V}(V_{CE} = 2.6 \text{ V})$ 时的基区宽度 $x_B = 0.648 \text{ μm}$，则

$$|J_C| = \frac{(1.6 \times 10^{-19})(25)(4.5 \times 10^3)}{0.648 \times 10^{-4}}\exp\left(\frac{0.60}{0.0259}\right) = 3.20 \text{ A/cm}^2$$

令 $V_{CB} = 10 \text{ V}(V_{CE} = 10.6 \text{ V})$ 时的基区宽度 $x_B = 0.597 \text{ μm}$。在这种情况下，有 $|J_C| = 3.47 \text{ A/cm}^2$。
由式 (10.45a) 可写出

$$\frac{\mathrm{d}J_C}{\mathrm{d}V_{CE}} = \frac{J_C}{V_{CE} + V_A} = \frac{\Delta J_C}{\Delta V_{CE}}$$

由电流和电压的计算值，有

$$\frac{\Delta J_C}{\Delta V_{CE}} = \frac{3.47 - 3.20}{10.6 - 2.6} = \frac{J_C}{V_{CE} + V_A} \approx \frac{3.20}{2.6 + V_A}$$

所以厄利电压近似为

$$V_A \approx 92 \text{ V}$$

【说明】

本例说明，当中性基区宽度随 B-C 结空间电荷区宽度变化时，集电极电流是如何变化的。同时，本例也给出了厄利电压的大小。

【自测题】

EX10.9　某个特定晶体管的输出电阻为 200 kΩ，厄利电压 $V_A = 125 \text{ V}$。若 V_{CE} 从 2 V 增加到 8 V，集电极电流如何变化？

答案：$\Delta I_C = 30 \text{ μA}$。

例 10.9 也表明，由于晶体管制备工艺的偏差，晶体管特性也会有所变化。由于制备误差，窄基区晶体管的基区宽度将出现偏差，这将引起集电极电流特性的变化。

10.4.2　大注入效应

在确定少子分布时，双极输运方程假设小注入条件成立。然而，随着 V_{BE} 的增加，注入少子浓度可能接近，甚至超过多子浓度。如果假定准电中性条件成立，那么 p 型基区 $x = 0$ 处的多子空穴浓度会因过剩空穴而增加，如图 10.26 所示。

　　在大注入条件下，晶体管会出现两种效应。第一种效应是发射结注入效率降低。在大注入条件下，$x=0$ 处的多子空穴浓度在掺杂水平 N_B 之上，在正偏 B-E 结电压的作用下，更多的空穴注入到发射区。空穴注入的增加使得 J_{pE} 增加，而 J_{pE} 的增加降低了发射结注入效率。因此，在大注入条件下，共发射极电流增益下降。图 10.27 所示为共发射极电流增益与集电极电流的典型关系曲线。小电流时的低增益是由于复合系数较小，而大电流时的增益下降则是因为大注入效应。

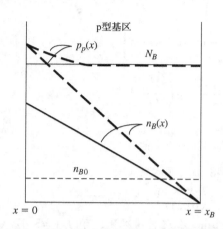

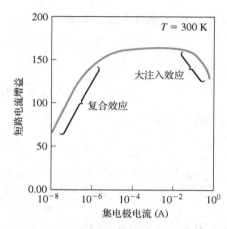

图 10.26　小注入和大注入时，基区的少子和多子浓度（实线为小注入，虚线为大注入）

图 10.27　共发射极电流增益与集电极电流的关系曲线（引自 Shur[15]）

　　下面考虑第二种大注入效应。在小注入情况下，npn 晶体管在 $x=0$ 处的多子空穴浓度为

$$p_p(0) = p_{p0} = N_a \tag{10.46a}$$

少子电子浓度为

$$n_p(0) = n_{p0} \exp\left(\frac{eV_{BE}}{kT}\right) \tag{10.46b}$$

两者之积为

$$p_p(0)n_p(0) = p_{p0}n_{p0} \exp\left(\frac{eV_{BE}}{kT}\right) \tag{10.46c}$$

在大注入情况下，式（10.46c）仍然成立。然而 $p_p(0)$ 也会增加，在大注入情况下，它和 $n_p(0)$ 以近乎相同的速率增长。$n_p(0)$ 的增加逐步接近如下方程

$$n_p(0) \approx n_{p0} \exp\left(\frac{eV_{BE}}{2kT}\right) \tag{10.47}$$

在大注入情况下，基区过剩少子浓度和集电极电流随 B-E 结电压的增长速率比小注入时的慢。这种效应如图 10.28 所示。大注入效应与 pn 结二极管的串联电阻影响非常类似。

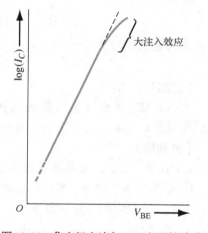

图 10.28　集电极电流与 B-E 电压的关系曲线，图中给出了大注入效应

10.4.3　发射区带隙变窄

　　影响发射结注入效率的另一现象是带隙变窄。由前面的讨论可知，随着发射区与基区掺杂浓度比值的增加，发射结注入效率逐渐增加，并接近于 1。当硅材料变成重掺杂时，n 型发

射区内的分立施主能级分裂成能带。随着施主杂质原子浓度的增加，施主原子间的距离减小，当原子间距离小到可以发生相互作用时，施主能级就会分裂。随掺杂浓度的持续增加，施主能带变得倾斜，并向导带移动，最终与它融合在一起。在这种情况下，有效带隙能降低。图 10.29 给出带隙能随掺杂浓度变化的关系曲线。

带隙能的减小增加了本征载流子浓度。本征载流子浓度表示为

$$n_i^2 = N_c N_v \exp\left(\frac{-E_g}{kT}\right) \tag{10.48}$$

在重掺杂的发射区，本征载流子浓度可写为

$$n_{iE}^2 = N_c N_v \exp\left[\frac{-(E_{g0} - \Delta E_g)}{kT}\right] = n_i^2 \exp\left(\frac{\Delta E_g}{kT}\right) \tag{10.49}$$

其中，E_{g0} 是低掺杂浓度时的带隙能，ΔE_g 是带隙变窄量。

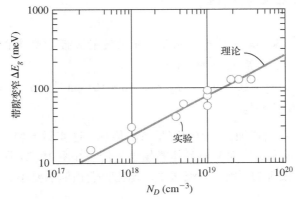

图 10.29　带隙变窄与硅中施主杂质浓度的关系曲线（引自 Sze[20]）

发射结注入效率由式(10.35a)给定

$$\gamma = \cfrac{1}{1 + \cfrac{p_{E0} D_E L_B}{n_{B0} D_B L_E} \cfrac{\tanh(x_B/L_B)}{\tanh(x_E/L_E)}}$$

其中，p_{E0} 是发射区的热平衡少子浓度。考虑到带隙变窄的影响，其可写为

$$p_{E0} = \frac{n_{iE}^2}{N_E} = \frac{n_i^2}{N_E} \exp\left(\frac{\Delta E_g}{kT}\right) \tag{10.50}$$

随着发射区掺杂浓度的增加，ΔE_g 增加，因而 p_{E0} 并不是随发射区掺杂浓度的增加而减小。若 p_{E0} 因带隙变窄而开始增加，那么发射结注入效率将随发射区掺杂浓度的增加而减小，而不是继续增大。

例 10.10　**计算由带隙变窄而引起的发射区内 p_{E0} 的增加。** 考虑 $T = 300$ K 的硅发射区，若发射极掺杂浓度由 10^{18} cm^{-3} 增加到 10^{19} cm^{-3}，求 p_{E0} 值的变化量。

【解】

如果忽略带隙变窄效应，发射区掺杂浓度为 $N_E = 10^{18}$ cm^{-3} 和 10^{19} cm^{-3} 时，我们有

$$p_{E0} = \frac{n_i^2}{N_E} = \frac{(1.5 \times 10^{10})^2}{10^{18}} = 2.25 \times 10^2 \text{ cm}^{-3}$$

和

$$p_{E0} = \frac{(1.5 \times 10^{10})^2}{10^{19}} = 2.25 \times 10^1 \text{ cm}^{-3}$$

如果考虑带隙变窄效应，对于掺杂浓度 $N_E = 10^{18} \text{ cm}^{-3}$ 和 10^{19} cm^{-3}，可得

$$p_{E0} = \frac{(1.5 \times 10^{10})^2}{10^{18}} \exp\left(\frac{0.030}{0.0259}\right) = 7.16 \times 10^2 \text{ cm}^{-3}$$

和

$$p_{E0} = \frac{(1.5 \times 10^{10})^2}{10^{19}} \exp\left(\frac{0.08}{0.0259}\right) = 4.94 \times 10^2 \text{ cm}^{-3}$$

【说明】

若发射区掺杂浓度从 10^{18} cm^{-3} 增加到 10^{19} cm^{-3}，热平衡少子浓度大约降低两倍，而不是 10 倍。这是由于带隙变窄效应的影响。

【自测题】

EX10.10　考虑 $T = 300 \text{ K}$ 时的硅发射区，假设发射区掺杂浓度由 10^{18} cm^{-3} 增加到 $7 \times 10^{18} \text{ cm}^{-3}$，计算 p_{E0} 值的变化量。

答案：当 $N_E = 10^{18} \text{ cm}^{-3}$，$p_{E0} \approx 7.16 \times 10^2 \text{ cm}^{-3}$；当 $N_E = 7 \times 10^{18} \text{ cm}^{-3}$，$p_{E0} \approx 4.8 \times 10^2 \text{ cm}^{-3}$。

随着发射区掺杂浓度的增加，带隙变窄量 ΔE_g 增加，这实际上使得 p_{E0} 增加。随着 p_{E0} 的增加，发射结注入效率降低，进而使得晶体管增益下降，如图 10.27 所示。当发射区掺杂浓度很高时，受带隙变窄效应的影响，电流增益可能比我们预期的要小。

10.4.4　电流集边效应

由于基极电流通常远小于集电极或发射极电流，所以使晶体管基极电流的影响最小化是非常有用的。图 10.30(a) 是 npn 晶体管的截面图，图中给出了基区电流的横向分布。由于基区厚度通常小于 1 μm，所以发射区下的基区存在相当大的基区电阻，如图 10.30(b) 所示。当基区电流流过电阻时，会产生一个横向压降 ΔV。对 npn 晶体管而言，电势沿发射极边缘向中心逐渐降低。由于发射区重掺杂，所以在一级近似情况下，我们认为发射区是等电势的。

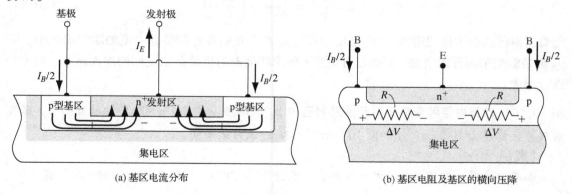

(a) 基区电流分布　　　　　　　　(b) 基区电阻及基区的横向压降

图 10.30　npn 双极型晶体管的截面图

从发射区注入基区的电子数量与 B-E 结电压指数相关。随着基区横向压降的增大，更多的电子注入发射区边缘而不是中心，从而使得发射极电流向边缘聚集。图 10.31 示意地画出这种**电流集边效应**。发射区边缘的大电流密度可能造成局部发热和局部大注入效应。非均匀发射极电流也会引起发射区下方非均匀的横向基极电流。由于

图 10.31　npn 双极型晶体管的截面图，图中给出发射极电流集边效应，发射极电流密度在结区边缘非常大

基极电流的非均匀性，在计算实际电势与距离的关系时，需要进行二维分析。另一种方法是将晶体管分割成许多并联的小晶体管，然而将各基区部分的电阻集总成一个等效的外部电阻。

处理大电流的功率晶体管通常要求大的发射区面积，以便保持合理的电流密度。为避免电流集边效应，功率晶体管的发射极通常设计得很窄，并采用叉指结构来实现。图 10.32 所示为功率晶体管的基本结构。在实际运用中，窄发射极并行连接，以获得所需的发射极面积。

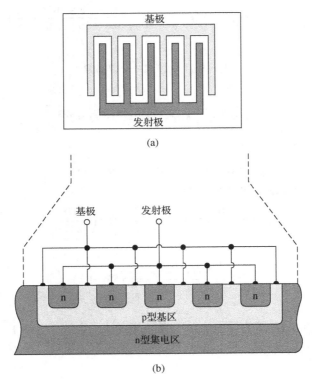

图 10.32　叉指结构 npn 双极型晶体管的顶视图(a)和截面图(b)

例 10.11　确定发射极电流集边效应。晶体管的几何结构如图 10.33 所示，基区掺杂浓度 $N_B = 10^{16} \text{ cm}^{-3}$，中性基区宽度 $x_B = 0.80 \text{ μm}$，发射区宽度 $S = 10 \text{ μm}$，发射区长度 $L = 10 \text{ μm}$。(a)试确定介于 $x=0$ 到 $x=S/2$ 之间的基区电阻，假设空穴迁移率 $\mu_p = 400 \text{ cm}^2/\text{V} \cdot \text{s}$；(b)若基区电流均匀分布，且 $I_B/2 = 5 \text{ μA}$，试确定 $x=0$ 到 $x=S/2$ 之间的电势差；(c)利用(b)部分结果，试确定 $x=0$ 与 $x=S/2$ 处的发射极电流之比。

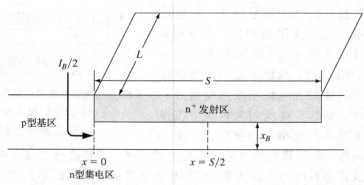

图 10.33　例 10.11 和自测题 EX10.11 所用晶体管的几何结构图

【解】

（a）基区电阻为

$$R = \frac{\rho l}{A} = \left(\frac{1}{e\mu_p N_B}\right)\frac{(S/2)}{(x_B L)}$$
$$= \frac{1}{(1.6 \times 10^{-19})(400)(10^{16})}\frac{5 \times 10^{-4}}{(0.8 \times 10^{-4})(10 \times 10^{-4})}$$

或

$$R = 9.77 \times 10^3 \ \Omega = 9.77 \ \text{k}\Omega$$

（b）电势差

$$\Delta V = \left(\frac{I_B}{2}\right)R = (5 \times 10^{-6})(9.77 \times 10^3)$$

或

$$\Delta V = 4.885 \times 10^{-2} \ \text{V} = 48.85 \ \text{mV}$$

（c）$x = 0$ 与 $x = S/2$ 处的发射极电流之比为

$$\frac{I_E(x=0)}{I_E(x=S/2)} = \exp\left(\frac{\Delta V}{V_t}\right) = \exp\left(\frac{0.04885}{0.0259}\right)$$

或

$$\frac{I_E(x=0)}{I_E(x=S/2)} = 6.59$$

【说明】

因为发射区边缘（$x=0$）的 B-E 结电压比发射区中心（$x=S/2$）的大，所以发射区边缘的电流大于发射区中心的电流。

【自测题】

EX10.11　若发射区宽度 S 减小到 2 μm，重做例 10.11，并对例 10.11 和本题结果进行比较。

　　　　答案：（a）$R = 1.95$ kΩ；（b）$\Delta V = 9.75$ mV；（c）$R = 1.46$。

Σ10.4.5　非均匀基区掺杂

在前面分析的双极型晶体管中，我们假设各区均匀掺杂，然而均匀掺杂的情况极少出现。图 10.34 所示为双扩散 npn 晶体管的掺杂分布图。我们从均匀掺杂的 n 型衬底开始，从表面向内部扩散受主原子，形成补偿的 p 型基区，然后再从表面扩散施主原子，形成了双补偿的n 型发射区。扩散过程导致非均匀的掺杂分布。

在第 4 章中，我们得出一个结论：掺杂浓度梯度会引入一个感应电场。对处于热平衡状态的 p 型基区，有

$$J_p = e\mu_p N_a \mathcal{E} - eD_p \frac{dN_a}{dx} = 0 \qquad (10.51)$$

整理后，可得

$$\mathcal{E} = +\left(\frac{kT}{e}\right)\frac{1}{N_a}\frac{dN_a}{dx} \qquad (10.52)$$

由图 10.34 所给数值，dN_a/dx 是负的，因此，感应电场沿 $-x$ 方向。

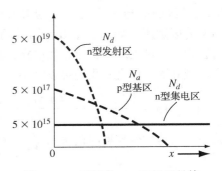

图 10.34　双扩散 npn 双极型晶体管 的杂质浓度分布

电子从 n 型发射区注入基区，然后基区少子电子向集电区扩散。由于非均匀掺杂，基区电场对扩散电子施加向集电区方向漂移的作用力。因此，感应电场辅助少子流通过基区。这个电场称为加速电场。

加速电场在扩散电流之上产生了漂移电流分量。由于基区内的少子电子浓度是变化的，漂移电流密度并不固定。然而通过基区的总电流是常数。非均匀基区掺杂诱导的感应电场会改变基区的少子分布，所以漂移电流和扩散电流之和为常数。计算结果表明，均匀掺杂基区理论对评估基区特性是非常有用的。

10.4.6　击穿电压

双极型晶体管有两种击穿机制。第一种称为**穿通**。随着反偏 B-C 结电压的增加，B-C 结空间电荷区展宽，并向中性基区扩展。极端情况是 B-C 结耗尽区贯通整个基区，到达 B-E 结空间电荷区。这种效应称为穿通。图 10.35(a)所示为 npn 双极型晶体管热平衡时的能带图，图 10.35(b)所示为反偏 B-C 结电压取不同值时的能带图。当 B-C 结电压 V_{R1} 较小时，B-E 结势垒不受影响，所以晶体管电流基本为零。当反偏电压 V_{R2} 较大时，耗尽区向基区扩展，B-E 结势垒因 C-B 结电压而降低。B-E 结势垒降低使得 C-B 结电压的微小变化即可引起晶体管电流较大的变化。这种效应称为穿通击穿现象。

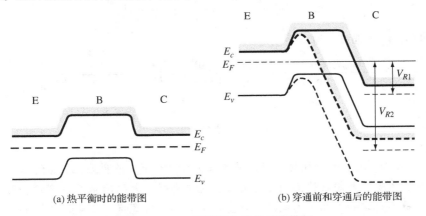

(a) 热平衡时的能带图　　　　(b) 穿通前和穿通后的能带图

图 10.35　npn 双极型晶体管的能带图

图 10.36 给出了用于计算穿通电压的几何结构图。其中，N_B 和 N_C 分别表示基区和集电区的均匀掺杂浓度，W_B 为基区的冶金结宽度，x_{dB} 为 B-C 结扩展至基区的空间电荷区宽度。如果忽略 B-E 结零偏或正偏时的空间电荷区宽度，并假设突变结近似成立，那么当 $x_{dB}=W_B$ 时就会出现穿通。因此，我们可以写出

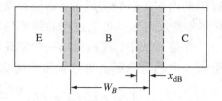

图 10.36 计算双极型晶体管穿通电压的几何结构图

$$x_{dB} = W_B = \left[\frac{2\epsilon_s(V_{bi} + V_{pt})}{e} \frac{N_C}{N_B} \frac{1}{N_C + N_B} \right]^{1/2} \quad (10.53)$$

其中，V_{pt} 是发生穿通时的 B-C 结反偏电压。与 V_{pt} 相比，V_{bi} 可忽略，所以解得

$$V_{pt} = \frac{eW_B^2}{2\epsilon_s} \frac{N_B(N_C + N_B)}{N_C} \quad (10.54)$$

例 10.12 **试设计集电区掺杂浓度和集电区宽度，以满足穿通电压的指标要求。**考虑均匀掺杂的硅双极型晶体管，假设基区冶金结宽度为 0.5 μm，基区掺杂浓度 $N_B = 10^{16}$ cm^{-3}。预期穿通电压 $V_{pt} = 25$ V。

【解】

由式（10.54）可知，集电区最高掺杂浓度为

$$25 = \frac{(1.6 \times 10^{-19})(0.5 \times 10^{-4})^2(10^{16})(N_C + 10^{16})}{2(11.7)(8.85 \times 10^{-14})N_C}$$

或

$$12.94 = 1 + \frac{10^{16}}{N_C}$$

整理得

$$N_C = 8.38 \times 10^{14} \text{ cm}^{-3}$$

集电区的这个 n 型掺杂浓度使得向集电区扩展的空间电荷区较小，从而避免集电区击穿。由第 5 章所得结果，有

$$x_n = \left[\frac{2\epsilon_s(V_{bi} + V_R)}{e} \left(\frac{N_B}{N_C} \cdot \frac{1}{N_B + N_C} \right) \right]^{1/2}$$

与 $V_R = V_{pt}$ 相比，V_{bi} 可忽略，所以有

$$x_n = \left[\frac{2(11.7)(8.85 \times 10^{-14})(25)}{1.6 \times 10^{-19}} \left(\frac{10^{16}}{8.38 \times 10^{14}} \right) \left(\frac{1}{10^{16} + 8.38 \times 10^{14}} \right) \right]^{1/2}$$

或者

$$x_n = 5.97 \text{ μm}$$

【说明】

由图 9.30 可知，这个结预期的雪崩击穿电压大于 300 V。很明显，在达到正常击穿电压之前穿通效应早已出现。要想获得高的穿通电压，这就要求有大的冶金基区宽度，因为更低的集电极掺杂浓度是不现实的。高穿通电压同样要求大的集电区宽度，以避免这个区的过早击穿。

【自测题】

EX10.12 硅双极型晶体管的冶金基区宽度 $W_B = 0.80$ μm，基区和集电区掺杂浓度分别

为 $N_B = 2 \times 10^{16} \text{ cm}^{-3}$ 和 $N_C = 10^{15} \text{ cm}^{-3}$。试确定该晶体管的穿通击穿电压。

答案：208 V。

我们考虑的第二种击穿机制是**雪崩击穿**，不过还要考虑晶体管的增益[①]。图 10.37(a)是 B-C 结反偏、发射极开路的 npn 晶体管，电流 I_{CBO} 是反偏电流。图 10.34(b)所示晶体管的 C-E 结外加偏压，而基极开路。这种偏置条件同时使 B-C 结反向偏置，此时的晶体管电流表示为 I_{CEO}。

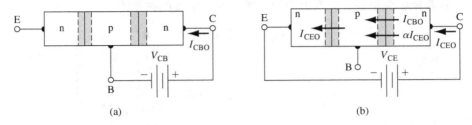

图 10.37　(a)发射极开路模式的饱和电流 I_{CBO}；(b)基极开路模式的饱和电流 I_{CEO}

图 10.37(b)所示电流 I_{CBO} 是 B-C 结正常反偏的电流。该电流的一部分是由于少子空穴从集电区穿过 B-C 结空间电荷区进入基区而引起的。进入基区的空穴流使得基区电位比发射区的高，所以 B-E 结变为正向偏置。正向偏置的 B-E 结产生电流 I_{CEO}，这主要是由于电子从发射区注入基区。注入电子通过基区向 B-C 结扩散，这些电子经历了双极型晶体管中所有的复合过程。电子到达 B-C 结产生的电流分量表示为 αI_{CEO}，式中 α 为共基极电流增益。所以我们有

$$I_{CEO} = \alpha I_{CEO} + I_{CBO} \tag{10.55a}$$

或

$$I_{CEO} = \frac{I_{CBO}}{1-\alpha} \approx \beta I_{CBO} \tag{10.55b}$$

其中，β 是共发射极电流增益。当晶体管偏置在基极开路模式时，反偏结电流 I_{CBO} 放大了 β 倍。

当晶体管偏置在图 10.37(a)所示的发射极开路模式时，击穿时的电流 I_{CBO} 变为 $I_{CBO} \rightarrow M I_{CBO}$，式中 M 是倍增因子。倍增因子的经验近似通常可写为

$$M = \frac{1}{1-(V_{CB}/BV_{CBO})^n} \tag{10.56}$$

其中，n 是经验常数，通常介于 3~6 之间，BV_{CBO} 是发射极悬空时的 B-C 结击穿电压。

当晶体管偏置在基极开路模式时，如图 10.37(b)所示，击穿时的 B-C 结电流倍增，因此

$$I_{CEO} = M(\alpha I_{CEO} + I_{CBO}) \tag{10.57}$$

解 I_{CEO}，可得

$$I_{CEO} = \frac{M I_{CBO}}{1-\alpha M} \tag{10.58}$$

因此，击穿条件对应为

$$\alpha M = 1 \tag{10.59}$$

[①]　假设晶体管基区和集电区的掺杂浓度足够低，无须考虑齐纳击穿。

利用式(10.56)，并假设 $V_{CB} \approx V_{CE}$，式(10.59)可变为

$$\frac{\alpha}{1 - (BV_{CEO}/BV_{CBO})^n} = 1 \qquad (10.60)$$

其中，BV_{CEO} 是基极开路时的 C-E 结击穿电压。解方程得

$$BV_{CEO} = BV_{CBO}\sqrt[n]{1-\alpha} \qquad (10.61)$$

其中，α 是共基极电流增益。共发射极与共基极电流增益的关系为

$$\beta = \frac{\alpha}{1-\alpha} \qquad (10.62a)$$

通常 $\alpha \approx 1$，所以

$$1 - \alpha \approx \frac{1}{\beta} \qquad (10.62b)$$

式(10.61)可写为

$$BV_{CEO} = \frac{BV_{CBO}}{\sqrt[n]{\beta}} \qquad (10.63)$$

可见，基极开路时的击穿电压比实际雪崩击穿电压减小了 $\sqrt[n]{\beta}$ 倍。这个特性如图 10.38 所示。

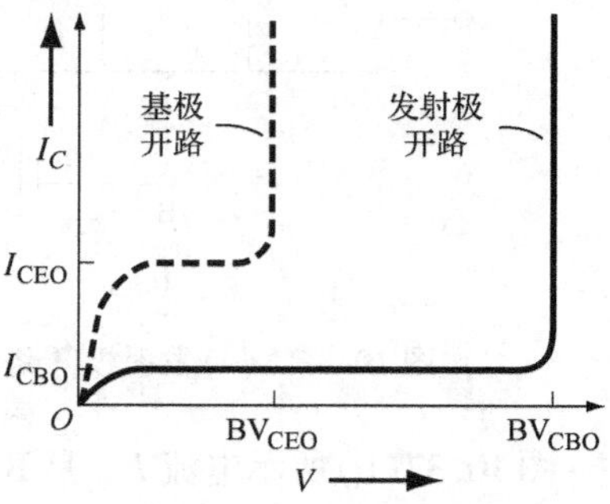

图 10.38　基极开路和发射极开路时的相对击穿电压和饱和电流

例 10.13　设计一个满足击穿电压指标要求的双极型晶体管。硅双极型晶体管的共发射极电流增益 $\beta = 100$，基区掺杂浓度为 $N_B = 10^{17} \text{ cm}^{-3}$。基极开路时的最小击穿电压为 15 V。

【解】
由式(10.63)可知，发射极开路时的最小击穿电压为

$$BV_{CBO} = \sqrt[n]{\beta}\, BV_{CEO}$$

假设经验常数 $n = 3$，可得

$$BV_{CBO} = \sqrt[3]{100}(15) = 69.6 \text{ V}$$

由图 9.30 可知，为了满足这个击穿电压要求，集电区的最大掺杂浓度约为 $7 \times 10^{15} \text{ cm}^{-3}$。

【说明】
在晶体管电路设计时，应保证其可工作在最坏情况下。在本例中，晶体管必须能够工作在基极开路模式而不发生击穿。正如前面讨论的那样，可通过减小集电区掺杂浓度来提高击穿电压。

【自测题】
EX10.13　均匀掺杂硅双极型晶体管的基区和集电区掺杂浓度为 $5 \times 10^{16} \text{ cm}^{-3}$ 和 $5 \times 10^{15} \text{ cm}^{-3}$，共发射极电流增益 $\beta = 85$。假设经验常数 $n = 3$，试计算 BV_{CEO}。
答案：21.6 V。

【练习题】
TYU10.5　若晶体管的基区掺杂浓度 $N_B = 3 \times 10^{16} \text{ cm}^{-3}$，冶金基区宽度 $W_B = 0.70 \text{ μm}$。如果要求最小穿通电压 $V_{pt} = 70 \text{ V}$，那么集电区允许的最大掺杂浓度为多少？
答案：$N_C = 5.81 \times 10^{15} \text{ cm}^{-3}$。

> **TYU10.6**　若均匀掺杂硅 npn 双极型晶体管所要求的最小击穿电压 $BV_{CEO} = 70\ V$，基区掺杂浓度 $N_B = 3 \times 10^{16}\ cm^{-3}$，共发射极电流增益 $\beta = 85$，经验常数 $n = 3$，试确定集电区的最大掺杂浓度。
>
> 答案：$N_C \approx 1 \times 10^{15}\ cm^{-3}$。

10.5　混合 π 型等效电路模型

目标：建立晶体管的小信号等效电路模型

不论是手工计算还是计算机编程来分析晶体管电路特性，都需要晶体管的数学模型或等效电路。目前，已开发出多个晶体管模型，每个模型各有优缺点，对所有模型进行详细研究已超出本书范围。

根据晶体管在电子电路中的应用，我们可将双极型晶体管分为两类——开关管和放大管。开关过程通常是指晶体管从关态或截止态转向开态（即正向有源模式或饱和模式），然后再返回到关态。放大过程通常是指在直流值上叠加正弦信号，所以偏置电压或电流仅受很小的扰动。埃伯斯-莫尔（Ebers-Moll，E-M）模型常应用于开关电路。双极型晶体管的根梅尔-普恩（Gummel-Poon，G-P）模型比 E-M 模型考虑了更多的器件物理效应。在高等半导体器件物理教材中，我们可以找到这些模型。本书仅考虑用于线性放大电路的混合 π 模型。

双极型晶体管常用于放大时变信号或者正弦信号的电路中。在这些线性放大电路中，晶体管偏置在正向有源工作区，小的正弦电压和电流叠加在直流电压和电流上。在这些应用中，我们最关心的是正弦参数，所以我们可以利用第 9 章讨论的 pn 结电导参数来建立双极型晶体管的小信号等效电路。

图 10.39（a）是共发射极偏置的 npn 双极型晶体管，图中给出了小信号端电压和端电流，而图 10.39（b）所示为 npn 晶体管的截面图。终端 C、B 和 E 点是晶体管的外部连接，而 C′、B′ 和 E′ 点是理想的内部集电区、基区和发射区。

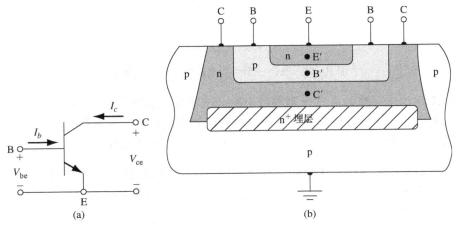

图 10.39　（a）共发射极 npn 双极型晶体管，图中给出了小信号电流和电压；（b）用于混合 π 模型的 npn 双极型晶体管的截面图

　　通过单独考虑各个终端，我们开始构建晶体管的等效电路。图 10.40(a)给出了基极外输入端和发射极外输入端之间的等效电路。电阻 r_b 是基极外输入端 B 和基区内部 B′间的串联电阻。B′-E′结正向偏置，所以 C_π 是扩散电容，r_π 是扩散电阻。扩散电容 C_π 与式(9.52)给定的扩散电容 C_d 相同，而扩散电阻 r_π 则与式(9.48)给定的扩散电阻 r_d 相同。这两个参数值都是结电流的函数。这两个元件与势垒电容 C_{je} 并联。最后，r_{ex} 是发射极外部终端与发射区内部的串联电阻。这个电阻非常小，一般在 $1\sim2\ \Omega$ 的量级上。

　　图 10.40(b)所示为由集电极看到的等效电路。电阻 r_c 是外集电极和内集电极间的串联电阻，而电容 C_s 是集电区–衬底结反偏时的电容。受控电流源 $g_m V_{b'e'}$ 是晶体管的集电极电流，它受 B-E 结内部电压的控制。电阻 r_0 是输出电导 g_0 的倒数，它主要由厄利效应引起。

　　最后，图 10.40(c)表示反偏 B′-C′结的等效电路。参数 C_μ 是反偏势垒电容，r_μ 是反偏结的扩散电阻。通常，r_μ 为兆欧量级，可以忽略不计。虽然，电容 C_μ 远小于 C_π，但是由于反馈作用，将引入米勒效应和米勒电容，所以在大多数情况下，C_μ 不能忽略。米勒电容是由 C_μ 和反馈作用引入的 B′和 E′间的等效电容，它包含晶体管的增益。米勒电容也反映 C′和 E′端输出的电容 C_μ。然而，米勒效应对输出特性的影响通常可以忽略。

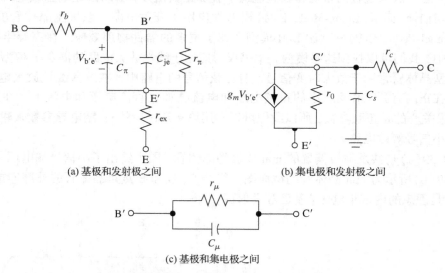

(a) 基极和发射极之间　　　　　　　　(b) 集电极和发射极之间

(c) 基极和集电极之间

图 10.40　混合 π 型等效电路模型的组成部分

　　图 10.41 给出了完整的**混合 π 型等效电路**。由于包含大量元件，完整模型通常用在计算机仿真中。然而，为了更好地理解双极型晶体管的频率响应，通常我们会做一些简化。电容引起晶体管的频率效应，这说明增益是晶体管输入信号频率的函数。

例 10.14　试确定小信号电流增益降低至低频增益值的 $1/\sqrt{2}$ 时所对应的频率。考虑图 10.42 所示的简化混合 π 型等效电路模型，忽略 C_μ，C_s，r_μ，C_{je} 和 r_0 和串联电阻。需要强调的是，这是一阶计算，通常 C_π 不能忽略。

【解】

在低频时，我们可以忽略 C_π，所以

$$V_{be} = I_b r_\pi \qquad 和 \qquad I_c = g_m V_{be} = g_m r_\pi I_b$$

因此，可写出

$$h_{fe0} = \frac{I_c}{I_b} = g_m r_\pi$$

其中，h_{fe0} 是低频小信号的共发射极电流增益。

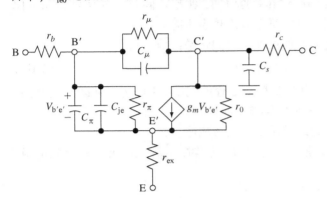

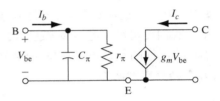

图 10.41　混合 π 型等效电路模型　　　　　图 10.42　简化的混合 π 型等效电路模型

考虑 C_π 的影响，有

$$V_{be} = I_b \left(\frac{r_\pi}{1 + j\omega r_\pi C_\pi} \right)$$

进而

$$I_c = g_m V_{be} = I_b \left(\frac{h_{fe0}}{1 + j\omega r_\pi C_\pi} \right)$$

小信号电流增益可写为

$$A_i = \frac{I_c}{I_b} = \left(\frac{h_{fe0}}{1 + j\omega r_\pi C_\pi} \right)$$

当 $f = 1/(2\pi r_\pi C_\pi)$ 时，电流增益下降至其低频值的 $1/\sqrt{2}$。

例如，若 $r_\pi = 2.6\ \text{k}\Omega$，$C_\pi = 4\ \text{pF}$，则 $f = 15.3\ \text{MHz}$。

【说明】

本例计算的频率称为 **β 截止频率**。高频晶体管的扩散电容必须很小，这就要求使用小体积的晶体管。

【自测题】

EX10.14　若双极型晶体管的输入电阻 $r_\pi = 1.2\ \text{k}\Omega$，电流增益在 $f_\beta = 150\ \text{MHz}$ 处下降到低频值的 $1/\sqrt{2}$，试问晶体管的电容 C_π 应为多少？

答案：$C_\pi = 0.884\ \text{pF}$。

10.6　频率限制

目标：分析晶体管的频率限制因素

在上一节讨论的混合 π 等效电路中（参见 10.5 节），我们引入了 RC 电路的频率效应。下面我们将讨论影响晶体管频率限制的各种物理因素，然后定义截止频率，它是描述晶体管性能的一个关键参数。

10.6.1 时延因子

双极型晶体管是一种时间渡越器件。随着 B-E 结电压的增加，额外的载流子从发射区注入基区，然后扩散过基区，被集电区收集。随着频率的增加，渡越时间与输入信号周期可比拟。此时的输出响应不再与输入同步，同时电流增益幅度也会下降。

发射极到集电极的总时间常数，或延迟时间由四个时间常数组成。可写出

$$\tau_{ec} = \tau_e + \tau_b + \tau_d + \tau_c \tag{10.64}$$

其中，τ_{ec} 为发射极到集电极的时间延迟；τ_e 为 E-B 势垒电容的充电时间；τ_b 为基区渡越时间；τ_d 为集电结耗尽区的渡越时间；τ_c 为集电结势垒电容充电时间。

由于我们设定恒定电容值，这些时间延迟可用于小信号响应。

B-E 结正偏的等效电路如图 10.40(a) 所示。电容 C_{je} 是势垒电容。如果忽略串联电阻，那么 **E-B 结充电时间**为

$$\boxed{\tau_e = r'_e(C_{je} + C_p)} \tag{10.65}$$

其中，r'_e 是发射结电阻或扩散电阻。电容 C_p 包括了基区和发射区之间的所有寄生电容，电阻 r'_e 是 I_E-V_{BE} 曲线斜率的倒数。可得

$$r'_e = \frac{kT}{e} \cdot \frac{1}{I_E} \tag{10.66}$$

其中，I_E 是直流发射极电流。

第二项 τ_b 是基区渡越时间，它是少子以扩散方式通过中性基区所需的时间。基区渡越时间与 B-E 结的扩散电容 C_π 有关。对于 npn 晶体管，基区电子电流密度可写为

$$J_n = -en_B(x)v(x) \tag{10.67}$$

式中，$v(x)$ 是平均速度。可以表示为

$$v(x) = dx/dt \quad \text{或} \quad dt = dx/v(x) \tag{10.68}$$

对上式积分，可得渡越时间

$$\tau_b = \int_0^{x_B} dt = \int_0^{x_B} \frac{dx}{v(x)} = \int_0^{x_B} \frac{en_B(x)\,dx}{(-J_n)} \tag{10.69}$$

基区电子浓度可近似为线性(参见例 10.1)，可得

$$n_B(x) \approx n_{B0}\left[\exp\left(\frac{eV_{BE}}{kT}\right)\right]\left(1 - \frac{x}{x_B}\right) \tag{10.70}$$

因此，电子电流密度可表示为

$$J_n = eD_n\frac{dn_B(x)}{dx} \tag{10.71}$$

联立式(10.70)、式(10.71)和式(10.69)，可得**基区渡越时间**

$$\boxed{\tau_b = \frac{x_B^2}{2D_n}} \tag{10.72}$$

第三个时延因子 τ_d 是**集电结耗尽区的渡越时间**。假设 npn 双极型晶体管的电子以饱和速度穿过 B-C 结空间电荷区，则

$$\tau_d = \frac{x_{dc}}{v_s} \qquad (10.73)$$

其中，x_{dc} 是 B-C 结空间电荷区宽度，v_s 是电子饱和速度。

第四个时延因子 τ_c 是**集电结的充电时间**。由于 B-C 结反向偏置，所以与势垒电容并联的扩散电阻非常大，所以这个充电时间常数是集电极串联电阻 r_c 的函数。因此，可写为

$$\tau_c = r_c(C_\mu + C_s) \qquad (10.74)$$

其中，C_μ 是 B-C 结电容，C_s 是集电区–衬底电容。外延晶体管的串联电阻通常很小，所以在某些情况下，时延 τ_c 可忽略。

各种时延因子的计算实例将在下一节给出，作为截止频率讨论的一部分。

10.6.2　晶体管的截止频率

例 10.14 给出了电流增益和频率的函数关系，据此，我们可将共基极电流增益写为

$$\alpha = \frac{\alpha_0}{1 + j\dfrac{f}{f_\alpha}} \qquad (10.75)$$

其中，α_0 是低频共基极电流增益，f_α 定义为 α 截止频率。频率 f_α 与发射区到集电区的渡越时间 τ_{ec} 有关，即

$$f_\alpha = \frac{1}{2\pi\,\tau_{ec}} \qquad (10.76)$$

当频率等于 α 截止频率时，共基极电流增益的幅值下降为低频值的 $1/\sqrt{2}$。

我们可通过下式将 α 截止频率和共发射极电流增益联系起来

$$\beta = \frac{\alpha}{1 - \alpha} \qquad (10.77)$$

用式(10.75)给定的表达式替换式(10.77)中的 α。当频率 f 与 f_α 具有相同的幅度量级时，则

$$|\beta| = \left|\frac{\alpha}{1 - \alpha}\right| \approx \frac{f_\alpha}{f} \qquad (10.78)$$

其中，假设 $\alpha_0 \approx 1$。当信号频率等于 α **截止频率**时，共发射极电流增益的幅值等于 1。定义这个截止频率的常用符号是 f_T，所以有

$$f_T = \frac{1}{2\pi\,\tau_{ec}} \qquad (10.79)$$

由例 10.14 的分析，也可将共发射极电流增益写为

$$\beta = \frac{\beta_0}{1 + j(f/f_\beta)} \qquad (10.80)$$

式中，f_β 称为 β 截止频率，它是共发射极电流增益 β 的幅值下降到其低频值的 $1/\sqrt{2}$ 时所对应的频率。

联立式(10.77)和式(10.75)，可写出

$$\beta = \frac{\alpha}{1-\alpha} = \frac{\dfrac{\alpha_0}{1+\mathrm{j}(f/f_T)}}{1-\dfrac{\alpha_0}{1+\mathrm{j}(f/f_T)}} = \frac{\alpha_0}{1-\alpha_0+\mathrm{j}(f/f_T)} \tag{10.81}$$

或

$$\beta = \frac{\alpha_0}{(1-\alpha_0)\left[1+\mathrm{j}\dfrac{f}{(1-\alpha_0)f_T}\right]} \approx \frac{\beta_0}{1+\mathrm{j}\dfrac{\beta_0 f}{f_T}} \tag{10.82}$$

其中

$$\beta_0 = \frac{\alpha_0}{1-\alpha_0} \approx \frac{1}{1-\alpha_0}$$

比较式(10.82)和式(10.80)，β 截止频率与截止频率的关系为

$$\boxed{f_\beta \approx \frac{f_T}{\beta_0}} \tag{10.83}$$

图 10.43 给出了共发射极电流增益与频率关系的伯德图，图中也给出了 β 与截止频率的相对值。需要注意的是，频率轴采用的是对数坐标，因此，f_β 与 f_T 的取值明显不同。

例 10.15 在晶体管参数给定的情况下，计算双极型晶体管的发射区-集电区渡越时间和截止频率。$T = 300$ K 时，硅 npn 晶体管的参数如下：

$$I_E = 1\ \text{mA} \qquad C_{\mathrm{je}} = 1\ \text{pF}$$
$$x_B = 0.5\ \mu\text{m} \qquad D_n = 25\ \text{cm}^2/\text{s}$$
$$x_{\mathrm{dc}} = 2.4\ \mu\text{m} \qquad r_c = 20\ \Omega$$
$$C_\mu = 0.1\ \text{pF} \qquad C_s = 0.1\ \text{pF}$$

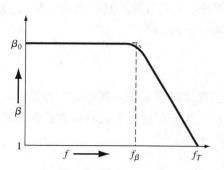

图 10.43 共发射极电流增益与
频率关系的伯德图

【解】

首先，我们计算各个时延因子。如果忽略寄生电容的影响，则 E-B 结充电时间为

$$\tau_e = r_e' C_{\mathrm{je}}$$

其中

$$r_e' = \frac{kT}{e} \cdot \frac{1}{I_E} = \frac{0.0259}{1 \times 10^{-3}} = 25.9\ \Omega$$

于是

$$\tau_e = (25.9)(10^{-12}) = 25.9\ \text{ps}$$

基区渡越时间为

$$\tau_d = \frac{x_B^2}{2D_n} = \frac{(0.5 \times 10^{-4})^2}{2(25)} = 50\ \text{ps}$$

集电结耗尽区渡越时间为

$$\tau_b = \frac{x_{dc}}{v_s} = \frac{2.4 \times 10^{-4}}{10^7} = 24 \text{ ps}$$

集电结电容充电时间为

$$\tau_c = r_c(C_\mu + C_s) = (20)(0.2 \times 10^{-12}) = 4 \text{ ps}$$

发射极到集电极的总时延为

$$\tau_{ec} = 25.9 + 50 + 24 + 4 = 103.9 \text{ ps}$$

所以计算的截止频率为

$$f_T = \frac{1}{2\pi\tau_{ec}} = \frac{1}{2\pi(103.9 \times 10^{-12})} = 1.53 \text{ GHz}$$

若假设低频共发射极电流增益为 $\beta = 100$，则 β 截止频率为

$$f_\beta = \frac{f_T}{\beta_0} = \frac{1.53 \times 10^9}{100} = 15.3 \text{ MHz}$$

【说明】

设计高频晶体管时，需要采用小尺寸器件以减小电容，另外，减小基区宽度以缩短基区渡越时间。

【自测题】

EX10.15　硅 npn 双极型晶体管偏置在 $I_E = 0.5$ mA，势垒电容 $C_{je} = 2$ pF。其他所有参数与例 10.15 列出的参数相同。求发射极到集电极的渡越时间、截止频率和 β 截止频率。

答案：$\tau_{ec} = 181.6$ ps，$f_T = 1.14$ GHz，$f_\beta = 11.4$ MHz。

Σ10.7　大信号开关特性

目标：讨论双极型晶体管的大信号开关特性

晶体管从一个状态到另一个状态的开关特性与刚刚讨论的频率特性密切相关。然而，开关特性是大信号变化，而频率效应假设信号幅度仅发生微小变化。

考虑如图 10.44(a) 所示电路的 npn 晶体管，它由截止态切换到饱和态，然后再由饱和态返回截止态。下面我们将描述在这个开关周期中晶体管内发生的物理过程。

首先，考虑从截止到饱和的开关过程。假设在截止时，$V_{BE} \approx V_{BB} < 0$，所以 B-E 结反向偏置。在 $t = 0$ 时刻，假定 V_{BB} 跳变到 V_{BB0}，如图 10.44(b) 所示。假设 V_{BB0} 足够大，最终驱动晶体管进入饱和态。在 $0 \leqslant t \leqslant t_1$ 时刻，基极电流提供电荷使 B-E 结由反偏变为略微正偏。在此过程中，B-E 结空间电荷宽度变窄，离化的施主和受主被中和。同时，也有少量电荷注入基极。集电极电流从 0 增加到终态值 10% 的时间间隔称为延迟时间。

在下一时刻 $t_1 \leqslant t \leqslant t_2$，基极电流提供电荷，使 B-E 结电压从接近截止到接近饱和。在这段时间内，额外的载流子注入基区，所以基区内少子电子浓度梯度增加，使得集电极电流增加。我们将这个时间周期称为上升时间，它是集电极电流由终态值的 10% 增加到 90% 所需的时间。当 $t > t_2$，基极驱动继续提供电流，将晶体管驱动到饱和态，并在器件内建立最终的少子分布。

晶体管从饱和态切换到截止态的开关过程是抽取存储在发射区、基区和集电区内过剩少子的过程。图 10.45 所示为晶体管处于饱和态时，基区和集电区内的电荷存储。电荷 Q_B 是正向有源模式工作晶体管的过剩电荷。而 Q_{BX} 和 Q_C 是晶体管偏置在饱和模式时的额外电荷存储。$t = t_3$ 时刻，基极电压 V_{BB} 跳变到负值 $-V_R$。晶体管的基极电流反向，这与 pn 结二极管由正偏变为反偏的情况一样。反向基极电流将发射区和基区存储的过剩载流子抽出。起初，集电极电流的改变并不明显，这是因为基区的少子浓度梯度不会立即改变。晶体管偏置在饱和状态时，B-E 结和 B-C 结均为正向偏置。基极电荷 Q_{BX} 必须抽走以使集电极电流改变前，将正向偏置的 B-C 结电压降为零。这个时间延迟称为存储时间，并记为 t_s。存储时间是集电极电流下降到饱和电流的 90% 时，V_{BB} 变化的时间。存储时间是描述双极型晶体管开关速度最重要的参数。

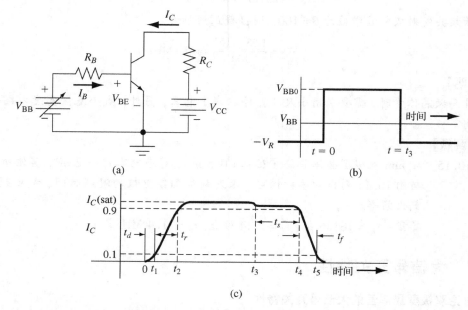

图 10.44　（a）分析晶体管开关特性所用的电路；（b）驱动晶体管开关的基极输
入；（c）在晶体管开关过程中，集电极电流随时间变化的关系曲线

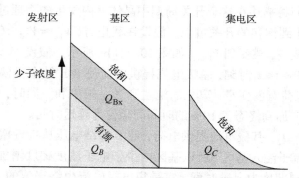

图 10.45　晶体管工作在饱和与有源模式时，基区和集电区的电荷存储

最后一个开关延迟时间是下降时间 t_f，它是集电极电流由最大值的 90% 下降到 10% 的时间。在这段时间内，B-C 结反向偏置，但基区过剩载流子仍在减少，B-E 结电压继续下降。

晶体管的开关时间响应可由 E-M 模型确定。必须使用频率相关的增益参数，通常采用拉普拉斯变换得到时间响应。详细分析过程过于烦琐，这里不做赘述。

Σ10.8　器件制备技术

目标：讨论双极型晶体管中一些特种器件的制备技术

本节简要介绍几种特定的晶体管结构及其基本制备过程。下面我们将分别讨论多晶硅发射极双极型晶体管(BJT)及其制备技术、SiGe 基区晶体管和功率双极型晶体管。

10.8.1　多晶硅发射极双极型晶体管

从基区注入发射区的载流子使发射结的注入效率降低。一般情况下，发射区宽度很窄，以提高速度，降低寄生电阻。然而，如图 10.22 所示，薄发射区增加了少子浓度梯度。浓度梯度的增大使 B-E 结电流增大，反过来降低了发射结注入效率和共发射极电流增益。表 10.3 总结了这种效应。

图 10.46 所示为多晶硅发射极 npn 双极型晶体管的理想截面图。如图所示，在 p 型基区和 n 型多晶硅之间有一层非常薄的 n^+ 单晶硅区。作为分析的一级近似，我们将发射区的多晶硅部分视为低迁移率的硅，这意味着其中载流子的扩散系数很小。

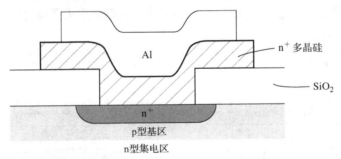

图 10.46　npn 多晶硅发射极 BJT 的简化截面图

假设发射区内多晶硅和单晶硅部分的中性区宽度都远小于各自的扩散长度，所以各区的少子分布函数都是线性的。多晶硅/硅界面处的少子浓度和扩散电流必须连续。因此，可写出

$$eD_{E(\text{poly})}\frac{\mathrm{d}\big(\delta p_{E(\text{poly})}\big)}{\mathrm{d}x}=eD_{E(\text{n}^+)}\frac{\mathrm{d}\big(\delta p_{E(\text{n}^+)}\big)}{\mathrm{d}x} \tag{10.84a}$$

或

$$\frac{\mathrm{d}\big(\delta p_{E(\text{n}^+)}\big)}{\mathrm{d}x}=\frac{D_{E(\text{poly})}}{D_{E(\text{n}^+)}}\frac{\mathrm{d}\big(\delta p_{E(\text{poly})}\big)}{\mathrm{d}x} \tag{10.84b}$$

由于 $D_{E(\text{poly})}<D_{E(\text{n}^+)}$，$n^+$ 单晶硅发射区内的少子浓度梯度降低，如图 10.47 所示。这意味着从基区向发射区反向注入的电流减小，因此，共发射极电流增益提高了。

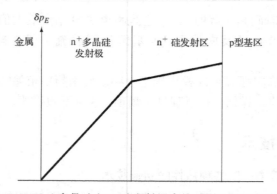

图 10.47　n⁺多晶硅和 n⁺硅发射区内的过剩少子空穴分布

10.8.2　双多晶硅 npn 晶体管的制备

在本节，我们将简要介绍双多晶硅自对准 npn 硅双极型晶体管的制备过程。工艺步骤如图 10.48 所示。由于在半导体内部形成结区，所以初始材料的晶向并不重要。首先，氧化 p 型衬底，并用光刻技术在氧化层上刻蚀出窗口。施主离子注入 p 型衬底，形成重掺杂的 n 型区（n⁺埋层）。这步过程如图 10.48(a)所示。这个重掺杂区可使集电极的电阻最小。然后去除氧化层，淀积 n 型硅外延层。在这个高温工艺步骤中，埋层注入的施主离子被激活。

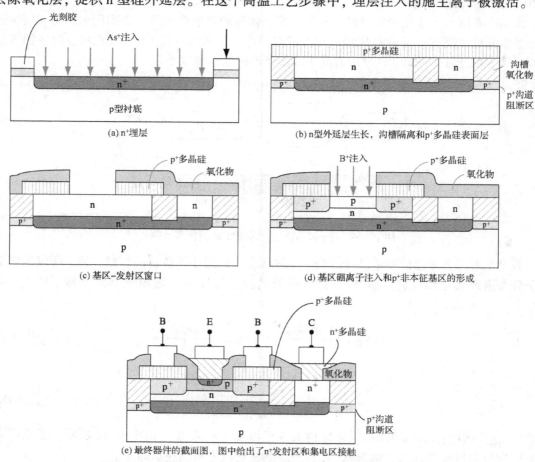

图 10.48　双多晶硅自对准 npn 硅双极型晶体管的基本工艺步骤

在集成电路中，由于各集电极所接电位不同，所以各个晶体管必须隔离。一种方法是采用反应离子刻蚀技术在硅上刻蚀出侧壁陡直的沟槽，然后用氧化物填充沟槽。图 10.48(b)给出了这步工艺后的简略图。图中也给出了 p^+ 沟道阻断区。重掺杂的 p^+ 多晶硅层(poly 1)沉积在表面上。

淀积氧化层，并采用光刻技术在其上开窗口。这些窗口将用来形成基区和发射区。这种结构如图 10.48(c)所示。在上述结构上再淀积一层氧化物。在此期间，多晶硅内的 B 原子扩散进 n 型区域，形成非本征基区。注入 B 离子形成本征基区，如图 10.48(d)所示。非本征基区降低了基区电阻。

最后，再淀积一层氧化层，并刻蚀出发射极窗口和集电极接触窗口。淀积重掺杂的 n^+ 多晶硅(poly 2)，形成多晶硅发射区和集电区接触。再次利用光刻形成集电区、基区和发射区接触。最终结构如图 10.48(e)所示。

10.8.3　SiGe 基区晶体管

锗的带隙能(约为 0.67 eV)明显小于硅的带隙能(约为 1.12 eV)。若将 Ge 掺进 Si 中，材料的带隙能将比纯 Si 的小。如果把 Ge 掺入 Si 双极型晶体管的基区，基区带隙能的降低将影响器件特性。理想的 Ge 浓度分布是靠近 B-C 结一侧的 Ge 浓度最大，而靠近 B-E 结一侧的 Ge 锗浓度最小。图 10.49(a)给出了 p 型基区理想的均匀硼掺杂浓度和线性 Ge 浓度分布。

假设硼和 Ge 的浓度分布如图 10.49(a)所示，则 SiGe 基区 npn 晶体管与 Si 基区 npn 晶体管的能带比较如图 10.49(b)所示。由于基区的 Ge 浓度非常小，两种晶体管的 E-B 结基本相同。然而，SiGe 基区晶体管在靠近 B-C 结处的带隙能小于 Si 基区晶体管的带隙能。基极电流由 B-E 结参数决定，所以两种晶体管的基极电流基本相同。带隙能的变化将影响集电极电流。

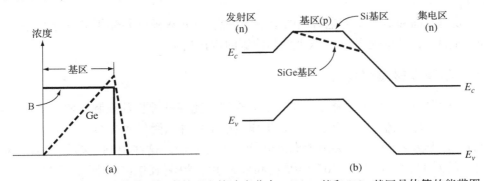

图 10.49　(a)SiGe 晶体管基区内的硼和锗浓度分布；(b)Si 基和 SiGe 基区晶体管的能带图

集电极电流和电流增益效应　图 10.50 所示为 SiGe 和 Si 晶体管基区内的热平衡少子电子浓度。这个浓度可表示为

$$n_{B0} = \frac{n_i^2}{N_B} \tag{10.85}$$

其中，假设 N_B 为常数。然而本征浓度是带隙能的函数，我们可写出

$$\frac{n_i^2(\text{SiGe})}{n_i^2(\text{Si})} = \exp\left(\frac{\Delta E_g}{kT}\right) \tag{10.86}$$

其中，$n_i(\text{SiGe})$ 是 SiGe 材料的本征载流子浓度，$n_i(\text{Si})$ 是硅材料的本征载流子浓度，ΔE_g 是 SiGe 材料相对硅的带隙能变化量。

由前面的分析可知，SiGe 双极型晶体管的集电极电流会增加。集电极电流由式(10.36a)给定，式中导数在 B 结处取值。这意味着式(10.37)给定的集电极电流表达式中的 n_{B0} 值是 B-C 结处的取值。由图 10.50 可知，SiGe 晶体管的 n_{B0} 值较大，所以集电极电流比 Si 晶体管的大。既然两种晶体管的基极电流相同，集电极电流增加意味着 SiGe 双极型晶体管的电流增益较大。如果带隙缩减 100 meV，则集电极电流和电流增益将增大 4 倍。

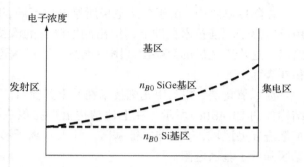

图 10.50 Si 和 SiGe 双极型晶体管基区内的热平衡少子电子浓度

厄利电压效应 SiGe 双极型晶体管的厄利电压比 Si 双极型晶体管的大。这种效应的解释没有集电极电流和电流增益增大的解释那么浅显易懂。若带隙缩减 100 meV，厄利电压约增加 12 倍。掺 Ge 基区将大大提高厄利电压。

基区渡越时间和 B-E 结充电时间 由图 10.49(b)可见，SiGe 双极型晶体管的带隙能从 B-E 结向 B-C 结逐渐减小，从而在基区内产生感应电场，加速电子通过 p 型基区。若带隙缩减 100 meV，感应电场强度可达 $10^3 \sim 10^4$ V/cm。这个电场使基区渡越时间减小约 2.5 倍。

B-E 结充电时间常数由式(10.65)决定，它与发射区扩散电阻 r'_e 直接成正比。由式(10.66)可知，这个参数与发射极电流成反比。在基极电流一定的情况下，因为 SiGe 晶体管的电流增益大，所以它的发射极电流也大。因此，SiGe 双极型晶体管的 B-E 结充电时间比 Si 双极型晶体管的短。

基区渡越时间和 B-E 结充电时间的减小将提高 SiGe 双极型晶体管的截止频率。SiGe 双极型晶体管的截止频率远高于 Si 双极型晶体管的截止频率。

10.8.4 功率双极型晶体管

在前面的讨论中，我们忽略最大电流、电压和功耗等各种物理限制因素。我们实际已假定晶体管能够处理电流、电压和功耗，在工作过程中器件未受任何损伤。

然而，对于功率晶体管，必须考虑晶体管的各种限制。这些限制包括最大额定电流(安培量级)、最大额定电压(约为 100V 量级)和最大额定功率(瓦级或数十瓦级)[1]。

图 10.51 所示为垂直 npn 功率晶体管的结构图。前面我们已分析了垂直结构的 npn 双极型晶体管。对于小尺寸开关器件，集电极仍然做在器件表面。然而，对于垂直结构的功率双极型晶体管，集电极则做在器件底面。因为这种结构使电流流过器件的截面积最大，所以设计时优选这种器件结构。另外，掺杂浓度和尺寸也与前面讨论的小尺寸开关晶体管不同。由于主集电区(漂移区)的掺杂浓度很低，所以 B-C 结可加很高的电压，而不会发生击穿。另一个高掺杂浓度的 n 区可减小集电区电阻，并与外部集电极形成欧姆接触。基区也比常见小尺寸器件的宽。高的 B-C 结电压意味着集电区和基区引入相对较宽的空间电荷区。为了防止穿通击穿，通常要求基区具有较大的宽度。

---

① 我们必须注意，一般情况下，最大额定电流和最大额定电压不能同时出现。

为了处理大电流, 功率晶体管也必须是大面积器件。图 10.52 再次给出我们前面讨论的叉指结构晶体管。为了防止发射极电流集边效应, 通常要求发射极宽度相对较小, 这些问题已在 10.4.4 节讨论过。

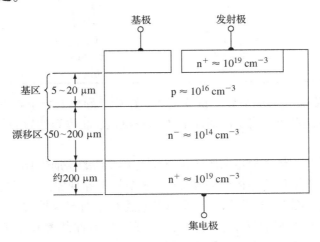

图 10.51　垂直结构 npn 功率晶体管的截面图

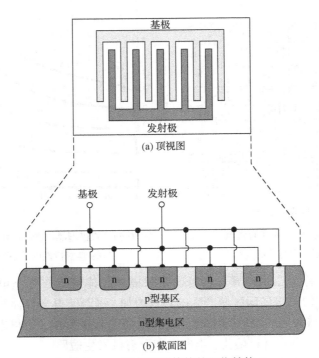

图 10.52　双极型晶体管的叉指结构

功率晶体管特性　与小尺寸开关晶体管相比, 功率晶体管相对较宽的基区意味着更小的电流增益 β。大面积器件意味着大电容, 所以功率晶体管的截止频率比小尺寸开关管的低。表 10.4 比较了通用小信号双极型晶体管和两种功率晶体管的技术参数。功率晶体管的电流增益一般较小, 典型值在 20 ~ 100 范围内, 而且它是集电极电流和温度的强函数。图 10.53 给出 2N3055 功率晶体管在不同温度下, 电流增益与集电极电流的典型特性曲线。

表 10.4　　小信号晶体管与功率晶体管特性和最大额定值的比较

参　　数	小信号 BJT (2N2222A)	功率 BJT (2N3055)	功率 BJT (2N6078)
$V_{CE}(max)(V)$	40	60	250
$I_C(max)(A)$	0.8	15	7
$P_D(max)(W)(T=25℃)$	1.2	115	45
β	35 ~ 100	5 ~ 20	12 ~ 70
$f_T(MHz)$	300	0.8	1

最大额定集电极电流 $I_{C,max}$ 可能与以下因素有关：连接半导体与外电极的导线所允许的最大电流；电流增益下降到最小指定值时对应的集电极电流；晶体管偏置在饱和模式时，达到最大功耗时的电流值。

在双极型晶体管中，最大额定电压通常与反偏 B-C 结的雪崩击穿相联系。在共发射极偏置结构中，击穿电压机制包括晶体管增益以及 pn 结的击穿现象。这已在 10.4.6 节讨论过。典型 I_C-V_{CE} 特性曲线如图 10.54 所示。当晶体管偏置在正向有源模式时，集电极电流在达到实际击穿电压之前就开始显著增加。一旦发生击穿，所有曲线都趋于汇合到同一 C-E 结电压。电压 $V_{CE,sus}$ 是维持晶体管击穿的最小电压。

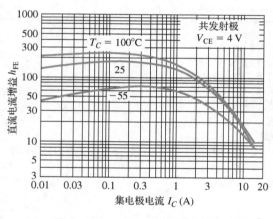

图 10.53　2N3055 晶体管的典型
直流 β 特性(h_{FE}-I_C)

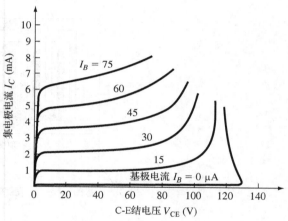

图 10.54　双极型晶体管集电极电流与 C-E 结电压
的典型特性曲线,图中给出了击穿效应

另一个击穿效应称为二次击穿,它出现在双极型晶体管工作在高电压、大电流的情形下。电流密度的不均匀使得局部区域产生的热量增加,进而使得半导体材料内的少子浓度增大,反过来,它又会增大这些区域的电流。这种效应引入正反馈,使得电流持续增加,从而进一步升高器件温度,直到材料熔化,集电极和发射极发生短路。

双极型晶体管的平均功耗必须低于最大指定值,以确保器件温度位于最大值以下。如果假定集电极电流和 C-E 结电压都是直流值,则在晶体管的最大额定功率点 P_T 处,可以写出

$$P_T = V_{CE} I_C \tag{10.87}$$

式(10.87)忽略了晶体管功耗中的 $V_{BE} I_B$ 分量。

最大电流、电压和功率限制可在 I_C-V_{CE} 特性曲线上描述,如图 10.55 所示。式(10.87)描述的平均功率限制 P_T 是一条双曲线。晶体管能够安全工作的区域被称为安全工作区(SOA),

它受 $I_{C,\,max}$ ，$V_{CE,\,sus}$ ，P_T 和晶体管二次击穿特性曲线的限制。图 10.55(a)所示为线性电流和电压表示的安全工作区，而图 10.55(b)则是对数坐标表示的相同特性。

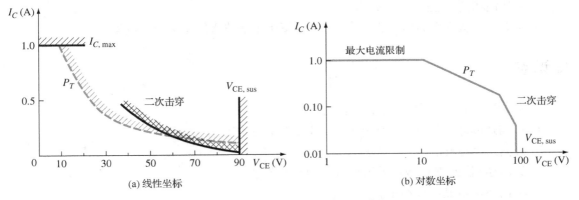

图 10.55　双极型晶体管的安全工作区

10.9　小结

1. A. 双极型晶体管有两种互补类型——npn 和 pnp 双极型晶体管。每种晶体管都有三个独立掺杂区和两个 pn 结。由于中心区(基区)非常窄，所以两个 pn 结是相互作用的。

   B. 在正向有源模式中，B-E 结正向偏置，B-C 结反向偏置。发射区的多子注入基区后，变成少子。这些少子扩散过基区，进入 B-C 结空间电荷区，被电场扫入集电区。

   C. 当晶体管偏置在正向有源工作模式，晶体管一端的电流(集电极电流)受另外两端电压控制(B-E 结电压)。这就是基本晶体管作用。

2. 晶体管各区的少子浓度由双极输运方程确定。器件的主要电流由这些少子的扩散所决定。

3. 定义并推导了限制晶体管电流增益的贡献因子。

   A. 发射结注入效率考虑了基区载流子注入发射区的影响。发射区掺杂浓度必须大于基区掺杂浓度。

   B. 基区输运系数考虑了载流子在基区的复合。基区宽度必须非常窄。

   C. 复合系数考虑了载流子在正偏 B-E 结内的复合。

4. 本章考虑了一些非理想效应。

   A. 基区宽度调制，或厄利效应，它是指中性基区宽度随 B-C 结电压而变化，进而引起集电极电流随 B-C 结电压的变化。

   B. 大注入效应使集电极电流随 B-E 结电压缓慢增加。

   C. 发射区带隙变窄效应出现在发射区高掺杂浓度时，它使发射结注入效率降低。

   D. 非均匀基区掺杂在基区内诱导出感应电场，加速少子渡越基区。

   E. 考虑了两种击穿机制——穿通击穿和雪崩击穿。

5. 建立了双极型晶体管工作在正向有源模式时的小信号混合 π 等效电路。这个等效电路常用于线性放大电路。

6. 定义并推导了双极型晶体管的时延因子。这些时延因子限制晶体管的频率响应。作为晶体管的品质因数，截止频率是共发射极电流增益幅值变为 1 时的频率。

7. 讨论了大信号开关特性。开关过程的一个重要参数是电荷存储时间，它用于描述晶体管从饱和到截止的开关过程。

8. 考虑了一些特殊晶体管的结构，描述了双极型晶体管的基本制备过程。

知识点

学完本章之后，读者应具备如下能力：

1. A. 描述晶体管偏置在正向有源模式时的基本工作原理。
   B. 简述晶体管的四种工作模式。
   C. 简述基极、集电极和发射极电流的相互关系。
   D. 简述基本晶体管作用。
2. A. 画出晶体管偏置在正向有源模式时的少子浓度分布。
   B. 画出晶体管偏置在截止和饱和模式时的少子浓度分布。
3. A. 定义晶体管偏置在正向有源模式时的各电流分量。
   B. 定义双极型晶体管的共基极电流增益。
   C. 定义限制双极型晶体管电流增益贡献因子的物理机理。
4. A. 简述基区宽度调制的物理机理，并讨论它对电流–电压特性的影响。
   B. 简述电流集边效应的物理机制。
   C. 简述双极型晶体管的穿通击穿和雪崩击穿。
5. 描述双极型晶体管的混合 π 型等效电路。
6. 定义双极型晶体管的截止频率。
7. 描述双极型晶体管从饱和到截止的开关特性。
8. 简述多晶硅发射极双极型晶体管的特性。

复习题

1. A. 定义双极型晶体管的基本晶体管作用。
   B. 简述双极型晶体管的四种工作模式。
   C. 简述 pnp 双极型晶体管偏置在正向有源模式时的基本工作原理。
2. A. 画出 pnp 双极型晶体管偏置在正向有源模式时的少子浓度。当晶体管偏置在饱和模式时，少子分布又如何？
   B. 当晶体管偏置在正向有源模式时，定义少子浓度的边界条件。
3. A. 定义发射区注入效率、基区输运系数和复合系数。
   B. 用限制因子定义交流共基极电流增益。
   C. 简述共发射极电流增益和共基极电流增益的关系。
4. A. 定义厄利电压，分析它与基区宽度调制的关系。
   B. 简述电流集边效应，找出解决这个问题的一种方法。
   C. 简述双极型晶体管基极开路时的雪崩击穿效应。

5. 画出双极型晶体管的简化混合 π 模型，并定义电路参数。

6. 定义双极型晶体管的四个时延因子，并将这些参数与截止频率联系起来。

7. 定义存储时间。

8. 简述多晶硅发射极双极型晶体管的优点。

习题

（注意：在下面习题中，除非特别说明，晶体管的几何尺寸如图 10.14 所示，假设温度 $T = 300\ \text{K}$。）

10.1　双极型晶体管的工作原理

10.1　对处于热平衡态的均匀掺杂 $\text{n}^{++}\text{p}^{+}\text{n}$ 双极型晶体管。(a)画出其能带图；(b)画出器件内的电场分布；(c)若该晶体管偏置在正向有源模式，重做(a)和(b)的问题。

10.2　$\text{p}^{++}\text{n}^{+}\text{p}$ 双极型晶体管的各区均匀掺杂，试画出以下各种模式的能带图：(a)热平衡态；(b)正向有源模式；(c)反向有源模式；(d)B-E 结和 B-C 结均反偏的截止模式。

10.3　npn 双极型晶体管的基区参数如下：$D_n = 20\ \text{cm}^2/\text{s}$，$n_{B0} = 10^4\ \text{cm}^{-3}$，$x_B = 1\ \mu\text{m}$，$A_{BE} = 10^{-4}\ \text{cm}^2$。(a)比较式(10.1)和式(10.2)，计算反向饱和电流 I_s；(b)若 v_{BE} 分别为 0.5 V，0.6 V 和 0.7 V，试分别各种情况的集电极电流。

10.4　假设习题 10.3 描述晶体管的共基极电流增益 $\alpha = 0.9920$。(a)求共发射极电流增益 $\beta = \alpha/(1-\alpha)$；(b)试确定习题 10.3(b)所述偏置情况下的发射极电流和基极电流。

10.5　(a)若双极型晶体管偏置在正向有源模式，基极电流 $i_B = 6\ \mu\text{A}$，集电极电流 $i_C = 510\ \mu\text{A}$。试确定 β、α 和 i_E(提示 $i_E = i_C + i_B$)；(b)若 $i_B = 50\ \mu\text{A}$，$i_C = 2.65\ \text{mA}$，重做(a)的问题。

10.6　已知 npn 双极型晶体管的共发射极电流增益 $\beta = 100$。(a)参考图 10.10，试画出 $i_C\text{-}v_{CE}$ 的理想特性曲线。假设 v_{CE} 的变化范围为 $0 \leqslant v_{CE} \leqslant 10\ \text{V}$，$i_B$ 从 0 变化到 0.1 mA，步长 0.01 mA；(b)假设图 10.9 所示电路的 $V_{CC} = 10\ \text{V}$，$R_C = 1\ \text{k}\Omega$，在(a)中晶体管特性曲线上画出负载线；(c)在图上标出 $i_B = 0.05\ \text{mA}$ 时所对应的 i_C 和 v_{CE}。

10.7　考虑式(10.7)，假设 $V_{CC} = 10\ \text{V}$，$R_C = 2\ \text{k}\Omega$，$V_{BE} = 0.6\ \text{V}$。(a)若 $0 \leqslant I_C \leqslant 5\ \text{mA}$，试画出 V_{CB} 随 I_C 变化的关系曲线；(b)$V_{CB} = 0$ 时对应的 I_C 为多少？

10.2　少子分布

10.8　已知均匀掺杂的 Si npn 双极型晶体管偏置在正向有源模式下，其中 B-C 结的反偏电压为 3 V。冶金基区宽度 1.1 μm，晶体管各区的掺杂浓度分别为 $N_E = 10^{17}\ \text{cm}^{-3}$，$N_B = 10^{16}\ \text{cm}^{-3}$，$N_C = 10^{15}\ \text{cm}^{-3}$。(a)$T = 300\ \text{K}$ 时，$x = 0$ 处的少子电子浓度是多子空穴浓度的 10%，试确定 B-E 结电压；(b)在这个偏置条件下，试确定 $x' = 0$ 处的少子空穴浓度；(c)确定此偏置条件下的中性基区宽度。

10.9　均匀掺杂的 Si npn 双极型晶体管偏置在正向有源模式。其中，中性基区宽度 $x_B = 0.8\ \mu\text{m}$，各区掺杂浓度分别为 $N_E = 5 \times 10^{17}\ \text{cm}^{-3}$，$N_B = 10^{16}\ \text{cm}^{-3}$，$N_C = 10^{15}\ \text{cm}^{-3}$。(a)试求热平衡时的少子浓度 n_{B0}，p_{E0} 和 p_{C0}；(b)若 $V_{BE} = 0.625\ \text{V}$，试确定 $x = 0$ 处的 n_B 和 $x' = 0$ 处的 p_E；(c)画出器件的少子浓度分布，并对每条曲线加以标注。

10.10   均匀掺杂的 Si pnp 双极型晶体管偏置在正向有源模式。其中，各区的掺杂浓度分别为 $N_E = 10^{18}$ cm^{-3}，$N_B = 5 \times 10^{16}$ cm^{-3}，$N_C = 10^{15}$ cm^{-3}。(a)计算 E_{B0}，p_{B0} 和 n_{C0}；(b)若 $V_{EB} = 0.650$ V 时，试确定 $x = 0$ 处的 p_B 和 $x' = 0$ 处的 n_E；(c)画出器件的少子浓度分布，并对每条曲线加以标注。

10.11   npn 双极型晶体管基区的少子电子浓度由式(10.15a)给定。在本题中，我们想对 B-C 结估算的电子浓度梯度和 B-E 结估算的电子浓度梯度进行比较。请分别计算 $x_B/L_B = 0.1$，$x_B/L_B = 1.0$ 和 $x_B/L_B = 10$ 三种情况下，$x = x_B$ 处的 d(δn_B)/dx 与 $x = 0$ 处的 d(δn_B)/dx 之间的比值。

10.12   推导式(10.14a)和式(10.14b)系数的表达式。

*10.13   若均匀掺杂的 pnp 双极型晶体管工作在正向有源模式，试推导基区过剩少子空穴浓度的表达式。

10.14   npn 双极型晶体管基区的过剩电子浓度由式(10.15a)给定，其线性近似由式(10.15b)确定。若 $\delta n_{B0}(x)$ 采用式(10.15b)给定的线性近似，而 $\delta n_B(x)$ 采用式(10.15a)给定的实际分布。在 $x_B/L_B = 0.1$ 和 $x_B/L_B = 1.0$ 两种情况下，假设 $V_{BE} \gg kT/e$，试确定 $x = x_B/2$ 处，下面表达式的值：

$$\frac{\delta n_{B0}(x) - \delta n_B(x)}{\delta n_{B0}(x)} \times 100\%$$

10.15   已知 pnp 双极型晶体管在 B-E 结和 B-C 结空间电荷区边界的过剩少子空穴浓度分别为 $\delta p_B(0) = 8 \times 10^{14}$ cm^{-3} 和 $\delta p_B(x_B) = -2.25 \times 10^4$ cm^{-3}。试在同一图中画出以下两种情况的 $\delta p_B(x)$：(a)基区无复合的理想情况；(b)$x_B = L_B = 10$ μm 的情况；(c)假设 $D_B = 10$ cm^2/s，试分别计算(a)和(b)两种情况下，$x = 0$ 和 $x = x_B$ 处的扩散电流密度。确定两种情况的 $J(x = x_B)/J(x = 0)$ 之值。

*10.16   (a)$T = 300$ K，均匀掺杂的 npn 双极型晶体管偏置在饱和模式。从少子的连续性方程出发，试证明在 $x_B/L_B \ll 1$ 的条件下，基区的过剩电子浓度可表示为

$$\delta n_B(x) = n_{B0} \left\{ \left[\exp\left(\frac{eV_{BE}}{kT}\right) - 1 \right] \left[1 - \frac{x}{x_B} \right] + \left[\exp\left(\frac{eV_{BC}}{kT}\right) - 1 \right] \left[\frac{x}{x_B} \right] \right\}$$

其中，x_B 为中性基区宽度；(b)证明基区的少子扩散电流可表示为

$$J_n = -\frac{eD_B n_{B0}}{x_B} \left[\exp\left(\frac{eV_{BE}}{kT}\right) - \exp\left(\frac{eV_{BC}}{kT}\right) \right]$$

(c)证明基区的总过剩少子电荷(C/cm^2)为

$$\delta Q_{nB} = \frac{-e n_{B0} x_B}{2} \left\{ \left[\exp\left(\frac{eV_{BE}}{kT}\right) - 1 \right] + \left[\exp\left(\frac{eV_{BC}}{kT}\right) - 1 \right] \right\}$$

*10.17 $T = 300$ K，均匀掺杂的 Si pnp 双极型晶体管的各区掺杂浓度分别为 $N_E = 5 \times 10^{18}$ cm^{-3}，$N_B = 10^{17}$ cm^{-3}，$N_C = 5 \times 10^{15}$ cm^{-3}。令 $D_B = 10$ cm^2/s，$x_B = 0.70$ μm，$x_B \ll L_B$。若晶体管工作在饱和模式，且 $J_p = 165$ A/cm^2，$V_{EB} = 0.75$ V。试确定：(a)V_{CB}；(b)V_{EC}(sat)；(c)以#/cm^2 为单位的基区过剩少子空穴浓度；(d)以#/cm^2 为单位的长集电区过剩少子电子浓度。假设 $L_C = 35$ μm。

10.18 $T = 300$ K，均匀掺杂的 Si npn 双极型晶体管的各区掺杂浓度分别为 $N_E = 10^{19}$ cm^{-3}，$N_B = 10^{17}$ cm^{-3}，$N_C = 7 \times 10^{15}$ cm^{-3}。若晶体管工作在 $V_{BE} = -2$ V，$V_{BC} = 0.565$ V 的

反向有源模式。(a)画出器件的少子分布；(b)确定 $x = x_B$ 和 $x'' = 0$ 处的少子浓度；(c)若冶金基区宽度为 1.2 μm，试确定中性基极宽度。

10.19　$T = 300$ K，均匀掺杂的 Si pnp 双极型晶体管偏置在反向有源模式，各区的掺杂浓度分别为 $N_E = 5 \times 10^{17}$ cm^{-3}，$N_B = 10^{16}$ cm^{-3}，$N_C = 5 \times 10^{14}$ cm^{-3}。在小注入条件下，允许的最大 B-C 结电压为多少？

10.3　低频共基极电流增益

10.20　均匀掺杂的 npn 双极型晶体管实测的电流参数如下：

$$I_{nE} = 1.20 \text{ mA} \qquad I_{pE} = 0.10 \text{ mA}$$
$$I_{nC} = 1.18 \text{ mA} \qquad I_R = 0.20 \text{ mA}$$
$$I_G = 0.001 \text{ mA} \qquad I_{pc0} = 0.001 \text{ mA}$$

试确定以下各参数：α，γ，α_T，δ 和 β。

10.21　$T = 300$ K，Si npn 双极型晶体管的器件面积为 10^{-3} cm^2，中性基区宽度为 1 μm，各区掺杂浓度分别为 $N_E = 10^{18}$ cm^{-3}，$N_B = 10^{17}$ cm^{-3} 和 $N_C = 10^{16}$ cm^{-3}。其他半导体参数分别为 $D_B = 20$ cm^2/s，$\tau_{E0} = \tau_{B0} = 10^{-7}$ s，$\tau_{C0} = 10^{-6}$ s。假设晶体管偏置在正向有源模式，复合系数 $\delta = 1$。试计算以下三种情况的集电极电流：(a)$V_{BE} = 0.50$ V；(b)$I_E = 1.5$ mA；(c)$I_B = 2$ μA。

10.22　$T = 300$ K 时，均匀掺杂的 npn 双极型晶体管具有如下参数：

$$N_E = 10^{18} \text{ cm}^{-3} \qquad N_B = 5 \times 10^{16} \text{ cm}^{-3} \qquad N_C = 10^{15} \text{ cm}^{-3}$$
$$D_E = 8 \text{ cm}^2/\text{s} \qquad D_B = 15 \text{ cm}^2/\text{s} \qquad D_C = 12 \text{ cm}^2/\text{s}$$
$$\tau_{E0} = 10^{-8} \text{ s} \qquad \tau_{B0} = 5 \times 10^{-8} \text{ s} \qquad \tau_{C0} = 10^{-7} \text{ s}$$
$$x_E = 0.8 \text{ μm} \qquad x_B = 0.7 \text{ μm} \qquad J_{r0} = 3 \times 10^{-8} \text{ A/cm}^2$$

若 $V_{BE} = 0.60$ V，$V_{CE} = 5$ V，试分别计算：(a)J_{nE}，J_{pE}，J_{nC} 和 J_R；(b)电流增益因子 γ，α_T，δ，α 和 β。

10.23　除基区掺杂浓度和中性基区宽度不同外，三个 npn 双极型晶体管的其他参数完全相同。这三个器件的基区参数如下：

器　件	基区掺杂浓度	基区宽度
A	$N_B = N_{B0}$	$x_B = x_{B0}$
B	$N_B = 2N_{B0}$	$x_B = x_{B0}$
C	$N_B = N_{B0}$	$x_B = x_{B0}/2$

(器件 B 的基区掺杂浓度是器件 A 和器件 C 的两倍，而器件 C 的基区宽度是器件 A 和器件 B 的一半。)

(a)试确定器件 B 与器件 A、器件 C 与器件 A 的发射结注入效率之比。

(b)若考虑基区输运系数，重做(a)的问题。

(c)若考虑复合系数，重做(a)的问题。

(d)哪个器件的共射极电流增益 β 最大？

10.24　若习题 10.23 的基区参数变化改为发射区参数变化，且三个器件的发射区参数如下表所示，重做习题 10.23。

器 件	发射区掺杂浓度	基区宽度
A	$N_E = N_{E0}$	$x_E = x_{E0}$
B	$N_E = 2N_{E0}$	$x_E = x_{E0}$
C	$N_E = N_{E0}$	$x_E = x_{E0}/2$

10.25 已知 Si npn 双极型晶体管偏置在 $V_{BE} = -3$ V, $V_{BC} = 0.6$ V 的反向有源模式。晶体管各区的掺杂浓度分别为 $N_E = 10^{18}$ cm^{-3}, $N_B = 10^{17}$ cm^{-3}, $N_C = 10^{16}$ cm^{-3}。其他参数为 $x_B = 1$ μm, $\tau_{E0} = \tau_{B0} = \tau_{C0} = 2 \times 10^{-7}$ s, $D_E = 10$ cm^2/s, $D_B = 20$ cm^2/s, $D_C = 15$ cm^2/s, $A = 10^{-3}$ cm^{-2}。(a)计算并画出器件的少子分布；(b)计算集电极和发射极电流(忽略几何参数的影响，并假设复合系数为1)。

10.26 (a)假设 γ 和 δ 都等于1，试分别计算 $x_B/L_B = 0.01$, 0.10, 1.0 和 10 时的基区输运系数 α_T，并确定上述各情况的 β；(b)假设 α_T 和 δ 均为1，试分别计算 $N_B/N_E = 0.01$, 0.10, 1.0 和 10 时的发射结注入效率 γ，并确定上述各情况的 β 值；(c)若基区输运系数或发射结注入效率是共射极电流增益的限制因素，那么从(a)和(b)的结果中可得出什么结论？

10.27 (a)若晶体管的器件参数如下，试分别计算 $V_{BE} = 0.2$ V, 0.4 V 和 0.6 V 时的复合系数。

$$D_B = 25 \text{ cm}^2/\text{s} \qquad D_E = 10 \text{ cm}^2/\text{s}$$
$$N_E = 5 \times 10^{18} \text{ cm}^{-3} \qquad N_B = 1 \times 10^{17} \text{ cm}^{-3}$$
$$N_C = 5 \times 10^{15} \text{ cm}^{-3} \qquad x_B = 0.7 \text{ μm}$$
$$\tau_{B0} = \tau_{E0} = 10^{-7} \text{ s} \qquad J_{r0} = 2 \times 10^{-9} \text{ A/cm}^2$$
$$n_i = 1.5 \times 10^{10} \text{ cm}^{-3}$$

(b)假设基区输运系数和发射结注入效率均为1，试求(a)中条件的共射极电流增益；(c)考虑(b)的结果，复合系数是否是限制共发射极电流增益的主要因素？

10.28 $T = 300$ K, Si npn 双极型晶体管的参数如下：

$$D_B = 25 \text{ cm}^2/\text{s} \qquad D_E = 10 \text{ cm}^2/\text{s}$$
$$\tau_{B0} = 10^{-7} \text{ s} \qquad \tau_{E0} = 5 \times 10^{-8} \text{ s}$$
$$N_B = 10^{16} \text{ cm}^{-3} \qquad x_E = 0.5 \text{ μm}$$

已知复合系数 $\delta = 0.998$, $\alpha_T = \gamma$。若要求晶体管的共发射极电流增益 $\beta = 120$。试确定最大基区宽度 x_B 和最小发射区掺杂浓度 N_E。

*10.29 (a)$T = 300$ K 时，Si npn 双极型晶体管的复合电流密度 $J_{r0} = 5 \times 10^{-8}$ A/cm^2，均匀掺杂的各区浓度分别为 $N_E = 10^{18}$ cm^{-3}, $N_B = 5 \times 10^{16}$ cm^{-3}, $N_C = 10^{15}$ cm^{-3}，其他参数为 $D_E = 10$ cm^2/s, $D_B = 25$ cm^2/s, $\tau_{E0} = 10^{-8}$ s, $\tau_{B0} = 10^{-7}$ s。若 $V_{BE} = 0.55$ V 时的复合系数 $\delta = 0.995$，试确定中性基区宽度；(b)若 J_{r0} 不随温度变化，当工作温度 $T = 400$ K, $V_{BE} = 0.55$ V 时的复合系数 δ 为多少？使用(a)中确定的 x_B 值。

10.30 (a)若双极型晶体管的 x_B/L_B 在 $0.01 \leq (x_B/L_B) \leq 10$ 范围内变化，试画出基区输运系数 α_T 随 (x_B/L_B) 的变化曲线(横轴采用对数坐标)；(b)假设发射结注入效率和基区复合系数均为1，试画出(a)所述条件下的共发射极电流增益；(c)考虑(b)的结果，基区输运系数是否是共射极电流增益的主要限制因素？

10.31 (a)若假设晶体管的 $D_E = D_B$, $L_B = L_E$, $x_B = x_E$，同时忽略带隙变窄效应。当掺杂比

N_B/N_E 在 $0.01 \leqslant (N_B/N_E) \leqslant 10$ 范围内变化时，试画出发射极注入系数随 N_B/N_E 变化的关系曲线(横轴采用对数坐标)；(b)假设基区输运系数和复合系数均为1，试画出(a)条件下的共发射极电流增益；(c)考虑(b)的结果，发射结注入效率是否是共射极电流增益的主要限制因素？

10.32　(a)假设晶体管具有如下参数：

$$D_B = 25 \text{ cm}^2/\text{s} \qquad\qquad D_E = 10 \text{ cm}^2/\text{s}$$
$$N_E = 5 \times 10^{18} \text{ cm}^{-3} \qquad N_B = 1 \times 10^{17} \text{ cm}^{-3}$$
$$N_C = 5 \times 10^{15} \text{ cm}^{-3} \qquad x_B = 0.7 \text{ μm}$$
$$\tau_{B0} = \tau_{E0} = 10^{-7} \text{ s} \qquad J_{r0} = 2 \times 10^{-9} \text{ A/cm}^2$$
$$n_i = 1.5 \times 10^{10} \text{ cm}^{-3}$$

试画出复合系数随 B-E 结电压 V_{BE} 在 $0.1 \leqslant V_{BE} \leqslant 0.6$ 范围内变化的关系曲线；(b)假设基区输运系数和发射结注入效率均为1，试画出(a)条件下的共发射极电流增益；(c)从(b)中结果，我们是否可得复合系数是共发射极电流增益的主要限制因素？

10.33　为了获得高的工作速度，BJT 的发射区通常做得非常薄。本题将研究发射区宽度对电流增益的影响。考虑式(10.35a)给定的发射结注入效率。假设 $N_E = 100N_B$，$D_E = D_B$，$L_B = L_E$。同时令 $x_B = 0.1L_B$。试画出 $0.01L_E \leqslant x_E \leqslant 10L_E$ 时，发射结注入效率随 x_E 的变化曲线。根据上述结果，讨论发射区宽度对电流增益的影响。

10.4　非理想效应

10.34　$T = 300$ K，均匀掺杂的 Si pnp 双极型晶体管的各区掺杂浓度分别为 $N_E = 10^{18}$ cm^{-3}，$N_B = 10^{16}$ cm^{-3}，$N_C = 10^{15}$ cm^{-3}，冶金基区宽度为 1.2 μm，$D_B = 10$ cm^2/s，$\tau_{B0} = 5 \times 10^{-7}$s。假设基区的少子空穴浓度可用线性分布近似，$V_{EB} = 0.625$ V。(a)若 V_{BC} 分别为 5 V，10 V 和 15 V，确定基区的空穴扩散电流密度；(b)估计厄利电压。

*10.35　为提供大电流增益和快的工作速度，双极型晶体管的基区宽度通常非常小。基区宽度同样也会影响厄利电压。$T = 300$ K 时，Si npn 双极型晶体管的掺杂浓度分别为 $N_E = 10^{18}$ cm^{-3}，$N_B = 3 \times 10^{16}$ cm^{-3}，$N_C = 5 \times 10^{15}$ cm^{-3}。假设 $D_B = 20$ cm^2/s，$\tau_{B0} = 5 \times 10^{-7}$s，$V_{BE} = 0.70$ V。若 V_{CB} 取 5 V 和 10 V 两个数据点，试估计基区宽度为 1.0 μm，0.80 μm 和 0.60 μm 时的厄利电压。

10.36　已知 Si npn 双极型晶体管的基区掺杂浓度 $N_B = 10^{17}$ cm^{-3}，集电区掺杂浓度 $N_C = 10^{16}$ cm^{-3}，冶金基区宽度为 1.10 μm，基区少子扩散系数 $D_B = 20$ cm^2/s。晶体管偏置在 $V_{BE} = 0.60$ V 时的正向有源模式。(a)当 V_{CB} 从 1 V 变化到 5 V 时，中性基区宽度的变化是多少？(b)对应的集电极电流变化又是多少？

10.37　已知均匀掺杂 Si npn 双极型晶体管的 $x_B = x_E$，$L_B = L_E$，$D_E = D_B$。假设 $\alpha_T = \delta = 0.995$，$N_B = 10^{17}$ cm^{-3}。(a)若忽略带隙变窄效应，试计算并画出 $N_E = 10^{17}$ cm^{-3}，10^{18} cm^{-3}，10^{19} cm^{-3}，10^{20} cm^{-3} 时的共发射极电流增益；(b)若考虑带隙变窄效应，重做(a)的问题。

10.38　假设 Si pnp 双极型晶体管的 $x_B = x_E$，$L_B = L_E$，$D_E = D_B$，发射区掺杂浓度 $N_E = 10^{19}$ cm^{-3}。若 $T = 300$ K 时，该晶体管的发射结注入效率 $\gamma = 0.996$。(a)若考虑带隙变窄效应，试确定最大基区掺杂浓度；(b)若忽略带隙变窄效应，最大基区掺杂浓度又为多少？

10.39　电流集边效应的一级近似计算可用图 P10.39 所示的几何参数。假设基极电流的一半从发射区各边进入,并均匀流向发射区中心。设 p 型基区的参数如下:

$$N_B = 10^{16}\ \text{cm}^{-3} \qquad x_B = 0.70\ \mu\text{m}$$
$$\mu_p = 400\ \text{cm}^2/\text{V·s} \qquad S = 8\ \mu\text{m}$$

发射区长度 $L = 100\ \mu\text{m}$。

(a) 计算 $x = 0$ 到 $x = S/2$ 之间的电阻;(b) 若 $\frac{1}{2}I_B$ $= 10\ \mu\text{A}$,计算 $x = 0$ 到 $x = S/2$ 之间的压降; (c) 若 $x = 0$ 处的 $V_{BE} = 0.6\ \text{V}$,估算 $x = S/2$ 处注入基区的电子数与 $x = 0$ 处注入电子数的百分比。

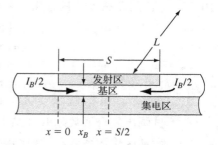

图 P10.39　习题 10.39 和习题 10.40 所用的器件结构参数

10.40　如图 P10.39 所示,除晶体管的发射极宽度 S 可变外,其他参数与习题 10.39 完全相同。若 $x = S/2$ 处注入基区中的电子数不大于 $x = 0$ 处注入电子数的 10%,试确定 S 的值。

*10.41　已知扩散制备的 n^+pn 双极型晶体管的基区掺杂浓度可用下面的指数函数近似

$$N_B = N_B(0)\exp\left(\frac{-ax}{x_B}\right)$$

其中,a 是常数,并可表示为

$$a = \ln\left(\frac{N_B(0)}{N_B(x_B)}\right)$$

(a) 试证明,热平衡时中性基区的电场强度为常数;(b) 指出电场方向。该电场是加速还是阻止电子流通过基区?(c) 若晶体管工作在正向有源模式,试推导基区稳态少子电子浓度的表达式。假设基区没有复合(以电子电流密度表示电子浓度)。

10.42　均匀掺杂 Si npn 双极型晶体管的各区浓度分别为 $N_E = 5 \times 10^{18}\ \text{cm}^{-3}$,$N_B = 10^{17}$ cm^{-3},$N_C = 5 \times 10^{15}\ \text{cm}^{-3}$,假设共基极电流增益 $\alpha = 0.9920$。试确定:(a) BV_{CBO}; (b) BV_{CEO};(c) B-E 结的击穿电压(假设经验常数 $n = 3$)。

10.43　已知高压 Si npn 双极型晶体管的基区掺杂浓度 $N_B = 10^{16}\ \text{cm}^{-3}$,共发射极电流增益 $\beta = 50$。若击穿电压 BV_{CEO} 不小于 60 V,试确定满足该电压要求的最大集电区掺杂浓度和最小集电区长度(假设 $n = 3$)。

10.44　已知均匀掺杂 Si 外延 npn 双极型晶体管的基区掺杂浓度 $N_B = 3 \times 10^{16}\ \text{cm}^{-3}$,重掺杂集电区的浓度 $N_C = 5 \times 10^{17}\ \text{cm}^{-3}$。当 $V_{BE} = V_{BC} = 0$ 时,中性基区宽度 $x_B = 0.70\ \mu\text{m}$。试确定发生穿通时的 B-C 结电压 V_{BC},并与该结的雪崩击穿电压进行比较。

10.45　Si npn 双极型晶体管的基区掺杂浓度 $N_B = 10^{17}\ \text{cm}^{-3}$,集电区掺杂浓度 $N_C = 7 \times 10^{15}\ \text{cm}^{-3}$,冶金基区宽度 $x_B = 0.5\ \mu\text{m}$,$V_{BE} = 0.60\ \text{V}$。(a) 计算发生穿通时的 V_{CE}; (b) 试确定发生穿通时,B-C 结空间电荷区的峰值电场。

10.46　均匀掺杂 Si pnp 双极型晶体管的发射区掺杂浓度 $N_E = 10^{19}\ \text{cm}^{-3}$,集电区掺杂浓度 $N_C = 10^{16}\ \text{cm}^{-3}$,冶金基区宽度为 $0.75\ \mu\text{m}$。若穿通电压 V_{pt} 不小于 25 V,试确定最小基区掺杂浓度。

10.6　频率限制

10.47　$T = 300$ K，Si npn 双极型晶体管具有如下参数：

$$I_E = 0.5 \text{ mA} \qquad C_{je} = 0.8 \text{ pF}$$
$$x_B = 0.7 \text{ } \mu\text{m} \qquad D_n = 25 \text{ cm}^2/\text{s}$$
$$x_{dc} = 2.0 \text{ } \mu\text{m} \qquad r_c = 30 \text{ } \Omega$$
$$C_s = C_\mu = 0.08 \text{ pF} \qquad \beta = 50$$

（a）计算各时延因子；（b）试计算截止频率 f_T 和 β 截止频率 f_β。

10.48　已知某双极型晶体管的基区渡越时间占总延迟时间的20%，基区宽度为 0.5 μm，基区扩散系数 $D_B = 20$ cm^2/s。试确定截止频率。

10.49　假设某 BJT 的基区渡越时间为 100 ps，载流子以 10^7 cm/s 的速度通过 1.2 μm 的 B-C 结空间电荷区。B-E 结充电时间为 25 ps，集电区电容和电阻分别为 0.10 pF 和 10 Ω。试确定截止频率。

综合题

*10.50　（a）设计一个 Si npn 双极型晶体管。$T = 300$ K 时，该晶体管的厄利电压不小于 200 V，共射级电流增益 β 不小于80；（b）若换成 pnp 晶体管，重做（a）的问题。

*10.51　设计一个均匀掺杂的 npn 双极型晶体管，$T = 300$ K 时，该晶体管的共发射极增益 $\beta = 100$。要求最大 C-E 结电压为 15 V，击穿电压至少为最大 C-E 结电压的 3 倍。假设复合系数 $\delta = 0.995$。晶体管在最大集电极电流 $I_C = 5$ mA 工作时，仍满足小注入条件。设计时应使带隙变窄效应和基区宽度调制效应最小化。令 $D_E = 6$ cm^2/s，$D_B = 25$ cm^2/s，$\tau_{E0} = 10^{-8}$s，$\tau_{B0} = 10^{-7}$s。试确定各区的掺杂浓度、冶金基区宽度、有源区面积和最大允许的 V_{BE} 电压。

*10.52　设计一对互补的 npn 和 pnp 双极型晶体管。已知两晶体管具有相同的冶金基区宽度和发射区宽度，即 $W_B = 0.75$ μm，$x_E = 0.5$ μm。假设两器件的少子参数如下：

$$D_n = 23 \text{ cm}^2/\text{s} \qquad \tau_{n0} = 10^{-7} \text{ s}$$
$$D_p = 8 \text{ cm}^2/\text{s} \qquad \tau_{p0} = 5 \times 10^{-8} \text{ s}$$

若两器件的集电区掺杂浓度均为 5×10^{15} cm^{-3}，复合系数均为常数，且 $\delta = 0.9950$。（a）如果可能的话，设计这两个器件，使其电流增益 $\beta = 100$，如果不可能，所能获得的最大电流增益为多少？（b）若两器件的 B-E 结正偏电压相等，集电极电流 $I_C = 5$ mA时，晶体管仍工作在小注入条件下。试确定两器件的有源区截面积。

参考文献

1. ' Dimitrijev, S. *Understanding Semiconductor Devices*. New York：Oxford University Press，2000.

2. Kano, K. *Semiconductor Devices*. Upper Saddle River, NJ：Prentice-Hall，1998.

3. Muller, R. S.，T. I. Kamins, and W. Chan. *Device Electronics for Integrated Circuits*，3rd ed. New York：John Wiley and Sons，2003.

4. Navon, D. H. *Semiconductor Microdevices and Materials*. New York：Holt, Rinehart, & Winston，1986.

5. Neamen, D. A. *Semiconductor Physics and Devices：Basic Principles*，3rd ed. New York：McGraw-Hill，2003.

6. Neudeck, G. W. *The Bipolar Junction Transistor*. Vol. 3 of the *Modular Series on Solid State Devices*. 2nd ed. Reading, MA: Addison-Wesley, 1989.

7. Ng, K. K. *Complete Guide to Semiconductor Devices*. New York: McGraw-Hill, 1995.

8. Ning, T. H., and R. D. lsaac. "Effect of Emitter Contact on Current Gain of Silicon Bipolar Devices." *Polysilicon Emitter Bipolar Transistors*. eds. A. K. Kapoor and D. J. Roulston. New York: IEEE Press, 1989.

9. Pierret, R. F. *Semiconductor Device Fundamentals*. Reading, MA: Addison-Wesley, 1996.

10. Roulston, D. J. *Bipolar Semiconductor Devices*. New York: McGraw-Hill, 1990.

11. Roulston, D. J. *An Introduction to the Physics of Semiconductor Devices*. New York: Oxford University Press, 1999.

12. Runyan, W. R., and K. E. Bean. *Semiconductor Integrated Circuit Processing Technology*. Reading, MA: Addison-Wesley Publishing Co, 1990.

*13. Shur, M. *GaAs Devices and Circuits*. New York: Plenum Press, 1987.

14. Shur, M. *Introduction to Electronic Devices*. New York: John Wiley & Sons, Inc. , 1996.

*15. Shur, M. *Physics of Semiconductor Devices*. Englewood Cliffs, NJ: Prentice-Hall, 1990.

16. Singh, J. *Semiconductor Devices: An Introduction*. New York: McGraw-Hill, 1994.

17. Singh, J. *Semiconductor Devices: Basic Principles*. New York: John Wiley & Sons, Inc. , 2001.

18. Streetman, B. G. , and S. Banerjee. *Solid State Electronic Devices*, 5th ed. Upper Saddle River, NJ: Prentice-Hall, 2000.

19. Sze, S. M. *High-Speed Semiconductor Devices*. New York: Wiley, 1990.

20. Sze, S. M. *Physics of Semiconductor Devices*. 2nd ed. New York: Wiley, 1981.

21. Sze, S. M. *Semiconductor Devices: Physics and Technology*, 2nd ed. New York: JohnWiley and Sons, 2002.

*22. Taur, Y. , and T. H. Ning. *Fundamentals of Modern VLSI Devices*. New York: Cambridge University Press, 1998.

*23. Wang, S. *Fundamentals of Semiconductor Theory and Device Physics*. Englewood Cliffs, NJ: Prentice-Hall, 1989.

*24. Warner, R. M. , Jr. , and B. L. Grung. *Transistors: Fundamentals for the Integrated-Circuit Engineer*. New York: Wiley, 1983.

25. Wolf, S. *Silicon Processing for the VLSI Era: Volume 3—The Submicron MOSFET*. Sunset Beach, CA: Lattice Press, 1995.

26. Yang, E. S. *Microelectronic Devices*. New York: McGraw-Hill, 1988.

*27. Yuan, J. S. *SiGe, GaAs, and InP Heterojunction Bipolar Transistors*. New York: JohnWiley & Sons, Inc. , 1999.

第 11 章 其他半导体器件及器件概念

我们已讨论了 pn 结二极管和两类主要的晶体管——MOS 场效应晶体管和双极型晶体管。除此之外，还有多种其他半导体器件。然而，限于篇幅，我们不可能讨论所有器件。在本章，我们将讨论第三种晶体管结构——结型场效应晶体管(JFET)。另外考虑的一种半导体器件是晶闸管。这种器件具有四层结构，它主要用于功率开关电路。我们也会考虑寄生双极型晶体管、寄生四层结构等 MOSFET 概念。本章最后简单介绍一下微机电系统(MEMS)。

> **内容概括**
> 1. 分析结型场效应晶体管。
> 2. 分析异质结和异质结器件。
> 3. 分析晶闸管——四层结构的半导体器件。
> 4. 基于寄生双极型晶体管和四层结构，分析 MOSFET 的其他概念。
> 5. 简单介绍微机电系统(MEMS)。

历史回顾

1926 年，利林·费尔德(Julius Lilienfeld)申请了关于场效应晶体管的专利。然而，受当时工艺条件的限制，并未实现这种器件。1966 年，米德(C. Mead)发明了金属–半导体场效应晶体管(MESFET)，这种器件是微波集成电路(MMIC)的基本元件。

1952 年，埃伯斯(J. Ebers)发明了一种非常灵活的开关器件——晶闸管。1957 年，克罗默(H. Kroemer)首次展示了异质结双极型晶体管(HBT)。1980 年，出现了调制掺杂场效应晶体管(MODFET)。

发展现状

金属–半导体场效应晶体管(MESFET)常用在需要高速(高频)器件的特定领域。晶闸管仍然用在功率开关电路中。

11.1 结型场效应晶体管

目标：分析结型场效应晶体管

我们已经考虑了两类晶体管——MOS 场效应晶体管和双极型晶体管。第三类晶体管是结型场效应晶体管。

结型场效应晶体管一般可分为两类。第一类是 pn 结 FET，或 pn JFET，第二类是金属–半导体场效应晶体管(MESFET)。pn JFET 由 pn 结制备而成，而 MESFET 则由肖特基势垒整流结构成。

结型场效应晶体管的电流是经过沟道到达欧姆接触终端的电流。基本晶体管作用是沟道电导受沟道垂直电场的调制。调制电场产生于反偏 pn 结或反偏肖特基势垒结的空间电荷区，所以它是栅电压的函数。通过栅压控制沟道电导来调制沟道电流。

11.1.1 pn JFET

第一种结型场效应管是 pn 结场效应管或 pn JFET。对称器件的简化截面如图 11.1 所示，两个 p 区之间的 n 区称为沟道。在 **n 沟道器件中**，多子电子在源端和漏端之间流动。源极是载流子从外部电路进入沟道的端口，漏极是载流子离开或从器件抽出的端口，而栅极则是控制端。图 11.1 所示的两个栅极连在一起形成单栅。因为 n 沟道晶体管参与导电的载流子是多子电子，所以 JFET 是多子器件。

将 n 型沟道器件的 p 区与 n 区互换，即可制备出互补的 p 沟道 JEFT。在 **p 沟道器件**中，空穴在源、漏间流动，现在源极是空穴的来源。p 沟道 JFET 的电流方向和电压极性与 n 沟道器件的相反。由于空穴迁移率低于电子迁移率，所以 p 沟道 JFET 的工作频率较低。

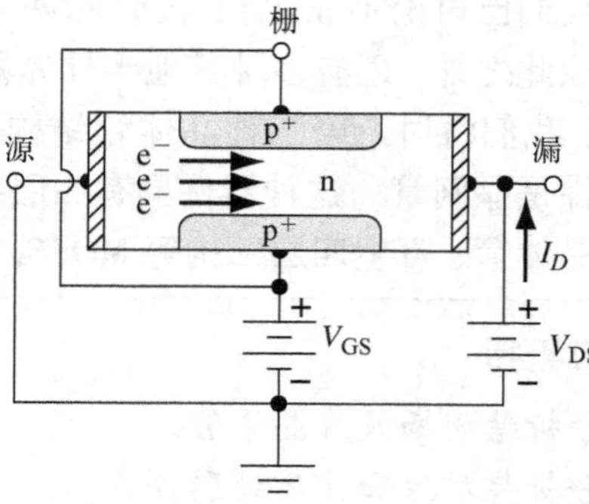

图 11.2(a) 给出了外加栅压为零时的 n 沟道 pn JFET。如果源极接地，漏极施加小的正电压，则源、漏间将产生漏电流 I_D。n 沟道本质上是一个电阻，所以当 V_{DS} 较小时，I_D-V_{DS} 特性曲线可近似为线性，如图所示。

图 11.1　对称 n 沟道 pn JFET 的截面图，图中给出了电压极性和沟道电流

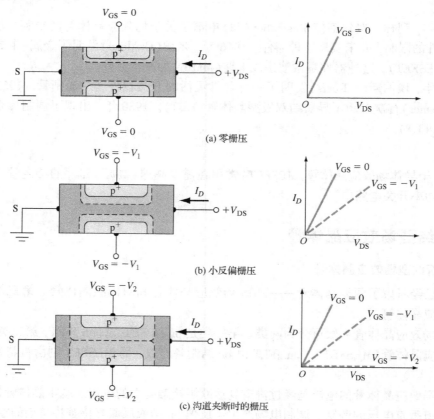

(a) 零栅压

(b) 小反偏栅压

(c) 沟道夹断时的栅压

图 11.2　V_{DS} 较小时的栅–沟空间电荷区及 I-V 特性曲线

当 pn JFET 的栅极相对源、漏施加一个电压，我们就可改变沟道电导。如图 11.2 所示，如果在 n 沟道 pn JFET 的栅极上施加负压，则栅-沟道 pn 结变为反向偏置。空间电荷区展宽，导电沟道变窄，n 沟道电阻增大。当 V_{DS} 较小时，I_D-V_{DS} 曲线斜率减小。这些影响如图 11.2(b) 所示。若栅压向负压方向进一步增大，反向偏置的栅-沟空间电荷区将完全耗尽沟道区，如图 11.2(c) 所示。这种情况称为**沟道夹断**。由于耗尽区将源、漏端隔开，所以夹断时的漏电流基本为零。图 11.2(c) 给出了沟道夹断时的 I_D-V_{DS} 曲线，图中也给出了另外两种情况。

沟道电流由栅压控制。器件一端电流受另一端电压控制是晶体管的基本作用。这种器件是常开或耗尽型器件，这意味着只有在栅极施加电压才能关断器件。

下面分析栅压为零($V_{GS}=0$)漏压改变的情况。图 11.3(a) 是零栅压、漏压较小时的 I_D-V_{DS} 关系曲线。随着漏电压增大(沿正向)，栅-沟 pn 结在近漏端变为反向偏置，所以空间电荷区进一步扩展进沟道。由于导电沟道本质上是一个电阻，所以有效沟道电阻随空间电荷区的展宽而增大。因此，I_D-V_{DS} 特性曲线的斜率降低，如图 11.3(b) 所示。现在，有效沟道电阻沿沟道长度而变化。由于沟道电流必须为常数，所以沟道上的电压降与沟道位置相关。

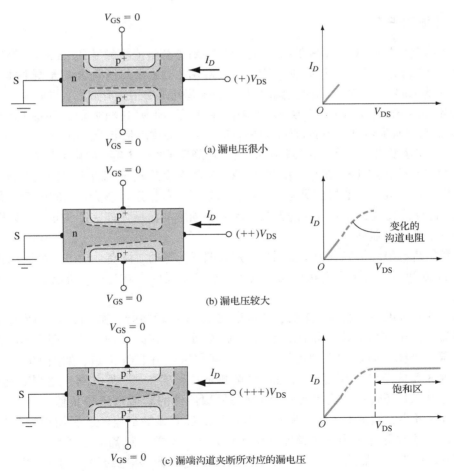

(a) 漏电压很小

(b) 漏电压较大

(c) 漏端沟道夹断所对应的漏电压

图 11.3 零栅压时的栅-沟空间电荷区和 I-V 特性曲线

若进一步增大漏电压，沟道近漏端将夹断，如图 11.3(c)所示。漏电压的进一步增加并不会增大漏电流。这种情况的 I-V 特性曲线也在图中给出。夹断时的漏电压称为饱和漏电压，记为 $V_{DS}(sat)$。当 $V_{DS} > V_{DS}(sat)$ 时，晶体管工作在饱和区，在理想情况下，漏电流与 V_{DS} 无关。乍一看，我们可能认为沟道近漏端夹断时的漏电流应趋于零，但实际情况并非如此。下面我们分析具体原因。

图 11.4 所示为沟道夹断区的截面放大图。n 沟道和漏端现在被长度为 ΔL 的空间电荷区隔开，电子从源端通过沟道注入空间电荷区，在电场力的作用下，

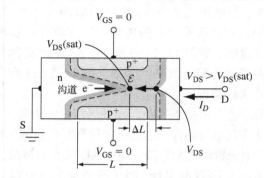

图 11.4　$V_{DS} > V_{DS}(sat)$ 时，沟道空间电荷区的放大图

它们被扫入漏接触区。如果假设 $\Delta L \ll L$，则 n 沟道内的电场强度保持不变，随着 V_{DS} 的变化，漏电流始终保持不变。一旦载流子进入漏区，漏电流将与 V_{DS} 无关，因此，器件看起来像个恒流源。

11.1.2　MESFET

第二类结型场效应管是 MESFET。它是用肖特基势垒整流接触替代 pn JFET 栅结的一种器件。虽然 MESFET 可在硅上实现，但它们通常用 GaAs 或其他化合物半导体材料制备。图 11.5 所示为 GaAs MESFET 的简化截面图。GaAs 薄外延层用做有源区，衬底是称为**半绝缘衬底**的高阻 GaAs 材料。将 Cr 掺入 GaAs 材料中，使其充当带隙中央附近受主杂质的作用，从而使得 GaAs 材料具有高达 $10^9 \Omega \cdot cm$ 的电阻率。这种器件的优点是电子迁移率高，所以器件的渡越时间短，响应速度快。此外，半绝缘 GaAs 衬底还降低了寄生电容，简化了制备工艺。

在图 11.5 所示的 MESFET 中，反偏栅-源电压将在金属栅下感应出空间电荷区，从而调制沟道电导。这与 pn JFET 的情况是一样的。如果所加负栅压足够大，空间电荷区最终将扩展到衬底，这种情况就是前面讨论的夹断。因为必须施加栅压才能夹断沟道，所以图中所示器件也是一个耗尽型器件。

如果我们将半绝缘衬底视为本征材料，则栅偏压为零时，衬底 – 沟道 – 金属结构的能带结构如图 11.6 所示。由于沟道和衬底间以及沟道和金属间存在势垒，所以多子电子被限制在沟道区。

下面，我们考虑另一种 MESFET，其沟道在 $V_{GS} = 0$ 时夹断。图 11.7(a)所示为沟道厚度小于零偏空间电荷区宽度的情况。为了开启沟道，耗尽区必须减小：即栅-半结必须施加正偏电压。当栅上施加的正偏电压较小时，耗尽区恰好贯穿沟道，如图 10.7(b)所示，这种情况称为阈值条件。阈值电压是产生夹断条件所需的栅-源电压。这个 n 沟道 MES-FET 的阈值电压是正值，与此相反，n 沟道耗尽型器件的阈值电压是负值。如果正偏栅压较大，沟道区开启，如图 11.7(c)所示。为避免出现明显的栅电流，所加正偏栅压需限制在零点几伏。这种器件称为 n 沟道增强型 MESFET。同样可制备出增强型 p 沟道 MESFET 和增强型 pn JFET。增强型 MESFET 的优点在于可设计栅、漏电压极性相同的电路。然而，这种器件的输出电压摆幅很小。

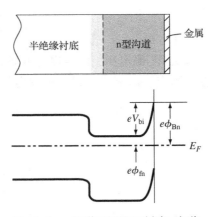

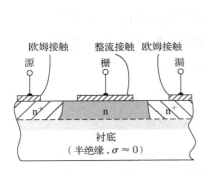

图 11.5　半绝缘衬底上的 n 沟道 MESFET 的截面图

图 11.6　n 沟道 MESFET 衬底–沟道–
金属结构的理想能带图

11.1.3　电学特性

为了描述 JFET 的基本电学特性，我们首先考虑均匀掺杂的耗尽型 pn JFET，然后再讨论增强型器件。其中，我们将定义夹断电压和漏–源饱和电压，然后从几何结构和电学特性推导这些参数的表达式。最后，建立理想电流–电压关系及跨导或晶体管增益的表达式。

图 11.8(a)所示为对称双边 pn JFET，而图 11.8(b)则给出了半绝缘衬底的 MESFET。通过将双边器件简单视为两个并联的 JFET，我们可以推导出这两种器件的理想直流电流–电压关系。我们将推导以 I_{D1} 表示的 I-V 特性，所以双边器件的漏电流可表示为 $I_{D2} = 2I_{D1}$。在理想情况下，忽略单边器件的衬底耗尽区。

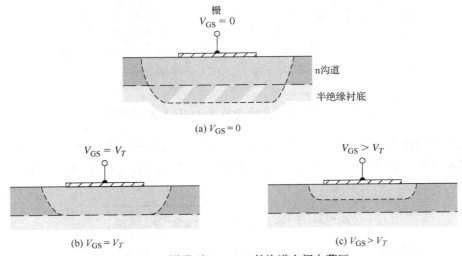

(a) $V_{GS} = 0$

(b) $V_{GS} = V_T$　　　　　　　　　　　　　(c) $V_{GS} > V_T$

图 11.7　增强型 MESFET 的沟道空间电荷区

内部夹断电压、夹断电压和饱和电压　图 11.9(a)所示为简单结构的单边 n 沟道 pn JFET。p^+ 栅区与衬底间的冶金沟道厚度为 a，单边 p^+n 结的耗尽区宽度为 h。假定漏–源电压为零。如果假设突变耗尽区近似成立，则空间电荷区宽度可表示为

$$h = \left[\frac{2\epsilon_s (V_{bi} - V_{GS})}{e N_d} \right]^{1/2} \tag{11.1}$$

其中，V_{GS} 是栅–源电压，V_{bi} 是内建电势。对于反向偏置的 p^+n 结，V_{GS} 必须取负值。

在夹断点，$h = a$，p^+n 结上的总电势称为**内部夹断电压**，记为 V_{p0}。现在，有

$$a = \left(\frac{2\epsilon_s V_{p0}}{e N_d} \right)^{1/2} \tag{11.2}$$

或

$$\boxed{V_{p0} = \frac{e a^2 N_d}{2\epsilon_s}} \tag{11.3}$$

注意，内部夹断电压定义为正值。

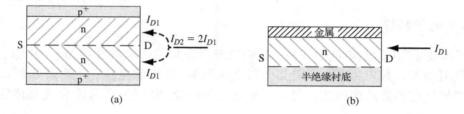

图 11.8　（a）对称双边 pn JFET 的漏电流；（b）单边 MESFET 的漏电流

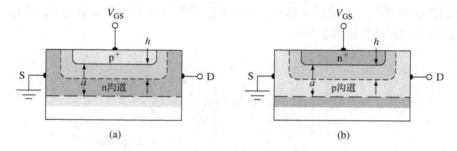

图 11.9　（a）n 沟道和（b）p 沟道 pn JFET 的几何结构图

内部**夹断电压** V_{p0} 并不是沟道夹断的栅–源电压。沟道夹断所需的栅–源电压称为夹断电压，有时也称为关断电压或阈值电压。夹断电压用 V_p 表示，由式(11.1)和式(11.2)可知，它可定义为

$$V_{bi} - V_p = V_{p0} \qquad \text{或} \qquad \boxed{V_p = V_{bi} - V_{p0}} \tag{11.4}$$

夹断 n 沟道耗尽型 JFET 所需的栅–源电压为负，因此，$V_{p0} > V_{bi}$。

例 11.1　计算 n 沟道 JFET 的内部夹断电压和夹断电压。$T = 300$ K 时，均匀掺杂的硅 n 沟道 JFET 的 p^+n 结掺杂浓度分别为 $N_a = 10^{18}$ cm^{-3}，$N_d = 10^{16}$ cm^{-3}，假设冶金沟道厚度 $a = 0.75$ μm $= 0.75 \times 10^{-4}$ cm。

【解】

由式(11.3)给出的内部夹断电压，有

$$V_{p0} = \frac{ea^2 N_d}{2\epsilon_s} = \frac{(1.6 \times 10^{-19})(0.75 \times 10^{-4})^2 (10^{16})}{2(11.7)(8.85 \times 10^{-14})} = 4.35 \text{ V}$$

内建电势为

$$V_{bi} = V_t \ln\left(\frac{N_a N_d}{n_i^2}\right) = (0.0259)\ln\left[\frac{(10^{18})(10^{16})}{(1.5 \times 10^{10})^2}\right] = 0.814 \text{ V}$$

由式(11.4)可得，夹断电压为

$$V_p = V_{bi} - V_{p0} = 0.814 - 4.35 = -3.54 \text{ V}$$

【说明】

正如我们所分析的那样，关闭 n 沟道耗尽型器件所需的夹断电压(或栅–源电压)是一个负值。

【自测题】

EX11.1　若沟道掺杂浓度变为 $N_d = 2 \times 10^{16} \text{ cm}^{-3}$，冶金沟道厚度 $a = 0.50 \text{ μm}$，重做例 11.1。
　　　　答案：$V_{p0} = 3.86 \text{ V}$，$V_p = -3.03 \text{ V}$。

夹断电压是关断 JFET 所必需的栅–源电压，所以必须取在电路设计的电压范围内。夹断电压的幅值也必须小于结击穿电压。

图 11.9(b)给出与前面讨论 n 沟道 JFET 具有相同几何尺寸的 p 沟道 JFET。单边 n$^+$p 结的耗尽区宽度仍记为 h，并表示为

$$h = \left[\frac{2\epsilon_s(V_{bi} + V_{GS})}{eN_a}\right]^{1/2} \tag{11.5}$$

对于反向偏置的 n$^+$p 结，V_{GS} 必须为正值。内部夹断电压仍就定义为夹断沟道所需的总 pn 结电压。所以当 $h = a$ 时，有

$$a = \left(\frac{2\epsilon_s V_{p0}}{eN_a}\right)^{1/2} \tag{11.6}$$

或

$$\boxed{V_{p0} = \frac{ea^2 N_a}{2\epsilon_s}} \tag{11.7}$$

p 沟道器件的内部夹断电压也定义为正值。

夹断电压依旧定义为达到夹断条件所需的栅–源电压。对 p 沟道耗尽型器件而言，由式(11.5)可知，在夹断点处

$$V_{bi} + V_p = V_{p0} \quad \text{或} \quad \boxed{V_p = V_{p0} - V_{bi}} \tag{11.8}$$

p 沟道耗尽型 JFET 的夹断电压是一个正值。

例 11.2　为了获得给定的夹断电压，试设计器件的沟道掺杂浓度和冶金沟道厚度。$T = 300 \text{ K}$ 时，硅 p 沟道 pn JFET 的栅掺杂浓度 $N_d = 10^{18} \text{ cm}^{-3}$。为使夹断电压 $V_p = 2.25 \text{ V}$，试确定沟道掺杂浓度和沟道厚度。

【解】

对于这个设计问题，答案不是唯一的。我们以沟道掺杂浓度 $N_a = 2 \times 10^{16} \text{ cm}^{-3}$ 为例，确定沟道厚度。内建电势差为

$$V_{\text{bi}} = V_t \ln\left(\frac{N_a N_d}{n_i^2}\right) = (0.0259)\ln\left[\frac{(2 \times 10^{16})(10^{18})}{(1.5 \times 10^{10})^2}\right] = 0.832 \text{ V}$$

由式(11.8)，内部夹断电压必定为

$$V_{p0} = V_{\text{bi}} + V_p = 0.832 + 2.25 = 3.08 \text{ V}$$

由式(11.6)可得，沟道厚度

$$a = \left(\frac{2\epsilon_s V_{p0}}{e N_a}\right)^{1/2} = \left[\frac{2(11.7)(8.85 \times 10^{-14})(3.08)}{(1.6 \times 10^{-19})(2 \times 10^{16})}\right]^{1/2} = 0.446 \,\mu\text{m}$$

【说明】

如果选择的沟道掺杂浓度较大，所要求的沟道厚度减小。然而，在合理的误差范围内，制备非常薄的沟道是极其困难的。

【自测题】

EX11.2 $T = 300 \text{ K}$ 时，均匀掺杂硅 p 沟道 JFET n^+p 结的掺杂浓度分别为 $N_d = 10^{18} \text{ cm}^{-3}$ 和 $N_a = 5 \times 10^{15} \text{ cm}^{-3}$，冶金沟道厚度 $a = 0.50 \,\mu\text{m}$。试确定 JFET 的内部夹断电压和夹断电压。

答案：$V_{p0} = 0.966 \text{ V}$，$V_p = 0.128 \text{ V}$。

我们已经确定了 n 沟道和 p 沟道 JFET 在源–漏电压为零时的夹断电压。现在考虑栅极和漏极施加电压时的情况。耗尽区宽度随沟道位置而变化。图 11.10 所示为 n 沟道器件的简化几何结构图。源端耗尽层宽度 h_1 是 V_{bi} 和 V_{GS} 的函数，但与漏电压无关。漏端耗尽层宽度可表示为

$$h_2 = \left[\frac{2\epsilon_s(V_{\text{bi}} + V_{\text{DS}} - V_{\text{GS}})}{e N_d}\right]^{1/2} \quad (11.9)$$

注意，对 n 沟道器件而言，V_{GS} 取负值。

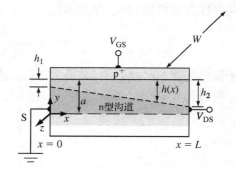

图 11.10 n 沟道 pn JFET 的简化几何结构图，图中给出变化的空间电荷区宽度

当 $h_2 = a$ 时，沟道漏端发生夹断。在这一点上达到饱和条件，所以可以写成 $V_{\text{DS}} = V_{\text{DS}}(\text{sat})$。这样的话

$$a = \left[\frac{2\epsilon_s(V_{\text{bi}} + V_{\text{DS}}(\text{sat}) - V_{\text{GS}})}{e N_d}\right]^{1/2} \quad (11.10)$$

上式可重写为

$$V_{\text{bi}} + V_{\text{DS}}(\text{sat}) - V_{\text{GS}} = \frac{e a^2 N_d}{2\epsilon_s} = V_{p0} \quad (11.11)$$

或

$$\boxed{V_{\text{DS}}(\text{sat}) = V_{p0} - (V_{\text{bi}} - V_{\text{GS}})} \quad (11.12)$$

式(11.12)给出沟道漏端夹断时的漏-源电压。漏-源饱和电压随反偏栅-源电压的增加而减小。当$|V_{GS}| > |V_p|$时,式(11.12)将失去意义。

在 p 沟道 JFET 中,电压极性与 n 沟道器件相反。p 沟道 JFET 达到饱和时,可写出

$$V_{SD}(sat) = V_{p0} - (V_{bi} + V_{GS}) \qquad (11.13)$$

其中,源电压相对漏电压为正。

电流-电压关系 理想电流-电压关系的推导有些复杂,在此并不做详细分析。图 11.11 所示为特定器件的理想电流-电压关系。晶体管偏置在饱和区的电流-电压关系可表示为

$$I_{D1}(sat) = I_{P1}\left\{1 - 3\left(\frac{V_{bi} - V_{GS}}{V_{p0}}\right)\left[1 - \frac{2}{3}\sqrt{\frac{V_{bi} - V_{GS}}{V_{p0}}}\right]\right\} \qquad (11.14)$$

其中

$$I_{p1} = \frac{\mu_n(eN_d)^2 W a^3}{6\epsilon_s L} \qquad (11.15)$$

在非常好的近似下,式(11.14)可写为如下形式

$$I_D(sat) = I_{DSS}\left(1 - \frac{V_{GS}}{V_p}\right)^2 \qquad (11.16)$$

其中,I_{DSS}是$V_{GS} = 0$时的饱和电流。

跨导 跨导是 JFET 的晶体管增益,它表示栅电压对漏电流的控制量。跨导定义为

$$g_m = \frac{\partial I_D}{\partial V_{GS}} \qquad (11.17)$$

由前面给出的电流方程,可写出跨导的表达式。

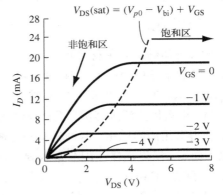

图 11.11 硅 n 沟道 JFET 的理想电流-电压特性曲线 ($a = 1.5\ \mu m, W/L = 170, N_d = 2.5 \times 10^{15}\ cm^{-3}$)

截止频率 作为晶体管的品质因子,JFET 的截止频率定义为输入栅电流幅度等于本征晶体管理想输出电流幅度时,所对应的频率值。它可表示为

$$f_T = \frac{e\mu_n N_d a^2}{2\pi\epsilon_s L^2} \qquad (11.18)$$

例 11.3 GaAs JFET 具有如下参数:$\mu_n = 8000\ cm^2/V \cdot s$, $N_d = 10^{16}\ cm^{-3}$, $a = 0.50\ \mu m$, $L = 2\ \mu m$。计算 GaAs JFET 的截止频率。

【解】

将已知参数代入式(11.18),有

$$f_T = \frac{(1.6 \times 10^{-19})(8000)(10^{16})(0.5 \times 10^{-4})^2}{2\pi(13.1)(8.85 \times 10^{-14})(2 \times 10^{-4})^2}$$

整理后得

$$f_T = 110\ GHz$$

【说明】

本例说明 GaAs JFET 具有很高的截止频率。

【自测题】

EX11.3　若 Si JFET 的迁移率 $\mu_n = 1000 \text{ cm}^2/\text{V} \cdot \text{s}$，其他参数与例 11.3 完全相同。试计算 Si JFET 的截止频率。

　　　　　答案：15.4 GHz。

11.2　异质结

目标：分析异质结和异质结器件

在第 5 章和第 9 章关于 pn 结的讨论中，我们假设整个器件结构是由同质半导体材料构成。这种类型的结称为**同质结**。当用两种不同的半导体材料形成结时，我们称这种结为**半导体异质结**。

与本书的某些主题一样，本节仅对半导体异质结的基本概念进行介绍。异质结构的完整分析涉及量子力学和详细计算，这已超出本书范畴。

11.2.1　异质结简介

由于构成异质结的两种材料具有不同的带隙能，所以异质界面处的能带是不连续的。对于突变结而言，半导体由一种窄带隙材料突变为宽带隙材料。另一方面，例如，我们选择 GaAs-Al$_x$Ga$_{1-x}$As 系统，x 取值可在几纳米范围内连续变化，形成缓变结。改变 Al$_x$Ga$_{1-x}$As 系统的 x 值，就可以灵活地裁剪、设计材料的带隙能。

为了获得有用的异质结，两种材料的晶格常数必须很好地匹配。由于晶格失配会引入位错，导致界面态，所以晶格匹配非常重要。例如，Ge 与 GaAs 的晶格常数相匹配，失配度仅为 0.13%。目前，Ge-GaAs 异质结已得到广泛研究。最近，砷化镓-铝镓砷（GaAs-AlGaAs）异质结也获得了彻底研究。这是因为 GaAs 和 AlGaAs 系统的晶格常数偏差不足 0.14%。

能带图　在用窄带隙材料和宽带隙材料构成异质结的过程中，带隙能的对准对确定异质结特性具有非常重要的作用。图 11.12 给出三种可能的情况。图 11.12（a）所示为宽带隙材料的带隙与窄带隙材料的带隙完全交叠。这种情况称为跨立型（straddling），它可应用于大多数异质结。在此我们仅讨论这种情况。图 11.12（b）和图 11.12（c）所示的两种情况分别称为错开型（staggered）和破隙型（broken gap）。

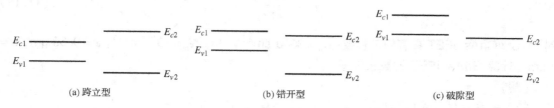

(a) 跨立型　　　　　　　　　(b) 错开型　　　　　　　　　(c) 破隙型

图 11.12　窄带隙和宽带隙的能量关系

异质结可分为四种基本类型。异质结掺杂类型发生变化的结构称为**反型异质结**。我们可以形成 nP 结或 Np 结，其中大写字母表示宽带隙材料。结两侧掺杂类型相同的异质结称为**同型异质结**，我们可以形成 nN 和 pP 同型异质结。

图 11.13 所示为 n 型和 P 型材料接触前的能带图，图中的真空能级用做参考能级。由图可见，宽带隙材料的电子亲和势比窄带隙材料的小。两种材料的导带能量差记为 ΔE_c，而价带能量差记为 ΔE_v。由图 11.13 可得

$$\Delta E_c = e(\chi_n - \chi_P) \tag{11.19a}$$

和

$$\Delta E_c + \Delta E_v = E_{gP} - E_{gn} = \Delta E_g \tag{11.19b}$$

在非简并掺杂半导体构成的理想突变异质结中，真空能级与导带和价带能级平行。如果真空能级连续，则异质界面处存在相同的 ΔE_c 和 ΔE_v 阶跃。这种理想情况称为**电子亲和性定则**。尽管这个定则的适用性还不十分明确，但它为讨论异质结提供了一个很好的出发点。

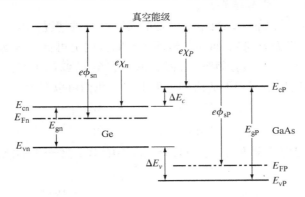

图 11.13　窄带隙和宽带隙材料接触前的能带图

图 11.14 给出了 nP 异质结处于热平衡时的理想能带图。为使两种材料的费米能级对准，窄带 n 区中的电子和宽带 P 区中的空穴必须越过结势垒。与同质结的情况一样，这种电荷流在冶金结附近形成空间电荷区。n 区内的空间电荷宽度标记为 x_n，P 区内的空间电荷宽度标记为 x_P。另外，图中也给出了导带和价带的阶跃，以及真空能级的变化。

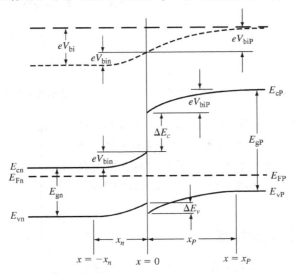

图 11.14　nP 异质结处于热平衡时的理想能带图

二维电子气　在分析异质结的静
电特性之前，我们先讨论同型异质结所
独有的特性。图 11.15 所示为 nN GaAs-
AlGaAs 异质结在热平衡时的能带图。
AlGaAs 可以适当重掺杂为 n 型，而
GaAs 则为轻掺杂或本征半导体。正如
前面所提到的，为了达到热平衡，电子
从宽带隙的 AlGaAs 流向 GaAs，在邻近
界面的势阱中形成电子积累层。我们
前面得到量子力学的一个基本结果是，

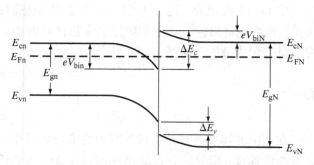

图 11.15　nN 异质结热平衡时的理想能带图

势阱中电子的能量是量子化的。**二维电子气**指的是这样一种情况：电子在某个空间方向上具
有量子化的能级（垂直界面方向），而在其他两个空间方向上可自由运动。

界面附近的势函数可用三角形势阱近似。图 11.16（a）给出了突变结界面附近的导带边
缘，而图 11.16（b）则给出了三角形势阱的近似形状。我们可以写出

$$V(x) = e\mathcal{E}z \qquad z > 0 \tag{11.20a}$$
$$V(z) = \infty \qquad z < 0 \tag{11.20b}$$

用这个势函数求解薛定谔波动方程。图 11.16（b）中给出了量子化的能级，更高的能级通常
不予考虑。

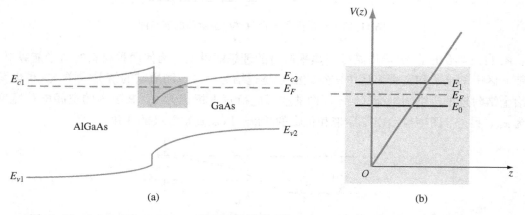

图 11.16　（a）N-AlGaAs/n-GaAs 异质结的导带边缘；（b）三角形势阱近似及分立电子能级

势阱中电子的定性分布如图 11.17 所示。平行界面的
电流是电子浓度和电子迁移率的函数。由于 GaAs 是轻掺
杂或本征的，所以二维电子气位于低杂质浓度区，这使杂
质散射的影响最小化。该迁移率远大于同一区域电离施主
释放电子的迁移率。

11.2.2　异质结双极型晶体管

前面曾提到，双极型晶体管电流增益的一个基本限制
因子是发射极注入效率。减小发射区热平衡少子浓度 p_{E0}

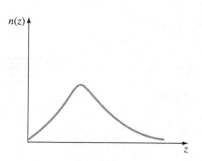

图 11.17　三角形势阱的电子密度

可提高发射结注入效率 γ。然而，随着发射区掺杂浓度的增加，带隙变窄效应抵消了发射结注入效率的提高。一种可行的解决方案是发射区采用宽带隙材料，以最小化从基区到发射区的反向注入。

图 11.18(a) 给出了 AlGaAs/GaAs 异质结双极型晶体管的截面图，而图 11.18(b) 则给出了 n-AlGaAs 发射区到 p-GaAs 基区的能带图。高势垒 V_h 限制了从基区反向注入发射区的空穴数量。

我们知道，本征载流子浓度是带隙能的函数，即

$$n_i^2 \propto \exp\left(\frac{-E_g}{kT}\right)$$

对于给定的发射区掺杂浓度，若将宽带隙发射区替换为窄带隙发射区，则注入发射区的少子空穴数量降低

$$\exp\left(\frac{\Delta E_g}{kT}\right)$$

倍。例如，若 $\Delta E_g = 0.30$ eV，则 $T = 300$ K 时的本征载流子浓度 n_i^2 大约降低 10^5 倍。宽带隙发射区 n_i^2 的急剧下降意味着高发射区掺杂浓度的要求可以放宽，而高发射结注入效率仍可维持。低发射区掺杂浓度可减小带隙变窄效应。

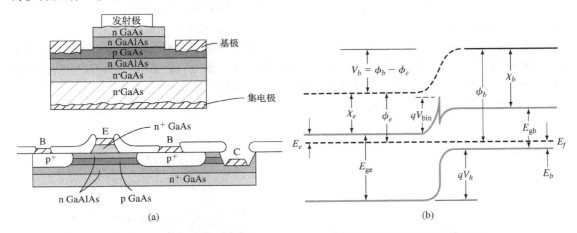

图 11.18　(a) 分立和集成结构的 AlGaAs/GaAs 异质结双极型晶体管的截面图；
(b) n 型 AlGaAs 发射区和 p 型 GaAs 基区的能带图 (引自 Tiwari et al. [26])

GaAs 异质结双极型晶体管有望成为极高频器件。低掺杂浓度的宽带隙发射区引入的结电容较小，所以可提高器件工作速度。同时，对 GaAs npn 晶体管而言，基区少子是高迁移率的电子。GaAs 的电子迁移率大约是硅的 5 倍，所以 GaAs 基区的渡越时间非常短。实验结果表明，基区宽度在 0.1 μm 量级的 AlGaAs-GaAs 异质结晶体管的截止频率可达40 GHz。

GaAs 的一个缺点是少子寿命短。寿命短并不会影响窄基区器件的基区渡越时间，但它引入了较大的 B-E 结复合电流，从而降低了复合系数和电流增益。目前，电流增益达 150 的双极型晶体管已有报道。

11.2.3 高电子迁移率晶体管(HEMT)

随着频率、功率以及低噪声性能要求的不断增加，砷化镓 MESFET 已达到设计和性能的极限。这些要求意味着小尺寸 FET 具有更短的沟道长度、更大的饱和电流和跨导。这些要求通常可以通过增加栅下沟道的掺杂浓度来满足。在讨论的所有器件中，沟道区位于多子和电离杂质共存的半导体掺杂层。由于多子受电离杂质的散射，因而降低了载流子迁移率，使器件性能降低。

随着掺杂浓度增加，GaAs 材料的迁移率和峰值速度降低。这可通过将多子从电离杂质中分离出来，而使材料性能降低最小化。这种分离可在导带和价带突变阶跃的异质结中得以实现。在上一节，我们讨论了异质结的基本特性。图 11.19 给出了 N-AlGaAs-i-GaAs 异质结热平衡时，导带能量相对费米能级的示意图。当电子从宽带隙的 AlGaAs 流入 GaAs，并被束缚于势阱中时，即可实现热平衡。然而，电子在平行于异质结界面的方向是可以自由运动的。在这种结构中，势阱中的多子电子与 AlGaAs 材料中的掺杂原子相分离，因此，杂质散射的影响趋于最小化。

由这些异质结制备的 FET 具有几种名称。这里所用的是高电子迁移率晶体管(HEMT)。其他名称包括掺杂调制场效应晶体管(MODFET)、选择掺杂异质结场效应晶体管(SDHT)以及二维电子气场效应晶体管(TEGFET)等。

图 11.20 所示为 HEMT 器件的典型结构。非掺杂的 AlGaAs 间隔层将 N-AlGaAs 与非掺杂的 GaAs 缓冲层隔开。N-AlGaAs 的肖特基接触形成晶体管的栅极。

势阱内的二维电子气密度受控于栅压。当栅极施加的负电压足够大时，肖特基栅上的电场将耗尽势阱内的二维电子气。图 11.21 给出了栅极零偏或反偏时，金属-AlGaAs-GaAs 结构的能带图。栅压为零时，GaAs 导带边位于费米能级以下，这说明二维电子气密度很大。当栅极施加负偏压时，GaAs 导带边位于费米能级之上，这说明二维电子气密度很小，FET 的电流基本为零。

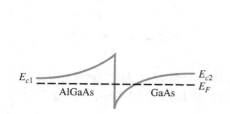

图 11.19 N AlGaAs-i-GaAs 突变异质结的导带结构图　图 11.20 典型 AlGaAs-GaAs HEMT 的结构示意图

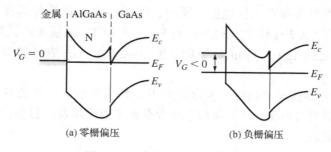

(a) 零栅偏压　　　　(b) 负栅偏压

图 11.21 典型 HEMT 的能带图

　　肖特基势垒从表面耗尽 AlGaAs 层，而异质结从异质界面耗尽 AlGaAs 层。理想情况下，器件设计应使两个耗尽区恰好交叠，以避免电子通过 AlGaAs 层导电。对耗尽型器件，肖特基栅的耗尽层仅向异质结耗尽层扩展。对增强型器件而言，掺杂 AlGaAs 层的厚度很小，肖特基栅的内建势垒将完全耗尽 AlGaAs 层和二维电子气沟道。若要开启增强型器件，栅极电压必须为正。

11.3　晶闸管

目标：分析四层半导体结构的晶闸管

　　电子器件的一个重要应用是在关态（或阻断态）和开态（低阻态）之间进行切换的。晶闸管是对 pnpn 半导体开关器件的统称，这种器件具有双稳态再生开关特性。我们已经讨论了场效应晶体管和双极型晶体管，它们可以通过基极电流或栅电压来开启。若要维持晶体管处于导通态，则基极驱动或栅电压必须保持。在一些应用中，器件保持阻断态直到控制信号将其切换到低阻态也是非常有用的。这些器件在开关低频、大电流信号是非常有效的，例如，工作在60 Hz的工业控制电路。

　　半导体晶闸管整流器（SCR）是对三端晶闸管的统称。SCR 是一种栅控的四层 pnpn 结构。与大多数半导体器件一样，这种器件的结构也有多个变种。我们首先分析 SCR 的基本工作原理和限制条件，然后讨论基本四层器件结构的一些变种。

11.3.1　基本特性

　　四层 pnpn 结构如图 11.22（a）所示。最上层的 p 区称为阳极，而最下层的 n 区称为阴极。如果阳极加正电压，则器件处于正偏模式。然而，结 J_2 是反向偏置的，所以只有非常小的电流存在。若在阳极加负电压，则结 J_1 和 J_3 均为反向偏置，所以同样只有非常小的电流出现。图 11.22(b)给出了这些条件下的 I-V 特性曲线。电压 V_p 是结 J_2 的击穿电压。对于合理设计的器件，阻断电压可达几千伏。

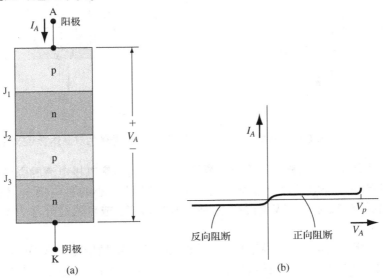

图 11.22　（a）四层 pnpn 的基本结构；（b）pnpn 器件的初始电流-电压特性曲线

为了分析器件进入导通态的特性，我们可将该器件等效为耦合的 npn 和 pnp 双极型晶体管。图 11.23(a)给出了如何拆分这种四层结构，而图 11.23(b)则给出了两个晶体管的等效电路及相关电流。既然 pnp 器件的基极与 npn 晶体管的集电极相同，那么基极电流 I_{B1} 事实上必须等于集电极电流 I_{C2}。同理，由于 pnp 晶体管的集电极与 npn 器件的基极相同，集电极电流 I_{C1} 必然与基极电流 I_{B2} 相同。在这种偏置组态下，pnp 晶体管的 B-C 结和 npn 晶体管的 B-C 结反向偏置，而两个 B-E 结正向偏置。参数 α_1 和 α_2 分别表示 pnp 和 npn 晶体管的共基极电流增益。

可以写出

$$I_{C1} = \alpha_1 I_A + I_{C01} = I_{B2} \qquad (11.21a)$$

和

$$I_{C2} = \alpha_2 I_K + I_{C02} = I_{B1} \qquad (11.21b)$$

其中，I_{C01} 和 I_{C02} 分别为两个器件的反偏 B-C 结饱和电流。在这种特定组态中，$I_A = I_K$ 和 $I_{C1} + I_{C2} = I_A$。如果将式(11.21a)和式(11.21b)相加，我们可得

$$I_{C1} + I_{C2} = I_A = (\alpha_1 + \alpha_2)I_A + I_{C01} + I_{C02} \qquad (11.22)$$

由式(11.22)得到的阳极电流 I_A 可表示为

$$I_A = \frac{I_{C01} + I_{C02}}{1 - (\alpha_1 + \alpha_2)} \qquad (11.23)$$

只要 $(\alpha_1 + \alpha_2)$ 远小于 1，则如图 11.22(b)所示，阳极电流很小。

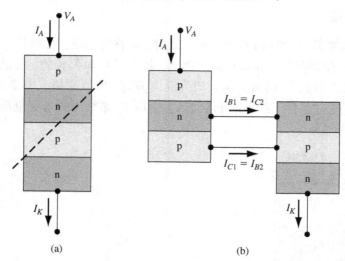

图 11.23　(a)基本 pnpn 结构的拆分；(b)四层 pnpn 器件的双晶体管等效电路

正如第 10 章所讨论的那样，共基极电流增益 α_1 和 α_2 是集电极电流的强函数。当 V_A 值较小时，每个器件的集电极电流仅有非常小的反向饱和电流。小的集电极电流意味着 α_1 和 α_2 都远小于 1。四层结构维持这种阻断态直到结 J_2 开始击穿，或者通过外部方式在 J_2 结中引入一个电流。

首先，我们考虑阳极电压足够大，J_2 结开始进入雪崩击穿的情况。这种效应如图 11.24(a)所示。碰撞离化产生的电子被扫进 n_1 区，使得 n_1 区更负，而碰撞离化产生的空穴被扫进 p_2 区，使得 p_2 区更正。n_1 区电压更负和 p_2 区电压更正意味着正偏结电压 V_1 和 V_3 均增加。各个

B-E 结电压的增加将引起电流增加，进而使共基极电流增益 α_1 和 α_2 也增加。由式(11.23)可知，此时的电流 I_A 也将进一步增大。现在，我们有正反馈条件，所以电流 I_A 将迅速增大。

随着阳极电流 I_A 和共基极电流增益 α_1 和 α_2 的增加，两个等效双极型晶体管进入饱和模式，而且 J_2 结变为正向偏置。器件两端的总电压减小，近似等于单个二极管的压降，如图 11.24(b)所示。器件电流由外部电路限制。如果电流允许增加，则欧姆损耗将变得非常重要，这时器件两端的压降可随电流增加而略有升高。I_A-V_A 特性曲线如图 11.25 所示。

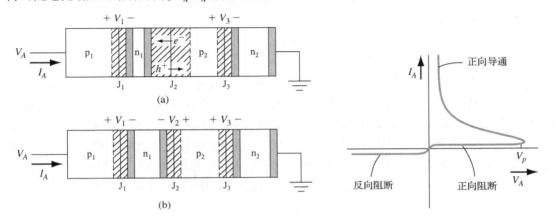

图 11.24　(a)J_2 结开始雪崩击穿时的 pnpn 器件；(b)当　　　　图 11.25　pnpn 器件的电流–电压特性曲线
器件处于高电流、低阻态时，pnpn结构的结电压

11.3.2　SCR 的触发机理

在 11.3.1 节，我们讨论了由中心结的雪崩击穿而开启四层 pnpn 器件的情况。除此之外，也可由其他方法初始化导通条件。图 11.26(a)所示为三端 SCR，其中第三端是栅控制。重新考虑式(11.21a)和式(11.21b)，我们可以确定栅电流的影响。

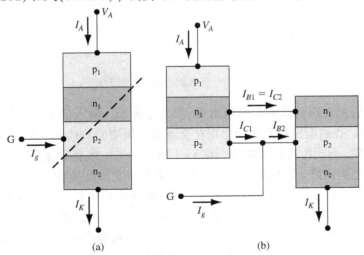

图 11.26　(a)三端 SCR；(b)三端 SCR 的双极型晶体管等效电路

图 11.26(b)再次给出了双极型晶体管等效电路，其中包括了栅电流。我们可以写出

$$I_{C1} = \alpha_1 I_A + I_{C01} \tag{11.24a}$$

和

$$I_{C2} = \alpha_2 I_K + I_{C02} \tag{11.24b}$$

现在,有 $I_K = I_A + I_g$,而且我们仍可写出 $I_{C1} + I_{C2} = I_A$。将式(11.24a)和式(11.24b)相加,可得

$$I_{C1} + I_{C2} = I_A = (\alpha_1 + \alpha_2)I_A + \alpha_2 I_g + I_{C01} + I_{C02} \tag{11.25}$$

由上式解 I_A,可得

$$I_A = \frac{\alpha_2 I_g + (I_{C01} + I_{C02})}{1 - (\alpha_1 + \alpha_2)} \tag{11.26}$$

我们可把栅电流看成流进 p_2 区的空穴流。额外的空穴增大了 p_2 区的电势,进而增大了 npn 双极型晶体管 B-E 结的正偏电压和晶体管作用。npn 管的晶体管作用增大了集电极电流 I_{C2},它开启了 pnp 双极型晶体管的晶体管作用,于是整个 pnpn 器件将切换到低阻态。将 SCR 转换到开态所需的栅电流通常在 mA 量级。用很小的栅电流就能开启 SCR,从而控制数百安培的阳极电流。关断栅电流后,SCR 仍能保持它的导通态。一旦 SCR 触发进入导通态,栅极就失去对器件的控制了。SCR 的电流-电压特性与栅电流的函数关系如图 11.27 所示。

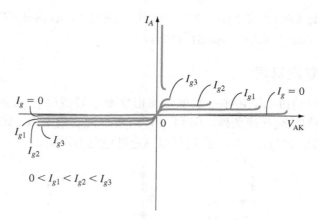

图 11.27 SCR 的电流-电压特性

SCR 在半波整流电路的简单应用如图 11.28(a)所示。输入信号是交流电压,触发脉冲控制 SCR 的导通。我们假设触发脉冲出现在交流电压周期的 t_1 时刻。在 t_1 时刻以前,SCR 关断,负载电流为零,因此没有输出电压。在 $t = t_1$ 时刻,SCR 触发导通,输入电压出现在负载两端(忽略 SCR 上的压降)。即使触发脉冲在 SCR 关断之前已关断,当阳、阴极间的电压降为零时,器件仍会关断。在交流电压周期内,SCR 的触发时间是可以改变的,从而改变传递给负载的功率值。可以设计全波整流电路来提高整流效率和控制度。

栅极能够控制 SCR 的开启。然而,也可以用其他方式触发四层 pnpn 结构。在许多集成电路中,存在寄生 pnpn 结构。其中一个例子就是我们在第 6 章讨论的 CMOS 器件。瞬态电离辐射脉冲通过产生电子-空穴对触发寄生的四层结构器件,特别是在 J_2 结中产生光电流。这个光电流等效于 SCR 的栅电流,所以寄生器件被切换到导通态。一旦 SCR 器件开启,即使辐射终止,它仍会保持导通态。通过产生电子-空穴对,光信号也能以同样的方式触发 SCR 器件。

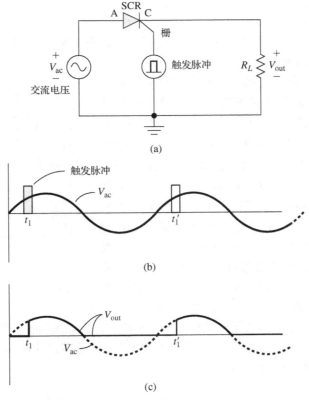

图 11.28　(a)简单的 SCR 电路；(b)输入交流电压信号
和触发脉冲；(c)输出电压与时间的关系

　　pnpn 器件的另一种触发机制是由 dV/dt 触发。如果在阳极上快速地施加正偏电压，则 J_2 结两端的电压也将迅速改变。这种变化的反偏 J_2 结电压意味着空间电荷区宽度也增加。因此，电子从结的 n_1 侧移走，而空穴从结的 p_2 侧移走。如果 dV/dt 很大，那么这些载流子的转移速度将非常快，它将产生一个与栅电流等效的瞬态大电流，从而将器件触发到低阻抗的导通态。在 SCR 器件中，dV/dt 速率通常是指定的。然而，在寄生的 pnpn 结构中，dV/dt 触发机制仍是一个潜在的问题。

　　若想完成四层 pnpn 结构从导通态到阻断态的开关过程，只需将电流 I_A 减小到产生 $\alpha_1 + \alpha_2 = 1$ 条件的临界电流值以下即可。这个临界电流 I_A 称为维持电流。如果寄生的四层结构触发到导通态，那么器件的有效阳极电流必须减小到相应维持电流之下，才能关断器件。这个要求意味着所有电源都必须关断，以使寄生器件返回阻断态。

　　可以通过向器件的 p_2 区提供空穴来触发 SCR，而从相同区域移走空穴亦可关断 SCR。如果反向栅电流足够大，使 npn 双极型晶体管的工作模式移出饱和区，则 SCR 可由导通态转换到阻断态。然而，由于器件的横向尺寸可能非常大，所以 J_2 结和 J_3 结的非均匀偏置可出现在负栅电流期间，于是器件仍保持在低阻导通态。四层 pnpn 器件必须要特殊设计其关断性能。

11.3.3　器件结构

为了特定的应用领域,具有特定性能的晶闸管已制备出来。我们将讨论几种器件结构,以加深对结构多样性的理解。

基本 SCR 结构　有多种掺杂、注入和外延生长工艺来制备 SCR 器件。最基本的 SCR 结构如图 11.29 所示。p_1 区和 p_2 区扩散进高电阻率的 n_1 材料。然后形成 n^+ 阴极和 p^+ 栅接触。高热导率的材料用做阳极和阴极欧姆接触,以提高功率器件的热耗散。通常,n_1 区宽度在 250 μm 量级,以维持 J_2 结两端相当高的反偏电压。p_1 区和 p_2 区的宽度在 75 μm 附近,而 n^+ 与 p^+ 区通常非常薄。

双向晶闸管　因为晶闸管经常用在交流功率电路中,所以器件能在交流电压的正负周期内对称地开和关是非常有用的。虽然这样的器件有许多种,但其基本概念是一样的,即将两个传统的晶闸管反平行地连接起来,如图 11.30(a)所示。将这个概念集成到一个器件

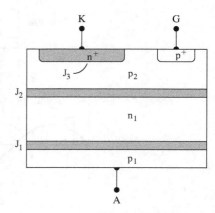

图 11.29　SCR 的基本器件结构

中,就得到如图 11.30(b)所示的器件结构。采用扩散工艺,可在 pnp 结构中形成对称的 n 区。图 11.30(c)给出了这种器件的电流-电压特性。其中,导通模式的触发源于击穿。在交流电压的连续半周期内,两端交替充当阳极和阴极的角色。

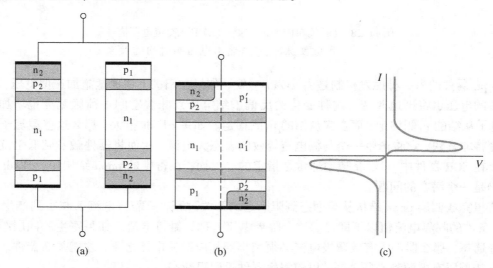

图 11.30　(a)两个晶闸管的反平行连接形成双边对称器件;(b)集成的双边晶闸管;(c)双边对称晶闸管的电流-电压特性(引自 Ghandhi[8])

因为一个栅极要为两个反平行的晶闸管提供电流,所以对这种器件而言,栅控触发更加复杂。这种器件称为**三端双向**晶闸管开关元件。图 11.31(a)给出了这种器件的截面图。它可被任意极性的栅控信号和任意极性的阴-阳极电压触发而进入导通态。

一种特殊的栅控情况如图 11.31(b)所示。①端相对②端为正,相对于①端,栅上施加电压为负,所以栅电流是负的。这种极性排列产生电流 I_1,于是 J_4 结变为正向偏置。从 n_3 注入

的电子扩散过 p_2，在 n_1 区被收集。在这种情况下，$n_3 p_2 n_1$ 的行为就像饱和工作的晶体管。n_1 区收集的电子使 n_1 区电势相对 p_2 区降低。通过 $p_2 n_1$ 结的电流增加，从而触发 $p_2 n_1 p_1 n_4$ 晶闸管进入导通模式。

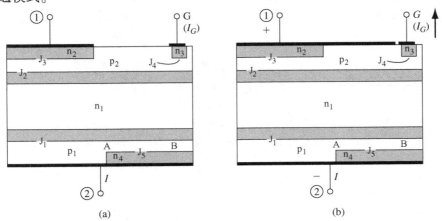

图 11.31　(a)三端双向晶闸管开关元件；(b)特定偏置组态的三端双向晶闸管开关元件(引自 Ghandhi[8])

我们可以看到，栅极、阳极和阴极电压的其他组合也可触发三端双向晶闸管进入导通态。图 11.32 给出了三端双向晶闸管的电流-电压特性。

MOS 栅晶闸管　MOS 栅晶闸管的工作原理基于控制 npn 双极型晶体管的增益。图 11.33 所示为 V 形槽 MOS 栅晶闸管。MOS 栅结构必须延伸到 n 型漂移区。如果栅压为零，p 型基区的耗尽层边界基本保持平坦，且平行于 J_2 结，此时 npn 晶体管的增益很低。图中虚线给出了这种效应。当栅极加正电压时，p 型基区表面耗尽，邻近栅的 p 型基区的耗尽区如图中点线所示。npn 双极型晶体管的未耗尽基区宽度 W_μ 变窄，所以器件增益增加。

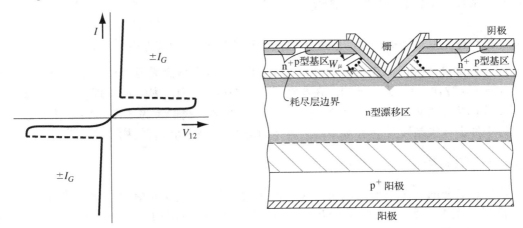

图 11.32　三端双向晶闸管的电流-电压特性　　图 11.33　V 形槽 MOS 栅晶闸管(引自 Baliga[2])

当栅压近似等于阈值电压时，n^+ 发射区的电子穿过耗尽区注入 n 型漂移区。n 型漂移区的电势降低，它使 p^+ 阳极和 n 型漂移区的结电压进一步正偏，从而形成正反馈过程。器件开启所需的栅压近似等于 MOS 器件的阈值电压。这种器件的一个优点是控制端的输入阻抗非常高，用非常小的耦合栅电流就能开关相对大的器件电流。

MOS 关断晶闸管　利用 MOS 栅端信号，MOS 关断晶闸管可开启和关断阳极电流。MOS

关断晶闸管的基本结构如图 11.34 所示。如前所述,在栅上加一个正电压,就可开启 n^+pn 双极型晶体管。一旦晶闸管开启,可用一个负栅电压关断器件:负栅电压开启 p 沟道 MOS 晶体管,它有效地短路了 n^+pn 双极型晶体管的 B-E 结。进入 p 型基区的空穴通过其他路径到达阴极。如果 p 沟道 MOSFET 的电阻足够低,所有电流将从 n^+p 发射极转移,n^+pn 器件就会有效关断。

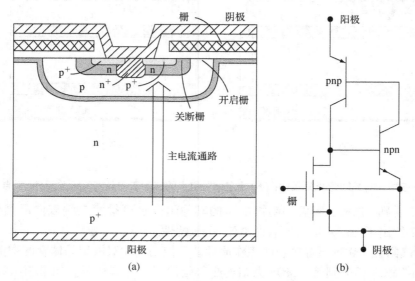

图 11.34 　(a) MOS 关断晶闸管;(b) MOS 关断晶闸管的等效电路(引自 Baliga[2])

11.4　MOSFET 的其他概念

目标:基于寄生双极型晶体管和四层结构,分析 MOSFET 的其他概念

除了前面关于 MOSFET 的讨论外,MOSFET 还有两个概念需要考虑。第一个概念涉及基本 CMOS 反相器的四层寄生结构。在本章讨论了四层半导体结构,所以现在可以考虑闩锁效应了。我们需要考虑的第二个概念是击穿。在第 9 章,我们考虑了基本雪崩击穿过程。然而,另一种击穿机制涉及基本 MOSFET 器件的寄生双极型晶体管结构。

11.4.1　闩锁效应

CMOS 电路的一个主要问题是闩锁。闩锁指的是四层 pnpn 结构可能出现的大电流、低电压情况。图 11.35(a) 给出了 CMOS 反相器的电路图,而图 11.35(b) 所示为反相器电路在集成电路中布局。在 CMOS 工艺中,p^+ 源 n 型衬底 p 阱 n^+ 源就形成一个四层 pnpn 结构。

这个四层结构的等效电路如图 11.36 所示。晶闸管整流器作用涉及寄生 pnp 和 npn 晶体管的相互作用。npn 晶体管对应于垂直 n^+ 源 p 阱 n 型衬底结构,而 pnp 晶体管对应于横向 p 阱 n 型衬底 n^+ 源结构。在 CMOS 正常工作模式下,两个寄生双极型晶体管是截止的。然而,在某些特定情况下,p 阱 n 型衬底结内发生的雪崩击穿可使两个双极型晶体管进入饱和模式。闩锁发生时的大电流、低电压状态可由正反馈自持。这种情况阻碍了 CMOS 电路的正常工作,并可能造成电路的永久损伤和烧毁。

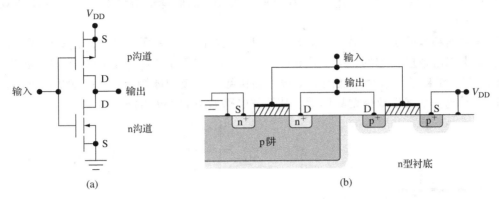

图 11.35　(a)CMOS 反相器电路；(b)集成电路 CMOS 反相器的截面图

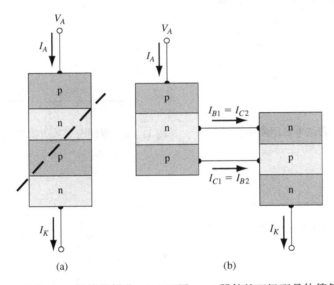

图 11.36　基本 pnpn 结构的拆分；(b)四层 pnpn 器件的双极型晶体管等效电路

　　如果 $\beta_n \beta_p$ 之积总是小于 1，则可防止闩锁效应的发生。其中，β_n 和 β_p 分别表示 npn 和 pnp 寄生双极型晶体管的共发射极电流增益。预防闩锁的一种方法是"扼杀"(kill)少子寿命。通过掺金或中子辐照等方法在半导体内引入深能级陷阱，从而降低少子寿命。深能级陷阱增加了过剩载流子的复合速率，降低了电流增益。预防闩锁的第二种方法是采用合适的电路版图技术。如果两个双极型晶体管能够有效去耦，则闩锁效应就能最小化或避免。用其他制备技术也能使两个寄生双极型晶体管去耦。例如，绝缘体上硅(SOI)技术采用绝缘介质使 n 沟道和 p 沟道 MOSFET 相互隔离。这种隔离方式使两个寄生双极型晶体管去耦。

11.4.2　击穿效应

　　雪崩击穿　空间电荷区近漏端的碰撞离化可引起雪崩击穿。我们在第 9 章讨论了 pn 结的雪崩击穿。在理想的平面单边 pn 结中，击穿电压主要是 pn 结低掺杂区掺杂浓度的函数。对 MOSFET 而言，低掺杂区对应于半导体衬底。例如，如果 p 型衬底的掺杂浓度 $N_a = 3 \times 10^{16}$ cm^{-3}，平面 pn 结的击穿电压大约为 25 V。然而，n$^+$ 漏接触可能是非常浅、且曲率大的扩散区。耗尽区内的电场倾向于在弯曲处集中,从而降低击穿电压。这种曲率效应如图11.37所示。

临界雪崩和骤回击穿 另一种击穿机制可引入如图11.38所示的S形击穿曲线。这种击穿过程是由二阶效应引起的,并可用图11.39来解释。图11.39(a)是n沟增强型MOSFET的截面图,图中给出了沿p型衬底的n型源和漏接触。源极和体端接地,n型源p型衬底n型漏结构也形成一个寄生双极型晶体管。其等效电路如图11.39(b)所示。

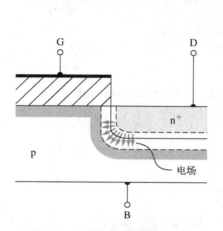

图 11.37 漏结电场的曲率效应

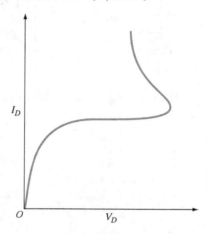

图 11.38 骤回击穿效应的电流-电压特性

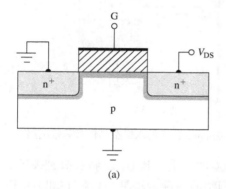

(a)

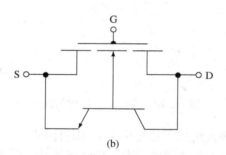

(b)

图 11.39 (a)n沟道MOSFET的截面图;(b)包括寄生双极型晶体管的等效电路

图11.40(a)给出了MOSFET空间电荷区近漏端恰好发生雪崩击穿时的情形。我们倾向于认为雪崩击穿在某个特定电压处突然出现。然而,雪崩击穿实际上是一个从低电流水平就开始的渐变过程,其电场略低于击穿电场。雪崩过程产生的电子流入漏端,并对漏电流产生贡献。雪崩产生的空穴通常流过衬底到达体端。由于衬底有非零电阻,所以产生电压降。这种电势差驱动源-衬pn结进入正向偏置。当衬底压降接近$0.6 \sim 0.7$ V时,这个过程将变得非常严重。注入电子的一部分会扩散过寄生基区,进入反向偏置的漏空间电荷区,它们也对漏电流有贡献。

雪崩击穿过程不仅是电场的函数,而且也与参与载流子的数量有关。随着漏空间电荷区载流子数量的增加,雪崩击穿速率增大,从而形成正反馈机制。近漏端的雪崩击穿引入衬底电流,这将产生正向偏置的源-衬pn结电压。正偏结注入的载流子可扩散回漏端,增加雪崩过程。正反馈产生一个不稳定系统。

现在，可用寄生双极型晶体管来解释图 11.38 所示曲线的快速恢复或负阻部分。双极型晶体管基区近发射端(或源端)的电势几乎悬空，这是因为这个电压主要由雪崩产生的衬底电流决定，而不是外加电压。

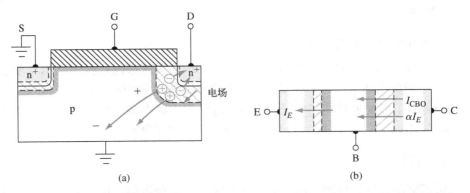

图 11.40　(a)漏端雪崩倍增造成的衬底电流感应压降；(b)寄生双极型晶体管的电流

对图 11.40 所示的基区开路双极型晶体管，我们可写出

$$I_C = \alpha I_E + I_{CB0} \qquad (11.27)$$

其中，α 是共基极电流增益，I_{CB0} 是基－集泄漏电流。当基极开路时，$I_C = I_E$，所以式(11.27)变为

$$I_C = \alpha I_C + I_{CB0} \qquad (11.28)$$

发生击穿时，B-C 结的电流需乘以倍增因子 M，所以有

$$I_C = M(\alpha I_C + I_{CB0}) \qquad (11.29)$$

求解 I_c，可得

$$I_C = \frac{M I_{CB0}}{1 - \alpha M} \qquad (11.30)$$

击穿定义为产生 $I_c \to \infty$ 所需的条件。对单个反向偏置的 pn 结，击穿时的 $M \to \infty$。然而，由式(11.30)可知，击穿现在定义为 $\alpha M \to 1$ 时所需的条件，或者，对基极开路情况而言，击穿发生在 $M \to 1/\alpha$ 时，它是一个远低于单个 pn 结倍增因子的值。

倍增因子的经验表达式通常写为

$$M = \frac{1}{1 - (V_{CE} / V_{BD})^m} \qquad (11.31)$$

其中，m 是经验常数，其典型值为 3~6，V_{BD} 是结击穿电压。

当集电极电流较小时，共基极电流增益因子 α 是集电极电流的强函数。在第 10 章的双极型晶体管中讨论过这种效应。低电流时，B-E 结复合电流是总电流的主要部分，所以共基极电流增益很小。随着集电极电流的增大，α 的值增大。当雪崩击穿开始时，I_C 仍然很小，这就要求 M 和 V_{CE} 取特定值，以满足条件 $\alpha M = 1$。随着集电极电流的增加，α 也增加，因此，此时要求小的 M 和 V_{CE} 来满足雪崩击穿条件。这样就产生了快速恢复或负阻击穿特性。

从正偏源–衬结注入电子的一小部分被漏端收集。快速恢复特性的精确计算需要考虑这部分电流，因此，我们需要修正这个简单模型。然而，前述讨论定性地描述了快速恢复效应。

如果采用重掺杂衬底，则可阻止明显的衬底压降，从而最小化快速恢复效应。在重掺杂衬底上生长合适掺杂浓度的 p 型外延层，就可产生所要求阈值电压。

11.5　微机电系统

目标：简要介绍几种微机电系统(MEMS)

作为微电子技术的一个重要发展方向，微机电系统变得越来越普及。采用与制备集成电路相似的技术可制备出非常小的机械部件。这些器件受电信号控制或产生电信号。它们的应用包括压力传感器、加速度计和陀螺仪。MEMS 也可用于医学和生物化学问题。本节将简要介绍 MEMS 的一些应用，以期读者对这个研究领域有一些了解。

11.5.1　加速度计

例如，微机电加速度计可嵌入汽车的安全气囊中。这个器件的核心部件是多晶硅材料的叉指结构，如图 11.41 所示。其中，两组叉指固定在衬底上，第三组叉指悬浮在表面之上大约 1 μm。芯片中心的悬浮叉指结构是敏感元件。敏感轴方向的减速会对衬底施加一个力，转移叉指电容器的极板，使电容值发生变化。叉指运动的变化只有几纳米，所以电容的变化非常小。微小的电容变化使得在片集成电子电路，以最小化寄生效应变得非常必要。反馈控制环路可提供与输入信号成线性关系的输出。

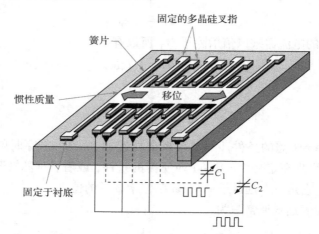

图 11.41　模拟加速度计实例，芯片上叉指中心结构悬浮在衬底上(引自 Madou [11])

11.5.2　喷墨打印机

1979 年，惠普(HP)实验室发明了热喷墨技术，现在喷墨打印已得到广泛应用。机械喷嘴和微电子电路的集成导致了技术进步。

图 11.42 给出了气泡形成、油墨注入和再注满顺序。微金属电阻以每毫秒 100℃ 的升温速率快速加热油墨薄层。受热油墨部分蒸发，形成膨胀气泡，在纸上注入墨滴。气泡破裂，并吸入新油墨。

加热电阻可用同一硅片表面集成的 MOSFET 器件开启，如图 11.43 所示。目前，已可制备出每英寸多达 300 的喷墨孔。喷墨时，x-y 方向的移动由计算机控制。

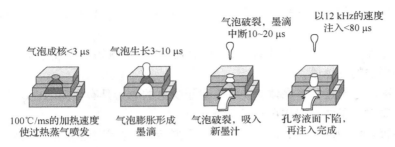

气泡成核<3 μs　气泡生长3~10 μs　气泡破裂，墨滴中断10~20 μs　以12 kHz的速度注入<80 μs

100℃/ms的加热速度使过热蒸气喷发　气泡膨胀形成墨滴　气泡破裂，吸入新墨汁　孔弯液面下陷，再注入完成

11.42　惠普热喷墨技术：气泡形成、膨胀、破裂和再注入（Madou[11]）

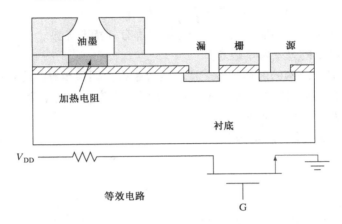

图 11.43　热喷墨结构和 MOS 开关晶体管集成的原理示意图。栅端
电压脉冲开启晶体管，使金属电阻产生 I^2R 的热量

11.5.3　生物医学传感器

用于体外诊断的传感器和医疗器械为微加工提供了一个非常大的发展机会。MEMS 对体外诊断贡献的一个实例是葡萄糖传感器。在实际诊断中，能够提供准确、可靠结果的无痛血样检测方法是十分必要的。大量研究试图开发这样一种仪器。1987 年，安培型葡萄糖传感器得以发明。这种传感器是基于传统的厚膜工艺和革新的化学工艺制备而成的。

为了将侵入式采样降低到最低限度，科研人员开发出 MEMS 微针。这种器件利用毛细管作用吸入少量血液到样品室，并与化学试剂混合。然后采用激光测量葡萄糖，并显示血液的葡萄糖水平。在诸如此类的系统中，化学传感器是一次性的，而电子电路则包含在手持包中。

11.6　小结

1. 分析了结型场效应晶体管（JFET）。
　　A. 利用调制沟道电导的反偏 pn 结可形成 pn JFET。
　　B. pn JFET 有 n 沟道和 p 沟道两种互补结构。
　　C. 利用调制沟道电导的反偏肖特基二极管可形成 MESFET。
　　D. 分析了结型场效应晶体管的夹断电压和电流-电压特性。

2. A. 带隙能不同的两种半导体材料可形成异质结。两种材料之间形成的量子阱可包含电子。

　　B. 讨论了异质结双极型晶体管。宽带隙材料作为发射结可制备出高发射结注入效率和高增益的晶体管。

　　C. 讨论了高电子迁移率晶体管。注入量子阱区的电子具有更高的迁移率，这是因为离化杂质对电子的散射作用显著降低。

3. A. 晶闸管是一种四层半导体结构。器件导通后，产生大电流、低电压特性。这种器件在大电流、高压开关电路中非常有用。

　　B. 晶闸管的第三端用来控制电压周期的开关时间。

　　C. 介绍了晶闸管的几种器件结构，每种结构都有其特定优势。

4. 考虑了 MOSFET 的另外两个概念。

　　A. 讨论了 CMOS 结构的闩锁效应。这种效应是寄生四层半导体结构的必然结果。

　　B. 讨论了两种击穿机制。分析了漏-衬结的雪崩击穿，骤回击穿是由基本 MOSFET 器件的寄生双极结构引起的。

5. 简要介绍了微机电系统(MEMS)。

知识点

学完本章之后，读者应具备如下能力：

1. A. 画出 n 沟道 pn JFET 的截面图，讨论这种器件上的电压极性。

　　B. 画出绝缘衬底上 MESFET 的截面图。

　　C. 讨论 JFET 夹断电压和内部夹断电压的差别。

2. A. 画出异质结的能带图，讨论量子阱的形成。

　　B. 简述异质结双极型晶体管的优点。

　　C. 讨论 HEMT 器件相对 pn JFET 的优点。

3. A. 讨论基本晶闸管的开关特性。

　　B. 简述晶闸管器件的导通特性。

　　C. 画出双向晶闸管的截面图。

4. A. 讨论 CMOS 反相器的闩锁效应。

　　B. 分析 MOSFET 的击穿机制。

复习题

1. A. pn JFET 的夹断电压和内部夹断电压有什么不同。

　　B. 讨论 JFET 漏电流随漏电压饱和的机理。

2. A. 画出异质结的能带图，量子阱是如何形成的？

　　B. 为什么异质结双极型晶体管的发射结注入效率和电流增益会增大？

　　C. 为什么 HEMT 器件的电子迁移率比 pn JFET 的大？

3. A. 画出并解释两端晶闸管的开关特性。

B. 解释 SCR 的导通特性。

4. A. 讨论 CMOS 反相器的闩锁机理。

　B. 画出 MOSFET 器件中的寄生双极型晶体管。解释这个寄生器件如何增强击穿效应。

习题

（注意：除非特殊说明，下列问题均为 $T = 300$ K。）

11.1　结型场效应晶体管

11.1　$T = 300$ K 时，Si p 沟道 JFET 的掺杂浓度 $N_d = 5 \times 10^{18}$ cm^{-3}，$N_a = 3 \times 10^{16}$ cm^{-3}，沟道层厚度 $a = 0.5$ μm。(a)计算内夹断电压 V_{p0} 和夹断电压 V_p；(b)若 $V_{GS} = 1$ V，V_{DS} 分别取 0 V，-2.5 V 和 -5 V 时，试分别计算未耗尽沟道的最小厚度 $a - h$。

11.2　若 GaAs JFET 具有与习题 11.1 完全相同的电学和几何参数，重做习题 11.1。

11.3　Si n 沟道 JFET 具有如下参数：$N_a = 3 \times 10^{18}$ cm^{-3}，$N_d = 8 \times 10^{16}$ cm^{-3}，$a = 0.5$ μm。(a)计算内夹断电压；(b)若未耗尽的沟道层厚度为 0.2 μm，试确定所需的栅电压。

11.4　若 GaAs JFET 的参数与习题 11.3 描述 Si JFET 的完全相同，重新计算习题 11.3。

11.5　GaAs p 沟道 JFET 的参数如下：$N_d = 5 \times 10^{18}$ cm^{-3}，$N_a = 3 \times 10^{16}$ cm^{-3}，$a = 0.30$ μm。(a)计算内夹断电压和夹断电压；(b)若 $V_{DS} = 0$，试分别计算 $V_{GS} = 0$ 和 $V_{GS} = 1$ V 时的未耗尽沟道厚度。

11.6　$T = 300$ K 时，Si n 沟道 JFET 的掺杂浓度 $N_d = 4 \times 10^{16}$ cm^{-3}，$N_a = 5 \times 10^{18}$ cm^{-3}，沟道厚度 $a = 0.35$ μm。(a)试计算内夹断电压和夹断电压；(b)计算以下偏置条件下的未耗尽沟道层厚度 $a - h$：(i) $V_{GS} = 0$，$V_{DS} = 1$V，(ii) $V_{GS} = -1$ V，$V_{DS} = 1$ V，(iii) $V_{GS} = -1$ V，$V_{DS} = 2$ V。

11.7　若 GaAs JFET 的电学和几何参数与习题 11.6 完全相同。试问在 $V_{DS} = 0$ 和 $V_{DS} = 1$ V 两种偏置条件下，未耗尽沟道层厚度为 0.05 μm 时所需的栅电压分别为多少？

11.8　$T = 300$ K 时，Si n 沟道 JFET 具有如下参数：

$$N_a = 10^{19} \text{ cm}^{-3} \qquad N_d = 10^{16} \text{ cm}^{-3}$$
$$a = 0.50 \,\mu\text{m} \qquad L = 20 \,\mu\text{m}$$
$$W = 400 \,\mu\text{m} \qquad \mu_n = 1000 \text{ cm}^2/\text{V·s}$$

若忽略速度饱和效应，试计算(a) I_{P1}；(b) V_{GS} 为下列数值时的 V_{DS}(sat)：(i) $V_{GS} = 0$，(ii) $V_{GS} = V_p/4$，(iii) $V_{GS} = V_p/2$，(iv) $V_{GS} = 3V_p/4$；(c) V_{GS} 为(b)中各值的 I_{D1}(sat)；(d)利用(b)和(c)的结果，画出 JFET 的 I-V 特性曲线。

11.2　异质结

11.9　已知 $Al_{0.3}Ga_{0.7}$As 的带隙能 $E_g = 1.85$ eV，AlGaAs 与 GaAs 的导带阶跃 $\Delta E_c = 2\Delta E_g/3$。试画出下列各种情况下，$Al_{0.3}Ga_{0.7}$As-GaAs 突变异质结的能带图：(a) N$^+$-AlGaAs 和本征 GaAs；(b) N$^+$-AlGaAs 和 p-GaAs；(c) P$^+$-AlGaAs 和 n$^+$-GaAs。

11.10　在习题 11.9 中，若理想电子亲和势定则有效。试确定 ΔE_c 和 ΔE_v。

11.3 晶闸管

11.11 开关晶闸管的一个条件是 $\alpha_1 + \alpha_2 = 1$，试证明这个条件与 $\beta_1\beta_2 = 1$ 等效。其中，β_1 和 β_2 分别表示晶闸管等效电路中 pnp 和 npn 双极型晶体管的共发射极电流增益。

11.12 证明：不论栅极信号和阴-阳极电压的极性如何，三端双向晶闸管均可被触发到导通态(考虑各种电压极性组合)。

11.4 MOSFET 的其他概念

11.13 解释电离辐射脉冲是如何将 CMOS 结构触发至大电流、低阻态的。

参考文献

1. Anderson, R. L. "Experiments on Ge-GaAs Heterojunctions." *Solid-State Electronics* 5, no. 5 (September-October 1962), pp. 341-51.

2. Baliga, B. J. *Modern Power Devices*. New York: Wiley, 1987.

3. Baliga, B. J. *Power Semiconductor Devices*. Boston: PWS Publishing Co., 1996.

4. Chang, C. S., and D. Y. S. Day. "Analytic Theory for Current-Voltage Characteristics and Field Distribution of GaAs MESFETs." *IEEE Transactions on Electron Devices* 36, no. 2 (February 1989), pp. 269-80.

5. 'Dimitrijev, S. *Understanding Semiconductor Devices*. New York: Oxford University Press, 2000.

6. Drummond, T. J., W. T. Masselink, and H. Morkoc. "Modulation-Doped GaAs/(Al, Ga) As Heterojunction Field-Effect Transistors: MODFETs." *Proceedings of the IEEE* 74, no. 6 (June 1986), pp. 773-812.

7. Fritzsche, D. "Heterostructures in MODFETs." *Solid-State Electronics* 30, no. 11 (November 1987), pp. 1183-95.

8. Ghandhi, S. K. *Semiconductor Power Devices: Physics of Operation and Fabrication Technology*. New York: Wiley, 1977.

9. Kano, K. *Semiconductor Devices*. Upper Saddle River, NJ: Prentice-Hall, 1998.

10. Liao, S. Y. *Microwave Solid-State Devices*. Englewood Cliffs, NJ: Prentice-Hall, 1985.

11. Madou, M. J. *Fundamentals of Microfabrication: The Science of Miniaturization*, 2nd ed. Boca Raton, FL: CRC PressLLC, 2002.

12. Muller, R. S., T. I. Kamins, and W. Chan. *Device Electronics for Integrated Circuits*, 3rd ed. New York: John Wiley and Sons, 2003.

13. Neamen, D. A. *Semiconductor Physics and Devices: Basic Principles*, 3rd ed. New York: McGraw-Hill, 2003.

14. Ng, K. K. *Complete Guide to Semiconductor Devices*. New York: McGraw-Hill, 1995.

15. Pierret, R. F. *Field Effect Devices*. Vol. 4 of the *Modular Series on Solid State Device*. 2nd ed. Reading, MA: Addison-Wesley, 1990.

16. Pierret, R. F. *Semiconductor Device Fundamentals*. Reading, MA: Addison-Wesley, 1996.

17. Roulston, D. J. *An Introduction to the Physics of Semiconductor Devices*. New York: Oxford University Press, 1999.

*18. Shur, M. *GaAs Devices and Circuits*. New York: Plenum Press, 1987.

19. Shur, M. *Introduction to Electronic Devices*. New York: John Wiley and Sons, 1996.

20. Singh, J. *Semiconductor Devices: An Introduction*. New York: McGraw-Hill, 1994.

21. Singh, J. *Semiconductor Devices: Basic Principles*. New York: John Wiley and Sons, 2001.

22. Streetman, B. G. , and S. Banerjee. *Solid State Electronic Devices*, 5th ed. Upper Saddle River, NJ: Prentice-Hall, 2000.

23. Sze, S. M. *High-Speed Semiconductor Devices*. New York: Wiley, 1990.

24. Sze, S. M. *Physics of Semiconductor Devices*. 2nd ed. New York: Wiley, 1981.

25. Sze, S. M. *Semiconductor Devices: Physics and Technology*, 2nd ed. New York: John Wiley and Sons, 2002.

26. Tiwari, S. , S. L. Wright, and A. W. Kleinsasser. "Transport and Related Properties of (Ga, Al) As/GaAs Double Heterojunction Bipolar Junction Transistors." IEEE *Transactions on Electron Devices*, ED-34 (February 1987), pp. 185-87.

27. Yang, E. S. *Microelectronic Devices*. New York: McGraw-Hill, 1988.

第12章 光子器件

到目前为止，我们已经讨论了用于电信号放大或开关的晶体管的基本物理过程。除此之外，半导体器件也可设计、制备成探测和产生光信号的器件。在本章，我们将讨论太阳能电池、光电探测器、发光二极管和激光二极管的基本工作原理。太阳能电池和光电探测器是将光功率转换成电功率的器件，而发光二极管和激光二极管恰好与此相反，它们将电功率转换为光功率。

太阳能电池和光电探测器的特性是光子能量的函数。光子在半导体内被吸收，产生过剩电子–空穴对，形成光电流。光电探测器的反向机理是电致发光。正向偏置的 pn 结也能产生过剩载流子，不过这些过剩载流子随后会发生复合，产生光子发射。例如，这样的器件可以是发光二极管（LED）。

内容概括

1. 半导体的光吸收。

2. 太阳能电池。

3. 半导体光电探测器。

4. 半导体发光二极管。

5. 半导体激光二极管。

历史回顾

早在 1907 年，H. Round 就发现了电致发光现象。他观察到，当在金刚砂晶体的两点上施加 10 V 电压，晶体就会发出淡黄色的光。光与半导体的相互作用已经研究了很长时间，其中包括光电效应，这个实验证明光在许多情况下具有粒子特性。1954 年，D. Chapin 发明了太阳能电池。1962 年，研究人员展示了直接带隙半导体的激射行为，并在第二年提出采用异质结制备激光器的构想。

发展现状

在空间项目的能源领域，太阳能电池仍旧非常重要。光电半导体器件也已开发成显示器件。随着光通信地位的不断提高，光电探测器变得越来越重要。其他半导体器件，如 LED 和 LD，也因为光纤技术的发展而变得更加重要。尽管以光速运算的技术还遥不可及，但光子计算机或光计算仍然是我们一直追求的目标。

12.1 光吸收

目标：分析半导体的光吸收

第 2 章讨论了波粒二象性，并指出光波可当成粒子来处理，这种粒子称为光子。光子能量 $E = hv$，其中，h 是普朗克常数，v 是光子频率。波长与能量的关系可表示为

$$\lambda = \frac{c}{v} = \frac{hc}{E} = \frac{1.24}{E}\,\mu m \tag{12.1}$$

其中，E 是以 eV 为单位的光子能量，c 是光速。

光子与半导体的相互作用可有多种机理。例如,光子可与半导体晶格相互作用,并将光子能量转换成热能。光子也可与施主或受主杂质原子发生作用,或者与半导体内的缺陷相互作用。然而,我们最感兴趣的基本相互作用过程是光子同价电子的相互作用。当光子同价电子发生碰撞时,它可向价电子提供足够的能量,使其进入导带。这个过程将产生电子-空穴对,形成过剩载流子。半导体内的过剩载流子行为已在第 8 章讨论过。

12.1.1 光吸收系数

当光照射到半导体上时,入射光子可能被吸收或穿过半导体,这取决于光子能量和半导体的带隙能 E_g。若光子能量小于 E_g,光子不会被轻易吸收。在这种情况下,光可以透过材料,半导体看起来是透明的。

若 $E = h\nu > E_g$,光子可与价电子相互作用,并将其激发到导带。由于价带包含大量电子,导带包含大量空态,所以当 $h\nu > E_g$ 时,这种相互作用发生的概率非常高。这种相互作用在导带产生电子,价带产生空穴,从而形成电子-空穴对。不同能量光子的基本吸收过程如图 12.1 所示。当 $h\nu > E_g$,就会产生电子-空穴对,剩余能量将为电子或空穴提供额外的动能,这部分能量最终以热的形式耗散在半导体中。

光通量强度(简称光强)表示为 $I_\nu(x)$,其单位为能量/$cm^2 \cdot s$。图 12.2 所示为 x 处的入射光强,以及 $x + dx$ 处的出射光强。在距离 dx 内,单位时间吸收的能量为

$$\alpha I_\nu(x) dx \tag{12.2}$$

其中,α 是**吸收系数**。吸收系数是单位距离吸收光子的相对数量,它的单位为 cm^{-1}。

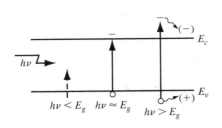

图 12.1 半导体内的光生电子-空穴对

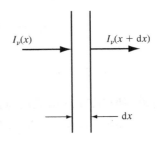

图 12.2 微分长度 dx 的光吸收

由图 12.2,可写出

$$I_\nu(x + dx) - I_\nu(x) = \frac{dI_\nu(x)}{dx} dx = -\alpha I_\nu(x) dx \tag{12.3}$$

或

$$\frac{dI_\nu(x)}{dx} = -\alpha I_\nu(x) \tag{12.4}$$

如果初始条件为 $I_\nu(0) = I_{\nu0}$,则微分方程(12.4)的解为

$$I_\nu(x) = I_{\nu0} e^{-\alpha x} \tag{12.5}$$

在半导体材料内部,光强随距离指数衰减。图 12.3 给出两个常见吸收系数的光强

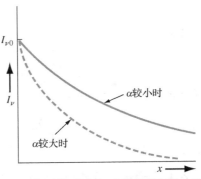

图 12.3 吸收系数不同时,光强与距离的关系曲线

随 x 变化的关系曲线。如果吸收系数较大,则光在短距离内就被吸收。

半导体吸收系数是光子能量和带隙能的强函数。图 12.4 所示为几种常见半导体材料的吸收系数与波长的关系曲线。当 $hv > E_g$,或 $\lambda < 1.24/E_g$,吸收系数迅速增大。相反,若 $hv < E_g$,吸收系数则变得非常小,因此,半导体对这个能量范围的光子是透明的。

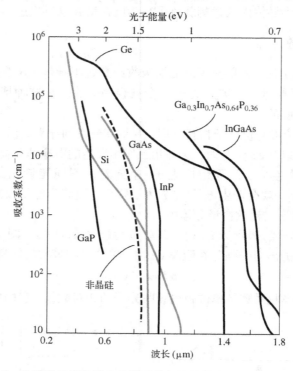

图 12.4 几种常见半导体的吸收系数与波长的关系(引自 Shur[14])

例 12.1 计算吸收 90% 入射光所需的半导体厚度。考虑硅材料,并假设在第一种情况中,入射波长 $\lambda = 1.0\ \mu m$,在第二种情况中,入射波长 $\lambda = 0.5\ \mu m$。

【解】

由图 12.4 可知,$\lambda = 1.0\ \mu m$ 入射光的吸收系数 $\alpha \approx 10^2\ cm^{-1}$。若 90% 的入射光在距离 d 内被吸收,则 $x = d$ 处的光强应为入射光强的 10%,因此,可以写出

$$\frac{I_v(d)}{I_{v0}} = 0.1 = e^{-\alpha d}$$

解方程,可得

$$d = \frac{1}{\alpha}\ \ln\left(\frac{1}{0.1}\right) = \frac{1}{10^2}\ \ln(10) = 0.0230\ cm$$

在第二种情况中,$\lambda = 0.5\ \mu m$ 入射光的吸收系数 $\alpha \approx 10^4\ cm^{-1}$,吸收 90% 入射光所需的距离 d 为

$$d = \frac{1}{10^4}\ \ln\left(\frac{1}{0.1}\right) = 2.30 \times 10^{-4}\ cm = 2.30\ \mu m$$

【说明】

随着入射光子能量的增加,吸收系数迅速增大,因此,光子能量在距离半导体表面很窄的区域内就被完全吸收。

【自测题】

EX12.1　（a）强度为 $I_{t0}=0.1$ W/cm² 的入射光照射到硅表面上。其中，入射光信号波长 λ $=1$ μm。如果忽略表面反射，试确定距离表面如下深度的光通量密度：（i）$x=$ 0.5 μm，（ii）$x=20$ μm；（b）若入射波长 $\lambda=0.60$ μm，重新计算（a）。

答案：（a）（i）0.0951 W/cm²，（ii）0.0819 W/cm²；（b）（i）0.0135 W/cm²，（ii）3.35 × 10⁻⁵ W/cm²。

一些常见半导体材料的带隙能与光谱的关系如图 12.5 所示。我们注意到，硅和砷化镓会吸收所有的可见光，而磷化镓对红光是透明的。

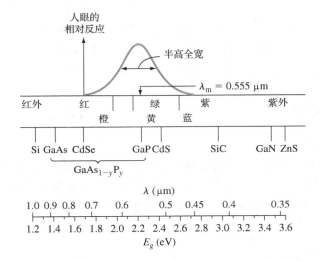

图 12.5　光谱与波长和带隙能的关系（图中包括人眼的相对反应）（引自 Sze[18]）

12.1.2　电子-空穴对的产生率

前面已指出能量大于 E_g 的光子可被半导体材料吸收，产生电子-空穴对。光强 $I_v(x)$ 的单位是能量/cm²·s，而 $\alpha I_v(x)$ 是单位体积吸收能量的速率。如果假设能量为 $h\nu$ 的吸收光子产生一个电子-空穴对，则**电子-空穴对的产生率为**

$$g' = \frac{\alpha I_v(x)}{h\nu} \tag{12.6}$$

其中，单位为 #/cm³·s。我们注意到 $I_v(x)/h\nu$ 是光子通量。如果每个吸收光子产生的平均电子-空穴对小于 1，则式（12.6）须乘以一个效率因子。

例 12.2　在给定入射光强的情况下，计算电子-空穴对的产生率。 若考虑 $T=300$ K 时的砷化镓。假设波长 $\lambda=0.75$ μm 的入射光在某点的光强为 $I_v(x)=0.05$ W/cm²（这个光强是太阳光的典型强度）。

【解】

GaAs 在这个波长的吸收系数 $\alpha \approx 0.7 \times 10^4$ cm⁻¹。由式（12.1）得到，光子能量

$$E = h\nu = \frac{1.24}{0.75} = 1.65 \text{ eV}$$

考虑焦耳和 eV 之间的转换因子，则由式（12.6）可得，单位效率因子的产生率

$$g' = \frac{\alpha I_\nu(x)}{h\nu} = \frac{(0.7 \times 10^4)(0.05)}{(1.6 \times 10^{-19})(1.65)} = 1.33 \times 10^{21} \text{ cm}^{-3} \cdot \text{s}^{-1}$$

如果入射光强是稳态强度，则由第 8 章可知，稳态过剩载流子浓度 $\delta n = g'\tau$，τ 是过剩少子寿命。如果 $\tau = 10^{-7} \text{s}$，则有

$$\delta n = (1.33 \times 10^{21})(10^{-7}) = 1.33 \times 10^{14} \text{ cm}^{-3}$$

【说明】

本例给出了电子–空穴对的产生率和过剩载流子浓度的大小。显然，光强随穿透半导体的深度而降低，产生率也随之下降。

【自测题】

EX12.2　对于自测题 EX12.1 给定的条件，试确定各点过剩电子–空穴对的产生率。

答案：（a）（i）$4.79 \times 10^{19} \text{ cm}^{-3} \cdot \text{s}^{-1}$，（ii）$4.13 \times 10^{19} \text{ cm}^{-3} \cdot \text{s}^{-1}$；（b）（i）$1.63 \times 10^{20} \text{ cm}^{-3} \cdot \text{s}^{-1}$，（ii）$4.05 \times 10^{17} \text{ cm}^{-3} \cdot \text{s}^{-1}$。

12.2　太阳能电池

目标：分析太阳能电池

太阳能电池是一种不用在 pn 结两端施加电压的半导体器件。太阳能电池将光功率转换成电功率，并将其传递给负载。太阳能电池一直用做人造卫星和太空交通工具的电源，它也可为一些计算器提供能量。我们首先考虑过剩载流子均匀产生的简单 pn 结太阳能电池，接下来我们会对异质结太阳能电池和非晶硅太阳能电池进行简单介绍。

12.2.1　pn 结太阳能电池

考虑如图 12.6 所示的带电阻负载的 pn 结。即使 pn 结偏压为零，空间电荷区也存在电场，如图所示。入射光子照射可在空间电荷区内产生电子–空穴对，这些电子–空穴对被电场扫出，在反向偏置方向形成光电流 I_L。

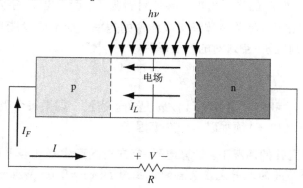

图 12.6　带电阻负载的 pn 结太阳能电池

光电流 I_L 在电阻负载两端产生压降，它使 pn 结正向偏置。正偏电压产生如图所示的正偏电流 I_F。pn 结在反偏方向的净电流为

$$I = I_L - I_F = I_L - I_S\left[\exp\left(\frac{eV}{kT}\right) - 1\right] \tag{12.7}$$

这里采用了理想二极管方程。随着二极管变为正向偏置，空间电荷区的电场强度减小，但并不会为零或改变方向。光电流总是沿反偏方向，所以太阳能电池的净电流也总是沿反偏方向。

我们对两种极限情况非常感兴趣。短路情况出现在 $R = 0$，所以 $V = 0$。这种情况的电流称为**短路电流**，或表示为

$$I = I_{sc} = I_L \tag{12.8}$$

第二种极限是开路情况，它出现在 $R \to \infty$。此时的净电流为零，所产生的电压是开路电压。由于光电流恰好与正偏结电流平衡，所以有

$$I = 0 = I_L - I_S \left[\exp\left(\frac{eV_{oc}}{kT}\right) - 1 \right] \tag{12.9}$$

解上式可得，**开路电压** V_{oc}

$$V_{oc} = V_t \ln\left(1 + \frac{I_L}{I_S}\right) \tag{12.10}$$

由式 (12.7)，我们可以画出二极管电流 I 与电压 V 的关系曲线，如图 12.7 所示。从图中可观察到短路电流和开路电压。

例 12.3 **计算硅 pn 结太阳能电池的开路电压。** $T = 300$ K 时，硅 pn 结二极管具有如下参数：

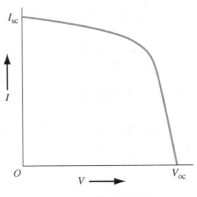

$$N_a = 5 \times 10^{18} \text{ cm}^{-3} \qquad N_d = 10^{16} \text{ cm}^{-3}$$
$$D_n = 25 \text{ cm}^2/\text{s} \qquad D_p = 10 \text{ cm}^2/\text{s}$$
$$\tau_{n0} = 5 \times 10^{-7} \text{ s} \qquad \tau_{p0} = 10^{-7} \text{ s}$$

令光电流密度 $J_L = I_L/A = 15 \text{ mA/cm}^2$。

【解】

pn 结二极管的反向饱和电流密度为

$$J_S = \frac{I_S}{A} = \left(\frac{eD_n n_{p0}}{L_n} + \frac{eD_p p_{n0}}{L_p}\right) = en_i^2 \left(\frac{D_n}{L_n N_a} + \frac{D_p}{L_p N_d}\right)$$

我们可以计算出

$$L_n = \sqrt{D_n \tau_{n0}} = \sqrt{(25)(5 \times 10^{-7})} = 35.4 \, \mu\text{m}$$

和

$$L_p = \sqrt{D_p \tau_{p0}} = \sqrt{(10)(10^{-7})} = 10.0 \, \mu\text{m}$$

图 12.7　pn 结太阳能电池的 I-V 特性曲线

代入上式，可得

$$J_S = (1.6 \times 10^{-19})(1.5 \times 10^{10})^2 \left[\frac{25}{(35.4 \times 10^{-4})(5 \times 10^{18})} + \frac{10}{(10 \times 10^{-4})(10^{16})} \right]$$
$$= 3.6 \times 10^{-11} \text{ A/cm}^2$$

由式 (12.10)，可得开路电压

$$V_{oc} = V_t \ln\left(1 + \frac{I_L}{I_S}\right) = V_t \ln\left(1 + \frac{J_L}{J_S}\right) = (0.0259) \ln\left(1 + \frac{15 \times 10^{-3}}{3.6 \times 10^{-11}}\right) = 0.514 \text{ V}$$

【说明】

我们注意到，反向饱和电流密度 J_S 是半导体掺杂浓度的函数。随着掺杂浓度的提高，J_S

降低，开路电压升高。然而，由于开路电压 V_{oc} 是 I_L 和 I_S 的对数函数，所以开路电压并不是这些参数的强函数。

【自测题】

EX12.3 若硅 pn 结二极管太阳能电池的参数与例 12.3 完全相同，试确定产生 $V_{oc}=0.60$ V 开路电压所需的光电流密度。

答案：$J_L=0.414$ A/cm^2。

传递给负载的功率为

$$P = IV = I_L V - I_S \left[\exp\left(\frac{eV}{kT}\right) - 1 \right] V \tag{12.11}$$

令上式的导数为零，即 $\mathrm{d}P/\mathrm{d}V=0$，我们可求出传递给负载最大功率时的电流和电压值。由式(12.11)，可得

$$\frac{\mathrm{d}P}{\mathrm{d}V} = 0 = I_L - I_S \left[\exp\left(\frac{eV_m}{kT}\right) - 1 \right] - I_S V_m \left(\frac{e}{kT}\right) \exp\left(\frac{eV_m}{kT}\right) \tag{12.12}$$

其中，V_m 是产生**最大功率**所对应的电压。我们可将式(12.12)重写为如下形式

$$\left(1 + \frac{V_m}{V_t}\right) \exp\left(\frac{eV_m}{kT}\right) = 1 + \frac{I_L}{I_S} \tag{12.13}$$

V_m 的值可通过反复试验确定。图 12.8 所示为最大功率矩形。其中，I_m 是 $V=V_m$ 时的电流。

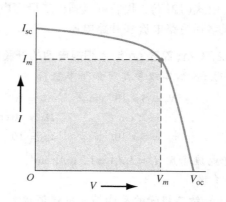

图 12.8 太阳能电池 I-V 特性的最大功率矩形

12.2.2 转换效率与太阳光聚集

太阳能电池的**转换效率**定义为输出电功率和入射光功率之比。对于最大功率输出，可以写出

$$\eta = \frac{P_m}{P_{in}} \times 100\% = \frac{I_m V_m}{P_{in}} \times 100\% \tag{12.14}$$

太阳能电池的最大电流和最大电压分别表示为 I_{sc} 和 V_{oc}。比值 $I_m V_m / I_{sc} V_{oc}$ 称为填充因子，它表征太阳能电池输出功率的大小。通常，填充因子在 0.7～0.8 之间。

常规 pn 结太阳能电池的带隙能是单一的。当电池曝露在太阳光谱下，能量小于 E_g 的光子对电池的电输出功率没有贡献。能量大于 E_g 的光子对太阳能电池的输出功率产生贡献，不过超过 E_g 的那部分能量最终以热能的形式散耗掉。图 12.9 所示为太阳光谱的辐射照度(单位面积单位波长的光功率)，其中，大气质量 AM0 表示地球大气层外的太阳光谱，大气质量 AM1 表示正午时分地球表面的太阳光谱。硅 pn 结太阳能电池的最大效率约为 28%。然而，一些非理想因素通常会将转换系数降低到 10%～15%，例如串联电阻和半导体表面的反射。

若用大的光学透镜将日光聚集到太阳能电池上，则光强可增大数百倍。短路电流随光聚集线性增长，而开路电压随光聚集略有增加。图 12.10 给出了 $T=300$ K 时，两种不同光聚集度所对应的理想太阳能电池效率。我们可以看到，转换效率随光聚集度略有增加。因为光学透镜比相同面积的太阳能电池便宜，所以使用聚光技术的主要优点是降低了整个系统的成本。

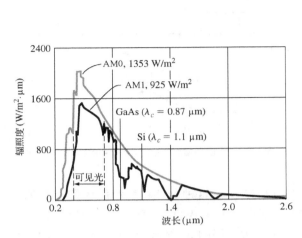

图 12.9 太阳辐射照度(引自 Sze[18])

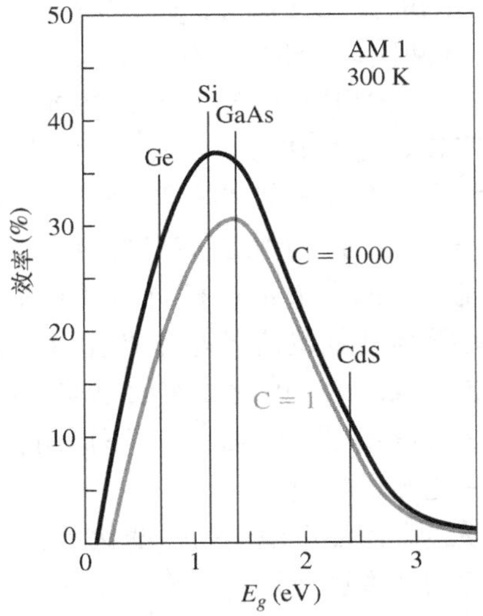

图 12.10 $T = 300$ K 时，理想太阳能电池转换效率与带隙能的关系曲线。图中给出了聚集度 $C = 1$ 和 $C = 1000$ 时的两条曲线(引自 Sze[18])

例 12.4 **当使用太阳光聚集时，计算太阳能电池的开路电压。**考虑例 12.3 描述的硅 pn 结太阳能电池，令太阳光强增大 10 倍。

【解】

例 12.3 所得的光电流密度为 $J_L = 15$ mA/cm^2。若光强增大 10 倍，则光电流密度也应增大 10 倍，即 $J_L = 150$ mA/cm^2。若反向饱和电流密度保持不变，$J_S = 3.6 \times 10^{-11}$ A/cm^2(假设温度保持不变)。由式(12.10)可得，开路电压为

$$V_{oc} = V_t \ln\left(1 + \frac{J_L}{J_S}\right) = (0.0259) \ln\left(1 + \frac{150 \times 10^{-3}}{3.6 \times 10^{-11}}\right) = 0.574 \text{ V}$$

【说明】

随着太阳光聚集的增加，开路电压略有增长，这意味着转换效率随太阳光聚集而略为提高。

【自测题】

EX12.4 若自测题 EX12.3 所描述的硅 pn 结太阳能电池的截面积为 1 cm^2。试确定传递给负载的最大功率。

答案：0.205 W。

12.2.3 异质结太阳能电池

正如我们在前面所提到的，具有不同带隙能的两种半导体可形成异质结。典型 pN 异质结热平衡时的能带结构如图 12.11 所示。假设光子入射到宽带隙材料一侧。能量小于 E_{gN} 的光子将透过宽带隙材料，它在此充当光学窗口，而能量大于 E_{gp} 的光子将被窄带隙材料吸收。一般来说，在耗尽区产生、且在一个扩散长度内的光子将被收集，产生光电流。能量大于 E_{gN} 的光子将被宽带隙材料吸收，在一个扩散长度内产生的过剩载流子将被收集。如果 E_{gN} 足够大，则高能光子将被窄带隙材料的空间电荷区吸收。这种异质结太阳能电池比同质结太阳能电池具有更好的特性，尤其在短波长范围。

异质结的变化如图 12.12 所示。先制备一个 pn 同质结，然后在其上生长一层宽带隙材料。宽带隙材料对 $h\nu < E_{g1}$ 的光子充当光学窗口。能量在 $E_{g2} < h\nu < E_{g1}$ 范围内的光子将在同质结内产生过剩载流子，而能量为 $h\nu > E_{g1}$ 的光子将在窗口材料内产生过剩载流子。如果窄带隙材料的吸收系数很高，则所有过剩载流子基本产生在结区的一个扩散长度内，因此收集效率非常高。图 12.12 也给出了 $Al_xGa_{1-x}As$ 不同组分 x 时的归一化光谱响应。

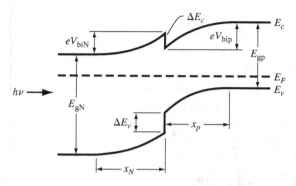

图 12.11　热平衡时，pN 异质结的能带图

异质结太阳能电池的另一变化示意地画在图 12.13 中。这种器件称为**级联太阳能电池**。这种器件的基本思想是宽带隙 pn 结（GaInP 的带隙能 $E_g = 1.9$ eV）位于窄带隙 pn 结（GaAs 的带隙能 $E_g = 1.42$ eV）之上。能量大于 1.9 eV 的光子会被顶层的 pn 结吸收，而能量在 1.42 eV $< h\nu < 1.9$ eV 范围内的光子会透过顶层 pn 结，被底层 pn 结吸收。

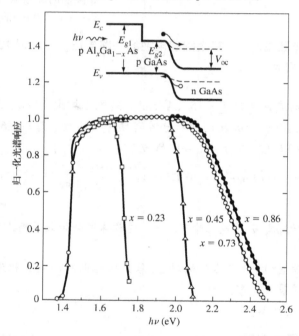

图 12.12　不同组分的 AlGaAs/GaAs 太阳能电池的归一化光谱响应（引自 Sze[17]）

这种级联太阳能电池的能带图也示意地画在图 12.13 中。GaAs p^+n^+ 隧穿结置于顶层和底层 pn 之间，以连接两个吸收 pn 结。

12.2.4　非晶硅太阳能电池

单晶硅太阳能电池成本昂贵，而且直径在 6 英寸以上受限。太阳能供电系统通常要求非常大的电池阵列，以产生所需的功率。非晶硅太阳能电池为制备大面积、且成本相对便宜的太阳能系统提供了可能。

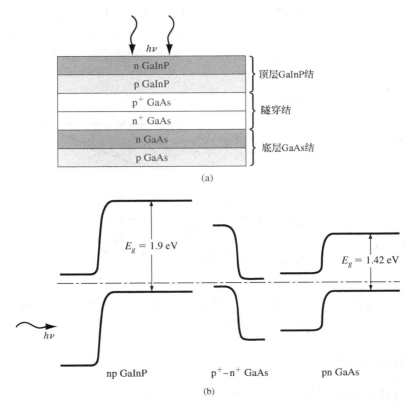

图 12.13　(a)级联太阳能电池的简化原理图；(b)级联太阳能电池的能带图

当用 CVD 技术在 600℃以下淀积硅时，不论衬底类型如何，形成的都是非晶硅。非晶态硅的有序距离极短，观察不到结晶区。在硅中引入氢可减少悬挂键数量，因此含氢的非晶硅称为氢化非晶硅。

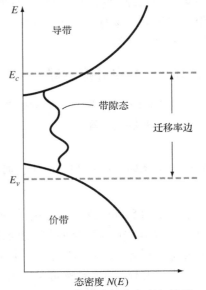

非晶硅的态密度与能量的关系如图 12.14 所示。非晶硅在单晶硅的正常带隙内包含大量的电子能态。由于短程有序，非晶硅的有效迁移率非常低，通常在 10^{-6} cm²/V·s 到 10^{-3} cm²/V·s 的范围内。高于 E_c 和低于 E_v 能态的迁移率通常在 1 cm²/V·s 到 10 cm²/V·s 之间。由于低的迁移率，所以通过 E_c 和 E_v 之间能态的传导可以忽略不计。由于迁移率的不同，E_c 和 E_v 称为迁移率边，两者之间的能量差称为迁移率隙。在非晶硅中添加特定类型的杂质可调整迁移率隙。通常，迁移率隙在 1.7 eV 左右。

图 12.14　非晶硅的态密度与能量关系(引自 Yang[22])

非晶硅具有非常高的光吸收系数，所以大多数太阳光在距离表面 1 μm 的深度内就被吸收。因此，这种太阳能电池只需非常薄的非晶硅层。典型的非晶硅太阳电池是如图 12.15 所示的 PIN 器件。非晶硅淀积在光学透明的氧化铟锡(ITO)涂覆的玻璃衬底上。如果用铝作为背接触，则它会将透射光反射回 PIN 器件。n⁺ 区和 p⁺ 区可以很薄，而本征区的厚度通常在 0.5

~1.0 μm 的范围内。器件处在热平衡时的能带如图 12.15(b)所示。本征区内产生的过剩载流子被电场分开，形成光电流。尽管非晶硅的转换效率小于单晶硅，但极低的成本使得这项技术非常诱人。目前，已经可以生产出 40 cm 宽、数米长的非晶硅太阳电池。

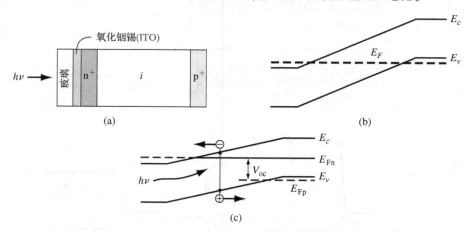

图 12.15　(a)非晶硅 PIN 太阳能电池的截面图；(b)热平衡时的能带图；
(c)非晶硅 PIN 太阳能电池光照时的能带图(引自 Yang[22])

12.3　光电探测器

目标：分析半导体光电探测器

有几种半导体器件可用来探测光子的存在。这些器件称为光电探测器，它们将光信号转换成电信号。当半导体内产生过剩电子和空穴后，材料的电导率增加。电导率变化是光电导探测器的基础，它或许是最简单的光电探测器。如果电子和空穴产生于 pn 结的空间电荷区，则它们将被电场分开，形成光电流。pn 结是一些光电探测器的物理基础，其中包括光电二极管和光电晶体管。

12.3.1　光电导探测器

图 12.16 所示为两端形成欧姆接触的条形半导体材料，两个接触端之间施加有偏压。热平衡时的初始电导率为

$$\sigma_0 = e(\mu_n n_0 + \mu_p p_0) \tag{12.15}$$

如果半导体内产生过剩载流子，则电导率变为

$$\sigma = e[\mu_n(n_0 + \delta n) + \mu_p(p_0 + \delta p)] \tag{12.16}$$

其中，δn 和 δp 分别表示过剩电子和空穴浓度。如果我们考虑 n 型半导体，则由电中性条件可知，$\delta n = \delta p \equiv \delta p$。我们将用 δp 表示过剩载流子的浓度。在稳态情况下，过剩载流子浓度可表示为 $\delta p = G_L \tau_p$，其中，G_L 是过剩载流子的产生率，其单位为 $cm^{-3} \cdot s^{-1}$，τ_p 是过剩少子寿命。

式(12.16)的电导率可重写成

$$\sigma = e(\mu_n n_0 + \mu_p p_0) + e(\delta p)(\mu_n + \mu_p) \tag{12.17}$$

由光激发引起电导率的变化称为**光电导**，它可表示为

$$\Delta\sigma = e(\delta p)(\mu_n + \mu_p) \tag{12.18}$$

外加电压在半导体内感应出电场,进而产生电流。电流密度可写为

$$J = (J_0 + J_L) = (\sigma_0 + \Delta\sigma)\mathcal{E} \tag{12.19}$$

其中,J_0 是光激发前的电流密度,J_L 是**光电流**密度。光电流密度为 $J_L = \Delta\sigma\,\mathcal{E}$。如果半导体各处过剩电子和空穴的产生率均匀,则光电流可表示为

$$I_L = J_L A = \Delta\sigma A\mathcal{E} = eG_L\tau_p(\mu_n + \mu_p)A\mathcal{E} \tag{12.20}$$

其中,A 是器件的截面积。光电流与过剩载流子产生率成正比,而过剩载流子的产生率又与入射光通量成正比。

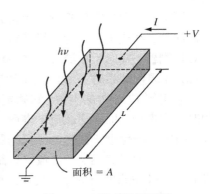

图 12.16 光电导探测器

如果半导体各处过剩电子和空穴的产生率不同,则光电流等于光电导对截面积的积分。

既然 $\mu_n\mathcal{E}$ 是电子漂移速度,所以电子渡越时间,即电子通过光电导所需的时间为

$$t_n = \frac{L}{\mu_n\mathcal{E}} \tag{12.21}$$

由式(12.20),光电流可重写为

$$I_L = eG_L\left(\frac{\tau_p}{t_n}\right)\left(1 + \frac{\mu_p}{\mu_n}\right)AL \tag{12.22}$$

我们可将**光电导增益** Γ_{ph} 定义为接触电极电荷收集率与光电导内产生率之比。因此,可写出增益表达式

$$\Gamma_{\mathrm{ph}} = \frac{I_L}{eG_L AL} \tag{12.23}$$

利用式(12.22),它又可写为

$$\Gamma_{\mathrm{ph}} = \frac{\tau_p}{t_n}\left(1 + \frac{\mu_p}{\mu_n}\right) \tag{12.24}$$

例 12.5 **计算硅光电导探测器的增益。** n 型硅光电导的长度为 $L = 100\ \mu\mathrm{m}$,截面积为 $A = 10^{-7}\ \mathrm{cm}^2$,少子寿命 $\tau_p = 10^{-6}\mathrm{s}$。所加电压 $V = 10\ \mathrm{V}$。

【解】

电子渡越时间为

$$t_n = \frac{L}{\mu_n\mathcal{E}} = \frac{L^2}{\mu_n V} = \frac{(100 \times 10^{-4})^2}{(1350)(10)} = 7.41 \times 10^{-9}\ \mathrm{s}$$

因此,光电导增益为

$$\Gamma_{\mathrm{ph}} = \frac{\tau_p}{t_n}\left(1 + \frac{\mu_p}{\mu_n}\right) = \frac{10^{-6}}{7.41 \times 10^{-9}}\left(1 + \frac{480}{1350}\right) = 1.83 \times 10^2$$

【说明】

事实上,光电导探测器(条形半导体材料)具有非常高的增益。

【自测题】

EX12.5　若光电导探测器长 L 度减小到 $50\ \mu\mathrm{m}$,重做例 12.5。

　　　　答案:$\Gamma_{\mathrm{ph}} = 733$。

　　下面，我们从物理机制上考虑光生电子发生过程。过剩电子产生后，它快速漂移出光电导探测器，到达阳极。为了维持整个光电导探测器的电中性，另一个电子立即从阴极进入光电导探测器，并向阳极漂移。在平均载流子寿命的时间周期内，这个过程将一直持续。一般来说，在周期结束时，光电子与空穴复合。

　　利用例 12.5 中的参数，可得电子渡越时间 $t_n = 7.41 \times 10^{-9}$ s。从简单意义上讲，在 10^{-6} s 的时间周期内，即平均载流子寿命，光电子将绕光电导探测器环绕 135 次。如果考虑光生空穴，则每个产生电子在光电导探测器接触端收集的电荷总数为 183。

　　当光信号结束后，光电流将以某个时间常数指数衰减，这个时间常数等于少子寿命。频率响应的开关速度与寿命成反比。由光电导增益表达式(12.24)可知，我们希望少子寿命长，但开关速度却因小的少子寿命而提高。很明显，增益和速度之间存在折中。一般来说，下面将要讨论的光电二极管的性能要优于光电导探测器。

12.3.2　光电二极管

　　光电二极管是工作在反偏电压下的 pn 结二极管。我们首先考虑长二极管，在这种二极管中，整个半导体器件产生的过剩载流子是均匀的。图 12.17(a)所示为反向偏置的二极管，而图 12.17(b)则给出了光照前，反偏结内的少子分布。

　　设 G_L 是过剩载流子的产生率。空间电荷区产生的过剩载流子被电场快速扫出耗尽区，其中，电子被扫入 n 区，而空穴进入 p 区。空间电荷区的光电流密度可表示为

$$J_{L1} = e \int G_L \, \mathrm{d}x \qquad (12.25)$$

上式对整个空间电荷区宽度积分。如果 G_L 在整个空间电荷区内均为常数，则

$$J_{L1} = eG_L W \qquad (12.26)$$

其中，W 是空间电荷区宽度。我们注意到，J_{L1} 沿 pn 结的反偏方向。这个光电流分量对光子照射的响应非常快，因此称为**瞬时光电流**。

　　比较式(12.26)和式(12.23)，我们注意到光电二极管的增益为 1。光电二极管的速度受限于载流子渡越空间电荷区的时间。如果假设饱和漂移速度为 10^7 cm/s，耗尽区宽度为 2 μm，则渡越时间 $\tau_t = 20$ ps。理想调制频率的周期为 $2\tau_t$，所以频率 $f = 25$ GHz。这个频率响应远高于光电导探测器的频率响应。

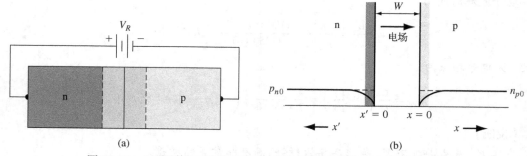

图 12.17　(a)反偏 pn 结的示意图；(b)反偏 pn 结内的少子浓度分布

　　过剩载流子也可在二极管的中性 n 区和 p 区内产生。p 区内的过剩少子电子分布可由双极输运方程得到，即

$$D_n \frac{\partial^2(\delta n_p)}{\partial x^2} + G_L - \frac{\delta n_p}{\tau_{n0}} = \frac{\partial(\delta n_p)}{\partial t} \tag{12.27}$$

若假设中性区的电场为零。在稳态情况下，$\partial(\delta n_p)/\partial t = 0$，因此，式（12.27）可写为

$$\frac{d^2(\delta n_p)}{dx^2} - \frac{\delta n_p}{L_n^2} = -\frac{G_L}{D_n} \tag{12.28}$$

其中，$L_n^2 = D_n \tau_{n0}$。

式（12.28）的解是齐次解和特解之和。在 $x = 0$ 处，由少子电子引入的扩散电流密度为

$$J_{n1} = eG_L L_n + \frac{eD_n n_{p0}}{L_n} \tag{12.29}$$

式（12.29）的第一项是稳态光电流密度，而第二项是由少子（电子）引入的理想反向饱和电流密度。

在 $x' = 0$ 处，由少子（空穴）引入的扩散电流密度为（沿 x 方向）

$$J_{p1} = eG_L L_p + \frac{eD_p p_{n0}}{L_p} \tag{12.30}$$

同理，第一项是稳态**光电流密度**，第二项是理想反向饱和电流密度。

对长二极管而言，稳态总电流密度为

$$J_L = eG_L W + eG_L L_n + eG_L L_p = e(W + L_n + L_p)G_L \tag{12.31}$$

再次强调的是，光电流沿二极管的反向偏置方向。式（12.31）给定的光电流是基于以下假设得出的：（1）假设整个结构的过剩载流子均匀产生；（2）长二极管；（3）稳态条件成立。

光电流扩散分量的时间响应相对较慢，这是因为它们是少子向耗尽区扩散的结果。光电流的扩散分量称为延时光电流。

例 12.6 计算反向偏置的长 pn 结光电二极管的稳态光电流密度。$T = 300\ \text{K}$ 时，硅 pn 二极管的参数如下：

$$N_a = 10^{16}\ \text{cm}^{-3} \qquad N_d = 10^{16}\ \text{cm}^{-3}$$

$$D_n = 25\ \text{cm}^2/\text{s} \qquad D_p = 10\ \text{cm}^2/\text{s}$$

$$\tau_{n0} = 5 \times 10^{-7}\ \text{s} \qquad \tau_{p0} = 10^{-7}\ \text{s}$$

假设反偏电压 $V_R = 5\ \text{V}$，设 $G_L = 10^{21}\ \text{cm}^{-3} \cdot \text{s}^{-1}$。

【解】

我们可以计算出如下参数：

$$L_n = \sqrt{D_n \tau_{n0}} = \sqrt{(25)(5 \times 10^{-7})} = 35.4\ \mu\text{m}$$

$$L_p = \sqrt{D_p \tau_{p0}} = \sqrt{(10)(10^{-7})} = 10.0\ \mu\text{m}$$

$$V_{bi} = V_t \ln\left(\frac{N_a N_d}{n_i^2}\right) = (0.0259) \ln\left[\frac{(10^{16})(10^{16})}{(1.5 \times 10^{10})^2}\right] = 0.695\ \text{V}$$

$$W = \left[\frac{2\varepsilon_s}{e}\left(\frac{N_a + N_d}{N_a N_d}\right)(V_{bi} + V_R)\right]^{1/2}$$

$$= \left[\frac{2(11.7)(8.85 \times 10^{-14})}{1.6 \times 10^{-19}} \cdot \frac{(2 \times 10^{16})}{(10^{16})(10^{16})} \cdot (0.695 + 5)\right]^{1/2} = 1.21\ \mu\text{m}$$

最后，稳态光电流密度为

$$J_L = e(W + L_n + L_p)G_L$$
$$= (1.6 \times 10^{-19})(1.21 + 35.4 + 10.0) \times 10^{-4}(10^{21}) = 0.75 \, \text{A/cm}^2$$

【说明】

注意，这个光电流是沿二极管的反向偏置方向的，它比 pn 结二极管的反向饱和电流密度大多个数量级。

【自测题】

EX12.6　若硅长 pn 结光二极管的参数由例 12.6 给定。器件截面积 $A = 10^{-3} \, \text{cm}^2$。假设光电二极管由与 5 kΩ 电阻串联的 5 V 电池反向偏置。波长 $\lambda = 1 \, \mu\text{m}$ 的光信号入射到光电二极管上，整个器件过剩载流子的产生率处处均匀。试确定负载电阻两端电压为 0.5 V 时的入射光强。

答案：$I_v = 0.266 \, \text{W/cm}^2$。

在例 12.6 的计算中，$L_n \gg W$ 和 $L_p \gg W$ 成立。在许多 pn 结结构中，长二极管假设并不成立，所以必须修正光电流表达式。此外，整个 pn 结的光子能量吸收可能并不均匀。非均匀吸收的影响将在 12.3.3 节考虑。

12.3.3　PIN 光电二极管

在光电探测器的许多应用中，响应速度是非常重要的一个参数。因此，空间电荷区内产生的瞬时光电流是我们感兴趣的唯一光电流。为了提高光电探测器的灵敏度，耗尽区的宽度应做得尽可能大。PIN 光电二极管可以满足上述要求。

PIN 二极管由 p 区、n 区和中间的本征区构成，其结构简图如图 12.18(a) 所示。PIN 二极管的本征区宽度 W 远大于常规的 pn 结。如果 PIN 二极管反向偏置，则空间电荷区完全贯穿本征区。

假设入射到 p^+ 区的光通量为 Φ_0。如果我们假设 p^+ 区宽度 W_p 非常薄，则本征区的光通量是距离的函数，即 $\Phi(x) = \Phi_0 \text{e}^{-\alpha x}$，其中 α 是光吸收系数。非线性光吸收如图 12.18(b) 所示。本征区产生的光电流密度为

$$J_L = e \int_0^W G_L \, \text{d}x = e \int_0^W \Phi_0 \alpha \text{e}^{-\alpha x} \, \text{d}x = e\Phi_0(1 - \text{e}^{-\alpha W}) \tag{12.32}$$

上式假设空间电荷区不存在电子–空穴的复合，且每个吸收光子产生一个电子–空穴对。

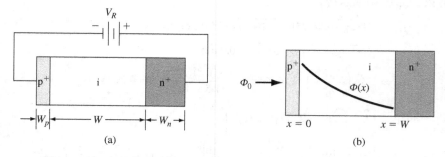

图 12.18　(a)反偏 PIN 光电二极管；(b)非均匀光吸收的几何结构图

例 12.7　**计算 PIN 光电二极管中的光电流密度。**硅 PIN 二极管的本征区宽度 $W = 20\ \mu m$。假设光通量为 $10^{17}\ cm^{-2} \cdot s^{-1}$，吸收系数 $\alpha = 10^3\ cm^{-1}$。

【解】

本征区前端电子-空穴对的产生率为

$$G_{L1} = \alpha\Phi_0 = (10^3)(10^{17}) = 10^{20}\ cm^{-3} \cdot s^{-1}$$

本征区后端的产生率为

$$G_{L2} = \alpha\Phi_0 e^{-\alpha W} = (10^3)(10^{17})\exp[-(10^3)(20 \times 10^{-4})]$$
$$= 0.135 \times 10^{20}\ cm^{-3} \cdot s^{-1}$$

很显然，整个本征区的产生率并不均匀。因此，光电流密度

$$J_L = e\Phi_0(1 - e^{-\alpha W})$$
$$= (1.6 \times 10^{-19})(10^{17})\{1 - \exp[-(10^3)(20 \times 10^{-4})]\}$$
$$= 13.8\ mA/cm^2$$

【说明】

由于 PIN 光电二极管的空间电荷区较大，所以其瞬时光电流比普通光电二极管的大。

【自测题】

EX12.7　对于例 12.7 所描述的 PIN 光电二极管，试确定产生 90% 最大可能光电流（$W = \infty$）所需的本征区宽度。假设所有参数与例 12.7 完全相同。

答案：$W = 24\ \mu m$。

光电探测器设计的一个重要方面是为探测频率选择最佳的材料。长波长光纤通信采用 $1.55\ \mu m$ 的波长。光纤的传输损耗在这个波长接近最小值。这个波长对应的能量为 $E = 0.8\ eV$［参见式（12.1）］。图 12.19 所示的 PIN 二极管可用于长波长光纤通信。InP 的带隙能 $E_g = 1.35\ eV$，它用做窗口材料。$In_{0.53}Ga_{0.47}As$ 的带隙能 $E_g = 0.75\ eV$。电子和空穴在 InGaAs n^- 耗尽区产生。

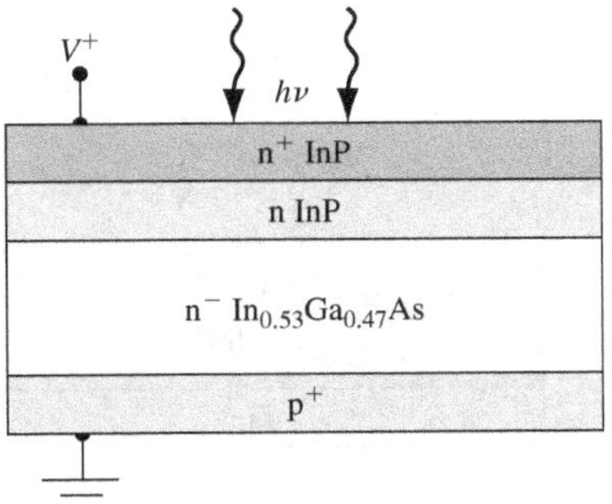

图 12.19　用于探测 $1.55\ \mu m$ 波长光信号的异质结 PIN 光电二极管

12.3.4　雪崩光电二极管

雪崩光电二极管除了施加足够大的电压产生碰撞离化外，它与 pn 或 PIN 光电二极管类似。正如我们前面所讨论的，空间电荷区吸收光子后，产生电子-空穴对。现在，光生电子和空穴通过碰撞离化产生其他的电子-空穴对。雪崩光电二极管的电流增益是雪崩倍增因子的函数。

光吸收和碰撞离化产生的电子-空穴对被快速扫出空间电荷区。如果 $10\ \mu m$ 宽耗尽区的饱和速度为 $10^7\ cm/s$，则渡越时间为

$$\tau_t = \frac{10^7}{10 \times 10^{-4}} = 100\ ps$$

调制信号周期为 $2\tau_t$，因此，频率为

$$f = \frac{1}{2\tau_t} = \frac{1}{200 \times 10^{-12}} = 5\ GHz$$

如果雪崩光电二极管的电流增益为 20，则增益 – 带宽积为 100 GHz。雪崩光电二极管可以响应微波频率调制的光波。

雪崩光电二极管通过雪崩倍增过程提供增益。遗憾的是，雪崩过程的随机波动引入额外噪声。如果雪崩过程仅有一种载流子参与，则可降低这种噪声。在硅中，电子离化率大于空穴离化率。遗憾的是，硅的带隙能大于大多数光纤通信能量，所以硅对这些光信号是透明的。

一种可能的解决方案是采用类似于图 12.20 所示的二极管。光被 InGaAs 区吸收，然后空穴漂移进 n 型 InP 区，并在此发生雪崩倍增过程。因此，雪崩过程仅有一种载流子参与。

12.3.5　光电晶体管

双极型晶体管也可用做光电探测器。由于晶体管作用，光电晶体管具有很高的增益。图 12.21(a) 所示为 npn 光电晶体管。这种器件有一个大面积的 B-C 结，通常工作在基极开路状态。图 12.21(b) 给出了光电晶体管的结构框图。反偏 B-C 产生的电子–空穴对被扫出空间电荷区，产生光电流 I_L。空穴被扫进 p 型基区，从而使基区电位相对发射极为正。由于 B-E 结变为正向偏置，电子会从发射极注入回基极，产生通常的晶体管作用。

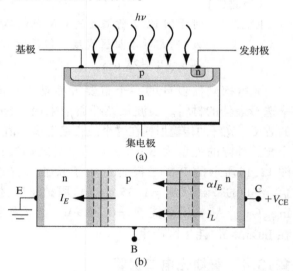

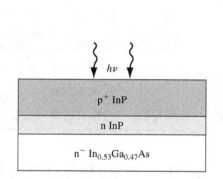

图 12.20　雪崩光电探测器的结构示意图。光在 n^--$In_{0.53}Ga_{0.47}As$ 区内吸收，空穴漂移进 n - InP 区，并在其中发生雪崩倍增

图 12.21　(a) 双极光电晶体管；(b) 基极开路光电晶体管的结构框图

由图 12.21(b)，可以得到

$$I_E = \alpha I_E + I_L \tag{12.33}$$

其中，I_L 是光生电流，α 是共基极电流增益。由于基极开路，我们有 $I_C = I_E$，所以式(12.33)可写为

$$I_C = \alpha I_C + I_L \tag{12.34}$$

求解 I_C，可得

$$I_C = \frac{I_L}{1 - \alpha} \tag{12.35}$$

将 α 与直流共发射极电流增益 β 联系起来，则式（12.35）变为

$$I_C = (1 + \beta)I_L \tag{12.36}$$

式（12.36）表明，B-C 结光电流增大了 $(1 + \beta)$ 倍。因此，光电晶体管放大了基区光电流。

由于 B-C 结面积相对较大，所以光电晶体管的频率响应受限于 B-C 结电容。由于基极本质上是器件的输入端，B-C 结电容因米勒效应而成倍增加，所以光电晶体管的频率响应进一步降低。但是，相对雪崩光电二极管而言，光电晶体管是一种低噪声器件。

光电晶体管也可由异质结制备。正如我们在第 11 章所讨论的，注入效率随带隙差的增大而增大。随着带隙差的增大，轻掺杂基区的掺杂浓度不再受限。因此，我们可以制备出重掺杂、窄基区的光电晶体管，这种器件具有高的阻断电压和高的增益。

12.4　发光二极管

目标：分析半导体发光二极管

光电探测器和太阳能电池都是把光能转换成电能的器件，即光子产生过剩电子和空穴，从而形成光电流。我们也可以在 pn 结两端施加一个电压，形成二极管电流，然后产生光子和光输出。这种反向机制称为注入式电致发光。这种器件称为**发光二极管**（LED）。LED 的输出光谱可能有相对较宽的波长范围，通常在 30 ~ 40 nm 之间。然而，可见光范围发射的输出光谱通常很窄，所以我们可以观测到特定的颜色。

12.4.1　光产生

正如前面所讨论的，在直接带隙半导体中，电子和空穴可通过直接带-带复合过程发射光子。由式（12.1），发射波长可表示为

$$\lambda = \frac{hc}{E_g} = \frac{1.24}{E_g}\mu m \tag{12.37}$$

其中，E_g 是以 eV 表示的带隙能。

当 pn 结两端施加电压时，注入电子和空穴穿过空间电荷区，成为过剩少子。这些过剩少子扩散进中性半导体区，并与多子复合。如果这个复合过程是直接带-带复合，则会发射光子。二极管的扩散电流与复合率成正比，所以输出光强也正比于理想二极管的扩散电流。在砷化镓中，电致发光主要起源于结的 p 型侧，这是因为电子的注入效率比空穴的高。

12.4.2　内量子效率

LED 的**内量子效率**是引起发光的二极管电流部分。它是注入效率和辐射复合事件占总复合事件百分比的函数。

正偏二极管有三个电流分量，它们分别是少子电子的扩散电流、少子空穴的扩散电流以及空间电荷区的复合电流。这些电流密度可分别表示为

$$J_n = \frac{eD_n n_{p0}}{L_n}\left[\exp\left(\frac{eV}{kT}\right) - 1\right] \tag{12.38a}$$

$$J_p = \frac{eD_p p_{n0}}{L_p}\left[\exp\left(\frac{eV}{kT}\right) - 1\right] \tag{12.38b}$$

和

$$J_R = \frac{e n_i W}{2\tau_0} \left[\exp\left(\frac{eV}{2kT}\right) - 1 \right] \tag{12.38c}$$

一般来说，空间电荷区内电子和空穴的复合是通过带隙中央附近的陷阱，它是一种非辐射复合过程。由于砷化镓的发光主要是由于少子电子的复合，所以我们可将注入效率定义为电子电流占总电流的比例

$$\gamma = \frac{J_n}{J_n + J_p + J_R} \tag{12.39}$$

其中，γ 是注入效率。我们可采用如下方法使注入效率 γ 接近 1：(1) 采用 n+p 型二极管，所以 J_p 仅占二极管电流的一小部分，(2) 二极管足够正偏，所以 J_R 也仅占总二极管电流的一小部分。

一旦电子注入 p 区，并非所有电子都发生辐射复合。我们定义辐射复合率和非辐射复合率分别为

$$R_r = \frac{\delta n}{\tau_r} \tag{12.40a}$$

和

$$R_{nr} = \frac{\delta n}{\tau_{nr}} \tag{12.40b}$$

其中，τ_r 和 τ_{nr} 分别表示辐射复合寿命和非辐射复合寿命，δn 是过剩载流子浓度。总复合率为

$$R = R_r + R_{nr} = \frac{\delta n}{\tau} = \frac{\delta n}{\tau_r} + \frac{\delta n}{\tau_{nr}} \tag{12.41}$$

其中，τ 是净过剩载流子寿命。

辐射效率定义为辐射复合所占的比例。我们可写成

$$\eta = \frac{R_r}{R_r + R_{nr}} = \frac{\dfrac{1}{\tau_r}}{\dfrac{1}{\tau_r} + \dfrac{1}{\tau_{nr}}} = \frac{\tau}{\tau_r} \tag{12.42}$$

其中，η 是辐射效率。非辐射复合率正比于 N_t，N_t 是带隙内的非辐射复合陷阱密度。显然，辐射效率随 N_t 减小而增加。

内量子效率现在可写为

$$\eta_i = \gamma \eta \tag{12.43}$$

辐射复合率正比于 p 型掺杂浓度。随着 p 型掺杂浓度的增加，辐射复合率也增加。然而，注入效率随 p 型掺杂浓度的增加而下降。因此，存在一个使内量子效率最大化的最优掺杂浓度。

12.4.3 外量子效率

LED 的一个非常重要的参数是**外量子效率**。它是指从半导体实际发射出光子所占的比例。外量子效率通常远小于内量子效率。一旦光子在半导体内产生，它可能遇到三种损耗机制：半导体内的光吸收、菲涅耳损耗和临界角损耗。

图 12.22 所示为 pn 结 LED 的原理图。光子可沿任何方向发射。既然发射光子能量必须

满足 $hv \geq E_g$，所以这些光子可再次被半导体材料吸收。实际上，大多数光子从远离表面的地方发射出来，然后再次被半导体吸收。

光子必须从半导体发射到空气中，所以这些光子必须透过介质界面。图 12.23 画出了入射、反射和透射波。参数 $\bar{n}_2$ 是半导体的折射率，$\bar{n}_1$ 是空气折射率。**反射系数**为

$$\Gamma = \left(\frac{\bar{n}_2 - \bar{n}_1}{\bar{n}_2 + \bar{n}_1}\right)^2 \qquad (12.44)$$

这种效应称为**菲涅耳损耗**。反射系数 Γ 是入射光子被反射回半导体的比例。

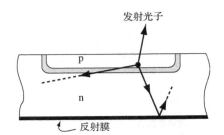

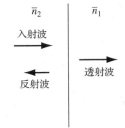

图 12.22　LED pn 结发射光子的原理图　　　图 12.23　介质界面处的入射、反射和透射光

例 12.8　计算半导体-空气界面的反射系数。试计算砷化镓半导体和空气界面的反射系数。

【解】

砷化镓的折射率 $\bar{n}_2 = 3.66$，空气折射率 $\bar{n}_1 = 1.0$，所以反射系数为

$$\Gamma = \left(\frac{\bar{n}_2 - \bar{n}_1}{\bar{n}_2 + \bar{n}_1}\right)^2 = \left(\frac{3.66 - 1.0}{3.66 + 1.0}\right)^2 = 0.33$$

【说明】

反射系数 $\Gamma = 0.33$ 意味着砷化镓发射光子中的 33% 会被砷化镓/空气界面反射回半导体。

【自测题】

EX12.8　若 GaP 的折射率 $\bar{n}_2 = 3.12$，试计算 GaP/空气界面的反射系数。

答案：$\Gamma = 0.265$。

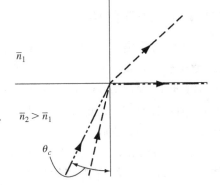

图 12.24　光在介质界面处发生折射和全反射的原理图

以一定角度入射到半导体-空气界面的光子也可能发生折射，如图 12.24 所示。如果光子的入射角大于临界角 θ_c，则这些光子经历全反射。临界角由斯内尔定律确定，表示为

$$\theta_c = \arcsin\left(\frac{\bar{n}_1}{\bar{n}_2}\right) \qquad (12.45)$$

例 12.9　计算砷化镓-空气界面的临界角。

【解】

GaAs 和空气的折射率分别为 3.66 和 1.0，所以临界角为

$$\theta_c = \arcsin\left(\frac{\bar{n}_1}{\bar{n}_2}\right) = \arcsin\left(\frac{1.0}{3.66}\right) = 15.9°$$

【说明】

入射角大于 15.9°的光子都将被反射回半导体。

【自测题】

EX12.9　若 GaP 的折射率 $\bar{n}_2 = 3.12$，试计算 GaP/空气界面的临界角。
　　　　答案：$\theta_c = 18.7°$。

　　图 12.25(a)所示为外量子效率与 p 型掺杂浓度的关系曲线，而图 12.25(b)则给出了外量子效率与表面下结深的关系。这两幅图都表明，外量子效率通常在 1% ~ 3% 的范围内。

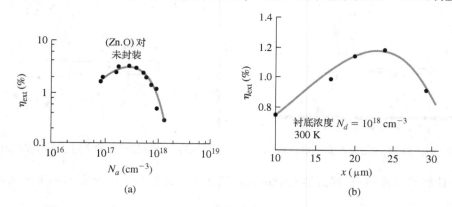

图 12.25　(a)GaP LED 外量子效率与受主浓度的关系曲线；(b)GaAs
　　　　LED 外量子效率与结深的函数关系（引自 Yang[22]）

12.4.4　LED 器件

　　LED 的输出信号波长由半导体的带隙能决定。砷化镓是一种直接带隙半导体，它的带隙能为 $E_g = 1.42$ eV，对应的发射波长 $\lambda = 0.873$ μm。图 12.5 所示为 GaAs 发射波长与可见光谱的比较，GaAs LED 的发射波长不在可见光范围内。可见光的波长范围在 0.4 ~ 0.72 μm之间。这个波长范围对应的带隙能大约在 1.7 ~ 3.1 eV 之间。

　　当 $0 \leqslant x \leqslant 0.45$ 时，$GaAs_{1-x}P_x$ 是直接带隙半导体。当 $x = 0.40$ 时，带隙能约为 $E_g = 1.9$ eV，它产生的信号波长在红光范围。图 12.26 给出了不同 x 值时，$GaAs_{1-x}P_x$ 二极管的亮度。其峰值波长也出现在红光范围。采用平面工艺已制备出用于数字和字母显示的 $GaAs_{0.6}P_{0.4}$ 单片集成阵列器件。当组分 x 大于 0.45，$GaAs_{1-x}P_x$ 变成间接带隙半导体，所以量子效率大大降低。

　　常用**多层异质结**来制备 LED。其中一个实例如图 12.27 所示。窄带隙的 GaAs 是有源区。电子和空穴从宽带隙的 n 区和 p 区注入 GaAs 层。光子通过宽带隙的顶层和底层发射出来，而不会被吸收。

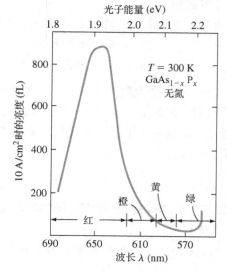

图 12.26　GaAsP 二极管亮度与波长（或带隙能）的关系曲线（引自 Yang[22]）

LED 与光纤直接耦合的原理图如图 12.28 所示。有源区是窄带隙的 GaAs 层。发射光子通过宽带隙的 AlGaAs 层耦合进光纤中。

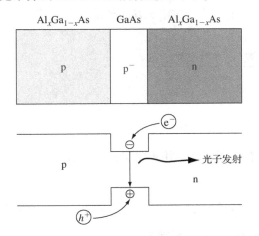

图 12.27　异质结 LED 的结构示意图。其中，窄带隙半导体作为有源区，发射光子通过宽带隙层而不被吸收

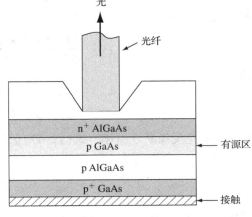

图 12.28　面发射 LED 的原理图，光直接耦合进光纤

12.5　激光二极管

目标：讨论半导体激光二极管

　　LED 的光子输出是由于电子从导带到价带跃迁放出能量而引起的。因为各个带–带跃迁是独立事件，所以 LED 的光子发射是自发的。自发辐射过程使 LED 产生相对较宽的光谱输出。如果改变 LED 的结构和工作条件，器件可工作在一个新的模式下，产生波长带宽小于 0.1 nm 的相干光输出。这种新型器件就是**激光二极管**（Laser Diode）。其中，"laser"代表"light amplification by stimulated emission of radiation"（受激辐射光放大）。尽管激光二极管的种类很多，但我们仅讨论 pn 结激光二极管。

12.5.1　受激辐射与粒子数反转

　　图 12.29(a)所示为入射光子被吸收，电子从 E_1 能态激发到 E_2 能态的情况。这个过程称为受激吸收。如果电子自发地跃迁回低能级，并伴有光子发射，则这个过程称为自发辐射，如图 12.29(b)所示。另一方面，若电子处于高能态时有光子入射，如图 12.29(c)所示，则入射光子与电子相互作用，使电子向下跃迁，并伴有光子发射。既然这个过程是由入射光子引起的，所以我们称这个过程为**受激辐射**。注意，这个受激辐射过程产生两个光子，所以实现了光增益或光放大。由于这两个发射光子是同相的，所以输出光谱是相干的。

　　半导体在热平衡时的电子分布由费米–狄拉克统计决定。如果采用玻尔兹曼近似，则可写出

$$\frac{N_2}{N_1} = \exp\left[\frac{-(E_2 - E_1)}{kT}\right] \tag{12.46}$$

其中，N_1 和 N_2 分别表示能级 E_1 和 E_2 上的电子浓度，且 $E_2 > E_1$。热平衡时 $N_2 < N_1$。受激吸收和受激辐射的概率相同。吸收光子数正比于 N_1，而额外发射的光子数则与 N_2 成正比。为获

得光放大或发生激射行为，我们必须有 $N_2 > N_1$，这个条件称为**粒子数反转**。在热平衡时，我们不能实现激射行为。

图12.30所示为二能级系统的示意图，强度为 I_ν 的光波沿 z 方向传输。光强沿传播距离 z 的变化可写为

$$\frac{\mathrm{d}I_\nu}{\mathrm{d}z} \propto \frac{\text{\# 发射光子数}}{\text{cm}^3} - \frac{\text{\# 吸收光子数}}{\text{cm}^3}$$

或

$$\frac{\mathrm{d}I_\nu}{\mathrm{d}z} = N_2 W_i h\nu - N_1 W_i h\nu \tag{12.47}$$

其中，W_i 是受激跃迁概率。式(12.47)假设没有损耗存在，并忽略了自发跃迁。

式(12.47)可写为

$$\frac{\mathrm{d}I_\nu}{\mathrm{d}z} = \gamma(\nu)I_\nu \tag{12.48}$$

其中，$\gamma(\nu) \propto (N_2 - N_1)$ 是放大系数。由式(12.48)可得，光强为

$$I_\nu = I_\nu(0)\mathrm{e}^{\gamma(\nu)z} \tag{12.49}$$

$\gamma(\nu) > 0$ 时，发生放大；而 $\gamma(\nu) < 0$ 时，则出现吸收。

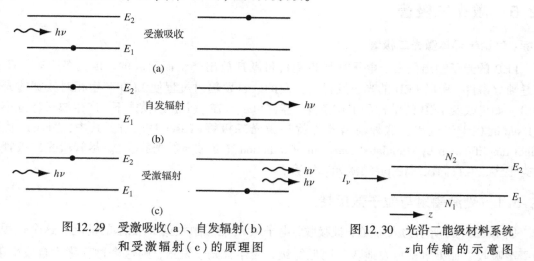

图12.29 受激吸收(a)、自发辐射(b)
和受激辐射(c)的原理图

图12.30 光沿二能级材料系统
z 向传输的示意图

如果 pn 结两侧是简并掺杂的，则正向偏置的同质结二极管可实现粒子数反转和激射行为。图12.31(a)所示为简并掺杂 pn 结在热平衡时的能带图。在 n 型区内，费米能级位于导带，而在 p 型区内，费米能级位于价带。图12.31(b)是 pn 结正向偏置时的能带图。pn 同质结二极管的增益系数可表示为

$$\gamma(\nu) \propto \left\{ 1 - \exp\left[\frac{h\nu - (E_{\text{Fn}} - E_{\text{Fp}})}{kT} \right] \right\} \tag{12.50}$$

为使 $\gamma(\nu) > 1$，我们必须有 $h\nu < (E_{\text{Fn}} - E_{\text{Fp}})$。这意味着 pn 结两侧必须简并掺杂，因为我们也要求 $h\nu \geqslant E_g$。在 pn 结附近，有一个发生粒子数反转的区域，导带大量电子直接位于价带大量空态之上。如果发生带-带复合，则会发射能量范围在 $E_g < h\nu < (E_{\text{Fn}} - E_{\text{Fp}})$ 的光子。

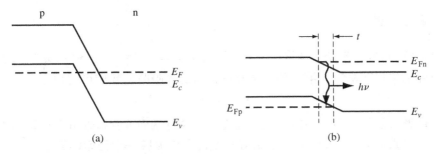

图 12.31　（a）简并掺杂 pn 结在零偏时的能带图；（b）简并
掺杂 pn 结正偏时的能带图,图中给出了光子发射

12.5.2　光学谐振腔

发生激射行为的一个必要条件是粒子数反转。相干发射输出由光学谐振腔实现。谐振腔因正反馈而使光强增强。谐振腔由两个相互平行的镜面构成,我们称其为**法布里-珀罗（F-P）谐振腔**。例如,沿 GaAs 晶体的(110)面解理,就可制备这种谐振腔,如图 12.32 所示。光波沿结的 z 方向传输,并在两个镜面端往复反射。实际上镜面仅有部分反射,所以一部分光波将发射出 pn 结。

谐振时,腔长 L 必须是半波长的整数倍,即

$$N\left(\frac{\lambda}{2}\right) = L \tag{12.51}$$

其中,N 是整数。由于 λ 很小,L 相对较大,所以谐振腔内存在多个模式。图 12.33(a)给出了谐振模式与波长的关系。

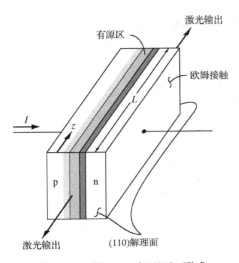

图 12.32　沿(110)解理面,形成
F-P 腔的 pn 结激光二极
管（引自 Yang［22］）

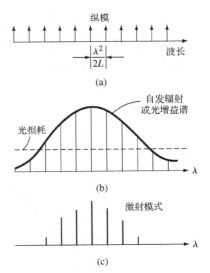

图 12.33　（a）腔长 L 的谐振模式；（b）自发
辐射曲线；（c）激光二极管的实
际发射模式（引自 Yang［22］）

当 pn 结注入正偏电流时,首先发生自发辐射。自发辐射光谱相对较宽,它与可能的激射模式相重叠,如图 12.33(b)所示。为了产生光激射,自发辐射增益必须大于光损耗。通过谐振腔的正反馈,一些特定波长可发生激射,如图 12.33(c)所示。

12.5.3　阈值电流

由式(12.49)可知，激光二极管内的光强可写为 $I_v \propto e^{\gamma(v)z}$，其中 $\gamma(v)$ 是放大系数。激光二极管有两种基本损耗机制。第一种是半导体材料的光吸收。我们可写出

$$I_v \propto e^{-\alpha(v)z} \tag{12.52}$$

其中，$\alpha(v)$ 是吸收系数。第二种损耗机制是光信号穿过端面或穿过部分反射镜面的传播。

在开始发生激射的阈值处，光增益恰好补偿经历谐振腔一个往返的光损耗。所以阈值条件可表示为

$$\Gamma_1 \Gamma_2 \exp\{[2\gamma_t(v) - 2\alpha(v)]L\} = 1 \tag{12.53}$$

其中，Γ_1 和 Γ_2 是两端镜面的反射系数。例如，若砷化镓激光二极管的光学镜面是(110)解理面，则其反射系数表示为

$$\Gamma_1 = \Gamma_2 = \left(\frac{\bar{n}_2 - \bar{n}_1}{\bar{n}_2 + \bar{n}_1}\right)^2 \tag{12.54}$$

其中，$\bar{n}_2$ 和 $\bar{n}_1$ 分别表示半导体和空气的折射率。参数 $\gamma_t(v)$ 是阈值处的光增益。

阈值处的光增益 $\gamma_t(v)$ 可由式(12.53)确定，即

$$\gamma_t(v) = \alpha + \frac{1}{2L} \ln\left(\frac{1}{\Gamma_1 \Gamma_2}\right) \tag{12.55}$$

由于光增益是 pn 结电流的函数，所以我们可将**阈值电流**密度定义为

$$J_{th} = \frac{1}{\beta}\left[\alpha + \frac{1}{2L} \ln\left(\frac{1}{\Gamma_1 \Gamma_2}\right)\right] \tag{12.56}$$

其中，β 由理论或实验确定。图 12.34 所示为阈值电流密度与镜面损耗的关系曲线。我们注意到，pn 结激光二极管的阈值电流密度相对较高。

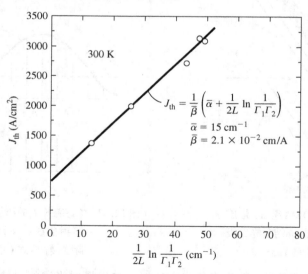

图 12.34　阈值电流密度与 F-P 腔端面损耗的关系(引自 Yang[22])

12.5.4 器件结构与特性

我们知道，同质结 LED 的光子可沿任意方向发射，这大大降低了外量子效率。若将发射光子限制在结附近的区域，则可显著提高器件特性。可用介质光波导来实现这种限制。第一个激光器是用三层双异质结结构实现的，这种器件称为**双异质结激光器**。介质波导要求中间的芯层折射率要大于两边包层的折射率，图 12.35 给出了 AlGaAs 系统的折射率。我们注意到，GaAs 的折射率最高。

双异质结激光器的例子如图 12.36(a) 所示。p 型 GaAs 薄层夹在 P-AlGaAs 和 N-AlGaAs 之间。图 12.36(b) 所示为 LD 正偏时的能带图。电子从 N-AlGaAs 注入 p-GaAs。由于导带势垒阻止电子扩散进 P-AlGaAs 区，所以很容易实现粒子数反转。因此，辐射复合限制在 p-GaAs 区。由于 GaAs 的折射率大于 AlGaAs 的折射率，所以发射光子也被限制在 GaAs 区。沿垂直于 N-AlGaAs-p-GaAs 结的方向解理就可形成光学谐振腔。

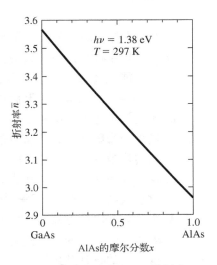

图 12.35 $Al_xGa_{1-x}As$ 折射率与摩尔分数 x 的函数关系(引自 Sze[18])

图 12.36 所示双异质结激光器的缺点是激光器有源区和波导区是一体的，二者结构完全相同。效率更高的激光器应该针对特定功能对有源区和波导区分别优化。图 12.37 就给出了一种这样结构的激光器。有源区宽度为 d，它可以是 GaAs，而光波导区宽度为 w，它是组分渐变的 $Al_xGa_{1-x}As$。抛物线形渐变具有更好的导光性能。

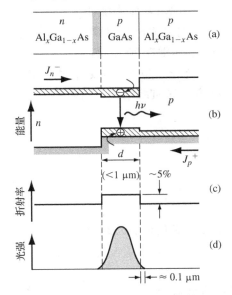

图 12.36 (a)基本双异质结结构；(b)激光器正偏时的能带图；(c)结构内的折射率变化；(d)介质波导的光限制(引自 Yang[22])

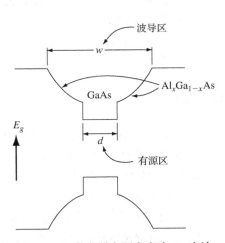

图 12.37 激光器有源宽度为 d，光波导的渐变合金层宽度为 w

12.6 小结

1. 讨论了半导体的光吸收,分析了光吸收系数与波长的关系,推导了电子–空穴产生率与入射光强和波长的函数关系。

2. A. 太阳能电池将光功率转换成电功率。我们首先考虑了最简单的 pn 结太阳能电池,并推导了短路电流和开路电压的表达式。另外,对最大功率进行了简单讨论。

   B. 转换效率考虑了两种不同能量的入射光子:能量小于带隙能的光子不被吸收,而能量大于带隙能的光子将以热的形式耗散多余能量。由于上述原因,理想太阳能电池的转换效率通常小于 30%。

   C. 我们也考虑了异质结和非晶硅太阳能电池。异质结电池可提高转换系数,并产生相对较大的开路电压,而非晶硅则为低成本、大面积太阳能电池阵列提供了可能。

3. A. 半导体光电探测器将光信号转换成电信号。光电导探测器可能是最简单的光电探测器。半导体的导电性随入射光子产生的过剩电子和空穴数量而变化,它是光电导探测器的物理基础。

   B. 光电二极管是电压反向偏置的二极管。入射光在空间电荷区产生的过剩载流子被电场扫出,形成光电流。光电流正比于入射光强。PIN 和雪崩光电二极管是基本光电二极管的变种。

   C. 光电晶体管产生的光电流被晶体管用于放大。然而,受米勒效应和米勒电容的影响,光电晶体管的时间响应比光电二极管的慢。

4. A. pn 结光吸收的反向机制是注入式电致发光。在直接带隙半导体中,过剩电子和空穴的复合可引起光发射。输出的光信号波长依赖于带隙能。因此,输出波长可用化合物半导体进行设计。例如,$GaAs_{1-x}P_x$ 的摩尔分数 x 决定带隙能。

   B. 发光二极管(LED)是这样一类 pn 结二极管,它的光输出是过剩电子和空穴自发复合的结果。自发辐射过程的输出光谱相对较宽,通常在 30 nm 左右。

5. 半导体激光二极管的光输出是受激辐射的结果。光学谐振腔(或法布里–珀罗腔)与二极管结合,可使输出光子同相或相干。可用多层异质结结构来提高激光二极管的性能。

知识点

学完本章之后,读者应具备如下能力:

1. 定性地描述半导体光吸收与入射波长的关系。

2. A. pn 结太阳能电池的基本工作原理和性能,包括短路电流和开路电压。

   B. 讨论影响太阳能电池转换效率的主要因素。

   C. 简述异质结和非晶硅太阳能电池的优缺点。

3. A. 讨论光电导探测器的性能,包括光电导增益的概念。

   B. 简述 pn 结光电二极管的工作原理和性能。

   C. 与 pn 结光电二极管相比,PIN 和雪崩光电二极管有何优点?

   D. 简述光电晶体管的工作原理和特性。

4. A. 分析 LED 的基本工作原理。

　　B. 简述影响 LED 转换效率的主要因素。

5. A. 阐述受激辐射的物理概念。

　　B. 简述半导体激光二极管的基本工作原理。

复习题

1. A. 画出半导体光吸收系数随波长变化的曲线形状。

　　B. 画出光吸收系数取两个不同值时，过剩载流子浓度随半导体距离变化的关系曲线。

2. A. 定义 pn 结太阳能电池的短路电流和开路电压，开路电压受哪些因素的影响？

　　B. 画出太阳能电池的 *I-V* 特性曲线，定义太阳能电池的最大功率矩形。

3. A. 写出光电导探测器的稳态光电流表达式。

　　B. 画出光照射时，稳态过剩载流子浓度在长 pn 结光电二极管内的分布。定义光电流的三个分量。

　　C. 画出光电晶体管的截面图，并给出入射光子产生的电流。解释电流增益机制。

4. A. 讨论 LED 的自发复合。

　　B. 解释限制 LED 发射光子数量的两个因素。

5. A. 讨论半导体发光二极管的受激辐射。

　　B. 解释法布里 – 珀罗光学谐振腔的基本工作原理。

习题

12.1　光吸收

12.1　(a) 试分别计算能在 Si，Ge 和 GaAs 半导体中产生电子-空穴对的最大入射波长 λ；(b) 若两束光源发出的波长分别为 $\lambda = 570$ nm 和 $\lambda = 700$ nm，试分别计算各自对应的光子能量。

12.2　(a) 已知 GaAs 样品的厚度为 0.35 μm，若该样品被能量为 $hv = 2$ eV 的光照射。试计算材料的吸收系数以及样品吸收光的百分比；(b) 若材料改为 Si 样品，其他参数不变，重做 (a) 的问题。

12.3　若能量 $hv = 1.3$ eV、功率密度为 10^{-2} W/cm^2 的光照射到一薄层 Si 片上。少子寿命为 10^{-6} s。试确定电子-空穴对的产生率以及稳态过剩载流子浓度 (忽略表面效应)。

12.4　已知 n-GaAs 样品的少子寿命 $\tau_p = 10^{-7}$ s。(a) 若表面产生的稳态过剩载流子浓度 $\delta p = 10^{15}$ cm^{-3}，入射光子能量 $hv = 1.9$ eV。试确定所需的入射光功率密度 (忽略表面效应)；(b) 试问在半导体内哪一个位置的产生率下降到表面的 20%？

12.5　(a) 若能量 $hv = 1.65$ eV 的入射光子照射 GaAs 半导体，试确定吸收 75% 入射光所需的材料厚度；(b) 若 75% 的入射光透过 GaAs 半导体，试确定此时的材料厚度。

12.6　已知 GaAs 半导体的厚度为 1 μm，单色入射光中的 50% 被材料吸收。试计算入射的光子能量和波长。

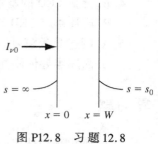

*12.7　已知 n 型半导体材料的厚度无限大($x = \infty$)，强度为 I_{v0} 的单色光从 $x = 0$ 处的表面入射，假设半导体内的电场为零，表面复合速度为 s。若考虑半导体的吸收系数，试确定稳态过剩空穴浓度与 x 的函数表达式。

*12.8　已知强度为 I_{v0} 的单色光入射到 p 型半导体上，如图 P12.8 所示。假设 $x = 0$ 处的表面复合速率为无穷大($s = \infty$)，$x = W$ 处的表面复合速率 $s = s_0$。试推导稳态过剩电子浓度随 x 变化的表达式。

图 P12.8　习题 12.8 所用示意图

12.2　太阳能电池

12.9　$T = 300$ K 时，考虑理想的长 n⁺p 结 GaAs 太阳能电池，电池产生均匀的过剩载流子。二极管的参数如下：

$$N_d = 10^{19}\,\text{cm}^{-3} \qquad D_n = 225\,\text{cm}^2/\text{s}$$
$$\tau_{n0} = \tau_{p0} = 5 \times 10^{-8}\,\text{s} \qquad D_p = 7\,\text{cm}^2/\text{s}$$

若光生电流密度 $J_L = 30$ mA/cm²。试画出开路电压随受主掺杂浓度在 $10^{15}\,\text{cm}^{-3} \leqslant N_a \leqslant 10^{18}\,\text{cm}^{-3}$ 范围内变化时的关系曲线。

12.10　结面积为 2 cm² 的长 Si pn 结太阳能电池具有如下参数：

$$N_d = 10^{19}\,\text{cm}^{-3} \qquad N_a = 3 \times 10^{16}\,\text{cm}^{-3}$$
$$D_p = 6\,\text{cm}^2/\text{s} \qquad D_n = 18\,\text{cm}^2/\text{s}$$
$$\tau_{p0} = 5 \times 10^{-7}\,\text{s} \qquad \tau_{n0} = 5 \times 10^{-6}\,\text{s}$$

$T = 300$ K 时，假设太阳能电池产生的过剩载流子处处相等，光生电流密度 $J_L = 25$ mA/cm²。(a)试画出二极管的 I-V 特性曲线；(b)确定太阳能电池的最大输出功率；(c)估算产生最大功率时的外部负载电阻。

12.11　考虑习题 12.10 描述的太阳能电池，若太阳光强增加 10 倍，试确定太阳能电池的最大输出功率。是什么因素使习题 12.10 中的输出功率增大？

*12.12　考虑非均匀吸收的 pn 结太阳能电池。试分别推导短路条件和 p 区很长、n 区很短两种情况下的过剩少子电子浓度的表达式。

12.13　非晶硅的吸收系数在光子能量 $hv = 1.7$ eV 时约为 10^4 cm⁻¹，在光子能量 $hv = 2.0$ eV 时约为 10^5 cm⁻¹。若 90% 的入射光子被吸收，试确定多晶硅的厚度。

12.3　光电探测器

12.14　$T = 300$ K 时，Si 光电导探测器的参数如下：

$$N_d = 10^{16}\,\text{cm}^{-3} \qquad N_a = 10^{15}\,\text{cm}^{-3}$$
$$\mu_n = 1000\,\text{cm}^2/\text{V·s} \qquad \mu_p = 430\,\text{cm}^2/\text{V·s}$$
$$\tau_{n0} = 10^{-6}\,\text{s} \qquad \tau_{p0} = 10^{-7}\,\text{s}$$
$$A = 10^{-3}\,\text{cm}^2 \qquad L = 100\,\mu\text{m}$$

若探测器两端的电压为 5 V，半导体内的过剩电子和空穴均匀产生，产生率 $G_L = 10^{20}$ cm⁻³/s。试计算：(a)稳态过剩载流子的浓度；(b)光电导；(c)稳态光电流和(d)光电导增益。

12.15 已知 GaAs 光电导探测器内的过剩载流子均匀产生，产生率 $G_L = 10^{21}$ cm^{-3}/s。器件面积 $A = 10^{-4}$ cm^2，长度 $L = 100$ μm。其他参数如下：

$$N_d = 5 \times 10^{16}\ \text{cm}^{-3} \qquad N_a = 0$$
$$\mu_n = 8000\ \text{cm}^2/\text{V·s} \qquad \mu_p = 250\ \text{cm}^2/\text{V·s}$$
$$\tau_{n0} = 10^{-7}\ \text{s} \qquad \tau_{p0} = 10^{-8}\ \text{s}$$

若器件两端的电压为 5 V。试计算：(a)稳态过剩载流子浓度；(b)光电导；(c)稳态光电流和(d)光电导增益。

*12.16 已知 n-Si 光电导探测器的厚度为 1 μm，宽度为 50 μm，沿长度方向的外加电场为 50 V/cm。若入射光通量 $\Phi_0 = 10^{16}$ cm^{-2}/s，吸收系数 $\alpha = 5 \times 10^4$ cm^{-1}，$\mu_n = 1200$ cm^2/V·s，$\mu_p = 450$ cm^2/V·s，$\tau_{p0} = 2 \times 10^{-7}$ s。试计算稳态光电流。

12.17 $T = 300$ K 时，长 Si pn 结光电二极管具有如下参数：

$$N_a = 2 \times 10^{16}\ \text{cm}^{-3} \qquad N_d = 10^{18}\ \text{cm}^{-3}$$
$$D_n = 25\ \text{cm}^2/\text{s} \qquad D_p = 10\ \text{cm}^2/\text{s}$$
$$\tau_{n0} = 2 \times 10^{-7}\ \text{s} \qquad \tau_{p0} = 10^{-7}\ \text{s}$$

假设二极管的反偏电压 $V_R = 5$ V，器件内部的产生率处处相等，$G_L = 10^{21}$ cm^{-3}/s。试计算：(a)瞬时光电流密度和(b)稳态总光电流密度。

*12.18 从少子空穴的双极输运方程出发，利用图 12.17 所示的几何参数，推导式(12.31)。

12.19 考虑 $T = 300$ K 时的 Si PIN 光电二极管，若本征区厚度分别为 1 μm，10 μm 和 100 μm，入射光通量 $\Phi_0 = 10^{17}$ cm^{-2}/s，吸收系数 $\alpha = 3 \times 10^3$ cm^{-1}，试计算各二极管的瞬时光电流密度。

12.20 Si PIN 光电二极管曝露在太阳光下，若波长 $\lambda \leqslant 1$ μm 的所有入射光子的90%被本征区吸收，试计算本征区厚度(忽略 p$^+$ 和 n$^+$ 区的光吸收)。

12.4 发光二极管

12.21 考虑一个 pn 结 GaAs LED。假设在距离表面 0.50 μm，且垂直于结的平面内，各方向产生光子的速率相等，(a)若考虑全反射的影响，试计算可能从半导体发射出光子的百分比；(b)利用(a)中结果，并考虑菲涅耳损耗，试确定从半导体发射到空气中的光子百分比(忽略吸收损耗)。

*12.22 在 pn 结 LED 中，假设点光源位于半导体 pn 结上，且向所有方向均匀发射光子。证明 LED 的外量子效率由下式给出(忽略光子吸收)：

$$\eta_{\text{ext}} = \frac{2\bar{n}_1 \bar{n}_2}{(\bar{n}_1 + \bar{n}_2)^2}(1 - \cos\theta_c)$$

其中，$\bar{n}_1$ 和 $\bar{n}_2$ 分别表示空气和半导体的折射率，θ_c 为临界角。

12.5 激光二极管

12.23 考虑一个光学谐振腔，若 $N \gg 1$，试证明两个相邻谐振模式的波长间隔 $\Delta\lambda = \lambda^2/2L$。

12.24 若 GaAs 激光二极管的输出光能量等于带隙能，试确定腔长 $L = 75$ μm 激光器的相邻谐振模式间的波长间隔。

参考文献

1. Brennan, K. F. *The Physics of Semiconductors with Applications to Optoelectronic Devices*. New York: Cambridge University Press, 1999.

2. Carlson, D. E. "Amorphous Silicon Solar Cells." *IEEE Transactions on Electron Devices* ED-24 (April 1977), pp. 449-53.

3. Fonash, S. J. *Solar Cell Device Physics*. New York: Academic Press, 1981.

4. Kano, K. *Semiconductor Devices*. Upper Saddle River, NJ: Prentice-Hall, 1998.

5. Kressel, H. *Semiconductor Devices for Optical Communications: Topics in Applied Physics*. Vol. 39. New York: Springer-Verlag, 1987.

6. MacMillan, H. F., H. C. Hamaker, G. F. Virshup, and J. G. Werthen. "Multijunction III-V Solar Cells: Recent and Projected Results." *Twentieth IEEE Photovoltaic Specialists Conference* (1988), pp. 48-54.

7. Madan, A. "Amorphous Silicon: From Promise to Practice." *IEEE Spectrum* 23 (September 1986), pp. 38-43.

8. Neamen, D. A. *Semiconductor Physics and Devices: Basic Principles*, 3rd ed. New York: McGraw-Hill, 2003.

9. Pankove, J. I. *Optical Processes in Semiconductors*. New York: Dover Publications, 1971.

10. Pierret, R. F. *Semiconductor Device Fundamentals*. Reading, MA: Addison-Wesley Publishing Co., 1996.

11. Roulston, D. J. *An Introduction to the Physics of Semiconductor Devices*. New York: Oxford University Press, 1999.

12. Roulston, D. J. *Bipolar Semiconductor Devices*. New York: McGraw-Hill, 1990.

13. Shur, M. *Introduction to Electronic Devices*. New York: John Wiley and Sons, 1996.

*14. Shur, M. *Physics of Semiconductor Devices*. Englewood Cliffs, NJ: Prentice-Hall, 1990.

15. Singh, J. *Semiconductor Devices: Basic Principles*. New York: John Wiley and Sons, 2001.

16. Streetman, B. G., and S. Banerjee. *Solid State Electronic Devices*. 5th ed. Upper Saddle River, NJ: Prentice-Hall, 2000.

17. Sze, S. M. *Physics of Semiconductor Devices*. 2nd ed. New York: Wiley, 1981.

18. Sze, S. M. *Semiconductor Devices: Physics and Technology*, 2nd ed. New York: John Wiley and Sons, 2002.

*19. Wang, S. *Fundamentals of Semiconductor Theory and Device Physics*. Englewood Cliffs, NJ: Prentice-Hall, 1989.

20. Wilson, J., and J. F. B. Hawkes. *Optoelectronics: An Introduction*. Englewood Cliffs, NJ: Prentice-Hall, 1983.

*21. Wolfe, C. M, N. Holonyak, Jr., and G. E. Stillman. *Physical Properties of Semiconductors*. Englewood Cliffs, NJ: Prentice-Hall, 1989.

22. Yang, E. S. *Microelectronic Devices*. New York: McGraw-Hill, 1988.

附录 A 部分参数符号列表

本表并不包括仅在一节特别定义和使用的符号。尽管有些符号有多个物理含义，然而，所用符号在上下文具有明确的物理含义。本表也给出了每个符号的惯用单位。

a	晶胞尺寸(Å)，势阱宽度，加速度，掺杂浓度梯度，单边 JFET 的沟道厚度(cm)
a_0	玻尔半径(Å)
c	光速(cm/s)
d	距离(cm)
e	电子电量(幅度)(C)，自然对数的底
f	频率(Hz)
$f_F(E)$	费米-狄拉克概率分布函数
f_T	截止频率(Hz)
g	产生率($\text{cm}^{-3} \cdot \text{s}^{-1}$)
g'	过剩载流子的产生率($\text{cm}^{-3} \cdot \text{s}^{-1}$)
$g(E)$	态密度函数($\text{cm}^{-3} \cdot \text{eV}^{-1}$)
g_c, g_v	导带和价带态密度函数($\text{cm}^{-3} \cdot \text{eV}^{-1}$)
g_d	沟道电导(S)，小信号扩散电导(S)
g_m	跨导(A/V)
g_n, g_p	电子和空穴的产生率($\text{cm}^{-3} \cdot \text{s}^{-1}$)
h	普朗克常数($\text{J} \cdot \text{S}$)，JFET 感应的空间电荷区宽度(cm)
$\hbar$	修正普朗克常数($h/2\pi$)
h_f	小信号共发射极电流增益
j	虚数单位 $\sqrt{-1}$
k	玻尔兹曼常数(J/K)，波数(cm^{-1})
k_n	传导参数(A/V^2)
m	质量(kg)
m_0	电子静止质量(kg)
m^*	有效质量(kg)
m_n^*, m_p^*	电子和空穴的有效质量(kg)
n	整数
n, l, m, s	量子数
n, p	电子和空穴浓度(cm^{-3})
$\bar{n}$	折射率
n', p'	与陷阱能级相关的常数(cm^{-3})
n_{B0}, p_{E0}, p_{C0}	基区热平衡少子电子浓度、发射区热平衡少子空穴浓度和集电区热平衡少子空穴浓度(cm^{-3})
n_d	施主能级中的电子浓度(cm^{-3})
n_i	本征电子浓度(cm^{-3})
n_0, p_0	电子和空穴的热平衡浓度(cm^{-3})

n_p, p_n	少子电子和空穴浓度(cm^{-3})
n_{p0}, p_{n0}	热平衡少子电子和少子空穴浓度(cm^{-3})
n_s	二维电子气密度(cm^{-2})
p	动量
p_a	受主能级中的空穴浓度(cm^{-3})
p_i	本征空穴浓度($=n_i$)(cm^{-3})
q	电量(C)
r, θ, ϕ	球极坐标
r_d, r_π	小信号扩散电阻(Ω)
r_{ds}	小信号漏-源电阻(Ω)
s	表面复合速度(cm/s)
t	时间(s)
t_d	延迟时间(s)
t_{ox}	栅氧化层厚度(cm 或 Å)
t_s	存储时间(s)
$u(x)$	周期的波函数
v	速度(cm/s)
v_d	载流子漂移速度(cm/s)
v_{ds}, v_s, v_{sat}	载流子饱和漂移速度(cm/s)
x, y, z	笛卡儿坐标
x	化合物半导体的摩尔分数
x_B, x_E, x_C	中性基区、发射区和集电区宽度(cm)
x_d	感应空间电荷区宽度(cm)
x_{dT}	最大空间电荷区宽度(cm)
x_n, x_p	冶金结到 n 型和 p 型半导体的耗尽层宽度(cm)
A	面积(cm^2)
A^*	有效理查德森常数($\text{A/K}^2/\text{cm}^2$)
B	磁通量密度(Wb/m^2)
B, E, C	基极、发射极和集电极
BV_{CBO}	发射极开路时，C-B 结的击穿电压(V)
BV_{CEO}	基极开路时，C-E 结的击穿电压(V)
C	电容(F)
C'	单位面积电容(F/cm^2)
C_d, C_π	扩散电容(F)
C_{FB}	平带电容(F)
C_{gs}, C_{gd}, C_{ds}	栅-源、栅-漏和漏-源电容(F)
C_j'	单位面积结电容(F/cm^2)
C_M	米勒电容(F)
C_n, C_p	与电子和空穴俘获率相关的常数
C_{ox}	单位面积栅氧化层电容(F/cm^2)
C_μ	反偏 B-C 结的势垒电容(F)
D, S, G	FET 的漏、源和栅
D'	双极扩散系数(cm^2/s)

D_B，D_E，D_C	基极、发射极和集电极少子扩散系数($\mathrm{cm^2/s}$)
D_{it}	界面态密度($\mathrm{\#/eV \cdot cm^3}$)
D_n，D_p	少子电子和少子空穴的扩散系数($\mathrm{cm^2/s}$)
$\mathcal{E}$	电场($\mathrm{V/cm}$)
$\mathcal{E}_H$	霍尔电场($\mathrm{V/cm}$)
$\mathcal{E}_{crit}$	击穿时的临界电场($\mathrm{V/cm}$)
E	能量(J 或 eV)
E_a	受主能级(eV)
E_c，E_v	导带底和价带顶的能量(eV)
ΔE_c，ΔE_v	异质结的导带能级差和价带能级差(eV)
E_d	施主能级(eV)
E_F	费米能级(eV)
E_{Fi}	本征费米能级(eV)
E_{Fn}，E_{Fp}	电子和空穴的准费米能级(eV)
E_g	带隙能(eV)
ΔE_g	禁带缩减因子(eV)，异质结的带隙能量差(eV)，
E_t	陷阱能级(eV)
F	力(N)
F_n^-，F_p^+	电子和空穴通量($\mathrm{cm^{-2} \cdot s^{-1}}$)
$F_{1/2}(\eta)$	费米-狄拉克积分函数
G	电子-空穴对的产生率($\mathrm{cm^{-3} \cdot s^{-1}}$)
G_L	过剩载流子的产生率($\mathrm{cm^{-3} \cdot s^{-1}}$)
G_{n0}，G_{p0}	电子和空穴的热平衡产生率($\mathrm{cm^{-3} \cdot s^{-1}}$)
G_{01}	电导(S)
I	电流(A)
I_A	阳极电流(A)
I_B，I_E，I_C	基极、发射极和集电极电流(A)
I_{CBO}	发射极开路时的反偏 C-B 结电流(A)
I_{CEO}	基极开路时的反偏 C-E 结电流(A)
I_D	二极管电流(A)，漏电流(A)
$I_D(\mathrm{sat})$	饱和漏电流(A)
I_L	光电流(A)
I_{P1}	夹断电流(A)
I_S	理想反向饱和电流(A)
I_{SC}	短路电流(A)
I_v	光强(能量/$\mathrm{cm^2 \cdot s}$)
J	电流密度($\mathrm{A/cm^2}$)
J_{gen}	产生电流密度($\mathrm{A/cm^2}$)
J_L	光电流密度($\mathrm{A/cm^2}$)
J_n，J_p	电子和空穴电流密度($\mathrm{A/cm^2}$)
J_n^-，J_p^+	电子和空穴粒子流密度($\mathrm{cm^{-2} \cdot s^{-1}}$)
J_{rec}	复合电流密度($\mathrm{A/cm^2}$)
J_{r0}	零偏时的复合电流密度($\mathrm{A/cm^2}$)

J_R	反偏电流密度($\mathrm{A/cm^2}$)
J_S	理想反向饱和电流密度($\mathrm{A/cm^2}$)
J_{sT}	肖特基二极管的理想反向饱和电流密度($\mathrm{A/cm^2}$)
L	长度(cm)，电感(H)，沟道长度(cm)
ΔL	沟道长度调制因子(cm)
L_B, L_E, L_C	基极、发射极和集电极的少子扩散长度(cm)
L_D	德拜长度(cm)
L_n, L_p	少子电子和空穴的扩散长度(cm)
M, M_n	倍增因子
N	密度($\mathrm{cm^{-3}}$)
N_a	受主杂质原子浓度($\mathrm{cm^{-3}}$)
N_B, N_E, N_C	基极、发射极和集电极的掺杂浓度($\mathrm{cm^{-3}}$)
N_c, N_v	导带和价带的有效态密度函数($\mathrm{cm^{-3}}$)
N_d	施主杂质原子浓度($\mathrm{cm^{-3}}$)
N_{it}	界面态密度($\mathrm{cm^{-2}}$)
N_t	陷阱密度($\mathrm{cm^{-3}}$)
P	功率(W)
$P(r)$	概率密度函数
Q	电荷(C)
Q'	单位面积电荷($\mathrm{C/cm^2}$)
Q_B	栅控体电荷(C)
Q'_n	单位面积的反型沟道电荷密度($\mathrm{C/cm^2}$)
Q'_{sig}	单位面积的信号电荷密度($\mathrm{C/cm^2}$)
$Q'_{SD}(\mathrm{max})$	单位面积的最大空间电荷密度($\mathrm{C/cm^2}$)
Q'_{SS}	单位面积的等效陷阱氧化层电荷($\mathrm{C/cm^2}$)
R	反射系数，复合率($\mathrm{cm^{-3} \cdot s^{-1}}$)，电阻($\Omega$)
$R(r)$	径向波函数
R_c	比接触电阻($\Omega \cdot \mathrm{cm^2}$)
R_{cn}, R_{cp}	电子和空穴俘获率($\mathrm{cm^{-3} \cdot s^{-1}}$)
R_{en}, R_{ep}	电子和空穴发射率($\mathrm{cm^{-3} \cdot s^{-1}}$)
R_n, R_p	电子和空穴复合率($\mathrm{cm^{-3} \cdot s^{-1}}$)
R_{n0}, R_{p0}	电子和空穴的热平衡复合率($\mathrm{cm^{-3} \cdot s^{-1}}$)
T	温度(K)，动能(J 或 eV)，透射系数
V	电势(V)，电势能(J 或 eV)
V_a	外加正偏电压(V)
V_A	厄利电压(V)，阳极电压(V)
V_{bi}	内建电势(V)
V_B	击穿电压(V)
V_{BD}	漏击穿电压(V)
V_{BE}, V_{CB}, V_{CE}	B-E 结电压，C-B 结电压，C-E 结电压(V)
V_{DS}, V_{GS}	漏-源电压和栅-源电压(V)
$V_{DS}(\mathrm{sat})$	漏-源饱和电压(V)

V_{FB}	平带电压(V)
V_G	栅压(V)
V_H	霍尔电压(V)
V_{oc}	开路电压(V)
V_{ox}	氧化层两端的电势差(V)
V_{p0}	夹断电压(V)
V_{pt}	穿通电压(V)
V_R	外加反偏电压(V)
V_{SB}	源-体电压(V)
V_t	热电压(kT/e)
V_T	阈值电压(V)
ΔV_T	阈值电压漂移(V)
W	总空间电荷宽度(cm)，沟道宽度(cm)
W_B	冶金基区宽度(cm)
Y	导纳
α	光吸收系数(cm^{-1})，交流共基极电流增益
α_n, α_p	电子和空穴离化率(cm^{-1})
α_0	直流共基极电流增益
α_T	基区输运系数
β	共发射极电流增益
γ	发射结注入效率
δ	复合系数
$\delta n, \delta p$	过剩电子和过剩空穴浓度(cm^{-3})
$\delta n_p, \delta p_n$	过剩少子电子和过剩少子空穴浓度(cm^{-3})
ϵ	介电常数(F/cm^2)
ϵ_0	真空介电常数(F/cm^2)
ϵ_{ox}	氧化层介电常数(F/cm^2)
ϵ_r	相对介电常数
ϵ_s	半导体的介电常数(F/cm^2)
λ	波长(cm 或 μm)
μ	磁导率(H/cm)
μ'	双极迁移率($cm^2/V \cdot s$)
μ_n, μ_p	电子和空穴迁移率($cm^2/V \cdot s$)
μ_0	真空磁导率(H/cm)
v	频率(Hz)
ρ	电阻率($\Omega \cdot cm$)，体电荷密度(C/cm^3)
σ	电导率($\Omega^{-1} \cdot cm^{-1}$)
$\Delta\sigma$	光电导率($\Omega^{-1} \cdot cm^{-1}$)
σ_i	本征电导率($\Omega^{-1} \cdot cm^{-1}$)
σ_n, σ_p	n 型和 p 型半导体的电导率($\Omega^{-1} \cdot cm^{-1}$)
τ	寿命(s)
τ_n, τ_p	电子和空穴寿命(s)
τ_{n0}, τ_{p0}	过剩少子电子和空穴寿命(s)

τ_0	空间电荷区寿命(s)
ϕ	电势(V)
$\phi(t)$	时间相关的波函数
$\Delta\phi$	肖特基势垒下降电势(V)
ϕ_{Bn}	肖特基势垒高度(V)
ϕ_{B0}	理想肖特基势垒高度(V)
ϕ_{fn}, ϕ_{fp}	n 型和 p 型半导体的 E_{Fi} 与 E_F 间的电势差(幅度)(V)
ϕ_{Fn}, ϕ_{Fp}	n 型和 p 型半导体的 E_{Fi} 与 E_F 间的电势差(含符号)(V)
ϕ_m	金属功函数(V)
ϕ'_m	修正的金属功函数(V)
ϕ_{ms}	金属-半导体功函数差(V)
ϕ_n, ϕ_p	n 型半导体 E_c 与 E_F 的电势差(幅度), p 型半导体 E_v 与 E_F 的电势差(幅度)(V)
ϕ_s	半导体功函数(V), 表面势(V)
χ	电子亲和势(V)
χ'	修正的电子亲和势(V)
$\psi(x)$	时间相关的波函数
ω	角频率(s^{-1})
Γ	反射系数
$\Theta(\theta)$	θ 角波函数
Φ	光通量($cm^{-2} \cdot s^{-1}$)
$\Phi(\phi)$	ϕ 角波函数
$\Psi(x, t)$	总波函数

附录 B   单位制、单位换算和通用常数

表 B.1   国际单位制 *

物 理 量	单 位	符 号	量 纲
长度	米	m	
质量	千克	kg	
时间	秒	s	
温度	开尔文	K	
电流	安培	A	
频率	赫兹	Hz	1/s
力	牛顿	N	$kg \cdot m/s^2$
压强	帕斯卡	Pa	N/m^2
能量	焦耳	J	$N \cdot m$
功率	瓦特	W	J/s
电子电量	库仑	C	$A \cdot s$
电势	伏特	V	J/C
电导	西门子	S	A/V
电阻	欧姆	Ω	V/A
电容	法拉	F	C/V
磁通量	韦伯	Wb	$V \cdot s$
磁通量密度	特斯拉	T	Wb/m^2
电感	亨利	H	Wb/A

* 在半导体研究中，cm 是长度的常用单位，而 eV 则是能量的常用单位(参见附录 D)。然而，在大多数公式中，仍然应该采用焦耳和米。

表 B.2   单位换算

		单位词头	
1 Å (angstrom) 10^{-8} cm = 10^{-10} m	10^{-15}	femto-	= f
1 μm (micron) = 10^{-4} cm	10^{-12}	pico-	= p
1 mil = 10^{-3} in = 25.4 μm	10^{-9}	nano-	= n
2.54 cm = 1 in	10^{-6}	micro-	= μ
1 eV = 1.6×10^{-19} J	10^{-3}	milli-	= m
1 J = 10^7 erg	10^{+3}	kilo-	= k
	10^{+6}	mega-	= M
	10^{+9}	giga-	= G
	10^{+12}	tera	= T

表 B.3   常见物理常数

阿伏伽德罗常数	$N_A = 6.02 \times 10^{+23}$
玻尔兹曼常数	$k = 1.38 \times 10^{-23}$ J/K
	$= 8.62 \times 10^{-5}$ eV/K
电子电量(幅度)	$e = 1.60 \times 10^{-19}$ C
自由电子静止质量	$m_0 = 9.11 \times 10^{-31}$ kg
真空磁导率	$\mu_0 = 4\pi \times 10^{-7}$ H/m

（续表）

真空介电常数	$\epsilon_0 = 8.85 \times 10^{-14}$ F/cm
	$= 8.85 \times 10^{-12}$ F/m
普朗克常量	$h = 6.625 \times 10^{-34}$ J·s
	$= 4.135 \times 10^{-15}$ eV·s
	$\dfrac{h}{2\pi} = \hbar = 1.054 \times 10^{-34}$ J·s
质子静止质量	$M = 1.67 \times 10^{-27}$ kg
真空光速	$c = 2.998 \times 10^{10}$ cm/s
热电压($T = 300$ K)	$V_t = kT/e = 0.0259$ V
	$kT = 0.0259$ eV

表 B.4 Si, GaAs 和 Ge 的性质($T = 300$ K)

性　质	Si	GaAs	Ge
原子密度(cm^{-3})	5.0×10^{22}	4.42×10^{22}	4.42×10^{22}
原子量	28.09	144.63	72.60
晶体结构	金刚石	闪锌矿	金刚石
密度(g/cm^3)	2.33	5.32	5.33
晶格常数(Å)	5.43	5.65	5.65
熔点(℃)	1415	1238	937
介电常数	11.7	13.1	16.0
带隙能(eV)	1.12	1.42	0.66
电子亲和势χ(V)	4.01	4.07	4.13
导带有效态密度 N_c(cm^{-3})	2.8×10^{19}	4.7×10^{17}	1.04×10^{19}
价带有效态密度 N_v(cm^{-3})	1.04×10^{19}	7.0×10^{18}	6.0×10^{18}
本征载流子浓度(cm^{-3})	1.5×10^{10}	1.8×10^{6}	2.4×10^{13}
迁移率($cm^2/V·s$)			
电子, μ_n	1350	8500	3900
空穴, μ_p	480	400	1900
有效质量$\left(\dfrac{m^*}{m_0}\right)$			
电子	$m_l^* = 0.98$	0.067	1.64
	$m_t^* = 0.19$		0.082
空穴	$m_{lh}^* = 0.16$	0.082	0.044
	$m_{hh}^* = 0.49$	0.45	0.28
有效质量(态密度)			
电子$\left(\dfrac{m_n^*}{m_0}\right)$	1.08	0.067	0.55
空穴$\left(\dfrac{m_p^*}{m_0}\right)$	0.56	0.48	0.37

表 B.5 其他半导体的参数

材　料	E_g(eV)	a(Å)	ϵ_r	χ	$\bar{n}$
AlAs	2.16	5.66	12.0	3.5	2.97
GaP	2.26	5.45	10	4.3	3.37
AlP	2.43	5.46	9.8		3.0
InP	1.35	5.87	12.1	4.35	3.37

表 B.6 SiO_2 和 Si_3N_4 的性质 ($T=300$ K)

性　　质	SiO_2	Si_3N_4
晶格结构	[在大多数集成电路应用中都是非晶的]	
原子或分子密度 (cm^{-3})	2.2×10^{22}	1.48×10^{22}
密度 (g/cm^3)	2.2	3.4
带隙能	≈ 9 eV	4.7 eV
介电常数	3.9	7.5
熔点 (℃)	≈ 1700	≈ 1900

附录 C　元素周期表

周期	Ⅰ族 a	Ⅰ族 b	Ⅱ族 a	Ⅱ族 b	Ⅲ族 a	Ⅲ族 b	Ⅳ族 a	Ⅳ族 b	Ⅴ族 a	Ⅴ族 b	Ⅵ族 a	Ⅵ族 b	Ⅶ族 a	Ⅶ族 b	Ⅷ族 a	Ⅷ族 a	Ⅷ族 a	Ⅷ族 b
Ⅰ	1 H 1.0079																	2 He 4.003
Ⅱ	3 Li 6.94		4 Be 9.02			5 B 10.82		6 C 12.01		7 N 14.01		8 O 16.00		9 F 19.00				10 Ne 20.18
Ⅲ	11 Na 22.99		12 Mg 24.32			13 Al 26.97		14 Si 28.06		15 P 30.98		16 S 32.06		17 Cl 35.45				18 Ar 39.94
Ⅳ	19 K 39.09	29 Cu 63.54	20 Ca 40.08	30 Zn 65.38	21 Sc 44.96	31 Ga 69.72	22 Ti 47.90	32 Ge 72.60	23 V 50.95	33 As 74.91	24 Cr 52.01	34 Se 78.96	25 Mn 54.93	35 Br 79.91	26 Fe 55.85	27 Co 58.94	28 Ni 58.69	36 Kr 83.7
Ⅴ	37 Rb 85.48	47 Ag 107.88	38 Sr 87.63	48 Cd 112.41	39 Y 88.92	49 In 114.76	40 Zr 91.22	50 Sn 118.70	41 Nb 92.91	51 Sb 121.76	42 Mo 95.95	52 Te 127.61	43 Tc 99	53 I 126.92	44 Ru 101.7	45 Rh 102.91	46 Pd 106.4	54 Xe 131.3
Ⅵ	55 Cs 132.91	79 Au 197.2	56 Ba 137.36	80 Hg 200.61	57–71 *Rare earths*	81 Tl 204.39	72 Hf 178.6	82 Pb 207.21	73 Ta 180.88	83 Bi 209.00	74 W 183.92	84 Po 210	75 Re 186.31	85 At 211	76 Os 190.2	77 Ir 193.1	28 Pt 195.2	86 Rn 222
Ⅶ	87 Fr 223		88 Ra 226.05		89 Ac 227		90 Th 232.12		91 Pa 231		92 U 238.07　93 Np 237　94 Pu 239　95 Am 241　96 Cm 242　97 Bk 246　98 Ct 249　99 Es 254　100 Fm 256　101 Md 256							

稀土元素

Ⅵ 57-71	57 La 138.92	58 Ce 140.13	59 Pr 140.92	60 Nd 144.27	61 Pm 147	62 Sm 150.43	63 Eu 152.0	64 Gd 156.9	65 Tb 159.2	66 Dy 162.46	67 Ho 164.90	68 Er 167.2	69 Tm 169.4	70 Yb 173.04	71 Lu 174.99

元素符号前面的数字表示原子序数，而元素符号下面的数字是原子量。

附录 D　能量单位——电子伏特

电子伏特(eV)是能量单位，它常用在半导体物理和器件的研究中。下面的简短讨论将有助于读者体会电子伏特的含义。

我们考虑一个外加偏压的平板电容器，如图 D.1 所示。假设在 $t=0$ 时刻，电子从 $x=0$ 处发射，则可以写出

$$F = m_0 a = m_0 \frac{\mathrm{d}^2 x}{\mathrm{d} t^2} = e\mathcal{E} \tag{D.1}$$

其中，e 是电子电量，$\mathcal{E}$ 是如图所示的电场幅度。通过对上式积分，我们可得速度和距离与时间的关系式

$$v = \frac{e\mathcal{E}t}{m_0} \tag{D.2}$$

和

$$x = \frac{e\mathcal{E}t^2}{2m_0} \tag{D.3}$$

这里，假设 $t=0$ 时刻的 $v=0$。

假设 $t=t_0$ 时刻，电子到达电容器的正极板，所以 $x=d$。因此，有

$$d = \frac{e\mathcal{E}t_0^2}{2m_0} \tag{D.4a}$$

或

$$t_0 = \sqrt{\frac{2m_0 d}{e\mathcal{E}}} \tag{D.4b}$$

电子到达电容器正极板时的速度为

$$v(t_0) = \frac{e\mathcal{E}t_0}{m_0} = \sqrt{\frac{2e\mathcal{E}d}{m_0}} \tag{D.5}$$

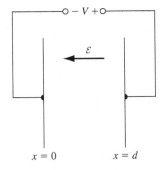

图 D.1　平行板电容器

此时，电子的动能为

$$T = \frac{1}{2}m_0 v(t_0)^2 = \frac{1}{2}m_0 \left(\frac{2e\mathcal{E}d}{m_0}\right) = e\mathcal{E}d \tag{D.6}$$

电场强度为

$$\mathcal{E} = \frac{\mathrm{V}}{d} \tag{D.7}$$

因此，能量

$$T = e \cdot \mathrm{V} \tag{D.8}$$

如果电子通过 1 V 的电势加速，则能量为

$$T = e \cdot \mathrm{V} = (1.6 \times 10^{-19})(1) = 1.6 \times 10^{-19}\ \mathrm{J} \tag{D.9}$$

能量的电子伏特(eV)单位定义为

$$\mathrm{eV} = \frac{\mathrm{J}}{e} \tag{D.10}$$

因此,电子经 1 V 电压加速的能量为

$$T = 1.6 \times 10^{-19}\ \mathrm{J} = \frac{1.6 \times 10^{-19}}{1.6 \times 10^{-19}}(\mathrm{eV}) \tag{D.11}$$

或 1 eV。

我们可以看到,电势的幅度(1 V)和电子能量的幅度(1 eV)是相同的。然而,我们需要注意的是,与每个数值相关联的单位是不同的。

附录 E 薛定谔方程的"推导"和应用

式 (2.4) 描述了定态薛定谔方程。这个方程可由经典波动方程建立。我们可将下面的建立过程认为是定态薛定谔方程的验证，而不是严格的推导。

E.1 "推导"

电压的时间相关经典波动方程可表示为

$$\frac{\partial^2 V(x)}{\partial x^2} + \left(\frac{\omega^2}{v_p^2}\right) V(x) = 0 \qquad (E.1)$$

其中，ω 是角频率，v_p 是相速度。

如果做变量替换，令 $\psi(x) = V(x)$，则

$$\frac{\partial^2 \psi(x)}{\partial x^2} + \left(\frac{\omega^2}{v_p^2}\right) \psi(x) = 0 \qquad (E.2)$$

可以写出

$$\frac{\omega^2}{v_p^2} = \left(\frac{2\pi \nu}{v_p}\right)^2 = \left(\frac{2\pi}{\lambda}\right)^2 \qquad (E.3)$$

其中，ν 和 λ 分别表示频率和波长。

由波粒二象性理论，可将波长和动量联系起来

$$\lambda = \frac{h}{p} \qquad (E.4)$$

则

$$\left(\frac{2\pi}{\lambda}\right)^2 = \left(\frac{2\pi}{h} p\right)^2 \qquad (E.5)$$

既然 $\hbar = h/2\pi$，可以写出

$$\left(\frac{2\pi}{\lambda}\right)^2 = \left(\frac{p}{\hbar}\right)^2 = \frac{2m}{\hbar^2}\left(\frac{p^2}{2m}\right) \qquad (E.6)$$

现在

$$\frac{p^2}{2m} = T = E - V \qquad (E.7)$$

其中，T、E 和 V 分别表示动能、总能量和电势能。

因此，可以写出

$$\frac{\omega^2}{v_p^2} = \left(\frac{2\pi}{\lambda}\right)^2 = \frac{2m}{\hbar^2}\left(\frac{p^2}{2m}\right) = \frac{2m}{\hbar^2}(E - V) \qquad (E.8)$$

将式 (E.8) 代入式 (E.2)，有

$$\frac{\partial^2 \psi(x)}{\partial x^2} + \frac{2m}{\hbar^2}(E - V)\psi(x) = 0 \tag{E.9}$$

这就是一维定态薛定谔方程。

E.2 应用

现在，将薛定谔方程应用到具有不同势函数的例子中。这些方程的解描述了固体中的电子行为，因此，这些结果为处于不同条件的电子行为提供了一个指示。

E.2.1 自由电子

首先，考虑电子在自由空间中的运动。如果粒子不受力，则势函数 $V(x)$ 必定为常数，必定有 $E > V(x)$。为了简单起见，假设 $V(x) = 0$。因此，此时的薛定谔方程可表示为

$$\frac{\partial^2 \psi(x)}{\partial x^2} + \frac{2mE}{\hbar^2}\psi(x) = 0 \tag{E.10}$$

式（E.10）的解可写为如下形式

$$\psi(x) = A\exp(jKx) + B\exp(-jKx) \tag{E.11}$$

其中

$$K = \sqrt{\frac{2mE}{\hbar^2}} \tag{E.12}$$

解的时间相关部分为

$$\phi(t) = \exp[-j(E/\hbar)t] \tag{E.13}$$

因此，薛定谔方程解的整体形式可写为

$$\begin{aligned} \Psi(x,t) &= A\exp\{j[Kx - (E/\hbar)t]\} \\ &+ B\exp\{-j[Kx + (E/\hbar)t]\} \end{aligned} \tag{E.14}$$

这个波动方程的解是行波。这说明粒子在自由空间的运动可用行波表示。

E.2.2 无限深势阱

粒子处于无限深势阱的问题是束缚粒子的一个经典例子。束缚粒子是指电子处于有限的空间体积内。本例的电势 $V(x)$ 与位置的函数关系如图 E.1 所示。假设粒子出现在 II 区，所以粒子被限制在有限空间体积内。因此，定态薛定谔方程可表示为

$$\frac{\partial^2 \psi(x)}{\partial x^2} + \frac{2m}{\hbar^2}[E - V(x)]\psi(x) = 0 \tag{E.15}$$

其中，E 是电子的总能量。如果 E 值有限，则 I 区和 III 区的波方程必须为零，或 $\psi(x) = 0$。因为粒子不能穿透这些势垒，所以在 I 区和 III 区发现电子的概率为零。

II 区的定态薛定谔方程可写为

$$\frac{\partial^2 \psi(x)}{\partial x^2} + \frac{2mE}{\hbar^2}\psi(x) = 0 \tag{E.16}$$

这个方程的特解可表示为

$$\psi(x) = A \cos Kx + B \sin Kx \qquad (E.17)$$

其中

$$K = \sqrt{\frac{2mE}{\hbar^2}} \qquad (E.18)$$

波函数 $\psi(x)$ 的一个边界条件是界面处的波函数必须连续，因此

$$\psi(x = 0) = \psi(x = a) = 0 \qquad (E.19)$$

在 $x = 0$ 处应用边界条件，有 $A = 0$。在 $x = a$ 处应用边界条件，有

$$\psi(x = a) = 0 = B \sin Ka \qquad (E.20)$$

若 $Ka = n\pi$，则上述方程成立。其中，n 是正整数，或 $n = 1, 2, 3, \cdots$。因此，可以写出

$$K = \frac{n\pi}{a} \qquad (E.21)$$

联立式（E.18）和式（E.21），可得

$$\frac{2mE}{\hbar^2} = \frac{n^2\pi^2}{a^2} \qquad (E.22)$$

因此，能量可写为

$$E = E_n = \frac{\hbar^2 n^2 \pi^2}{2ma^2} \qquad (E.23)$$

这个结果表明，束缚粒子的能量只能取特定值或离散值，或者说，束缚粒子的能量是量子化的。粒子能量的量子化与经典物理的结果相矛盾，经典物理允许粒子取连续能量值。

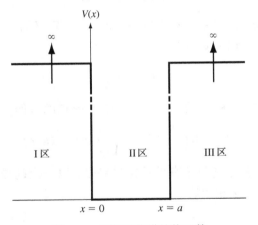

图 E.1　无限深势阱的势函数

E.2.3　势垒

下面，考虑如图 E.2 所示的势垒函数。我们感兴趣的问题是入射粒子总能量 $E < V_0$ 的情况。我们假设入射粒子流起源于 $-x$ 轴，并向 $+x$ 轴方向行进。同以前一样，我们需要解三个区的定态薛定谔方程。三个区的波函数解可分别表示为

$$\psi_1(x) = A_1 \exp(jK_1 x) + B_1 \exp(-jK_1 x) \qquad (E.24a)$$

$$\psi_2(x) = A_2 \exp(K_2 x) + B_2 \exp(-K_2 x) \qquad (E.24b)$$

$$\psi_3(x) = A_3 \exp(jK_1 x) + B_3 \exp(-jK_1 x) \tag{E.24c}$$

其中

$$K_1 = \sqrt{\frac{2mE}{\hbar^2}} \tag{E.25a}$$

和

$$K_2 = \sqrt{\frac{2m}{\hbar^2}(V_0 - E)} \tag{E.25b}$$

　　系数 B_3 代表 III 区的反向行波。然而，一旦粒子进入 III 区，没有电势变化来引起反射，因此，系数 B_3 必须为零。在 $x = 0$ 和 $x = a$ 处，我们有四个边界关系，它们分别对应于波函数和波函数一阶函数的连续性。

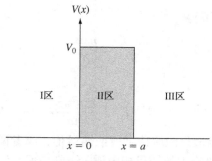

图 E.2　势垒函数

　　我们感兴趣的参数是透射系数。在本例中，透射系数定义为 III 区的透射通量与 I 区的入射通量之比。因此，透射系数 T 表示为

$$T = \frac{A_3 A_3^*}{A_1 A_1^*} \tag{E.26}$$

其中，A_3^* 和 A_1^* 分别是系数 A_3 和 A_1 的复共轭。对于 $E \ll V_0$ 的特例，有

$$T \approx 16\left(\frac{E}{V_0}\right)\left(1 - \frac{E}{V_0}\right) \exp(-2K_2 a) \tag{E.27}$$

　　式（E.27）表明，撞击势垒的粒子有可能穿过势垒，以一定的概率出现在 III 区。这种现象称为隧穿，它也与经典力学相矛盾。

附录 F　部分习题答案

Chapter 1

1.1 (a) 4 原子, (b) 2 原子, (c) 8 原子

1.3 4.44×10^{22} cm^{-3}

1.5 $d = 2.45$ Å

1.7 (a) $d = 2.36$ Å, (b) 5×10^{22} cm^{-3},
(c) $\rho = 2.33$ g/cm^3

1.9 $a_0 = 4.2$ Å, 4.85 Å, 5.94 Å, 9.70 Å

1.11 (a) Density of A and B, 1.01×10^{22} cm^{-3},
(b) same as (a), (c) Same material

1.13 (a) Volume density $= 1/a_0^3$,
surface density $= 1/a_0^2\sqrt{2}$; (b) same as (a)

1.17 (a) $d = 5.25$ Å, (b) $d = 3.71$ Å, (c) $d = 3.03$ Å

1.19 $a_0 = 5.196$ Å; (a) Volume density $=$
1.43×10^{22} cm^{-3}, (b) $d = 3.67$ Å,
(c) Surface density $= 5.24 \times 10^{14}$ cm^{-2}

1.21 1.77×10^{23} cm^{-3}

1.23 $\theta = 109.5°$

1.25 (a) 1.10×10^{-6}, (b) 7.71×10^{-6}

Chapter 2

2.1 Gold: $\lambda = 0.254$ μm, cesium: $\lambda = 0.654$ μm

2.3 $E_{avg} = 0.038\,85$ eV, $p_{avg} = 1.06 \times 10^{-25}$ kg-m/s,
$\lambda = 62.3$ Å

2.5 (a) $V = 12.4$ kV, (b) $\lambda = 0.11$ Å

2.9 (a) $P = 0.393$, (b) $P = 0.239$, (c) $P = 0.865$

2.11 (a) $E_1 = 0.261$ eV, $E_2 = 1.04$ eV;
(b) $\lambda = 1.59$ μm

2.13 For $a = 10^{-10}$ m, $T = 0.504$; for $a = 10^{-9}$ m,
$T = 7.88 \times 10^{-9}$

2.15 (a) $\psi_1 = B_1 \exp(+K_1 x)$,
$\psi_2 = A_2 \sin K_2 x + B_2 \cos K_2 x, \psi_3 = 0$, where
$$K_1 = \sqrt{\frac{2m(V_0 - E)}{\hbar^2}}, K_2 = \sqrt{\frac{2mE}{\hbar^2}};$$
(b) $B_1 = B_2$, $K_1 B_1 = K_2 A_2$, $B_2 = -A_2 \tan K_2 a$

2.17

$T = 100$ K	$E_g = 1.164$ eV
$T = 200$ K	$E_g = 1.147$ eV
$T = 300$ K	$E_g = 1.125$ eV
$T = 400$ K	$E_g = 1.097$ eV
$T = 500$ K	$E_g = 1.066$ eV
$T = 600$ K	$E_g = 1.032$ eV

2.19 (a) $N_0 = 2.12 \times 10^{19}$ cm^{-3},
(b) $N_0 = 3.28 \times 10^{17}$ cm^{-3}

2.21 (a)

E	g_c
$E_c + 0.05$ eV	1.71×10^{21} cm^{-3}eV^{-1}
$E_c + 0.10$ eV	2.41×10^{21}
$E_c + 0.15$ eV	2.96×10^{21}
$E_c + 0.20$ eV	3.41×10^{21}

(b)

E	g_v
$E_v - 0.05$ eV	0.637×10^{21} cm^{-3}eV^{-1}
$E_v - 0.10$ eV	0.901×10^{21}
$E_v - 0.15$ eV	1.10×10^{21}
$E_v - 0.20$ eV	1.27×10^{21}

2.25 (a) $f_F = 0.269$, (b) $f_F = 0.0474$,
(c) $f_F = 2.47 \times 10^{-3}$

2.27 (a)

E	f_F
E_c	6.43×10^{-5}
$E_c + (1/2)kT$	3.90×10^{-5}
$E_c + kT$	2.36×10^{-5}
$E_c + (3/2)kT$	1.43×10^{-5}
$E_c + 2kT$	0.87×10^{-5}

(b)

E	f_F
E_c	7.17×10^{-4}
$E_c + (1/2)kT$	4.35×10^{-4}
$E_c + kT$	2.64×10^{-4}
$E_c + (3/2)kT$	1.60×10^{-4}
$E_c + 2kT$	0.971×10^{-4}

2.29 (a) $E_1 - E_F = 3.91kT$,
(b) $f_F = 1.96 \times 10^{-2}$

2.31 (a) 0.304 percent,
(b) 14.96 percent,
(c) 99.7 percent,
(d) 50 percent

2.33 (a) At $E = E_1$, $f_F(E) = 9.3 \times 10^{-6}$;
at $E = E_2$, $1 - f_F(E) = 1.66 \times 10^{-19}$;
(b) at $E = E_1$, $f_F(E) = 7.88 \times 10^{-18}$;
at $E = E_2$, $1 - f_F(E) = 1.96 \times 10^{-7}$

2.35 (a) Si: $f_F(E) = 2.47 \times 10^{-10}$,
Ge: $f_F(E) = 1.78 \times 10^{-6}$,
GaAs: $f_F(E) = 7.54 \times 10^{-13}$;
(b) Si: $1 - f_F(E) = 2.47 \times 10^{-10}$,
Ge: $1 - f_F(E) = 1.78 \times 10^{-6}$
GaAs: $1 - f_F(E) = 7.54 \times 10^{-13}$

2.37 (a) $\Delta E = 0.1525$ eV,
(b) $\Delta E = 0.254$ eV

Chapter 3

3.1

(a) Si

T (K)	kT (eV)	n_i (cm^{-3})
200	0.017 27	7.68×10^4
400	0.034 53	2.38×10^{12}
600	0.0518	9.74×10^{14}

	(b) Ge	(c) GaAs
T (K)	n_i (cm^{-3})	n_i (cm^{-3})
200	2.16×10^{10}	1.38
400	8.60×10^{14}	3.28×10^9
600	3.82×10^{16}	5.72×10^{12}

3.3 $T \approx 381$ K

3.5 (a) $E = E_c + kT/2$ (b) $E = E_v - kT/2$

3.7 $\dfrac{n_i(A)}{n_i(B)} = 2.26 \times 10^3$

3.9 (a) (i) $n_0 = 1.24 \times 10^{16}$ cm^{-3}, (ii) 2.61×10^{14},
(iii) 5.49×10^{12};
(b) (i) $p_0 = 4.61 \times 10^{15}$ cm^{-3}, (ii) 9.70×10^{13},
(iii) 2.04×10^{12}

3.11 (a) $E_c - E_F = 0.195$ eV,
(b) $E_F - E_v = 0.198$ eV,
(c) $E_c - E_F = 0.0892$ eV,
(d) $E_F - E_v = 0.188$ eV

3.13 (a) $E_{Fi} - E_{\text{midgap}} = -21.5$ meV,
(b) $E_{Fi} - E_{\text{midgap}} = +51.3$ meV

3.15

T (K)	kT (eV)	$E_{Fi} - E_{\text{midgap}}$
200	0.017 27	+23.3 meV
400	0.034 53	+46.6
600	0.0518	+69.9

3.19 $r_1 = 104$ Å, $E = 0.0053$ eV

3.21 $p_0 = 2.13 \times 10^{15}$ cm^{-3}, $n_0 = 2.27 \times 10^4$ cm^{-3}

3.23 (a) $p_0 = 19.3$ cm^{-3}, (b) n type,
(c) $E_c - E_F = 0.0999$ eV

3.25 (a) $n_0 = 5.19 \times 10^{14}$ cm^{-3},
$p_0 = 2.08 \times 10^4$ cm^{-3};
(b) $E_c - E_F = 0.176$ eV, $p_0 = 9.67 \times 10^{-3}$ cm^{-3}

3.27 (a) $p_0 = 1.11 \times 10^{16}$ cm^{-3};
(b) $E_{Fi} - E_F = 0.292$ eV;
(c) from (a), $n_0 = 2.03 \times 10^4$ cm^{-3};
from (b), $n_0 = 5.10 \times 10^8$ cm^{-3}

3.29 $F_{1/2}(\eta' = 0) = 0.65$, $p_0 = 7.63 \times 10^{18}$ cm^{-3}

3.31 For the electron concentration,
$E = E_c + (1/2)kT$; for the hole concentration,
$E = E_v - (1/2)kT$

3.33

T (K)	$n_d/(n_d + n_0)$
50	0.972
100	0.0638
200	0.001 77

3.35 (a) $\dfrac{n_d}{N_d} = 8.85 \times 10^{-4}$, (b) $f_F(E) = 2.87 \times 10^{-5}$

3.37 (a) $n_0 = 2 \times 10^{15}$ cm^{-3}, $p_0 = 1.62 \times 10^{-3}$ cm^{-3};
(b) $p_0 = 10^{16}$ cm^{-3}, $n_0 = 3.24 \times 10^{-4}$ cm^{-3};
(c) $n_0 = p_0 = n_i = 1.8 \times 10^6$ cm^{-3};
(d) $p_0 = 10^{14}$ cm^{-3}, $n_0 = 1.08 \times 10^5$ cm^{-3};
(e) $n_0 = 10^{14}$ cm^{-3}, $p_0 = 7.90 \times 10^8$ cm^{-3}

3.39 $n_i = 1.72 \times 10^{13}$ cm^{-3} (a) p type
(b) $p_0 = 7 \times 10^{14}$ cm^{-3}, $n_0 = 4.23 \times 10^{11}$ cm^{-3};
(c) $N_I = 2.3 \times 10^{15}$ cm^{-3}

3.41 $n_i = 1.38$ cm^{-3}, $p_0 = 0.617$ cm^{-3},
$n_0 = 3.09$ cm^{-3}, $N_d = 2.47$ cm^{-3}

3.47 (a) $n_0 = 10^{16}$ cm^{-3}, $p_0 = 2.25 \times 10^4$ cm^{-3};
(b) $p_0 = 2.8 \times 10^{16}$ cm^{-3}, $n_0 = 8.04 \times 10^3$ cm^{-3}

3.49 For germanium

T (K)	kT (eV)	n_i (cm^{-3})
200	0.017 27	2.16×10^{10}
400	0.034 53	8.6×10^{14}
600	0.0518	3.82×10^{16}

T (K)	p_0 (cm^{-3})	$(E_{Fi} - E_F)$ (eV)
200	1.0×10^{15}	0.1855
400	1.49×10^{15}	0.018 98
600	3.87×10^{16}	0.000 674

3.51 $T \approx 762$ K

3.53 $E_F - E_{Fi} = kT \ln\left(\dfrac{n_o}{n_i}\right)$

N_d (cm^{-3})	$(E_F - E_{Fi})$ (eV)
10^{14}	0.228
10^{16}	0.347
10^{18}	0.467

3.55 $N_d = 1.2 \times 10^{16}$ cm^{-3}

3.57 (a) $E_F - E_{Fi} = 0.2877$ eV;
(b) $E_{Fi} - E_F = 0.2877$ eV;
(c) for (a), $n_0 = 10^{15}$ cm^{-3};
for (b), $n_0 = 2.25 \times 10^5$ cm^{-3}

3.59 (a) $E_F - E_{Fi} = 0.3056$ eV
(b) $E_{Fi} - E_F = 0.3473$ eV (c) $E_F = E_{Fi}$
(d) $E_{Fi} - E_F = 0.1291$ eV
(e) $E_F - E_{Fi} = 0.0024$ eV

3.61 $E_{Fi} - E_F = 0.3294$ eV

Chapter 4

4.1 (a) $n_0 = 5 \times 10^{15}$ cm^{-3}, $p_0 = 4.5 \times 10^4$ cm^{-3},
$\mu_n \approx 1200$ cm^2/V·s, $J_{\mathrm{drf}} = 28.8$ A/cm^2;
(b) $p_0 = 5 \times 10^{16}$ cm^{-3}, $n_0 = 4.5 \times 10^3$ cm^{-3},
$\mu_p \approx 380$ cm^2/V·s, $J_{\mathrm{drf}} = 91.2$ A/cm^2

4.3 $\mu_n \approx 1100$ cm^2/V·s,
(a) $R = 1.136 \times 10^4$ Ω, $I = 0.44$ mA;
(b) $R = 1.136 \times 10^3$ Ω, $I = 4.4$ mA;
(c) for (a), $\mathcal{E} = 50$ V/cm, $v_d = 5.5 \times 10^4$ cm/s;
for (b), $\mathcal{E} = 500$ V/cm, $v_d = 5.5 \times 10^5$ cm/s

4.5 (a) $\mu_n = 2625$ cm^2/V·s,
(b) $|v_d| = 2.53 \times 10^3$ cm/s

4.7 (a) $\mu_n \approx 1350$ cm^2/V·s, $\mu_p \approx 480$ cm^2/V·s,
then, $\sigma_i = 4.39 \times 10^{-6}$ (Ω·cm)$^{-1}$;
(b) $\mu_n \approx 200$ cm^2/V·s, $\mu_p \approx 110$ cm^2/V·s,
then, $\sigma_i = 7.44 \times 10^{-7}$ (Ω·cm)$^{-1}$

4.9 $n_i(300\,\mathrm{K}) = 3.91 \times 10^9$ cm^{-3}, $E_g = 1.122$ eV,
$n_i(500\,\mathrm{K}) = 2.27 \times 10^{13}$ cm^{-3},
$\sigma_i(500\,\mathrm{K}) = 5.81 \times 10^{-3}$ (Ω·cm)$^{-1}$

4.11 (a) $N_d = 9.26 \times 10^{14}$ cm^{-3}
(b) (i) $T = 200\,\mathrm{K}(-75°\mathrm{C})$, $\mu_n \approx 2500$ cm^2/V·s,
$\rho = 2.7$ Ω·cm; (ii) $T = 400\,\mathrm{K}(125°\mathrm{C})$,
$\mu_n \approx 700$ cm^2/V·s, $\rho = 9.64$ Ω·cm

4.13 (a) $v_d = 2.4 \times 10^4$ cm/s, $E = 1.77 \times 10^{-7}$ eV;
(b) $v_d = 2.4 \times 10^6$ cm/s, $E = 1.77 \times 10^{-3}$ eV

4.17 $\mu = 316$ cm^2/V·s

4.19 $\mu = 167$ cm^2/V·s

4.23 $p(50\,\mu\mathrm{m}) = 2.97 \times 10^{14}$ cm^{-3}

4.25 $I_p = 0.96$ mA

4.27 (a) $J = 16$ A/cm^2; (b) and
(c) same as (a)

4.29 $J_p = 3.41 \exp\left(\dfrac{-x}{22.5}\right)$ (A/cm^2)

4.31 (a) $J_{p,\mathrm{dif}} = +1.6 \exp\left(\dfrac{-x}{L}\right)$ (A/cm^2)

(b) $J_{n,\mathrm{dif}} = 4.8 - 1.6 \exp\left(\dfrac{-x}{L}\right)$ (A/cm^2)

(c) $\mathcal{E} = \left[3 - 1 \times \exp\left(\dfrac{-x}{L}\right)\right]$ (V/cm)

4.33 (a) $n = n_i \exp\left(\dfrac{0.4 - 2.5 \times 10^2 x}{kT}\right)$
(b) (i) $J_n = -2.95 \times 10^3$ A/cm^2
(ii) $J_n = -23.7$ A/cm^2

4.35 (a) $\mathcal{E} = \alpha(kT/e)$ (b) $V = -(kT/e)$

4.37 $N_d(x) = N_d(0) \exp(-\alpha x)$, where
$\alpha = 3.86 \times 10^4$ cm^{-1}

4.43 $R = 5 \times 10^{19}$ cm^{-3}·s^{-1}

4.45 (a) $\tau_n = 8.89 \times 10^6$ s,
(b) and (c) $G_0 = R_0 = 1.125 \times 10^9$ cm^{-3}·s^{-1}

4.47 (a) $V_H = 2.19$ mV, (b) $\mathcal{E}_H = 0.219$ V/cm

4.49 (a) p type, (b) $p = 8.08 \times 10^{15}$ cm^{-3},
(c) $\mu_p = 387$ cm^2/V·s

4.51 (a) n type, (b) $n = 8.68 \times 10^{14}$ cm^{-3},
(c) $\mu_n = 8182$ cm^2/V·s,
(d) $\rho = 0.88$ (Ω·cm)

Chapter 5

5.1 (a) For $N_d = 10^{15}$ cm^{-3},

N_a (cm^{-3})	V_{bi} (V)
10^{15}	0.575
10^{16}	0.635
10^{17}	0.695
10^{18}	0.754

5.3 (a)

$(N_a = N_d)$ (cm^{-3})	V_{bi} (V)
10^{14}	0.456
10^{15}	0.575
10^{16}	0.695
10^{17}	0.814
10^{18}	0.933

5.5 (a) n type, $E_F - E_{\mathrm{Fi}} = 0.3294$ eV;
p type, $E_{\mathrm{Fi}} - E_F = 0.4070$ eV;
(b) $V_{bi} = 0.3294 + 0.4070 = 0.7364$ eV;
(c) $V_{bi} = 0.7363$ eV; (d) $x_n = 0.426$ μm,
$x_p = 0.0213$ μm, $|\mathcal{E}|_{\max} = 3.29 \times 10^4$ V/cm

5.7 (b) $n_0 = N_d = 8.43 \times 10^{15}$ cm^{-3} (n side),
$p_0 = N_a = 9.97 \times 10^{15}$ cm^{-3} (p side);
(c) $V_{bi} = 0.690$ V

5.9 (a) $V_{bi} = 0.635$ V; (b) $x_n = 0.864$ μm,
$x_p = 0.0864$ μm;
(d) $\mathcal{E}_{\max} = 1.34 \times 10^4$ V/cm

5.11 (a) $V_{bi} = 0.8556$ V, (b) $T_2 = 312$ K

5.13 (a) $V_{bi} = 0.456$ V, (b) $x_n = 2.43 \times 10^{-7}$ cm,
(c) $x_p = 2.43 \times 10^{-3}$ cm,
(d) $\mathcal{E}_{\max} = 3.75 \times 10^2$ V/cm

5.17 (a) $V_{bi} = 0.856$ V; (b) $x_n = 0.251$ μm,
$x_p = 0.0503$ μm; (c) $\mathcal{E}_{\max} = 3.89 \times 10^5$ V/cm;
(d) $C_T = 3.44$ pF

5.19 (a) Factor of 1.414, (b) $\Delta V_{bi} = 17.95$ mV

5.21 (a) $V_R = 72.8$ V, (b) $V_R = 7.18$ V,
(c) $V_R = 0.570$ V

5.23 $V_{R2} = 18.6$ V

5.25 $N_d \approx 3.24 \times 10^{17}$ cm^{-3}

5.27 (a) $V_{bi} = 0.557$ V;
(b) $x_p = 5.32 \times 10^{-6}$ cm, $x_n = 2.66 \times 10^{-4}$ cm;
(c) $V_R = 70.4$ V

5.29 (a) (i) For $V_R = 0$, $C = 1.14$ pF;
(ii) for $V_R = 3$ V, $C = 0.521$ pF;
(iii) for $V_R = 6$ V, $C = 0.389$ pF

5.33 (a) $\mathcal{E}(0) = 7.73 \times 10^4$ V/cm;
(c) $\phi_1 = 3.86$ V, $\phi_i = 15.5$ V, $V_R = 23.2$ V

5.35 (a) $\phi_{B0} = 1.09$ V, (b) $V_{bi} = 0.825$ V,
(c) $W = 1.03 \times 10^{-4}$ cm,
(d) $|\mathcal{E}|_{\max} = 1.59 \times 10^4$ V/cm

5.37 (a) $V_{bi} \approx 0.75$ V, (b) $N_d = 9.89 \times 10^{15}$ cm^{-3},
(c) $\phi_n = 0.10$ V, (d) $\phi_{B0} = 0.85$ V

5.39 (a) $V_D = 0.596$ V, (b) $V_D = 0.667$ V

5.41 $V_D = 1.02$ V

5.43 $A = 1.62 \times 10^{-3}$ cm^2

5.45 (b) $N_d = 1.24 \times 10^{16}$ cm^{-3},
(c) barrier height $= 0.20$ V

Chapter 6

6.1 (a) p type, inversion; (c) p type, accumulation

6.3 (a) $N_d \approx 3.28 \times 10^{14}$ cm^{-3}, so $\phi_{Fn} = 0.2588$ V;
(b) $\phi_s = -2\phi_{Fn} = -0.518$ V

6.5 (a) From Fig. 6.21, $N_d \approx 3 \times 10^{16}$ cm^{-3};
(b) p$^+$ poly gate: impossible;
(c) from Fig. 6.21, $N_d \approx 4 \times 10^{14}$ cm^{-3}

6.7 $Q'_{ss}/e = 1.2 \times 10^{10}$ cm^{-2}

6.9 (a) $\phi_{ms} \approx -0.32$ V, $V_{TP} = -1.18$ V;
(b) $\phi_{ms} \approx -0.47$ V, $V_{TP} = -1.33$ V;
(c) $\phi_{ms} \approx +0.98$ V, $V = +0.12$ V

6.11 By trial and error, $N_a \approx 3.37 \times 10^{16}$ cm^{-3}

6.13 (a) $V_{FB} = -1.52$ V, (b) $V_T = -0.764$ V

6.15 (b) $\phi_{ms} = -1.11$ V,
(c) $V_{TN} = +0.0012$ V

6.19 For $t_{ox} = 20$ Å, $V_{TN} = -0.223$ V;
for $t_{ox} = 500$ Å, $V_{TN} = +0.236$ V

6.21 (a) $C'_{min} = 0.797 \times 10^{-8}$ F/cm^2,
(b) $C'(\text{inv}) = C_{ox} = 8.63 \times 10^{-8}$ F/cm^2

6.23 (a) $\Delta V_{FB} = -1.74$ V, (b) $\Delta V_{FB} = -0.869$ V,
(c) $\Delta V_{FB} = -1.16$ V

6.27 (a) n type, (b) $t_{ox} = 345$ Å,
(c) $Q'_{ss}/e = 1.875 \times 10^{11}$ cm^{-2},
(d) $C_{FB} = 156$ pF

6.31 (a)

V_{SG} (V)	V_{SD}(sat) (V)	I_D(sat) (mA)
1	0.2	0.005 92
2	1.2	0.213
3	2.2	0.716
4	3.2	1.52
5	4.2	2.61

6.35

$V_{DS} = V_{GS}$ (V)	I_D (mA)
0	0
1	0.0133
2	0.48
3	1.61
4	3.41
5	5.87

6.37 $V_T \approx 0.2$ V, $\mu_n = 342$ cm^2/V·s

6.39 (a) $W/L = 14.7$, (b) $W/L = 25.7$

6.41 (a) $g_{mL} = 0.148$ mA/V,
(b) $g_{ms} = 0.947$ mA/V

6.43 $V_{BS} = 7.92$ V

6.47 (a) $f_T = 5.17$ GHz,
(b) $f_T = 1.0$ GHz

Chapter 7

7.1 (a) $I_D \Rightarrow \approx kI_D$, (b) $P \Rightarrow k^2P$

7.3 (a) (i) $I_D = 1.764$ mA, (ii) $I_D = 0.807$ mA;
(b) (i) $P = 8.82$ mW, (ii) $P = 2.42$ mW

7.5 (a) $L = 0.606$ μm, (b) $L = 3.77$ μm

7.9 (a) $r_0 = 59.8$ kΩ, (b) $r_0 = 13.8$ kΩ

7.15 $L = 1.59$ μm

7.21 $\Delta V_T = +0.118$ V

7.25 (a) $V_{BD} = 15$ V, (b) $V_{BD} = 5$ V

7.27 $V_{DS} = 2.08$ V; ideal, $V_{DS} = 4.9$ V

7.29 $L = 1.08$ μm

7.31 (a) $V_T = -3.74$ V,
(b) $D_I = 9.32 \times 10^{11}$ cm^{-2}

7.33

V_{SB} (V)	ΔV_T (V)
1	0.0443
3	0.0987
5	0.138

7.35 Donors, $D_I = 7.55 \times 10^{11}$ cm^{-2}

Chapter 8

8.1 $R' = 5 \times 10^{19}$ cm^{-3}s^{-1}

8.5 dF_p^+/d$x = -2 \times 10^{19}$ cm^{-3}s^{-1}

8.7 $n = 3.6 \times 10^{13}$ cm^{-3}, $p = 1.6 \times 10^{13}$ cm^{-3}, so
$D' = 58.4$ cm^2/s, $\mu' = -868$ cm^2/V·s, $\tau_n = 54$ μs

8.9 $\sigma = 8 + 0.114[1 - \exp(-t/\tau_{p0})]$ (Ω·cm)$^{-1}$,
where $\tau_{p0} = 10^{-7}$ s

8.11 $I = [54 + 2.20 \exp(-t/\tau_{p0})]$ (mA), where
$\tau_{p0} = 3 \times 10^{-7}$ s

8.13 (a) $R'_p/R_{p0} = 4.44 \times 10^8$, (b) $\tau_{p0} = 2.25 \times 10^{-6}$ s

8.15 (a) For $0 < t < 2 \times 10^{-6}$ s,
$\delta n = 10^{14}[1 - \exp(-t/\tau_{n0})]$; for $t > 2 \times 10^{-6}$ s,
$\delta n = 0.865 \times 10^{14} \exp[-(t - 2 \times 10^{-6})/\tau_{n0}]$

8.17 (a) p type, $p_{p0} = 10^{14}$ cm^{-3},
$n_{p0} = 2.25 \times 10^6$ cm^{-3}
(b) $\delta n(0) = -2.25 \times 10^6$ cm^{-3},
(c) $\delta n = -n_{p0} \exp(-x/L_n)$

8.23 For $-L < x < +L$, $\delta p = \dfrac{G'_0}{2D_p}(5L^2 - x^2)$;

for $L < x < 3L$, $\delta p = \dfrac{G'_0 L}{D_p}(3L - x)$;

for $-3L < x < -L$, $\delta p = \dfrac{G'_0 L}{D_p}(3L + x)$

8.27 $E_{Fn} - E_{Fi} = 0.3498$ eV,
$E_{Fi} - E_{Fp} = 0.2877$ eV

8.29 (a) $E_{Fn} - E_{Fi} = 0.6253$ eV,
$E_F - E_{Fi} = 0.6228$ eV,
$E_{Fn} - E_F = 0.0025$ eV;
(b) $E_{Fi} - E_{Fp} = 0.5632$ eV

8.31 (a) $\delta p = 5 \times 10^{12}$ cm^{-3}, low injection;
(b) $E_{Fn} - E_{Fi} = 0.1505$ eV

8.33

δn (cm^{-3})	$E_{Fn} - E_F$ (eV)
10^{12}	0.4561
10^{13}	0.5157
10^{14}	0.5754

8.35 (a) $R/\delta n = 1/\tau_{p0} = 10^{+7}$ s^{-1},
(b) $R/\delta n = 1/(\tau_{p0} + \tau_{n0}) = 1.67 \times 10^{+6}$ s^{-1},
(c) $R/\delta n = 1/\tau_{n0} = 2 \times 10^{+6}$ s^{-1}

Chapter 9

9.1 (a) $\Delta V = 59.6$ mV ≈ 60 mV,
(b) $\Delta V = 119.3$ mV ≈ 120 mV

9.5 (a) $\dfrac{J_n}{J_n + J_p} = \dfrac{1}{1 + (2.04)(N_a/N_d)}$,
(b) $\dfrac{J_n}{J_n + J_p} = \dfrac{\sigma_n/\sigma_p}{(\sigma_n/\sigma_p) + 4.90}$

9.7 $\dfrac{N_a}{N_d} = 0.083$

9.9 $I_s = 2.89 \times 10^{-9}$ A, (a) $I = 6.52$ μA,
(b) $I = -2.89$ nA

9.11 (a) $I_{p0} = 4.02 \times 10^{-14}$ A,
(b) $I_{n0} = 6.74 \times 10^{-15}$ A,
(c) $p_n = 3.42 \times 10^{10}$ cm^{-3},
(d) $I_n = 3.43 \times 10^{-9}$ A

9.13 (a) $V_a = 0.253$ V, (b) $V_a = 0.635$ V

9.15 $E_{g2} = 0.769$ eV

9.23 (a) For $I = 1$ mA, $V_a = 0.278$ V;
for $I = 10$ mA, $V_a = 0.338$ V;
for $I = 100$ mA, $V_a = 0.398$ V;
(b) for $I = 1$ mA, $V_a = 0.125$ V;
for $I = 10$ mA, $V_a = 0.204$ V;
for $I = 100$ mA, $V_a = 0.284$ V

9.27 $A = 1.62 \times 10^{-3}$ cm^2

9.29 (a) For the pn junction, $V_a = 0.691$ V;
for the Schottky junction, $V_a = 0.445$ V;
(b) for the pn junction, $I = 120$ mA;
for the Schottky junction, $I = 53.7$ mA

9.31 For $f = 10$ kHz; $Z = 25.9 - j0.0814$;
for $f = 100$ kHz; $Z = 25.9 - j0.814$;
for $f = 1$ MHz; $Z = 23.6 - j7.41$;
for $f = 10$ MHz; $Z = 2.38 - j7.49$

9.33 $\tau_{p0} = 1.3 \times 10^{-7}$ s, at 1 mA, $C_d = 2.5 \times 10^{-9}$ F

9.35 (a) $R_p = 26$ Ω, $R_n = 46.3$ Ω, $R = 72.3$ Ω;
(b) $I = 1.38$ mA

9.37 $I_D = 0.539$ mA, $V_a = 0.443$ V

9.39 $J_s = 8.62 \times 10^{-18}$ A/cm^2,
$J_{gen} = 1.93 \times 10^{-9}$ A/cm^2

9.41 (a) $I_S = 5.75 \times 10^{-22}$ A, $I_{gen} = 6.15 \times 10^{-13}$ A;
ideal diffusion current:
for $V_a = 0.3$ V, $I_D = 6.17 \times 10^{-17}$ A;
for $V_a = 0.5$ V, $I_D = 1.39 \times 10^{-13}$ A;
recombination current:
for $V_a = 0.3$ V, $I_{rec} = 7.97 \times 10^{-11}$ A;
for $V_a = 0.5$ V, $I_{rec} = 3.36 \times 10^{-9}$ A

9.45 $J_{gen} = 1.5 \times 10^{-3}$ A/cm^2

9.47 $N_B = N_d = 1.73 \times 10^{16}$ cm^{-3}

9.49 $V_B \approx 75$ V

9.51 $V_B \approx 95$ V, x_n(min) $= 4.96$ μm

9.53 (a) $V_R = 4.35$ kV, (b) $V_R = 17.4$ kV; Breakdown
is reached first in each case.

9.55 (a) $t_s/\tau_{p0} = 0.956$, (b) $t_s/\tau_{p0} = 0.228$

9.57 $t_s = 1.1 \times 10^{-7}$ s, $C_{avg} = 11.1$ pF,
so $\tau_s = 1.11 \times 10^{-7}$ s;
turn-off time $= t_s + \tau_s = 2.21 \times 10^{-7}$ s

Chapter 10

10.3 (a) $I_S = 3.2 \times 10^{-14}$ A; (b) (i) $i_C = 7.75$ μA,
(ii) $i_C = 0.368$ mA, (iii) $i_C = 17.5$ mA

10.5 (a) $\beta = 85$, $\alpha = 0.9884$, $i_E = 516$ μA;
(b) $\beta = 53$, $\alpha = 0.9815$, $i_E = 2.70$ mA

10.7 (b) $I_C = 4.7$ mA

10.9 (a) $p_{E0} = 4.5 \times 10^2$ cm^{-3},
$n_{B0} = 2.25 \times 10^4$ cm^{-3},
$p_{C0} = 2.25 \times 10^5$ cm^{-3};

(b) $n_B(0) = 6.80 \times 10^{14}$ cm^{-3},
$p_E(0) = 1.36 \times 10^{13}$ cm^{-3}

10.11 (a) 0.9950, (b) 0.648, (c) 9.08×10^{-5}

10.15 (c) For the ideal case, for $x_B \ll L_B$, $\dfrac{J(x_B)}{J(0)} = 1$;

for $x_B = L_B = 10$ μm, $J(0) = -1.68$ A/cm^2
and $J(x_B) = -1.089$ A/cm^2

10.17 (a) $V_{CB} = 0.70$ V, (b) V_{EC}(sat) $= 0.05$ V,
(c) $Q_{pB}/e = 3.41 \times 10^{11}$ cm^{-2},
(d) $N_{coll} = 8.82 \times 10^{13}$ cm^{-2}

10.19 $V_{CB} = 0.48$ V

10.21 (a) $n_B(0) = 5.45 \times 10^{11}$ cm^{-3}, $I_C = 17.4$ μA;
(b) $\alpha_T = 0.9975$, $\gamma = 0.909$,
$\alpha = 0.9067$, $\beta = 9.72$,
$I_C = 1.36$ mA;
(c) $I_C = 19.4$ μA

10.23 (a) (i) $\dfrac{\gamma(B)}{\gamma(A)} = 1 - \dfrac{N_{B0}}{N_E}\dfrac{D_E}{D_B}\dfrac{x_B}{x_E}$, (ii) $\dfrac{\gamma(C)}{\gamma(A)} = 1$;
(b) (i) $\dfrac{\alpha_T(B)}{\alpha_T(A)} = 1$, (ii) $\dfrac{\alpha_T(C)}{\alpha_T(A)} \approx 1 + \dfrac{x_{B0}}{2L_B}$

10.25 (b) $I_C = 1.19$ mA, $I_E = 0.829$ mA

10.27 (a) $\delta = \dfrac{1}{1 + (15.5)\exp(-V_{BE}/0.0518)}$

(b)

V_{BE} (V)	δ	β
0.20	0.754	3.07
0.40	0.993	142
0.60	0.999 86	7142

10.29 (a) $x_B = 0.740$ μm, (b) $\delta = 0.999\ 999\ 4$

10.35 (a) $V_A = 47.8$ V, (b) $V_A = 33.4$ V,
(c) $V_A = 19.0$ V

10.37　(a)

N_E	γ	α	β
10^{17}	0.5	0.495	0.980
10^{18}	0.909	0.8999	8.99
10^{19}	0.990	0.980	49
10^{20}	0.9990	0.989	89.9

(b)

N_E	ΔE_g (meV)	γ	α	β
10^{17}	0	0.5	0.495	0.98
10^{18}	25	0.792	0.784	3.63
10^{19}	80	0.820	0.812	4.32
10^{20}	230	0.122	0.121	0.14

10.39　(a) $R = 893\ \Omega$, (b) $V = 8.93$ mV,

(c) $\dfrac{n_p(S/2)}{n_p(0)} = 70.8$ percent

10.43　$BV_{CB0} = 221$ V, so $N_C \approx 1.5 \times 10^{15}$ cm^{-3}; $x_C = 6.75\ \mu$m

10.45　(a) $V_{pt} = 295$ V, but breakdown voltage is ≈ 70 V.

10.47　(a) $\tau_e = 41.4$ ps, $\tau_b = 98$ ps, $\tau_c = 4.8$ ps, $\tau_d = 20$ ps; (b) $\tau_{ec} = 164.2$ ps, $f_T = 969$ MHz, $f_\beta = 19.4$ MHz

10.49　$\tau_d = 12$ ps, $\tau_c = 1$ ps, $f_T = 1.15$ GHz

Chapter 11

11.1　(a) $V_{p0} = 5.795$ V, $V_p = 4.91$ V; (b) (i) $a - h = 0.215\ \mu$m, (ii) $a - h = 0.0653\ \mu$m, (iii) no undepleted region

11.3　(a) $V_{p0} = 15.5$ V, (b) $V_{GS} = -4.67$ V

11.5　(a) $V_{p0} = 1.863$ V, $V_p = 0.511$ V;

(b) (i) $a - h = 4.44 \times 10^{-6}$ cm, (ii) no undepleted region

11.7　(a) $V_{GS} = -1.125$ V, (b) $V_{GS} = -0.125$ V

Chapter 12

12.1　(a) Ge: $\lambda = 1.88\ \mu$m, Si: $\lambda = 1.11\ \mu$m, GaAs: $\lambda = 0.873\ \mu$m; (b) $\lambda = 570$ nm $\Rightarrow E = 2.18$ eV, $\lambda = 700$ nm $\Rightarrow E = 1.77$ eV

12.3　$g' = 1.44 \times 10^{19}$ cm^{-3}s^{-1}, $\delta n = 1.44 \times 10^{13}$ cm^{-3}

12.5　$\alpha \approx 0.7 \times 10^4$ cm^{-1}, (a) $x = 1.98\ \mu$m, (b) $x = 0.41\ \mu$m

12.9

N_a (cm^{-3})	J_S (A/cm^2)	V_{OC} (V)
10^{15}	3.48×10^{-17}	0.891
10^{16}	3.48×10^{-18}	0.950
10^{17}	3.48×10^{-19}	1.01
10^{18}	3.54×10^{-20}	1.07

12.11　$V_m = 0.577$ V, $I_m = 478.3$ mA, $P_m = 276$ mW

12.13　For $h\nu = 1.7$ eV, $\alpha \approx 10^4$ cm^{-1}, so $x = 2.3\ \mu$m; for $h\nu = 2.0$ eV, $\alpha \approx 10^5$ cm^{-1}, so $x = 0.23\ \mu$m

12.15　(a) $\delta p = \delta n = 10^{13}$ cm^{-3}, (b) $\Delta\sigma = 1.32 \times 10^{-2}$ $(\Omega\cdot$cm$)^{-1}$, (c) $I_L = 0.66$ mA, (d) $\Gamma_{ph} = 4.13$

12.17　(a) $J_{L1} = 9.92$ mA/cm^2, (b) $J_L = 0.528$ A/cm^2

12.19　For $W = 1\ \mu$m, $J_L = 4.15$ mA/cm^2; for $W = 10\ \mu$m, $J_L = 15.2$ mA/cm^2; for $W = 100\ \mu$m, $J_L = 16$ mA/cm^2

12.21　(a) 8.81 percent, (b) 5.94 percent

中英文术语对照表

A

Abrupt junction approximation　突变结近似
Absorption coefficient, photon　吸收系数,光子
AC common-base current gain　交流共基极电流增益
Accelerating fields　加速电场
Acceptor energy states　受主能态
Acceptor impurity atoms　受主杂质原子
Acceptor impurity concentration　受主杂质浓度
Accumulation layer of electrons (MOS capacitors)　电子累积层(MOS电容)
Accumulation layer of holes (MOS capacitors)　空穴累积层(MOS电容)
Accumulation mode　积累模式
Active devices　有源器件
Allowed energy bands　允带
Alpha cutoff frequency　α 截止频率
Ambipolar diffusion coefficient　双极扩散系数
Ambipolar mobility　双极迁移率
Ambipolar transport　双极输运
Amorphous silicon solar cells　非晶硅太阳能电池
Amorphous solids　非晶固体
Amphoteric impurities　双性杂质
Amplification　放大
Amplification factor (Laser diodes)　放大系数(激光二极管)
Anisotype heterojunctions　异型异质结
Annealing (Ion implantation)　退火(离子注入)
Anodes (Thyristors)　阳极(晶闸管)
Atomic bonding　原子价键
Atomic thermal vibration　原子热振动
Avalanche breakdown　雪崩击穿
Avalanche photodiodes　雪崩光电二极管

B

Bandgap energy　带隙能
Bandgap narrowing　带隙变窄
Band-to-band generation/recombination　带-带产生/复合
Barrier height, Schottky　势垒高度,肖特基
Base current　基极电流
Base region　基区
　excess minority-carrier concentration　过剩少子浓度
Base transit time　基区渡越时间
Base transport factor　基区输运系数

Base width modulation　基区宽度调制
Base-collector junctions　B-E 结
　forward-active mode　正向有源模式
　hybrid-pi equivalent circuit　混合 π 等效电路
　junction capacitance charging time　势垒电容充电时间
B-C junctions　B-C 结
B-E junctions　B-E 结
Beta cutoff frequency　β 截止频率
Bilateral thyristors　双向晶闸管
Bipolar junction transistors (BJTs)　双极结型晶体管
　base region minority-carrier concentration　基区少子浓度
　base width modulation effects　基区宽度调制效应
　basic principles　基本原理
　breakdown mechanisms　击穿机制
　collector region minority-carrier concentration　集电区少子浓度
　current gain factors　电流放大系数
　cutoff mode minority-carrier concentration　截止模式少子浓度
　emitter bandgap narrowing effects　发射区带隙变窄效应
　emitter current crowding effects　发射区电流集边效应
　emitter region minority-carrier concentration　发射区少子浓度
　forward-active mode minority-carrier concentration　正向有源模式的少子浓度
　frequency limitation factors　频率限制因素
　hybrid-pi equivalent circuit　混合 π 等效电路
　inverse-active mode minority-carrier concentration　反向有源模式的少子浓度
　large-signal switching characteristics　大信号开关特性
　mathematical derivation of current gain factors　电流增益系数的数学推导
　modes of operation　工作模式
　nonuniform doping effects　非均匀掺杂效应
　saturation mode minority-carrier concentration　饱和模式的少子浓度
　silicon-germanium base transistors　锗硅基区晶体管
　transistor current relations, simplified　简化的晶体管电流关系